现代植物科学系列

植物系统分类学
——综合理论及方法

Plant Systematics
An Integrated Approach

[印度] 古尔恰兰·辛格 编著
Gurcharan Singh

刘全儒 郭延平 于明 译

化学工业出版社
生物·医药出版分社
·北京·

图书在版编目（CIP）数据

植物系统分类学——综合理论及方法/[印度] 辛格（Singh G.）编著；刘全儒，郭延平，于明译．—北京：化学工业出版社，2008.2（2018.8重印）
（现代植物科学系列）
书名原文：Plant Systematics：An Integrated Approach
ISBN 978-7-122-02051-2

Ⅰ.植… Ⅱ.①辛…②刘…③郭…④于… Ⅲ.植物分类学 Ⅳ.Q949

中国版本图书馆CIP数据核字（2008）第017017号

Plant Systematics：An Integrated Approach/by Gurcharan Singh
ISBN 1-57808-351-6

北京市版权局著作权合同登记号：01-2006-0377

责任编辑：李　丽　　　　装帧设计：关　飞
责任校对：王素芹

出版发行：化学工业出版社　生物·医学出版分社
（北京市东城区青年湖南街13号　邮政编码100011）
印　　装：天津盛通数码科技有限公司
787mm×1092mm　1/16　印张28½　彩插2　字数750千字　2018年8月北京第1版第3次印刷

购书咨询：010-64518888　　　　售后服务：010-64518899
网　　址：http://www.cip.com.cn
凡购买本书，如有缺损质量问题，本社销售中心负责调换。

定　　价：89.00元

《现代植物科学系列》
总　　序

在过去的一个世纪里，植物科学已逐步完成从传统的描述性植物学到分子水平上解析绿色生命过程的植物生物学的转变。特别是近 20 年来，可以说取得了突破性的进展，这主要归功于模式植物（如拟南芥菜和水稻等）以及分子生物学、遗传学和各种组学手段的广泛应用，从而让人们能够对植物的生长发育、植物与环境的相互作用等重要生命现象的理论基础有了深入的了解。从社会和经济需求角度而言，植物科学作为生命科学的重要组成部分，在解决人类目前所面临的食品安全、粮食和燃油资源短缺、生态环境恶化和不断增长的疾病挑战等一系列重大问题方面，尤其是在 21 世纪将扮演更加举足轻重的角色。

人们对植物生命过程的了解伴随着人类利用植物的活动而出现。自公元前约 371～前 286 年希腊的特奥弗拉斯托（Theophrastus）出版了植物学奠基著作《植物的历史》和《植物本原》以来，植物科学经历了主要以描述和比较方法进行研究的“描述植物学时期”、以实验为主要研究手段的“实验植物学时期”和 20 世纪后期至今以分子生物学技术的广泛应用为主要特色的“现代植物学时期”三个发展阶段，已经形成了一个多学科交叉且分支齐全的科学研究体系。国内外研究人员在植物科学的各个分支领域都取得了许多重要的科研成果。植物科学各分支学科也在发展中彼此交叉渗透，各分支学科间的界限逐渐淡化并出现了一些新的研究领域。

为总结和反映这些新的研究技术和成果，为植物学领域的师生和科研人员提供有益的参考和启示，化学工业出版社邀请国内植物科学各领域的著名专家学者，编写了这套“现代植物科学系列”丛书，从多个角度展示植物科学的最新进展及其应用前景。该系列丛书具有以下几个特点：

(1) 传统与前沿并重，尽可能反映近年来植物学科的发展与成就

丛书既包括“植物生理学”、“植物系统分类学”、“植物病理学”等传统植物学分支学科——它们是植物生物学的基础，近年来随着诸多新技术、新方法的应用，这些学科有了很大的发展，需要重新对这些传统学科进行定位、整合和更新，内容上注重介绍先进的科研方法与技术、学科新取得的发展与成果，并对新出现的论点进行讨论等；也包括“植物分子生物学”、“植物分子发育生物学”、“植物基因组学”、“植物蛋白质组学”、“植物代谢组学”等植物领域新近形成的研究热点和研究方向，介绍这些备受关注的领域取得的新成果、技术方法与发展方向，对这些领域进行总结介绍，希望可以对科研起到引导和提示作用；同时还包括“植物资源学”等重要的环境相关课题，以满足广大读者希望对这些领域进行系统了解、学习与研究的需求。

(2) 内容简明精要，资料丰富，可读性强

在简明精要、系统科学的基础理论基础上，注意介绍前沿性的研究发展及论点讨论，力图启发、开阔读者的研究思路；注重新技术、新方法在学科中的应用，并注意介绍各学科的应用技术及对实际的指导，力图引发及加强读者在本领域的研究兴趣，树立自己的研究志向；同时注重系统性、可读性，编者在丰富的研究资料及科研经验与科研成果的基础上，将本领域的重要知识和研究发展进行科学综合，力求内容深入浅出、图文并茂，使读者容易理解与掌握，希望读者读后能够对该学科有一个清晰的系统把握，读有所值。

(3) 作者阵容强大，代表了我国植物科学研究和教学领域的一流水平

该系列书籍均邀请国内及国外相关领域知名学者撰写或翻译，他们在本领域研究造诣深厚，对本领域的知识体系与发展可以有一个系统的把握；既有作者自己撰写的力作，也有引进国外的经典、前沿书籍，希望能够对植物领域的科研工作者起到切实的参考作用。

殷切希望“现代植物科学系列”丛书的出版能够切实满足我国植物领域科研人员的需求，也能引导和鼓励有志于植物研究的青年学者投身植物科学研究领域，推动我国植物科学的研究与发展。

是以为序。

中国科学院院士　第三世界科学院院士　许智宏

于北京大学

2006 年 4 月 17 日

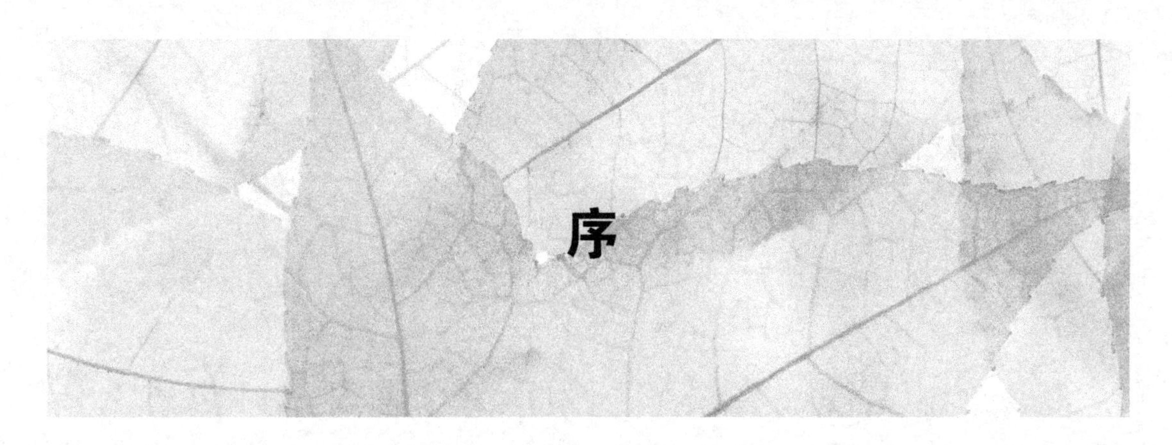

序

2004年出版的由印度德里大学G. Singh教授编著的《植物系统分类学——综合理论及方法》是该学科的一本优秀的教科书，此书内容全面，包括：历史回顾；国际植物命名法规的主要原则及重要条文；有关形态描述的术语；植物标本的采制及鉴定方法；各级分类群的划分；变异及物种形成；形态、孢粉、胚胎、细胞、化学等各种分类证据；数值分类学；分支系统学；被子植物系统发育（起源基部群、演化趋势）；重要分类系统以及被子植物纲10亚纲的91个重要科的介绍。在重要分类系统中包括老的Bentham & Hooker系统、Engler & Prantl系统和Hutchinson系统，以及4个著名当代系统，Takhtajan系统、Cronquist系统、Dahlgren系统和Thorne系统的最新修订版和近年根据分子系统学研究建立的被子植物系统发育研究组系统。本书对这些系统的主要内容做了简要介绍，并根据重要参考文献指出其优点及缺点，这些说明对读者了解有关系统很有帮助。在介绍被子植物重要科的一章中，采用的是2003年最新修订的Thorne系统，在对每个科的介绍中，均包含有该科系统位置演变图表、突出特征以及系统发育方面的内容，这些内容对读者了解有关科的分类学各方面情况很有帮助。此外，还对上世纪末蓬勃兴起的分子系统学的研究方法做了详细介绍，对近年自我国辽宁发现的原始被子植物化石古果Archaefructus做了介绍，对近年为所有生物的统一命名制定的两个法规BioCode和PhyloCode所做的介绍，以及为读者方便获取信息，在本书最后特设一章提供与植物系统学有关的国际性网站。从上述本书内容可见，本书对植物系统学从标本采制到分子系统学研究的所有方面全面地给予了简要或详细的介绍，尤其介绍了近十余年来被子植物系统发育的多方面研究成果，因此，本书不但在植物系统学教学方面，而且在植物系统学研究方面，都有重要的参考意义

中国科学院院士 王文采

于中国科学院植物研究所

2006年5月24日

译者的话

G. Singh 教授编著的《植物系统分类学——综合理论及方法》(Plant Systematics：An Integrated Approach)是一本内容丰富、紧跟时代的优秀教科书，该译本的出版对于国内从事植物系统学的工作者来说，无论是教学还是科研，都会有重要的参考价值。

众所周知，植物系统分类学包含了大量复杂的词汇，要对书中所有词汇做到非常精确的翻译也非易事。尽管如此，译者还是参考了大量的工具书，对本书中出现的词汇尽量翻译，并且在名词术语的译法上尽可能地保持与前人一致。值得一提的是本书出现了大量植物类群的拉丁名称，其中的绝大多数均已翻译成中文名，但由于篇幅所限，在正文中能够翻译出中文名的植物均未附拉丁学名，而是将这些拉丁学名统一放在索引中的中文名之后。因科以及科以上分类等级的名称一般在文中的不同表格中出现，所以在索引中主要列出科以下植物的中文名称以及拉丁学名，另外一些重要的名词术语也在索引中列出。

为本书翻译做过工作的研究生还有徐丹、付云、葛源、师丽花、李艳、牟勇、张云红、童小元、马锦秀、张岩、苏婷、许芸、刘慧圆、明冠华、熊良琼、陈旭波、沈慎、王菁兰等，他们在部分章节的初译、录入、校对以及索引词的整理中做了不少工作。

在本书的翻译过程中，得到了中国科学院植物研究所王文采院士和北京大学生命科学学院饶广远教授的大力支持，王先生亲自为本书撰写了书评，并提出了许多有价值的建议，对此，表示衷心的感谢。

本书为植物系统分类学的综合论著，专业性强，涉及面广，由于译者的水平所限，译本中肯定会有不当之处，恳请广大读者批评指正。

刘全儒、郭延平、于明
2008 年 5 月于北京

前 言

1999年在出版《植物系统分类学》一书时，为节约版面、将有限的出版空间尽可能用于深入阐述植物系统分类学的基本理论、方法和研究步骤，经深思熟虑我没有将科的描述内容写进其中。依据不同作者的见解，有花植物所包含科的数目在450～600个之间，面对如此多的植物类群，挑选哪些科来进行详细描述是一件很困难的事，要想写入更多的科，就注定要牺牲一些对系统分类学原理的深入讨论。

在过去的5年中，被子植物的分类系统在大的轮廓上发生了一些变革。传统的双子叶植物和单子叶植物的区分似乎不存在了，双子叶植物被分为基部类群和更高等的真双子叶类，而单子叶植物的科则穿插在这两大双子叶类群之间。林仙科独占被子植物基部类群的位置近30年，一些科如互叶梅科、金粟兰科、木兰藤科，也许还有金鱼藻科可能也属于这个位置。当被子植物系统发育小组在“目”级水平上建立单系类群的同时，Thorne则代表另一些学者尽力将被子植物系统发育的这些新进展与传统的林奈阶元系统结合起来。两类分类系统在2003年均经历了较大的变革。同时，还有一些人正在努力建立一个适用于所有生物的统一的命名法规。

本次出版《植物系统分类学——综合理论及方法》一书，旨在进一步综合植物系统学各方面的信息，包括对各主要被子植物分类系统的详细讨论，以及选择性地对一些有花植物科的讨论，同时包括对分类学基本原理的充分阐述。本书所讨论的科主要是那些具有广泛代表性以及那些不被人们熟悉但在被子植物系统发育中占重要地位的种类。关于科的讨论，重点引用新近的基于分子数据的分支系统学研究结果，阐述它们的系统发育关系。

在写本书时，我力图把握一个平衡，即植物系统分类学上传统理论和新方法之间的平衡。我以多个相关类群为例，详述一些重要的命名问题，重点是被子植物的命名、鉴定和系统发育等问题。通过研究实例，展现传统和现代植物鉴定方法上的连贯性。目前，计算机鉴定法仍在进一步发展之中，这无疑有助于更好地利用互联网进行生物种类的鉴定。关于系统发育方法：分支系统学一章，我对原版本做了全面修订，同时对分子系统学的理论方法做了非常详细的论述。

互联网高速公路彻底变革了人们的科学信息交换途径。植物学界的各领域也大范围投入到这个变革之中。全世界的使用者只需在计算机键盘上敲一个键就可以得到各类即时信息，如：主要分类系统、数据库、标本馆、植物园、各类索引以及成千上万的植物图片等。本书在各章节都讨论了信息高速公路的各重要方面，并收录了一些有用的链接，另外还开辟了一章专门介绍网上信息。我在与同事们，特别是与“Taxacom”专栏成员的交流中受益匪浅，解决了很多疑难问题。在此，我感谢所有的网上回复者，他们所提供的信息对本书具有重要价值。

承蒙我的研究生们，是他们激励了我撰写此书，并通过不断的交流帮助我改进本书内容。还要感谢我的妻子 K. G. Singh 女士，感谢她始终容忍我过度沉溺于本书的写作，感谢她在编写全过程中及时为我提供文字录入方面的帮助。

我想表达对我所有同事的感谢，感谢他们帮助我改进本书的内容。同时，还要真诚地感谢以下各位：Jef Veldkamp 博士在命名法部分提供了很有价值的信息，Gertrud Dahlgren 博士提供照片和文献，P. F. Stevens 博士提供 APGⅡ的文献和在他的 APweb 网页上发表的系统发育树，Robert Thorne 博士提供他的 2003 年分类系统，James Reveal 博士提供命名法问题上的帮助，Patricia Holmgren 博士提供关于世界主要标本馆的信息，D. L. Dilcher 博士提供照片，Julie Bartcelona 和 Harry Wiriadinata 博士提供大花草属的照片，美国纽约植物园、密苏里植物园、英国邱皇家植物园、加利福尼亚大学和 Santa Cruz 允许使用在他们版权下的照片。

古尔恰兰·辛格

新德里

2004 年 5 月

目　　录

第 1 章　分类学和系统分类学

分类学主要是关于生物体分类的科学。在对各种不同的生物体进行分类之前，必须对它们进行鉴定和命名。在某些方面具有独特特征的特殊个体类群称之为种。不同的种组成属，由属组成科，科再组成目，依此类推直至所有的种都划归至一个最大的、范围最广的类群里。作为食物、能源、居所、服装、药物、饮料、氧气及美好环境的来源，植物是人类在这个世界上最原始的忠实伙伴，几个世纪以来，植物一直是主要的分类对象。人类的分类活动不只局限于生物有机体，人们对食物、服装、书籍、游戏、车辆、宗教、职业以及任何他们遇到的或影响他们生活的客观事物进行识别、描述、命名和分类。这一过程源于生活，止于生活。像分类学家一样每个人都要经历生老病死。因此分类自然成为人们的一种职业，是最必要的一种消遣（Davis 和 Heywood，1963）。至今人们已知的绿色植物约 35 万种，这一数据是人们通过几千年的努力积累而成。虽然自文明出现以来人们就开始了对植物的分类，但直到 1813 年德堪多（A. P. de Candolle）在他著名的著作《*Theorie elementaire de la botanique*》中将希腊词 taxis（排列、整理、分类）和 nomos（规则或法则）合成为一个词 taxonomy（分类学），分类学才作为一个正式的学科得到承认。长期以来，植物分类学一直被认为是“对植物进行识别、命名和分类的科学”（Lawrence，1951）。由于识别和命名是任何分类的重要前提，所以分类学也常被定义为“关于分类的科学，包括分类的根据、原理、规则和过程”（Davis 和 Heywood，1963）。

虽然仅在 20 世纪后半叶期间，系统分类学被认为是一个正式的主要研究领域，但这一术语经历了一个重要的阶段。“系统分类学”一词由拉丁词 systema（有机的整体）衍生而来，systema 一词用在了林奈著名的作品《自然系统》（1735）的题目中，虽然 Huxley（1888）认为“系统分类学”一词是他发表在《Nature》上的关于鸟类系统分类学的文章中首次使用的，但“系统分类学”一词最早出现在林奈的《植物属志》（1737）中。Simpson（1961）把“系统分类学”定义为“对有机体种类和多样性，以及任何一种与所有种之间关系进行的科学研究”。系统分类学被认为具有更广泛的研究领域，包括植物的多样性、植物的命名、分类以及进化。然而近几年分类学的研究范畴也在扩大，使得分类学和系统分类学成了同义词。“分类学”的广义是“研究和描述有机体的变异以及变异的前因后果，并对数据进行处理形成一个分类系统的过程”，这与“系统分类学”的定义是一致的。

虽然事实如此，但很多作者仍然认为分类学是一个有局限性的词汇，而系统分类学是一个更宽泛的词汇，作者们更喜欢在他们的作品中用系统分类学一词来概括讨论最近的进展。系统分类学的现代分支目的在于重新构建整个历史进化事件，包括建立生物体独立的世系和生物体进化修饰的特性。最终的目的是发现生物进化树的所有分支，证明所有的这些变化并对分支末端的所有的种进行描述。但只有把所有的信息联合起来形成一个明确的分类系统才能做到这一点。同时还需要对基本的鉴定和命名法有一个清楚的理解。而对数据处理工具、系统发育的新概念、从分子层面理解两个分类群的亲缘关系等专业知识的掌握也同样重要。

在达尔文进化论之前，分类群的关系只能用自然的亲缘关系来表达，而自然的亲缘关系只能依据形态特征的完全相似性。达尔文开创了一个依据遗传进化过程来确定系统发育关系的时代。随着计算机和精确的统计程序的引进，完全相似被作为表征关系来描述，而表征关系包括每一个种具有的特征，而这些特征来源于如解剖学、胚胎学、形态学、孢粉学、细胞学、植物化学、生理学、生态学、植物发生地理学以及超微结构等不同的领域。

随着生物学领域的发展，新的信息不断地涌现，分类学家面临着将所有的相关数据进行综合的挑战。系统分类学现在就是无终止的综合，是一门永不停止的有活力的科学。持续不断涌现出的大量数据需要给予描述性的报道，对鉴定系统进行修正，重新评价和改善分类系统以及为了能更好地理解植物要认识到植物之间的新的关系。所有这些工作只是编组和记录植物多样性，在不同的种间鉴别差别所做的努力的一部分。系统分类学的研究不仅以其他的生物科学为基础，而且还依赖于其他学科的数据及有用的信息来创立分类法。生物学中的一些学科如细胞学、遗传学、生态学、孢粉学、古植物学和植物发生地理学等与系统分类学是紧密相关的，以至于没有基本的系统分类学资料这些学科无法开展研究。只有在生物体得到正确鉴定，生物体之间的关系明确的前提下，实验才能进行。理解植物之间的关系在应用领域非常有用，如植物育种、园艺学、林学以及药理学都通过寻求有效的相关植物来完成。系统分类学知识常常对具有潜在商业价值植物的研究起引导作用。

1.1 系统分类学的基本组成

各种各样的系统分类学研究都归结为一个目标，即建立一个理想的分类系统，这需要鉴定、描述、命名以及确立亲缘关系。这样把信息更好地组织起来以便不同领域的工作者利用，以研究不同植物的结构和功能。

1.1.1 鉴定

鉴定就是用已知的分类群辨认未知的标本并确定它在现存分类等级中的正确位置。在实际生活中就是给未知标本命名。这可以通过访问标本室，把未知的标本与储藏在标本室中的已正式鉴定的标本相比较来实现。如果实在不行，标本可以送到该领域的专门机构，请专家来帮忙鉴定。

在鉴定过程中还可以利用植物志、专著、手册以及图解等相关文献。当通过一种方法将未知的标本暂时鉴定出来后，还要通过与文献中这个分类群的详细描述相比较来进一步证实。

近几年越来越常用的方法是将植物或植物的一部分拍照，将照片传至网上，咨询相关的专家，而这些专家通过看网上的这些照片把他们的意见发送给询问者。这样同行之间就可以在鉴定上高效率地相互帮助。

1.1.2 描述

分类群的描述是通过记录植物的特征状态而将植物的特征列出来。简短的描述只包括那些分类学特征，而这些特征有助于将相近的分类群分开，这就形成了特征简介，而这些特征就叫做检索特征。一个分类群的检索特征确定了它的界限。描述要用一定的模式来记录（习性、茎、叶、花、萼片、花瓣、雄蕊、心皮和果实等）。对于每一特征，要列出它的特征属性。花的颜色可以是红的、黄的、白的等。要用半技术性的语言，用特殊的术语来描述每一特征，这样便于文献数据的编辑。

新鲜标本便于描述，而干燥的标本在描述前须经热水或湿润剂软化。为了能更好地研究花的细节，软化对于花的解剖来说通常是必需的。

1.1.3 命名

命名就是给分类群一个正确的名称。不同的生物有不同的命名法规。植物（包括真菌）的命名遵从国际植物命名法规（ICBN）。如今，每六年左右，植物法规便根据具体的定义、位置和等级，从某一类群众多的学名中选出一个正确的名称。为了避免某一分类群名称的变化引起不便，法规中列出了保留名。栽培植物遵从于栽培植物国际命名法规（ICNCP），ICNCP在很大程度上遵从于植物法规，只是在此基础上作了轻微的改动。

动物的命名遵从于国际动物命名法规（ICZN），细菌的命名遵从于国际细菌命名法规（ICNB），现称为细菌法规（BC）。病毒的法规是独立的，被称作国际病毒分类与命名法规[草案，是最近由国际病毒分类学委员会（ICTV）发布的病毒分类与命名法发展而来]。

随着电子革命的来临，需要一个共用的生物数据库便于全球联系，人们期望着有一个可以共用的统一法规。生物法规草案首次公布了这一目标。第一个草案是在1995年起草的。经过一系列的复审，由国际生物命名委员会筹备的第四个草案被称作生物法规草案（1997），由Greuter等人出版（1998），现在在网上可以获得。在20世纪的最后十年，我们仍能看到基于发育系统分类学概念上的不分阶层的系统发育法规在不断发展。这一法规省略了除种和基于单系类群概念的分化单位外的所有阶层。系统发育法规的最新版本（2002年7月）也可以网上查询。

1.1.4 系统发育

系统发育是研究一个分类群的系统和进化历史的学科。系谱学是研究祖先的关系和世系的。由于普遍使用进化分支图一词，该词更适合于指用宗亲的方法构建简图，所以祖先关系用简图来描述被称作谱系图（Stace，1989）。谱系图是一种具分支的简图，而这些分支取决于子孙的进化程度（衍生特性），最长的分支代表最进化的类群。谱系图与系统发育树的区别在于其垂直的等级代表着地质时代，所有的生物类群都可以到达顶部，原始的类群靠近中央，而进化的类群靠近外围。单系类群，包括同一祖先的所有后代，被识别出来并在一个分类系统中形成一个整体；并系类群，同一祖先的一些后代被排除了，要重新联合；复系类群，具有一个以上的祖先，被分开形成单系类群。表征信息有助于人们决定系统发育的关系。

1.1.5 分类

分类就是依据相似性把生物体分成不同的类群。这些类群依次合并成为范围更广的类群，直到所有的生物体都合并成一个范围最广的类群。随着范围的不断扩展，这些类群就形成了固定的分类阶元等级如种、属、科、目、纲和门，最后的排列就形成了分类阶层系统。分类的过程包括给一个新的分类群确定一个适合的位置和等级（被确定等级的分类群），把一个分类群分为一个更小的单元，直到两个或更多的分类群归并成一个单元，转换分类群的位置并改变它的等级。分类一旦确定，就可提供一个信息储存、重新获得和使用的重要途径。分类等级系统通常被称为林奈系统。可以有以下几种不同方式的分类：

（1）人为分类　实用主义的分类，以任意的、容易观察的特征如习性、颜色、数量、形态及类似的特征作为分类依据。例如林奈的性系统就是利用雄蕊的数目作为有花植物的原始分类。

（2）自然分类　利用共同的相关特征进行类群划分，自然分类是最早由M.Adanson提出，Bentham和Hooker使其得到广泛应用，由此达到了鼎盛时期。18世纪和19世纪时期的自然系统利用形态学来界定完全相似性。近些年，完全相似性经历了相当大的改进。形态学的特征不再是自然系统相似性的唯一指标，分类学信息（表征关系）所涉及的所有方面特征都可用来作为判断完全相似性的指标。

（3）表征分类　充分利用依据表征关系确定的完全相似性，表征关系以所有可获得的数据作为基础，如形态学、解剖学、胚胎学、植物化学、超微结构以及所有其他的研究领域的数据。Sneath 和 Sokal（1973）极力提倡表征分类，但到目前为止并非很适合高等植物的主要分类系统。然而表征关系在现代系统发育系统决定分类系统的重新排列时却一直发挥着重要作用。

（4）系统发育分类　以一个生物群体的进化谱系为基础，通过谱系图、系统发育树和进化分支图来描述类群之间的关系。分类以这样的思想为前提，即同一祖先的所有后代都应该放在同一类群中（也就是说类群应该是单系的）。如果一些后代被排除，则表示这个类群是并系的，这些后代被放回这个类群，成为单系（在最近的分类法中，把萝藦科和夹竹桃科合并了，把白花菜科和十字花科合并了）。同样，如果这个类群是复系的（即其成员来自于一个以上的种系），那么就把这个类群分开形成单系分类群（如把无心菜属分开为无心菜属和米努草属）。这种由分支学家来实践的方法被称为分支系统学。

（5）进化分类　与系统发育分类的不同在于认为系统发育邻近类群变异形式的差距对识别类群更重要。如果变异差距不显著，则进化分类排除同一祖先的某些后代（即承认并系类群），因此就不能呈现家系历史的真实画面。在进化上被认为是有意义的性状（即分类所依据的性状）是由分类学家、权威及系统分类学家的直觉决定的。Simpson（1961）、Ashlock（1979）、Mayr、Ashlock（1991）和 Stuessy（1990）曾提倡这种分类。这种方法被称为系统分类的折中学派。

当代的系统发育分类系统，包括塔赫他间、克朗奎斯特、Thorne 和 Dahlgren 等提出的系统，主要依据一个观点，即在决定两个类群的系统发育关系时可以随意使用表征信息，这与分支或表征分类使用加权有极大的不同。

有人建议要放弃建立在林奈系统之上的具有固定分类阶层系统的现代分类法，因为现代系统发育分类中，单系类群没有固定的等级名称，单系类群是依据共同祖先并参考共同衍征来判断的（de Queiroz & Gauthier，1990；Hibbett & Donoghue，1998）。

分类不仅有助于建立一个合乎逻辑关系的系统，也有很大的预见价值。一个特定属里的某个种存在有价值的化学成分，可能促使人们去研究同一属里的其他相关种。分类中反映的系统发育关系越多，预见性就越强。所谓自然分类已逐渐失去了它原有的意义。今天的“自然分类”是真实的系统发育关系的体现，建立单系类群能够合理充分利用表征信息，以至于这样的类群也能反映出一种表征关系（完全相似性），而分类则代表着对进化后代系统关系的重新构建。

1.2 系统分类学的目的

植物系统分类学的研究是所有其他生物科学的基础，反过来，它又依赖于其他学科来提供可用于分类的附加信息。系统分类学研究的目的如下：

（1）为鉴定和交流提供一种便利的方法　一种切实可行的分类将分类群按分类阶层系统、详细的描述和特征简介排列，这对于鉴定是必不可少的。适当鉴定和标本的有序排列、二歧检索表、多途径检索表和计算机辅助的鉴定对于鉴定来说都是非常重要的。由国际植物分类协会（IAPT）编写和审定的国际植物命名法规（ZCBN），可以帮助人们确定唯一的能被全植物界同仁接受的正确名称。

(2) 提供世界植物区系的名录　虽然独立的世界植物区系很难完成，但陆地的植物种类（大陆植物志，由 Tutin 等编写的《欧洲植物志》）、一些国家或地区的植物种类（地区植物志，由 J. D. Hooker 编写的《英属印度植物志》，以及一些州或县的植物种类（地方植物志，由 J. K. Maheshwari 编写的《德里植物志》）却有着很好的记载。另外，一些由世界性专著选录的属（例如由 Babcock 编写的《还阳参属志》）和科（例如由 A. Engler 编写的《植物分科志要》）同样也可以利用。

(3) 去发现进化的过程，重建植物界的演化历史，探寻进化变异及特征修饰的次序。

(4) 提供一个用来描绘群内进化的分类系统　类群之间的系统发育关系通常要借助于谱系图来描绘，在这个图里，最长的分支代表更进化的类群，而较短的、接近基部的则代表原始的类群。另外，由不同大小的气球来表示类群，气球的大小与该群的种的数目成正比。这样的谱系图被俗称为泡状图。系统发育关系也可由谱系树来表示（纵轴代表地质时间跨度），现存的种类位于顶部，泡状图可能是顶部的一个横断面，在这个断面里，原始的类群在中央，进化的类群在外周。

(5) 整合所有可利用的资料　从各研究领域收集信息，借助于计算机的统计学软件分析这些信息，提供一个信息的综合体，并在完全相似性的基础上形成分类。然而这些综合是无终止的，因为科学在不断地进步，新的信息将不断地涌现，分类学家也将面临新的挑战。

(6) 提供参考资料，为资料的储存、恢复、交换及利用提供一个方法论。为濒危种、特有成分以及遗传和生态多样性提供有重要价值的资料。

(7) 提供新的概念，重释旧的概念，并依照系统发育和表征关系，为正确确定分类学上的亲缘关系建立新的程序。

(8) 提供包括全球所有植物种类（以及所有可能的生物体）的完整数据库。一些大型机构组织已联合起来建立了分类群的名称、图像、描述、同源植物及分子信息的联机检索数据库。

1.3 系统分类学的发展水平

植物系统分类学从植物标本采集记录到数据库记录每种植物所有可能的属性信息，已经取得了很大的进步。由于气候的极端多变、植物种类的变异、某些地区难以靠近以及不同地区经济发展的不平衡等原因，使得目前的植物系统分类学在世界的不同地区进展不同。亚洲及非洲的热带地区在植物物种多样性上几乎是世界上最丰富的，但其所完成的系统分类学信息的文献如同其经济资源一样几乎是最贫乏的。而整个欧洲，有着 3 千多万平方公里[1]的陆地和众多经济资源富裕的国家，却只记录了一万多种维管植物。另一方面，印度资源贫乏，面积比欧洲的十分之一还要小[2]，但却记载了至少是欧洲两倍的维管植物。同样，如哥伦比亚这样的小国，虽然只有很少的植物学家来研究植物区系，但却统计了约 45 000 种不同的植物种类。而英国有几千名职业和业余的植物学家从事这方面文献资料的整理，但却只有约 1370 个分类群（Woodland，1991）。所以，不同植物区系研究进展水平很不一致。今天分类学的进展可明显地分为 4 个阶段，而这 4 个阶段在世界各地也不尽相同。

1.3.1 探索或开创阶段

这一阶段标志着植物分类学的开始，搜集植物标本，建立标本馆档案。在标本馆里 种

[1] 原文为“30m square kilometres of landscape”，疑有误，欧洲陆地面积应为 1016 万平方公里。——译者注

[2] 原文为“India，…less than one tenth of landscape”，疑有误。——译者注

植物仅有它变种的少量记录。然而，这些标本是有价值的，即通过对植物的发现、描写、命名和鉴定，形成植物区系最初的目录。形态学和分布资料提供了系统分类学必须依赖的数据。在这一阶段，分类学的经验和判断是非常重要的。非洲和亚洲的大部分热带地区正处于这一阶段。

1.3.2 巩固或系统分类学阶段

在这一阶段，标本馆有充足的记录，来自野外研究的变异资料也充足可用。在为撰写植物志和专著的准备上，这些进展是有帮助的。这也有助于更好地理解种内的变异程度。在标本馆的大量记录的基础上，两个或更多个标本馆的标本显著不同，基于一些已知标本可被认为是不同的种，但是只有涉及上千野外居群标本的研究才能有助于更好地理解标本的状况。如果有足够的野外标本表明变异是连续的，那就没有正当的理由认为它们是分离的种。另一方面，如果在变异形式上存在明显的差异，这就强调了它们的分离性。事实上，很多植物在开创阶段有限的资料基础上被描述成一些种，而在巩固阶段发现它们是另外的一些种的变异种。中欧、北美及日本的大部分地区正处于这一阶段。

1.3.3 实验或生物系统分类学阶段

在这一阶段中，标本馆的记录和变异的研究是完整的。另外，生物系统分类学的资料（关于移植实验、繁殖行为及染色体的研究）也是可用的。移植实验涉及收集不同生境下的形态学上可区分的居群的种子、幼苗或其他繁殖体，并把它们种植在共同的环境条件下。如果两个原始居群的差异是纯生态上的，那么在共同的环境下差异就会消失，就没有正当理由认为它们是有区别的分类实体。另一方面，如果差异始终存在，就存在明显的地理稳定性。如果这些居群能在一起生长几年，它们的繁殖行为会进一步确定它们的身份。如果两个居群间存在完全的生殖障碍，它们就不能杂交，而是维持它们的独立性。这就明显地属于不同的种。另一方面，如果两个居群间不存在生殖隔离，几年之后，它们就会种间杂交形成杂种，而杂种将使它们的变异成为连续的。这样的居群明显地属于同一个种，并且可以更好地区分为生态型、亚种或变种。染色体的研究将更有助于理解居群间的亲缘关系及其身份。中欧已达到植物系统分类学的这一阶段。

1.3.4 多学科的或综合的分类学阶段

在这一阶段，不仅要完成前三个阶段的任务，还要利用到全植物学领域的信息。这些信息经过综合、分析，为理解系统发育提供了一个有意义的分析综合体。收集数据，并对这些数据进行分析和综合，是系统分类学独立训练的一个工作，通常称为数量分类学。

系统分类学的前两个阶段通常被认为是分类学的开端，而最后一个阶段则被认为是分类学的结局。现在，仅有少数的人从事综合分类学，而他们也只是针对少数孤立的分类群。因此可以很有把握得到结论，即只有少部分分类群达到了分类学的终端，而绝大部分主要分布在热带的植物，甚至还没经历开始的阶段。直到今天，对于植物王国可利用信息的全部整合还只是个遥远的梦想。

近几年，植物分类学或系统分类学多种方法的发展导致了该学科不同分支领域的诞生。生物系统分类学主要研究植物的移栽实验、繁殖行为、染色体及植物的变异；化学分类学是利用化学的证据来解决分类学上的问题；种系发生系统分类学（系统发育学）是要解决分类中的系统发育问题；数量分类学利用数量的方法对从各个领域获得的信息进行分析和综合，依据表征关系编组。最近，分支系统学方法被应用于系统发育研究中，已发展成一个突出的研究领域，与数量分类学相平行：数量分类学最终的结果是构建一个表征分支图，而分支系统学是构建一个进化分支图。

1.4 互联网时代的系统分类学

随着互联网的发展，近年来的电子革命表明系统分类学已成为网络植物学的重要组成部分。现代被子植物分类的三大系统，其最新版本——克朗奎斯特（1988）、塔赫他间（1997）和 Thorne（2003）都已上网，里面有这些作者认可的各种分类群。索恩的分类系统已经历了相当大的变化，它与被子植物系统发育分类群并驾齐驱，其最新电子版本（2003）在 Rancho Santa Ana Botanic Garden，Claremont，USA（包括美国马里兰州的 James 博士增加的许多命名方案）的网址上便可得到。这样的途径有利于在最短的时间内接触到最新的观念。植物法规（St. Louis，2000）的最新版本及相关各种文章的链接也可获得。生物法规草案——统一所有生物有机体的法规，和系统发育法规——目的是识别唯一的单系分支，已经上网供生物学家讨论，并可能在本世纪的头十年被采用。

互联网也可以为人们提供很多持续的服务：为当地的分类学家搜寻软件、标本馆、书、杂志、植物园、科、属、植物的名称以及大量的其他分类学组分。这些电子数据库正在不断地升级，以克服难以拷贝这一最大障碍，而这一障碍迟早会被解决。一些可查询的数据库已经开通，如普通名称索引（ING）——所有已发表的植物的普通名称、世界生物多样性数据库（WBD）——包括物种 2000 项目中已发表的所有生物的学名。国际植物名称索引（IPNI）——包括邱园索引和 Gray Cards 索引合并的数据库中的所有种子植物的名称和相关的基本目录细节。密苏里植物园主持了 TROPICOS 这一项目，这是世界最大的数据库，收录近 920 000 个植物名称和超过 1 800 000 份标本记录。

除此以外，电子目录和新类群为分类学家相互交流提供了一个平台。今天，也许植物学没有哪一分支像系统分类学那样在网上如此卓越。大多数著名的机构、植物园、出版商以及协会已在互联网上提供服务，提供了一个快速获得他们的文献、团队和研究活动情况的途径。

第2章 植物分类学的历史背景

自从人类出现在这个地球上就需要对植物进行分类，因为他们需要知道哪些东西能吃，哪些不能吃，哪些能用于治疗疾病，哪些能用作遮体之物。起初，这些信息积累并储存于人类的大脑中，并且在一个小的群体中经口授传给下一代。慢慢地，这些知识被记录下来与他人分享并得以完善。现在我们已经能够方便地存储大量信息并用于进一步的分析，旨在建立一个能够描述生物体之间亲缘关系的理想分类系统。分类学的历史发展经历了4个明显的阶段，从最开始基于宏观形态学的简单分类到最近的综合了所有表征信息的系统发育分类。

2.1 基于宏观形态学的分类

基于形态特征的分类学研究一直持续到17世纪，当时，没有显微镜帮助，肉眼仍然是唯一的观察工具。让我们回溯到文字出现前的时代。

2.1.1 文字出现前人类

尽管没有关于我们文字出现前祖先的任何文字记载，但我们仍可以比较肯定地认为他们是实用分类学家，他们懂得什么植物能吃、什么植物能治疗疾病。在世界上某些偏僻地方的一些原始部落仍然保留这样一些传统，通过口授的方式将植物名称和用途传给下一代。这种经由隔离的群体发展起来的植物分类学来自社会需要而没有科学的影响，被称为民间分类学，通常与现代分类学并列。禾草和莎草的英文名称与现代分类学中的禾本科和莎草科是一样的，这种相同表明了民间分类学和现代分类学的平行发展。

2.1.2 早期文字文明

早期文明兴盛于巴比伦、埃及、中国和印度。尽管印度植物学的文字记录比希腊植物学早几个世纪出现，但仍然记载得比较模糊且没有传播到外部世界。此外，印度人用一种在西方世界不易理解的梵语去记载这些植物学知识。在Vedic时期（公元前2000年～公元前800年），如小麦、大麦、枣、甜瓜和棉花等农作物已有种植。印度人显然知道如何描述植物和进行栽培实践。公元前7世纪，世界上第一次药用植物座谈会在喜马拉雅地区举行。《Atharva vea》成书约于公元前2000年，描述了众多植物的药用价值。

2.1.2.1 Theophrastus——植物学之父

Theophrastus（公元前372年～公元前287年），亚里士多德逍遥派学校的继承人（跟随亚里士多德传播哲学），是一个土生土长的莱斯博斯岛Eresus人（图2.1）。他起初叫Tyrtamus，但是后来却以Theophratus而为人所知，据说这是亚里士多德给他取的绰号，以表现他的谈吐优雅。在莱斯沃斯岛接受了古希腊哲学家列乌西普斯或Alcippus的首次哲学启蒙之后，

Theophrastus到了雅典并成为了柏拉图社交圈的一员。柏拉图去世后，他跟随亚里士多德，而在亚里士多德过世后，他继承了亚里士多德的图书馆和花园，并成为雅典莱森学院的校长。

Theophrastus署名的著作达二百多部，大部分仅残存有片段或为其他作者的著作所引用的只言片语。但他的两部植物学著作得以毫发无损地保存下来，其英文版本《植物学调查》(Enquiry into Plants，1916) 及《植物成因》(The Causes of Plants，1927) 仍然在流传。Theophrastus描述了大约500种植物，并将它们分为4类：乔木、灌木、亚灌木和草本。他也注意到了有花植物和无花植物、子房上位和下位、花瓣分离和联合以及不同果实类型之间的区别。他意识到许多栽培植物不能真实繁殖的事实。Theophrastus在他的著作《植物历史》(De Historia Plantarum) 中使用的一些名称如胡萝卜属，山楂属和水仙属至今仍被使用。

图2.1 Theophrastus
(公元前372年～公元前287年)
希腊哲学家，被誉为植物学之父，著有200多部手稿

Theophrastus十分幸运地得到了亚历山大大帝的关照。亚历山大在其征服世界的过程中把战利品送回雅典，使Theophrastus能够记录下许多外国物种的信息，如棉花、桂皮及香蕉。雅典莱森学院的植物学知识在那个真正的学习的黄金时期繁荣无比，而Theophrastus正是这一时期被授予特权的舵手。

2.1.2.2 Parasara——印度学者

Parasara (公元前250年～公元前120年) 是一位印度学者，其代表著作《植物生命科学》(Vrikshayurveda) 是以科学的观点来看待植物有机体的最早著作之一，其手稿于几十年前被发现。该书以独立的章节来描述植物形态学、土壤特点、印度的森林类型以及内部结构的细节，这表明作者使用过某种放大镜。他也描述了叶片细胞 [rasakosa] 的存在，由根部运输到叶片的土壤溶液经由叶绿素 [ranjakena pacyamanat] 吸收而成为营养物质和一些副产物。他基于形态学特征把植物划分为许多科 [ganas]，而这一点直到18世纪才为欧洲分类学者所知。Samiganyan [豆科] 特征是下位花，5片不等花瓣，花萼联合，荚果。Svastikaganyan [十字花科] 与豆科相似，不同的是其花萼呈十字形，子房上位，花瓣、萼片4，均分离，雄蕊6，4长2短，2心皮形成一个具有两室的果。遗憾的是当时这些重大的科学进步并没有传到科学知识刚刚登上历史舞台的欧洲。

另一名印度学者Caraka (公元1世纪) 在他所著的《Carakasamhita》中写到了无花树、有花树、结实后即枯萎的草本以及通过散布茎干来创建新群体的草本等现象。这一关于印度医学重要论文包括8个部分，很大程度上是在由Agnivesh所写的一篇更早的论文基础上完成的。1897年，A. C. Kaviratna将此书译成了英文。

2.1.2.3 Caius Plinius Secundus——长者蒲林尼

希腊帝国的衰落是罗马兴盛的见证。蒲林尼 (公元23年～公元79年) 是一个受雇于罗马军队的博物学家。他试图将关于世界的所有知识汇编到他的37卷著作《自然历史》(Historia naturalis) 中，而其中的9卷内容都是关于药用植物的。尽管其中有许多错误和道听途说的成分，但数个世纪以来，欧洲人一直把它视作圣品。蒲林尼死于维苏威火山大爆发。

2.1.2.4 Pedanios Dioscorides

Dioscorides (公元1世纪) 是一个有希腊血统，土生土长的罗马西西里亚人。在担任罗马军队医生时，他广泛游历并获取了用于治疗各种疾病的植物的第一手资料。他撰写了一部真正杰作《药物学》(Materia medica)，书中总共记录了近600种药用植物，比Theophrastus记载的多了近100种。书后附有精美的插图。因为其简明的写作风格，在接下来的15个

世纪里，该书成了任何一个文化人士的必读书。《药物学》中没有提及的药物便被认为不是药物。公元 500 年左右，该书的一本漂亮附图临摹本送给了 Flavius Olybrius Onycius 皇帝，皇帝又将它作为礼物送给了他的漂亮女儿 Juliana Anicia 公主，这不仅仅是对 Dioscorides 的赞誉。这一手抄本，即《莱丽亚娜古抄本》(Codex Juliana)，是维也纳的珍藏。《药物学》不仅在分类学上做了慎重的尝试，同时把荚果、薄荷和伞状花序也作为独立的部分进行描述。

2.1.3 中世纪植物学

中世纪（公元 5 世纪～公元 15 世纪）时期，植物学调查基本上没有取得任何进展。在这一黑暗的历史时期，欧洲和亚洲遭受了战争、饥饿和瘟疫，唯一有价值的是对早期手抄本的不断抄写再抄写，不幸的是错误经常发生。在一些手抄本中，草莓被描述为有 5 片小叶，而不是 3 片。手抄本以比抄写它们更快的速度丢失了。

2.1.3.1 伊斯兰植物学

公元 610 年～公元 1100 年间，穆斯林帝国的繁荣见证了文明的复苏。希腊手抄本被翻译并保存了起来。作为实用主义者，他们把精力集中在农业、医学和总结药用植物清单上。Ibn-sina 因编著《医学正典》(Canon of Medicine) 而以 Avicenna 的笔名为人所知，该书沿袭《药物学》的风格而成为科学著作中的经典。另一位穆斯林学者 Ibu-al-Awwan 在 12 世纪描述了近 600 种植物，而且解释了它们的性别和昆虫在无花果传粉中的作用。尽管穆斯林学者总结了许多药用植物的实用清单，但却并没有发展出任何意义重大的分类系统。

2.1.3.2 Albertus Magnus——大众学者

Albertus Magnus（公元 1193 年～公元 1280 年）被其同时代的人称为大众学者，历史学家又称其为中世纪的亚里士多德，他是那个时代最值得铭记的博物学家。其著作涉及许多领域。其植物学著作《植物》(De vegetabilis) 记述药用植物并且提供基于第一手资料所做的描述。Magnus 基于茎干结构特征，首次认识到了单子叶和双子叶的区别。他也区分了维管植物和非维管植物。

2.1.4 文艺复兴

15 世纪，伴随着印刷术和航海科学的技术革新，欧洲开始了文艺复兴。1440 年左右，活字印刷术的革新确保了手抄本的大规模流通。航海技术使海外的植物学资源得以成功地利用。

2.1.4.1 本草学家

印刷术使书变得便宜。医学方向的植物书籍首先得以流行。学者们开始编著自己的植物医学书籍，因为这要比古代手抄本更容易理解。这些书逐渐被称为本草志，而编写者便被称为本草学家。第一部出版的本草志名为《Gart der Gesundheit》或者《Hortussanitatus》。它们造价低廉而且质量糟糕。最著名的本草志是由 4 位德国的本草学家 Otto Brunfels、Jerome Bock、Valerius Cordus 及 Leonard Fuchs 完成的，他们 4 人也被称为德国植物学之父。Otto Brunfels（1464～1534）写就了三卷本的《Herbarium vivae eicones》（1530～1536），这本本草志标志着现代分类学的开始，其中包含有描摹活植物体的精美插图。但是其文字价值较小，因为全是早期作者描述的引用。Jerome Bock（Hieronymus Tragus）生活于 1498 年～1554 年间，1539 年他写就了一本《New kreuterbuch》，其中并没有插图但是却有基于第一手资料的准确描述，并提到了位置和产地的概念。他将 567 个种划分为草本、灌木和乔木 3 类。这些用德语写成的本草志比对早期学者用希腊文和拉丁文（一种逐渐陈旧的文字）写成的手抄本更容易被广泛理解。Leonard Fuchs（1501～1566）被认为比他同时代人更为出色，他于 1542 年写就了一部《De Historia Stirpium》，其中包含了 487 种药用植物的描述和插图（图 2.2）。

Valerius Cordus（1515～1544）倡导通过活体材料来研究植物，英年早逝使他没能成为最杰出的本草学家。他在周游德国和意大利森林时不幸染病于 29 岁去世。在他去世多年之后的 1561 年，其著作《Historia plantarum》终于出版，其中准确描述了 502 个种，有 66 个是新种。他可能是第一个展示怎样准确描述自然状态下的植物的人。令人遗憾的是，该书的编辑 Konrad Gesner 为该书添加了一些质量低劣并且鉴定有误的插图，但这并不是 Valerius Cordus 的失误。

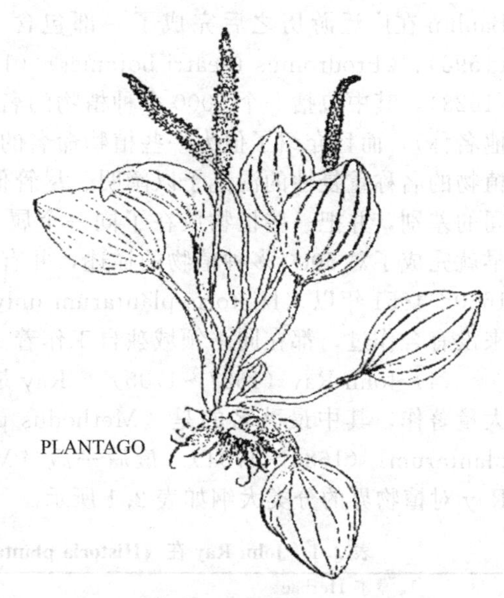

图 2.2　来自 Fuchs 著作《De Historia Stirpium》中大车前的插图

（图片来自 Arber 的《本草学及其起源和演变》，1938，图片版权经剑桥大学出版社许可）

当本草志在德国兴盛的时候，意大利的 Pierandrea Mathiola 也在积极工作，于 1544 年完成了附有大量插图的《Commentarii in sex libros Pedacii Dioscorides》一书，尽管它只是关于薯蓣类的评论。荷兰三杰——Rembert Dodoens、Carolus Clusius 及 Mathias de L′obel 通过其本草志将植物学知识传到了荷兰和法国。William Turner 在他的《Herball》（1551～1568）一书中一扫许多有关植物的古老迷信观点。该书也为 Turner 赢得了英国植物学之父的美誉。

因为极力探寻与植物相关的各种信息，所以本草主义也使“外征学说”得以发展。该学说认为，药用植物都有一个明显的药用价值标志。其基本观点就是植物和植物部分器官能够用来治疗人体与其相似的特定部位。因此，具黄色液体的草药能够治疗黄疸，核桃能缓解大脑疲劳，铁线蕨能够防止脱发。Paracelsus 及 Robert Turner 是该学说的主要支持者，然而进入 17 世纪因为更多有关药用植物的知识的积累而遭到嘲讽。

2.1.4.2　早期分类学家

伴随着对植物的兴趣重燃和对欧洲、亚洲、非洲以及新大陆的广泛考察，植物名录迅速增加，意味着对植物的一种正式的分类、命名和描述系统的需要。此时，植物学开始独立于药学，以一门科学的身份发展起来。

（1）Andrea Cesalpino（1519～1603）——第一位植物分类学家　Andrea Cesalpino 是一位意大利植物学家，开始在 Luca Ghini 指导下研究植物，然后成为了植物园的园长，后来成为 Bologna 的植物学和药学教授。1592 年，他作为 Pope Clement 八世的私人医生去了罗马。1563 年，他整理了一部包含 768 种装裱精美的植物的标本集。该标本集至今仍然保存在佛罗伦萨的自然历史博物馆中。他的 16 卷本著作《De Plantislibri》于 1583 年出版，描述了 1520 种植物，并把它们分为草本和木本两大类，还进一步区分了果实和种子的特征。Cesalpino 遵循亚里士多德的逻辑，基于推论而不是研究特征。因此，他做出有关髓类似于动物的脊椎以及叶有保护顶芽的独特作用的结论就不会令人吃惊了。尽管如此，与同时代的人不同的是，他强调了生殖特性的重要性，这对后来 Ray、Tournefort 和林奈的分类工作产生了重要的影响。

（2）Joachin Jung（1587～1657）——第一位术语学家　Jung 是一名卓越的德国教师，他成功地定义了许多术语，比如节、节间、单叶、复叶、雄蕊、花柱、由舌状花和管状花组成的头状花序。尽管他没能留下自己的著作，但他的两名学生保存着他的课堂笔记。

（3）Gaspard（Caspar）Bauhin（1560～1624）——命名法引入植物学　瑞士植物学家

Bauhin在广泛游历之后完成了一部包含4000份标本的标本集。他出版了《Phytopinax》(1596)、《Prodromus theatri botanici》(1620)以及最后一部著作《Pinax theatri botanici》(1623)，其中包括一个6000多种植物的名录，并且附上了**异名**（早期学者给同种植物的其他名称），而且介绍了他为一些植物命名的双名法。在一册单行本著作中他试图对当时所知植物的名称重复性的混乱予以阐明。尽管他没有描述属，但是他确实已经认识到了属和种之间的差别，并把一些植物放在了同一个属名之下。他的哥哥Jean Bauhin（1541～1613）较早就完成了对5000多种植物的描述，并有超过3500幅的插图，在他去世许多年后其著作于1650～1651年以《Historia plantarum universalis》的名称出版。令人遗憾的是这两兄弟从来没有合作过，都在同一领域独自工作着。

（4）John Ray（1627～1705） Ray是一名广泛游历过欧洲的英国植物学家，他出版了大量著作，其中最著名的是《Methodus plantarum nova》（1682）和3卷本的《Historia plantarum》（1686～1704）。最后一版《Methodus》发表于1703年，包括18 000种植物。Ray对植物界的分类大纲如表2.1所示。

表2.1 John Ray在《Historia plantarum》（1686～1704）**中发表的植物分类大纲**

1. 草本 Herbae
   A. 不完全花 Imperfectae（隐花植物）
   B. 完全花 Perfectae（种子植物）
      ⅰ. 单子叶植物 Monocotyledons
      ⅱ. 双子叶植物 Dicotyledons
2. 木本 Arborae
   A. 单子叶植物 Monocotyledons
   B. 双子叶植物 Dicotyledons

John Ray首次将相似的植物放在一起而将不同的植物分离开来。他的分类系统是植物科学的一项重大进步。这种分类明显领先于时代，他的探索引导了自然系统的发展，并通过De Jussieu、de Candolle、Bentham和Hooker对其进行了完善。

（5）J. P. de Tournefort（1656～1708）——属的概念之父 法国植物学家de Tournefort曾在Montpellier大学Pierre Magnol的指导下进行研究，后来成为巴黎Jardin du Roy的植物学教授，再后来成为巴黎Jardin des Plantes的负责人。他于1694年出版的《Elements de botanique》包含了698属10 146种植物。该书和附录的拉丁文版于1700年以《Institutions rei herbariae》的名称出版。Tournefort广泛游历了希腊和小亚细亚并带回了1356种植物，这些植物由他的仰慕者按照他的分类系统编排。他可能是第一个在列物种名录时对属命名并进行描述的人。Caspar Bauhin确实认识到了属和种的存在，但却没有进行描述。因此是Tournefort首次建立了“属”的概念。尽管他的分类系统劣于Ray的分类系统，但对于鉴别，认识到有瓣花和无瓣花、离瓣花和合瓣花、整齐和非整齐花的不同却是相当有用的。毫无疑问这一分类系统在18世纪的欧洲非常流行。

2.2 性分类系统

分类学方法的一个转折点是1694年Camerarius确立了有花植物性别特征。他认为雄蕊是雄性器官而花粉是种子形成的必要条件。他认为花柱和子房构成花的雌性器官。这种有关植物性别的观点一直受到教会的嘲弄，但是性别特征的确立促进了植物学事业的更新，并被林奈系统广泛用于对有花植物进行分类。

2.2.1 林奈——分类学之父

林奈（1707～1778），也叫Carl Linnaeus、Carl Linne或者Carl Von Linne。正像19世

纪达尔文主导着植物学思想一样，林奈在18世纪期间也做出了巨大贡献。Carl Linne，拉丁化后称作Carl Linnaeus或Carolus Linnaeus（图2.3），1707年5月23日出生于瑞典Rashult，因为Linnaeus正是Linn或Linden树（*Tilia* spp.）的拉丁名，所示出生时他便注定与植物学有不解之缘。他的父亲是一名乡村牧师，希望林奈能够成为一名神父，但1727年林奈却选择进入Lund大学学习医学。尽管没钱买书，但他的献身精神感动了Kilian Stobaeus教授，他不仅允许林奈使用他的图书馆，同时让他在自己家里免费食宿。由于Lund大学没有为学医的人提供合适的职位，林奈于1729年转到了Uppsala大学。因为认识到林奈对植物的热爱，Dean Olaf Celsius把他介绍给了植物学教授Rudbeck。在Rudbeck教授睿智的指导下，林奈于1729年发表了他有关植物性别的第一篇论文。在他的论文顺利发表后，他被任命为讲解员，接着被升为讲师。1730年，他出版了《Hortus upplandicus》一书，书中他根据Tournefort的系统对Uppsala植物园里的植物进行了统计。他发现越来越多的植物难以与Tournefort的系统相匹配，而对这一难题，他出版了经修订的《Hortus upplandicus》，其中他根据自己的性系统对植物进行了分类。

图2.3　分类学之父——林奈
（1707～1778）
（图片版权经邱皇家植物园许可）

1732年，林奈前往Lapland探险考察，这次旅行拓展了他的知识面。他带回了537份标本。此次探险的成果后来以《Flora lapponica》（1737）出版。1735年林奈前往荷兰并获得了Haderwijk大学的硕士学位。在荷兰期间，他遇到了包括John Frederick Gronovius和Hermann Boerheave在内的一些著名博物学家，前者资助他出版了《Systema naturae》（1735），书中阐述了林奈的性系统。后来林奈成为了荷兰东印度公司董事长George Cifford富商的私人医生，这给了林奈一个可以研究生长在Clifford自家花园里大量热带和温带植物的宝贵机会。在Clifford的资助下，林奈出版了一些手稿，包括《Hortus cliffortianus》和《植物属志》(Genera Plantarum)（1737）。然后林奈去了英国，在那里他遇见了起初将林奈称为“将植物学推向混乱之人”的John Jacob教授，但是随后Jacob教授立刻成为了在英国林奈系统的拥护者。在法国，林奈也遇见了de Jussion兄弟。

Rudbeck教授逝世后，林奈被任命为Uppsala大学的医学和植物学教授，直到1778年他逝世一直担任这一职务。1753年，他出版了最为著名的《植物种志》（Species Plantarum）一书。他日益增长的名声和著作吸引了大量的学生，其数量与日俱增，Uppsala的植物园实力也得到充分的加强。

每年夏天，林奈的植物学远足包括一名做笔记的注解者、一名负责训练的督导官和一些打鸟的射手。每次旅行的最后，他们在林奈的带领下，举着法国号角、桶鼓和大旗回到城里。

为表彰他的巨大贡献，1753年林奈被授予极星骑士，他是第一位获此殊荣的瑞典科学家。1761年，他被授予贵族称号，从此，他便被人尊称为Carl von Linne。

他热情的学生中，有两个人叫Peter Kalm和Peter Thunberg。Kalm广泛搜集了芬兰、俄罗斯和美洲的植物，当他带着成包的标本从美洲回来的时候，林奈已经卧床不起，但他却立刻忘记了病痛，而把注意力转移到了植物上。Thunberg也在日本和南非进行了广泛采集。

林奈在《自然系统》(Systema naturae) 中首次阐述了他的分类系统，并对所有已知的植物、动物和矿物进行了分类。在《植物属志》中，他对其所知的所有植物属进行了列举并描述。在《植物种志》中，他对所有已知的植物种进行了列举及描述。每种植物都包括以下几点（图2.4）：

DIADELPHIA HEXANDRIA. 699
Classis XVII

DIADELPHIA.

HEXANDRIA.

FUMARIA.

*Corollis bicalcaratis,

I. FUMARIA Scapo nudo. *Hort. Cliff. 251: * Gron. virg. 171. Rov.lugdb,. 393·* *cucullaria,*
Fumaria tuberosa insipida. *Corn. canad. 127.*
Fumaria siliquosa, radice grumosa, flore bicorporeo ad labia conJucto, virginiana. *Plak, alam. I62. t. 90. f 3· Raj. suppl.* 475·
Cucullaria. *Juss. act. paris* . 1743·
Habitat in Virginia, Canada 2:
Radix *tuberosa*;Folium *radicale tricompositum.* Scapus *nudus, Racemo simplici; bracteae vix ullae;* Nectarium *duplex corollam basi bicornem efficiens.*

2. FUMARIA floribus *postice* bilobis, caule folioso. *spectabilis.*
Habitat in Sibiria. D. Demidoff:
Planta *eximia floribus speciofissimis, maximis.* Habitus *Fumariae bulbosae, sed majora omnia.* Rami *ex alis rarioris.* Caulis *erectus.* Racemus *absque bracteis.* Corollae *magnitudine extimi articuli pollicis, pone in duos lobos aequales, rotundatos divisae.*

* *Corollis unicalcaratis.*

3. FUMARIA caule simplici, bracteis longitudine florum *bulbosa*

图 2.4 林奈《植物种志》(1753) 某一页的部分内容

(右侧边缘表示种加词)

① 属名。
② 多名描述短语或者以属名开头的短语名称，最多 12 个单词，试图作为该物种的描述。
③ 在边缘处有次要的名称或种加词。
④ 异名和重要的早期参考文献。
⑤ 生境和地区。

属名与其后的次要名称构成了每个种的名称。因此林奈建立了**双名法**，这种命名开始于 Caspar Bauhin，而属的概念则始于 Tournefort。

林奈系统主要基于雄蕊的数目划分了 24 个纲（表 2.2），使用起来非常简便。这些纲再依据心皮特征进一步划分为目，比如单雌蕊目、双雌蕊目等。这种基于雄蕊和心皮的分类会使得关系疏远的物种归在一起以及关系亲近的物种分离。

表 2.2 林奈在其《植物种志》(1753) 中以雄蕊群为基础划分的 24 个植物纲的概述

纲(Classes)	纲(Classes)
1. 单雄蕊纲 Monandria——雄蕊 1 枚	13. 多雄蕊纲 Polyandria——雄蕊 20 或更多,生于花托上
2. 二雄蕊纲 Diandria——雄蕊 2 枚	14. 二强雄蕊纲 Diadelphia——雄蕊 2 强,2 长 2 短
3. 三雄蕊纲 Triandria——雄蕊 3 枚	15. 四强雄蕊纲 Tetradynamia——雄蕊 4 强,4 长 2 短
4. 四雄蕊纲 Tetrandria——雄蕊 4 枚	16. 单体雄蕊纲 Monadephia——雄蕊单体,联合成 1 组
5. 五雄蕊纲 Pentandria——雄蕊 5 枚	17. 二体雄蕊纲 Diadephia——雄蕊 2 体,联合成 2 组
6. 六雄蕊纲 Hexandria——雄蕊 6 枚	18. 多体雄蕊纲 Polyadelphia——雄蕊多体,联合成 3 或多组
7. 七雄蕊纲 Heptandria——雄蕊 7 枚	19. 聚药雄蕊纲 Syngenesia——雄蕊花药合生
8. 八雄蕊纲 Octandria——雄蕊 8 枚	20. 雌雄合蕊纲 Gynandria——雄蕊与雌蕊愈合
9. 九雄蕊纲 Ennandria——雄蕊 9 枚	21. 雌雄同株纲 Monoecia——植物雌雄同株
10. 十雄蕊纲 Decandria——雄蕊 10 枚	22. 雌雄异株纲 Dioecia——植物雌雄异株
11. 十二雄蕊纲 Dodecandria——雄蕊 11～19	23. 雌雄杂株纲 Polygamia——植物具杂性花
12. 二十雄蕊纲 Icosandria——雄蕊 20 或更多,生于花萼上	24. 隐花植物纲 Cryptogamia——隐花植物

林奈知道他的系统比自然系统更为方便，但在这个时代为人所知的植物数量迅速增加迫切需要快速鉴定并定位。这正是林奈性系统的价值所在。他的《植物种志》（1753）标志着当代植物命名法的起点。林奈旨在建立自然分类，并在《植物属志》（1764）第6版中列出了58个自然目。尽管是其他人将其发扬光大，但林奈的确是根据时代的要求完成了自己的工作。

1778年林奈去世之后，他的儿子Carl接过他在Uppsala大学的教授职位和标本。1783年Carl死时，标本被送往“林奈之窗”旨在将标本卖给出高价的人。幸运的是这个出1000基尼[1]高价的人是英国植物学家J. E. Smith。Smith于1788年建立了伦敦林奈学会，并把这些标本转交给这个学会。这些标本因此被拍摄并以胶片形式得到了利用。

林奈的分类保持了多年的统治地位。1797～1805年间，最新出版的第5版《植物种志》被C. L. Wildenow极大地扩展并编辑为4大卷本。

2.3 自然分类系统

林奈已经为大量植物提供了一个确定可靠的目录框架，但随即有证据表明许多无关的物种被归类到一起。因此更客观的分类成为一种需要。正在经历知识革命的法国一直没有推崇过林奈系统，并因此成为了发展自然分类系统的引领者。

2.3.1 Michel Adanson（1727～1806）

法国植物学家Michel Adanson对人为特征选择没有任何印象，故而创立了一种将诸多特征平等对待的动植物分类法。在他的两卷本著作《植物科志》（1763）中，他根据植物间的自然关系认识了58个**自然目**（order[2]）。现今的数量分类学就是基于Adanson阐述的观点，如今已发展到新Adanson原理。

2.3.2 Jean B. P. Lamarck（1744～1829）

法国博物学家Jean B. P. Lamarck出版了《Flore Francaise》（1778），书的附录中有一个鉴别植物的检索表，包含有关种、目和科自然分类的一些基本原理。他的进化理论——拉马克学说更为著名。

2.3.3 De Jussieu家族

四个著名的植物学家都属于这个显赫的法国家族。其中的三兄弟——Antoine（1686～1758）、Bernard（1699～1776）和Joseph（1704～1779）中，最小的弟弟在南美度过了数年时间，在丢失了五年的标本收藏之后变得精神失常。两个哥哥在Pierre Magnol的指导下就读于Montpellier大学。Antoine成为继Tournefort之后的巴黎de Jardin des Plantes的负责人，随后他将Bernard招为职员。Bernard开始整理Versailles，La Trianon地区的花园里植物，其所依据的分类系统开始与林奈的《Fragmenta methodi naturalis》和Ray的《Methodus plantarum》有些相似，之后又加上了一些改动，当工作完成之时，他与林奈系统还是有所不同的。Bernard基于子叶数目，花瓣有无以及联合与否来建立他的分类系统。他从没有发表过他的分类系统，而是把它交给了他的侄子Antoine Laurent de Jussieu（1748～1836；图2.5）发表，这部经过他自己改动的著作名为《植物属志》（Genc

---

[1] 旧货币单位。——译者注

[2] order，相当于科。——译者注

ra Plantarum，1789）。

在这一分类系统中，植物被分为3类，再根据花冠特征和子房位置进一步分为15个纲和100个目（直到本世纪初，曾作为分类阶层名称的纲和目相当于现在所理解的目和科）。该分类系统的大致内容如下所示：

1. 无子叶植物类 Acotyedones
2. 单子叶植物类 Monocotyledones
3. 双子叶植物类 Dicotyledones
   ⅰ. 无瓣花群 Apetalae
   ⅱ. 合瓣花群 Monopetalae
   ⅲ. 离瓣花群 Polypetalae
   ⅳ. 无规则花群 Diclines irregulares

图 2.5 Antoine Laurent de Jussieu（1748～1836）

主要基于他的叔叔 Bernard de Jussieu 的工作完成了对《植物属志》（1789）的编写（图片版权经邱皇家植物园许可）

无子叶类，除了隐花植物外，还包括一些水生植物，它们的繁殖那时还不为人知。无规则花类包括柔荑花序类、荨麻类、大戟属以及裸子植物。

2.3.4 de Candolle 家族

de Candolle 家族是瑞士的一个植物学家家族。Augustin Pyramus de Candolle（1778～1841）出生在瑞士的日内瓦，但却是在巴黎接受的教育，他后来成为巴黎 Montpellier 的植物学教授（图 2.6）。他出版了许多著作，其中最重要的便是那本《Theorie elementaire de la botanique》（1813），书中阐述了一种新的分类方案，概括了一些重要原理并引入了“分类学”的概念。

图 2.6 Augustin Pyramus de Candolle（1778～1841）

第一次在其著作《Theorie elementaire de la botanique》（1813）中引入了术语“分类学”的概念。（图片版权经邱皇家植物园许可）

从1816年到他去世，Augustin de Candolle 一直在日内瓦进行着一项里程碑似的工作，他试图在1824年出版的《植物界自然系统先驱》（Prodromus systematis naturalis regnivegetabilis）的第一卷本中对所有已知的维管植物进行描述。他自己一共出版了7卷。他的儿子 Alphonse de Candolle 和孙子 Casimir de Candolle 继续着这一工作。Alphonse 出版了10卷著作，最后一本出版于1873年，专家们对一些科进行了修订。

A. P. de Candolle 的分类系统界定了161个自然目（1844年，Alphonse 主编的《Theorie elementaire de la botanique》的最后修订版中，这一数目增加到213个），该分类主要依据维管结构的有无（表 2.3）。

表 2.3 A. P. de Candolle 在他的《Theorie elementaire de la botanique》（1813）中提出的分类大纲

Ⅰ. 维管束植物 Vasculares(具维管束)	2. 散生维管束植物纲 Endogenae
1. 环生维管束植物纲 Exogenae(双子叶类)	A. 显花植物类 Phanerogamae(单子叶类)
A. 双被花 Diplochlamydeae	B. 隐花植物类 Cryptogamae
托花类 Thalamiflorae	Ⅱ. 无维管束植物 Cellularis(无维管束)
萼花类 Calyciflorae	1. 有叶纲 Foliaceae(藓类、叶苔类)
冠花类 Corolliflorae	2. 无叶纲 Aphyllae(无叶类、真菌类、地衣类)
B. 单被花 Monochlaydeae(也包括裸子植物)	

在 de Candolle 的系统中，蕨类植物获得了与单子叶植物同等的地位；裸子植物虽然被处理在双子叶植物中，但与 de Jussieu 的处理不同，它处于一个独立的地位；解剖学特征的重要性得到重视并成功运用于分类中。

2.3.5 Robert Brown

Robert Brown（1773～1858）是一个英国植物学家，他并没有提出自己的分类系统，但却阐明裸子植物是一个与双子叶植物有区别的并具有裸露的胚珠的类群。他也解释了萝藦科和兰科的花形态和传粉，禾本科花的形态，大戟科中杯状聚伞花序（Cyathium）的花结构，并建立了一些新科。

2.3.6 George Bentham 和 J. D. Hooker

两位英国植物学家 George Bentham（1800～1884）和 J. D. Hooker（1817～1911）在他们的三卷本著作《植物属志》（*Genera plantarum*，1862～1883）中联合发表了一个最为详尽的自然分类系统，一个将双子叶植物、裸子植物、单子叶植物视为单独类群的种子植物分类系统。总共有 202 个自然目（现在作为科）被合并到组（cohort，现在的目）和群/系（series）中。所进行的描述基于原始标本的研究和植物的解剖观察，并不仅仅是对已有文章的简单编纂。

《植物属志》尽管是在达尔文的《物种起源》之后出版的，但在概念上确是前达尔文的，物种被视为稳定的实体，不会随时间而变化。该系统对物种的描述是准确而可靠的，毫无疑问现在仍然有用，而且被世界上许多重要的植物志所遵从。

2.4 系统发育分类系统

1859 年，达尔文《物种起源》的出版是生物学思想的一场大革命，该书在当年的 11 月 24 日出版的第一天就全部售完。物种不再被认为是一经创造便一成不变的稳定实体，它现在已被视为是由种群组成的系统，是动态的并随时间变化而改变的、密切相关生物的体系。这种进化过程的存在使得 de Candolle 以及 Benthan 与 Hooker 的系统便不再合适，人们需要努力重建生物进化的过程，以取代原有的分类系统。

2.4.1 过渡期的分类系统

早期的系统并没有系统发育的思想，而在盛行的系统发育理论的影响下，人们试图重新整理早期的自然系统。

2.4.1.1 A. W. Eichler

德国植物学家 Eichler（1839～1887）于 1875 年提出了一个系统的基本框架。这一精细并且涵盖了整个植物界的统一系统最终发表于《Syllabus der vorlesungen…》（1883）的第三版。植物界被分为两大亚群：隐花植物和显花植物，后者又被进一步分为裸子植物亚门与被子植物亚门。被子植物亚门分为 2 个纲：单子叶植物纲和双子叶植物纲。双子叶植物纲下仅有两类：离瓣花群和合瓣花群。裸子植物被独立放在被子植物之前。单被花群被废除而分别放到了这两个类中，单子叶植物放在双子叶植物之前。

2.4.1.2 Adolph Engler 和 Karl Prantl

基于 Eichler 的分类，两位德国植物学家恩格勒 A. Engler（1844～1930）和柏兰特 K. Prantl（1849～1893）发展出一个细节之处略有不同的分类系统。具有里程碑意义的著作《自然植物分科志》（*Die naturlichen pflanzenfamilien*，1887～1915）共 23 卷，囊括了整个植物界。该书包括了所有已知植物属的检索表和描述：种子植物（花粉管受精的有胚植物）分为裸子植物和被子植物，后者又被分为单子叶植物纲和双子叶植物纲；双子叶植物纲的两个亚纲被命名为原始花被亚纲（无花瓣或分离花瓣）和后生花被亚纲（花瓣联合）。

恩格勒系统优于 Bentham 和 Hooker 系统，立刻在数个欧洲标本馆中取代了后者。但后来的古植物学和解剖学证据已经证明 Eichler 和恩格勒误解了进化顺序。柔荑花序类被恩格勒当作是双子叶植物中最原始的类群，其实，它们的简单性归因于进化变形而不是原始。和双子叶植物相比，单子叶是高级而不是原始的。双被花（具花萼和花瓣）现在已被认为是比单花被（仅有一轮花被）更为原始而不是更为高级的类群。

尽管恩格勒系统与伯兰特系统也和 Bentham 与 Hooker 的系统一样，从当今系统发育观念来看略显陈旧，但它们依然是植物志和标本馆所遵从的最主要的系统，这完全归功于他们对植物细致的分类处置，使人能够对任何一种植物鉴定并归类到某一科的某一属。尽管我们有大量的分类系统，但遗憾的是都没有对有花植物分类处理得如此全面，许多年来我们的植物标本馆和植物志依然遵从着这两个系统中的一个。

2.4.2 人为系统发育分类系统

根据系统发育信息建立的自然分类系统很快就让路于反映进化发展的分类系统。这种转变始于美国植物学家柏施 Charles Bessey。

2.4.2.1 柏施

柏施（C. A. Bessey）（1845～1915）是美国植物学家，他奠定了现代系统发育分类学的基础（图 2.7），是 Asa Gray 的学生，后来成为 Nebraska 大学的植物学教授。他是第一位为植物学做出巨大贡献的美国人，也是第一位发展了国际系统分类的植物学家。他在 Benthem 和 Hooker 分类的基础上，按照他的 28 条**原则**进行修正，最后以"The phylogenetic taxonomy of flowering plants"（1915）为名发表在《Ann. Mo. Bot. Gard》上。

图 2.7　柏施（1845～1915）
他奠定了现代系统发育分类学的基础，在《Ann. Mo. Bot. Gard》（1915）上提出自己的观点

柏施认为被子植物由属于本内苏铁祖先的苏铁门进化而来。他首次提出螺旋状排列的具大的两性花结构的木兰科是被子植物中最为原始的类群，这一理论被后来的许多作者采用。

柏施提出花起源的**孢子叶球理论**，认为花起源于具螺旋状叶原体的营养性的幼枝，叶原体中一些部分经变化分别形成了不育花被、可育雄蕊和心皮。从这种花经由两条线进化：一条线形成毛茛支，为相同部分的联合形成；另一条线形成蔷薇支，为不相同部分的联合形成（表 2.4）。

表 2.4　柏施（1915）**提出的被子植物分类大纲**

1. 互生叶纲 Alternifoliae(单子叶植物纲 Monocotyledoneae)
    1. 互生叶球花亚纲 Strobiloideae(5 目)
    2. 互生叶杯花亚纲 Cotyloideae(3 目)
2. 对生叶纲 Oppositifoliae(双子叶植物纲 Dicotiledoneae)
    1. 对生叶球花亚纲 Strobiloideae
        1. 离瓣花多心皮超目 Apopetalae-polycarpellatae(7 目)
        2. 合瓣花多心皮超目 Sympetalae-polycarpellatae(3 目)
        3. 合瓣花二心皮超目 Sympetatae-dicarpellatae(4 目)
    2. 对生叶杯花亚纲 Cotyloideae
        1. 离瓣花超目 Apopetalae(7 目)
        2. 合瓣花超目 Sympetalae(3 目)

双子叶植物的毛茛目和单子叶植物的泽泻目被视为各类群里最为原始的部分，这也被后来的多数作者所认可。毛茛支植物被认为是最为原始的被子植物，后来发展成了单子叶植物，但遗憾的是毛茛支中单子叶植物放到了双子叶植物之前。

柏施也首先通过进化树来表明进化关系，进化树中原始类群在底部而最高级的类群在分支的顶端（图 2.8）。他的图表因与仙人掌相似故而被称为**“柏施仙人掌”**。

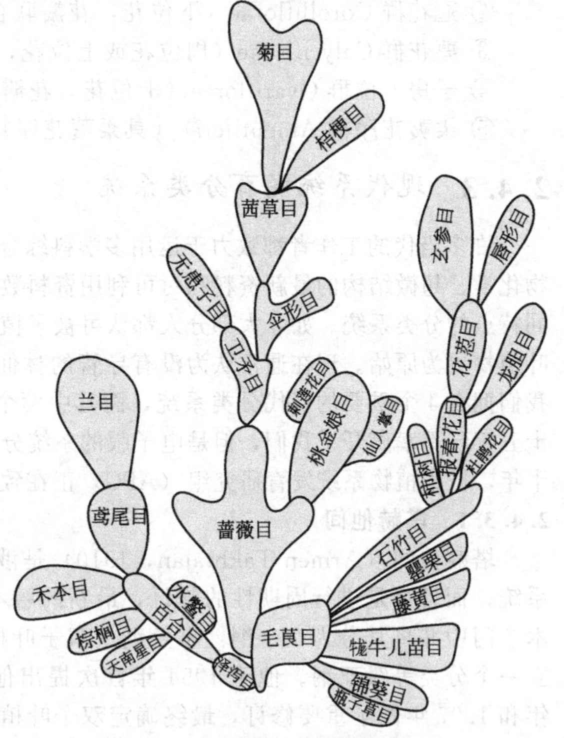

图 2.8 “柏施仙人掌”显示柏施所确定的目的亲缘关系

2.4.2.2 Hans Hallier

Hallier（1868～1932）是一位德国的植物学家，他建立了一种与柏施系统极为相似的分类系统，也以毛茛目为开端，但双子叶植物放到单子叶植物之前。木兰科从毛茛目中分离出来，置于一个独立的番荔枝目中。

2.4.2.3 Wettstein

Wettstein（1862～1932）是奥地利系统分类学家，他在《Handbuch der systematischen botanik》（1930，1935）中发表了他的分类系统。该分类系统与恩格勒系统相似，都认为单性花是原始的，但却认为单子叶植物比双子叶植物更为高级，并认为沼生目是原始的而露兜树目更为高级。他关于系统发生的诸多结论也被后来的分类系统所采纳。

2.4.2.4 Alfred Rendle

英国植物学家 Rendle（1865～1938）与英国自然历史博物馆联合出版了《有花植物分类学》（Classification of Flowering Plants，1904、1925），与恩格勒系统相似的是，他认为单子叶植物比双子叶植物更为原始，双子叶植物中柔荑花序类是一个原始类群。他把双子叶植物分为 3 个等级：**单被花类**、**离瓣花类**（花瓣分离）和**合瓣花类**。单子叶植物中，他把棕榈科分离出来作为一个单独的目，并认为浮萍科比天南星科更为高级。

2.4.2.5 哈钦松

英国植物学家哈钦松（John Hutchinson，1884～1972）与邱皇家植物园合作创立了一个分类系统，并在他的著作《有花植物科志》（The Flowering Plants，1973）第三版中确立了它的最终形式。该分类系统基于 24 条**原则**，将有花植物分为 411 个科：双子叶植物被认为比单子叶植物更为原始，并把它分两类，**木本群**和**草本群**；木兰科被认为是最原始的双子叶植物。但他将双子叶植物分为木本和草本的思想却遭受到了广泛的批评，因为这样做使许多亲缘关系密切的科被分离到了相互较远的类群中。

2.4.2.6 Lyman Benson

Lyman Benson 创立了一个用于植物学教学的分类系统，并发表在其《植物分类》（Plant Classification，1957）一书中。基于 Bentham 与 Hooker、恩格勒与柏兰特的分类系统，他将双子叶植物按特征分为 5 个类群。单子叶植物被直接分为 13 个目，从泽泻目开始而终止于露兜树目。尽管 Benson 做了许多修正，但是双子叶植物的分类依然采用 de Candolle 以及 Benthem 与 Hooker 的分类系统，而单子叶植物的分类采用柏施 Bessey 的大纲：

① 托花群 Thalamiflorae（下位花，分离或无花瓣）

② 冠花群 Corolliflorae（下位花，花瓣联合）
③ 萼花群 Calyciflorae（周位花或上位花，花瓣分离或没有）
④ 子房下位群 Ovariflorae（上位花，花瓣联合）
⑤ 柔荑花序群 Amentiferae（具柔荑花序）

2.4.3 现代系统发育分类系统

许多当代的工作者都致力于运用多学科综合信息来完善分类系统框架。来自古植物学、植物化学、超微结构的最新资料和对可利用资料数字分析技术的完善已经帮助创立了一些具有共同特点的分类系统。如今大部分人都认可被子植物是一个单系类群，其中的双子叶植物比单子叶植物更为原始。现在通常认为没有导管的林仙科和古草本科是基部的现存被子植物。目前，我们拥有4个重要的当代分类系统，而其中两个的作用——克朗奎斯特和R. Dahlgren在过去十五年已不幸离开了我们，但是电子版的系统分类框架的频繁更新是一个很好的趋势。在最近十年，被子植物系统发育研究组（APG）正在致力于这一单系类群的研究工作。

2.4.3.1 塔赫他间

塔赫他间（Armen Takhtajan，1910）是俄罗斯植物学家，他创立了一套有花植物分类系统，而且总是进行周期性的修订，最新的版本于1997年发表。塔赫他间将被子植物放在木兰门中并将其分为2个纲：木兰纲（双子叶植物）和百合纲（单子叶植物），在其下再设立一个分类等级亚纲。他于1954年首次提出他的分类系统，并于1966年、1980年、1987年和1997年做了重要修订，最终确定双子叶植物11个亚纲，单子叶植物6个亚纲。这些亚纲又进一步分为超目（以-anae结尾）、目和科，这样双子叶植物共包括55个超目、175个目和458个科，而单子叶植物则包括16个超目、57个目和131个科。通过系统发育图（遗憾的是1997年版中此项丢失）表示类群间的关系，图中球形或泡形的大小表示类群内物种的相对数量（因此称为**“泡状图”**）。因其精心设计的泡状图和独特的编排方式被Woodland（1991）称为“塔赫他间花园”。

2.4.3.2 克朗奎斯特

在纽约植物园工作的克朗奎斯特（Arthur Cronquist，1919～1992）于1957年首次阐明了他的分类系统，并于1968年、1981年和1988年相继出版了重要修订版，他把双子叶植物分为6个亚纲，单子叶植物分为5个亚纲。他的分类系统与塔赫他间系统极为相似，即将被子植物放在木兰门中，并同样被分为2个纲：木兰纲（双子叶植物）和百合纲（单子叶植物），但没有“超目”一项。双子叶植物分为64个目和318个科，单子叶植物分为19个目和65个科。相对于塔赫他间系统重视分支分类，克朗奎斯特系统对各种类群中的表征关系给予更大的权重。同样采用泡状图形式表现系统发育，但他的图不如塔赫他间的精巧，因为它只是描画了被子植物的主要类群。当这一分类系统在他的著作《有花植物分类的综合系统》（An integrated system of classification of flowering plants，1981）中详细发表后，得到了许多研究机构尤其是美国研究者的认可。

2.4.3.3 C. R. de Soo

来自匈牙利布达佩斯的C. R. de Soo于1975年提出了一个与塔赫他间系统基本相似的分类系统，但却用Angiospermophyta来命名被子植物，用Dicotyledonopsida命名双子叶植物纲，用Monocotyledonopsida命名单子叶植物纲。双子叶植物纲包含5个亚纲、54个目，单子叶植物纲包含3个亚纲、14个目。

2.4.3.4 Robert Thorne

美国分类学家Thorne（1920）提出并周期性地修订了一个与上述两个分类系统接近的分类系统，不同的是将被子植物列为一个纲而不是一个门。Thorne于1968年首次发表了他的分类系统，并在1974年、1976年、1981年、1983年、1992年、1999年、2001年和2003年进行了修订。他早些时候用-florae为后缀替代塔赫他间用-anae表示超目，但现在（1992年以来）他已经接受了-anae作为超目的后缀。

Thorne最早将被子植物分为双子叶植物和单子叶植物两个亚纲，然后进一步分为超目、目和科。从1999年开始，他放弃了单子叶植物和双子叶植物的传统分类法，取而代之的是将被子植物门分为10个亚纲，单子叶植物类群放在原始的双子叶植物和高级的双子叶植物（APG的真双子叶）之间。在2003年最新的修订版中（Rancho Santa Ana植物园的网站www.rsabg.org/publications/angiosp.html上可见），他确立了33个超目、90个目和489个科，这是1999年以来最主要的一次修订。1999年，在马里兰大学J. L. Reveal博士主持下进行修订，将被子植物分为31个超目、74个目和475个科，在http://www.inform.umd.edu/PBIO/fam/thorneangiosp99.html上可见到1999年的版本。最新版（2003年）尽管保持了同样的亚纲数量，但却废除了五桠果亚纲（含160个科的最大亚纲），把其成员分配到其他亚纲，主要是蔷薇亚纲，将主要来自早期版本中蔷薇亚纲中的金缕梅目重新确立为金缕梅亚纲。

Thorne的演化关系图表明了不同类群间的关系，是一种**系统发育树**。图中央留出了一些空白来表示一些消失了的早期被子植物，靠近中心的是最原始类群，周围的是高级类群。不同类群中亲缘物种的数量由不同大小的球状物来表示。这种图并没有出现在最新的电子版本中。

2.4.3.5 Rolf Dahlgren

丹麦植物学家Dahlgren（1932～1987）于1974年首次阐述了他的分类系统，并于1975年、1980年、1981年和1983年进行了修订。该分类系统与Thorne早期的版本非常相似，都是用木兰纲命名被子植物，木兰亚纲命名双子叶植物，百合亚纲命名单子叶植物。他的妻子Gertrud Dahlgren于1989年出版了这一分类系统的最新版本。这次修订是基于大量的表型特征，主要是生物化学、超微结构和胚胎学方面的信息来完成的。该系统将双子叶植物分为25个超目，单子叶植物分为10个超目。Dahlgren的演化关系图从基部到顶部非常像一个系统发育树的横切面，这种图精妙之处在于绘制了各种类群的特征分布，使其易发展为一个理想的分类系统。Dahlgrem和他的同事们已经绘制过数百张这样的图。Dahlgren指出如果遵从严格的基于**分支系统**关系的方法，就不应该有单子叶植物和双子叶植物之分，但他从来没有认为单子叶植物是一个可作为亚纲阶元的独特类群。该分类系统开始时用-florae的后缀来表示超目，但因为-florae的使用局限于被子植物而并不能广泛运用，所以1989年Gertrud Dahlgren转而使用-anae作为超目的后缀。

还应该提及的是Sporne（1976）和Stebbins（1974）的分类系统，它们尽管大体上是基于Takhtajan-Cronquist的模式，但用圆环图来表明类群间的关系，类群的特化程度用“发展指数”表示，图中心为0，沿着圆周为100。如预期的一样，这种图的中心是空白，因为早期的被子植物现已灭绝。Doweld（2001）和吴征镒（2002）等发表的最新分类系统也是基于塔赫他间系统的模式。

2.4.3.6 被子植物系统发育研究组

Bremer和Wanntorp（1978和1981）继续推动着系统分类的发展，他们认为被子植物不应该被分为单子叶植物和双子叶植物，而应直接分成一些单元起源的类群。“被子植物系统发育研究组”（Angiosperm Phylogeny Group，APG）通过近20年的努力工作于1998年提出了“APG分类系统”，462个科被归入40个假定的单系目和一些非正式的更高级的单系类群，比如：单子叶类（monocots）、鸭跖草类（commelinoids）、真双子叶类（eudicots）、核心真双子叶类（core eudicots）、蔷薇类（rosids）、真蔷薇类Ⅰ（eurosids Ⅰ）、真蔷薇类Ⅱ（eurosids Ⅱ）、菊类（asterids）、真菊类Ⅰ（asterids Ⅰ）和真菊类Ⅱ（asterids Ⅱ）。在这些非正式的类群之下，列出了许多没有归属到目的科，大量没有归属的科被列在了该分类系统的起始和末尾。

目前依据分支分类法揭示的系统发育，并支持有花植物科以上的主要类群都是单源起源的。伴随着系统发育树上主要分支的细化完善，形成了经修订的有花植物超科分类系统，这是人们需要的比较科学的分类系统。这一系统发育分析强有力地说明简单地将被子植物门分为双子叶和单子叶植物是不能反映系统发育历史的。

Judd 等（1999）发表的 APG 分类系统的修订本中，总共有 51 个目，并把 1998 年分类系统中属于非正式类群的一些科放到了这些目中。2002 年，这个分类系统的修订版与 APG Ⅱ极为相似，仅有少量不同。在被子植物系统发育的网站 http：//www. mobot. org/MOBOT/research/Apweb/上可见由 Stevens 不断升级的 APG 最新版本（APGⅡ，2003），使得 APG 体系相当地完善，越来越多的科（和一些目）从未定类群中分离出来。APGⅡ列出了 457 个科和 45 个目，把 Commelinoids 更名为 Commelinids 以避免与亚科 Commeli-noideae 混淆。

最近几年的发展已经揭示了一些事实。被子植物不再被分为传统的双子叶植物和单子叶植物，鸭跖草类从单子叶植物中分离出来，这两点使传统的单子叶植物在原始被子植物和真双子叶类之间找到了归宿。但仍有一个重要问题没有回答，即，像 Judd 等（1999）和 Stevens（2003）的分类系统一样将仅包括古草本类（睡莲科、莼科、胡椒科、互叶梅科和金鱼藻科等）和真木兰类植物（木兰目、樟目等）的原始被子植物放在鸭跖草类之后是否合适，或者像 Judd（2002）、Thorne（2003）和 APG Ⅱ（2003）的分类系统一样将包括古草本类和真木兰类在内的原始被子植物放在单子叶植物之前是否合适。重要的是 Thorne（1999，2000，2003）已经对其分类系统做了重要修订，使其与 APG 系统并行，但仍然保持等级结构，几乎所有的科都有合适的位置（仅有 5 个属例外）。同样有趣的是 Thorne 的 10 个亚纲或多或少与 APG 的 11 个非正式类群相匹配，只是在菊类里颠倒了一些关系。当代分类系统的对比如表 2.5 所示，它记录着系统发育分类学的发展。

表 2.5 最新的几个系统发育分类系统的比较（显示主要的类群和位置不确定类群的数量）

APG(1998)	修订的 APG (Judd 等,2002)	APGⅡ(2003)	Apweb (Stevens 2003)	Thorne2003
起始的未定类群 (11 科④＋4 目)②	"基部科群" (1 科④＋3 目)	(4 科④＋2 目)②	(4 目)②	—
	木兰类复合体	木兰类	木兰类①	木兰亚纲
单子叶类(5④)	单子叶类	单子叶类(1④)	单子叶类(1④)	泽泻亚纲 百合亚纲
鸭跖草类(6④)	鸭跖草类进化支	鸭跖草类(1④)	鸭跖草类(1④)	鸭跖草亚纲
真双子叶类(4④)	三沟花粉类 (真双子叶类) 基部三沟花粉类(5④)	真双子叶类(5④)	真双子叶类(1④)	毛茛亚纲
核心真双子叶类(6④)	核心三沟花粉类 (核心真双子叶类)	核心真双子叶类(3④)	核心真双子叶类	金缕梅亚纲 石竹亚纲
蔷薇类(7④)	蔷薇类进化支(1④)	蔷薇类(6④)	蔷薇类(1④)	
真蔷薇类Ⅰ(4④)	真蔷薇类Ⅰ	真蔷薇类Ⅰ(3④)	真蔷薇类Ⅰ(1④)	蔷薇亚纲
真蔷薇类Ⅱ(1④)	真蔷薇类Ⅱ	真蔷薇类Ⅱ(1④)	真蔷薇类Ⅱ(1④)	
菊类	菊类进化支	菊类	菊类	菊亚纲 山茱萸超目 杜鹃花超目 五加超目⑤ 菊超目⑤
真菊类Ⅰ(3④)	真菊类Ⅰ	真菊类Ⅰ(3④)	真菊类Ⅰ(4④)	唇形亚纲 茄超目 唇形超目
真菊类Ⅱ (25 科)③	真菊类Ⅱ(1④) 未列③	真菊类Ⅱ(10④) (10 科,5 属)③	真菊类Ⅱ(10④) (10 科,5 属)③	(五加超目,菊超目)⑤ (5 属)③

①Apweb 将木兰类放在鸭跖草类的后面；金粟兰目置于两者之间；②在被子植物起始的位置不确定类群，缺乏上一级归类的目；③不能确定位置的科；④在各大类里不能确定位置的科；⑤Thorne 在菊亚纲下包含五加超目和菊超目，它们包含的目包含在真菊类Ⅱ中，并且放在唇形亚纲之前，后者大致包含的目包含在真菊类Ⅰ中。

第3章 植物的命名

命名是对一种植物或一个分类群给出正确名称的过程。在实践中，命名通常和鉴定联系在一起，这是因为当鉴定一个未知植物标本时，鉴定者应选择并使用正确的名称。无论你叫"苹果"为"Seb"（北印度语方言）、Apple、*Pyrus malus* 还是 *Malus malus*，这种令人喜欢的温带植物都算被正确鉴定出来，但是只有使用正确的学名 *Malus pumila* 才将鉴定与命名联系到一起。目前植物命名必须遵循国际植物分类协会（IAPT）颁布的国际植物命名法规（ICBN）。法规在每次国际植物代表大会召开后都会做适当修改。动物命名按照国际动物命名法规（ICZN）进行，细菌命名按照国际细菌命名法规（ICNB，现在称为细菌学法规 BC）进行。栽培植物命名按照国际栽培植物命名法规（ICNCP）进行，此法规主要基于 ICBN，并带有一些附加的条款。因此在一种命名法规的条款里，两个分类群不能共享同一个正确学名，但是在不同的命名法规里却可以有同一学名。比如，属名 *Cecropia* 既可以指五彩的蛾子也可以指热带树木。与此相似的，属名 *Pieris* 既可以指某些蝴蝶也可以指某些灌木。

在过去的十年间，人们曾经试图为所有生物有机体创造一个统一的命名规则，以便于把所有生物的数据合并到一个数据库里。**生物法规草案**和**系统发育法规**都试图往这个方向努力，但是这些努力在被接受以前还有很长的路要走。

3.1 学名的意义

拉丁语作为标准形式的学名，优于俗名和普通名，这是因为后者存在以下几种问题：

① 人类所知道的所有物种并不一定都有俗名。

② 俗名的使用受到限制并且只在一种或几种语言中使用，它们的应用方面并不普遍。

③ 普通名通常不能显示科或属关系的信息。"玫瑰 roses"归属于蔷薇属，woodrose 是番薯属的成员之一，primrose 属于报春花属。这三个属分别属于三个不同的科——蔷薇科、旋花科和报春花科。"橡树 oak"是栎属物种最普遍的一个俗名，但是 Tanbark oak 是石栎属（柯属），poison oak 是 *Rhus*（盐肤木属），silver oak 是 *Grevillea*（银桦属），Jerusalem oak 是 *chenopodium*（藜属）。

④ 一般来讲，在使用同一种语言的相同或是不同地区，可能存在同一物种有多种普通名，尤其是广泛分布的植物。比如，Cornflower、bluebottle、bachelor's button 和 ragged robin 都指的是同一个物种——*Centaurea cyanus*（矢车菊）。

⑤ 有时候，两种或更多没有关系的物种却有相同的普通名。Bachelor's button，可能是 *Tanacetum vulgare*（普通菊蒿）、*Knautia arvensis*（欧洲山萝卜）或者 *Centaurea cyanus*（矢车菊）。同样 Cockscomb，为 *Celosia cristata*（鸡冠花）的普通名，但是也是一种海藻 *Plocamium coccinium*（绯红海头红）或者 *Rhinanthus minor*（小鼻花）的普通名。

3.1.1 使用拉丁文的原因

学名无论其来源都要用拉丁语。1935 年 1 月 1 日前发表的任何新分类群都要求有拉丁文的特征集要。采用拉丁文命名和描述的传统可以追溯到中世纪，用拉丁文书写的植物学出版物的传统持续到 19 世纪中期。对植物的描述并不是采用西塞罗或者贺瑞斯的古典拉丁语，而是由中世纪学者们基于古代普通人流行的拉丁口语，采用"法语"的读写方式。选择这种语言胜过于现代语言的优点如下：①拉丁语是一门死语言，语义和解释都不像英语和其他语言那样不停地变化；②拉丁语在语义方面是最专业和最精确的；③单词的语法意义一般来说都很明显（白色翻译为 album-中性、alba-阴性或 albus -阳性）；④拉丁语使用罗马字母表，适用于大多数语言。

3.2 植物命名的历史

几个世纪以来，植物名称一直以多名词学名存在——冗长的描述性短语，通常难以记忆。比如，一种柳树，Clusius 在他的著作（1583）中命名为 *Salix pumila angustifolia altera*。Casper Bauhin（1623）引入了**双名法**的概念：一个物种的名称由两部分组成，第一部分是该物种所属的属名，第二部分是**种加词**。这样，洋葱被命名为 *Allium cepa*，*Allium* 是属名，而 *cepa* 是种加词。然而 Bauhin 却并没有对所有物种采用这种命名法，于是林奈在他的《植物种志》（1753）中继续巩固了这个命名体系。早期的命名规则由林奈在他的《Critica botanica》（1737）中提出，并且在《Philosophica botanica》（1751）中进一步扩充。A. P. de Candolle 在他的《Theorie elementaire de la botanique》（1813）中对命名的程序进行了更明确的阐述，其中许多内容都来自于林奈。Steudel 在《Nomenclator botanicus》（1821）中列举了作者所知道的所有有花植物的拉丁名称以及它们的异名。

Alphonse de Candolle 是第一个系统整理并完善统一的植物命名法的人，他发行了自己手稿《Lois de la nomenclature botanique》的副本。经过在巴黎召开的第一次国际植物学大会（1867）的慎重考虑，巴黎法规（又称"de Candollel 规则"）被采纳了。林奈 1753 年开创了植物命名法的先河并且为优先律的制定奠定了基础。美国植物学家对巴黎法规并不满意，他们采用的是一个分离的罗切斯特法规（1892），该法规提出了模式的概念，严格遵循优先律，即使是重词名也如此（种加词重复属名，例如 *Malus malus*）。

巴黎法规 1905 年被维也纳法规取代，维也纳法规以 1753 年林奈的《植物种志》作为命名的起点日期，不接受重词名，并且发表新分类群必须有拉丁文特征集要。另外，还要有一个保留属名的列表。然而，由于也不满意维也纳法规，罗切斯特法规的拥护者采用美国法规（1907），此法规不接受保留属名列表和发表新分类群需要拉丁文特征集要的条款。

直到 1930 年剑桥召开的第五届国际植物学大会才最终解决了命名法中的分歧，并最终确定了一部真正的国际法规，接受模式概念，拒绝重词名，发表新分类群必须有拉丁文特征集要以及接受保留属名。法规在每次国际植物学大会结束后都会有相应的改动。1993 年在日本东京召开了第 15 届国际植物学大会，在东京法规获准于 1994 年发表（Greuter 等，1994）。第十六届国际植物学大会 1999 年在圣路易斯（ST Louis）召开，会议决议 2000 年发表法规（Greuter 等，2000）。第十七届大会将于 2005 年在维也纳举行。

命名法规发表的原因是由于各个国家的植物学家都需要有一部精确而简洁的植物命名系统。法规的宗旨是为需要命名的分类类群提供一整套稳定的命名方法，避免并且杜绝使用那些容易造成错误或产生歧义以及容易造成混乱的名称。导言指出了植物法规的基本观点。整个法规分成 3 个部分：

Ⅰ 原则

Ⅱ 规则和辅则

Ⅲ 管理法规的规程

另外，命名法还包括以下附录：

Ⅰ 杂种名称

Ⅱ A. 藻类、真菌、蕨类以及化石植物的保留与废弃科名

Ⅱ B. 苔藓植物和种子植物的保留科名

Ⅲ A. 保留与废弃属名

Ⅲ B. 保留与废弃种名

Ⅳ 必须废弃的名称（A. 藻类、B. 真菌、C. 苔藓植物、D. 蕨类植物、E. 种子植物）

Ⅴ 禁止书目

最后三个有用的附录第一次包括在东京法规中。第一个（ⅢB）包括保留和废弃种名，第二个（Ⅳ）列举了根据第 56 款不可以用的名称以及基于这些名称的组合，最后一个（Ⅴ）列举了根据命名法规发表的非有效出版物（和分类类别）名单。

原则是构成植物命名系统的根据。共有 62 条主要规则（以条款的形式列出）以及辅助性的辅则。规则旨在规范过去的植物命名并为将来的命名提供依据，违反了规则的名称不能被保留。辅则用于辅助性点项，为使整个命名系统更加统一和清晰。违反了辅则的名称不能废弃，但也不能作为例子而加以效仿。保留名是那些不满足优先律的要求但准许使用的名称。各种规则和辅则我们将就下面几个相关标题予以讨论。

3.3 国际植物命名法规导论

① 植物学需要一个各个国家的植物学家通用的精确而简洁的命名体系，一方面解决用于表示分类类群或单元等级的术语，另一方面提供用于植物单独的分类类群的学名。给一个分类类群一个名称的目的不是为了说明其特征或者历史，而是为了给该分类群提供一个称谓并表明其分类等级。本法规旨在为分类群提供一整套稳定的命名方法，以避免并且杜绝使用那些容易造成错误或产生歧义以及容易引起混乱的名称。本法规的另一个重要目的是为了避免产生无用的名称。其他方面的考虑，比如语法的绝对正确性，名称的规范化和是否悦耳，或多或少的惯用法，考虑人的因素等。尽管这些方面的重要性不可否认，但它们还是相对的辅助成分。

② 原则是构成植物命名系统的根据。

③ 详细的规程分为规则和辅则。规则以条款的形式列出。实例用以说明规则和辅则。

④ 规则旨在规范过去的植物命名并为将来的命名提供依据，违反规则的名称不能被保留。

⑤ 辅则解决一些辅助性点项，其目的在于使整个系统更加统一和清晰，尤其对将来的植物命名，因此违反了辅则的名称虽不能废弃，但也不能够作为例子而加以效仿。

⑥ 本法规的最后一部分为有关修改法规的条文。

⑦ 规则和辅则适用于所有传统上称为植物的有机体，不管是化石或非化石，比如，蓝藻；真菌，包括壶菌、卵菌和黏菌类；光合原生生物以及分类学上相关的非光合类群。

⑧ 国际栽培植物命名法规是在国际栽培植物命名委员会的授权下制定的，用于处理农业、林业和园艺范围内特殊植物类别名称的使用和构成。

⑨ 只有经过足够的分类学研究并对有关的事实有了充分的了解，或有必要废弃违反有关规则的名称时，方可改变一个名称。

⑩ 当相关的规则不存在或者当依据规则的结果有问题时，可以遵照习惯用法。

⑪ 此版本法规取代以往所有各版法规。

3.4 国际植物命名法规原则

国际植物命名法规建立在以下 6 条原则的基础之上，这些原则既是法规的理论基础，同时也为那些想要修改法规而提出修正或商榷意见的分类学者提供了依据：

① 植物命名法独立于动物命名法。本法则普遍适用于植物分类群的命名，不管这些类群最初是否被定位为植物。

② 分类群名称的应用由命名模式来决定。

③ 一个分类群的命名基于其发表的优先权。

④ 每个具有特定范围、位置和等级的分类群只能有一个正确名称，即最早的符合各项规则的那个名称。

⑤ 不管其词源如何，分类群的学名均处理为拉丁文。

⑥ 除非有明确的规定，本法规的各项规则均有追溯既往之效。

3.5 分类群名称

分类群指归属于任何等级的一个分类学类群。命名系统提供了一个分类等级的阶层排列。每种植物都属于若干分类单元，每个单元代表特定的分类等级。因此洋葱属于 *Alliumcepa*（种级），*Allium*（属级），Liliaceae（科级）等。七大主要分类等级递减的顺序为：界、门、纲、目、科、属和种。名称的结尾表明了它所在的等级：-bionta 代表界，-phyta 代表门，-phytina 代表亚门，-opsida 代表纲，-opsidae 或者-idea 代表亚纲，-ales 代表目，-ineae代表亚目以及-aceae 代表科。整个分类等级的阶层系统和词尾以及实例都列于表 3.1。

属以上等级的类群名称用单名的复数形式来表示。因此，我们说“Winteraceae are primitive”是正确的，而“Winteraceae is primitive”则是错误的。但当我们强调分类等级的时候，情况就会变化。因此，“the family Winteraceae is primitive”就是正确的表述。

科以上分类单元的名称是通过把所包含的合法科名的词尾-aceae 替换为指示其等级的词尾而构成的（蔷薇目 Rosales 来源于蔷薇科 Rosaceae，木兰纲 Magnoliopsida 来源于木兰科 Magnoliaceae）。一个科的名称是一个复数形容词用做名词，其构成来源于经典拉丁语以及希腊语的模式属的名称，将其单数属格的词尾替换为词尾-aceae（蔷薇科 Rosaceae 来源于蔷薇属 *Rosa*，眼子菜科 Potamogetonaceae 来源于眼子菜属 *Potamogeton*）。按照这种方法，那些非经典来源的名词在无法确定单数属格的时候，则把词尾-aceae 加在整个词的后面（银杏科 Ginkgoaceae 来源于银杏属 *Ginkgo*）。当属名具有可互用的属格形式时，必须遵从原作者明确使用的一个（睡莲科 Nelumbonaceae 来源于睡莲属 *Nelumbo—Nelumbonis*，格尾变化由 umbo 和 umbonis 类推而来）。

亚纲及其以上等级的词尾都是推荐的，然而目及其以下分类单元则有必须遵从的规则。因此像裸子植物、被子植物、苔藓植物、蕨类植物、木本群、草本群、双子叶植物和单子叶植物等类群的名称都很正常，一直被用作目级以上类群的有效名称。APG 系统的最新版本提出，目级以上的类群都只被冠以非正式名称，如古草本类、三沟花粉类（真双子叶类）、菊类、蔷薇类、真菊类和真蔷薇类等单系类群。非正式的分类学名称被用于目级以上，科名以-aceae 结尾。被子植物中有 8 个科的名称都不符合命名法规，但是由于传统上一直使用，

表 3.1 ICBN 规定的分类等级和词尾

分类等级(单元)	词　尾	实　例
界	-bionta	绿色植物界 Chlorobiont
门	-phyta	木兰门 Magnoliophyta
	-mycota(真菌)	真菌门 Eumycota
亚门	-phytina	真蕨亚门 Pterophytina
	-mycotina(真菌)	真菌亚门 Eumycotina
纲	-opsida	木兰纲 Magnoliopsida
	-phyceae(藻类)	绿藻纲 Chlorophyceae
	-mycetes(真菌)	担子菌纲 Basidiomycetes
亚纲	-opsidae	真蕨亚纲 Pteropsidae
	-idae(种子植物)	蔷薇亚纲 Rosidae
	-phycidae(藻类)	蓝藻亚纲 Cyanophysidae
	-mycetidae(真菌)	担子菌亚纲 Basidiomycetidae
目	-ales	蔷薇目 Rosales
亚目	-ineae	蔷薇亚目 Rosineae
科	-aceae	蔷薇科 Rosaceae
亚科	-oideae	蔷薇亚科 Rosoideae
族	-eae	蔷薇族 Roseae
亚族	-inae	蔷薇亚族 Rosinae
属	-us、-um、-is、-a、-on	梨属 *Pyrus*、葱属 *Allium*、南芥属 *Arabis*、蔷薇属 *Rosa*、棒头草属 *Polypogon*
亚属		菟丝子属真菟丝子亚属 *Cuscuta* subgenus *Eucuscuta*
组		玄参属网脉玄参组 *Scrophularia* section *Anastomosanthes*
亚组		玄参属春玄参亚组 *Scrophularia* subsection *Vernales*
系		玄参属侧花玄参系 *Scrophularia* series *Lateriflorae*
种		犬月季 *Rosa canina*
亚种		神圣还阳参二裂亚种 *Crepis sancta* subsp. *bifida*
变种		马樱丹多色变种 *Lantana camara* var. *varia*
变型		柚木斑点变型 *Tectona grandis* f. *punctata*

这些科名被准许保留。这些科及其互用名称（符合命名法规并且提倡使用）以及这些互用名称所基于的模式属列表如下：

传统名称	互用名称	模式属
十字花科 Cruciferae	Brassicaceae	芸苔属 *Brassica*
藤黄科 Guttiferae	Clusiaceae	书带木属 *Clusia*
豆科 Leguminosae	Fabaceae	蚕豆属 *Faba*
伞形科 Umbelliferae	Apiaceae	芹属 *Apium*
菊科 Compositae	Asteraceae	紫菀属 *Aster*
唇形科 Labiatae	Lamiaceae	野芝麻属 *Lamium*
棕榈科 Palmae	Arecaceae	槟榔属 *Areca*
禾本科 Gramineae	Poaceae	早熟禾属 *Poa*

按照命名法规第 18 款的规定，豆科的名称 Leguminosae 只有在包含以下三个亚科的情况下才与互用名称 Fabaceae 对应：蝶形花亚科、云实亚科和含羞草亚科。三个名称升级为科时，蝶形花科 Papilionaceae 相对于 Leguminosae 被保留，优先名称是 Fabaceae，两个互用名称为 Papilionaceae 和 Fabaceae。

化石分类群可以作为**形态分类群**。一个形态分类群被定义为一个化石分类群，出于命名的目的，它们由那些相应的命名模式所代表的部分、生活史阶段或保存阶段构成。

3.5.1 属

属名是单数名词或作为名词处理的词。最短的属名例子是 *Aa*，属名会以词尾后缀来表明阳性、中性还是阴性：-us、-pogon 通常代表阳性的属，-um 代表中性，-a、-is 代表阴性。

属名的第一个字母要大写。属名可以有任何来源，但常见的来源有以下几个方面：

（1）纪念某人　比如 *Bauhinia*（羊蹄甲属）来源于 Bauhin，*Victoria*（王莲属）来源于英格兰维多利亚女王，*Washingtonia*（加州蒲葵属）来源于乔治华盛顿，*Zinobia* 来源于帕尔米拉 Palmyra 的Zinobia女王。纪念人物的名称无论男人或女人都要采用阴性形式。如果人名以辅音字母结尾，则在词尾加-ia［*Fuchsia*（倒挂金钟属）来源于 Fuchs］；如果以元音字母结尾，则在词尾加-a（*Ottoa* 来源于 Otto）；如果以 a 结尾，则在词尾加-ea（*Collaea* 来源于 Colla）；如果以 er 结尾，则在词尾加-a 或-ia 都可以（*Kernera* 来源于 Kerner，*Sesleria* 来源于 Sesler）[1]；以-us 结尾的拉丁化的人名，去掉-us 后结尾再添加适当的后缀［*Linnaea*（北极花属）来源于 Linnaeus，*Dillenia*（五桠果属）来源于 Dillenius］。名字也可以直接构成属名，就像上面提到的 *Victoria* 和 *Zinobia* 一样。

（2）基于一个地点　比如 *Araucaria*（南洋杉属）以智利的一个省 Arauco 命名，*Salvadora*（刺茉莉属）来源于巴西的萨尔瓦多，*Arabis*（南芥属）来源于阿拉伯半岛，*Sibiraea*（鲜卑花属）来源于 Siberia。

（3）基于一个重要的特征　比如 *Zanthoxylum*（花椒属）具黄色木质，*Hepatica*（地钱属）具肝状叶，*Hygrophila*（水蓑衣属）具湿生习性，*Trifolium*（三叶草属）具三出复叶以及 *Acanthospermum*（刺苞菊属）具刺状果实。

（4）土名　有些词直接来自拉丁语以外的其他语言，并且未对词尾进行修改。*Narcissus*（水仙属）来源于希腊语，是著名的希腊神 Narcissus 为水仙花命名的，*Ginkgo*（银杏属）来源于汉语闽南方言，*Vanda*（万带兰属）来源于梵语，*Sasa*（赤竹属）来源于日本土著名。

树木的属名无论以什么结尾都是阴性的，这是因为在经典拉丁语里树木就是阴性的。因此，松属 *Pinus*，栎属 *Quercus* 和李属 *Prunus* 都是阴性。如果用两个名词组成一个属名，则需要连字符（如属名 *Uva-ursi*）。然而，如果原始作者将两个名词合并成一个词使用，则不需要连字符（如属名 *Quisqualis* 使君子属）。一个属名不能与目前使用的形态术语相符，除非是 1912 年 1 月 1 日前发表的并且符合林奈的双名法。因此、属名 *Tuber*（发表于 1780 年，符合双名法 *Tuber gulosorum* F. H. Wigg.）是有效发表。另一方面，由此以后的属名 *Lanceolatus*（Plumstead，1952）是无效发表。像“radix”、“caulis”、“folium”、“spina”等这些词现在已经不能作为有效的属名发表。

3.5.2　种

一个种的名称是双名，即由 2 个部分组成，属名及其后的种加词。法规规定所有的种加词首字母都必须小写。然而，当种加词来源于人名、以前的属名或普通名称的时候其首字母也会大写。不过法规不提倡这种用法。种加词可以有任何来源或者任意组合。下面列举一些常见的来源：

（1）人名　以人名命名的种加词采用属格（所有格）或者形容词的形式。

① 种加词的属格形式由人名的词尾决定。如果名字以元音或者-er 结尾的时候，男性名字词尾加-i（*roylei* 来自于 Royle，*hookeri* 来源于 Hooker），女性名字词尾加-ae（*laceae* 来源于 Lace）；一人以上同姓的名字时，则在词尾加-orum（*hookerorum* 来源于 Hooker & Hooker）；如果名字以-a 结尾，则在词尾加-e（*paulae* 来源于 Paula）；如果名字以辅音字母结尾，则在男性名字词尾加-ii（*wallichii* 来源于 Wallich），女性名字词尾加-iae（*wilsoniae* 来源于 Wilson）；一人以上并且至少有一个男性的同姓名字时，则在词尾加-iorum（*verloti-*

[1] 原文为“Seslar”，疑有误。——译者注

orum 来源于 Verlotbrothers)，如果都是女性则加-iarum（*brauniarum* 来源于 Braun sisters)。如果人名已经是拉丁文（如 Linnaeus)，则去掉拉丁文后缀后再加上合适的属格结尾（此例中为-us)。种加词的属格形式和属的性没有相关性。表 a 列举了一些示例。

表 a

人　名	性别	种 加 词	双　名
Royle	M	*roylei*	*Impatiens roylei*
Hooker	M	*hookeri*	*Iris hookeri*
Sengupta	M	*senguptae*	*Euphorbia senguptae*
Wallich	M	*wallichii*	*Euphorbia wallichii*
Todd	F	*toddiae*	*Rosa toddiae*
Gepp & Gepp	M	*geppiorum*	*Codiaeum geppiorum*
Linnaeus	M	*linnaei*	*Indigofera linnaei*

② 当用形容词形式的时候，种加词的词尾决定于属的性。当人名以辅音字母结尾的时候先加-ian，以元音字母（除 a 外）结尾的时候先加-an，以-a 结尾时则先加-n，然后再加表示性的单数主格结尾。表 b 列举了一些示例。

表 b

人　名	属	属的性	种加词	双　名
Webb	*Rosa*	阴性	*webbiana*	*Rosa webbiana*
Webb	*Delphinium*	中性	*webbianum*	*Rheum webbianum*
Webb	*Astragalus*	阳性	*webbianus*	*Astragalus webbianus*
Kotschy	*Hieracium*	中性	*kotschyanum*	*Hieracium kotschyanum*
Lagasca	*Centaurea*	阴性	*lagascana*	*Centaurea lagascana*

（2）地名　种加词同样也可以用地名的形容词形式构成，在添加了-ian 或-ic 之后再加上表示属的性的单数主格结尾。种加词也可以通过在地名后添加-ensis（阳性和阴性属，如多枝常春藤 *Hedera nepalensis*、加拿大悬钩子 *Rubus canadensis*）或者-ense（中性属，如尼泊尔女贞 *Ligustrum nepalense*）构成。表 c 解释了各种构成情况。

表 c

地　名	属	属的性	种加词	双　名
Kashmir	*Iris*	阴性	*kashmiriana*	*Iris kashmiriana*
	Delphinium	中性	*kashmirianum*	*Delphinium kashmirianum*
	Tragopogon	阳性	*kashmirianus*	*Tragopogon kashmirianus*
India	*Rosa*	阴性	*indica*	*Rosa indica*
	Solanum	中性	*indicum*	*Solanum indicum*
	Euonymus	阳性	*indicus*	*Euonymus indicus*

（3）特征　基于种的特征命名的种加词通常使用形容词形式，并且和属的性保持一致。一个基于白色植物部分特征命名的名称可能采用的形式为 *alba*（*Rosa alba* 白蔷薇)、*album*（*Chenopodium album* 藜）或者 *albus*（*Mallotus albus* 白野桐)。同样，一个用于栽培植物的普通加词按照其属的性可能有这样的形式 *sativa*（*Oryza sativa* 稻)、*sativum*（*Allium sativum* 蒜）或者 *sativus*（*Lathyrus sativus* 家山黎豆)。但有些种加词，像 *bicolor*（二色的）和 *repens*（匍匐的）则保持不变，如 *Ranunculus repens*（匍枝毛茛)、*Ludwigia repens*（匍枝丁香蓼）和 *Trifolium repens*（白三叶草)。

（4）同格名词　种加词有的时候也可以是名词并且具有自己的性，但通常都是主格形式。苹果的双名 *Pyrus malus* 中，*malus* 来源于希腊语，为普通苹果的名称。同样，在洋葱 *Allium cepa* 中，*cepa* 是洋葱的拉丁名。

书写和打字的时候属名和种加词都必须加下划线，印刷时要用斜体或黑体。一物种的属名至少要完整拼写一次，如果属内还有其他物种时属名可用首字母的缩写形式，如 *Quercus dilatata*（膨大栎）、*Q. suber*（木栓栎）、*Q. Ilec*（冬青栎）等。种加词通常是一个词，但也可以是两个词，此时必须要用连字符连接，如 *Capsella bursa-pastoris* 荠菜和 *Rhamnus vitis-idaea*（爱达山葡萄鼠李），或者把两个词直接连在一起，如 *Narcissus pseudonarcissus*（黄水仙）。

虽然不会被废弃，但是也要尽量避免在同一属下不同种有相同名称的属格形式以及形容词形式。如 *Iris hookeri*（加拿大山鸢尾）和 *I. hookeriana*（胡克鸢尾）、*Lysimachia hemsleyana Oliv.*（点腺过路黄）和 *L. hemsleyi* Franch（海姆氏过路黄）。

3.5.3 种下分类等级

亚种的名称采用三名，其构成是在种的名称后加上亚种加词，如 *Angelica archangelica* ssp. *himalaica*。在亚种内的变种必须是四名，如 *Bupleurum falcatum* ssp. *eufalcatum* var. *hoffmeisteri*，或者当没有亚种时刚好就是三名，如 *Brassica oleracea* var. *capitata*。变型也必须以同样的方式命名，如 *Prunus cornuta* forma *villosa*。种下加词的构成与种加词遵从相同的规则。种下名称有的时候可能是多名，如 *Saxifraga aizoon* var. *aizoon* subvar. *brevifolia* f. *multicaulis* subf. *surculosa* Engl. & Irmsch。

3.6 模式方法

不同的分类类群的名称是建立在模式方法基础上的，即由一个类群的特定代表作为该类群命名的根本。这个代表被称为命名模式或者简称模式，并且在方法学上称作模式指定。模式不需要是类群中最典型的成员，只是标定了某一特定分类单元的名称并且两者永久依附。模式可以是正确名称也可以是异名。因此，山茶科（Theaceae）的名称来自于异名 *Thea*，尽管其正确的属名是 *Camellia*。含羞草属（*Mimosa*）是含羞草科（Mimosaceae）的模式，但是它具有四数花而并不像该科大多数代表成员那样有五数花。同样，荨麻属（*Urtica*）是荨麻科（Urticaceae）的模式，当最初的大科被划分为许多小的自然科时，荨麻科因为包含了荨麻属而被保留下来，这是因为二者不能被分开。其他的被分出来的科级类群分别被命名为桑科 Moraceae、榆科 Ulmaceae 和大麻科 Cannabaceae，分别以桑属 *Morus*、榆属 *Ulmus* 和大麻属 *Cannabis* 为模式属。由于椴树科 Tiliaceae 有时被归并到锦葵科 Malvaceae 中，所以锦葵科已经有了很大的改动。Thorne（2003）把椴树属 *Tilia* 划到锦葵科，但仍把其他的属保留了下来。这样迫使原来的椴树科（不包括椴树属）改名为扁担杆科 Grewiaceae，并以扁担杆属 *Grewia* 为模式属。

科及其以上更高的类群的模式最终还是属，正像上面讲的那样。一个特定属的模式是种，如草地早熟禾 *Poa pratensis* 是早熟禾属 *Poa* 的模式。一个种或者种下分类单元的模式如果存在的话必须是某个单一的模式标本，保存在一个已知的标本馆并且注明了采集地、采集人名字和采集号。它也可以是一个植物的绘图。法规按照模式标本选定的方式将其分为以下 7 类：

（1）主模式　由原作者指定的代表本种模式的一个特定的标本或一张植物绘图。就模式指定而言，一份标本是指在同一时间对某个种或种下植物的采集或某采集的一部分，不考虑混杂标本。一份标本可以包含一个单独的植物个体，一个或几个植物个体的部分，或者多个小的植物个体。一份标本通常被装订在一张单独的标本馆台纸上或在等同的标本制品中，如盒子、包、广口瓶或者显微镜载玻片。分类群名称的模式标本必须被永久保存，不必是活植物或栽培植物。但是培养的真菌和藻类如果保存在休眠状态（如冻干法或者深度冰冻法）中可以作为模式。现在发表一个新种必须指定主模式。

（2）等模式　是主模式的一个重号复份标本，由同一个人在同一时间同一地点采集的标本。通常采集号也是相同的，以 a、b、c 等来区分。

（3）合模式　是当原作者未曾指定主模式时而引证的 2 个或多个标本中的任何一个，或者是同时被原作者指定为模式的 2 个或多个标本中的任何一个。合模式的重号复份标本是等合模式。

（4）副模式　是当 2 个或多个标本同时被指定为模式标本时，原作者在原始描述中所引证的除主模式、等模式以及任一合模式之外的标本。

（5）选模式　是当原作者最初没有选定主模式或者主模式已经不存在时，后人从原作者引证的原始材料中选出的一份标本或其它任何成分。选模式从等模式或合模式中产生。如果等模式存在则选等模式，如果合模式存在则选合模式。如果等模式、合模式和等合模式（等模式的重号复份标本）都不存在，则必须从存在的副模式中选定。如果引证的标本均不存在，选模式必须选自存在的其他原始材料，即未被引证的标本以及引证或未被引证的植物绘图。

（6）新模式　是当某一分类群名称所依据所有材料全部丢失时，被选定作为命名模式的一份标本或插图。当主模式、等模式、副模式或合模式均不存在时，就可选定一份标本或插图作为新模式。

（7）附加模式　是当主模式、选模式或先前指定的新模式，以及与有效发表名称相关的所有原始材料都确实模糊不清，因而不能被准确地鉴定以确保该分类群名称的精确应用时，用来作为解释性模式的一份标本或植物绘图。当指定附加模式时，该附加模式所支持的主模式、选模式或新模式必须明确地被引证。

在大多数没有指定主模式的情况下，副模式也就不存在，因此所有引证的标本都是合模式。但当原作者指定了 2 个或多个标本为模式的时候，其他剩余的任何引证标本只能是副模式而不是合模式。

产地模式通常是指某个与主模式来自于同一采集地的标本名称。

在有些情况下，如果一个名称的模式是永久保存的非代谢状态的培养物时，由该模式分离培养出的活的分离物应称为衍生模式、衍生主模式、衍生等模式等。其目的是为了表明这些活的分离物是由模式衍生而来的，但它们本身并非命名模式。

当一个种下的变异第一次在该种内被发现时，就自动产生两个种下分类群。其中，包含种的模式标本的那个种下分类群必须加与种加词相同的加词，如 *Acacia nilotica* ssp. *nilotica*。这样的名称叫做自动名，此标本成为自动模式。另一个变异分类群应有自己的主模式而且要有与种加词不同的加词作为区别，如 *Acacia nilotica* ssp. *indica*。

必须指出，运用模式方法或者模式指定是一种方法学，它不同于类型学，类型学是基于在分类群内找不到变异的这样一个概念，它相信一个理想的标本或者模型可以代表一个自然分类群的观点。这种类型学概念在达尔文提出他的关于变异思想以前是非常流行的。

3.7 作者的引证

一个完整、精确、容易被验证的名称必须有首次合格发表它的作者名。作者的名字通常采用缩写形式，如 Linn. 或者 L. 代表 Carolus Linnaeus，Benth. 代表 G. Bentham，Hook. 代表 William Hooker，Hook. f. 代表 J. D. Hooker（f. 代表 fillius，儿子；J. D. Hooker 是 William Hooker 的儿子），R. Br. 代表 Robert Brown，Lamk. 代表 J. P. Lamarck，DC. 代表 A. P. de Candolle，Wall. 代表 Wallich，A. DC. 代表 Alphonse de Candolle，Scop. 代表 G. A. Scopoli 以及 Pers. 代表 C. H. Persoon。

3.7.1 单作者

当一个作者提出一个新的种名（或其他分类群）时，作者名字写在该名称后，如 *Solanum nigrum* Linn.。

3.7.2 多个作者

有些时候由于各种原因可能2个或2个以上的作者都要参与命名，这在作者引证时要区别对待。

（1）使用et 当2个或者多个作者发表一个新种或者提出一个新名称的时候，他们的名字要用et来连接，如 *Delphinium viscosum* Hook. f. et Thomson。

（2）使用圆括号 植物命名法规规定无论何时发生一个分类群从一个属转移到另一个属、或者其等级的升降而引起分类群名称的改变，最初的加词必须被保留。这种提供加词的分类群名称叫做基原异名。在改变的名称中，提供加词的原作者写在圆括号内，更改此名称的作者写在圆括号的外面，如 *Cynodon dactylon*（Linn.）Pers.，基于基原异名 *Panicum dactylon* Linn.，即该种的最初名称。

（3）使用ex 用ex将2个作者的名字连在一起是指第一个作者已经提出了一个名称，但由于不满足法规的全部或某些规则，由第二个作者合格发表了，如 *Cerasus cornuta* Wall. ex Royle。

（4）使用in 用in将2个作者的名字连在一起是指第一个作者在另一个作者的出版物里发表了一个新种或一个名称，如 *Carex kashmirensis* Clarke in Hook. f.，是Clarke在J. D. Hooker的出版物《英属印度植物志》Flora of British India里发表了这个新种。

（5）使用emend 用emend将2个作者的名字连在一起（emendavit：订正者）。是指第二个作者在不改变分类群模式的情况下对特征集要和界限进行一些改动，如 *Phyllanthus* Linn. emend. Mull。

（6）使用方括号 方括号用来表示起始点前的作者。比如属名 *Lupinus* 由Tournefort于1719年正式发表，但由于这个时间比1753年要早，根据命名法规规定的林奈《植物种志》为起始日，所以确切的引证方法应该是Lupinus［Tourne.］Linn。

当命名一个种下分类群时，作者必须同时引证种加词和种下加词，如 *Acacia nilotica*（Linn.）Del. ssp. *indica*（Benth.）Brenan。但如果是一个自动名，由于它基于种的同一模式，种下加词不需要引证作者名，如 *Acacia nilotica*（Linn.）Del. ssp. *nilotica*。

3.8 名称的发表

一个分类群的名称在第一次发表时，必须满足一定的要求才能考虑成为一个合法的名称，这样才能决定一个正确名称。有效的发表需要遵从以下几项原则。

3.8.1 格式

一个名称应当有恰当的格式并且在作者名字后面有恰当的缩写以表示它的属性：

（1）*sp. nov.* 为新种 *species nova* 的缩写，表示科学上的一个新种，如 *Tragopogon kashmirianus* G. Singh，*sp. nov.*（1976年发表）。

（2）*comb. nov.* 为新组合 *combinatio nova* 的缩写，表示一个包含基原异名加词的名称改变，原作者的名字保留在圆括号内如，*Vallisneria natans*（Lour.）Hara *comb. nov.*（1974年发表，基于1790年的 *Physkium natans* Lour.）

（3）*comb. et stat. nov.* 为改级新组合 *combinatio et status nova* 的缩写，表示一个新组合同时也涉及地位的改变。基原异名的加词将按照在组合中的计划安排使用，如 *Caragana opulens* Kom. var. *licentiana*（Hand.-Mazz.）Yakovl. *comb. et stat. nov.*（1988 年发表，基于 1933 年的 *C. licentiana* Hand.-Mazz，新组合也涉及从种 *C. licentiana* 到 *Caragana opulens* Kom. 的一个变种的变化）。

（4）*nom. nov.* 为新名称 *nomen novum* 的缩写，此时原名称被替换并且其加词不能在新名称中使用，如 *Myrcia lucida* Mc Vaugh *nom. nov.*（1969 年发表，替换了 1862 年的 *M. laevis* O. Berg，以及 1832 年的一个不合法的异物同名 *M. laevis* G. Don）。

然而，这些缩写只有在第一次发表的时候使用。在以后的文献里这些缩写都将被取代，换成发表刊物名称、页码以及发表年限的全部引证，至少也要有发表年限。因此当 *Tragopogon kashmirianus* G. Singh sp. nov. 于 1976 年在书名为《Forest Flora of Srinagar》的第 123 页，图 4 中作为新种首次发表的时候，关于该种的任何连续参考文献都表现为：*Tragopogon kashmirianus* G. Singh，*Forest Flora of Srinagar*，p123，f. 4，1976 或 *Tragopogon kashmirianus* G. Singh，1976。其他名称可以被引证为 *Vallisneria natans*（Lour.）Hara，1974，*Caragana opulens* Kom. var. *licentiana*（Hand.-Mazz.）Yakovl.，1988 和 *Myrcia lucida* Mc Vaugh，1969，详细说明发表年限。1953 年 1 月 1 日或之后发表的、基于一个先前合格发表名称的新组合或者替代名称为不合格发表，除非清楚地表明其基原异名（产生名称或产生加词的异名）或者被替代的异名（当提出一个新名称的时候）清楚地表明并提供了使名称合格发表的作者、出版地和包括页码或插图以及日期在内的出版物的完整而直接的文献引用。作者应该在其发表的每个新名称之后引证它们，而不是通过类似于“nobis”（对我们）或“mihi”（对我）等的词句谈论它们。

3.8.2 拉丁文的特征集要

在 1935 年 1 月 1 日及之后发表的所有新种（或其他的科学上新类群）的名称应该有一个拉丁文的特征集要（对检索特征进行拉丁文描述）。用任何一种语言对种进行完全描述并伴有拉丁文的特征集要才构成合格发表。而在 1935 年 1 月 1 日之前用任何一种语言进行描述的绘图但不伴有拉丁文的特征集要也构成合格发表。对于在 1908 年 1 月 1 日之前发表的出版物带有分解图的绘图但不伴有任何描述是有效的。这样，从 1908 年 1 月 1 日起用任何一种语言进行描述是必需的，而从 1935 年 1 月 1 日起必须伴有拉丁文的特征集要。至于已知种的名称改变或者新名称，应对原始出版物进行完整的文献引证。

3.8.3 模式指定

应该指定一个主模式。1958 年 1 月 1 日或之后发表的属或者属以下等级的一个新分类群的名称只有指出其模式才算有效。1990 年 1 月 1 日或之后发表的属或者属以下等级的一个新分类群的名称，指出的模式必须包括一个单词“typus”或“holotypus”，或它的缩写，甚至是为现代语言中的对等词才算有效。1990 年 1 月 1 日或者之后发表的一个新种或种下分类群的名称，其模式是一份标本或者未发表的绘图，永久保存模式的标本馆或者研究机构必须详细注明。2001 年 1 月 1 日或者之后一个种或种下分类群名称的选模式指定或者新模式指定是无效的，除非通过使用术语“lectotypus”或它的缩写“neotypus”，或者现代语言中的对等词进行指定。被选作模式的标本应该是一个单个采集。“*Echinocereus sanpedroensis*”（Raudopnat & Rischer，1995）所依据的一个主模式由一个带根的完整植株、一段分离的枝条、一朵完整的花、一朵被切为两半的花和两个果实组成，根据标签，这些材料是于不同时期采自同一栽培个体，保存在同一酒精罐中。这种材料属于超过一个采集，不能作为一个模式，所以 Raudopnat 和 Rischer 的名称不能合格发表。

3.8.4 有效发表

发表以印刷品的形式发行才能成为有效，可以通过出售、交换或者赠予公众，或至少分送给可被一般植物学家使用的植物科研机构的有图书馆。在公众集会上宣布新名称，或将名称写在标本上或者对公众开放的植物园的标牌上，或发行由手稿、打字稿、或者其他未发表材料制成的微缩胶片，或在网上发表，或传播可散布的电子媒体等，这些均视为无效发表。在报纸、目录（1953 年 1 月 1 日或之后）和种子交换名单（1977 年 1 月 1 日或之后）里的发表不构成有效发表。在 1953 年 1 月 1 日以前用复制的手写材料，通过某些机械的或者图画的过程复制（擦不掉的手写体），如平板印刷、胶印或金属蚀刻印刷等材料的发表是有效的。*Salvia oxyodon* Webb & Heldr. 有效地发表在出售的复制的手写体目录中（Webb 与 Heldreich，*catalogus plantarum hispanicarum… ab A. Blanco lectarum*，Paris，Jul1850，folio）。*International Conifer Preservation Society*，Vol. 5 [1]. 1997 [(1998)] 由复制的打印文和手写的增加部分以及几处改正组成。该手写部分，作为 1953 年 1 月 1 日之后发表的复制的手写体不构成有效发表。有意作为新组合的"*Abies koreana* var. *yuanbaoshanensis*"（p53），由于基原异名的引用为手写体而为不合格发表。新分类群全部为手写的记述（p61，名称、拉丁描述、模式说明）作为未发表对待。

名称的日期是指合格发表的日期。当合格发表的各种条件不能同时满足的时候，则符合最后一个条件的时间为名称的日期，但是名称在其得以合格发表的出版物中必须是确定的。1973 年 1 月 1 日及其之后发表的不能同时满足合格发表各种条件的名称都是不合格发表，除非完整和直接地引用了满足这些条件的出版物。

1996 年 1 月 1 日或之后发表的化石植物的新分类群名称必须伴有拉丁文或英文的描述或特征集要，或者引用已被有效发表的拉丁或英文的描述或特征集要才能合格发表。

东京法规包括的一条在 1999 年圣路易斯举行的第 16 届国际植物学大会通过批准的规则（第 32 条，1～2），按照该项规则，自 2000 年 1 月 1 日之后为了合格发表，植物和真菌的新名称必须被注册。一个非强制性的试用的注册已自 1998 年 1 月 1 日起开始了 2 年的时间。然而提议在圣路易斯未能通过表决，并且所有关于注册的内容从法规中被删除。

改正一个名称原来的拼写不会影响其合格发表的日期。

3.9 名称的废弃

为一个分类群选择正确的名称涉及对非法名称的鉴别，即那些不符合植物命名法规规则的名称。一个合法名称不能仅仅因为其名称或其加词不合适或者不适意，或者有其他更合意或更熟悉的名称存在，或者其名称失去了其原来意思就废弃它们。名称 *Scilla peruviana* L.（1753）不能仅因为该物种不生长在秘鲁就被废除。以下任何一种或多种情形下都会导致名称被废弃：

（1）裸名（简写为 nom. nud.） 没有伴有描述的名称。Wallich 于 1812 年在他的《Catalogue》（缩写为 *Wall. Cat.*）中发表的很多名称都属于裸名。这些名称有的在以后的时间里由其他作者提供了描述（如 *Cerasus cornuta* Wall. ex Royle），或者有的在那个时期被一些其他作者用作别的种的名称，这样的裸名即使是合格发表也要被废弃，必须选定一个新的名称（如 *Quercus dilatata* Wall.，属于被废弃的裸名，取代它的另一名称为 *Q. himalayana* Bahadur，1972）。

（2）名称非有效发表，可能是格式不正确、缺乏模式指定或没有拉丁文特征集要。

（3）重词名　尽管动物命名法规允许属名和种加词重复（如 *Bison bison*），但在植物命名法规中这类重词名（如 *Malus malus*）是被废弃的。重词名中的两个词必须完全一致，显然像 *Cajanus cajan* 或者 *Sesbania sesban* 等名称不属于重词名，因此它们是合法的。种下加词与种加词的重复不构成重词名而是合法的自动名（如 *Acacia nilotica* ssp. *nilotica*）。

（4）晚出同名　正因为每个分类群必须有唯一正确的名称，法规同样不允许同一个名称被用于两个不同的种（或分类群）。因此，如果存在这种情况就构成了同名。发表日期较早的名称称为早出同名，发表日期较晚的称为晚出同名。法规拒绝晚出同名即使早出同名是非法的。*Zizyphms. jujuba* Lamk.，1789 很长时间以来都被当做栽培果树印度枣的正确名称，但是它被查明是一个近缘种枣 *Z. jujuba* Mill.，1768 的晚出同名，因而双名 *Z. jujuba* Lamk.，1789 被废弃，印度枣的正确名称为 *Z. mauritiana* Lamk.，1789。同样，尽管扁桃最早的名称是 *Amygdalus communis* Linn.，1753，但是当它被移到李属 *Prunus* 时，其名称 *Prunus communis*（Linn.）Archangeli，1882 则变成了一种李属植物 *Prunus communis* Huds.，1762 的晚出同名。*P. communis*（Linn.）Archangeli 作为扁桃的名称就这样被 *P. dulcis*（Mill.）Webb，1967 替代。基于不同模式的 2 个或多个的属名和种名非常相似，以至于它们很可能被当作同名而被混淆（因为它们被用于近缘类群或因为其他原因）。被当作同名的名称有：*Asterostemma* Decne.（1838）和 *Astrostemma* Benth.（1880）、*Pleuropetalum* Hook. f.（1846）和 *Pleuripetalum* T. Durand（1888）、*Eschweilera* DC.（1828）和 *Eschweileria* Boerl.（1887）、*Skytanthus* Meyen（1834）和 *Scytanthus* Hook.（1844）。*Bradlea* Adans.（1763）、*Bradleja* Banks ex Gaertn.（1790）和 *Braddleya* Vell.（1827）这三个属名均为纪念 Richard Bradley，因为只有使用其中一个才不会导致混乱，所以它们被当作同名。接下来这些同一属下的种加词也将形成同名：chinensis 和 sinensis、ceylanica 和 zeylanica、napaulensis 和 nepalensis 以及 nipalensis。

（5）晚出等名　当同一名称被不同的作者在不同的时间基于同一模式分别独立发表时，在这些所谓的“等名”中，只有最早的名称拥有命名地位。名称总是从合格发表的原始文献中被引证，而晚出“等名”可能被忽略。Baker（1892）和 Christensen（1905）各自独立发表了名称 *Alsophila kalbreyeri* 作为 *A. podophylla Baker*（1891）nonHook.（1857）的替代名称。因为 Christensen 发表的 *Alsophila kalbreyeri* 是 *A. kalbreyeri* Baker 的一个晚出“等名”，因此没有命名地位。

（6）多余名称（简写为 nom. superfl.）　如果一个名称在命名上是多余发表，那么这个名称就是非法名称，必须被废弃。这就是说，根据作者所确定的范围，该名称所代表的分类群包括了按照规则应该被采用的另一个名称或加词的模式。因此当 *Physkium natans* Lour.，1790 被转移到另一属 *Vallisneria* 时，加词 *natans* 应该被保留，但是 de Jussieu 使用了名称 *Vallisneria physkium* Juss.，1826，这个名称就变成多余名称。于是这个种被正确命名为 *Vallisneria natans*（Lour.）Hara，1974。一个基于多余名称的组合名称也是非法名称。*Picea excelsa*（Lam.）Link 是非法名称，这是因为它基于一个 *Pinus abies* Linn.，1753 的多余名称 *Pinus excelsa* Lam.，1778。因此在 *Picea* 下，合法的组合名称是 *Picea abies*（Linn.）Karst. 1880。

（7）模糊名称（简写为 nom. ambig.）　如果一个名称被不同的作者用于表达不同的含义并且已经变成了一种持久的错误来源，那么该名称应该被废弃。*Rosa villosa* Linn. 被废弃是因为它已经被用在几个不同种上并且已经变成了一种错误的来源。

（8）混淆名称（简写为 nom. confus.）　如果一个名称基于一个包含 2 个或 2 个以上完全不一致的成分的模式，因此很难选择一个令人满意的选模式，那么该名称应该被废弃。例如，属 *Actinotinus* 的特征来源于两个属 *Viburnum* 和 *Aesculus*，由于采集者在一个 *Aesculus*

顶芽中插入了 *Viburnum* 的花序。因此名称 *Actinotinus* 必须被废弃。

(9) 可疑名称（简写为 nom. dub.） 一个名称如果为可疑名称就会被废弃，也就是说，因为该名称不能建立它应该属于的那个类群，所以无法准确使用。林奈（1753）针对一类群的几个变种创立了名称 *Rhinanthus crista-galli*，可是他后来采用分离的名称描述，而废弃了名称 *R. crista-galli* Linn.。但是，后来的一些学者继续在不同的场合使用这个名称，直到 Schwarz（1939）才最终把这个名称归为**可疑名称**，而该名称也最终被废弃。

(10) 基于变体的名称 一个名称如果是基于一个变体的，则必须被废弃。属名 *Uropedium* Lindl.，1846 是基于现在所指的种 *Phragmidium caudatum*（Lindl.）Royle，1896 的一个变体，因此属名 *Uropedium* Lindl. 必须被废弃。同样的，名称 *Ornithogallum fragiferum* Vill.，1787 也是基于一个变体，因此也应当被废弃。

3.10 优先律

优先律是为一个分类类群选择唯一正确名称的过程。经过对合法名称和非法名称的鉴定和非法名称被废弃后，众多合法名称中将有一个正确名称被选定。如果一个分类群有多于一个的合法名称，那么相同等级中最早的合法名称为正确名称。对于种及其以下分类类群的正确名称可以是最早的合法名称，也可以是基于最早的合法的基原异名的组合名称，除非组合名称是一个重词名或者晚出同名而使其成为非法名称。下面通过一些例子说明优先律。

① *Nymphaea*（睡莲属）同一种的三个普通已知双名是 *N. nouchali* Burm. f.，1768、*N. pubescence* Willd.，1799 和 *N. torus* Hook. f. et T.，1872。根据优先律，*N. nouchali* Burm. f. 因为发表的日期最早，所以被选作正确名称。其他两个名称作为异名，引证时书写如下：

Nymphaea nouchali Burm. f.，1768

N. pubescence Willd.，1799

N. torus Hook. f. et T.，1872

② Loureiro 于 1790 年采用名称 *Physkium natans* 描述了一种植物。随后，该植物被 A. L. de Jussieu 于 1826 年转移到 *Vallisneria* 属下，但遗憾的是，他忽视了加词 *natans*，所以使用了一个是多余名称的双名 *Vallisneria physkium* 来代替。后来，带有独立模式的两个亚洲种分别以名称 *V. gigantea* Graebner，1912 和 *V. asiatica* Miki，1934 被描述。Hara 在仔细研究了亚洲标本后得出结论，所有这些名称均为同物异名，并且也被鉴定为该种的 *V. spiralis* Linn. 的大部分亚洲标本并不产于亚洲。因此基于 *Physkium natans* Lour. 的存在而没有合法的组合名称，他在 1974 年提出了一个组合名称 *V. natans*（Lour.）Hara。这些异名应该引证如下：

Vallisneria natans（Lour.）Hara，1974

Physkium natans Lour.，1790——Basionym

V. physkium Juss.，1826——nom. superfl.

V. gigantea Graebner，1912

V. asiatica Miki，1934

V. spiralis auct.（non Linn.，1753）

这个例子中种的正确名称是最近的名称，但是它是基于最早的基原异名。必须注意 *Physkium natans* 和 Vallisneria physkium 都是作为正确名称 *V. natans* 的同一模式，因此被认为是命名法异名或者同模式异名。这三个必须在所有的引证中都一起保留。其他两个名称 *V. gigantea* 和 *V. asiatica* 都是基于独立的模式并且根据分类上的判断有可能被认为是或不是 *V. natans* 的异名。这样的异名，是基于与正确名称不同的一个模式，被认为是一个分类学异名或者异模式异名。*V. spiralis* auct.（auctorum-作者）是被错误鉴定为*V. spiralis* Linn. 的亚洲标本。

③ 1753 年林奈首次将普通的苹果以名称 *Pyrus malus* 做了描述。随后该种被转移到苹果属 *Malus*，但是形成的组合 *Malus malus*（Linn.）Britt.，1888 因为变成重词名而不能作为一个正确名称。苹果属 *Malus* 中可用于苹果的 2 个其他双名包括 *M. pumila* Mill.，1768 和 *M. domestica* Borkh.，1803，前者因为时间较早而被选定为正确名称，引证如下：

Malus pumila Mill.，1768

Pyrus malus Linn.，1753

M. domestica Borkh.，1803

M. malus（Linn.）Britt.，1888——Tautonym

尽管最早的名称 *Pyrus malus* 是完全合法的，但由于该种现在置于苹果属 *Malus* 中，而 *Malus malus* 是一个重词名，因此它就不能作为正确名称的一个基原异名。

④ 1753 年林奈首次将扁桃以名称 *Amygdalus communis* 进行了描述。1768 年 Miller 将另一个种命名为 *A. dulcis*。这 2 个名称现在认为是同物异名。随后，桃属 *Amygdalus* 并入李属 *Prunus*，基于它以前的名称 *Amygdalus communis* Linn. 1882 年建立了组合名称 *Prunus communis*（Linn.）Archangeli。后来，Webb 发现双名 *Prunus communis* 已经被 Hudson 在 1762 年用于另一个不同的物种，*P. communis*（Linn.）Archangeli 成为一个**晚出同名**而随后被废弃。于是 Webb 使用了下一个可用的**基原异名** *Amygdalus dulcis* Mill. 1768，并建立扁桃的正确名称为 *Prunus dulcis*（Mill.）Webb.，1967。1801 年另一个双名 *Prunus amygdalus* Batsch 也因为没有注意到早期加词而未被认可。扁桃的引证如下：

Prunus dulcis（Mill.）Webb，1967

Amygdalus dulcis Mill.，1768——Basionym

A. communis Linn.，1753

P. communis（Linn.）Arch.，1882（non Huds.，1762）

P. amygdalus Batsch，1801

当 2 个或多个同时发表的名称被归并时，第一个进行归并的作者有权从中选择一个正确名称。1818 年，Brown 首次将 Waltheria americanaL.，1753 和 W. indicaL.，1753 归并，并采用 *W. indica* 作为归并种的名称，于是这一名称认为比 *W. americana* 具优先权。属名 *Thea* L. 和 *Camellia* L. 被认为同时发表于 1753 年 5 月 1 日，因此 Sweet 于 1818 年首次将这两个名称归并，并选用名称 *Camellia*，引证时把 *Thea* 作为异名。

3.10.1 优先律的限制

优先律在使用时有以下一些限制。

3.10.1.1 起始日期

优先律起始于林奈 1753 年 5 月 1 日出版的《植物种志》。不同类群的起始日期包括：

种子植物、蕨类植物、泥炭藓科、苔类、大部分的

藻类、黏菌和地衣………………………………………… 1753 年 5 月 1 日

苔藓（不包括泥炭藓科）………………………………… 1801 年 1 月 1 日

真菌………………………………………………………… 1801 年 12 月 31 日

化石………………………………………………………… 1820 年 12 月 31 日

藻类（念珠藻科）………………………………………… 1886 年 1 月 1 日

藻类（间生藻科）………………………………………… 1900 年 1 月 1 日

在这些日期之前发表的各个类群在确定优先权时被忽略。

3.10.1.2 不超越科的等级

优先律仅适用于科及科以下的分类等级而不能超越科。

3.10.1.3 不超出等级之外

在为一个分类群选择一个正确名称时，需要考虑在本等级里选择可用的名称或加词。只有当一个正确名称在本等级中不可用时，才可以使用其他等级的加词建立一个组合。因此，组水平上的正确名称是 *Campanula* sect. *Campanopsis* R. Br.，1810，当它被提升为一个属时，正确名称是 *Wahlenbergia* Roth，1821，而不是 *Campanopsis*（R. Br.）Kuntze，1891。下列名称是一些异名：

Lespedza eriocarpa DC. var. *falconeri* Prain，1897

L. meeboldii Schindler，1911

Campylotropis eriocarpa var. *falconeri*（Prain）Nair，1977

C. meeboldii（Schindler）Schindler，1912

如果采用属 *Campylotropis*，种水平的正确名称应该是 *C. meeboldii*，这是因为忽略了变种水平的早期加词。如果当变种处理，根据这一等级最早的加词，其正确名称应该为 *C. eriocarpa* var. *falconeri*。如果采用属 *Lespedza*，种水平的正确名称应该是 *L. meeboldii*，但在变种水平应该是 *L. eriocarpa* var. *falconeri*。

当变种 *Magnolia virginiana* var. *foetida* L.，1753 提升为一个种的等级时，其名称为 *M. grandiflora* L.，1759，而不是 *M. foetida*（L.）Sarg.，1889。

3.10.1.4 保留名

保留名（简写为 nom. cons.）：优先律的严格使用导致了大量的名称变化。为了避免许多著名的科或属（尤其是那些包含许多物种的科属）的名称改变，已经列出一个被保留科属名称的清单，并做了相应的改变发表在法规中。这种保留名作为一种正确名称用来代替较早的合法名称，而这些较早的合法名称为被废弃的名称或称为应该废弃的名称（简写为 nom. rejic.）。因此科名 Theaceae D. Don，1825 就是针对 Ternstroemiaceae Mirbe，1813 被保留。属名 *Sesbania* Scop.，1777 是针对 *Sesban* Adans.，1763 和 *Agati* Adans.，1763 被保留。

3.10.2 种名的保留

尽管农学家和园艺学家一再声称厌恶因为优先律的严格应用导致名称的不断变化，但很长一段时期分类学家们并不同意在种水平上保持名称不变。巨大的压力以及发现 *Triticum aestivum* 并不是普通小麦的正确名称，迫使分类学家们同意了 1981 年**悉尼大会**上关于对重要经济作物名称保留的条款。结果，*Triticum aestivum* Linn. 是第一个在 1987 年**柏林大会**上被保留的物种，并于 1988 年在随后的法规中发表。同时被保留的另一个物种是 *Lycopersicon esculentum* Mill。

林奈在他的《植物种志》中描述了 2 个种 *Triticum aestivum* 和 *T. hybernum*，均发表于 1753 年同一日期。根据命名规则，在同一日期发表的两个种被归并时，最先归并的作者有选择正确双名的优先权。长久以来，人们以为是 Fiori 和 Paoletti 于 1896 年首先把这两个种归并的，他们选择 *T. aestivum* Linn. 作为正确名称。但是 Kerguélen（1980）指出，第一个将这两个种归并的作者实际上是 Mérat（1821），而他选择的是 *T. hybernum* 而不是 *T. aestivum*。这导致了名称变动的危险。因此 Hanelt 和 Schultze-Motel（1983）提出保留名称 *T. aestivum* Linn.，这成为在柏林大会上被通过的第一个经济植物，避免了名称 *Triticum aestivum* Linn. 进一步变动的危险。

在 1768 年，P. Miller 为西红柿提出了一个新的名称，*Lycopersicon esculentum*，该种已

在较早时期（1753 年）被林奈命名为 *Solanum lycopersicum*。1882 年 Karsten 把该名称改为 *Lycopersicum lycopersicum*（Linn.）Karst.，保留了林奈使用的加词，但是由于这个名称为重词名，因而不能作为西红柿的正确名称。Nicolson（1974）提出拼写订正名称 *Lycopersicon lycopersicum*（Linn.）Karst.，认为 Lycopersicum 与 Lycopersicon 只是拼写上的差异。因此 *Lycopersicon lycopersicum* 不再是重词名，被接受为正确名称。但是，由于 *Lycopersicon esculentum* Mill.，1768 是一个更为人熟悉的名称，Terrel（1983）提出一个对它进行保留的建议，与小麦名称 *Triticum aestivum* Linn. 一同得到柏林大会的通过。单就种子植物而言，一份仅仅只有 5 个保留名的名单在东京法规中已增加到近 60 个。列于这个附录中的名录完全采用规则 14.4 的有关种的规定。无论是一个被废弃的名称，还是基于一个被废弃名称建立的任何组合，均不能被用于包含其相应保留名模式的分类群（规则 14.7，也见规则 14 款第 2 条）。因此，基于保留名称的组合在有效性上同样被保留。下面给出的大部分物种名称的例子已经被确定为保留名称（名称有“＝”号标记，表示分类学异名；有“＝＝”号标记，表示命名法异名，与保留名称相冲突的双名）。有些保留名称没有相应的废弃名称，这是因为这些名称仅针对一个特定的模式被保留。

Allium ampeloprasum L.，1753（＝）*Allium porrum* L.，1753.

Amaryllis belladonna L.

Bombax ceiba L.

Carex filicina Nees，1834（＝）*Cyperus caricinus* D. Don，1825

Hedysarum cornutum *L.*，1763（＝＝）Hedysarum spinosum *L.*，1759

Lycopersicon esculentum Mill.，1768（＝＝）*Lycopersicon lycopersicum*（L.）H. Karsten，1882

Magnolia kobus DC.，1817

Silene gallica L.，1753（＝）*Silene anglica* L.，1753.
（＝）*Silene lusitanica* L.，1753
（＝）*Silene quinquevulnera* L.，1753.

Triticum aestivum L.，1753（＝）*Triticum hybernum*L.，1753

3.11 杂种的名称

通过使用乘号“×”或者在表明该分类群等级的术语前加前缀“notho-”来表示杂种状态，主要的等级是杂交属和杂交种。已定名的分类群间的杂交种可以通过在分类群名称之间加乘号来表示，这种方式称为杂种表达式。

① *Agrostis*×*Polypogon*

② *Agrostis stolonifera*×*Polypogon monspeliensis*

③ *Salix aurita*×*S. caprea*

杂种表达式中的名称或加词一般最好按字母顺序排列。杂交的方向可在表达式中加上性别符号（♀：雌；♂：雄）来表示，或者直接把母本写在前面。如果不按字母顺序，应清楚地指明其方式。

一个杂交个体既可能是种间杂种（同属的两个种之间），也可能是属间杂种（不同属的两个种之间）。一个种间杂种（如果自我繁殖和/或生殖隔离）的双名确定是通过把叉号（如果用乘号，直接加在种加词之前；如果用“x”，要带空格，）写在种加词的前面，就像下面的例子所示（如果亲本确定，则杂交表达式应该被添加在圆括号内）：

① *Salix* x *capreola*（*S. aurita*×*S. caprea*）或 *Salix*×*capreola*（*S. aurita*×*S. caprea*）

② *Rosa* x *odorata*（*R. chinensis*×*R. gigantea*）或 *Rosa*×*odorata*（*R. chinensis*×*R. gigantea*）

种间杂种的变异体被命名为**种间杂种亚种**和**种间杂种变种**，如 *Salix rubens* nothovar. basfordiana。

如果要给属间杂种一个明确的属名，则需要用一个亲本属名的前面（或全部）部分和另一个亲本后面（或全部）部分（但不是两个亲本属名的全部），叉号写在杂种属名的前面，从而形成一个**简化表达式**，如×*Triticosecale*（或 x *Triticosecale*）来自于 *Triticum* 和 *Secale*，×*Pyronia*（或 x *Pyronia*）来自于 *Pyrus* 和 *Cydonia*。名称应该如下书写：

① ×*Triticosecale*（*Triticum*×*Secale*）

② ×*Pyronia*（*Pyrus*×*Cydonia*）

来自于 4 个或 4 个以上属的属间杂交的杂种属名由一个人名加上词尾-ara 组成，这样的名称不能超过 8 个音节。这样一个名称表示为简化表达式：

×*Potinara*（*Brassavola*×*Cattleya*×*Laelia*×*Sophronitis*）

三属杂交的杂种名称的构成如下：①3 个亲本属名合并成一个不超过 8 个音节的一个单词的简化表达式，其中用第一个属名的全部或第一部分，接着是另一个的全部或任一部分，最后是第三个的整个或最后一部分（但不是 3 个亲本属名的全部）以及一两个连接元音；②同于 4 个或更多个属间杂种名称的构成，即由一个人名加上词尾-ara：

×*Sophrolaeliocattleya*（*Sophronitis*×*Laelia*×*Cattleya*）

当一个属间杂交的名称来自于一个人名加上词尾-ara 时，这个人必须是采集者、栽培者或者该类群的研究者。

同样地，一个属间杂种的双名应该书写如下：

×*Agropogon lutosus*（*Agrostis stolonifera*×*Polypogon monspeliensis*）

应该注意的是，一个种间杂种的双名在种加词前面有一个叉号，而一个属间杂种的叉号放在属名前面。因此，属间杂种的名称以及属下等级杂交类群的名称都为简化表达式或被看作简化式，它们没有固定模式。

因为种或种以下等级的杂交类群的名称具有模式，所以亲本说明在确定该名称的应用中起次要作用。

2 个种的嫁接通过在 2 个嫁接种的名称中间加“＋”号来表示，如，*Rosa webbiana*＋*R. floribunda*。

3.12 栽培植物的名称

栽培植物的名称是由国际栽培植物命名法规（ICNCP）所规定的，最新的版本发表于 1995 年（Trehane 等）。大多数规则都是来自于国际植物命名法规（ICBN），并增加了一个栽培变种等级的识别。栽培变种的名称不用斜体书写，它以大写字母开头，并且不是拉丁文，而是一个普通名称。它既可以通过在其前面加 cv. 表示，如 *Rosa floribunda* cv. Blessings 或者简单地用单引号进行标记，如 *Rosa floribunda* ‘Blessings’。栽培变种也可以直接依据一个属命名（如 *Hosta* ‘Decorata’），或者一个杂交种（如 Rosa×paulii ‘Rosae’）或者直接依据一个普通名称（如 Hybrid Tea Rose ‘Red Lion’）。源于 *Triticum*×*secale* 杂交植物的正确属间杂种的名称是×*Triticosecale* Wittmack ex A. Camus。最普通的作物黑小麦在种的水平上没有正确名称。有人建议作物黑小麦可以通过对属间杂种的名称附加栽培变种的名称命名，如，×*Triticosecale*‘Newton’。从 1959 年 1 月 1 日起，发表新的栽培变种名称必须有一个不管以任何语言发表的相关描述，而这些名称还不能与任何属或种的植物学名称或普通名称相重复。因此，栽培变种名称‘Rose’、‘Onion’等是不被允许的。一个被承认的栽培变种的名称是通过合适的注册权威机构来注册的，从而可以防止栽培变种的名称重复或者滥用。注册机构以玫瑰、兰花以及一些其他类群或属分别设立。

3.13 生物命名的统一

生物学作为一门科学具有不平常的意义，对其研究对象进行命名要采用5个不同的命名法规：用于动物的国际动物命名法规（ICZN）、用于植物的国际植物命名法规（ICBN）、用于细菌的国际细菌命名法规（ICNB）现在称为细菌学法规（BC）、用于栽培植物的国际栽培植物命名法规（ICNCP）以及用于病毒的国际病毒分类和命名法规（ICVCN）。对一般使用者来说，生物有机体学名在许多情况下存在内在的混乱：对于引证名称，不同规则遵循不同的惯例，相同等级有不同形式的名称，而且尽管最初的每个名称都是基于发表的优先权，但对于怎样确定选择正确名称还是有所不同。

法规的多样性也产生很多严重的问题，例如对于那些并不清楚是植物、动物还是细菌的有机体即所谓的模糊有机体，或者那些已经很好地建立起了正确的遗传亲缘关系，但是传统上将其处理为一个不同的类群（如蓝藻）就面临遵循哪个规则的问题。此外，随着电子信息恢复发展，由于常常在不清楚分类关系的情况下使用学名，使得引证方法出现分歧、同名等问题日趋严重，例如，植物和动物就有许多问题，频繁出现混淆。生物法规和系统发育法规正是朝着建立统一的法规方向在努力，前者保留着林奈分类系统的阶层等级，而后者是基于系统发育分类系统建立的，等级更少。

3.13.1 生物法规草案

寻找所有生物法规的共同性有时已经由愿望变为需要（见 Hawsworth，1995），并且关于这方面探讨的会议于1994年3月在英国的 Egham 召开。由于认识到在全球性交流中生物体的学名是至关紧要的问题，形成的决议不仅包括逐步协调现有的术语和程序，还包括希望建立一个统一的生物命名系统。关于这方面内容首次在生物法规草案（Draft Bio Code）中公布。这个草案在1995年开始起草，在连续进行了4个草案的讨论之后，由国际生物名称发布委员会（ICB）拟名为生物法规草案（1997），由 Greuter 等人发表（1998），现在在皇家安大略湖博物馆的网站上可以查到（http://www.rom.on.ca/biodiversity/biocode/biocode97.html）。

3.13.1.1 突出特征

这个生物法规草案主要依据植物法规的式样，其突出特征包括，

（1）一般特点　没有列出实例，在现阶段注释尽管有些是必需的也全部被省略。大量的条款和段落已经被删减，生物法规草案只有41个条款，而圣路易斯法规有62个条款。

（2）分类群和等级　植物法规的现存等级在生物法规草案中依然保持，并且一些假设性的等级也被加入其中：域（domain）（在界以上），用于原核或真核生物；超科（superfamily）（在动物学中广泛使用），选择在尚未加前缀的等级指示前加入前缀 super-。短语“科群（familygroup）”是指超科、科和亚科的等级，“科下分类等级（subdivision of a family）”仅指在科群和属群之间的一个等级类群，“属群（genus group）”是指属和亚属的等级，“属下分类等级（subdivision of a genus）”仅指在属群和种群之间的分类等级，“种群（spccics group）”是指种和亚种的等级，而术语“亚种以下等级（infrasubspecfic）”是指种群以下的等级。

（3）地位　就本法规的目的而论，已建立名称（Established name）是指那些符合本法

规相关条款发表的，或者被有效发表（早于200*n*年1月1日发表）的，或者在相关的特别法规下可以找到的名称。可接受名称（acceptable name）是指那些与规则相一致的，依据同名规则可接受的名称，此外，对于在200*n*年1月1日前发表的名称，依照相关特别法规既不是非法名称也不是最晚的名称也属于可接受名称。在科群、属群或种群，一个具有特定范围、位置和等级的分类群的可接受名称是指遵照规则必须被采纳的可接受名称。不属于科群、属群、种群的分类等级的任何一个分类群的已建立名称，只要被某一特定作者采纳，那么它就是一个可接受名称。在本法规里，除非特别指明，否则单词"名称"就是指已建立名称，不管它是否被接受。一个分类群的名称包含一个属名联合一个加词被称为双名，一个种名联合一个种下加词被称为三名，双名或者三名也称为组合。

（4）名称的建立　在200*n*年1月1日及其之后要使名称得以建立，一个分类群的名称必须按照有关发表规则的要求进行发表，这种发表是必需的，类似于植物学中的有效发表。建立名称的规则（植物法规的有效发表）与植物法规大体相似，但稍有改变。新的分类群需要有拉丁文或者英文描述或特征集要（这里拉丁特征集要不是强制性的）。科群或者属群内等级的改变，或者种群内等级的提升并不要求正式建立一个新的名称或组合。为了建立名称，一个新的化石植物类群种或种下等级的名称必须伴有显示鉴定特征的一张绘图或图片，此外，还要有描述或特征集要，或对先前发表的绘图或图片进行文献引证。这个要求同样适用于这些等级的非化石藻类新分类群名称的建立。只有相应的属或种的名称被建立才能建立次级分类群的名称。依照生物法规的名称建立（有效发表）包括科群、属群以及种群在内名称的注册，是现在有效发表之后的最后一步。

（5）模式指定　在属级或属下分类等级，分类群名字的模式是名义上的种。科群或更高分类等级的分类群名字的模式，是属名，而且是命义上的属。对于超种、种或种下分类群的名称，其模式是一份标本，这份标本可以存放于博物馆里的广口瓶中、标本馆的台纸上、做好的幻灯片或者装配好的低温干燥的针管里。它应该处于非代谢的休眠状态。模式指定必须通过发表和注册。非模式状态的名称没有一个代表的模式，而是由一些特征的描述组成，适合于被限定范围的分类群，并且被一直用于科以上等级中。

（6）注册　注册受发表资料的提交的影响，发表资料包括提交给由相关国际实体指派的一个注册办公室的原始记述或命名活动。而这些要求都基于植物法规（东京法规，1994），去除植物法规中注册的所有的引证，尽管它已经被废弃（圣路易斯法规，2000）。名称的日期为其注册的日期，即在注册办公室收到相关材料的日期。当互换名称（同模式名称）被同时提出作为一个类群以及相同类群（相同等级和相同地位）的注册时不能认为被提交。注册前当有一个或多个其他条件不能满足建名的要求时，必须在满足这些条件后才能重新提交进行注册。

（7）优先律　优先是指一个名称的日期要么基于它出现于一个正式通过的保护名称目录的日期要么对未列入目录者，其日期可以基于植物法规或者细菌学法规规定的有效发表日期，要么基于动物法规成为可用名称的日期，要么依照现在的法规，名称被建立的日期。优先律的限制在于先前的法规影响了一些特定类群或者一些特定种类的名称（即使是在现在的法规中没有涉及的名称），这些名称只要是在200*n*年1月1日前发表就依然被沿用。对优先律的限制在很大程度上类似于植物法规。保留和废弃程序将在很大程度上保留在现在的法规中。批准旧有名称的植物学程序需要未来的生物法规来规定。

（8）同名规则　对同名规则来说，主要变化是未来它将对交叉的界进行管理。为此，必须建立所有能够公开的已知有机体的属名名录，最好是电子格式，显然，大多数名录已经存在，但一般还不能自由公开。一个目前使用的跨界的属的同名名录正在整理之中，下一步，一个在相应属内的双名名录整理列入计划，这样，未来的工作者会避免新的（非法的）同名双名。现存的跨界同名依然是可接受名称，且有益于生物学索引的建立者以及使用者。现存的名称不会受到现在所提出的规则影响。在ICZN中实行的“次级同名”在生物法规中并未采纳。

(9) 作者引证　生物法规草案与植物学传统不同，植物学过分强调作者引证的使用，有时，这种引证既没有信息也不合适。这需时间来改变，事实上，以前传统正在被修正（Garnock-Jones与Webb，1996）。第40.1款内容反映了这种新观念。

(10) 杂种　植物法规中有关杂种的附录在生物法规草稿中被替换为一个单独的条款。这样的极度简化在某种程度上不会使杂种名称在目前和将来的使用中陷入混乱，但会使其基础产生变化。重要的是，它剥离分类学和命名法，遵从原则Ⅰ。生物法规并不包括栽培植物。

3.13.2　系统发育法规

系统发育法规（phyloCode）是由国际系统发育命名委员会在系统发育分类学的基础上提出的，用只承认种和“进化支”的无等级的分类系统来代替多等级的林奈系统。该法规试图囊括所有的生物学实体，包括活着的以及化石生物。系统发育法规的基本原则是，一个分类群名称的根本目的在于为一个分类群提供明确的身份而不是指明它的关系。系统发育法规由此提出现在的林奈命名系统（体现于现存的植物法规、动物法规和细菌学法规），并不能很好地适用于指导进化支和种的命名，而这些组成生命之树的实体，是有机体水平以上最重要的生命实体。等级安排是主观的并且毫无生物学意义。系统发育法规将提供一种规则，通过对系统发育明确的引证来对生命之树的组成部分（包括种和进化支）进行命名。为此，系统发育法规突出“进化树思想”的命名方式。这样的设计能够使其普遍应用于现有的法规或者（在管理种名的规则被增加后）作为管理分类群名称的唯一法规（假如科学的共性最终决定应该如此的话）。

系统发育法规的起始日期还没有被确定，在生物法规草案中引用日期为200*n*年1月1日。用于命名进化支的规则也将最终会应用于命名种。该系统中，“种”和“进化支”不是一个等级而是不同的生物实体。一个种是一个居群谱系的一部分，而一个进化支是由一些种组成的单系类群。系统发育分类系统和传统分类系统的根本区别在于种以上名称的确定，由此引起的同名和异名确定的差异。例如，按照系统发育法规，异名是同一进化支的不同名称，而不优先考虑特定等级；相反，在现有的命名法规中，异名是指拥有相同模式的同一分类等级的名称，而不优先考虑特定进化支。对所有名称进行注册的要求将减少同名的出现频率。

系统发育命名相对于传统的命名系统有几个优势。对于一些进化支名称，不稳定性大为减少，因为采用现有植物法规，名称的改变仅仅是由于等级的变化。同时也便于对所发现的新进化支命名，而不用等到按照现有法规完整分类系统的建立。重要的是，分子生物学和计算机技术的进展已经导致系统发育新信息的爆发，大部分信息目前尚未转输到分类学。利用本系统发育法规将使研究者相对于采用现有的法规能够更容易对新发现的进化支进行命名。现在，系统发育法规仅有用于进化支的规则，然而当它延伸到种，由于和属名不相关，会使命名更加稳定。采用系统发育法规将种名与一个或多个与其相关的进化支相关联，从而容易确定系统发育的地位。系统发育法规另外一个优点是废弃等级，消除了分类学的较多的主观性。非分类学家并未广泛意识到等级划分的主观属性。

系统发育法规的概念最早由de Queiroz和Gauthier（1992）提出。系统发育法规的发展归因于从1990年以来的一系列论文以及三次座谈会，第一次座谈会是在1995年，第二次是1996年，第三次是1999年在美国密苏里州圣路易斯召开的第16届国际植物学大会期间进行，会议标题为“系统发育命名的回顾和实际含义”，会议对以往工作进行了总结。系统发育法规的最新版本可以在网上获得 http：//www. ohiou. edu/phylocode/（2002 年 7 月）。

3. 13. 2. 1　导言

① 生物学要求一个准确、连贯的国际系统来命名生物有机体的进化支和种。为了满足这种需要，本系统发育法规尝试提出了命名进化支（本版本）和种（未来版本）的规则，并且在此基础上描述了命名原则。

② 系统发育法规适用于所有生物有机体的进化支（本版本）和种（未来版本）的命名，无论是现存的还是灭绝的。

③ 系统发育法规可以和先前存在的法规同时使用。

④ 尽管系统发育法规依赖于先前存在的法规（如国际植物命名法规、国际动物命名法规、国际细菌命名法规和国际病毒分类和命名法规），但为了决定现有名称的可接受性，本法规对这些名称的管理独立于先前存在的法规。

⑤ 系统发育法规包括规则、建议和注释。规则是强制性的。建议是非强制性的，但是鼓励系统分类学家遵循。注释仅仅为了说明。

⑥ 系统发育法规将从 200n 年 1 月 1 日开始生效，没有追溯既往之效。

3. 13. 2. 2　正文

（1）参考性　分类群名称的最主要目的是提供一个参照分类群的手段，诸如对应地指示它们的特征、关系或成员。

（2）明确性　分类群的名称在特殊类群的指定上应当是明确的。命名的明确性通过明确的定义实现。

（3）唯一性　为了提高明确性，每个分类群只能有一个被接受的名称，每个被接受的名称只能对应一个分类群。

（4）稳定性　分类群的名称不应当随时间发生变化。由此推论，在不改变先前发现分类群的名称的基础上去命名新发现的分类群是非常可能的。

（5）系统发育关系　本系统发育法规关注在系统发育关系内分类群的命名和分类群名称的应用。

（6）系统发育法规允许分类学观点的自由，注重关于关系的假设，它只关心在一个给定的系统发育假设的关系中如何使用名称。

3. 13. 2. 3　显著特征

目前系统发育法规只有用于进化支的规则，对于种的规则还有待于今后补充。

（1）分类群　分类群可以是进化支也可以是种，但是只有进化支名称可以应用系统发育法规的这个版本进行管理。每个独立的生物个体至少属于一个进化支（即进化支包含所有生命）。每个生物体也属于许多网状的进化支（尽管包含所有生命的进化支祖先不属于任何其他进化支）。在本法规中，术语“种”和“进化支”指不同种类的生物实体，而非等级。与先前存在的法规相比，异名原则、同名原则和优先律在本法规中采用的概念是独立于分类等级的。

（2）发表　法规的条款不仅适用于名称的发表，而且适用于任何命名活动的发表（如一项保留一个名称的提议）。按照本法规，发表被定义为以文本形式发布（而非声音形式），可以有或者没有图像，出现在仔细审查的书籍或期刊上。为了合格发表，作品需要包括相当数量的（至少 100 个副本）、可同时获得的、同样的、持久存放的和不可改变的副本，通过这种方式使它可以作为一项对科学团体来说永久的公开记录，可以通过买卖、交换或礼物赠与获得，此外这些作品必须符合目前条款的限制和条件。

（3）名称-地位和建立　已建立的名称是那些符合系统发育法规规则发表的名称。为了指出哪个名称是采用本法规被建立的，并因此具有明确的系统发育定义（名称的结尾不反映等级），将这些名称与现存法规管理的种以上名称区分开是可取的，特别是当两者被用于同一发表时。字母“P”（方括号或用上标）被用于表示受系统发育法规管理的名称，字母“L”表示由现存的林奈法规管理的名称。使用了这种转换，“*Ajugoideae* [L]”将适用于一个植物亚科，其可能是或可能不是一个进化支，而“*Teucrioideae* [P]”将适用于一个进化支，其可能是或可能不是一个植物亚科。一个名称的建立只能发生在200*n*年1月1日或之后，为本法规的起始日期。为了建立一个分类群的名称，该名称必须恰当地发表、被作者采用、被注册，并且注册号必须在原记述中被引用。一个分类群的已接受的名称是指符合本法规的必须被采纳的名称。其必要条件为：①被建立；②具有优先权，优先于互用的同一名称（同名）或同一分类群的互用名称（异名）；③在一个特定的系统发育假设下不能由于一个限定条款而被认定为不适用。

（4）注册　为了依据系统发育法规建立一个名称，该名称和其他所需要的信息必须被提交到系统发育法规注册数据库。一个被提交到数据库中的名称发表时可能优先接受，但只有作者通知数据库含有该名称的论文或专著已经被接受发表才算完成注册（即给出一个注册号）。

（5）进化支名称　进化支的名称可以通过转化已有名称或引进新名称来建立。为此，一个进化支名称必须包括一个单独的词，并且首字母大写；转换的进化支名称必须按照原记述中对转换的进化支名称的描述而被清楚地确认，新的进化支名称必须同样通过新进化支名称的描述而被确认；一个进化支名称必须提供一个用英文或者拉丁文书写的系统发育定义，并与一个特殊进化支明确关联。名称适应于满足定义的任何进化支。系统发育定义可以是基于节点的、基于茎干的和基于衍征的。基于节点的定义可能采用“该进化支起源于A和B（以及C、D等，根据需要）的最近的共同祖先”，或者“至少包括包含A和B”（以及C、D等），这里的A～D是标志者（specifier）。一个基于节点的定义可以被缩写为进化支（A+B）。基于茎干的定义可能采用“该进化支包含Y以及和Y拥有一个比W（或V或U等，根据需要）更近缘的共同祖先的所有有机体”，或者“大多数综合的进化支中包含Y但不包含W”（或V或U等）。一个基于茎干的定义可以缩写为进化支（Y<—W）。基于衍征的定义可能采用“该进化支发生于包含在H中的具有M共衍征的第一个物种”的形式。一个基于衍征的定义可以缩写为进化支（M在H内）。先前存在的种加词和种下加词不能转化为进化支名称。

（6）标志者和合格条例　标志者是指对于一个名称的系统发育定义引用了种、标本或共衍征等概念，并作为参照点能够具体指明适合于进化支名称的进化支。用于基于节点和基于茎干定义的进化支名称的所有标志者以及用于基于衍征定义的进化支名称的标志者都是种或者标本。用于基于衍征定义进化支名称的其余标志者是共衍征。如果下一级进化支被引证于一个包含更多进化支的系统发育定义时，它们的标志者也必须明确地被引证于一个包含更多进化支的系统发育定义内。内在的标志者是明确包含在其名称被定义的进化支内，外在的标志者是明确地被排除在其名称被定义的进化支外。基于节点和基于衍征定义中的所有标志者都是内在的，但基于茎干定义的所有标志者总是属于模式之一。当一个种被用做标志者时，该种名称的作者和发表年限必须被引证。当一个模式标本被用做标志者时，模式标本所代表的种名以及该种名称的作者和发表年限必须被引证。

（7）优先律　虽然优先律适用的实体在本法规中指的是名称，但是名称及其定义是密切相关的。并会根据不同的情况各有测量。特别的是，在异名的例子中，优先律主要指名称，而在同名的例子中，优先律主要指定义。优先律是基于名称建立的日期，先建立的名称比之后建立的名称具有优先权，除非后建立的名称针对先建立的名称被保留。在同名的例子中，涉及到由2个或多个以前存在的法规管理的名称（如动物和植物可以用相同的名称），优先权依据的是系统发育法规建立名称的日期。但是，国际系统发育命名委员会有权利针对先建立的同名而保留后来建立的同名。只有当后来的同名比先前同名用得更广泛的时候才可能会发生这种情况。最终决定名称被建立的优先权是发表日期而不是注册日期。

（8）异名　异名是指那些具有不同拼写但都指同一分类群的名称。在本法规中，异名必须是被建立的名称，并且或许是同定义异名（基于相同的定义）或异定义异名（基于不同的定义）。同定义异名是应用于那些不考虑系统发育前后关系的名称。然而，在具有不同定义名称的例子中，系统发生的前后关系决定名称是否是异定义异名。当2个或2个以上的异名有着相同的发表日期时，首先注册的名称（有较小的注册号）首先拥有优先权（表3.2）。

（9）名称的作者身份　尽管作为一个整体发表的作者身份会不同，但是一个分类群的名称归属于原记述的作者（们）。有时，人们愿意引证建立名称的作者。如果一个转换名称的作者被引用，那么它所基于的先前存在的名称的作者也必须被引证，但需用方括号“[ ]”括起来；如果一个替代名称的作者被引证，那么定义替代名称的作者也必须被引证，但需用大括号“{ }”括起来；如果为了修订一个定义而被保留的一个同名的作者被引证，那么原定义的作者也必须被引证，但需用“〈”和“〉”来表示。（如*Hypotheticus*〈Stein〉Maki）。系统发育法规使用“in”而不用“ex”。

（10）管理（Governance）　系统发育法规由系统发育命名协会（SPN）的2个委员会来管理：国际系统发育命名委员会（ICPN）和注册委员会。

表3.2　使用于系统发育法规草案、生物法规草案和目前的生物法规（除病毒法规外）的命名术语对照表

系统发育法规	生物法规	细菌法规	植物法规	动物法规
名称的发表和优先				
发表	发表	有效发表	有效发表	发表
优先	优先	优先权	优先权	优先
早出	早出	高级	早出	高级
晚出	晚出	低级	晚出	低级
命名地位				
建立	建立	合格发表	合格发表	可用
变换	——	——	——	——
可接受	可接受	合法	合法	潜在合格
注册	注册	合格	——	——
分类地位				
接受名称	接受名称	正确名称	正确名称	合格名称
异名和同名				
同定义异名	同模式异名	客观异名	命名法异名	客观异名
异定义异名	异模式异名	主观异名	分类学异名	主观异名
替代名称	替代名称	——	公认替代名称	新的替代名称
保留和禁止				
保留	保留	保留	保留	保留
禁止	禁止/废弃	废弃	废弃	禁止

在最近三年发表的一些论文里已经评述了系统发育法规的不足之处。Nixon和Carpenter（2000）指出系统发育命名没有现存的命名系统稳定。Carpenter（2003）对系统发育法规草案提出批评意见，指出依据目前草案中的计划并没有满足它所陈述的目标，也没有支持它所陈述的原则。内在矛盾包括目前林奈系统各个方面重新制造的麻烦，林奈系统通常遭到系统发育法规拥护者的贬低。拟草案者未能商定种的名称应该采用何种形式导致了这种不完

整性。Keller 等（2003）指出正是由于不稳定的哲学设想的早产，导致了其内在的不稳定性和构成法规各个框架基础的根本缺陷。

Nixon 等（2003）强烈反对系统发育法规，他们指出“该命名法存在致命缺陷，而林奈系统容易被修整”。他们还强调，系统发育法规的提议者们并没有提出有实际意义的能够为其新系统增加稳定性的建议。这样一个等级自由的命名系统可能会给我们的教授、学习和在该领域使用分类名称或者出版带来巨大混乱和缺陷。他们确信，通过一些简单的改动，关于优先律和等级的稳定性问题可以容易在目前的林奈法规中得以解决。这样将不需要为了不充分的理由来“废弃”目前的林奈法规，逻辑性差并有致命缺陷的新法规只会带来混乱。

第4章　描述植物形态的术语

植物特征的信息是对任何植物进行分析所必需的。对植物的形态学描述（描述植物学）是通过一系列的术语用半技术性的语言对这种植物进行准确描述。对于一个分类群的分析，形态描述术语总是放在分类学或系统发育分析之前。维管植物的营养结构包括如根、茎及叶这样的器官，繁殖结构在不同的类群中有所不同。蕨类植物中以孢子叶球、球果、孢子叶、小孢子叶、大孢子叶和孢子为代表。裸子植物中以球果、大孢子叶、小孢子叶为代表。有花植物有不同的花序、花、种子和果实。所有这些器官都表现出相当的变异性，要通过大量的术语进行充分描述。

形态描述术语被用于描述物种已经有几个世纪了，并且将继续成为分类证据的主要来源。描述术语非常丰富，在这里我们仅就最常用的进行阐述。

4.1 习性和寿命

（1）一年生植物　在一个生长季节生长和完成生活周期的植物。短命植物每年只存活一到两周（如蔓黄细心）。

（2）两年生植物　存活两个生长季的植物，在第一个生长季营养生长，在第二个生长季开花。

（3）多年生植物　生活2年以上并且在生命周期里开花数次（只结一次果的植物除外，这些植物可存活数年，但是开花后即死亡，比如龙舌兰属植物和竹子的一些种类）的植物。多年生草本植物，地上部分的苗每年冬天都会死去，每年再由接近地面的储藏部分长出地上的苗。多年生木本植物：地上枝条是木本的，可存活很多年。多年生木本植物可以是乔木（具有明显的树干或者从树干伸出的枝条由顶部产生——歧伞树，如印度榕树；茎干完全不分支，而顶端由叶形成树冠，如棕榈树；或者主干持续生长，逐渐变细并按向顶的顺序长出枝条——塔状树，如暗罗属植物；灌木（有一些明显的枝条从地面上长出）；半灌木是一种介于木本和草本之间的中间状态的植物，它的基部一年又一年持续生长，然而它的上部每年都死去。纤弱的攀缘类植物可能是木本（木质藤本）或者草本（草质藤本）。

值得注意的是草本、灌木、半灌木和乔木代表的是不同习性类型。一年生植物、两年生植物和多年生植物代表寿命或植物生长的时间。

4.2 根

根与茎不同，没有节和节间，但具有不规则的分支并可从内部长出侧根。在种子萌发后，胚根伸长形成主根，进而形成直根，但是还有一些其他的情况（图4.1）。

(1) 不定根 从胚根或其他根部以外的部分长出的根。

(2) 气生根 生长在空气中。在附生植物中，气生根被称为附生根，兰科植物有悬挂的附生根，且这些根被海绵状的根被组织覆盖。兰科植物也有一些固着根，可以穿过缝隙帮助固定。

(3) 同化根 绿色的含叶绿素的根具有同化二氧化碳的能力如心叶青牛胆属和川苔草科的许多植物。

(4) 须根 是线形坚韧的根，普遍存在于单子叶植物，尤其是禾草类植物中，在自然界中通常为不定根。

(5) 肉质根 肥厚而柔软，具有很多的储存组织，储存根可能是以下直根的变形。

① 纺锤状根中部膨大，两端尖细，如萝卜。

② 圆锥状根顶端粗大，向下逐渐变细，如胡萝卜。

③ 芜菁状根非常粗壮几乎成球形，下端突然变细，如芜菁。

具储存功能的不定根的变形包括：

① 块状根从茎的节上长出一群块茎，如甘薯和木薯。

② 束状根膨大的根成束存在，如天门冬属和大丽花属的某些种。

③ 具小结节根不定根的顶端膨大如头状，如芒果姜黄和闭鞘姜。

④ 念珠状根的一部分交替膨大和紧缩而呈念珠状的形态，如参薯。

(6) 吸器 小的根可以侵入到寄主木质部，用于吸收水分和无机营养物质，如半寄生植物（槲寄生属），或者也可以侵入到寄主的韧皮部中，获得光合作用的产物，如全寄生植物（菟丝子属）。

(7) 菌根 真菌菌丝与植物的根共生，有助于根的吸收。真菌菌丝侵入到皮层细胞内（内生菌根在兰花中可见）或在根的表面形成覆盖物，仅有少量菌丝穿入外层细胞的细胞间

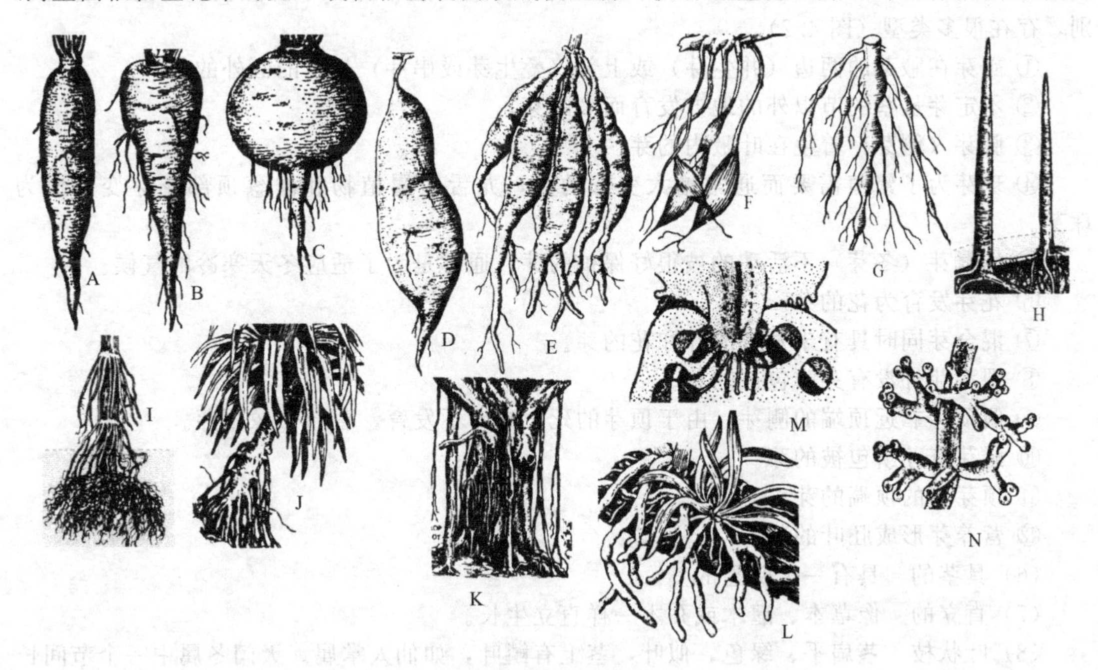

图 4.1 根

A：萝卜的纺锤状的肉质根；B：胡萝卜的圆锥状肉质根；C：芜菁的芜菁状肉质根；D：甘薯的块根；E：大丽花属的束生块根；F：芒果姜黄的有小结节的根；G：念珠状的根；H：红树属的呼吸根；I：玉蜀黍的支持根；J：露兜树属的支柱根；K：孟加拉榕的支柱根；L：石斛属的气生根；M：槲寄生属的有吸器的根把吸器仅仅伸入到木质部；N：松属的带菌丝体根

隙中（外生菌根在松类中可见）。特化的泡状灌木菌根在禾草类植物中可见，真菌菌丝穿入到皮层细胞中，形成一个菌丝团称为丛枝状吸器。

（8）呼吸根　一些红树属植物的根并不向地生长，而是直立向上生长，根上具有特化的皮孔（气囊），用于气体交换，这些根也被称作气囊根。

（9）支柱根　从树的基部分支上产生的一些延长的气生根，扎入土中，增加支持作用，且通常代替主要的树干如榕属的一些种（如在 Sibpus、Kolkata 的印度生物园的巨大的孟加拉榕）。较大的悬挂的支柱根常被用于弹簧跳运动。

（10）支持根　从茎基部的节上发生的不定根，伸入土壤，增加植物的支持作用如玉蜀黍或露兜树属。

4.3 茎

茎是植物的主要轴性器官，可分为节和节间，在节上着生叶和腋芽。这些芽发育成侧枝、花序和花。一种植物可能没有茎（无茎的），或有一个明显的茎（有茎的）。后者可能是气生（直立或较弱），甚至是地下的。

（1）无茎的　无茎植物表面上具有非常不显著的退化的茎，退化的茎通常在开花期延长成无叶的花轴，被称作花葶，如洋葱。

（2）乔木状的　形似树，木本，通常有一个单独的树干。

（3）上升的　茎以 45°～60°的角度斜向上生长。

（4）树皮　覆盖在茎，主要是树干的外周。树皮可以光滑的、片状的（大片地裂开）、裂缝的（裂开或断裂）或环状的（裂缝呈圈状）。

（5）芽　是短的未发育的茎，由芽鳞和幼叶覆盖，通常存在于叶腋内。芽通常容易识别，存在很多类型（图 4.2）。

① 副芽在腋芽的两边（并生芽）或上部（叠生芽或串芽）长出的额外的芽。

② 不定芽从茎的节以外的地方发育而来的芽。

③ 腋芽（侧芽）着生在叶腋内的芽。

④ 珠芽为了繁殖需要而通常增大变形的芽，龙舌兰属植物和洋葱顶部花芽变形成为珠芽。

⑤ 休眠芽（冬芽）不活动的被很好保护的芽，通常是为了适应冬天寒冷的气候。

⑥ 花芽发育为花的芽。

⑦ 混合芽同时具有未发育的叶和花的芽。

⑧ 裸芽芽外没有芽鳞包被的芽。

⑨ 假顶芽靠近顶端的侧芽，由于顶芽的死亡或者不发育，看起来像顶芽。

⑩ 鳞芽有芽鳞包被的芽。

⑪ 顶芽茎的顶端的芽。

⑫ 营养芽形成胚叶的芽。

（6）具茎的　具有一个明显的茎。

（7）直立的　像草本、灌木或乔木一样直立生长。

（8）叶状枝　茎扁平、绿色，似叶，茎上有鳞叶，如仙人掌属。天门冬属中一个节间长度的叶状枝被称作扁平的叶状茎（Cladode）。

（9）近地面的　一般指多年生的部分隐藏的茎。

① 纤匐茎，节间延长，在地面蔓延，在末端产生一个新的植株，如狗牙根属和酢浆草属。

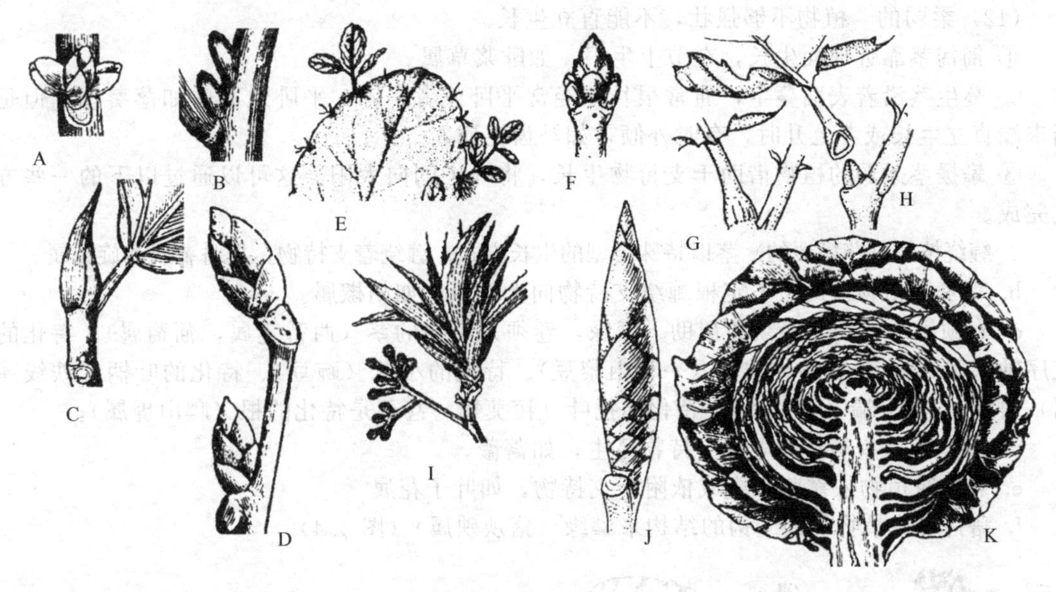

图 4.2 芽

A：槭属中有 2 个副芽的腋芽；B：胡桃中的腋芽和迭生芽；C：榕属中覆盖着芽鳞的鳞芽；D：柳属中的冬芽；E：落地生根属叶上的不定芽；F：有 2 个副芽的顶芽；G：被叶柄基部所隐藏的叶柄下芽；H：叶柄被除去后可见到的叶柄下的芽；I：由龙舌兰属植物的花发育而来的珠芽；J：由于顶芽的死亡或者不发育而占据顶端位置的假顶芽；K：卷心菜的营养芽

② 根茎出条与纤匐茎相似，但有部分地下茎，如甜根子草，与根状茎不同，无储藏器官。

③ 匍匐茎类似于纤匐茎，茎最初生长，然后向下呈弓形弯进土中生根，如草莓。

④ 根出条类似于纤匐茎，但在地下生长，穿透根形成新的植株，如菊属和欧薄荷。

⑤ 短匐茎比纤匐茎短，水生植物中可见，如凤眼莲。

（10）地下的　在土壤表层下生长，常常特化。

① 鳞茎退化的茎被肥厚的肉质化的鳞叶包裹。鳞叶可以集中在中间，外被一层薄的膜质状的鳞叶（洋葱具外皮的芽）或者叶子仅沿边缘交错覆盖（蒜的鳞片状的或覆瓦状的芽）。

② 球茎直立生长的肉质的地下茎，由一些鳞叶包裹，具一个顶芽，如唐菖蒲属。

③ 根状茎水平生长的有背腹之分的肉质地下茎，有节和节间，覆盖有鳞叶，如姜。

④ 块茎如土豆茎的地下部分特化为块茎。

（11）枝刺　枝条或腋芽特化成一个硬而尖的结构，位置深，与维管组织有联系，而皮刺正好相反，仅是一种表面的结构，不与维管组织相连。叶刺（托叶刺）类似枝刺，但较柔弱，来自于叶子或托叶。枝刺上可能带有叶（假连翘属）、花（李属）或者能够分支（假虎刺属）（图 4.3）。

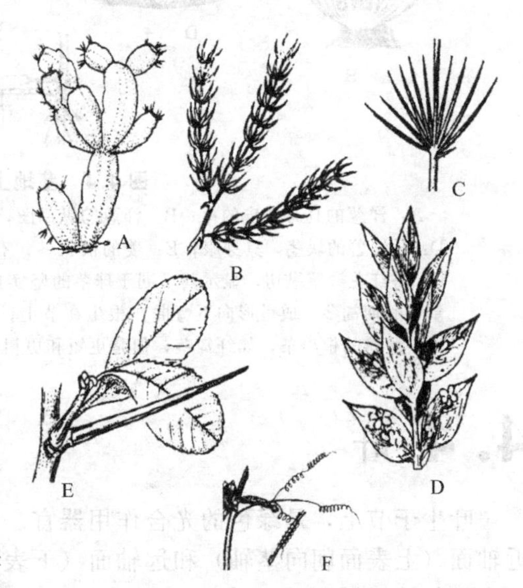

图 4.3 茎地上部分的特化

A：仙人掌属的叶状枝；B：天门冬属扁平叶状茎；C：部分放大示具鳞叶轴上的轮生扁平叶状茎；D：假叶树属的叶状枝像叶，生出花；E：李属的枝刺；F：丝瓜属的卷须

(12) 柔弱的 植物不够强壮，不能直立生长。

① 匍匐茎靠近地面生长，在节上生根，如酢浆草属。

② 蔓生茎沿着表面蔓生，通常很长，经常平卧或者平铺，平卧地面的如落葵属，但是当末端直立生长或者上升时，有时外倾，如马齿苋属。

③ 攀援茎柔弱的植物借助于支持物生长，将叶子朝向太阳。这可以通过以下的一些方式完成。

a. 缠绕植物（茎攀援的）茎以特殊类型的生长方式，缠绕着支持物，如番薯属和旋花属。

b. 根攀缘植物借助于不定根缠绕支持物向上攀缘，如胡椒属。

c. 卷须攀缘植物在卷须的帮助下攀缘，卷须是特化的茎（西番莲属，葡萄属）、特化的花序轴（珊瑚藤属）、特化的叶（一种山黎豆）、特化的小叶（豌豆）、特化的叶柄（铁线莲属）、特化的叶尖端（嘉兰属）、特化的托叶（菝葜属）甚至是特化的根（爬山虎属）。

d. 攀爬植物茎本身倚靠着支持物蔓生，如蔷薇。

e. 刺攀缘植物依靠刺攀缘或依附于支持物，如叶子花属。

f. 藉钩攀缘植物借助于钩的结构来攀缘（猪殃殃属）（图 4.4）。

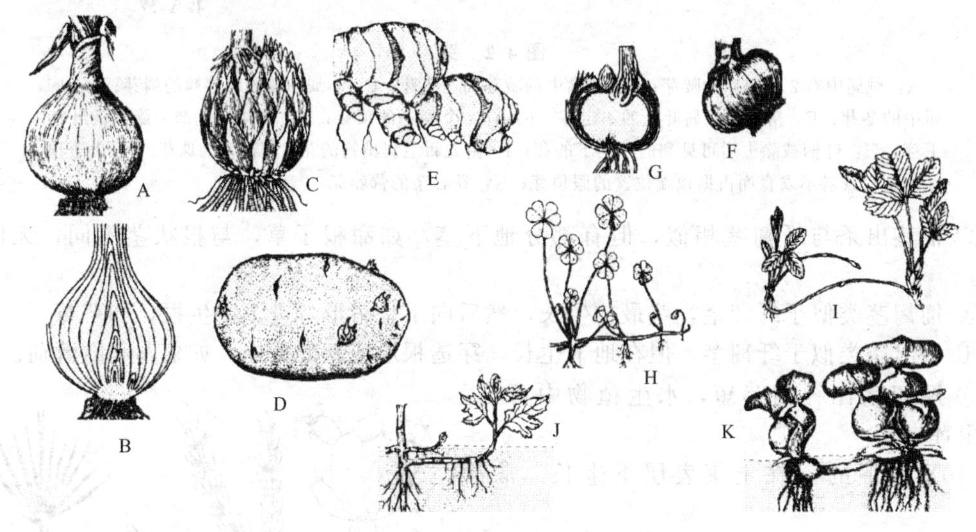

图 4.4 茎地上和地下部分的特化

A：洋葱的具有外皮的芽；B：洋葱的纵剖图，示叶鞘同中心的层次；C：百合属具分离的肉质鳞茎；D：马铃薯的块茎，具芽眼；E：姜的根状茎，有肉质分支的水平茎；F：番红花的鳞茎，外被鳞叶；G：番红花鳞茎纵切，显示其不同于球茎的坚实内部；H：酢浆草的纤匐茎，根在节上伸出；I：欧洲草莓的匍匐茎，成弓形向下弯曲，根生在节上；J：菊属的根出条位于地下，向上升起以产生苗；K：凤眼莲属的根出条，如纤匐茎，但是更短和更粗

4.4 叶

叶生于节上，是绿色的光合作用器官。叶通常扁平，或者为异面的，即背腹面的，具有近轴面（上表面朝向茎轴）和远轴面（下表面远离茎轴）之分；或者是单面的，即等面的，具有相似的近轴面和远轴面。叶子通常可分为叶片和叶柄。有明显叶柄的叶子被称为有柄叶，而缺少叶柄的叶子被称为无柄叶。叶柄可以是翅状的（柑橘属）、膨大的（凤眼莲属），也可以特化为卷须（铁线莲属）、刺（使君子属）或者变态成扁平的可进行光合作用的叶状柄（澳大利亚金合欢属）。两片小的托叶可能长在叶柄的基部。有关叶的术语非常丰富。叶片基部有时可以是具鞘的或者是枕状的。

4.4.1 叶序

(1) 互生 每个节上有一片叶子，连续的叶成螺旋状排列，具有数学规律，所有叶子在纵轴或直列线上有固定的数目，这种叶序普遍遵循斐波纳契级数（Schimper-Brown series）规律，即每个数是通过把前两个数的分子和分子相加，分母和分母相加［1/2，1/3，(1+1)/(2+3)=2/5，(1+2)/(3+5)=3/8 等］得到的。禾草类植物的叶子排成两行（两行排列的、二列的或者 1/2 叶序），所以第三片叶子的位置在第一片叶子之上。莎草是三轮叶(三列或者 1/3 叶序)，第四片叶子的位置在第一片叶子之上，月季和菩提树表现出有五列，第六片叶子的位置在第五片叶子之上，由于这样叶子形成 2 个螺旋，这种叶序被称为 2/5 叶序。番木瓜的叶子记载是八列的，在这种顺序里第九片叶子的位置在第一片叶子之上，由于这样排列形成了三个螺旋，组成了 3/8 叶序。枣椰树的叶子基部和球果的孢子叶都被很紧密地包裹着，而且节间极度缩短，叶子的列数很难数清（多条直列线），这种排列被称为斜列叶序。

(2) 覆瓦状的 叶子之间相互紧密重叠，如岩须属。

(3) 对生的 每个节上叶子成对着生，连续成对的叶子可能是平行的（迭生的），如使君子属；或成直角（交互对生），如牛角瓜属和繁缕属。

(4) 轮生的 每个节上着生三片以上叶子，如猪殃殃属、茜草属和夹竹桃属。

(5) 根生的 叶子着生于茎的基部，在缩短的茎上形成莲座丛（莲座状的），如报春花属和雏菊属。

(6) 茎生的 叶子着生于茎上。

(7) 枝生的 叶子着生于枝上（图 4.5）。

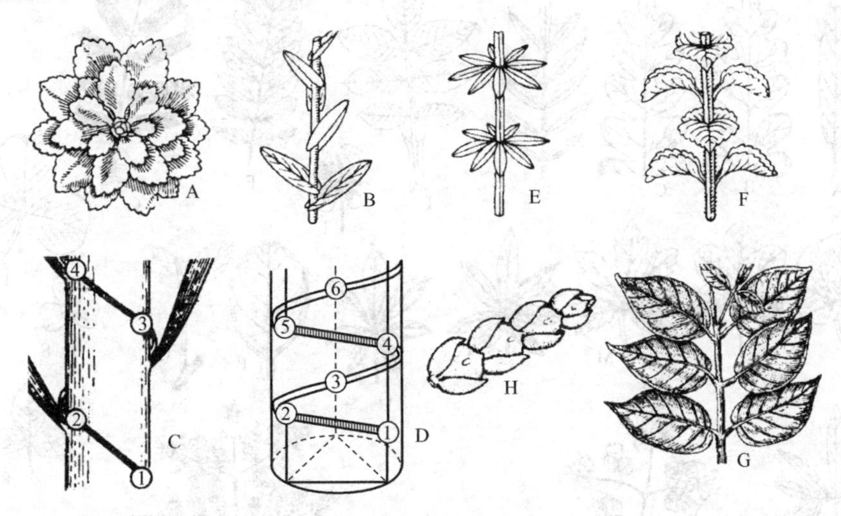

图 4.5 叶序

A：成莲座状排列；B：互生；C：成二列排列的图形表述；D：成三列排列的图形表述；E：猪殃殃属的轮生叶；F：野芝麻属的叶交互对生；G：使君子属的叶对生并且迭生；H：覆瓦状

4.4.2 叶的寿命

叶存留并行使功能的时间可以是几天或很多年，主要决定于对气候条件的适应。

(1) 早落的 叶子形成后马上脱落，如仙人掌属植物。

(2) 落叶的 在生长季末落叶，这样植物（乔树或者灌木）在冬天（休眠季节）时没有叶子。在热带气候条件下，乔木无叶的时间可能只几天，柳属和杨属是最常见的例子。

(3) 常绿的（宿存的） 叶子整年都存在着，有规律地地脱落，所以树木没有无叶的时候，如芒果、松树、棕榈。值得注意的是“宿存的”一词是用来描述叶子的，而“常绿的”一词通常用来描述有这种叶的树。

(4) 凋存的 叶子在植物体上凋而不落，如壳斗科的一些种类就是如此。

4.4.3 叶裂/叶的类型

仅有一个叶片（裂或不裂）的叶称为单叶。而有两片或更多片分开的叶片的叶（小叶）称为复叶。

(1) 单叶 可以不裂，也可以以不同方式裂开，这取决于是否是裂向中脉（羽状裂）或裂向基部（掌状裂）。

① 羽状半裂 开裂深度不到中脉的一半。

② 羽状深裂 开裂深度超过中脉的一半。

③ 羽状全裂 开裂几乎达到中脉。

④ 掌状半裂 开裂裂到不到基部的一半。

⑤ 掌状深裂 开裂裂到超过叶片基部的一半。

⑥ 掌状全裂 开裂几乎裂到叶片的基部。

⑦ 鸟足状裂 深的掌状圆裂片，裂片成鸟足状排列。

(2) 复叶 开裂达到中脉（或叶片基部），具有多于一个的分离的，被称作小叶或羽片

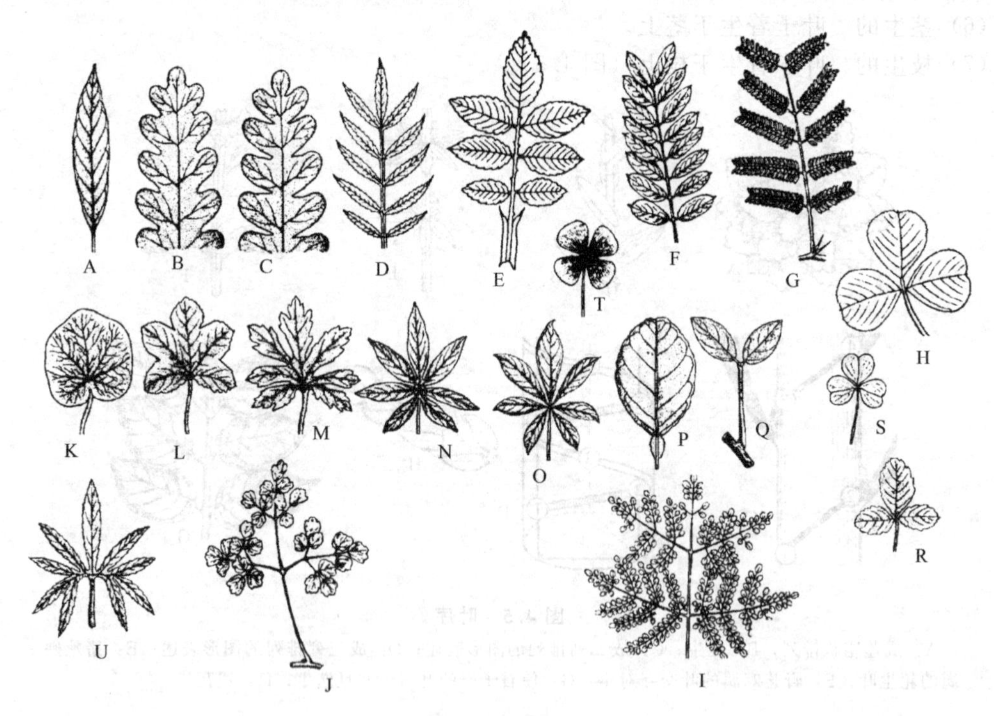

图 4.6 叶裂

A：叶不分裂，具羽状脉；B：羽状浅裂；C：羽状深裂；D：羽状全裂；E：蔷薇属的奇数羽状复叶；F：决明属的偶数羽状复叶；G：阿拉伯金合欢的二回羽状复叶；H：苜蓿属的三出复叶，注意中间的小叶有更长的小叶柄；I：辣木属的三回羽状复叶；J：唐松草属的三回三出复叶；K：叶不分裂，具掌状脉；L：掌状浅裂；M：掌状深裂；N：掌状全裂；O：掌形指状复叶；P：单身复叶；Q：二出复叶；R：三出复叶，注意所有小叶柄都有等长的小叶柄，这一点与羽状三出复叶不同；S：酢浆草的三出复叶；T：苹属的四出复叶；U：鸟足叶葡萄的鸟足状复叶

的叶片。当小叶沿着叶轴（单纯叶子的中脉）分离着生被称为羽状，而当小叶从基部的某一点伸出被称为掌状。2种类型的复叶可以进一步的区分如下（图4.6）。

① 一回羽状复叶小叶直接着生于叶轴上，在偶数羽状复叶（决明属）中，小叶成对存在，由于顶端的小叶消失了，所以小叶的数目为偶数。而奇数羽状复叶（蔷薇属）中存在顶端的小叶，所以小叶数为奇数。

② 二回羽状复叶羽片（初级小叶）又一次被分成小羽片，以致小叶（小羽片）都着生在叶轴的初级枝条上，如含羞草。

③ 三回羽状复叶裂片（小叶）达到三级，小叶（小羽片）着生在叶轴的次级分支上，如辣木属。

④ 多回复叶小叶（裂片）在三级以上，如茴香。这一词有时也常用来指一回以上的复叶。

⑤ 三出复叶小叶都是以三基数存在的。叶子可以是三出的（三枚小叶成羽状，如三叶草）、二回三出的（二回羽状的，具有三枚羽片和三枚小羽片）、三回三出的或多回三出的。

(3) 掌状复叶　叶无叶轴，小叶从叶柄的顶部伸出。

① 单身复叶为具三小叶的特化类型，下部的两片小叶退化，顶端的小叶看起来像单叶，但在基部有一个明显的关节，如柑橘属植物。

② 二出复叶叶具两片小叶，这种现象在印度苏木属中可见。

③ 三出复叶叶具三片小叶，如车轴草属。苜蓿属和草木犀属的三出复叶，其三片小叶中顶端小叶比基部的小叶具有更长的小叶柄（小叶的柄），因而是羽状三出复叶。

④ 四出复叶叶具有四片小叶，如重楼属和水生蕨类苹属。

⑤ 多出复叶（指状复叶）叶具有四片以上的小叶，如木棉属。

4.4.4 托叶

一些种类的叶具有两片较小的托叶，作为叶基的派生物。具有托叶的叶被称为具托叶的，没有托叶的叶被称为无托叶的。它们显示出结构上的多样性。

(1) 离生-侧生托叶　离生的并且位于叶柄基部的两侧，如朱槿。

(2) 与叶柄贴生　贴生于叶柄的基部一些距离，如玫瑰。

(3) 叶柄内托叶　两片托叶黏合成一个，位于叶腋内的茎轴上，如栀子花属。

(4) 叶柄间托叶　托叶位于两片相邻叶的叶柄之间，一般是由于两个不同叶子的相邻托叶的扩大和合并，见于茜草科像龙船花属的一些种。

(5) 具托叶鞘　两片托叶合并形成一个管状结构托叶鞘，见于蓼科。

(6) 托叶叶状　托叶特化并扩大，具有像叶一样的功能，如一种香豌豆，整个叶片特化为卷须，托叶成为叶状。

(7) 托叶卷须状　托叶特化为卷须，如菝葜属。

(8) 托叶刺状　托叶特化为刺，如金合欢属。

4.4.5 叶形

叶和小叶的形状（叶片的轮廓）表现出相当的多样性，具有很大的分类学价值（图4.7）。

(1) 针形叶　形状如针，如松树。

(2) 心形叶　心形，在基部有一个深的凹口，如蒌叶。

(3) 楔形叶　楔形，较窄的一侧朝向基部，如大薸属。

(4) 三角形叶形状似三角形。

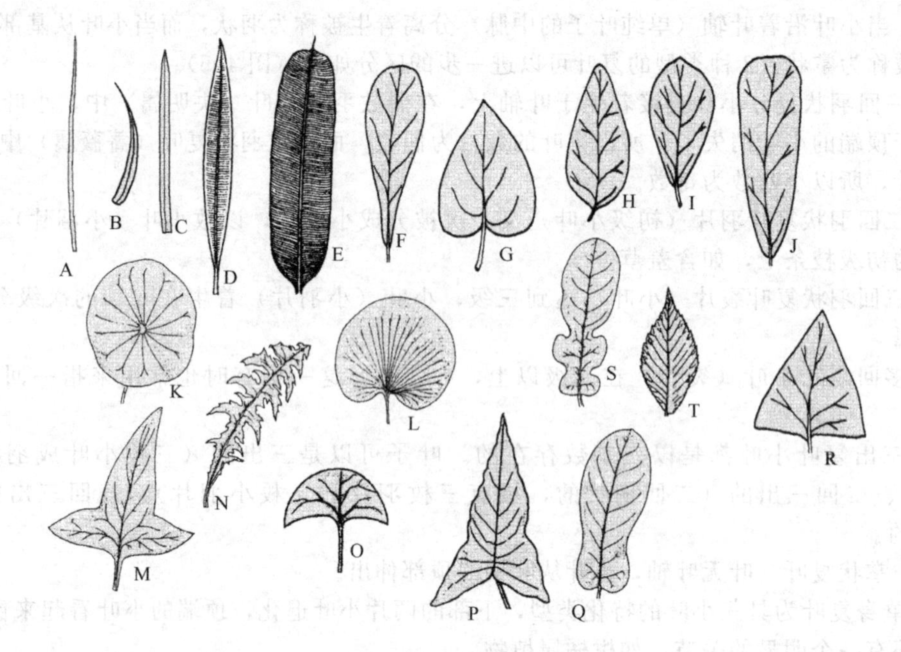

图 4.7 叶形

A：针形叶；B：钻形叶；C：线形叶，在禾草植物中常见；D：披针形叶；E：长圆形叶；F：匙形叶；G：心形叶；H：卵形叶；I：倒卵形叶；J：倒披针形叶；K：盾形叶；L：肾形叶；M：戟形叶；N：倒齿状叶；O：新月状叶；P：箭头形叶；Q：提琴形叶；R：三角形叶；S：大头羽裂叶；T：椭圆形叶

（5）椭圆形叶　形状似椭圆或扁圆，通常长是宽的两倍，如长春花。

（6）戟形叶　箭头形，基部的两个裂片向外，如犁头尖属，同样也指戟形叶的基部。

（7）披针形叶　形如长矛，长远大于宽，中部宽向两端渐狭，如在瓶刷植物中（披针叶红千层）。

（8）线形叶　长而窄，两边近平行，如禾草类和洋葱。

（9）新月状叶　形状如半月，如新月西番莲。

（10）大头羽裂叶　竖琴状，羽状裂，顶端圆裂片大，下部圆裂片较小，如油菜。

（11）倒披针形叶　像披针形，但最宽的部分接近顶端。

（12）倒心形叶　如心形，但是顶端最宽并有缺刻，如羊蹄甲属。

（13）长圆形叶　整个长度宽窄一致，如香蕉。

（14）倒卵形叶　卵形，但是最宽部接近顶端，如揽仁树。

（15）卵形叶　形如鸡蛋，但是在靠近基部的地方最宽，如卵叶黄花稔。

（16）圆形叶　轮廓近圆形，莲属盾形叶的轮廓是圆形的。

（17）提琴形叶　形似提琴，倒卵形且在每边接近基部的地方有凹缺或缺刻，在基部有两个小圆裂片，如提琴叶麻疯树。

（18）盾形叶　形似盾，叶柄着生在叶子的下表面（而不是叶的边缘），如莲属。

（19）肾形叶　形似肾。如积雪草。

（20）倒齿状叶　倒披针形，具不规则的羽裂或边缘分离，如蒲公英。

（21）箭头形叶　形如箭头，在基部有两个圆形裂片向下，如慈姑属和海芋，也指箭头形叶基部。

（22）匙形叶　形似勺，先端最宽圆形，向基部逐渐变细，如匙叶大戟。

（23）钻形叶　形状如锥，底部宽，向尖端逐渐变细。

4.4.6 叶缘

叶片的边缘称为叶缘，有如下的一些情况（图 4.8）。

（1）圆齿状的　有圆的或者钝的齿，如枷蓝菜属。

（2）皱波状的　叶缘在垂直方向上强烈弯曲，形成皱褶。

（3）齿状的　叶缘具尖部朝外的尖齿。

（4）具细牙齿的　小或细的齿。

（5）重圆锯齿状的　圆的或者钝的锯齿上再形成圆齿的。

（6）重齿状的　尖的朝外的齿又一次形成齿状的。双齿的这一词用在这里并不恰当，它用来形容有两个齿的结构更恰当。

（7）重锯齿状的　锯齿又一次形成锯齿，类似于榆属。

（8）全缘的　圆滑的，没有任何缺刻，如芒果。

（9）倒向锯齿状的　齿尖朝后。

（10）外卷的　叶缘向下卷起。

（11）锯齿状的　有像锯子一样的齿，齿尖朝前，见于蔷薇。

（12）细锯齿状的　小或细的锯齿。

（13）深波状的　叶缘强烈地向内和向外弯曲。

（14）波状的　边缘缓慢地上下弯曲，呈波浪状，如暗罗属。

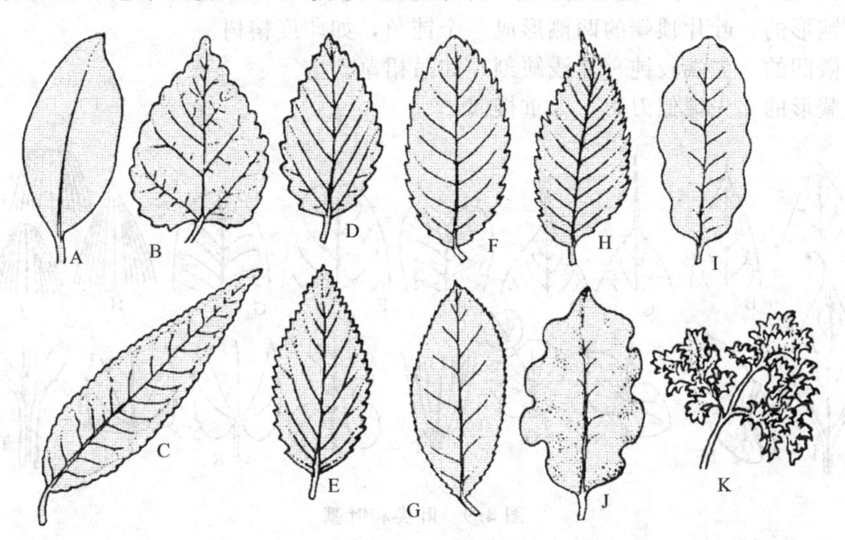

图 4.8　叶缘

A：全缘的；B：圆齿状的；C：细圆齿状的；D：齿状的；E：细牙齿的；F：锯齿状的；G：细锯齿状的；H：重锯齿状的；I：波状的；J：深波状的；K：皱波状的

4.4.7 叶基

除了以上这些用于描述叶基的词如心形、楔形、戟形的、箭头形的以外，以下这些词也经常用来描述叶基（图 4.9）：

（1）抱茎的　耳形的叶基部完全包住了茎。

（2）渐狭的　向基部逐渐变窄。

（3）耳形的　在基部有一个耳状的附属物，如牛角瓜属。

（4）楔形的　楔形，基部窄。

（5）下延的　叶基部向下延伸至茎，结合到叶柄。

（6）偏斜的　不对称的，叶片的一边比另一边低。

（7）穿叶的　叶片基部的圆裂片融合，使茎看似从叶片中穿过，如獐牙菜属。当两片对生的叶子融合的时候，茎穿过了它们，称为合生的茎穿叶，如穿心草属。

（8）圆形的　基部呈阔拱形。

（9）截形的　看起来像刀切一样齐。

4.4.8　叶尖

同样，形容叶尖的术语也有很多（图 4.9）：

（1）锐尖的　尖端的两侧形成锐角指向尖端，如芒果。

（2）渐尖的　逐渐变尖形成一个延长点。

（3）具芒的　顶尖具一个长的刚毛。

（4）渐狭的　尖端伸出形成一个长的渐尖的点。

（5）尾状的　顶端延长，尾状，如菩提树。

（6）有卷须的　顶端细盘绕成卷，如香蕉。

（7）骤尖的　尖端急速变窄，形成一个尖锐的刺状顶端，如菠萝。

（8）微缺的　叶片先端有一个浅的内凹，如羊蹄甲属。

（9）具小短尖的　叶片先端有一小尖，如长春花属。

（10）钝形的　叶片顶端的两侧形成一个钝角，如印度榕树。

（11）微凹的　先端较钝，具浅缺刻，如吊裙草。

（12）截形的　先端似刀切，如重楼属。

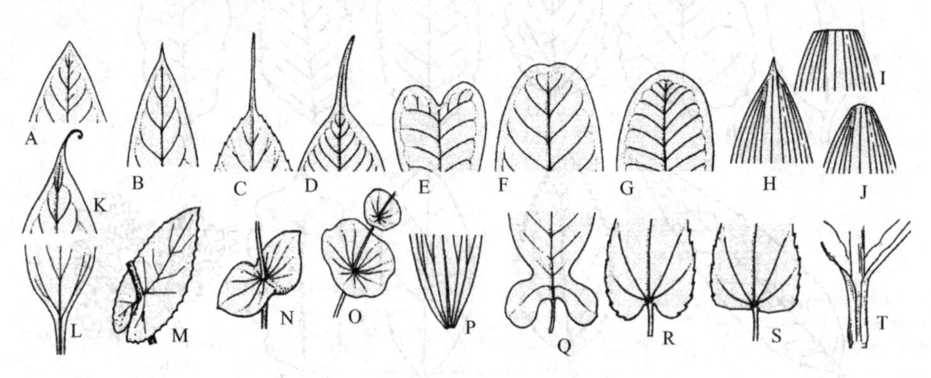

图 4.9　叶尖和叶基

叶尖　A：锐尖的；B：渐尖的；C：具芒的；D：尾状的；E：微缺的；F：微凹的；G：圆形的；H：具小短尖的；I：截形的；J：钝形的；K：有卷须的；

叶基　L：渐狭的；M：抱茎的；N：合生的茎穿叶；O：穿叶的；P：楔形的；Q：耳形的；R：心形的；S：截形的；T：下延的

4.4.9　叶表面

叶、茎以及其他器官的表面可能有各种各样的毛被，毛被的特征在一些分类群中具有高度的鉴定特征。表面可能被毛状体（绒毛，腺体，鳞片等）覆盖，呈现出各种各样的类型（图 4.10）：

（1）具蛛丝状毛的　被缠绕的丝状物覆盖，似蛛网。

（2）变灰白的　被灰白的毛覆盖。

（3）具缘毛的　边缘具有流苏状毛。

（4）被丛卷毛　被不规则成丛的松散缠结的毛。

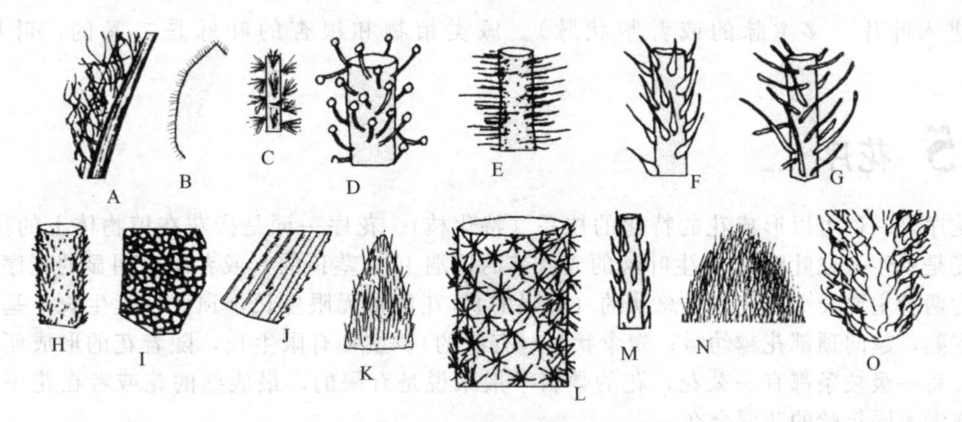

图 4.10　表面覆盖物

A：具蛛丝状毛的；B：具缘毛的；C：被丛卷毛的；D：具腺的；E：具长硬毛的；F：具糙硬毛的；G：具柔毛的；H：被微柔毛的；I：皱的；J：粗糙的；K：被绢毛的；L：星状毛的；M：具糙伏毛的；N：被绒毛的；O：具长柔毛的

（5）脱毛的　几乎无毛的，或者随着年龄增长变得无毛。

（6）光滑的　表面没有覆盖任何毛状物，但与绝对光滑并不总是等同。

（7）有白霜的　表面覆盖一层蜡状物，较易抹去。

（8）具腺的　表面具有腺体或者小的分泌结构。

（9）具点状腺体的　表面被点状分布的嵌入腺体，如柑橘属。

（10）具长硬毛的　具有长而坚硬的毛。

（11）具糙硬毛的　具有长而粗糙的毛。

（12）具绵状毛的　绵状毛，被长的卷毛。

（13）具柔毛的　被长而明显的分散的毛。

（14）被微柔毛的　具细小绒毛的。

（15）被短软毛的　被有柔软的短毛。

（16）皱的　有皱的表面。

（17）粗糙的　叶表面由于有粗糙的小点而变得粗糙。

（18）具鳞屑的　被鳞片覆盖。

（19）被绢毛的　被丝质的柔毛，所有的毛均指向一侧。

（20）星状毛的　具有分支的星状毛。

（21）具糙伏毛的　具坚硬的贴伏的毛，毛均指向一侧。

（22）被绒毛的　被密的垫状软毛，外观上看似棉毛状。

（23）被短绒毛的　被短的绒毛。

（24）具长柔毛的　覆有长的、纤细的柔毛，外观蓬松状。

覆盖在表面的毛可能是单细胞的、多细胞的、腺体的或者非腺体的。毛可能是不分支的或各种各样分支的。它们可能含有一行（单列）、两行（双列）或者多行细胞（多列）。植物的某些种特别是金合欢类在叶子的基部有特化的腺体虫菌穴，它能容纳蚂蚁保护植物不受草食动物威胁。

4.4.10　叶脉

在叶子的表面可见维管束的分布，就像脉络构成脉序一样。双子叶植物表现为网状脉，而单子叶植物表现为非交叉的平行的脉络（平行脉），每种类型的脉络都可能有单一中脉，二级脉从中脉上伸出（单主脉的或羽状脉），或者超过一根的同样粗细的脉进入叶片（多主脉的或者掌状脉）。蕨类植物和银杏的叶脉是二叉的，叶脉呈叉状。

4.5 花序

花序是一种可以形成花的特化的枝系（特化枝）。花序一词是指花在植物体上的排列。花可能是单生（在叶腋内-单生叶腋的或者茎的顶端-单生茎顶的）或者组成明显的花序。可以分为两种主要类型的花序：总状的（无限的），花序轴无限生长，顶芽持续生长，基部的花最成熟，越向顶部花越幼嫩；聚伞状的（有限的），主轴有限生长，随着花的形成而停止生长，每一级枝条都有一朵花，花的数目一般来说是有限的，最成熟的花或者在花序的中心，或者不同年龄的花混合在一起。

4.5.1 总状花序的类型

常见的总状花序类型如下（图 4.11）：

(1) 总状花序　典型的总状花序具有单一不分支的轴，花具明显的花梗，如翠雀属。

(2) 圆锥花序　具分支的总状花序，花着生在主轴的分支上，如丝兰属。

(3) 穗状花序　和总状花序相似，但是花无柄，如鸭嘴花属。

(4) 肉穗花序　穗状花序的变形，主轴肉质化。如果由一个叫佛焰苞的苞片包围则称为佛焰花序，如海芋属和疆南星属植物。

(5) 伞房花序　平顶的总状花序，在低处的花梗长一些，在高处的花梗短一些，这样所有的花都在同一水平线上，如屈曲花。

(6) 伞房总状花序　介于典型的总状花序和伞房花序之间，所有的花并不在一个平面，如油菜。

(7) 柔荑花序　类似穗状花序但是简化为单性花，如桑属。

(8) 伞形花序　花从轴的一点密集伸出，其中外围的花最先成熟，内层的花最后成熟，如伞形科植物。复伞形花序的分支形成伞形花序，花序也成伞形分布。

(9) 头状花序　密集的无柄花生于平顶的轴上，如金合欢属和含羞草。

(10) 篮状花序　像头状花序样的平顶花序（通常被称为头状花序），但是有明显的辐射状小花和花盘小花（一种或两种类型），被总苞片包围，如菊科。

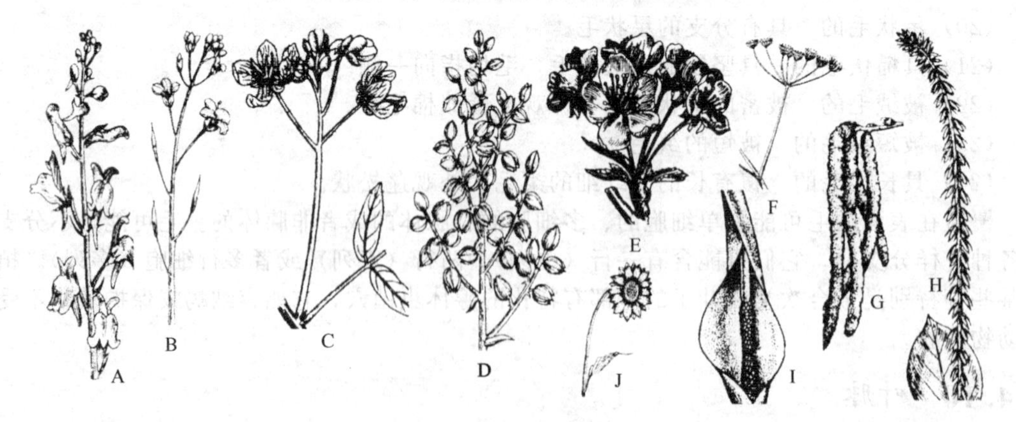

图 4.11　总状花序类型

A：柳穿鱼属的总状花序；B：芸苔属的伞房总状花序；C：决明属的伞房花序；D：丝兰属的圆锥花序；E：李属的伞形花序；F：茴香属的复伞形花序；G：桦木属的柔荑花序；H：牛膝属的穗状花序；I：芋属的肉穗花序；J：向日葵属的篮状花序

4.5.2 聚伞花序的类型

聚伞花序可以依据在每一级水平上产生顶花的有限分支进行初步划分。

(1) 单歧聚伞花序　每一节上产生一个分支，当以合轴方式分化时，形成了有限数目的对着苞片的花（不同于总状花序有多数腋生花）。有两种类型的单歧聚伞花序，

① 螺形聚伞花序，在同一侧产生连续的分支，以至于花序经常卷曲，如紫草科（如勿忘草属）植物。

② 蝎尾状聚伞花序，连续的分支在两侧交替形成（每个枝条上一朵花）。在龙葵中呈扇形聚伞花序，所有的花都如同主轴一样生长在同一平面。

(2) 二歧聚伞花序　每一级顶花的下面产生两个分支，结果花在两个分支的叉状结构中间，如繁缕属和石竹属。

(3) 多歧聚伞花序　顶花下面的每个节上产生两个以上分支，结果形成了由多朵花组成的宽大的花序。如荚蒾属植物。

(4) 聚伞花序簇　由于花序轴的短缩，从一点上产生了一簇聚伞花序。

(5) 伞形聚伞花序　形如伞状，由许多聚伞花序集中在一起形成的，不同年龄的花混合在一起，如葱属植物。

4.5.3 特化花序的类型

除了典型的有限花序和无限花序类型外，也有一些混合的和特殊的类型（图 4.12）：

(1) 杯状聚伞花序　在大戟属植物中存在复杂的花序类型，有一个杯状的总苞（由融合的苞片形成），沿着边缘通常有 5 个蜜腺，包围着许多雄花（为蝎尾状花序，没有花被并且形成单一的雄蕊）。单一的雌花在总苞的中央。

(2) 轮伞花序　唇形科的特殊花序。花序的每个节上产生两个相对的二歧聚伞花序丛，当每一丛花的数目超过 3 时，结果变成了单歧的。由于花轴的短缩，不同年龄的花呈现出假轮状或者轮状。

(3) 隐头花序　无花果典型花序有像花托一般的花序托，在顶部有一个小开口，花沿着内壁产生。

(4) 聚伞圆锥花序　是混合型的花序，主轴为总状花序，侧轴为聚伞花序，如葡萄。

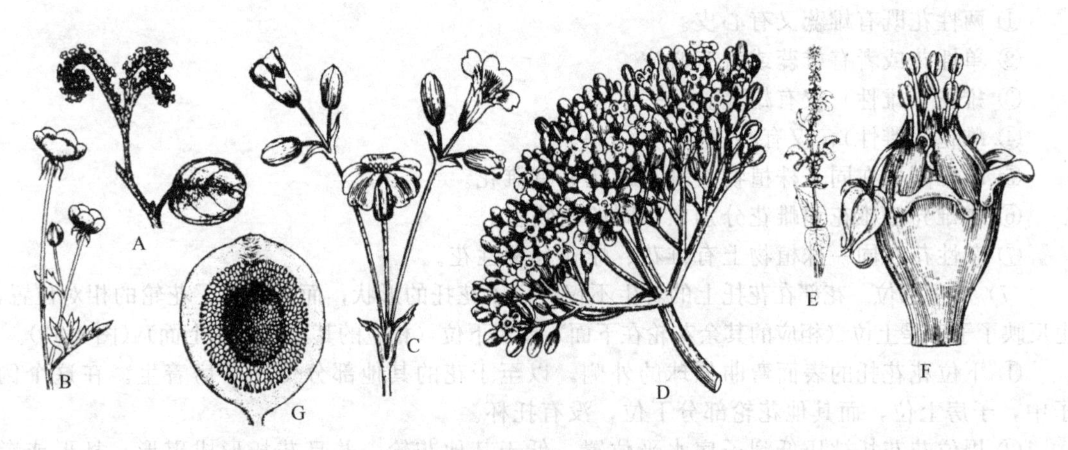

图 4.12　聚伞花序和特化类型

聚伞花序类型　A：天芥菜属的螺形聚伞花序；B：鳞茎状毛茛的蝎尾状聚伞花序；C：石竹属的二歧聚伞花序；D：荚蒾属植物的多歧聚伞花序。

特化类型　E：鼠尾草属的轮伞花序；F：大戟属植物的杯状聚伞花序；G：鸡素果的隐头花序

4.6 花

花是生有特化花叶的高度特化的枝条。花轴缩短形成花托，一般具有 4 轮花部：花萼（萼片的总称）、花冠（花瓣的总称）、雄蕊群（雄蕊的总称）、雌蕊群（雌蕊的总称）。在一些植物中，花萼和花冠不可分，表现为一轮或两轮相似的花被（花被片的总称；这一词过去限于描述像单子叶植物花被一样的花瓣）。花通常具有花梗，可能或者不被称为苞片的简化的叶子包在叶腋内，花梗上有时可能会有一些小苞片（如果存在的话在双子叶植物中通常是 2 片，在单子叶植物中通常是 1 片）。一般规律是，不同轮的花被彼此交错排列。按通常顺序描述花的相关术语包括：

(1) 苞片

① 具苞片花位于苞片的腋内。

② 无苞片没有苞片。

③ 具小苞片花梗上存在小苞片。

(2) 花梗

① 具花梗花梗明显，通常比花长。

② 近无柄花梗很短，常常比花短。

③ 无柄无花梗。

(3) 完全花　四轮花部都存在。

(4) 不完全花　一轮或几轮的花部缺如。

(5) 对称性　一朵花的对称性很大程度上决定于花萼轮上萼片的相对形状和大小（或花萼裂片）和花冠轮上花瓣的形状和大小（或花萼裂片）。

① 辐射对称整齐的花当被任何垂直的平面切开的话能够被分为相同的两半，实际上，辐射对称的花有花萼和花冠的所有部分（或者花被的所有部分），或多或少都是相同的数目和大小。

② 左右对称不整齐的花能够被一个或者几个，但不是任一垂直平面分为相等的部分。实际上这种花可以有不同形状和大小的花萼和/或花冠（或花被）部分。

(6) 性别

① 两性花既有雄蕊又有心皮。

② 单性花或者有雄蕊或者有心皮。

③ 雄花（雄性）仅有雄蕊。

④ 雌花（雌性），仅有心皮。

⑤ 雌雄同株在同一株植物上既有雄花又有雌花。

⑥ 雌雄异株雄花和雌花分别在不同的植物上。

⑦ 杂性花在同一株植物上有雄花、雌花和两性花。

(7) 着生部位　花部在花托上的着生不仅决定了花托的形状，而且反映了花轮的相对位置，也反映了子房是上位（相应的其余花轮在下面）或者下位（相应的其余花轮在上面）（图 4.13）。

① 下位花花托的表面弯曲如球的外侧，以至于花的其他部分低于子房着生。在这个例子中，子房上位，而其他花轮部分下位，没有托杯。

② 周位花花托被压低到子房水平位置，低于其他花轮，并且花托形成碟形、杯形或者烧杯状托杯。值得注意的是，尽管托杯围绕着子房，它与子房分离，其余花轮都沿着托杯边缘着生，因而子房在形态上仍然是上位的，其余花轮较低。子房可能有时候部分沉没，或者半下位。

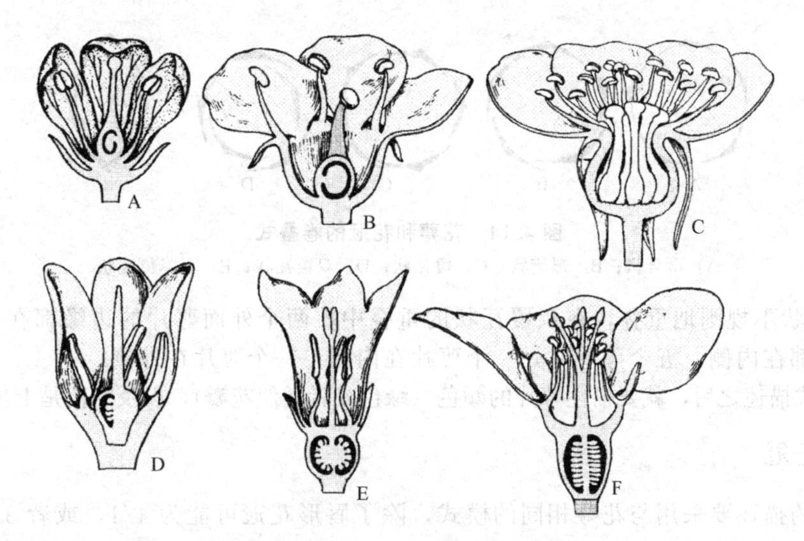

图 4.13　花部的着生

A：下位花，子房上位；B：周位花，具杯状的托杯和上位的子房；C：周位花，具烧瓶状托杯，子房上位；D：周位花，具部分沉没和半下位子房；E：上位花，具下位子房，子房之上没有分离的托杯；F：上位花，具下位子房，子房之上有分离的托杯

③ 上位花托杯与子房融合，以至于花被看起来是从子房的顶部伸出。子房显然在较下部，而花的其他部分在上部。可能在子房上部不存在或者存在游离的托杯，在前面的那个情况里，花的其他部分看起来从子房顶部伸出来。

(8) 五数花　花的每轮以五为基数（雄蕊和心皮除外），典型的双子叶植物特征。

(9) 四数花　花的每轮以四为基数，如十字花科中的植物。

(10) 三数花　花的每轮以三为基数，如单子叶植物中的植物。

(11) 轮　花萼、花冠、雄蕊和雌蕊分别为四个不同的轮。

(12) 螺旋轮生　花萼和花冠轮生，而雄蕊螺旋状排列，如毛茛科。

4.6.1　花萼

对花萼的描述开始于花萼在同一轮里的数目（在双子叶植物典型的是 5，在单子叶植物典型的是 3），在两轮中（2＋2，如十字花科）或者形成两唇（1/4 在罗勒属，3/2 在鼠尾草属）。

(1) 离萼的　萼片分离，因此超过一枚。

(2) 合萼的　萼片合生，一旦花萼是合生的，多数花萼就分为两个部分：花萼管，即合生的部分和花萼裂片（不再是萼片），即分离的部分。应该描述花萼管的形状。它可能是钟形的（如木槿属）、坛状的（如睡茄属的果萼）、管状的（如曼陀罗属）或者两唇的（如罗勒属）。

(3) 早落的　花一开就落下来。

(4) 每年脱落的　在成熟的花朵中与花瓣一起落。

(5) 宿存的　在果实上存在。

(6) 增大的　宿存，在果实上扩大。

(7) 卷叠式　花萼在花芽上的排列方式。术语动叶卷叠式专门用来描述幼叶在芽上的排列方式。下列是见到的卷叠式的主要类型（图 4.14）。

① 镊合状萼片的边缘或者花萼裂片并不互相重叠。

② 螺旋状按照规则的模式互相重叠，一个萼片的边缘叠在另一个萼片边缘之上。

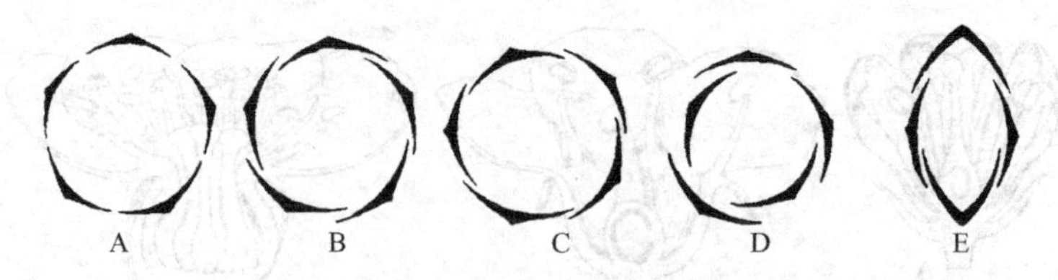

图 4.14　花萼和花冠的卷叠式

A：镊合状；B：螺旋状；C：覆瓦状；D：双覆瓦状；E：下降覆瓦状

③ 覆瓦状不规则地重叠，在双覆瓦状的重叠中，两个外面萼片的边缘都在外边，两个内面的边缘都在内侧，五个萼片时，一个萼片在内侧，一个萼片在外侧。

对卷叠式描述之后，就要描述萼片的颜色（绿色或者类似花瓣），以及它们是上位还是下位。

4.6.2　花冠

对花冠的描述要采用与花萼相同的模式，除了唇形花冠可能为 4/1，或者 3/2。花冠可能是离瓣的，或者合瓣的。花冠管可能另外有漏斗状的，如曼陀罗属；旋转状的（管非常短，大的裂片以直角延生到管，如车轮的轮辐一般），如茄属植物；或者托盘状，如在长春花属。花冠管和裂片（组成檐）之间的连接称为喉。花瓣有时变窄为柄称为爪，而更宽的部分构成檐。花冠的特殊类型可出现在十字花科（十字形花冠——4 个游离的花瓣以十字形排列）、石竹科（石竹型花冠——5 个分离的具爪的花瓣，在檐部和爪部形成直角）、蔷薇科（蔷薇型花冠——5 个无柄的花瓣具向外延生的檐）、蝶形花科（蝶形花冠——类似于一只蝴蝶，有 1 个大的向后的旗瓣，外侧有两个翼瓣，两个前面的花瓣轻微地连接形成龙骨瓣，其卷叠式是蝶形卷叠式或者下降覆瓦状，旗瓣在最外侧，覆盖着两翼瓣，两翼瓣反过来覆盖龙骨瓣），这些花瓣可能同样具有各种各样的颜色。在一些例子里，萼片或者花瓣可能有一个小的袋状的结构，这种情况被称为囊状结构（芸苔属两侧萼片或者兜兰属的花冠，后者更像拖鞋，或者称为拖鞋状结构）。有时候在基底部可能生成管状结构称为距（spur）（花冠距为 calcarate），如翠雀属和耧斗菜属。在有些花中，花冠可能形如盔帽，称为盔状（图 4.15）。

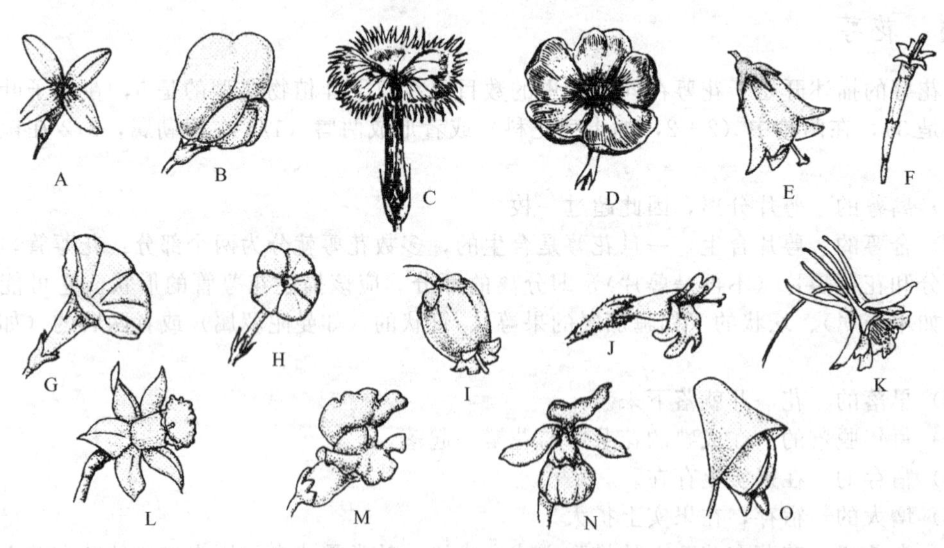

图 4.15　花冠的类型

A：十字形花冠；B：蝶形花冠；C：石竹型花冠；D：蔷薇型花冠；E：钟形花冠；F：管状花；G：漏斗状花冠；H：高脚蝶形花冠；I：坛状花冠；J：唇型花冠；K：具距的花冠；L：副花冠；M：假面状花冠；N：拖鞋状花冠；O：盔状

在某些例子中，花冠内侧附着在花冠喉部存在着额外的一轮（花被内侧的一轮）。这轮被称为副花冠，可能由花被的附属物构成（水仙属），花冠（花冠状的副花冠如夹竹桃属）或许来自雄蕊（雄蕊副花冠，如水鬼蕉属）。这种花称为具副花冠的花。

4.6.3 花被

在花中缺少明显的花萼和花冠，要描述花被，遵循相同的模式，详细说明数量、轮数、花被分离或者合生、卷叠式和花被的颜色。这些部分当分离时被称为花被片而代替花瓣或者萼片。

4.6.4 雄蕊群

与花萼和花瓣相比，代表雄蕊群的雄蕊表现出更复杂的结构。每一个雄蕊都有花药——典型的四分孢子囊结构，2个花药裂片各有2个药室（小孢子囊）——着生在一个花丝上。两个花药裂片经常借药隔连接起来，这个结构在某些原始的科中是花丝的延续。对雄蕊的描述，同样从雄蕊在一轮或者更多轮中的数目开始，主要的描述术语如下（图4.16）。

(1) 融合　雄蕊一般说来是分离的，但是如果融合可能有各种不同类型。

① 离生雄蕊整个雄蕊分离。

② 单体雄蕊所有雄蕊花丝联合成一组，如锦葵科。

③ 二体雄蕊雄蕊的花丝联合成两组，如香豌豆属。

④ 多体雄蕊花丝连接起来超过两组，如柑橘属。

⑤ 聚药雄蕊花丝分离，但是花药结合成一个管，如菊科。

⑥ 聚合雄蕊雄蕊的花丝和花药完全融合，如南瓜属。

⑦ 冠生雄蕊花丝着生于花瓣上，为合瓣花科的一个典型特征。

⑧ 萼生雄蕊花丝着生于花被上。

(2) 相对大小　在一朵花里，雄蕊通常是大小相同，但是以下变异可能在一些花中见到。

① 二强雄蕊雄蕊4枚，2个长，2个短，如罗勒属。

② 四强雄蕊雄蕊6枚，在外围的2个短，在内轮的4个长，如十字花科。

③ 异长雄蕊同一朵花中有不同大小的雄蕊，如决明属。

(3) 雄蕊外轮对萼　雄蕊排成两轮，外轮与花瓣互生，如九里香属。

(4) 雄蕊外轮对瓣　雄蕊排成两轮，外轮与花瓣对生，如石竹科。

(5) 雄蕊对瓣　雄蕊与花瓣对生，如报春花科。

(6) 花药2室　雄蕊有两个花药裂片（每个花药裂片在成熟时由于两个相邻的小孢子囊的接合变为单室的）以至于在花药成熟时由两个室组成。

(7) 花药1室　雄蕊具单一花药裂片，因此成熟花粉囊1室，如锦葵科。

(8) 着生方式　花药着生于花丝上的普通式样如下。

① 全着药花丝延生至药隔，药隔变得宽大，如毛茛属。

② 基着药花丝连接在花药的基底（此时，药隔向上连接到花药基底）或者至少在药隔的基底（此时，花药裂片分离地延伸到药隔下部），结果导致花药直立，如芸苔属。

③ 背着药花丝着生于药隔的基部以上，结果导致花药稍微倾斜，如田菁属。

④ 丁字着药花丝几乎着生于药隔的中部，以至于花药可以自由摆动，如百合属和禾本科。

(9) 开裂　花药开裂一般发生于通过两个花粉囊接触点形成缝合的位置，但是缝合的位置有许多变异。

纵裂　两个缝合纵向延生，如曼陀罗属。

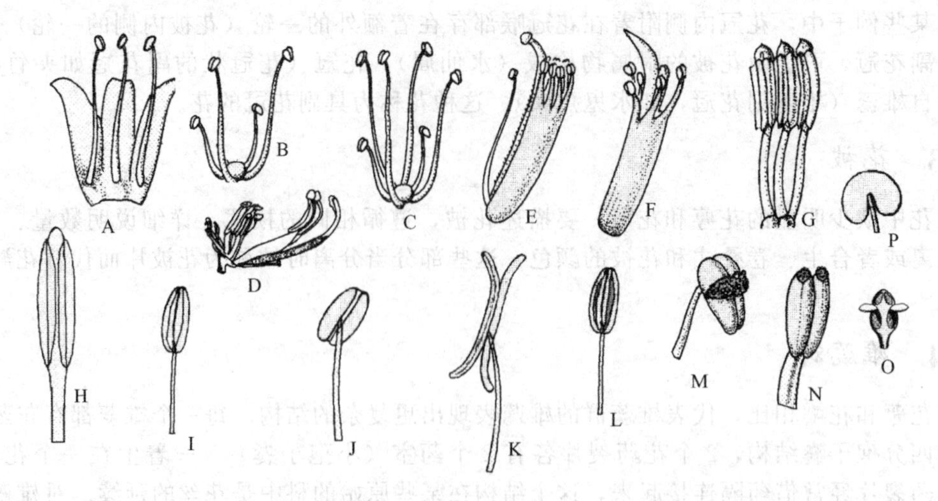

图 4.16　雄蕊的类型

A：冠生雄蕊。长度　B：二强雄蕊；C：四强雄蕊；D：异长雄蕊。融合　E：二体雄蕊；F：单体雄蕊；G：聚药雄蕊。花药着生　H：全着药；I：基着药；J：背着药；K：丁字着药。花药开裂　L：纵向的；M：横向的；N：孔裂的；O：瓣裂的；P：单室肾形的花药

横裂　缝合横向排列，如锦葵科 1 室花药。

孔裂　花药通过在顶端的孔裂开，如龙葵。

瓣裂　通过垂下物或者瓣片由花药侧壁部分打开，如月桂属。

(10) 向心发育　雄蕊由外至内发育，因此最外侧的雄蕊最先成熟。

(11) 离心发育　雄蕊由中心向外围发育，因此最先成熟的部分在中心。

(12) 内藏　雄蕊短于花冠。

(13) 伸出　雄蕊超出花瓣很多，如伞形科。

(14) 内向　花药的裂缝朝向中心。

(15) 外向　花药的裂缝朝向外边。

(16) 雄蕊柄　花托的延生部分着生雄蕊。

(17) 合蕊冠　通过雄蕊融合而形成的有具有柱头盘的结构，如萝藦科。

(18) 合蕊柱　通过雄蕊与雌蕊融合而形成的结构，如兰科植物。

4.6.5　雌蕊群

雌蕊群代表一朵花中心皮的集合，雌蕊和心皮的区别是模糊的，事实上，心皮是雌蕊群的组成成分，而雌蕊代表了可视单元。这样，如果心皮离生，将会有许多雌蕊（单心皮）。另一方面，如果心皮合生（并且明显多于一个心皮），这朵花可能只有一个雌蕊（复合雌蕊）。每个心皮分化为一个包含胚珠的基部扩大的子房，一个延长的花柱以及接受花粉的顶端部分柱头。任何对雌蕊群进行描述的尝试，都需要对子房进行一个横剖，再做一个纵剖，这对描述非常有用。

4.6.5.1　心皮的数目和融合

一朵花有超过一个的离生雌蕊将有相同数目的心皮，心皮是离生的。另一方面，如果雌蕊是一个，心皮可能是一个，也可能是多个融合而成。大多数情况下，通过子房切面能够解决心皮的数目问题。如果子房是一室的，那么胚珠的行数（胎座线）会等于联合的心皮数，单心皮显然只能有一室、一个胚珠或者一列胚珠。另一方面，如果子房超过一室，显然不止一个心皮，室数暗示着心皮数。尽管如此，也存在着非典型的例子，单室的心皮可能有一个

中央的轴，轴上长有胚珠（因为隔壁消失），或者在单室子房里，存在着一个大的胚珠，因为所有其他的胚珠（来自一个或者更多个胎座线）都消失了。在上述两种例子里，心皮的数目可以通过数分离的花柱数而知道，或者如果花柱数为一，可以数柱头数或者柱头裂片数。在极端的例子里，这些也不能帮助我们弄清楚心皮数，如琉璃繁缕，果实上缝线的数目将帮助解决这个问题。心皮数目被表示为一心皮、两心皮、三心皮、四心皮、五心皮和多心皮。室数也相似地表示为一室、二室、三室、四室、五室和多室。有离生心皮的雌蕊群为离心皮雌蕊，而有着合生心皮（至少子房合生）的雌蕊群为合心皮雌蕊。合心皮雌蕊可能有着离生的花柱和柱头，或者柱头、花柱都融合（图 4.17）。

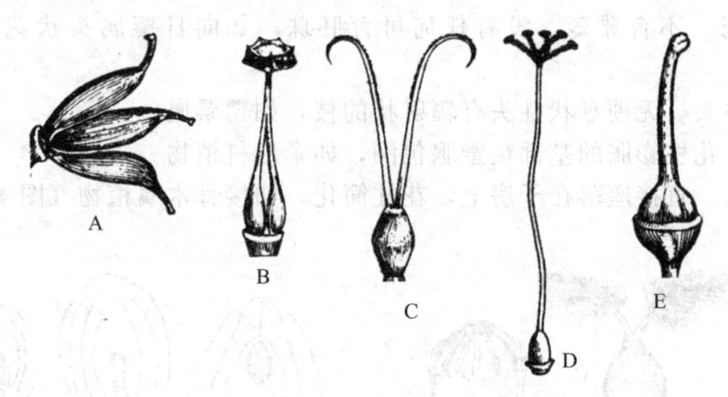

图 4.17　心皮融合

A：离生心皮；B：心皮离生，柱头和花柱合生（花柱还与花药融合形成合蕊冠）；C：合生心皮，柱头和花柱分离；D：合生心皮，柱头分离；E：合生心皮

4.6.5.2　胎座式

胎座式是指胎座在子房壁上的分布以及相应的胚珠的排列，以下是发现的主要类型（图 4.18）：

（1）边缘胎座　单室子房有一个胎座线，一般有一行胚珠，如香豌豆属。

（2）侧膜胎座　单室子房有超过一个的离散的胎座线，如白花菜科。在十字花科，子房由于假隔膜的形成后来变为 2 室。在葫芦科，三个侧膜胎座内侵入子房腔，常常在中央相遇，形成假胎座轴。

（3）中轴胎座　子房超过一室，胎座沿着轴着生，如木槿属。

（4）特立中央胎座　子房一室，胚珠沿着中轴着生，如石竹科。

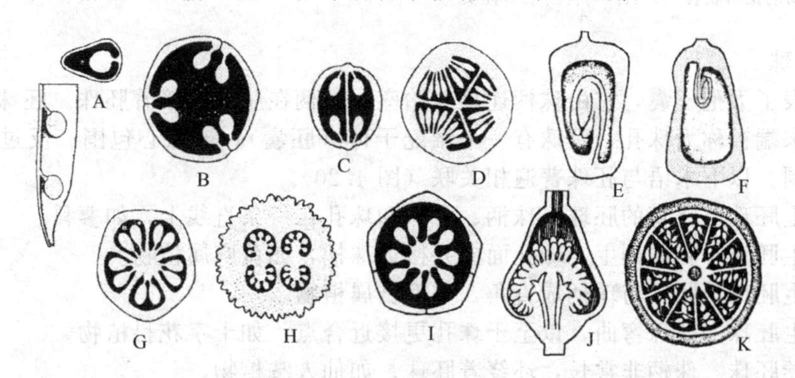

图 4.18　胎座类型

A：边缘胎座；B：有 3 个心皮的侧膜胎座；C：十字花科中有一个假隔膜的侧膜胎座；D：葫芦科中有许多假隔膜的侧膜胎座；E：基底胎座；F：顶生胎座；G：中轴胎座；H：曼陀萝属中有假隔膜的中轴胎座；I：具有连接子房底部与顶部中轴的特立中央胎座；J：报春花科的特立中央胎座的纵切面，从基部投影到胎座轴；K：睡莲属的全面胎座

(5) 基底胎座　子房一室，单胚珠生于子房基底，如菊科。

(6) 全面胎座　多室子房的整个子房内壁排有胎座，如睡莲属。

4.6.5.3　花柱和柱头

(1) 单的　单花柱和柱头来自单心皮、融合的花柱或者柱头。

(2) 两裂的　花柱或者柱头分为两个，如菊科。

(3) 子房基花柱　花柱从子房的中央基部伸出，如唇形科。

(4) 头状柱头　柱头呈头状。

(5) 侧生花柱　花柱从子房的一侧伸出，如杧果属和羽衣草属。

(6) 退化雌蕊　不育雌蕊，没有任何可育胚珠，如向日葵属头状花序中的辐射状舌状花。

(7) 辐射状柱头　无梗盘状柱头有辐射状的枝，如罂粟属。

(8) 花柱基　花柱膨胀的基部被蜜腺包围，如伞形科植物。

(9) 无柄柱头　直接座落在子房上，花柱简化，如接骨木属植物（图 4.19）。

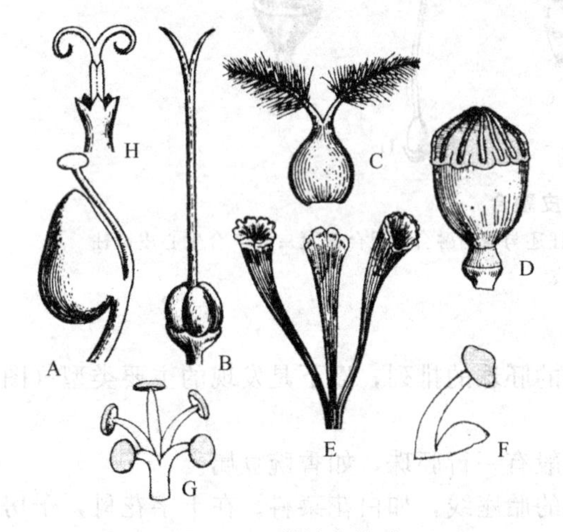

图 4.19　花柱和柱头

A：侧生花柱；B：子房基花柱；C：禾本科中二裂的羽毛状柱头；D：罂粟科的无柄辐射状柱头；E：番红花属的漏斗状三裂柱头；F：羽衣草属的头状柱头；G：木槿属植物的圆饼状柱头；H：菊科的二裂柱头

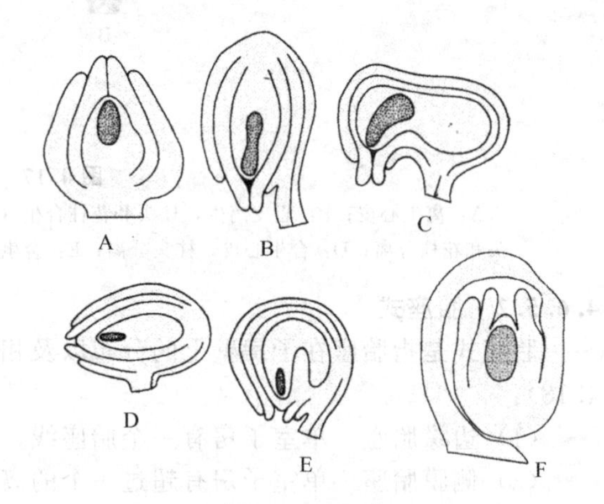

图 4.20　胚珠

A：直生胚珠；B：倒生胚珠；C：弯生胚珠；D：平卧胚珠；E：横生胚珠；F：拳卷胚珠

4.6.5.4　胚珠

胚珠代表了大孢子囊，它由珠柄连接着胎座，珠柄在脐部连接着胚珠。胚珠的基底部被称为合点，末端被称为珠孔，胚珠有一个雌配子体（胚囊），被珠心包围。反过来，珠心被两层珠被包围。以下术语与胚珠普遍相关联（图 4.20）。

(1) 直生胚珠　竖直的胚珠，珠柄、合点和珠孔在一条直线上，如蓼科。

(2) 倒生胚珠　胚珠倒生，珠孔面向并接近珠柄，如蓖麻属植物。

(3) 横生胚珠　胚珠与珠柄成直角，如毛茛属植物。

(4) 弯生胚珠　胚珠弯曲，以至于珠孔更接近合点。如十字花科植物。

(5) 拳卷胚珠　珠柄非常长，环绕着胚珠。如仙人掌植物。

(6) 平卧胚珠　胚珠半弯曲，以至于珠柄以直角与接近中部的珠孔末端相附着。

(7) 双珠被　胚珠有两层珠被，在离瓣的双子叶植物中普遍存在。

(8) 单珠被　胚珠有一层珠被，在合瓣的双子叶植物中存在。

(9) 厚珠心　胚珠有很大的珠心，见于原始的离瓣双子叶植物。

(10) 薄珠心　胚珠有很薄的珠心，见于合瓣的双子叶植物。

4.7 果实

果实是成熟的子房，因此，在子房壁转变为果实的果皮（分为外果皮、中果皮和内果皮）的过程中，胚珠发育为种子。果实的三个主要类型应该区分：单果，由花的一个单个子房发育而来；聚合果，由一朵花的离生心皮发育而来；复果又称聚花果，是由一些花或整个花序发育而来（图 4.21）。

4.7.1 单果

单果是由一朵花的单心皮或者合心皮发育而来，以至于这朵花有单一子房，这种果实可能通过缝合线开裂露出种子或者保持闭合。

4.7.1.1 裂果

裂果一般干燥，沿着缝合线开裂释放出种子。普通类型列举如下。

(1) 蓇葖果　果实由单心皮的上位子房发育而来，沿着一条缝线开裂，如飞燕草属。

(2) 荚果　和蓇葖果一样，果实由单心皮的上位子房发育而来，但是沿着两条缝线开裂，如豆类。

(3) 节荚果　特化的豆类，在紧缩时横向开裂成含一个种子或者含多个种子的部分，如含羞草属，有时被认为是一种分果。

(4) 长角果　果实由两心皮的上位子房发育而来，最初为一室，但是之后由于假隔膜的形成变为两室，在外侧边缘形成可见的胎座框。果实沿着两条缝线从基部向上，形成隔膜瓣裂，种子仍附着在胎座框，为十字花科的特征。这种果实狭而长，至少长为宽的 3 倍以上，如芸苔属和大蒜芥属。

(5) 短角果　果实与长角果相似，但是更短更宽，长不到宽的 3 倍。在荠属、独行菜属和香雪球属中可见。短角果通常扁平，与假隔膜成直角（荠属、独行菜属），或者与假隔膜平行(庭芥属)。

(6) 蒴果　果实由合生心皮的子房发育而来，且具有不同的开裂方式。

① 盖裂横向开裂以至于顶部以盖状脱落，如琉璃繁缕。

② 孔裂通过顶端的孔裂开，如罂粟属。

③ 齿裂蒴果在顶部裂开，露出许多牙齿状物，如报春花属和卷耳属。

④ 室间开裂蒴果沿着隔膜裂开，瓣片继续附在隔膜上，如亚麻属。

⑤ 室背开裂蒴果沿着室开裂，瓣片仍然附着在隔膜上，如锦葵科。

⑥ 室轴开裂蒴果开裂后，瓣片脱落，留下种子黏附在轴的中央，如曼陀罗属。

4.7.1.2 分果

分果是介于裂果和闭果之间的一种果实类型。这种果实并不开裂，而是裂成许多果瓣，每个果瓣包含了一粒或者多粒种子，一般分果有如下类型。

(1) 双悬果　果实由两心皮的合心皮下位子房发育而来，分裂为 2 个一粒种子的果瓣，被称为分果爿，如伞形科植物。

(2) 小坚果群　果实由两心皮的合心皮上位子房发育而来，裂成 4 个一粒种子的果瓣，被称作小坚果，如唇形科。

(3) 双翅果　果实由合心皮子房发育而来，两室或者四室，每室的果皮形成一个翅，果实裂为含一个种子的具翅部分，如槭树属。值得注意的是白蜡树属是单翅果，为只含一粒种子的干燥不开裂的单翅果，而非分果。

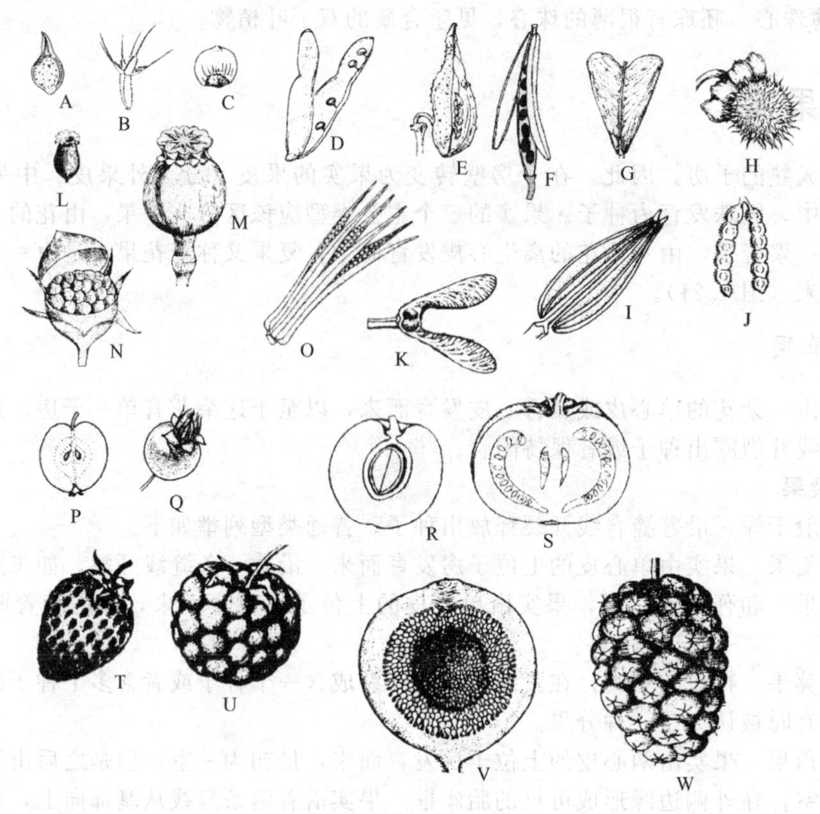

图 4.21 果实

A：毛茛属的瘦果；B：胜红蓟属具鳞片状的冠毛的连萼瘦果；C：栗属的坚果；D：豌豆属的荚果；E：牛角瓜属的单心皮蓇葖果；F：芸苔属的长角果；G：荠菜的短角果；H：曼陀萝属的蒴果；I：伞形科的双悬果；J：含羞草属的一对节荚果；K：槭树属的双翅果；L：报春花属由于顶端齿裂而开裂的蒴果；M：罂粟属的具孔裂的有盖蒴果；N：青葙属的盖裂的蒴果；O：咖啡黄葵的室背开裂的蒴果；P：苹果的梨果；Q：蔷薇属的聚合瘦果在内部的蔷薇果；R：李属的核果；S：番茄的浆果；T：草莓属的假果，具附属结构的聚合瘦果；U：悬钩子属的聚合核果；V：榕属的由隐头花序发育而来的无花果；W：桑属的肉质聚合果

（4）弹裂蒴果　果实由多心皮的合心皮子房发育而来，而分裂为含一粒种子的分果瓣，如蓖麻属和天竺葵属。

4.7.1.3　闭果

闭果在成熟时并不裂开，它们可能是干燥的或者肉质的。

（1）干燥的闭果　这种果实在成熟时果皮干燥，有以下一些代表。

① 瘦果含一粒种子的干果，由单心皮的上位子房发育而来，果壁与种皮相分离。瘦果经常是聚合果，如毛茛科。

② 连萼瘦果含一粒种子的干果，与瘦果相似，经常命名为瘦果，但是由两心皮合心皮的下位子房发育而来，如菊科。

③ 颖果果实与以上两种相似，但是果壁与种皮融合，在禾本科中可见。

④ 坚果含一粒种子的通常较大的果实，由多心皮子房发育而来，有着硬的木质或者骨质的果皮，如栎属。

⑤ 胞果与坚果相似，但具常膨胀的纸质果皮，如藜属。

（2）肉质闭果　这种果实有着肉质多浆的果皮，甚至在成熟时也是如此。一般有如下例子。

① 核果果实一般有着薄的外果皮，纤维状的或者多汁的中果皮，厚而硬的内果皮，包围着单个种子，如杧果、李子、椰子。

② 浆果果实有着均一的肉质的果皮，内含许多的种子，如番茄和茄属植物。

③ 瓠果由葫芦科植物的下位子房发育而来，外果皮形成粗糙的外壳。

④ 柑果果实由中轴胎座的上位子房发育而来，外果皮和中果皮形成普通的外壳，内侧的内果皮形成多汁的囊，如柑橘属的果实。

⑤ 梨果果实由下位子房发育而来，为假果的一个例子，肉质部分是由花托和内部软骨质的果皮形成的，见于苹果。

⑥ 石榴果果实由下位子房发育而来，果皮粗糙而且革质，种子附着没有规律，多汁的外种皮可食，如石榴。

4.7.2 聚合果

聚合果是由多心皮的离心皮子房发育而来。每个子房形成一个小果，小果的集合体被称为聚合（心皮）果。普通的例子就是在毛茛科中的聚合瘦果，在牛角瓜属中的聚合蓇葖果，在悬钩子属中的聚合核果和在暗罗属中的聚合浆果，在蔷薇中，聚合瘦果被一个杯状的托杯形成特化的附属结构包围果实称为蔷薇果。草莓的果实同样是聚合瘦果，同样是一种有附属结构的果，可食部分肉质而多汁。

4.7.3 复果

复果包括超过一朵花的许多个子房，普遍的是整个花序，典型例子如下。

(1) 肉质聚合果　复果由整个花序发育而来，花的部分变得可食，如桑属（有肉质的花被，但是种子干燥），桂木属有肉质的花轴和可食的种子。

(2) 无花果　果实由无花果的隐头花序发育而来，在肉质凹陷的花序托上有瘦果的集合。

4.8 花程式

花程式能使一种植物花的基本特征用便利的图解方式表示出来，主要包括它的性别、对称性、数目、花部的融合情况以及子房的位置。最常用的方式是用K（或CA）来表示花萼，用C（或CO）表示花冠，用P表示花被，用A表示雄蕊群，用G表示雌蕊群。在一轮花里各部分的数目可通过数字表示（如果它们是离生的便这样，但如果是合生放在括号内或

符号	解　释	互用符号	符号	解　释	互用符号
⊕	辐射对称的花	*	P_5	花被有5个离生的花被片	
+或%	两侧对称的花	×	$P_{(5)}$	花被有5个联合的花被片	
♀	雌花		P_{3+3}	花被有6个离生花被,分为两轮	
♂	雄花		A_5	雄蕊5,离生	A^5
K_5	萼片5,离生	CA^5	$A_{(5)}$	雄蕊5,合生	$A^{⑤}$
$K_{(5)}$	萼片5,联合	$CA^{⑤}$	A_{2+2}	二强雄蕊	A^{2+2}
K_{2+2}	萼片4,两轮	CA^{2+2}	A_{2+4}	四强雄蕊	A^{2+4}
$K_{(3/2)}$	花萼二唇形,上唇3裂,下唇2裂		$A_{1+(9)}$	两体雄蕊	$A^{1+⑨}$
$K_{4\text{-}5}$	萼片4～5	$CA^{4\text{-}5}$	$\overset{\frown}{C_{(5)}A_5}$	雄蕊冠生	$\underbrace{CO^{⑤}A^5}$
C_5	花瓣5,离生	CO^5	$G_{\underline{2}}$	心皮2,离生,子房上位	$\underline{G^2}$
$C_{(5)}$	花瓣5,联合	$CO^{⑤}$	$G_{\overline{(2)}}$	心皮2,合生,子房下位	$\overline{G}^{②}$
$C_{(2/3)}$	花冠二唇形,上唇2裂,下唇3裂				

图4.22　花程式里不同花部的特点

圆圈内）。各轮之间的合生用弧线表示（上部或者下部），下位子房用一横线在G的上面，而上位子房在G下面有一条横线。花程式各部分完整的顺序表示的主要变异，如图4.22。被子植物的一些种类的代表性花程式，如图4.23所示。每个花程式旁边给出了该种花程式所依据的特征。

科	种　类	花　程　式	表示特征
茄科	龙葵	⊗⚥ $K_{(5)}\widehat{C_{(5)}A_5}G_{\underline{(2)}}$	辐射对称，两性；萼片5，合生；花瓣5，合生；雄蕊5，离生并且冠生；心皮2，合生，子房上位
唇形科	罗勒	%⚥ $K_{(1/4)}\widehat{C_{(4/1)}A_{2+2}}G_{\underline{(2)}}$	花两侧对称，两性；花萼二唇形，上唇裂片4，下唇裂片1；花冠二唇形，上唇裂片4，下唇裂片1；雄蕊4，二强，冠生；心皮2，合生，子房上位
十字花科	油菜	⊕⚥ $K_{2+2}C_{4\times}A_{2+4}G_{\underline{(2)}}$	辐射对称，两性；萼片4，离生，两轮；花瓣4，十字形排列；雄蕊6，四强；心皮2，合生，子房上位
豆科	香豌豆	%⚥ $K_{(5)}C_{1+2+(2)}A_{1+(9)}G_{\underline{1}}$	花两侧对称，两性；萼片5，合生；花瓣5，离生，蝶形；雄蕊10，二体雄蕊，9个合生，一个离生；子房上位
锦葵科	朱槿	⊕⚥ Epi $K_{5\text{-}7}K_{(5)}\widehat{C_5A}_{(\infty)}G_{\underline{(5)}}$	辐射对称，两性；副萼5～7，离生；萼片5，合生；花瓣5，离生；雄蕊多数，合生；单体雄蕊；心皮5，合生，子房上位
菊科	向日葵	舌状花%♀ $K_{冠毛}C_{(5)}A_0G_{\overline{(2)}}$ 管状花⊕⚥ $K_{冠毛}\widehat{C_{(5)}A}_{(5)}G_{\overline{(2)}}$	花两型：舌状花两侧对称，雌性；萼片被冠毛代替；花瓣5，合生；雄蕊缺；心皮2，合生，子房下位。管状花辐射对称，两性；萼片被冠毛代替；花冠5，合生；雄蕊5，冠生；心皮2，合生，子房下位
藜科	藜	⊕⚥ $P_{(5)}A_5G_{\underline{(2)}}$	花辐射对称，两性；花被片5，合生；雄蕊5，离生；心皮2，合生，子房上位
石竹科	繁缕	⊕⚥ $K_5C_5A_{5+5}G_{\underline{(3)}}$	花辐射对称，两性；萼片5，离生；雄蕊10，2轮；心皮3，合生，子房上位

图4.23　被子植物少数科的一些代表种的花程式

描述了所列入特征的多样性，每个花程式的重要特征显示于右栏

4.9 花图式

花图式是对花的横切面的表述，从上面可见花部的排列。花图式不仅显示出花相对于花轴和其他部分的位置，而且显示出它们的数目、融合与否、重叠情况、苞片是否存在、雄蕊的着生、花药的数目、花药内向或者外向。更重要的是通过子房做的切面描述了胎座的类型、胚珠在可见切面上的数目、蜜腺存在与否。同样可表示一些雄蕊是不是非功能性的（描述为退化雄蕊）、子房是不是功能性的或者是否为退化雌蕊。

开花的枝条（或者花序轴）被称为花轴，面向花轴的花的那一边称为近轴面，苞片（如果存在）对着花轴，面向苞片的花的一边是远轴面。花的其余组成部分取决于它们离花轴或者苞片哪个更近——分别位于近轴一侧和远轴一侧。从同心圈的排列上可见不同花被的组成数目，萼片在最外侧，雌蕊在最内侧。大多数双子叶植物的花都是5数花。每一轮的5个部分（包括雌蕊在最中心）都是以这样一种方式排列，它们中的4个成对存在（每对都占据着互补的位置），第5个部分是奇数的。我们也同样记得在大多数双子叶植物中，奇数的萼片占据近轴的位置（剩下来的4个，2个形成近轴一侧的对，另外2个形成远轴一侧的对）。不同的轮生体经常交替存在，相应的奇数的花瓣占据远轴的位置。花瓣与萼片互生，雄蕊相应地与花瓣互生，与萼片相对。花有两轮雄蕊，外轮与花瓣互生，而内轮与花瓣相对（因为它与外轮的雄蕊互生）。雄蕊在花程式里通过花药来表示，每个花药有两个花药裂片（通过深裂表现出来），而每个花药裂片有两个花粉囊（有一个深一点的裂口）。在外侧的花粉囊裂

片朝外，内侧的花粉囊朝向子房。着生在花瓣上的雄蕊通过花药与花瓣之间的连接线表示。花图式的一些典型代表如图 4.24 所示。

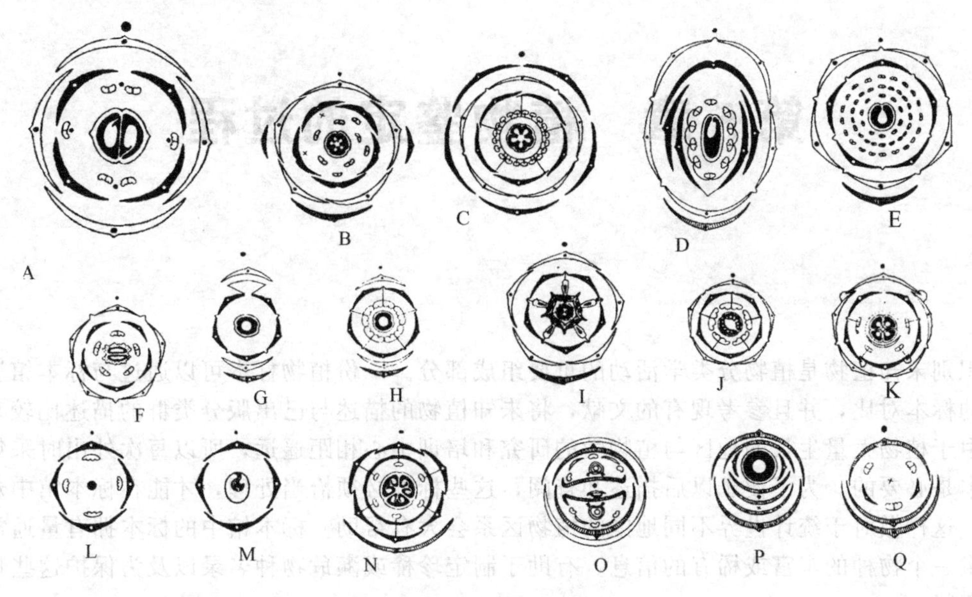

图 4.24　主要科的一些代表种类的花图式

A：油菜（十字花科）；B：繁缕属（石竹科）；C：朱槿（锦葵科）；D：香豌豆（豆科，蝶形花亚科）；E：阿拉伯金合欢（豆科，含羞草亚科）；F：茴香（伞形科）；G：向日葵的舌状花（菊科）；H：向日葵的管状花；I：牛角瓜属（夹竹桃科，萝藦亚科）；J：睡茄属（茄科）；K：毛罗勒（唇形科）；L：桑的雄花（桑科）；M：桑的雌花；N：黄水仙（石蒜科）；O：燕麦（禾本科）小穗状花序的花图式；P：玉蜀黍（禾本科）雌小穗的花图式；Q：玉蜀黍雄小穗的花图式

花图式总结了苞片和小苞片存在或者缺如的信息，花瓣（或者花被片如果没有分化为花瓣和萼片，如在桑科）和裂片的数目、融合程度、卷叠方式的信息，花萼和花冠形成两唇的通过用上下唇（在唇形科中可见）的裂片数表示出来、雄蕊有联合花丝通过线条连接花药而表述出来（二体雄蕊见豆科的蝶形花亚科），而花药的联合通过连接花药图示边缘而表现出来。在有着复杂花序的科如大戟属植物里的杯状聚伞花序，整个杯状聚伞花序可以被表述，并通过雄花和雌花的花图示进行补充描述。在禾本科中同样有助于做一个整个小穗的花图式（如燕麦），如果雄花或者雌花在单独的花序里或至少在分开的小穗里存在，可以对雄或者雌的小穗做各自的花图式（如玉蜀黍）。

第5章　植物鉴定的过程

识别未知植物是植物分类学活动的重要组成部分。一份植物标本可以通过与标本馆里已鉴定的标本对比，并且参考现有的文献，将未知植物的描述与已出版分类群的描述比较来鉴定。由于植物大量生长的地区与植物学的研究和培训中心相距遥远，所以每次外出时采集大量标本是必要的。为了便于以后描述和查阅，这些标本必须恰当处理，才能在标本馆中永久保存。这样做对于统计世界不同地区的植物区系会大有帮助。标本馆中的标本拥有量通常可以提供一个物种的丰富或稀有的信息，有助于制定珍稀或濒危物种名录以及为保护这些物种提供资料。

5.1 标本准备

一份打算保存在标本馆里的标本，需要经过仔细采集、压制、干燥、装订（上台纸）、最后贴上标签，才能符合分类工作的严格要求。完全处理好的标本可以在一段很长的时期保持它们的基本特征，对于后来的科学研究，包括编撰植物志、撰写分类学专著都有很大帮助，由于一些植物的种子在干燥的馆藏腊叶标本中可以保存许多年，在有些情况下，植物标本也用来从事实验研究。

5.1.1　野外工作

野外工作包括植物标本的采集、压制和标本的部分干燥。标本采集有各种不同的目的：创建新的标本馆或丰富以前的标本馆、编写植物志、为博物馆和分类工作采集材料、民族植物学的研究、为植物园引种植物等。此外，从事贸易和生物制药更需要大量采集植物。依据目的、资源现状、研究的地区远近和持续时间的不同，野外工作可以采用不同的方式。

（1）采集旅行　这种旅行是短期的到附近地点的调查，通常一天或两天，适合于野外工作的短期训练、植被研究和学生分组植物采集。

（2）调查　包括在不同的季节重复考察一个地方，连续几年，进行深入的采集和研究，目的在于编撰植物区系名录。

（3）探险　探险是去遥远和条件艰苦的地区，研究植物和动物区系，通常要持续几个月。喜马拉雅的植物和动物区系的大多数早期资料来自于欧洲和日本的探险家。

5.1.2　装备

野外工作的装备可能需要列出一个清单，但是采集活动必备的装备有，标本夹、采集记录本、背包、植物采集箱、铅笔、刀具、枝剪、小刀和挖掘工具（见图5.1）。

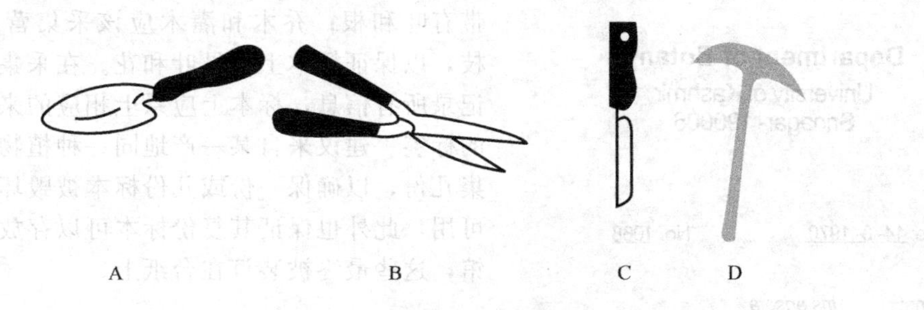

图 5.1 采集所用到的普通工具

A：铲；B：枝剪；C：小刀；D：挖掘小斧

5.1.2.1 标本夹

一个植物标本夹由两块木质的夹板或带金属网孔的厚木板组成，每个30 cm×45 cm (12 in×18 in)，两个夹板之间是瓦楞纸、吸水纸和报纸（图 5.2)，用两根绳子或皮带来固定标本夹。瓦楞纸是用纸板做成的，目的是干燥通风，以便标本的持续干燥。瓦楞纸的通风管不是纵向而是横向排列，是为了使管道距离较短并且容纳更多的通风管。

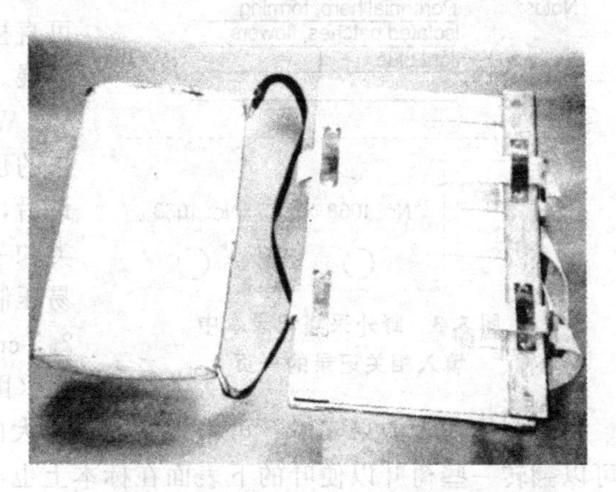

图 5.2 含有压制标本的标本夹

旁边为植物采集箱（照片版权经 S. L. Kochhar 许可）

野外工作携带的标本夹比较轻，称为野外标本夹，通常一张瓦楞纸与一叠包括 10 张折叠报纸的吸水纸层相交替，一层报纸压一份标本。

用于后续的压制和干燥的标本夹称为干燥标本夹，一般留在营地或机构。它更重一些，而且增加了瓦楞纸的数量，一张瓦楞纸与包含一层报纸的吸水纸相交替。在一些国家，比如印度，使用厚的粗糙的纸做新闻用纸，这些纸被浸湿到足够的湿度还能被分开，可以作为吸水纸来使用。

5.1.2.2 采集记录本

对标本采集者来说采集记录本或采集日志是非常重要的。一个设计完好的采集记录本（图 5.3）具有编号的页码、印制好的表格，可填入学名、科、土名、采集地、海拔、采集日期和记录野外采集时一些附加的信息。每页的下边都有多个可分离的小纸片，通过打孔线可以撕开，带有页码上的序列号可作为采自同一地点的一种植物复份标本的标签，并作为野外采集记录本的可靠参照，编号也可作为采集者的采集号。

5.1.2.3 标本采集箱

标本采集箱是一个带盖子和肩带的金属箱。它用来在标本压制前暂时储存标本，也可以用来储存体积大的部分和果实。一般的标本采集箱是白色的，是为了反射太阳光和在野外容易发现。如果采集量大的话，就可以用一个聚乙烯的塑料袋代替采集箱，塑料袋基本上是没有分量的。大量的聚乙烯塑料袋也容易携带而且也容易密封，因为这些塑料袋可以用橡皮带密封，使植物在袋子中可以保鲜好几个小时。

5.1.3 标本采集

标本应该尽量完整地采集。草本，非常小的灌木应该完整采集，在有花的前提下，还应

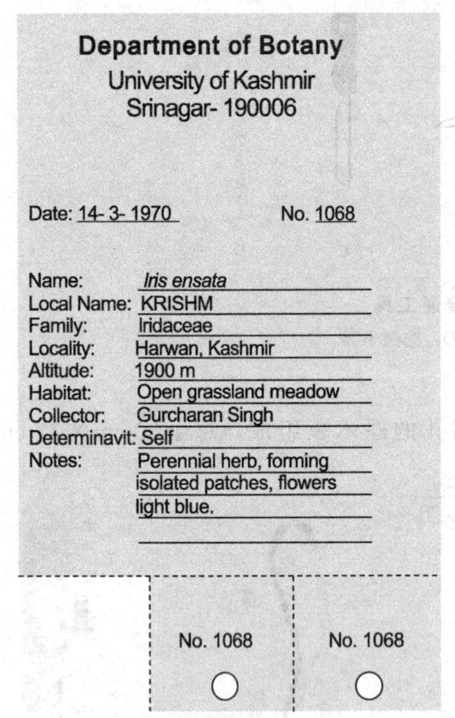
Department of Botany
University of Kashmir
Srinagar- 190006

Date: 14- 3- 1970　　No. 1068

Name: *Iris ensata*
Local Name: KRISHM
Family: Iridaceae
Locality: Harwan, Kashmir
Altitude: 1900 m
Habitat: Open grassland meadow
Collector: Gurcharan Singh
Determinavit: Self
Notes: Perennial herb, forming isolated patches, flowers light blue.

No. 1068　　No. 1068

图 5.3　野外采集记录本中填入相关记录的一页

带有叶和根；乔木和灌木应该采集营养枝和生殖枝，以保证标本上可见叶和花。在采集记录本上应记录所有信息，标本上应系上相应的来自采集记录的标签。建议采自某一产地同一种植物的标本多采集几份，以确保一份或几份标本被毁坏时仍有标本可用，此外也保证其复份标本可以存放在其他标本馆，这些最终被装订在台纸上。

5.1.4 标本压制

标本应该一有机会就被压制在标本夹中，既可以采集后直接压制，有时候也可在采集箱或采集袋中暂时储藏后再压制。短于15 in（38 cm）的标本可直接放在折叠的报纸中压制，之前要注意使枝叶平展。具有根的草本标本，比38 cm长的，可折成V、W、N型（图 5.4A～C），要确保带有叶、花、果的顶端部分，标本通常是直立的，当标本最终装订后，能够便于研究，不必颠倒标本馆台纸。禾草类和一些其他类群的标本，由于植物体弹性大，不易压制，这类标本可以使用弯曲固定装置（一个2.5 cm长带有裂缝的硬纸条或卡片）来固定每个折角（图 5.4D）。

压制体积大的果实时，可将果实切片。大的树叶应该被整理后压制，要保留任何半侧，可以翻转一些树叶以便叶的下表面在标本上也可见，便于研究。

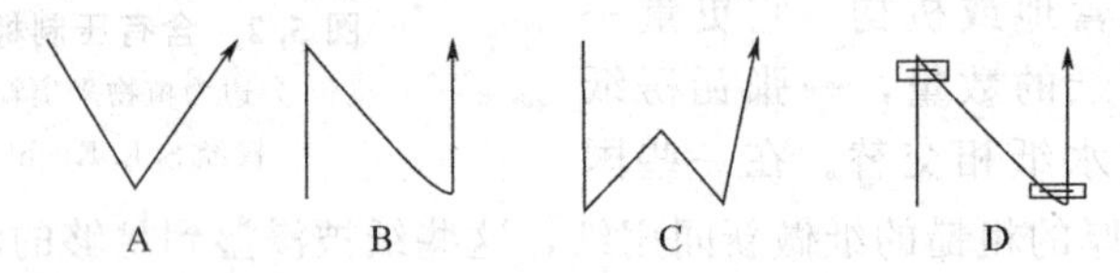

图 5.4　标本压制

A～C：折叠较长草本植物的不同方法；D：使用弯曲固定装置纸条固定折叠状态的植物。需要说明的是植物的顶端（箭头）总是直立向上，以便于研究这些带有叶和花的重要部分

5.1.5 特殊类群的处理

一些植物类群，如松柏类、水生植物、肉质植物、分泌黏液的植物和天南星科的植物要采用特殊的方法采集和压制。

（1）松柏类　尽管比较容易采集和压制，但是在干燥时却存在问题。松柏类的组织可存活相当长时间，而在压制中是逐渐干燥的，因此在叶或球果的基部容易产生离层。轻微的触碰会使干燥的嫩枝上的树叶脱落，尤其是冷杉属、松属、雪松属和几个其他的属。在压制前，这些嫩枝应被浸泡在沸水里1 min，这样的预处理可以杀死组织和避免离层的形成。Page（1979）提出可浸泡在70%的乙醇中10 min，然后在50%的甘油中浸泡4天。由于浸泡会使枝叶的颜色出现轻微的变化，可将未处理的部分装在一个小袋子中，与标本一起保存，以便研究。

（2）水生植物　尤其是具沉水叶的植物，由于表皮缺如，很难正常的压制。这些标本需用采集袋采集，取出后放在装满水的盘子中使其漂浮，注意要在盘子底部放上一张白板纸。轻轻地取出纸，标本也附着其上，放在吸水纸上进行压制。当柔软的水生植物已贴在纸表面时，就可以将白纸连同标本从一张吸水纸移动到另一张上，继续压制，最终将标本粘贴在标本馆台纸上。

(3) 肉质植物和仙人掌类　该类植物有大量增生的储藏水分的薄壁组织，如果不做特别的处理，这些植物在压制时很容易腐烂并且被真菌感染。处理时，可在肉质植物肥厚的部分切开一个裂缝取出其肉质的组织或者将盐放入切开的裂缝吸出其水分。这些植物也可以在乙醇或甲醛溶液中浸泡进行预处理。

(4) 分泌黏液的植物　比如锦葵科的许多种类会粘在吸水纸上很难移动，这些植物应该放置在蜡质纸或者绵纸中间，甚至是棉布之间。每次标本夹打开时仅更换吸水纸，直到完全干燥时标本才可以从棉布或棉纸中间取出。

(5) 天南星科　该科植物和其他有球根的植物在压制后还会继续生长，在压制前应该用乙醇或甲醛将其杀死。

5.1.6 干燥

如果不进行人工加热，压制的植物标本的干燥过程是缓慢的。

5.1.6.1 自然干燥

标本的自然干燥是一个缓慢的过程，可能会需要一个月才能完全干燥。刚采回的标本被压在没有通风层的标本夹中压制 24 小时，在这个失水期中，植物丧失一些水分，变得柔软并且容易整理。然后包含标本折纸被转移到干燥的吸水纸层中。在一些国家，使用较厚的粗糙的报纸代替吸水纸，报纸也应该不时更换，更换时应小心地转移植物。在某些情况中可以不用吸水纸，尤其是经过一两次更换后。每隔几天要重复更换吸水纸或报纸，可逐渐增加更换的间隔，直至标本完全干燥。根据标本的情况和当地天气的情况不同，干燥过程会持续 10 天到 1 个月。

5.1.6.2 人工加热干燥

人工加热干燥用 12 小时～2 天可完成。压制在野外用的标本夹中的标本，经过了最初的失水期后，转移到具有一定数量瓦楞纸的干燥标本夹中，通常是一张瓦楞纸与一叠吸水纸夹上一份标本相互交替。标本夹被放置在干燥箱里，干燥箱是一个柜子模样，里面有煤油灯或电灯加热，通过热空气在标本夹的瓦楞纸内流动来干燥标本。在干燥箱中放置热气吹风机可以加快热气循环，加速标本的干燥。Sinnott (1983) 发明了太阳能干燥箱，每个晴天可干燥 100 份标本，标本夹中心的位置达 60℃。太阳能干燥箱由一个平板热能收集器和干燥箱组成。热能收集器由一个木质的框架、一个涂黑的铝质吸收体板、绝缘体和一块玻璃或树脂玻璃薄层覆盖组成，由此保存和传导热量进入干燥箱，在玻璃薄层和吸收体板之间有 1in (2.5cm) 的空间。空气从收集器底部打开的通道进入收集器，由吸收体来传导，通过干燥箱中对流，最终带着水分从干燥箱开启的顶部散出。完全干燥一般来说需要一天，有时需两天。太阳能干燥箱，经济适用，提供了一种节约能源的好方法。

然而用人工加热的方法来快速干燥标本有一些内在的制约，表现为植株易脆、花脱落，叶中颜色发生改变。

在干旱的地区，在旅行中植物就可干燥，将标本夹水平放置在车辆的行李架上，使瓦楞纸的通风管朝前，这样随着车辆向前开，干燥的风就穿过瓦楞纸。

标本经过压制和干燥就可以装订到标本馆的台纸上了，在进入标本馆前要贴上标签。

5.2 标本馆工作方法

标本馆是标本的一个收藏场所，压制和干燥好的植物标本，装订在台纸上，贴上标签，在标本馆中按一定顺序排列，以便参考或研究。实际上，每个机构的标本馆都拥有一个名称，都有各自排列标本的顺序。世界上大多数知名标本馆的前身都是植物园。

5.2.1 植物园

尽管在古代的中国、印度、埃及和美索不达米亚就有花园，但是这些花园不是真正意义上的植物园。这些花园里种植粮食作物、草本和观赏植物，出于审美、宗教和地位的原因。美索不达米亚地区古巴比伦著名的“空中花园”就是个典型的例子。第一个用于科学研究和教育的花园建于雅典，是苏格拉底的学园，可能是他的老师亚里士多德留给他的。第一座现代的植物园的荣誉应属于 Luca Ghini（约 1490～1556），他是一位植物学教授，于 1544 年在意大利的比萨建立了该植物园。1545 年在帕多凡和佛罗伦萨也建立了植物园。

5.2.1.1 植物园的作用

植物园的存在由于要对植物园中的植物进行分类，客观上促使一些著名的植物学家发展自己的植物分类系统，形成了一些早期的分类系统，比如在乌普萨拉工作的林奈，和在凡尔赛宫工作的 Bernard de Jussieu。尽管大多数植物园所在地区的气候条件可以保证植物的正常生长，几个知名的植物园还是建立围墙来保护特殊的植物。热带植物通常需要室内的生长环境，大多数植物可用屏风温室，而在湿的热带和温带花园中的绝大多数肉质植物和仙人掌类植物需要玻璃温室。在温带花园的玻璃温室常常要求冬季加热。植物园有以下几个重要的作用。

(1) 观赏需求 植物园具有观赏需求，并可吸引大量游客来观赏常见植物的多样性以及特殊植物，比如印度加尔各答的印度植物园中的印度榕树。

(2) 为植物学研究提供材料 植物园中通常各种类型的植物种植在一起，可以为植物学研究提供备用材料，对于了解各分类单元之间的关系有很大帮助。

(3) 现场教学 植物园中收集的植物通常按照科、属或生境种植，可以用于自我学习和示范教学。

(4) 开展综合研究项目 植物园具有丰富的活材料，能够支持广泛的研究项目，可以综合来自不同研究领域如解剖学、胚胎学、植物化学、细胞学、生理学和生态学等的信息。

(5) 物种保护 植物园在保护遗传多样性和珍稀濒危物种方面正发挥着越来越重要的作用。1976 年纽约植物园倡导关于濒危物种研讨会，发表了《Extinction is Forever》。由邱皇家植物园倡导的关于植物园在保护珍稀濒危物种中的实际作用的会议上，发表了《Survival and Extinction》，是植物园在物种保护作用方面的主要实例。

(6) 种子交换 全世界超过 500 个植物园正在启动一项跨世界的非正式种子交换框架，提供可用于交换物种的年度清单，进行免费的种子交换。

(7) 标本馆和图书馆 世界上几个主要的植物园都有自己的标本馆和图书馆作为它们的基础设施的不可分割部分，为在某一场所研究提供分类学材料。

(8) 公共服务 植物园为公众提供信息，如鉴定本地和外来物种，繁殖方法，以及通过出售和交换提供植物材料。

5.2.1.2 主要的植物园

世界上有成百上千个植物园由各个机构提供经费支持。其中近 800 个重要的植物园被收录在 Henderson（1983）出版的《国际植物园目录》（International Directory of Botanical Garden）。今天，各个植物园都保留一个区域由某个机构种植各种各样的植物，用于科研、观赏、保护、经济、教育、休闲和科学等方面。一些主要的植物园讨论如下。

图 5.5　纽约植物园的复式建筑温室

（1）美国纽约植物园（New York Botanical Garden，USA）

该植物园于 1891 年命名为纽约植物园，当时 Torrey 植物俱乐部作为法人接受了由国家提供的基金。其前身是由 David Hosak 于 1801 年建立的 Algin 植物园。

那个时代最多产的分类学家 N. L. Britton 教授，曾在这个植物园中进行研究并促进植物学知识的发展。今天该植物园（图 5.5）占地100 ha，沿布朗克斯河坐落在纽约市的中心。此外，位于 Millbrook 的 Mary Flager Cary 树木园也并入纽约植物园，增加了778 ha。园中共有 15 000 种植物，分别分布于示范园、Montgomery 松柏类收藏园、Stout day 百合园、Havemeyer 丁香园、杜鹃花园、Everet 岩石园、草本植物园、玫瑰园、树木园和复式建筑温室。植物园按系统顺序种植乔灌木，便于公众参观以及植物学家和园艺学家进行研究。植物园在保护珍稀濒危物种方面发挥了重要的作用。在植物园中有保存良好的植物标本馆，内有来自世界各地的标本超过五百万份，但是主要来自美洲大陆。图书馆藏书 200 000 卷，并有超过 500 000 份资料（包括小册子、图片和信件等），还维护有大型植物数据库。

（2）英国邱皇家植物园（Royal Botanical Garden，Kew）

“邱园”这个名称更广为人知一些，这座历史悠久的植物园无疑是世界上最好的植物园、植物研究基地和植物资源中心。该园建立于 16 世纪，由邱家族的 Richard Bennet 拥有。1759 年威尔士王子遗孀委任首席园艺师 William Aiton 管理植物园，而且 Joseph Banks 爵士从世界各地采集了大量植物。1841 年，植物园的管理权从国王手里转移到了国会，William Hooker 爵士成为它的第一任官方管理者。他将植物园的面积从6 ha扩大到了超过100 ha，而且建立了一个棕榈园。后来 J. D. Hooker 爵士接替他父亲的岗位管理植物园，又建立了杜鹃花园，并出版了几本重要的著作。约翰·哈钦松曾在这里工作，并建立了他著名的分类系统。

图 5.6　邱皇家植物园的威尔士王子温室

该植物园（图 5.6）从此发展为重要的科研和教育机构，拥有出色的标本馆和图书馆。起初植物园占地120 ha。1965 年，位于西苏赛克斯靠近 Ardingly 的 Wakehurst Place 落成，它作为邱园的分园，占有一块面积达202 ha的田园地产，内有女王伊丽莎白的官邸。邱园自负盈亏不断发展，使得 Wakehurst Place 作为活植物收集部门（Living Collection Department，LCD）至今仍保有其国际声誉，尤其是其实施物种原地保护的政策追踪以及丰富多样的植物资源收藏，大大地补充了 LCD 的活动。苏赛克斯高原的环境条件与邱园是不同的，它地形多样，降雨量比较大，土壤吸湿性好。这些因素结合在一起形成了一系列的小气候，使在邱园长势不好的许多种植物能成功地得到栽培。

Wakehurst Place植物收集的规划及内容，和邱园有本质的不同，它是邱园的补充。尤其是它的植物收集按照植物区系的不同来布置，这样就可以反映出所涉及的温带植物群落。植物收集的重要支撑要通过展示数量繁多的观赏植物，开发各种类型的可用生活型，以吸引大量的游客。邱园的最后一个部分是林地，它由高大乔木林和圣诞树种植园组成。邱园的Jodrell实验室已经成为世界植物解剖学、细胞遗传学和植物生物化学研究中心。

邱皇家植物园在邱园和Wakehurst Place的活植物收集是多级的、百科全书式的，反映了全球的植物多样性，为邱园、大不列颠王国乃至世界各地的植物学和园艺学研究提供各方面的资源。邱园可能是世界上最大的、植物种类最为多样的植物园。邱园和Wakehurst Place为植物生长提供了完全不同的生境，所以在植物收集上可以相互补充。Kew收集的活植物有351科、5465属、超过28 000种。其树木园占地面积最大，具有高大的成熟期温带树木。热带植物保存在室内，包括天南星类温室、棕榈温室、膜蕨类温室等。几个有意思的植物如来自南美的王莲和来自安哥拉的百岁兰也种植在这里。

邱园的植物标本馆无疑是世界上最著名的标本馆，保存自世界各地的维管植物和真菌的标本超过六百万份，而且这里有超过275 000份的模式标本。

邱园的图书馆收藏的书籍和杂志超过750 000册，包括了其所有的科研著作，《邱园通讯》(Kew Bulletin) 和《邱园索引》(Index Kewensis) 是2种最重要的杂志。

邱园还维护有大型数据库，涉及植物名称、分类学的文献、经济植物学、适于生长在酸性土壤中的植物和具有特殊的经济和保护价值的植物。邱园通过其标本馆的庞大资源，每年可鉴别10 000种植物，并且在分类学和命名法规遇到困难时为学者提供专家建议。邱园还参与了世界上许多地方的重要生物多样性研究项目，包括在热带和西亚、东南亚、非洲、马达加斯加岛、南美洲以及太平洋和印度洋的岛屿。标本馆还开设标本馆技术的证书课程。整个邱皇家植物园网站上的综合目录下包含有122 000项记录，可以通过网上获得。

图5.7 密苏里植物园人工气候温室

具气候控制的圆屋顶测量温室，形成热带雨林气候。(照片由密苏里植物园Jack Jennnings荣誉提供，彩图见文前)

(3) 美国密苏里植物园 (Missouri Botanical Garden, USA)

密苏里植物园是世界三大植物园之一，它是国家历史里程碑以及植物研究、教育和园艺观赏植物展示的中心。该园由英国人Henry Shaw建立，并在Asa Gray和Sir William Hooker以及Enelmann的积极帮助下，于1859年向公众开放。今天，植物园占地79英亩 (1英亩≈4047 m^2)，参与世界上最活跃的热带植物学研究项目。

在园长Peter Raven博士的领导下，植物园在物种保护和保存策略方面发挥了重要的作用。该植物园因其人工气候温室而闻名于世，这是一个具气候控制的圆屋顶测量温室，形成热带雨林气候，屋顶占地0.5英亩 (图5.7)。植物园中还有日本园，占地14英亩，是北美最大的日本植物园，收集有引以为豪的萱草属、鸢尾属、蔷薇类、玉簪属以及一些经济植物 (图5.8)。园中也有中国园、英国园、德国园和维多利亚园。超过4000株树木在园中茁壮生长，包括一些稀有物种和不寻常的变种。

密苏里州植物园是世界领先的科研机构之一，用于植物考察和研究，有近25个主要的植物区系项目。通过网站 TROPIOS——这个世界上最大的数据库，使资源得到共享，数据库包括超过920 000个植物学名和1 800 000个标本记录。植物园高度重视教育项目，寻求促进圣路易斯地区的科学教育，每年接受教育的学生超过137 000位。

图 5.8　密苏里植物园的日本园
（照片由密苏里植物园的 Jack Jennnings 荣誉提供）

密苏里州植物园的标本馆拥有超过 530 万的植物标本（苔藓、蕨类、裸子植物和被子植物），在世界上排名第 6，美国第 2。其中标本的记录可追溯到 17 世纪中期。标本馆还专门收藏有 G. Boehmer、Joseph Banks、D. Solander（陪伴 Jamers Cook 船长第一次环球航海旅行）和达尔文的标本。近五年来，标本馆平均每年增加标本量 1.2 万份，而且它还向植物学专家赠送标本。标本馆平均每年借出标本量 3.4 万份，借入约 2.7 万份。标本馆的职员也依据其研究范围提供标本鉴定的服务。标本馆的发展步伐很快，收藏数量从 1990 年世界排名第 13 已经越升到今天的第 6（Woodland，1991）。而且图书馆的藏书也超过 22 万册，其中包括许多稀有的书籍。

在它的主要科研项目中，包括《北美植物志》（Flora of North America）项目，已出版 5 卷，包括了美国、加拿大和格陵兰岛的植物。植物园也参与了英文版《中国植物志》（Flora of China）的项目，计划编纂 25 卷，从 1994 年开始，15 年完成。

（4）意大利比萨植物园（Pisa Botanical Garden，Italy）

比萨植物园由 Luca Ghini 建立于 1544 年，是世界公认的第一个现代化的植物园。植物园因其收藏最好的欧洲七叶树、荷花玉兰和几个其他植物标本而闻名于世。尽管今天植物园已经不存在了，它种植植物的几何方式设计依然在世界各大洲的植物园中可见。

（5）意大利帕多瓦植物园（Paclua Botanical Garden，Italy）

帕多瓦植物园是当代的比萨植物园，建立于 1545 年。其特别之处在于它的典雅气质和 Halian 的风格，而且与它的科学研究功能相结合。帕多瓦植物园能和邱园相比的只有它的典雅和美丽。

（6）柏林植物园和博物馆（Berlin Botanical Garden and Museum，Berlin-Dahlem）

柏林植物园于 1679 年建立，当时柏林的 Grand Duck 在柏林附近的村庄辛伯格指挥开办了一座农业示范园。由于空间不够，后来迁往大莱。植物园的发展在很大程度上归功于 C. L. Wildenow，他挽救了这座日益衰败的皇家园林。后来，Adolph Engler 和 L. Diels 成为这里的继任管理者，他们做了很多工作，但是第二次世界大战摧毁了植物园的大部分，而后通过 Robert Pilger，也就是它的下一任管理者的努力得以重建。

图 5.9　大莱柏林植物园热带温室

今天植物园占地 126 英亩，种植了约两万种不同植物。植物地理区占地面积 39 英亩，是世界上收集种类最多的植物地理园区之一，描绘出了整个北半球植物的缩影。树木园和植物分类区占地 42 英亩，包括大约 1800 种乔木、灌木及近 1000 种的草本植物，草本植物按照恩格勒系统排列。植物博物馆的特别之处在于它的植物展览，各种生活型的样式在馆中展出，这在中欧的同类植物园中是唯一的。

园中主要的热带温室（图 5.9），长60 m，高23 m，是世界上最大的温室之一，内有具附生植物的高大乔木，丰富的地表植物及藤本植物，展示出了热带植被丰富的多样性。

（7）剑桥大学植物园（Cambridge University Botanical Garden）

剑桥大学植物园建于 1762 年，当时只有 5 英亩，位于剑桥的中心。1831 年移到现在的位置，由 J. S. Henslow 教授在剑桥大学新获得的这块土地上创建，占地 40 英亩。园内艺术性地景观布置有系统种植区、耐寒的蔓生植物、高山植物园和一个按年代顺序排列的植物床，后者为窄床形（300ft×7ft，1ft=0.3048 m），被分成 24 个块，每块包含一个 20 年间隔引入的植物。热带温室是植物园吸引众多游客的主要场所，里面有棕榈及其他热带植物。

5.2.2 植物标本馆

同样是 Luca Ghini 开创了压制标本然后将其缝在台纸上的标本制作艺术。后来这种做法在欧洲流传，他的学生将这些带有标本的台纸收集并装订成册。

尽管制作标本的技术在林奈时代已是家喻户晓了，但是他只是将标本装订在台纸上，水平地摆放，并不装订成册，这种做法一直延续到了今天。

从一开始的个人收藏标本扩展到国际范围，来自世界各地的成千上万的标本被收藏。Patricia Holmgren（图 5.10）编辑的《标本馆索引》（Index Herbarium）（Holmgren 等 1990）列出了世界上重要的标本馆。每个标本馆可通过缩写字母来辨别，这在指定各个种的模式标本时很有价值。世界上主要的标本馆，按照其标本的大致数量的多少排列如表 5.1。

图 5.10 纽约植物园植物标本馆荣誉馆长 Patricia K. Holmgren——《标本馆索引》和 2 卷本的《Intermountain Flora》的主编

（照片由布朗克斯纽约植物园荣誉提供）

表 5.1 世界的主要标本馆（以标本的数量次序排列）

标　本　馆	缩　写	标本数量
法国巴黎自然历史博物馆	P、PC①	9 377 300
英国邱皇家植物园	K	7 000 000
美国纽约植物园	NY	6 500 000
瑞士日内瓦保护植物园	G	6 000 000
俄罗斯圣彼得堡(以前的列宁格勒)柯马洛夫植物研究所	LE	5 700 000
美国密苏里植物园	MO	5 250 000
英国伦敦不列颠自然历史博物馆	BM	5 200 000
美国哈佛大学联合标本馆②	A、FH、GH、ECON、AMES	5 000 500
瑞典自然历史博物馆	S	4 400 000
美国国家标本馆	US	4 340 000

①标本分别存于 Laboratoire de Phanerogamie（P）和 Laboratoire de Cryptogamie（PC）；②包含 Arnold Arboretum（A）、Farlow Herbarium（FH）、Gray's Herbarium（GH）、The Economic Herbarium of Oakes Ames（ECON）和 Oaks Ames Orchia Herbarium（AMES）。

注：资料基于 2002 年 5 月 Patricia K. Holmgren 的个人通讯

位于加尔各答的印度植物调查所的印度植物园印度中央国家标本馆（CAL）有超过 130 万份标本。Dehradun 森林研究所标本馆（DD）和 Lucknow 国家植物研究所（LUCK）也是印度主要的标本馆，收藏了来自世界各地的标本。

5.2.2.1 植物标本馆的作用

起初植物标本馆只是储存压制好的标本，尤其是模式标本的安全场所，后来逐渐发展成为分类学研究的主要中心。此外，植物标本馆也是联系其他研究领域的纽带。世界植物区系的分类研究主要以植物标本馆的材料和相关文献为基础。近来，植物标本馆在濒危植物的信息资源方面显示出重要性，引起保护组织的兴趣。下面是植物标本馆的主要作用。

（1）储存植物标本　植物标本馆的主要作用是安全储存干燥的植物标本，防止遗失和被昆虫毁坏，使其便于研究。

（2）妥善保管模式标本　模式标本是一个种或种下分类群存在的原始证明，它们必须被妥善保管，在几个主要的标本馆里，通常在房间里有严格的入口。

（3）用于编写植物志、手册和专著　馆藏标本是植物分类学、进化和植物分布研究所依赖的"原始资料"，植物志、手册、专著的编撰在很大程度上要以标本馆资源为基础。

（4）标本馆方法的训练　许多植物标本馆中都有一些设施，用来训练本科生和研究生，比如提供标本制作的实践，组织短途野外旅行，甚至是远途的探险。

（5）鉴定植物标本　多数标本馆收藏有类群广泛的标本，便于提供现场鉴定，或者将标本送到标本馆由专家鉴定，科研人员还可以通过与已鉴定的馆藏标本作比较来自己鉴定标本。

（6）提供地理分布的信息　主要的标本馆有来自世界各地的标本，因此，仔细研究这些标本可以为一个分类群的地理分布提供信息。

（7）保存凭证标本　保存在各个标本馆中的凭证标本提供了有关染色体、植物化学、超微结构、微形态学或任何特别的研究所用材料的标本索引。在反驳或质疑的报告中，凭证标本会被拿出来检验，来达到更加满意的结果。

5.2.2.2 标本的装订

标本经压制和干燥后，最终将被装定在台纸上。标准的标本馆台纸大小是29 cm×41.5 cm（11.5 in×16.5 in），为较厚的人造纸或是卡片纸。台纸应该相对硬挺以防止处理标本过程中对标本的伤害，应当有较高的木浆含量（最好100%）并且具有纵向的纤维。

将标本装订到台纸上的方法有很多种，标本馆中的许多老标本用线缝在台纸上。用有黏性的亚麻布条、纸条或玻璃纸条装订标本是比较容易又快捷的方法。大多数当代的标本是用乳胶以一种或两种方式装订的：

① 乳胶涂在标本的背面，然后将标本粘在台纸上。在压制的条件下放置几个小时即可干燥。这种方法比较慢，但是比较经济。

② 将乳胶涂在玻璃或塑料层上，放上标本，再将粘有胶的标本移到固定用的台纸上。这种方法效率比较高，但是稍微贵一些。

Tillet（1989）提出用甲基纤维素与40%的乙醇混合做黏合剂，代替与纯水混合来固定标本。这样做减少了干燥时间，也阻止了微生物的生长。同时，植物的茎和枝叶多的部分也要用粘纸带或者用针缝来固定。碎片袋是纸做的小口袋，它用来装种子、花或者标本上散落的部分，通常粘在标本馆台纸上。

5.2.2.3 贴标签

标签是永久植物标本的一个重要组成部分，它主要包括采集时记录在采集记录本上的信息，以及接下来任何鉴定的过程和结果。标签一般贴在标本馆台纸的右下角（图 5.11），有打印好的固定格式，包含所有要记录的必要信息，打印在标本馆台纸上或者打印在纸片上再贴在标本馆台纸上。最理想的标签信息是打印的，如果手写，应该用永久性墨水，不要用圆珠笔，因为几年后圆珠笔的笔迹就会模糊消失。对于标签的大小没有统一的规定，有5 cm×10 cm（2 in×4 in）（Jones&Luchsinger，1986）和10 cm×15 cm（4 in×6 in）（Woodland，

图 5.11　一张装订有标本和一个标签的标本馆台纸

1991)。标签上的信息一般包括：

机构名称______________________

学名__________________________

俗名__________________________

科名__________________________

采集地点______________________

采集日期______________________

采集号________________________

采集者________________________

习性及生境包括野外描述________________

专家拜访标本馆时可能想更正一个鉴定或者记录一个名称的改变，这样的更正是不记录在原始标签上的，而是在另一张小的注释签或者定名签上，通常2 cm×11 cm，附加在原始标签的左边。注释签上要注明对原记录的更正、更正人的姓名、更正时间。这些信息是非常有用的，尤其是当不止一个人做过更正时，最后一个标签可能是正确的。

供研究用的凭证标本通常有凭证标签，上面有一些记录标本的权威信息。

5.2.2.4　标本的归档

标本被装订、贴上标签和处理（杀死昆虫）后，最终就可以送入标本馆被妥善储藏和保管。小的标本馆按照科、属、种的字母顺序来排列标本，比较大的标本馆通常会遵循一个分类系统。大多数标本馆通常按照Bentham & Hooker的系统（英国标本馆和大多数一般发达国家），恩格勒和柏兰特（欧洲和北美）。近来许多标本馆按照Dalla Torre & Harms (1900～1907) 给出的科和属的编号来排列标本。

同一个种的标本一般被放在一个折叠的纸板夹中，叫做种夹。同一属的标本通常放在属夹中，属夹是比较厚的纸板，里面的种按字母顺序排列。如果种的数量太多，或者种的排列按照地理顺序的话，要用几个属夹。

一个科的属夹按照分类系统来排列，两个科之间（一个科的最后一属和下一个科的第一个属）插上带有标签的纸片来隔开，标上下一个科的名称。这些夹子被叠放在标本柜的分类架上，按顺序排列，以便增加标本数量时方便移动。

未知的标本放在单独的夹子中，标上“存疑”，放在一个属夹的最后（当已被鉴定到属时），或一个科的最后（当已被鉴定科但没有鉴定出属时），以便专家能检查。标准的标本柜防虫和防尘，具有二层或多层分类架，每层分类架深48 cm (19 in)，宽33 cm (13 in)，高20 cm (8 in)（图5.12)。

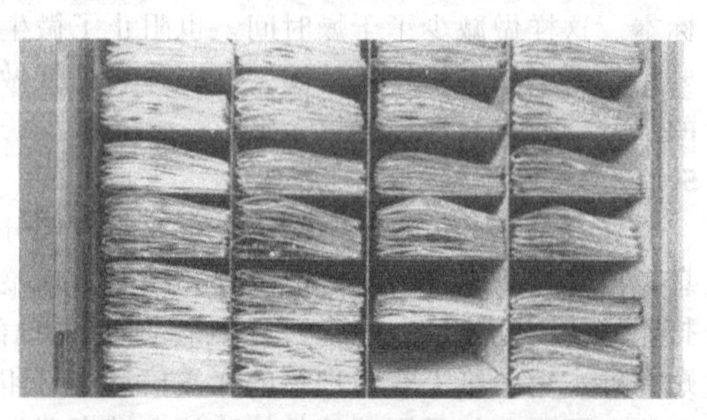

图 5.12　纽约植物园标本馆中装有归档标本的标本柜（照片由纽约植物园荣誉提供）

模式标本通常放在单独的夹子里或单独的标本柜里，为了更好地保存，有时是放在单独的标本室中。

标本馆中一般还有目录索引，所有的属按字母顺序排列登记，每个属都会标注科和属的编号，这样很方便查找和维护标本。

5.2.3 虫害控制

经过充分干燥的标本一般不会受到微生物和真菌的侵染，但是容易被昆虫毁坏，比如蛀虫、甲壳虫等。下面介绍防虫的方法。

(1) 处理入柜标本　标本在进入标本馆前要进行杀虫处理，有以下 3 种方法，

① 加热法，在加热柜中将温度升到 60℃，保持 4～8h，这种方法是有效的，但是标本会变得脆弱。

② 低温冰冻法，在世界上大多数标本馆现在用低温冰冻法代替了加热法，大多数将温度维持在零下 20～60℃。

③ 微波法，在一些标本馆中使用微波法，但是 Hill (1983) 指出微波法的一些缺点。

a. 由于水分的突然汽化，茎会裂开。

b. 台纸上的金属片、订书钉温度过高，可能毁坏标本。

c. 种子中的胚会被杀死，将毁坏非常有价值的实验研究资源，因为来自标本的种子通常用来繁殖新植株用于研究。

(2) 使用排斥剂　带有刺激性气味的化学药品通常放在标本柜里来防虫。卫生球和对二氯苯用得很普遍，PDB 有毒，工人应避免长时间在有 PDB 的环境中工作。对于 5 天工作制，一天工作8 小时的人来说，暴露在卫生球中的最大量是 7.5×10^{-5}，PDB 是 1.0×10^{-5}。

(3) 熏蒸法　尽管经过了标本的预处理和使用排斥剂，熏蒸法对妥善保管标本来说也是必要的，方法是将标本暴露在含有挥发性物质的蒸气中。二氯乙烯和四氯化碳的混合物(3∶1) 是以前用得比较普遍的。二氯乙烯在没有混合四氯化碳时具有爆炸性，但是后者对人体有害，会导致肝脏受损，因此这种制剂已被禁止使用。Dowfume-75 已被环境保护组织明确用于标本馆中。在可控的条件下，可以使用敌敌畏树脂带。每个标本柜中放上树脂带的1/3，放 7～10 天，两年一次。在熏制的过程中标本柜不能被打开。

5.3 标本鉴定的方法

鉴定未知标本是分类学的一项基本工作，通常与标本的定名同时进行。鉴定与定名活动被恰当地称作标本鉴定。在鉴定标本之前，最好先描述标本，将标本的特征列出来，主要是花的结构。然而新鲜的标本比较方便描述，干燥标本可以通过浸泡在水中或喷雾的方法使其柔软，比如可以使用气雾剂 OT（双子叶植物用 1%磺基琥珀酸钠，滴入 74%的水和 25%的甲醇)。比较已被鉴定的馆藏标本或查阅分类学文献，对鉴定未知标本有帮助。为了得到可信的鉴定结果，两种方法可以结合使用。

需要鉴定的未知标本可以送到标本馆，那里一位擅长该植物类群的专家通过与正式鉴定的标本比较来检查和鉴定（图 5.13)。个人也可以拜访标本馆，自己比较来鉴定标本。

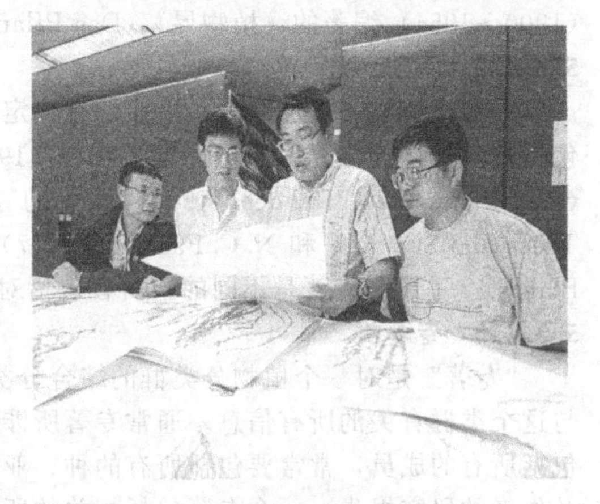

图 5.13　密苏里植物园研究人员比较标本馆内的标本

(照片由密苏里植物园的 Jack Jennings 荣誉提供)

现在可以利用电脑进行标本鉴定，近年来电子技术的革命为标本鉴定带来一种更新、更快捷、更可靠的鉴定方法。可以将部分照片、标本的描述、绘图放到网站上，相关的文字信息写在 E-mail 里，在几个小时内植物学工作者就可以帮助鉴定标本。

5.3.1 分类学文献

各种形式的分类学文献，结合描述、绘图以及鉴定检索表对正确鉴定未知植物都是有帮助的。因此，对于植物分类工作来说，图书馆和标本馆一样重要，掌握分类文献的知识对于植物分类工作者来说也是非常重要的。植物分类学文献是最古老最复杂的科学文献之一，一些图书目录参考、索引、指南可以帮助植物分类学工作者找到一个分类学类群或一个地区的相关文献。几种有助于鉴定的文献形式叙述如下。

5.3.1.1 植物志

植物志（flora）是一定地区所有植物的汇总。一本植物志可能是相当详尽或者仅仅是概要。植物志的目录可以在这两本书中找到：S. F. Blake 编著的《世界植物志地理指南》（第 1 部，1941；第 2 部，1961）和 Frodin（1984）编著的《世界标准植物志指南》。植物志根据其所涵盖的范围和地区不同，可以做以下分类。

（1）地方植物志 涵盖了有限的地理区域，通常是一个州、县、城市、山谷或者一个小的山脉。比如，J. K. Maheshwari（1963）编著的《德里植物志》（Flora of Delhi），H. Collet（1921）编著的《Flora Simlensis》，K. M. Mathew（1983）编著的《Flora of Tamil Nadu》，J. A. Steyermark（1963）编著的《密苏里植物志》（Flora of Missouri）以及 R. G. Reeves.（1972）编著的《德克萨斯中部植物志》（Flora of Central Texas）。

（2）地区植物志 涵盖了比较大的地理范围，通常是一个国家或是植物区域。比如，J. D. Hooker 爵士（1872～1897）编著的《英属印度植物志》，C. G. Steenis（1948）编著的《马来西亚植物志》（Flora Malesiana），K. H. Rechinger（1963）编著的《伊朗植物志》（Flora Iranica），P. H. Davis 编著的《土耳其和东爱琴海岛屿植物志》（Flora of Turkey and East Aegean Islands）和 V. L. Komarov 和 B. K. Shishkin（1934～1964）编著的《苏联植物志》（Flora SSSR）。地理范围涵盖一个国家的植物志叫做国家植物志。

（3）大洲植物志 覆盖了整个大洲，比如，T. G. Tutin 等（1964～1980）编著的《欧洲植物志》（Flora Europaea）和 G. Bentham（1863～1878）编著的《澳大利亚植物志》（Flora Australiensis）。

（4）世界植物志 有一个更广阔的范围。尽管世界植物志现在还没有写作，有几本著作已尝试涉及世界范围。比如，G. Bentham 和 J. D. Hooker（1863～1883）编著的《植物属志》，A. Engler 和 K. A. Prantl（1887～1919）编著的《植物自然科志》和 A. Engler（1900～1954）编著的《植物界》（Das Pflanzenreich）。

5.3.1.2 手册

手册比植物志更加详尽，里面总有鉴定植物的检索表、植物描述和术语表，但是一般只包括特殊植物类群。比如，L. H. Bailey（1949）编著的《栽培植物手册》（Manual of Cultivated Plants），A. Rehder（1940）编著的《北美栽培乔灌木手册》（Manual of Cutivated Trees and Shrubs）和 N. C. Fassett（1957）编著的《水生植物手册》（Manual of Aquatic Plants）。手册与专著是不同的，后者包括对一个植物分类群的详尽分类学处理。

5.3.1.3 专著类

“专著”是对一个植物分类群的综合分类处理，通常是一个属或者一个科，专论中提供与这个类群有关的所有信息。通常专著所涉及的范围是全世界，因为讨论一个分类群就必须包括所有的成员，常常要包括所有的种、亚种、变种和变型。专著也包括文献的详细回顾以及作者的研究报告。一个专著包括相关的所有信息，比如命名、指定的模式、检索表、详尽的描述、全部的异名以及所检查标本的引证。比如，N. T. Mirov（1967）所做的《松属》（The Genus Pinus），E. B. Babcock（1947）所做的《还阳参属》（The Genus Crepis），

B. R. Baum（1977）所做的《燕麦属专著》（A monograph of the Genus Avena），A. F. Blakeslee 等．（1959）所做的《曼陀罗属》（The Genus Datura）和 W. R. Dykes（1913）所做的《鸢尾属》（The Genus Iris）。

"修订"没有专著综合性强，包括比较少的介绍性的材料以及概要性的文献介绍。修订包括一个全部的异名，但描述比较短，通常仅局限于鉴定性的特征，但其地理范围通常是世界性的。

"概论"是修订的一个有效大纲，它列出所有的分类群，具有所有或主要的异名，具有或者没有短的鉴定性的特征，以及有一个地理范围的简短概述。C. Linnaeus（1753）的《植物种志》就是个很好的例子。

"大纲"是一个分类群的目录，具有更加缩略的可以相互区分的鉴定性描述，经常采用检索表的形式。

5.3.1.4 图鉴

图鉴包括绘图以及对绘图部分的详细分解，通常和植物志、专著的正文一起出版，有时也编辑得非常详尽，并且可以作为鉴定植物的有利工具。事实上，在 1980 年 1 月 1 日之前许多新种的发表只是建立在已出版的绘图的基础上，而没有伴有相关的描述和特征集要，这是可以被接受为有效发表的。2 个主要的彩色图鉴是：《Hooker's Icones》和《Wight's Icones》。其他值得注意的还有关于欧洲（Hegi，1906～1931）、北美（Gleason，1963）、太平洋地区（Abrams，1923～1960）、太平洋海岸树木（Mcminn&Maino，1946）、德国（Garcke，1972）、朝鲜（Lee，1979）等植物图鉴。

5.3.1.5 期刊

然而，植物志、手册和专著要经过收录大量的分类学信息后才能出版，而且经过很多年后才会修订，而分类学期刊可以提供最新的研究进展。在持续的植物分类学研究中，信息要不断更新，比如一个地区增加了一个类群的描述或报告、名称的变化以及其他分类信息。文献引证正式出版物中的期刊，要包括期刊的卷号（一年内所有期刊具有相同的卷号）、期号（1 卷内的期号，月刊有 12 个期号，季刊有 4 个期号，依此类推）和页码。涉及植物分类学主要内容的普通刊物有：*Taxon*（International Association of Plant Taxonomy，Berlin）；*Kew Bulletin*（Royal Botanic Gardens，Kew）；*Plant Systematics and Evolution*（Denmark）；*Botanical Journal of Linnaean Society*（London）；*Journal of the Arnold Arboretum*（Harvard）；*Bulletin Botanical Survey of India*（Calcutta）；*Botanical Magazine*（Tokyo）以及 *Systematic Botany*（New York）。

5.3.1.6 辅助性分类学文献

随着全世界大量的研究资料被出版，常常需要辅助性文献来汇总世界范围内已出版的研究著作。这些辅助性文献可以追踪某个时期内一个特殊分类群的相关资料。《分类学文献》（Taxonomic Literature）是《Regnum vegetabile》的一个详尽的系列，包括了所有文献的著述目录，对于研究模式材料、名称的优先权、发表的日期和作者的传记资料很有帮助。《分类学文献》于 1967 年第一次出版，而后不断修订，带有 3 个补编的第二版于 1992～1997 年出版（Stafleu 和 Mennega）。

"文摘"或"文摘性杂志"可以提供世界范围内发表在各种杂志上文章的汇总。《Biological Abstracts Current Advances in Plant Science》是比较普遍采用的途径，《Kew Record of Taxonomic Literature》包括了与植物分类学相关的所有文章。

"索引"提供按照字母顺序排列的包含文章出版信息可供参考的分类群。《邱园索引》是迄今为止最重要的参考工具。第一次由邱皇家植物园出版了 2 卷（1893～1895），包括了 1753～1885 之间所发表的种子植物的属和种的名称。通常每五年定期出版一本《补编》

(Supplements)，到 1985 年一共出版了 18 本补编。补编 19 于 1991 年出版，包括的范围是 1986～1990。从那以后就以《Kew Index》的名称每年出版。

《邱园索引》（图 5.14）是一个种子植物的新名称或变化名称的名单，含有首次发表地的百科全书式的参考。从 20 世纪 80 年代开始，数据被输入电脑建立数据库，以大约每年 6000 条记录的速度递增。为了使这些资料广泛获得，1993 年决定将全部的《邱园索引》刻录成光盘（CD-ROM），包括大约 968 000 条记录。

AMEBIA, Regel, Pl. Nov. Fedsch. 58 (1882) err. typ = **Arnebia**, Forsk. (Boragin.).

AMERCARPUS, Benth in Lindl. Veg. Kingd. 554 (1847) = **Indigofera**, Linn. (Legumin.).

AMECHANIA, DC. Prodr. vii. 578 (1839)= **Agarista**, D. Don (Ericaceae).
hispidula, DC. l. c. 579 (=*Leucothoe hispidula*).
subcanescens, DC. l. c. (=*Leucothoe subcanescens*).
AMELANCHIER, Medic. Phil. Bot. i. 135 (1789).
ROSACEAE, Benth. & Hook.f. i. 628.
ARONIA, Pers. Syn. ii. 39 (1807.
PERAPHYLLUM, Nutt. in Torr. & Gray, Fl. N. Am. i. 474 (1840).
XEROMALON, Rafin. New Fl. Am. iii. 11 (1836).
alnifolia, *Nutt. in Journ. Acad. Phil.* vii. (1834)22.__ Amer. bor.
asiatica, Endl. in Walp. Rep. ii. 55= canadensis
Bartramiana, M. Roem. Syn. Rosifl. 145= canadensis.
Botryapium, DC. Prodr. ii. 632= canadensis.
canadensis, *Medic. Gesch.* 79; *Torr. & Gray, Fl. N. Am. i.* 473. __Am. bor.; As. or.
chinensis, Hort. ex Koch, Dendrol. i. 186=Sorbus arbutifolia.

图 5.14　来自《邱园索引》某一页的部分内容

Amebia（正体大写）Regel 是紫草科（Boragin.）*Arnebia*（粗体小写）Forsk. 的异名；属名 *Amelanchier*（粗体大写）Medic. 是正确名称，属名 *Aronia* Pers.、*Peraphyllum* Nutt. 和 *Xeromalon* Rafin. 作为其异名；种名 *Amelanchier alnifolia*（正体小写）Nutt. 和 *A. Canadensis* Medic. 是正确名称；而名称 *A. asiatica*（斜体小写）Engl.、*A. Batramiana* M. Roem. 和 *A. Botryapium* DC. 为 *A. Canadensis* Medic. 的异名；A. chinensis Hort. 同样是 *Sorbus arbutifolia* 的异名

通过《邱园索引》，还可找到维管植物的绘图，包含的记录直到 1935 年，近年来的信息可以在由 R. T. Isaacson 编著的两卷本《Flowering Plant Index of Illustrations and Information》中找到。*Regnum vegetabile* 系列中于 1979 年出版的 3 卷本著作《Index Nominum Genericorum》（ING）有所有属名的名单，1986 年出了第一本补编。现在这些数据已被输入数据库，在互联网上可以找到。《Index Holmiensis》（早期的《Index Holmensis》）是分类学文献中维管植物的分布图的名单，按字母顺序排列，从 1969 年开始出版。《Gray Herbarium Card Index》是将信息记录在卡片上，现在信息已输入数据库。一般来说，与《邱园索引》的式样相同，该索引在 1893～1967 年之间出版了 10 卷，1978 年由 G. K. Hall 整理出版了一个 2 卷的补编。《Gray Herbarium Index》数据库如今包括了种及种以下等级的新大陆维管植物分类群的 35 万条记录。该索引从 1886 年开始，收录属名、种名和种下分类等级的所有分类群名称，在分类群的名称上，与《邱园索引》一致，但是生物和地理范围不同。《Gray Index》包括美洲的维管植物；《邱园索引》包括全世界的种子植物。只有《Gray Index》具有基原异名与命名异名的前后对照。现在这些信息通过互联网可以查找到，可以通

过生物多样性和生物采集 Gopher 和 E-mail 数据服务器，利用关键词查询。包括其他植物类群的索引也已经出版：《Index Fillicum》是蕨类植物的索引，《Index Musorum》是苔藓植物的索引。

邱皇家植物园、哈佛大学标本馆和澳大利亚国家标本馆在合作项目下，正在建立一个"国际植物名称索引（IPNI）作为网络数据库，包括来自《邱园索引》、《Gray Herbarium Card Index》、《Australian Plant Names Index》的种子植物的数据。它提供所有种子植物的名称及相关图书目录的基本信息，目标是消除对植物名称的基本图书目录的信息资源的重复引证。资料可以免费获得，将逐渐标准化并且不断检验。IPNI 打算建成一个动态的、不断更新的资源，这要依靠植物团体所有成员的直接帮助。

迄今为止出版了数量繁多的各种字典，最有用的是由 J. C. Willis 编著出版的《有花植物和蕨类植物词典》(Dictionary of Flowering Plants and Ferns)，1973 年由 Airy Shaw 出版了第 8 版，书中包括关于科和属的各种信息，提供作者名称、分布、科和属内种数等信息。

5.3.2 分类检索表

分类检索表为快速鉴定未知植物提供帮助。它们是构成植物志、手册、专著及其他形式分类学文献的重要部分，而且，近年来，鉴定的方法已经编入基于卡片、表格、计算机程序的检索表，后者主要是由非专业人士为鉴定设计的。这些检索表是以稳定的、可靠的植物特征为基础。检索表对快速的初步鉴定植物有很大帮助，然后通过与暂时鉴定的分类群的详尽描述做比较来确认。然而，在鉴定前未知植物必须被仔细研究、描述并列出其特征的清单。根据特征排列的顺序和用途，可以区分为 2 种类型的检索表，

① 单路径或连续检索表。

② 多路经或多路入口检索表。

5.3.2.1 单路径或连续检索表

单路径检索表通常是植物志、手册、专著和其他书籍等用于植物鉴定手段的一个部分，检索表是建立在植物的鉴定特征（重要的和显著的特征，也叫检索特征）基础上，因此也叫特征集要检索表。现在使用的大多数检索表是建立在特征的成对而相反选择的基础上，这样的检索表也叫二歧检索表，是 J. P. Lamarck 于 1778 年在《Flore Francaise》中首次介绍的。建立一个二歧检索表开始要准备分类群的可靠特征列表，每项特征下都有相对的 2 个选择（比如，木本或草本)。每个选择会引导下面的选择并且 2 个相对的选择组成一对。对于一个特征多于两个选择的，特征将被拆分为两个相对的选择。如果在分类群中花可能是红色、黄色或白色，第一个成对的选择可以是红色和非红色，第二个是白色和黄色。

我们以毛莨科为例来说明编制检索表的过程，一些有代表性的属的鉴定特征列举如下，

① 毛莨属：草本植物，瘦果，花萼和花冠明显区分，无距，花瓣基部有蜜腺。

② 侧金盏花属：草本植物，瘦果，花萼和花冠明显区分，无距，花瓣无蜜腺。

③ 银莲花属：草本植物，瘦果，花萼不分化，花被花瓣状，无距

④ 铁线莲属：木本植物，瘦果，花萼不分化，花被花瓣状，无距

⑤ 驴蹄草属：草本植物，蓇葖果，花萼不分化，花被花瓣状，无距

⑥ 翠雀属：草本植物，蓇葖果，花萼不区分，花被花瓣状，有 1 个距

⑦ 耧斗菜属：草本植物，蓇葖果，花萼花瓣状，与花冠没有区分，有 5 个距。

根据上面的特征，可以列出以下成对的特征并且引导鉴别，

① 木本植物

草本植物

② 瘦果

蓇葖果

③ 花萼和花冠明显区分

花萼和花冠不能区分

④ 无距

有距

⑤ 距 1 个

距 5 个

⑥ 花瓣基部有蜜腺

花瓣基部无蜜腺

必须注意对花距的特征有 3 种选择（无、1 个、5 个），要将其分为 2 组使其成为二歧。基于每对特征的排列和它们的引导，形成 3 类主要的二歧检索表：定距或缩进检索表、相等或平行检索表和连续或数字检索表。

（1）定距或缩进检索表　这是一种在植物志和手册中最普遍使用的检索表，尤其是当检索表比较小时。在这种检索表中，检索项和要鉴定的分类群以可见的归类或定距的方式排列，每下一级成对的性状都在页边上比上一级缩进固定的距离，使得下一级的页边距不断增加。我们选择果实类型作为第一个成对的性状，它将列出的属分为几乎相等的两个部分，无论未知植物的果实是瘦果或蓇葖果，未包括的分类群将几乎是相等的。对这些分类群编制的定距或缩进检索表显示如下：

1. 瘦果
    2. 花萼与花冠明显区分
        3. 花瓣基部有蜜腺 ………………………………… 1. 毛茛属
        3. 花瓣基部无蜜腺 ………………………………… 2. 侧金盏花属
    2. 花萼与花冠没有区分
        4. 木本植物 ………………………………………… 4. 铁线莲属
        4. 草本植物 ………………………………………… 3. 银莲花属
1. 蓇葖果
    5. 有距
        6. 距 1 个 ……………………………………………… 6. 翠雀属
        6. 距 5 个 ……………………………………………… 7. 耧斗菜属
    5. 无距 ……………………………………………………… 5. 驴蹄草属

需要指出的是果实为瘦果的所有属放在一起，形成一类；每对下一级的检索项不断增加页边距，并且最初的一对引导被相隔很远，而接下来的下一级成对的检索项相距较近。这种编排非常适合较小的检索表，尤其是只有一页的。但是如果检索表比较长有好几页，它的缺点就暴露明显了。首先，寻找最初成对性状中的另一个检索项变得困难，因为它可能出现在任何页码上。其次，随着下一级性状的增加，检索表将变得越来越狭，减少了可利用的空间，这样造成页面资源的浪费。这个问题在《欧洲植物志》比较明显，它试图减少缩进的距离，但是这样就使检索表的利用更加复杂化了。上述 2 个缺点是相对于相等或平行检索表而言的。

（2）相等或平行检索表　这类检索表已经在比较大的植物志中使用，如《苏联植物志》、《中亚植物》Plants of Central Asia、《不列颠岛屿植物志》（Flora of British Isles）。成对性状的 2 个检索项总在一起，页边距也总是相等的。该类型检索表的几种变异现在在使用，其中有的成对性状的第 2 个检索项没有编码，如《不列颠岛屿植物志》；或者成对性状的第 2 个检索项加一个前缀符号“＋”，如《中亚植物》。该类型检索表的编排方式对于较长的检索表在交互检索的定位是没有问题的（2个总是在一起），并且没有浪费页面空间。然而，它也有一个缺点，检索表的表达不再为可见的归类，参考初始的检索项通常比较困难，但是这个问题通常通过在括号内表明初始性状检索项的号码来解决，几本俄罗斯的植物志就是这样做的，如《西伯利亚植物志》（Central Asia）、《中亚植物》。一个典型的平行检索表列举如下：

1. 瘦果……………………………………………………………… 1
1. 蓇葖果 ………………………………………………………… 5
2. 花萼与花冠明显区分……………………………………………3
2. 花萼与花冠没有区分……………………………………………4
3. 花瓣基部有蜜腺…………………………………………… 1. 毛茛属
3. 花瓣基部无蜜腺…………………………………………… 2. 侧金盏花属
4. 木本植物…………………………………………………… 4. 铁线莲属
4. 草本植物…………………………………………………… 3. 银莲花属
5. 有距 …………………………………………………………… 6
5. 无距………………………………………………………… 5. 驴蹄草属
6. 距1个……………………………………………………… 6. 翠雀属
6. 距5个……………………………………………………… 7. 耧斗菜属

连续检索表成功地包含平行检索表和定距检索表可见类别的优点。

（3）连续或数字检索表　这种检索表已经被用来鉴定动物，也适用于一些植物方面的工作。该检索表保留了定距检索表的排列方式，但是页边不缩进。查找互换的引导通过成对性状的连续编码实现（或分离时的引导编码），并在括号内指明互换引导的连续编码。一个分类群查询的连续检索表表示如下。

1. （6）瘦果
2. （4）花萼与花冠明显区分
3. 花瓣基部有蜜腺………………………………… 1. 毛茛属
3. 花瓣基部无蜜腺………………………………… 2. 侧金盏花属
4. （2）花萼与花冠没有区分
5. 木本植物………………………………………… 4. 铁线莲属
5. 草本植物………………………………………… 3. 银莲花属
6. （1）蓇葖果
7. （9）有距
8. 距1个…………………………………………… 6. 翠雀属
8. 距5个…………………………………………… 7. 耧斗菜属
9. （7）无距………………………………………… 5. 驴蹄草属

这种检索表保留可见归类的表达，而尽管分类群、互换检索项分离，也容易查找，不浪费页面空间。

二歧检索表的一个内在缺点是使用者只能按照单一的固定次序的植物特征来检索，而这种顺序是由制表人决定的。在上面举的例子中，如果没有提供果实的信息，就不能检索。

制作二歧检索表的方法：以下几个基本的注意事项对于制作二歧检索表是很重要的。

① 检索表应该是严格二歧的，即所包含的每对性状检索项只能有两个可能的选择。

② 性状中的两个检索项必须是相互排斥的，因此接受一个就自动拒绝另一个。

③ 两个检索项不能交叠，以叶片为例，叶片5～25cm长和叶片20～40cm长，这样的表达使长为20～25cm之间的叶片不知道放在哪个之中。

④ 两个成对性状的检索项应该以同样的表达开始，在上面的例子中，第一级的两个检索项都是“果实”。

⑤ 两对连续的检索项不应该以同样的表达开始，上面的例子中，单词“距”在两个连续的检索项中出现，在第二个中就以“数量”开始。这样就变成“距1个”和“距5个”。

⑥ 鉴别树木时，应该分别采用营养或繁殖器官的特征编制两种检索表，一般来说，由于树木在一年的大部分时间里带有叶的，花期很短，许多树木先花后叶，因而这种分别的检索表对于鉴定来说是必须的。

⑦ 避免运用模糊的表达，比如“花大”和“花小”，在实际鉴别中是容易混淆的。

⑧ 第一对性状的选择要依据这样的方式，它可以将被鉴定的植物分成大概相等的两组，而且特征比较容易研究。这样选择将使排除的过程加快。

⑨ 对于雌雄异株的植物，应该制作两个检索表，分为是雌株和雄株的。

⑩ 每一项都应该有字母或数字，这样做将易于查找。如果没有的话，查找将非常困难，尤其是较长的检索表。

---

1 Stem woody at base; achenes 3.5-5 mm **8. pustulatus**
1 Stem not woody; achenes 2-3.75 mm
 2 Annual or biennial
  3 Achenes smooth at least between the ribs; strongly compressed and ± winged **1. asper**
  3 Achenes rugose or tuberculate between the ribs, neither strongly compressed nor winged
   4 Leaf-lobes strongly constricted at base, or narrowly linear; terminal lobe usually about as large as lateral lobes; ligules longer than corolla-tube; achenes abruptly contracted at base **2. tenerrimus**
   4 Leaf-lobes (if present) not constricted at base; terminal lobe usually much larger than lateral lobes; ligules about as long as corolla-tube; achenes gradually narrowed at base **3. oleraceous**
 2 Perennial

图 5.15 《欧洲植物志》苦苣菜属（4卷327页）的部分定距多性状检索表

以上介绍的检索表在每对中只有单一特征的相对性状作对比表达，这样的检索表叫做单性状连续检索表，是植物志中使用最普遍的格式。但是，还有一些检索表每对检索项包括几个相对性状作比较，这样的检索表叫做多性状连续检索表，也叫概要检索表，尤其在较高等门类中使用较多（图5.15）。与单性状连续检索表相比，它有3个优点：

① 由于标本的毁坏或者标本上缺乏必要的生长阶段，一个或多个特征可能没有被观察到。在这种情况下，单性状连续检索表是没用的。

② 在决定单个特征的归属时使用者可能会犯错误，但是当使用一个以上的特征时这种错误将被最小化。

③ 对成对性状中的每项选择是互相排斥的，当使用一个以上的特征时，这种现象就不会出现。

5.3.2.2 多路经或多路入口检索表

这种顺序自由的多路入口检索表是以使用者为中心的，检索表提供了按顺序特征的多种选择。最终，由使用者决定使用特征的顺序，即使有几个特征信息没有提供，使用者仍然可以继续鉴定。有趣的是，经常并未用到所有的特征就可以鉴定出结果。这种鉴定方法经常利用卡片。有2种基本的卡片类型在使用。

（1）卡体打孔卡片　这些卡片也叫窗口卡片或者躲躲猫卡片，在卡片本体上有打好的孔

(图 5.16)。检索方法是一张卡片代表一个特征，我们的例子需要 11 张卡片（我们只选择了鉴定特征，否则我们在多路径检索表的名录中会包含更多的特征，将需要更多的卡片，分析起来更灵活）。

应当说明，我们选择了 6 对成对性状，也就是 12 个检索项，与“距”有关的检索项有 4 个。实际上我们只需要 3 个特征，“无距”、“距 1 个”和“距 5 个”。卡片上印有数字，与鉴定检索表想要的分类群相对应，在例子中，我们只需要 7 个数字与 7 个属相对应。每张卡片上打好的孔都与特征存在的分类群相对应。

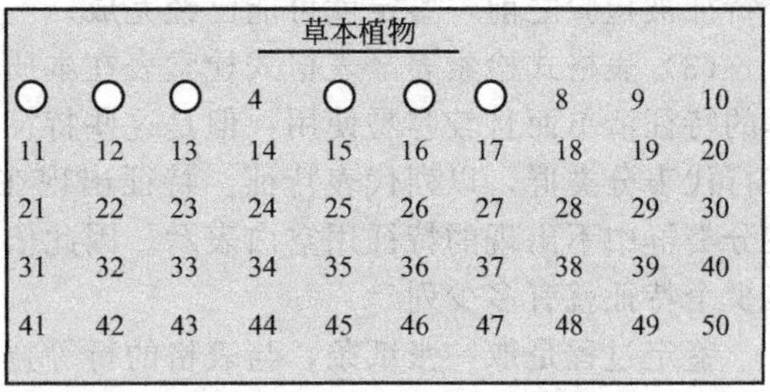

在我们的例子中，卡片“木本习性”将在数字 4 上有一个孔（代表铁线莲属），卡片“草本习性”在 1、2、3、5、6、7 上有打孔(代表其余的 6 个属)。一旦所有卡片上适当位置的孔都打好了，我们就可以鉴定了。使用者研究未知植物，列出特征的清单，按照他希望的顺序和可利用的特征来检索。

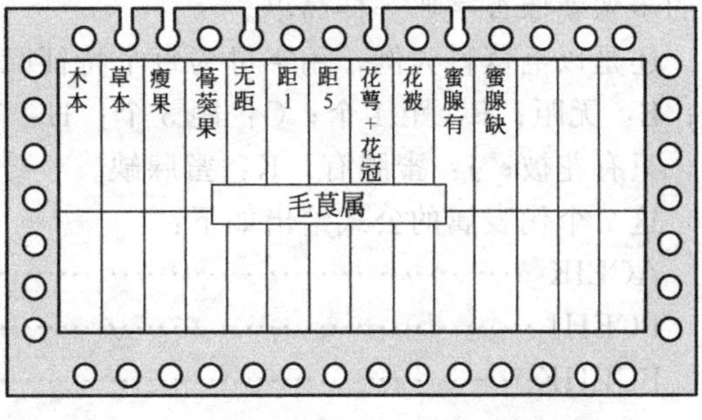

使用者的检索过程是，首先拿出他清单中列出的未知植物第一个特征的卡片，然后是他的清单上的第二个特征的卡片，将第二张卡片盖在第一张上，这样做会盖住第一张和第二张卡片上的一些孔，只有依然可见的孔与此分类单元相对应，包括两张卡片的共同特征。接着盖上第三张卡片，第四张，直到最后只能看见一个孔，这个孔代表的分类单元就是待鉴定的植物。

(2) 边缘打孔卡片　孔在边缘的卡片与孔在卡体的卡片的区别在于一张卡片代表一个分类群，边缘的每 1 个孔代表 1 个特征。我们的例子需要 7 张卡片，每张代表 1 个属，正常情况下，这些沿着边缘的孔是封闭的（图 5.17），每 1 个特征，如在分类群中存在，它的孔被修剪，形成一个打开的凹口，不再是沿着边缘的圆孔。

在实际鉴定中，所有的卡片被放成一叠，与未知植物的第一个特征相对应的孔上插上一根针，当针提起来时，包括这个特征的分类群将掉下，缺乏该特征的还挂在针上。后者被我们拒绝。掉下的卡片重新叠放在一起，将针插在未知植物的第二个特征上，一直重复这个过程，直到最后只剩一张卡片掉下，这张卡片所代表的分类群就是待鉴定的植物。

值得注意的是，我们不可能检验未知植物的所有特征；在未知植物的特征清单上最后一

图 5.16　对毛茛科 7 个代表属中具草本习性类群设计的卡体打孔卡片

1—毛茛属；2—侧金盏花属；3—银莲花属；4—铁线莲属；5—驴蹄草属；6—翠雀属；7—耧斗菜属

图 5.17　为毛茛属制作的边缘打孔卡片

在上面图示的例子中，每个孔代表一个特征，更多的特征能够沿着空的孔添加，使鉴定过程更加多面

特征 / 分类群	木本	草木	瘦果	蓇葖果	花萼+花冠	花被	距0	距1	距5	蜜腺有	蜜腺缺					
毛茛属		▬	▬		▬		▬			▬						
侧金盏花属		▬	▬		▬		▬				▬					
银莲花属		▬	▬			▬	▬				▬					
驴蹄草属	▬		▬			▬	▬				▬					
驴蹄草属		▬		▬		▬	▬				▬					
翠雀属		▬		▬		▬		▬		▬						
耧斗菜属		▬		▬		▬			▬		▬					

图 5.18　为毛茛科代表属的鉴定编制的表格式检索表

在上面图示的例子中，每个格代表一个特征，更多的特征能够在附加的空格中添加，使鉴定过程更加多面

个特征被检验之前，鉴定就可能已经完成。

(3) 表格式检索表　表格式检索表在本质上与多路径检索表是相似的，它们可以列出详尽的特征清单而且较容易使用，但是这些特征资料并不编在卡片上，而是列成表格的形式。以行代表分类群，以列代表特征。特征出现在每个分类群中以适当的图形代表（图 5.18）。在分类群中不出现的特征用空白表示。因此依据提供的信息有多少个分类群就有多少行，有多少个特征就有多少列。

鉴定过程是取一张纸条，与表格的行等宽，画出与列同宽的格。未知植物的所有特征在这张纸上被标出，纸条放在表格的顶端，然后下移，与每一行比较。与条目吻合的一行所代表的分类群就是待鉴定植物。

(4) 分类学的公式　分类学公式就是基于字母的特殊组合形成的一个真正字母公式。各种特征都以字母作为代码，因此每个分类群都得到一个独特的字母公式。这些公式按照字母顺序排列就像字典里的单词一样。基于以未知植物的特征，就可以建立其分类学公式，接下来的步骤就像查字典一样简单。

还是以毛茛科为例，用字母为每个特征赋值，A：木本；B：草本；C：瘦果；D：蓇葖果；E：无距；F：距1个；G：距5个；H：花萼与花冠明显区分；I：花萼与花冠没有区分，只有花被；J：蜜腺有；K：蜜腺缺。

这 7 个代表属的公式给出如下：

ACEIK …………………………………………………… 铁线莲属
BCEHJ …………………………………………………… 毛茛属
BCEHK…………………………………………………… 侧金盏花属
BCEIK …………………………………………………… 银莲花属
BDEIK …………………………………………………… 驴蹄草属
BDFIJ …………………………………………………… 翠雀属
BDGIK …………………………………………………… 耧斗菜属

这种公式在鉴定的过程中是非常有用的，已经作为多路径检索表的一种被编入《土耳其植物志》(Flora of Turkey)（Hedge&Lamond，1972）的伞形科分属中。

5.3.3 计算机在鉴定过程中的应用

在过去的几年中，计算机在数据采集、处理和综合中的应用日益增加。在扫描和诊断人类的疾病方面计算机也被广泛利用，它可以帮助处理与健康有关的程序。计算机也可以用于植物的鉴定，但既使这样，也没有理由说我们就不再需要训练植物学家来完成这项工作。以下是植物鉴定中计算机的主要作用。

5.3.3.1 计算机储存的检索表

二歧检索表用通常的途径制成后，输入电脑中，以人机对话的方式，运行一个设计好的步骤多的程序来检索。程序从检索表的第一个成对性状开始运行，询问未知植物的特征和提供的信息，提问相关的问题，直到最终鉴定出结果。

5.3.3.2 利用计算机建立检索表

利用有关分类群的分类学信息，可以在计算机上编写合适的程序建立一个分类学的检索表，与人工制作检索表的方法和思路是相同的。建好的检索表被永久储存在计算机里，能够像前面所述的人机对话方式，完成鉴定。

5.3.3.3 检索与特征比较同时进行的鉴定方法

分类检索表为快速鉴定提供帮助，并且总是仅仅提供一个参考性的鉴定结果，只有通过与特定分类群的详尽描述作比较才能确定。这种与详尽描述的比较不会一开始就做，因为将未知植物与该地区或该类别的分类群做比较将十分费力和费时，通常是不可能的。但是这种比较可以由计算机在几秒钟之内完成。在检索时，未知植物的全部特征将同时被储存在计算机中，计算机的程序将其与特定分类群的描述做比较，提出与哪个分类群相吻合的建议。在不能提供全部特征信息的情况下，计算机程序会提出可替换鉴定的建议。

5.3.3.4　自动识别模式系统

计算机技术现在已经发展到全自动识别的阶段。计算机与光学扫描器相结合，可以观测和记录被观测物的特征，与已知植物比较同一性，从而得出重要的结论。在人类疾病诊断方面，比如化学光谱学和染色体的显微照片、人类组织的变态甚至植物和农业的调查方面已经运用了这种技术。

5.3.3.5　DELTA系统

DELTA 系统是建立在 DELTA（DEsciption Language for TAxonomy）格式基础上的一套完整的程序，DELTA 格式是一种利用计算机来处理、记录分类群描述的灵活而有用的方法。DELTA 已被国际分类学数据库工作组指定为数据交换的标准。它可以生成、排版描述性检索表与传统的检索表，通过分类程序变换为 DELTA 数据使用，为交互式鉴定建立 Intkey packages 以及信息恢复。这个系统在 CSIRO 昆虫学系的自然资源和生物多样性计划的项目下已经发展了 20 年，已经在世界范围内应用到各种生物体上，比如真菌、植物和树木。系统在处理用户反馈的基础上不断地完善。

DELTA 程序检索可以生成一个传统的鉴定检索表，特征通过程序选择包含在检索表中，而检索表基于特征如何有效区分余下的分类群。然后这种信息与主观决定来平衡，来详细说明此特征的可信度和利用的难易程度。

DELTA 数据可以被转化为程序需要的形式，用于系统发育的分析，比如 Paup、Hennig86 和 MacClade。用于这些分析的特征和分类群可以从全部数据中选择。数量特征被转化为多元状态的特征，因为数量特征不能被程序处理，可以生成供打印的描述，方便检查数据。

建立一个简单的 DELTA 鉴定程序。尽管 DELTA 系统有能力建立一个强大的、复杂的鉴定程序，但是我们可以利用基本的知识建立一个简单的系统。第一个步骤是建立一套新的数据（现存的数据也可以用，也可以从网络下载），在 Delta 目录下建立一个新文件夹，起一个合适的名称。打开 Delta 编辑器，点击菜单中的“New Dataset”，打开有 4 个分割面板的属性编辑器。点击左上方的面板将打开第一个分类群的项目编辑器，输入它的名称（也可以输入图片、备注及变换设置），点击“Done”回到属性编辑器。点击右上方的面板将打开特征编辑器，对特征进行命名或描述，从列表中选择特征有以下几种类型：无序多元特征（比如花的颜色特征有黄色、红色、白色等；无序多元特征也包括二元特征比如木本和草本习性）；有序多元特征（高度范围比如 1～10 cm，11～20 cm，21～30 cm等；相近的特征状态如植物高达到20 cm和高超过20 cm）；整数（比如每节上的叶片数）；实数（如种子2.4 cm 大小）或文本信息（如关于生境）。如果多元特征（有序或无序）已经被选择，就点击状态栏的“Tab”键，进入右下方面板的第一个特征状态，而且在左边的面板也将自动定义。接下来点击左边面板的下一个条目，在右边的面板中输入第二个特征。重复操作，直到所有的特征输入完毕（也许有的特征在其他的分类群鉴定过程中也有，但也要输入）。接下来选择特征编码 2，命名并选择类型，如果选择了数字的（实数或整数），状态栏的“Tab”键不会出现。再选择单位（cm、m、每节上的叶片数）。对于文本特征，要添加合适的注释在注释键中。待所有特征都选择完毕以后，点击“Done”，回到属性编辑器。

现在点击左上方的面板添加第二个分类群，重复以上的操作，直到添加完所有的分类群。属性编辑器现在会在左上方的面板显示分类群的清单，在右上方的面板显示特征（U 代表无序多元特征，O 代表有序多元特征，I 代表整数，R 代表小数，T 代表文本），可以随时添加清单中遗漏的特征。一个接一个地选择分类群，对每一个分类群，进入（检验）状态，打开特征图标后（＋表示未打开，－表示打开）在右边的面板检验每一个分类群。在开始已建立的文件夹中保存数据，而且可以打开数据添加图片、注释或者改变设置。为编写鉴定程序，新建的一套数据需要大量的文件，以下的操作将自动建立这些文件。

在 Delta 编辑器中打开数据文件，点击“File”→“Export directive”，“Delta Files”出口将出现对话框，点击“OK”，接下来“Done”和然后“Close（必要时点顶部的‘×’）”，打开 Delta 编辑器（如果已关闭），点击“view”→“Action set”，打印特征清单将出现，看到“Confor Tab”键是激活的，选择“Print character list-RTF”，点击“Run”。在下一个对话框（dialogue Box）点击“Yes”。再回到“Action set”，选择“Translate into Natural Language-RTF-Single file for the all taxa”，点击“Run”，接下来点击“Yes”。再回到“Action set”，选择“Translate into key Format”，点击“Run”，点击“Yes”，与上一步的过程相似。现在再一次打开“Action set”，“Tab”的状态从“Confor”变到“Key”，选择“Confirmatory charater RTF”，点击“Run”。再回到“Action set”，现在将“Tab”的状态变回“Confor”，选择“Translate into Intkey format”，点击“Run”。最后一次回到“Action set”，转变到“Intkey Tab”，选择“Intkey initializing File”，点击“Run”。这个过程完成后，Intkey 程序的窗口将打开（当你关闭 Intkey 程序时，不要忘记将数据文件添加到 Intkey 的索引中，或者下次打开 Intkey 程序窗口时添加），Intkey 程序的窗口由 4 个窗格组成，左上窗格是特征列表，右上窗格是分类群列表，下面的两个窗格是空的。

利用 Intkey 程序窗口，人们可以鉴定未知植物，读取未知植物的第一个特征，在左上窗格中点击适合的特征，并且点击或当需要时输入正确的特征状态选择，这个操作将在右下窗格清除或显示某个分类群，在左下窗格清除或显示某个有用的特征（图 5.19）。当你利用的特征越来越多，更多的分类群将被拒绝，当只有一个分类群依然留在右上窗格里时，过程就结束了。

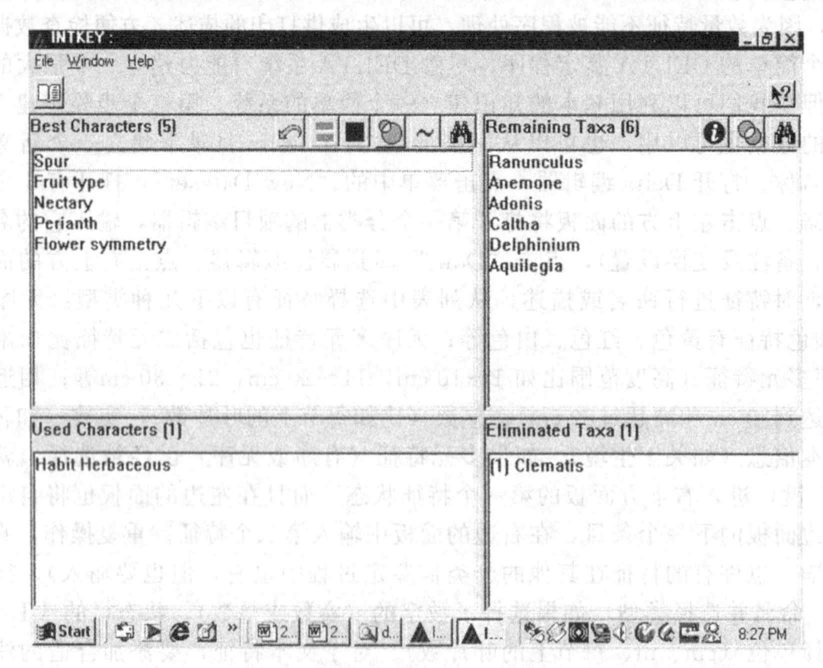

图 5.19 用于毛茛科 7 个属的 Intkey 鉴定窗口

选择特征状态草本（显示在面板中使用的特征）导致一个分类群被拒绝（铁线莲属具有木本的习性），该类群显示在清除类群的面板中。选择已知植物更多的特征状态将清除更多的分类群，直到只剩下一个鉴定的分类群

近年来，研究人员开发了许多基于 Delta Intkey 的相互影响的检索表，可以提供在线鉴定，在接下来的内容将做介绍。

5.3.3.6 通过网络鉴定

近年来互联网的兴起，提供了一种新的高效的交换信息的方式。来自世界各地的植物图片和经济作物的图片被不同的机构放在各种网站上，这些图片可以利用，为植物鉴定提供帮助。

目录服务器提供大量的电子目录，Taxacom 就是其中的一种，在植物分类学研究中非常有用，世界各地活跃的植物分类学家纷纷订阅。在分类学领域有规律地进行交换。任何成员遇到问题都可以同时征询所有成员的意见。可以通过将未知植物的描述放到目录上就能得到鉴别，更方便的是，可以将未知植物的图片和相关信息一起放在网站上，成员们可以上网观察植物，发表自己的见解。

这种方式的工作奇迹反映在引证的例子中（图 5.20），在 1 小时零 5 分钟内里就可以鉴定出未知植物。这种新式的鉴定方法变得日益流行，越来越多的人通过这种方式获得来自世界各地专家的帮助。

PINE 3.93 MESSAGE TEXT Folder:INBOX Message 91 of 96
Date: Tue, 8 Dec 1998 14:48:16 -0600
From: "Monique D. Reed" <monique@BIO.TAMU.EDU>
To: Multiple recipients of list TAXACOM <TAXACOM@CMSA.BERKELEY.EDU>
Subject: Mystery plant.

I would be grateful for help in identifying a "mystery" plant. An image of fruit pieces can be found at http:/ /www.csdl.tamu.edu/FLORA/unk.htm
The bits were collected in the Dominican Republic. Unfortunately, we do not have seeds or leaves to aid in identification. We suspect the pieces may be parts of a capsule of _Hura crepitans_ or a near relative in the Euphorbiaceae.
Any pointers are welcome.

Monique Reed
Herbarium Botanist
Biology Department
_Texas A&M University
_College Station, TX 77843-3258
_[END of message]

PINE 3.93 MESSAGE TEXT Folder: INBOX Message 93 of 96 ALL
Date: Tue, 8 Dec 1998 15:53:48 -0600
From: "Monique D. Reed" <monique@BIO.TAMU.EDU>
To: Multiple recipients of list TAXACOM <TAXACOM@CMSA.BERKELEY.EDU>
Subject: Mystery solved

So far, the majority of the responses vote for an identification of Hura crepitans. Many thanks to all who responded.

Monique Reed

图 5.20 Taxacom 目录中的 2 则 E-mail 消息，第一则为寻找一个未知植物的鉴定，第二则（仅仅在 1h5min 后）感谢鉴定的成员

最近几年出现了许多在线鉴定植物的程序，其中之一就是基于 Delta Intkey 程序，提供西澳大利亚维管植物的在线鉴定工具，在 FloraBase 上可以得到，网址是 http://florabase.calm.wa.gov.au。鉴定过程很简单，没有重复的询问，“最好的”特征归类，或者包括与未知植物匹配的分类群。然而，它是基于完善中 Delta dataset，将来 WA 将有可能建立一个包括 12 500 种维管植物分类群的交互式检索表。此外，WA 的有花植物科和属的互换式检索表（运用 Intkey）不久将被添加到 FloraBase，一些有意义属的专家检索表也提前完成。基于网络的互换式鉴定检索表现在也提供中国、北美、马达加斯加、婆罗洲以及世界植物的检索，这是哈佛大学标本馆编辑中心维护的一个项目，叫做“ActKey”，网址是 http：//flora. huh. havard. edu：8080/actkey/index. jsp。比如包括 Ihsan AlShehbaz 的世界范围十字花科的属，Geoge. W. Argus 的北美的柳属（杨柳科）（有中文版），George Schatz 的马达加斯加的树木属志，James K. Jarvie & Ermayanti 的婆罗洲的乔木和灌木，还有中国的几个最大的属的检索表包括马先蒿属、报春花属、柳属、龙胆属、虎耳草属、悬钩子属和乌头属（有中文版）。

第6章 植物的分类阶元

如果没有恰当的机制将三十多万种绿色植物进行归类，那么，研究与记载这些植物的文献资料将完全混乱。不管分类标准是什么——人为特征分类、全形态学分类、系统发育或是表征分类——最基本的步骤是相同的。生物体首先是基于一定的相似性被识别并归类。这些类群再进一步组成更大、包含更多种类的类群。这一过程反复进行直到所有的生物体构成一个单一的、包含种类最多的大类群。这些类群（分类群）根据其连续性进行排列，包含种类最少的在基部，包含种类最多的在顶端。

如此构成和排置的类群，再进一步被划分为不同的阶元，这些阶元之间具有一定的合理的安排顺序（分类阶元），包含最多类群的安排为最高等级的阶元（一般为门），而包含最少类群的则为最低等级的阶元（通常为种）。各分类群被赋予一定的名称，名称是根据其所属的阶元不同而定的。蔷薇目、桃金娘目、锦葵目都属于“目”级分类阶元，蔷薇科、桃金娘科、锦葵科则属于“科”级分类阶元。一旦所有的类群都被划分至分类阶元并被命名，那么分类过程便是完整的，或者说整个最庞大而复杂的分类结构便完成了。根据这种方式将各个类群进行等级排列而形成的分级称为分类阶元系统或分类等级系统。阶元、类群以及分类结构的概念可用盒中盒的图形（图6.1）表示，或是采用树状图（同谱系图，图6.2）的形式来表示。

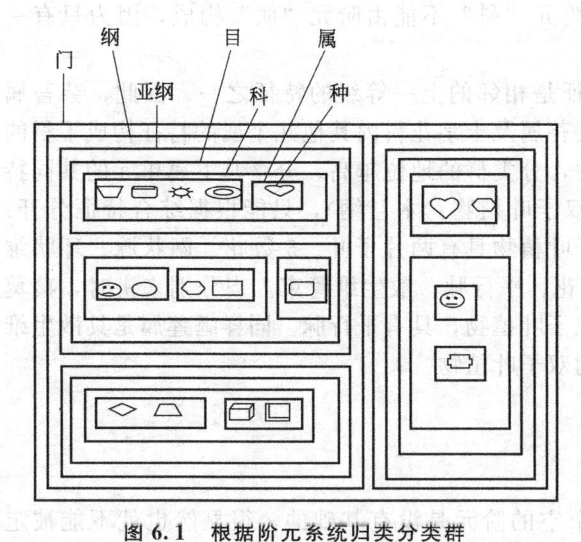

图6.1 根据阶元系统归类分类群的过程，用盒中盒法说明

在上述例子中，18个种归于10属、6科、4目、3亚纲、2纲和1门

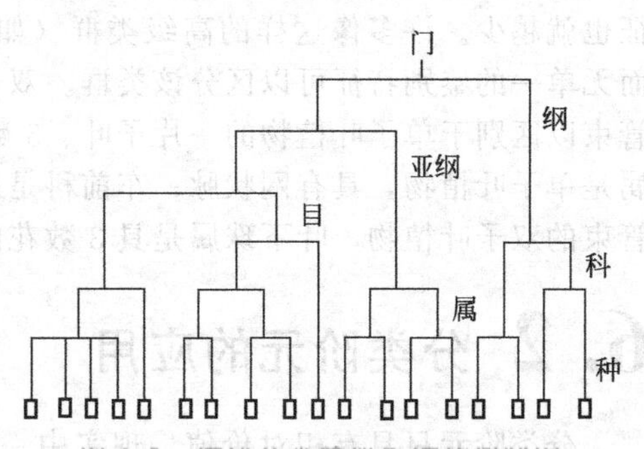

图6.2 描述分类等级系统的树状图

基于图6.1中所用的同样假定的例子

6.1 分类学类群、阶元和等级

一旦分类阶元系统被确定，各分类群、阶元和等级之间便是不可分的。因此，白蔷薇只是一个种，而蔷薇属是一个属。然而，概念和应用确实是存在差异的。阶元如同衣柜的隔板，当空的时候是没有任何的价值和意义的，只有在放入东西时才能体现出其价值和意义。此后，搁板便因其内置物（书籍、玩具、衣服、鞋子等）而为人所知。从某种意义上讲，阶元是人为的、主观的，在现实中没有基础的。在自然界中，阶元并没有对应物。然而，在与其他阶元的等级关系中，它们却有着固定的位置。一旦某一个类群被归于一个特定的阶元中，这两者便是不可分的，阶元也因为包含了自然界中真实发生的东西而具有了实际意义。属并无多大意义，但蔷薇属却极富含义。以蔷薇类群为例：阶元和等级之间除了语法意义不同，实际上并无区别，蔷薇属属于“属”的阶元，具有“属”的等级。如果阶元是搁板，等级便是搁板与搁板间的隔离物，也即每一阶元与上一阶元的隔离物。另一方面，分类群在一定程度上是客观的，而非人为的，它们代表了自然界中一系列的离散的生物体。类群是生物实体，也是一系列生物实体的集合。通过将这些类群归于阶元并为其名称赋予一个合适的词尾（蔷薇科具有-aceae 的词尾，表明了也包含蔷薇属的其他蔷薇类群的一个科），我们确定了这些类群在分类等级系统中的位置。一些重要的特征将有助于更好地理解分类阶元系统，列举如下。

① 等级系统中的不同阶元或高或低，这是由阶元所包含类群的包含程度决定的。高级阶元比低级阶元含有更多的包含类群。

② 植物不是被分成阶元而是分为类群。值得说明的是一种植物可能属于不同的分类群，每一个分类群又各属一个分类阶元，但植物本身并不是一个分类阶元。一种野生植物可能被鉴定为早熟禾（属于“种”这一阶元）。它也是早熟禾属（属于“属”级阶元）、禾本科（属于“科”及阶元）的一个成员等，但该植物不能被说成是属于“种”阶元。

③ 一个分类群可能属于其他不同的分类群，但只能归于一个阶元。比如，狭叶荨麻是荨麻属、荨麻科、荨麻目等的成员，但它只属于“种”这一阶元。

④ 阶元不能由更低一级的阶元构成。阶元“科”不能由阶元“属”构成，因为只有一个“属”级阶元。

⑤ 较低阶元中一个分类群体的共同特征是相邻的上一等级的特征之一。因此，芸苔属内所有种的共同特征构成了该属的特征，芸苔属及十字花科内其他几个属的特征构成了科的识别特征。值得注意的是在一个等级系统中，分类群的地位越高，分享其下属单元的共同特征也就越少。许多像这样的高级类群（如双子叶植物：木兰纲），只能根据综合特征分开；而无单一的鉴别特征可以区分该类群。双子叶植物具有两片子叶、5 数花、网状脉、环状维管束以区别于单子叶植物的一片子叶、3 数花、平行脉、散生维管束。当分别来讲时，菝葜属是单子叶植物，具有网状脉；车前科是双子叶植物，具有平行脉。同样睡莲属是具散生维管束的双子叶植物，叶下珠属是具 3 数花的双子叶植物。

6.2 分类阶元的应用

分类阶元只具有相对价值，现实中一个空的阶元是没有基础的，很显然也就不能被定义。分类过程很重要的一步是将一个分类群置于合适的阶元下。一个特定的阶元中应包括哪些分类群，确定这一点是很有必要的。只有恰当地利用阶元的概念，才能使得阶元在等级系统中有意义可言。这个问题还有待于解决。在这里，我们将试图讨论在不同的阶元下所包含的实体或类群的类型等相关方面。

6.2.1 种的概念

达尔文曾说过："当我们谈到种的时候，每一个生物学家大概都知道这个概念；但却没有其他任何一个分类群在其定义上有过如此激烈的争论。"150年过去了，分类学取得了很大的进步，但达尔文的说法依然没有得到改变。大量的关于"种"的定义被提出，使得重述这些已没有多大意义。在这里我们将讨论这个问题的一些重要方面。对于各种观点最好的解释可能就是如下所述了。

"种是一个概念。概念是人的意识的产物，每个人具有不同的意识，因此，我们对于种也就有了许多不同的概念。"很显然，一个概念不可能具有单一可接受的定义。

对于不同的植物学家，种的意义是不同的。按照国际植物命名法规（ICBN），它试图澄清种的含义："种是专业生物学家根据所有获得信息而定义的便于利用的分类单位"。在生物科学中，种具有双重含义：其一，种是一个自然发生的个体或群体的集合，是进化过程中的基本单位；其二，在各式各样的命名法规所支配的分类等级系统中，种是一个分类阶元。

6.2.1.1 种是分类的一个基本单位

以下信息用来支持"种是分类中或（系统）分类学的基本单位"这一观点。

① 种被认为是分类的基本单位，在绝大多数分类中，我们没有种下等级的名称。这在伞形科和百合科等科中尤为常见。

② 不像其他分类群，没有关于其他等级分类群的知识，我们同样可以描述和识别种。因此我们可以很容易地将腊叶标本区分成不同的种，而不必烦心去知道这些标本究竟属于多少个属。然而，如果不参照属内的物种，我们将无法识别和描述属。因此，种是直接处理植物的唯一阶元。

③ 无论依据形态上的间断性还是基因交流的限制性上来定义，种的唯一性表现在包含或是排除上都是非主观的。根据一个恰当的标准，如果一个类群所有的成员是连续的，那么确定这个类群的范围便是非主观的。相反，如果这个类群表现出内在的不连续性，那么确定这个类群的范围便是人为主观的。根据同样的标准，一个类群如果与其他任何类群都不连续，那么将该类群独立出来是客观的。反之，这个类群与其他类群并未表现出不连续性，那么将该类群独立出来便是人为主观的。虽然所有更高级分类群的排除是非主观的，但在包含上则是主观的，这就是说，具有外在间断性的种构成了这些分类群的一部分，而它们却展现出了内在的间断性。

6.2.1.2 理想的种

完美的情形！这些容易区分并鉴定。然而，这样的种非常少见；常见的包括伞形科、菊科以及葱属和景天属等。理想的种应具备以下特征。

① 不存在分类问题，根据形态学特征可很容易地被识别为一个独立的实体。

② 种内不存在变异上的不连续性，即不包括亚种、变种、变型等。

③ 同其他物种之间具遗传隔离。

④ 有性繁殖。

⑤ 至少是部分远系繁殖。

遗憾的是，理想的种在植物界极为罕见，大多数种具有一个或多个不同于上述标准的特征。

6.2.1.3 种的转化思想

这是一个起源于17世纪的古希腊的思想。希腊人相信在一定条件下，小麦与大麦、番红花和剑兰、大麦和燕麦以及其他植物之间可进行转化。这种观点的支持者往往包括一些专业植物学家，如 Robert Sharrocky(1660)在其著作《History of the propagation and improvement of vegetables by the concurrence of art and nature》中报道的 Bobart（他声称在其花园内，番红花和剑兰之间，同雪片莲和风信子之间一样，长期固定而未被重新种植，出现了一种植物转化为另一种植物的现象)。然而，幸运的是，Sharrock 在研究中并未发现这个现象的任何证据。所谓的转化只不过是被解释为某一特定作物种植前种子的无意混合或者是与另一种植物的繁殖体无意混合罢了。

现代一学者在研究克什米尔峡谷地区番红花种子时意识到了这一错误。该学者利用手头上的一些脉网鸢尾（其球茎和叶子与藏红花的极为相似；花却截然不同）标本样品，试图徒劳地证实藏红花栽培者（一个经常自以为很了解作物的种植者）种植的他所携带的植物并不是藏红花。该学者成功地逃脱了攻击，但更加确定了这种鸢尾（不能生长在克什米尔峡谷的其他地方）是无意间从波斯带来的，而波斯正是其普遍生长的地方，也是克什米尔藏红花引进的地区。目前，这种转化的观点彻底地被否认了。

6.2.1.4 名义种的概念

这种名义种的概念现在也只具有理论上的意义而已。为了命名，所有的生物体必须归到种。依据这个概念，种是根据正式关系的语言而非生物体的性质来定义的。这个概念认为，种是分类阶元系统中的一个阶元，在双名法系统中有对应的明确的名称。这个概念听起来很符合逻辑，但科学上并无关联，因为分类的最终目的是将一特殊类群的个体归为一个种。

6.2.1.5 类型种的概念

类型种的概念最初是由 John Ray(1686)提出的，后经林奈（1737）在其著作《植物标准》(Critica botanica）中进一步建立。林奈驳斥了种间转化的思想。林奈认为，尽管在种内存在变异，但种是固定不变的（种的稳定性)，正如万能的造物者创造时一样。根据这个概念，种是在其有限变异范围内真实繁殖的植物类群。林奈在后期放弃了种固定不变的观点，认为种是可以通过杂交产生的。在他后期的著作《Fundamenta fructification》(1962）中，林奈设想了造物主创造物种时产生同属一样多的个体。随着时间的推移，这些个体与其他物种受精而产生了现在所存在的如此多的种类。这些种有时也与属内的其他物种相互受精，从而导致种的多样性。然而，类型种的概念不应与模式指定混淆，模式指定是一种截然不同的命名方法，可为分类群提供名称。

6.2.1.6 分类学种的概念

拉马克（1809）以及后来的达尔文向“种固定不变”的学说提出了挑战，达尔文认识到了变异的连续性和间断性，并基于形态学发展了分类学种的概念，即现在我们所熟知的形态学种的概念。根据这个概念，种是形态特征相似的个体的集合，与其他具有许多不同形态特征的类群相区别。这个观点的支持者承认变异的连续性和间断性这一概念。种内个体显示了变异的连续性，具有共同的特征，与其他种之间的个体具有截然不同的间断性，而这两个种之间的所有特征或是部分特征是相关的。

Du Rietz(1930)修订了分类学种的概念，他结合了居群的地理分布，进而提出了形态地理学种的概念，将种定义为同其他居群永久隔离、在一系列生物型之间有明显间断性的最小居群。

这些居群可识别为不同的种，发生在独立的地理区域，通常是十分稳定的，即使是集群生长时也是如此。然而，也有许多例子，两个种形态上很不相同，能适应不同的气候，但当集群生长的时候，它们可以杂交而形成直接可育的杂种，是种间间断性的桥梁。例如地中海地区的三球悬铃木和美国东部的一球悬铃木。另一对较为熟知的是中国和日本的梓树以及美国的美国梓。这些种对就是人们所熟知的替代种，这称为替代或替代理论。

分类学种的形态学类型和形态地理学类型现已被植物学家广泛接受，这些植物学家甚至接受来自遗传学、细胞学和生态学等的信息，但确信种的识别主要是靠形态特征来确定。

分类学种的概念具有以下几个优点。

① 对于一般的分类目的，尤其是在植物领域和植物标本的鉴定上十分有用。

② 这个概念已被广泛应用，并且大多数种是依据这个概念来识别的。

③ 这个概念应用中的形态特征和地理特征很容易被观察到。

④ 即使是不认可这一概念的实验分类学家也在暗中应用这一概念。

⑤ 利用这一概念识别的大多数物种与实验所建立的物种是一致的。

然而，这一概念也有其内在的缺点。

① 具有高度的主观性，对于不同的植物类群采用不同的特征。

② 熟悉这一概念需要大量的实践，因为只有具备了丰富的观察和经验，一个植物学家才能确定对于不同的分类群哪个特征才是可信的。

③ 这一概念并未考虑到植物间的遗传关系。

6.2.1.7　生物学种的概念

生物学种的概念最初是由 Mayr(1942) 提出的，他将种定义为：种是真实或潜在杂交的并与其他群体之间存在生殖隔离的自然群体。“真实或潜在”这两词并无多大意义，后来 Mayr(1969) 将其去掉。基于同一标准，Grant(1957) 把种定义为：通过交配联系在一起的可相互杂交的个体的集群，而在繁殖上与其他物种通过交配屏障而隔离。因此，生物学种的识别包括：① 在同种居群内可杂交；②不同种之间具有生殖隔离。Valentine 与 Love (1958) 提出，可依据基因交流来定义种。不管是在自然条件还是人为条件下，两个居群间若可以自由进行基因交流，则为同种。另一方面，如果两个居群间不可进行自由的基因交流，存在生殖隔离，可被看作是两个不同的种。生物学种的概念具有以下几个优点。

① 具有客观性，对于所有的植物群体采用相同的标准。

② 具有一定的科学基础，因为具有生殖隔离的居群并无混杂，即使是生长在同一地区的物种，形态学上的区别依然存在。

③ 这一概念是建立在特征分析的基础之上，实践时不需要经验。

这一概念最初是针对动物提出的，具有真实性，因为原则上动物存在性别分化，而多倍性在动物中很罕见。然而，当将这一概念应用于植物时，则出现了一系列的问题，

① 许多植物只有营养繁殖，因此生殖隔离的概念并不适应。

② 生殖隔离通常在栽培条件下通过实验得以证实，这对野生居群的参考性较小。

③ 引起形态分化和生殖隔离的遗传变异并不总是联系在一起的。蜜蜂鼠尾草和芹状鼠尾草是形态上明显不同的两个种（根据分类学种概念），却无生殖隔离（根据生物学种概念是同一种），这样的种称为互补种。与此相反的是，吉莉草和远山吉莉草生殖上是隔离的（根据生物学种概念，应是两个独立的种），但形态上是相似的（根据分类学种概念为同一个种），这样的两个种称为同胞种。

④ 受精不育在异域居群内只具有理论上的价值。

⑤ 进行受精不育实验比较困难，而且耗时。

⑥ 对于单亲繁殖的植物来说，生殖屏障的发生并无意义。

⑦ 只有少数种类具有遗传学和实验数据。

Stebbins(1950) 将两个概念合并，他声称：物种必须是形态上完全间断或至少有明显变异的居群系统，而这些间断性必须有一定的遗传基础。这些具有隔离机制的居群（不同种）可发生在同一地区（同域种）或是不同的地区（异域种）。

幸运的是，尽管分类学种和生物学种概念建立在不同的原则之上，在多数情况下，由一种概念识别出来的种也符合另一个概念。形态学为遗传定义的实践提供了证据。

6.2.1.8 进化种的概念

进化种的概念最初是由 Meglitsch(1954)、Simpson(1961)、Wiley(1978) 提出的。尽管为保持种的统一性有性生殖个体间的互交很重要，但这一概念适用于生殖方式较广的情况。Wiley(1978) 的定义为：进化种是祖先-子孙居群的一个单一谱系，这一谱系保持了自己的属性而不同于其他谱系，具有自己的进化趋势和历史命运。这一概念避免了生物学种存在的许多问题。种的识别是依靠不同层次上的识别系统进行的。在有性生殖物种中，这样的系统还包括表型、行为和生化上的不同。对于无性生殖的物种，表型和基因型的不同维持了种的属性。既有有性生殖又有无性生殖的生物的属性是由其扮演的不同生态角色所决定的。然而，从进化种的观点来看，关键的问题不是两个种之间是否可以杂交，而是这两个种是不是丢失了各自不同的生态和进化角色。所以说，尽管它们之间有杂交，但如果没有融合，那么以进化的观点来看，它们仍然是两个独立的种。

基于一些特异的标准，人们提出了一些其他术语以区别种。Grant(1981) 定义的“小种”为：单亲繁殖为主的植物类群，这些居群自身是统一的，且与其他居群之间具有细微的形态差别；它们通常局限在一定的地理区域内。小种发生在自交物种内，但长时期是不稳定的。它们之间迟早可能会杂交，形成重组类型，成为新的小种。绮春中的一些小种主要是单一的生物型或是相似生物型的类群，部分种仅靠一两个特征来标记。这些种可能被区分为克隆小种（靠营养繁殖来生殖，如芦苇属）、不完全无配生殖小种（生殖通过不完全无配生殖，如悬钩子属）、异形配子小种（靠基因系统生殖，如月见草、犬蔷薇）以及自花授粉小种（主要是自花授粉和染色体纯合子，如绮春属）等。小种概念最初由 Jordan(1873) 提出，正因为如此，小种也被称为 Jordan 种，以区别于林奈种，即最初由林奈提出的常规种。小种不同于隐形种，隐形种是形态相似但细胞学和生理学上不同的种。Stace(1989) 用半隐形种来代替后者。

Grant(1981) 提出了生物系统学种的概念，它指由人工杂交实验判定的、基于相互间育性关系的分类阶元。生态型指一个种下能对于特定生境产生特定遗传反应的所有成员。能自由进行基因交流且后代不丧失生活力和生殖力的生态型构成生态种。生态种与分类学种是相对应的。彼此间基因流受限的一组生态种构成近群种。近群种等同于亚属。一组相互间可直接或间接杂交的近群种构成能配群，等同于属。属与属之间具有完全的生殖隔离。

6.2.2 种下分类等级

种被作为分类的基本单位，包括《苏联植物志》在内的许多著作并不认可种下分类群。然而，许多欧洲、美洲及亚洲植物志却认可种以下的分类等级。国际植物命名法规认可5个种下的分类等级：亚种、变种、亚变种、变型和亚变型。其中有3种（亚种、变种和变型）在文献中被广泛应用。

Du Rietz(1930) 定义亚种为：一个地理区域中一些生物型构成的居群，它们多少形成了一个种内的地域特色。生长在不同地区的同种的居群，它们若形态不同，但可进行杂交，彼此间只存在地理隔离，这样的居群可视作一个种的不同亚种。

Du Rietz 将变种定义为：某地方某些生物型的居群，它们或多或少形成一个种的本地特色。变种通常用于占据局限地理区域的形态不同的居群集合。而亚种有更大的地理范围，变种强调的是本地范围。几个变种通常在一个亚种范围内识别。变种也可应用于变异，这些变异的实质并不被理解，在分类学的早期阶段对其处理通常是必需的。

变型通常可被视为靠一个或几个相关特征来区分的零星变异。然而，变型所依赖的极小或随机的变异几乎是没有分类意义的。

6.2.3 属

属的概念就像民间科学本身一样古老，如蔷薇、橡树、水仙、松树等。属是亲缘关系很近的种的集合。根据 Rollins(1953) 的概念，属是依据系统发育关系被集合到一起的一组近缘种。当将一个种归到属时，最根本的问题就是该种与那个属内确定种的亲缘关系很近吗？Mayr(1957) 将属定义为：包含一个种或是几个形态相似种的一个分类阶元，通过确定的间断性与另一个属区分开来。早期人们认为，属应当总是基于个别特定的花特征，易于鉴定。但更理性的划分应考虑到以下标准：

① 该类群应尽可能是一个自然类群。该类群的单系类群性质应由与形态学相关的地理学信息和细胞学信息推出。

② 属不应该只由一个特征识别，而是几个特征的总和。在多数例子中，属可很容易地通过适应性特征（与生态小生境的适应性）而判定，如在将毛茛属水生种置于独立的水毛茛属。

③ 属的大小没有要求。一个属可以包括一个种，即单型属，如软木属，也可以含有2000多种，如千里光属。唯一重要的标准是两个属间的种必须具有决定性的差别。如果两个属不能很好地分开，那可将其合并为一个属，并分为亚属或组。这样的操作需要考虑到科内其他属的概念、属的大小（更有利于较大属内亚属和组的划分）以及传统上的应用。

④ 当有遗传限制时，绝对有必要研究居群的整个地理分布，因为一个地区稳定的特征到其他地区可能就不成立了。

6.2.4 科

同样，科是相近属的集合。与属一样，科也是一个古老的概念。一些我们现在称之为科的自然类群，如豆科、十字花科、伞形科、禾本科等，已被外行人和类似植物学家使用了几个世纪。在观念上，科应该是单元发生的类群。与属一样，科可以包括单一的属（鬼白科、角茴香科等），也可以含多个属（菊科含近1100个属）。大多数分类学家赞成被广泛接受的科，这些科使分类保持着一定的稳定性。尽管在唇形科和马鞭草科之间没有明显的间断性，这两个科仍然被看作是不同的科。同样的观念使得植物学家不再拆分蔷薇科，尽管科内存在着相当大的分异。

第7章 变异和物种形成

生物学界在物种问题上目前已达成共识，即物种不是一成不变的实体，而是由居群构成的动态系统。变异产生于居群，而居群中没有任何两个个体是完全等同的。变异的这一概念是由拉马克首先提出、随后由达尔文在其著名的《物种起源》(1859) 一书中倾其全力论述而发展起来的。系统学是唯一一门以分类为目的，研究个体间、群体间以及分类群间相互关系的自然科学。植物系统学研究的一个基本假设是：在植物类群浩瀚的变异之中，必然存在一些可以被识别、分类、描述和命名的本质上间断或分离的单元（通常被称为物种）。在此基础上，植物系统学的另一假设是：这些单元之间存在一种在进化历史中发展起来的、合乎逻辑的关系。

7.1 变异的类型

对分类单位的确认依赖于对居群中变异式样和变异间断程度的认识。变异可以是连续的，表现为居群中个体间在某一种性状上存在无限微小的差异。与此相对立，非连续变异表现为两个居群间在某些性状上存在明显的间断性区别，但居群内部又表现出在这些性状上存在连续变异。居群间的非连续变异从根本上来说源于它们在自然界中的相互隔离。隔离对建立和拓宽居群间的分化起着主要作用，由此保证生物进化的历史步伐。植物的变异包括3个基本类型：发育变异、环境变异和遗传变异。

7.1.1 发育变异

植物的某些性状常常随发育阶段的不同而表现出明显的差异。例如，桉属、柳属和杨属的幼叶和成熟叶片的形状经常不同，因而常引起识别上的混淆。但当两种叶片同时在一个植株上出现时，又能提供同等有用的信息。菜豆属植物最早长出的真叶是单叶、对生，而后来的叶子却是羽状复叶、互生。由于幼苗阶段对于一个植株的整个生长发育至关重要，因而在这个阶段表现出来的性状具有与生存相关的价值。塔赫他间提出了被子植物的幼态成熟起源假说，即种子蕨作为被子植物可能的直接祖先，其幼苗的单叶形态在被子植物成熟植株中被保存下来。

7.1.2 环境变异

环境因素常常在塑造一个植物的外部形态上起重要作用，异型叶性就是一个普通的例子。毛茛属的水毛茛的沉水叶有非常细的裂片，而同一植株上的挺水叶却有较宽的裂片；泽芹刚长出来的沉水叶呈羽状分裂并柔软，而老一点的沉水叶则变成了羽状复叶并且很硬。一个物种的不同个体经常表现出表型可塑性，即在不同的环境条件下出现不同的表现型，这样的居群被称为生态型。在柳叶菜属中，阳生植物的叶片小而厚，植物体矮小、密被毛；而阴生植物则具有大而薄的叶片，植物体高大，毛被较稀。

7.1.3 遗传变异

遗传变异来自于突变和重组。突变是一个生物个体发生的有别于其祖先的基因型变化，是一个物种中发生变异的最根本源头，它不断补充着物种的遗传多样性。突变可以小至一个单核苷酸位点的变化（点突变），也可以大到染色体结构上的变化（染色体变异）。染色体变异可以由缺失、倒位、非整倍体和多倍体引起。重组是染色体的重新分配和改组，它将不同亲本的遗传物质通过减数分裂和受精组合到一起，产生新的基因型。

7.2 方差分析

既然一个居群内没有任何两个个体是完全一样的，那么就需对一些研究对象进行差异比较。最简单的方法就是计算其平均值，即将一系列变量的总和除以变量的个数。计算平均值的公式是：

$$\overline{X}=\frac{\sum X_i}{n}$$

式中，$\overline{X}$ 代表平均值；$\sum X_i$ 是所有的 X 之和；X_i 表示某个体的被研究性状的状态值；n 代表数值的个数。因此，若一个物种的 5 个植株高度分别是 15 cm、12 cm、10 cm、22 cm 和 16 cm 的话，其高度平均值就是 15 cm [(15+12+10+22+16)/5]。表示某物种在一个居群内某个性状变异范围的最好参数是方差。如果不同个体离这个平均值都不远的话，方差值将很小；反之，如果许多个体都离平均值很远，方差将会比较大。计算方差可基于一个居群，也可对一个居群中某样本来计算。一个居群的方差计算公式如下：

$$\sigma^2=\frac{\sum(X_i-\overline{X})^2}{n}$$

即为求得方差，先求每一性状状态的数值（X_i）与该性状平均值的差的平方，再求平方和，然后除以样本个数。为计算样本的方差 s^2，平方和应除以（$n-1$），而不是 n。样本方差的计算公式为：

$$s^2=\frac{\sum(X_i-\overline{X})^2}{n-1}$$

方差的平方根被定义为标准差。由此我们可以计算居群的标准差为：

$$\sigma=\sqrt{\sigma^2}$$

样本的标准差为：

$$s=\sqrt{s^2}$$

这样，对于我们上面列举的 5 个样本，方差为$[(15-15)^2+(12-15)^2+(10-15)^2+(22-15)^2+(16-15)^2]/4=21$，而标准差为

$$\sqrt{21}=4.5825$$

7.3 隔离机制

隔离是阻止不同物种间通过杂交而相互混杂的关键因素。根据隔离是作用于性融和之前还是之后，我们可以定义 2 种主要的隔离机制：合子前隔离机制和合子后隔离机制。隔离机制可以被更详细地划分如下。

7.3.1 合子前隔离机制

指作用于性融和之前的隔离机制。

7.3.1.1 传粉前机制

(1) 地理隔离　2个物种在地理上的距离超出了它们的花粉和种子的散播距离，如三球悬铃木（分布于地中海地区）和一球悬铃木（分布于北美）是2个好种，但如果把它们种植在同一地区，它们则可以相互杂交（隔离分化的物种）。

(2) 生态隔离　2个物种的分布区基本相同，但占据不同的生境。麦瓶草属的白蝇子草生于开阔向阳地带的干燥土壤中，而单性蝇子草则生于阴湿土壤中。它们的生境很少交叉，然而，一旦生长在一起，就可以产生杂种。

(3) 季节隔离　2个物种生于相同的地域，但它们的开花季节不同。接骨木属的总序接骨木和西洋接骨木的开花时间相差7个星期。

(4) 时间隔离　2个物种开花的季节相同，但在一天中的不同时间开放。细弱剪股颖在下午开花，而匍茎剪股颖在上午开花。

(5) 行为隔离　2个物种可以互交，但具有不同的传粉者，如蜂鸟总是被红花吸引，而天蛾总是为白颜色的花传粉。

(6) 机制上的隔离　2个物种之间的相互传粉被其性器官结构上的差异所限制，如眉兰属的昆虫眉兰和蜜蜂眉兰。

7.3.1.2 传粉后机制

(1) 配子体隔离　这是最普通的隔离机制，表现为当发生交互传粉时，花粉不能萌发，或即使能萌发，花粉管也不能到达或进入胚囊。

(2) 配子隔离　如在多种作物中报道的那样，花粉管可以把雄配子释放到胚囊中，但雌、雄配子不能融合或不能形成初生胚乳核。

7.3.2 合子后隔离机制

指作用于性融和之后的隔离机制。

(1) 种子败育　杂交能形成合子甚至不成熟的胚，但不能进一步发育至成熟的种子。这种现象在报春花属的高报春和黄花九轮草的种间杂交中非常普遍。

(2) 杂种不育　杂交能形成成熟并能萌发的种子，但 F_1 代个体在开花之前就死去。这种现象在罂粟属的疑似罂粟和虞美人的杂交中很常见。

(3) F_1 代杂种不孕　F_1 代个体生长发育完全并能正常开花，但花可能败育或至 F_2 代的胚形成期败育，其结果是 F_1 代不能产生可育的种子。

(4) F_2 代杂种不育或不孕　F_2 代个体在开花之前就死去或不能产生种子。

7.4 物种形成

物种形成这一间用以概括各种产生新物种的过程。新物种可以经过突发性或渐进性机制而形成。突发式物种形成（如同域物种形成）现象在婆罗门参属和千里光属中很常见。该两属中物种之间通常有较好的隔离，因此物种基因组差异较大。这样，任何偶然的种间杂交最终都难以形成杂交物种。然而，在某些情况下杂交伴随染色体加倍，形成异源多倍体。这样的异源多倍体的染色体在减数分裂期表现出正常配对，最终导致充分隔离的、表现型和基因型都明显分化的新物种。

7.4.1 渐进式物种形成

这在自然界中是一个更为普遍的物种形成现象。它包括线系物种形成和分歧式物种形成(加性物种形成)，前者是指一个物种通过长时间的进化形成了与其祖先物种不同的新物种，而后者则是同一物种的不同居群通过长时间的隔离分化形成2个或多个不同的新物种。

7.4.1.1 线系物种形成

关于线系物种形成的概念，长久以来存在很大的争议。它是某单一进化谱系内物种演替形成的过程。物种A可以在没有任何谱系分裂的情况下跨越一段时期，经由物种B和C演变成物种D。由这种过程形成的新物种被称为演替物种、古物种或异时物种。此过程中消失的物种被称为分类学上的绝灭种。Wiley(1981) 在同意线系性状转化这一概念的同时，却拒绝线系物种形成的概念，其理由是：

① 线系物种的界定具有主观性。Mayr(1942) 指出，界定属于不同时间尺度的物种是比较困难的。

② 任意界定的物种导致对物种形成机制认识的主观性。

③ 线系物种形成从未被令人满意地论述过。

7.4.1.2 加性物种形成

加性物种形成是生物多样性的源泉，也是最普遍的物种形成方式。Mayr(1963) 提出简化性物种形成的存在，即原本独立的2个物种融合形成一个新物种，而它们自己却灭绝了。这种过程类似于杂交式物种形成，但后者总是导致物种数目的增多。

我们很难想象2个进化物种融合形成第3个种后自己就消失了。绝灭可能会在某一特定区域出现，但决不会在它们的整个分布区出现。各类加性物种形成方式可以被描述如下：

(1) 异域物种形成　某一谱系由于地理隔离所致的谱系分化乃至物种形成。即，同一物种的不同居群首先在地理上相互分离，经过一段时期的隔离，形成不同的地理宗，进一步发展，产生并保持决定不同形态和生理特性的基因型。在这种情况下，生殖隔离迟早会在已分化的物种之间建立起来（图7.1B)。

在某些情况下异域物种形成是新物种沿着一个较大的中心居群的边缘而产生，随着环境的分化，这些边缘居群（地理宗）得以从主居群中分离出来，接着经历适应性辐射，发展出形态和生理上的分化，这类分化迟早会在遗传上固定下来，形成生态学上不同的生态型，进一步随着形态和生理上的分化，形成分类学上不同的变种（或亚种)。生殖隔离的建立使它们成为独立的物种，即便它们以后有机会再次“相遇”，也能保持各自的独立性（图7.1A)。

(2) 异域-邻域物种形成　这类物种形成发生于同一祖先种的2个居群，它们存在一定程度的分离、分化但尚未成为独立的谱系。谱系的最终分化需经历一段邻域分布（有限的同域分布）的过程。它与异域物种形成的区别在于，其物种形成是经历了一段同域分布之后完成的，同时，独立谱系的产生存在着潜在的可逆性，这是因为2个部分分化的居群一旦相遇，就可能合并为一个进化支系，无法进一步分化，表现出渐变性变异。

(3) 邻域物种形成　同一祖先种的2个居群，尽管它们在地理上没有完全分离，却发生了分化。这样形成的子物种之间有一块小的重叠区域。在这个狭窄的接触地带，它们可以互相交配，但子物种仍在继续分化。

(4) 静域物种形成　这和邻域物种形成相似，区别仅在于它是由自发染色体修饰引起的，结果导致的染色体排列必然使得纯合子完全可育，而杂合子育性降低。

(5) 同域物种形成　新物种是在居群间没有任何地理隔离情况下形成的。多数同域物种形成是由杂交和无融合生殖引起的，属于突发性物种形成的范畴，而生态型的同域物种形成则是一个缓慢的渐进式物种形成过程。生态环境上的差异导致居群的适应性辐射，并将逐渐进化为新物种。

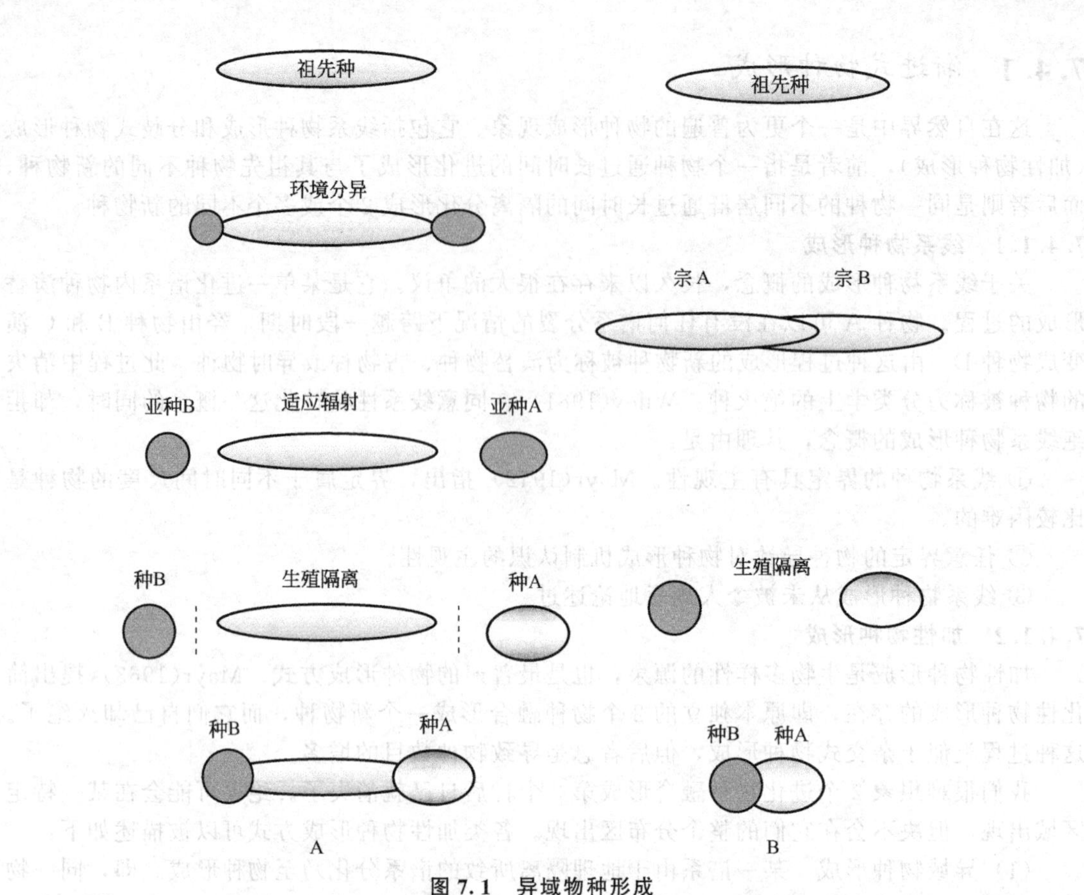

图 7.1 异域物种形成

A：通过环境分化以及相继发生的适应性辐射和生殖隔离而发生的异域物种形成；
B：祖先物种的不同居群在地理上隔离所致的异域物种形成（彩图见文前）

第8章　分类学的证据

在过去的几十年，随着各方面越来越多信息的积累，植物类群间的亲缘关系被重新定义。近年来新的方法包括：①植物化学信息（化学分类学）的应用越来越多；②超微结构和微形态学方面的研究；③没有大量优先加权但提供信息综合的统计学分析（数量分类学）；④分析系统发育资料，建立系统发育关系图（分支系统学）。上述学科组成了分类学的现代主要趋势。资料不断在不同学科间传递，因此分析和综合是一个不间断的活动过程。分类学（系统分类学）就是这样一个不断综合的领域。下列学科或多或少有助于更好理解植物间的分类学亲缘关系。

8.1 形态学

在过去的许多世纪，形态学是分类的主要标准。最初的分类是基于明显的形态学特征。在近两个世纪，越来越多的微形态学特征被应用。尽管花的形态学是分类的主要素材，但其他一些形态学特征对于特定的植物类群也有很大作用。形态学特征的多样性已经在第4章描述术语学中详细讨论过。

8.1.1 习性

生活型（尽管对分类学意义不大）提供了一种评估适应性和对栖息地生态调节的手段。在松属中，树皮特征被用于种的识别。木本和草本特征曾是哈钦松（1926，1973）区别双子叶植物木本区和草本区的首要基础。

数十年来一直认为在被子植物中具有单叶的乔木和灌木代表最原始的情况。然而，在最近十年越来越多的证据指向这个假设，即多年生草本类型的古草本类，如金鱼藻科、睡莲科、胡椒科代表最原始被子植物的古老类型。

8.1.2 地下部分

根状茎特征对于鸢尾属的不同种鉴别很重要。同样，鳞茎（无论鳞茎是否簇生于地下根茎）在葱属中是一个重要的分类标准。Davis（1960）基于地下根茎和习性划分了毛茛属毛茛亚属的土耳其种类。

8.1.3 叶

叶对于棕榈类、柳属和杨属的鉴定非常重要。皮楝属从楝属中分离出来就是借助于在所有其他性状中，出现了一回羽状复叶区别于后者的二回羽状复叶。同样地，花楸属从梨属中分离出来，珍珠梅属从绣线菊属中分离出来都是基于羽状复叶。对于鉴定堇菜属和柳属，托叶是一项重要的资料。叶脉在鉴定榆属和椴树属中很重要。叶柄间的托叶对茜草科内的鉴定非常有用。

8.1.4 花

在分类群的界定中花的性状被广泛应用。这些性状可能包括花萼（唇形科），花冠（蝶形花科，紫堇属），雄蕊（唇形科，蝶形花科-含羞草亚科）以及心皮（石竹科）。雌蕊基的类型是唇形科所特有的特点。同样地，合蕊柱是萝藦科的突出特点（现在萝藦科被划分为夹竹桃科的萝藦亚科）。大戟属的不同种具有与众不同的杯状聚伞花序，这个花序每簇雄花中的 1 朵雄花仅有 1 枚雄蕊。

8.1.5 果实

果实的特征在鉴定中被广泛使用。Coode（1967）在歧缬草属种类的定界中运用了唯一的果实特征。Singh 等在菊科印度各属的鉴定中运用了果实形态学。在菊科中，连萼瘦果（常称作瘦果）的形状，冠毛的存在与否以及冠毛是否表现为毛、鳞片、刚毛，喙的存在与否以及它的长度，连萼瘦果上肋的数量，这些都组成了有价值的鉴定特征。在石竹科中一些属（女娄菜属、蝇子草属、卷耳属）的区分运用了蒴果果瓣的数量。在婆婆纳属，种子的特征是重要的鉴定特征。

8.2 解剖学

解剖学特征在阐明系统发育的关系中发挥着越来越重要的作用。解剖学特征借助于光学显微镜来研究；而超微结构（内容更精细的描述）和微形态学（表面特征更精细的描述）的研究运用电子显微镜。分类学意义的解剖学工作大部分由 Bailey 和他的学生所完成。Carlquist（1996）特别是在被子植物原始类群的前后关系中曾经讨论过木质部的进化趋势。

8.2.1 木材解剖

木材指通过维管形成层的积极活动而形成次生木质部，是乔木和灌木的主要组成部分。木材主要由管胞和导管组成。管胞是具有锥形末端的长管状分子，然而典型的导管是由导管分子组成，导管分子比管胞分子稍宽大，具有水平穿孔板，导管分子通过末端穿孔相连形成一长管。在裸子植物中不存在导管，而在被子植物中存在导管。普遍认为在被子植物中有一种前进式进化，即由管胞到具有斜形、梯形穿孔板的细长导管分子，到具有单穿孔板的短粗导管分子。木材解剖学的研究在得出如下结论上做出了极大的贡献：柔荑花序类组成一个相对进化的类群；买麻藤目不是被子植物的祖先。Bailey（1994）推断被子植物中的导管来源于具有梯纹的管胞，然而买麻藤目中的导管是来自具有环纹的管胞。因而提出一个在这两个类群中独立的导管起源。无导管被子植物的实证（林仙科、昆栏树科），以及其他的一些原始特征导致了这样的结论，即被子植物的祖先是无导管的。芍药属被分离出来成为独立的芍药科和木兰藤属分离成为木兰藤科已经得到木材解剖学研究的支持。

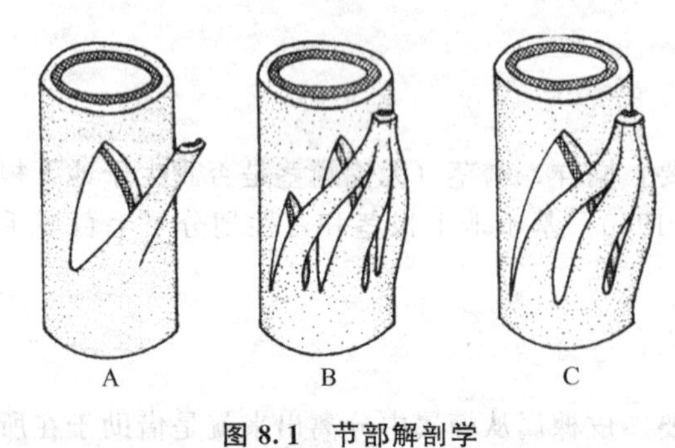

图 8.1 节部解剖学

A：具有一个叶迹的单叶隙节部；B：具有三个叶迹的三叶隙节部；C：具有三个叶迹的单叶隙的节部

节部解剖在被子植物系统分类学中有相

当大的重要性。进入叶基的维管束痕迹的数量以及在茎中维管柱每个节部所关联的叶隙对于一些类群是独特的。节部可能有单个叶隙（单叶隙），可以来源于单叶迹或三叶迹（其他两个通常进入托叶）；也可以有与三叶迹相关的三个叶隙（三叶隙）（图 8.1）。由于具有单叶隙节部，连续的假管状中柱以及气孔凹陷处粒状物消失的特点，将八角属从林仙科中分离出来。

8.2.2 毛状体

毛状体构成了表皮的附属物，这一附属物可能是无腺体的，也可能是具腺体的。无腺体的毛状体可能是简单的单细胞或多细胞形式的毛（通常在十字花科、樟科、桑科），也可能是泡状、盾状形式的毛（木犀榄属）或扁平的鳞状。分叉毛可能是树状、星状或分支的蜡烛台状。具腺毛状体可以是无柄或有柄并呈现不同的形式。

滨藜属的单细胞腺毛是泡状的，具有少数细胞的柄和基细胞，并且可以泌盐。有些可以是蜜腺（荨麻属的花萼），胶液腺（大黄属和酸模属的叶基）。荨麻属的刺毛高度特化为硅质末端，当其被触时很容易被折断。断裂的一端像注射器一样锋利，很容易刺穿皮肤并注入刺激性的细胞内容物（图 8.2）。

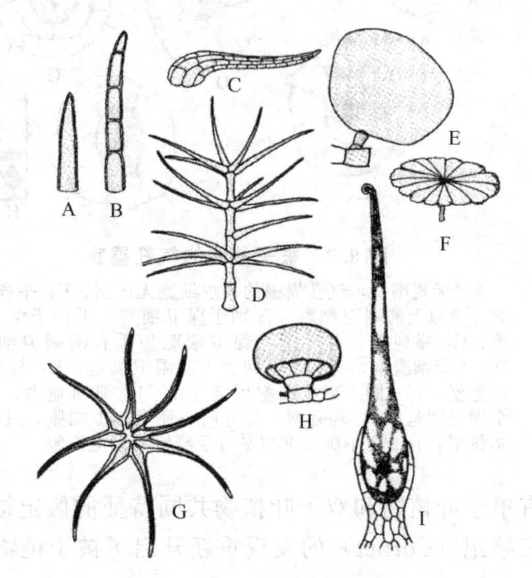

图 8.2 毛状体

A：单细胞毛；B：多细胞毛；C：鳞片；D：毛蕊花属的枝状毛；E：滨藜属的泡状毛；F：盾状毛；G：安息香属的星状毛；H：百里香属的腺毛；I：荨麻属的蜇毛

毛状体在被子植物分类学中具有相当重要的意义。毛状体在十字花科中是相当有用的（Schulz，1936），特别是在南芥属和拟南芥属。该特征在较大的属黄耆属（超过 2000 种）中是非常有用的。喜马拉雅种尼泊尔常春藤和相关的欧洲种洋常春藤的区别在于前者的鳞状毛不同于后者的星状毛。在使君子科中毛状体在属、种甚至变种的分类中有着极大的重要意义（Stace，1973）。毛状体也是许多斑鸠菊属许多种的鉴别特征（Faust 和 Jones1973）。

8.2.3 表皮特征

表皮特征也具有相当重要的分类学价值（扫描电镜下的表皮特征将在超微结构和微形态学中被探讨）。Prat（1960）阐述了人们可以在禾本科植物中区分羊茅亚科型（简单的硅质细胞，无两细胞毛）和黍亚科型（复杂的硅质细胞，有两细胞毛）的表皮。

一些科的气孔类型（图 8.3）是各不相同的，诸如毛茛科（无规则型）、十字花科（不等细胞型）、石竹科（横列型）、茜草科和禾本科（平列型）。无规则型有普通的表皮细胞环绕在气孔周围。在其他类型中，环绕气孔的表皮细胞与副卫细胞相区别。在横列型中会有两个副卫细胞与保卫细胞成直角；在平列型中的两个副卫细胞平行于保卫细胞；在不等细胞型中的 3 个副卫细胞是大小不同的。其他的类型包括：放射状细胞型，气孔被一圈放射状细胞所环绕；环列型，具有超过 1 层同心环形的副卫细胞；四细胞型，有 4 个副卫细胞。禾本科的气孔复合体是与众不同的，具有与 2 个哑铃形保卫细胞相平行的 2 个小的副卫细胞。

Stace（1989）列出了 35 种维管植物的气孔器类型。十分相近的爵床科和玄参科的区分正是凭借在前者出现横列型气孔，而在后者出现了无规则型气孔。然而，气孔的特点不总是十分可靠的。在扭果苣苔属（Sahasrabudhe 和 stace，1979）的子叶中有无规则型气孔，然

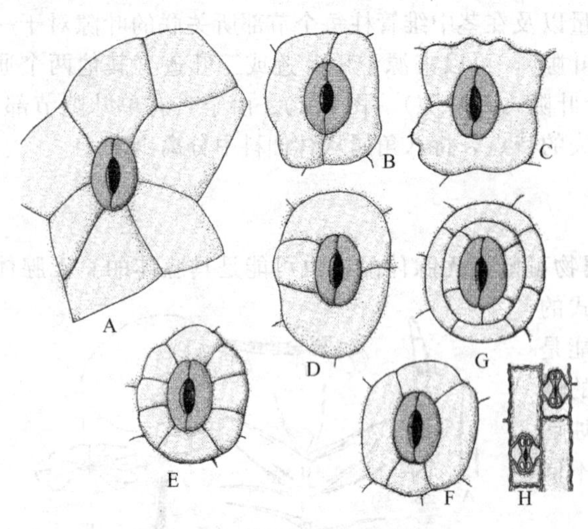

图 8.3　被子植物的气孔器官

A：无规则型，气孔周围的表皮细胞无区别；B：平列型，有 2 个以上的副卫细胞（区别于保卫细胞）平行于保卫细胞；C：横列型，有 2 个与保卫细胞相垂直的副卫细胞；D：不等细胞型，有 3 个不同大小的副卫细胞；E：放射状细胞型，有一圈放射状细胞环绕气孔；F：四细胞型，有 4 个副卫细胞；G：环列型，具有同心环形副卫细胞；H：禾本科型，有 2 个小副卫细胞平行于哑铃型保卫细胞

而在成熟的器官中有不等细胞型气孔。在鸭舌黄中，同样的叶子中会表现出无规则型、不等细胞型、横列型和平列型的气孔（Pant 和 Kidwai，1964）。

8.2.4　叶的解剖

禾本科的小花退化，因而不能提供较多的结构变异。在这个科中叶的解剖便成为特殊的分类指标。C_4 途径的出现和与之伴随的 Kranz 解剖学（排列紧密具厚壁的绿色组织束鞘，叶肉简单）特征，导致禾本科几个属的分类修订。Melville（1962，1983）主要基于叶脉式样和花部的研究发展了他的生殖叶理论。摒弃以三叠纪的沙米格列叶属和叉网叶属为被子植物化石在很大程度上基于叶脉式样的详细研究（Hickey & Doyle，1977）。来自德克萨斯州早三叠纪的更多最新发现（Cornet 1986，1989）指向具有单子叶植物和双子叶植物共同特征的假定被子植物。来自北维吉利亚卡罗莱纳州边缘的晚三叠纪（Cornet）的发现重新开启了被子植物三叠纪起源的可能性。

8.2.5　花的解剖

花的解剖是被彻底研究的领域之一，这对于理解被子植物的系统发育非常有帮助。毛茛科不同属心皮的维管束痕已经证实瘦果（毛茛属，唐松草属等）起源于蓇葖果（翠雀属，耧斗菜属等），通过胚珠数目连续减少最终至一个。在许多属中仍可观察到应该形成其他胚珠但现在发育不全的痕迹。因而，哈钦松将具瘦果的属和具蓇葖果的属分别划分为毛茛科和铁筷子科是没有充足理由的。

Melville（1962，1983）通过离析技术研究心皮和其他花部的维管系统之后形成了他的生殖叶理论。他认为被子植物的心皮是一个变态的叉状分支并且与叶柄联生的可育枝条。Sporne（1971）对这样一个冲击性的结论仅引用浴室丝瓜（bathroom loofah）作例子持谨慎的态度。

基于女娄菜属子房一室而蝇子草属的子房部分具隔膜，将女娄菜属从蝇子草属中分离出来。详细的花解剖揭示出在两个属中全部种的子房是多室的，至少在发育早期是如此。在不同种子房的发育中隔膜破裂成不同的程度。因此在结构上子房是近似的。因此，将两个属合并为一个蝇子草属。

被子植物下位子房的形成有 2 条途径：附属物起源（花萼、花冠以及它们的痕迹融合到子房壁上；在这种情形中，所有的维管束痕都有正常的位置，比如韧皮部朝向外部）或通过轴内陷（花托凹陷而成；内部的维管束痕反转了位置，诸如韧皮部朝向内部）。花的解剖研究确认了在大多数科中下位子房是附属物起源。仅在很少情况下（蔷薇属，仙人掌科等）是花托轴内陷。

花的解剖也支持桴叶槭包括在槭属内，不支持将其划分为一个独立的桴叶槭属。尽管该种特化为雌雄异株和风媒传粉，但花的解剖显示了其他种的非特化的特征。花的解剖也支持荇菜属从龙胆科中分离出来成为一个独特的荇菜科。积雪草属被从天胡荽属分离出来是基于聚伞花序、胚珠的营养来自互生维管束。在天胡荽属，花序是伞状花序，胚珠的营养来自两个相邻的维管束融合。芍药属就是一个经典的例子，该属从毛茛科中分离出来划分为独立的芍药科的一个属。这种分离已经得到了来自形态学、胚胎学以及染色体证据的支持。花的解剖也支持这种分离，因为花萼和花瓣有多个束痕，心皮有五个束痕和雄蕊离心发育。发育研究指出诸如伞形科和杜鹃花科的一些离瓣花在发育的早期出现了合瓣花。因此，认为它们从合瓣花的祖先进化而来。

8.3 胚胎学

在理解分类学亲缘关系方面，胚胎学起到了相对次要的作用。这主要是因为对于胚胎学研究需要长期的准备工作。通常数百个研究的准备工作可能只揭示诸多重要性中的一个胚胎学特征。甚至研究一个科的几个代表需要花费很多年的艰苦的调查研究。有重要意义的胚胎学特征包括小孢子发生、胚珠的发育和结构、胚囊的发育、胚乳和胚的发育。

8.3.1 依靠独特的胚胎学特征划分科

被子植物的许多科是通过在其成员中发现独特的胚胎学特征来划分的。这些科如下。

8.3.1.1 川苔草科

川苔草科包括多年生的水生草本，这些植物具有独特的胚胎学特征，其假胚囊的形成是由于珠心组织的分解。该科也具有另外的特征，花粉粒成对出现、双珠被薄珠心的胚珠、双孢子胚囊、胚的发育茄形、显著的胚柄吸器以及三倍融合与胚乳的消失。

8.3.1.2 莎草科

莎草科的特征在于每个小孢子母细胞仅形成一个小孢子。减数分裂后形成的四个小孢子核，仅一个发育成花粉粒。除莎草科外，仅在尖苞树科的一些种类中表现出三个小孢子核的退化。莎草科与这些分类群明显不同之处在于花粉粒在三细胞阶段散放，而在尖苞树科中是在两细胞阶段散放。

8.3.1.3 柳叶菜科

柳叶菜科的特征在于月见草属型的胚囊，除了变态，在其他的科中没有发现这种胚囊。该类型胚囊是四核的，由四分体形成后的珠孔端大孢子发育而来。

8.3.2 胚胎学资料作用例举

有一些对解释分类学亲缘关系十分有用的胚胎学资料的例子如下。

8.3.2.1 菱属

菱属在早期（Bentham & Hooker，1883）包括在柳叶菜科中，后来基于明显的水生习性、两型叶、膨大的叶柄、半上位花盘和多刺的果实被划分到菱科（恩格勒和迪尔士，1936；哈钦松，1959~1973）。下列的胚胎学特征支持这种分离：①具有三个折叠状脊突的锥形花粉粒（在柳叶菜科中为钝三角形和盆形）；②子房半下位、两室、每室1胚珠（不为子房下位、3室、每室胚珠多数）；③蓼型胚囊（不为月见草属型）；④胚乳消失（不为有胚乳和核型）；⑤茄型胚（不为柳叶菜型）；⑥一枚子叶极端地缩小（两者不相等）；⑦果实大，为具1枚种子的核果（不是室背开裂的蒴果）。

8.3.2.2 芍药属

芍药属在早期包括在毛茛科内（Bentham 和 Hooker；恩格勒和柏兰特）。Worsdell（1908）建议将其移出作为一个独立的科——芍药科。这种划分得到了基于雄蕊离心发育

(Corner，1946)、花的解剖（Eames，1961）和染色体信息（Gregory，1941）的支持。同样，在所有现代分类系统中，该属被划分为一个独特的单属科——芍药科。这种分离得到如下胚胎学特征的支持：①雄蕊离心发育（不是向心发育）；②花粉粒具有网状凹陷的花粉粒外壁，有一个大的生殖细胞（不为粒状的、乳状突起的花粉粒外壁和光滑的外壁，小的生殖细胞）；③独特的胚的发育，在其早期分裂形成多细胞阶段的游离核，后来仅在其外围部分形成细胞（不为柳叶菜型或茄型）；④种子有假种皮。

8.3.2.3 露子木属

露子木属 *Exocarpos*（有时误拼为 *Exocarpus*）传统地被放在檀香科中。Gagnepain 和 Boureau（1947）基于具节的花梗，"裸露的胚珠"和花粉室的出现，建议将露子木属移出作为一个独立的科露子木科，置于靠近红豆杉科的裸子植物中。Ram（1959）进行该属的胚胎学研究并得出结论：它的花表现出正常被子植物的特征，花药有明显的药室内壁和腺质绒毡层，在 2 细胞阶段释放花粉粒，蓼型胚囊，细胞型胚乳，受精卵横向分裂。这就证实了露子木属毫无疑问是被子植物檀香科的成员之一，将它移为一个独立的科是没有理由的。在所有主要分类系统中，该属同样放在檀香科。

8.3.2.4 桑寄生科

桑寄生科传统地被分为 2 个亚科——桑寄生亚科和槲寄生亚科，主要依据在前者花被下面有杯状构造，而在后者没有此结构。Maheshwari（1964）注意到桑寄生亚科有三射线的花粉粒、蓼型胚囊，早期胚的发育是二列的，胚柄存在，提供果实营养的维管组织外围有黏质层。与此相比较，槲寄生亚科有球形花粉粒、葱型胚囊，早期胚的发育许多列，胚柄缺乏，提供果实营养的维管组织内部有黏质层。因而 Maheshwari 提倡将其分为两个独立的科——桑寄生科和槲寄生科。这种分离被塔赫他间（1980、1987、1997）、Dahlgren（1980）、克朗奎斯特（1981、1988）和 Thorne（1981、1992）所接受。

8.4 孢粉学

花粉粒壁一直是一个相当受重视的研究对象，特别是在尝试建立被子植物的进化历史中。一些科，诸如菊科，表现出不同类型的花粉粒（多型孢粉），然而其他的一些科具有单一形态学的花粉类型（单型孢粉）。这些单型孢粉类群在系统孢粉学中具有重要的意义。

花粉粒壁是由 2 个主要的层构成，外部的花粉外壁和内部的花粉内壁。花粉外壁进一步区分为 2 个层：外部的外壁外层和内部的外壁内层。外壁外层进一步分为基部的底层、基粒棒和覆盖层（图 8.4）。外壁内层可以是无萌发孔的（没有一个萌发孔），也可以是有萌发孔的。花粉萌发孔可以是一个孔（单孔花粉粒）、一个沟（单沟花粉粒或单槽型花粉粒）、三个沟（三沟花粉粒）、三个孔（三孔花粉粒），三个沟的每个沟的中部有一个萌发孔（三孔沟型）或有伴随多种表面装饰物的许多孔（多孔花粉粒）（图 8.5）。在原始的双子叶植物和大多数单子叶植物中单沟花粉粒的情形非常广泛。风媒传粉植物的花粉粒通常小、圆而光滑，花粉壁相当薄，花粉粒干燥，并具有浅的褶皱。风媒传粉的花粉见于杨属、禾本科、莎草科、桦木科和一些其他科。另一方面，虫媒和鸟媒传粉的花粉粒大、有雕纹、经常被以黏性的蜡状物和油状物。菊科的花粉通常是高度精细的，但在一些风媒

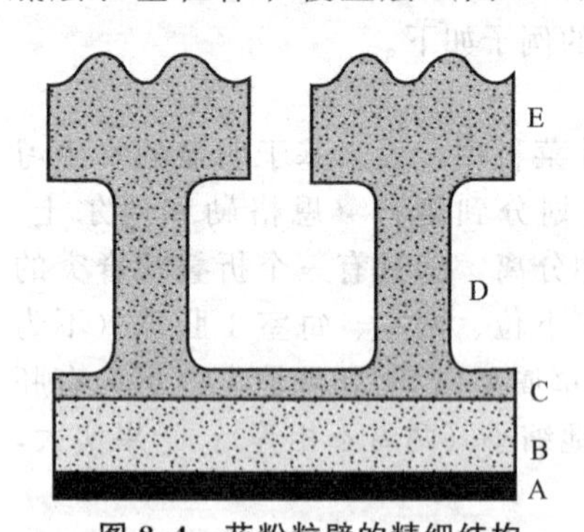

图 8.4 花粉粒壁的精细结构

A：内壁；B：外壁内层；C：底层；D：基粒棒；E：覆盖层（注：孔的形成是由于在覆盖层和基粒棒层破裂）

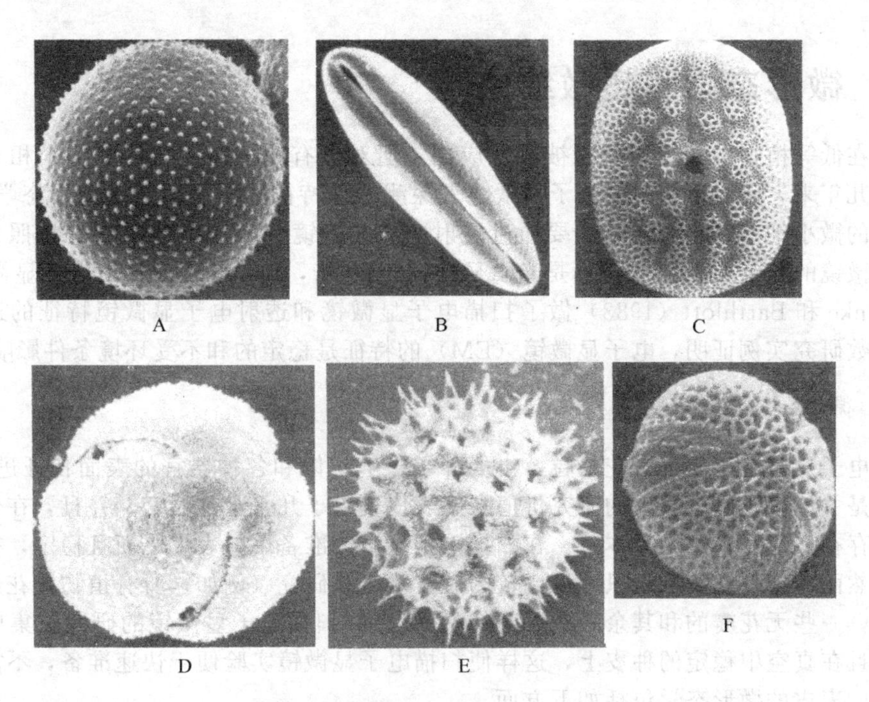

图 8.5 花粉粒的扫描电镜观察（SEM）

A：鳄梨的无萌发孔花粉粒；B：荷花玉兰的单沟型花粉粒；C：南美爵床属的单孔花粉粒；D：光草海桐的三孔沟型花粉粒；E：沃勒拷替番薯的多孔带刺花粉粒；F：紫荆叶双花木三孔沟型花粉粒（A. 依 Fahn，1982；C. 依 Mauseth，1998，SulRossState 大学 R. A. Hilsenbebeck 提供；F. 依 Endress，1977；其余的依 Gifford 和 Foster，1998）

传粉的属中出现了雕纹的简化。在风媒传粉植物花粉上黏附的退化的分散的斑纹层被认为是风媒传粉从虫媒传粉进化而来的证据。

最近三十多年的化石研究证实了从英格兰南部白垩纪早期的巴雷姆阶层（Barremian）和阿普第阶层（Aptian）［132 百万～112 百万年前（million years ago，mya)］描述的 *Clavitopollenites* 的单槽型花粉（Couper，1958）是最早被记录的具有明显雕纹外壁、类似现存的属 *Ascarina* 的被子植物化石。

Brenner 和 Bickoff（1992）记录了相似但来自以色列 Helez 形成的凡兰吟阶（Valanginian）（ca135mya）的无萌发孔花粉粒，现在被认为是最古老的被子植物化石记录（Taylor 和 Hickey，1996）。这些最近的发现导致了这样的观点——最早的被子植物花粉是没有孔沟的，单槽型是后来发展的。

许多人声称在白垩纪之前地层发现了被子植物的化石，但是大多被否决了。Erdtman (1948) 将拟杜仲粉属描述为来自侏罗纪的具三沟的双子叶植物花粉粒。然而拟杜仲粉属是两侧对称的，而不是被子植物的辐射对称（Hughes，1961）；并且有裸子植物薄片状的外壁内层的颗粒状外壁（Doyle 等，1975）。莲属就是花粉粒在分类系统中起作用的例子之一，它从睡莲科划分为独立的莲科，主要支持的理由就是莲属具三孔沟花粉而不是睡莲科的单槽型花粉。

Brenner（1996）提出一个新的被子植物花粉类型进化序列模型。最早的被子植物花粉(来自凡兰吟阶或更早地层)、圆形、外壁具覆盖一柱状层结构、没有萌发孔。在欧特里阶(Hauterivian)，有可能发生内壁与厚的外壁内层的加厚并且进化出沟。在巴雷姆阶，这些单槽型花粉出现了相当的多样化。三沟花粉的进化出现在较低的阿普第阶北冈瓦纳。在后来的发展阶段产生多沟和多孔花粉。

8.5 微形态学和超微结构

尽管在低等植物中电子显微镜被广泛应用，但对于有花植物它依然是一个相对新的方法。在近几年来，已经运用扫描电子显微镜来探测外部特征的精细构造（微形态学），然而细胞内部的微小细节（超微结构）要通过透射电子显微镜（TEM）来观察。按照常理，扫描电子显微镜的分辨率是250Å[1]（是光学显微镜的20倍，但是却低于透射电子显微镜的20倍）。Behnke和Barthlott（1983）做了扫描电子显微镜和透射电子显微镜特征的进一步研究。大多数研究实例证明，电子显微镜（EM）的特征是稳定的和不受环境条件影响的。

8.5.1 微形态学

扫描电子显微镜主要是对花粉粒、小的种子、毛状体和各种器官的表面特征进行研究，很多研究是关于表皮的。表皮的研究价值在于表皮覆盖了几乎全部器官，并且，在任何情况下它总是存在，甚至在干燥标本上。在扫描电子显微镜准备中，表皮厚而且稳定，很少受环境影响。然而，值得说明的是只有可比较的表皮才应该研究（例如，所有植物的花瓣，所有植物的叶，一些无花瓣的和其余一些无叶的）。大多数扫描电子显微镜的研究被集中在通常具厚壁并且在真空中稳定的种皮上，这样使扫描电子显微镜实验便于快速准备，不需复杂的脱水技术。表皮的微形态学包括如下方面。

8.5.1.1 初生雕纹

这涉及细胞的排列和形状。对于一些分类群来说，细胞的排列是特定的。在罂粟科中，种皮细胞以特殊的排列形成一种网状的超细胞式样（图8.6D），这种式样成为该科的特征。石竹科、马齿苋科和番杏科的成员显示出一种小细胞和大细胞特定的排列和方向，被称为“中央种子类”模式。在禾本科叶脉中有长、短细胞特定的分布状态。细胞的外形主要取决于细胞的轮廓、细胞壁的分界线、交接处以及细胞壁的曲率（平、凸或凹）。细胞的轮廓可以是等直径的（通常为四角形或六角形：图8.6B和图8.6C），或在一个方向上拉长（图8.6F）。表面可见的垂周壁细胞分界线可能是直的（图8.6B和图8.6C）、不规则弯曲的或波状起伏的（S型、U型、ω型或V型），这在仙人掌科和兰科中具有高的分类学意义。垂周壁边界的交接处可能是具沟的或隆起的。仙人掌科的原始种类，细胞的交接处是凹陷的，然而在仙人掌亚族是隆起的。外部平周壁的曲率可能是平的、凹的或凸的（图8.6B）。

8.5.1.2 次生雕纹

次生雕纹是由于外壁表皮的下陷或者由于次生壁加厚形成的，通常是由于干燥细胞的皱缩和崩裂。次生雕纹可以是光滑的、具条纹的（图8.6C）、网状的（图8.6B）或小的乳突状的（具疣的）。荨麻目的所有种类有弯曲的毛状体，在毛状体的基部具有硅质且角质化的条纹，在毛状体的主体上有小的乳突。毛状体的这种独特特征提供了荨麻目精确的界定（Barthlott，1981）。刺莲花超目由单细胞的不规则钩状毛状体所界定。次生壁加厚总是具有很重要的分类学意义。例如在兰科中，由次生增厚部分（见下文）形成的纵向条纹仅限于所有弹粉兰亚族的成员。

8.5.1.3 三生雕纹

三生结构是由外角质层的分泌物诸如蜡质和其他黏质的黏性亲脂物质形成的，并表现出各种式样。因为蜡状物的出现总是掩饰表皮，所以次生和三生雕纹是相互排斥的；只有没有

[1] 原文为250A，疑有误。——译者注

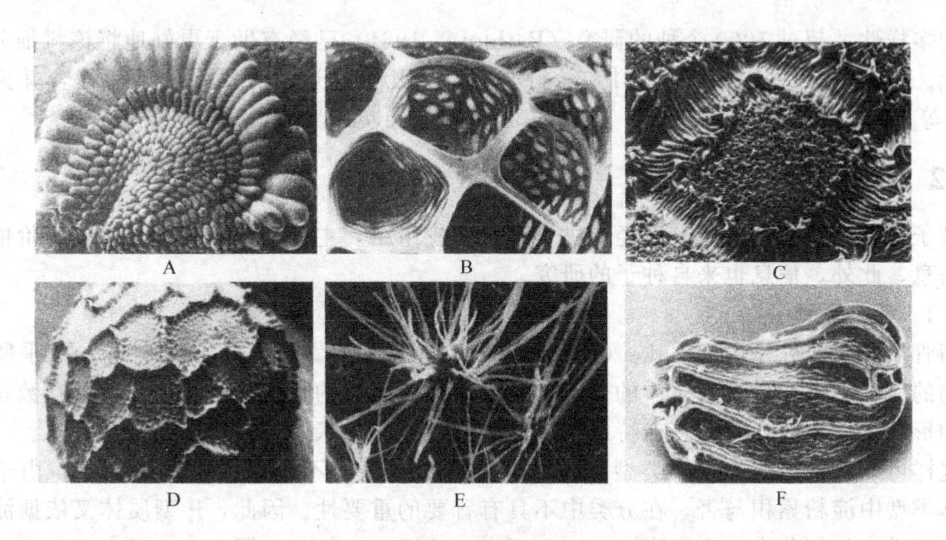

图 8.6 被子植物的扫描电子显微镜种子特征

A：斯立丁（番杏科）的种子，表现出中央种子类的细胞排列；B：野菰（列当科）的种皮，具有等径深凹细胞和网状次生结构；C：具有暗的次生雕纹的维伯氏白仙玉（仙人掌科）种皮的单个等径四角形细胞；D：加州罂粟（罂粟科）的种子，细胞排列形成超细胞网状式样；E：大花蓝花楹（紫葳科）的种皮，具有星形表皮雕纹；F：迪西亚兰（兰科）的种子，几乎只有一个细胞长，具有厚的边缘加厚和不规则次生雕纹（自 Barthlott，1984）

蜡状物沉积的表皮才可看见。林仙科有特定的类型，并且在它们气孔上的蜡状分泌物（气泡状物质，不溶于脂质溶剂）的分布类似于裸子植物，而在其他所有被子植物中不存在。

单子叶植物外角质层蜡状物的方位和式样似乎提供了一种新的具有高级系统意义的特征。四种蜡状物式样和晶体已经被辨别出来（Barthlott & Froelich，1983）。

（1）光滑蜡状物层　为薄膜形，普遍存在于被子植物中。

（2）无方向性的蜡状晶体　为无规则的小棒状或小盘状。在双子叶植物和百合超目群中普遍存在。

（3）鹤望兰蜡状物型　具有大块复合的蜡状发射组成的小棒状亚单位，在气孔周围形成大的复合盘。这种蜡状物型见于姜超目、鸭跖草超目、槟榔超目。这种类型也在包叶木目、凤梨目、香蒲目中发现，与其他百合超目进一步的区别在于淀粉质胚乳。

（4）铃兰属蜡状物类型　小蜡状物盘排列成平行的列，右角这些小盘穿过气孔，并且在气孔的每个极面端周围形成一个封闭的环，类似于电磁场的线。这种类型仅限于百合超目。

三生雕纹在种子中一般是缺乏的。然而在兰科中，某些种在它们的种皮上有外角质层蜡状物。蓝花楹属的种皮有称作"星状规模"的星形外角质层雕纹（图 8.6E），这是该属的典型特点。番杏科的许多种是以具有外角质层分泌物的种皮为特征的，这些外角质层皮分泌物形成长而直的小棒和小的小棒位于细胞表面上。

仙人掌科是一个大科，通常被分为三个亚科，其中昙花亚科包括 90%的种，但是由于花特征、花粉形态学和可塑性的一致性，致使其分类相当困难。Barthlott 和 Voit（1979）通过扫描电子显微镜分析了仙人掌科 1050 种和 230 属的种皮结构。木麒麟亚科的简单、非特化的外种皮支持它的祖先的地位。仙人掌亚科有独特的具坚硬假种皮的种子，因而确证了它独立的地位，也被花粉形态学所支持。昙花亚科表现出复杂的多样性，它的高级地位和亚族的确证被认为是基于它的种皮结构，每个亚族拥有独特的特征。因而星球属被从南国玉亚族移到了昙花亚族。

兰科是另一个具有复杂系统发育亲缘关系的大科。微小的"尘埃种子"表现了种皮微观结构的多样性。超过1000个种的研究（Bathlott，1981）已经有助于更好地将该科细分为亚科和族。Barthlott也支持将构兰科和兰科合并，在几个最近的分类系统中建议合并为一体（Judd等，2002；APGⅡ，2003；Thorne，2003；Stevens，2003）。

8.5.2 超微结构

被子植物超微结构的研究已经提供了来自韧皮组织，主要是来自筛管分子的有价值的分类学信息，此外，信息也来自种子的研究。

8.5.2.1 筛管质体

筛管质体的研究是由Behnke（1965）首次在薯蓣科中发起的。从那时起，几乎所有被子植物的科已经进行过这些质体的分类学意义研究。所有的筛管分子质体都包括在数量、大小、和形状上不同的淀粉粒。在特定的质体中蛋白质以晶状体和丝状体的形式积累。

这样可以区别出两种质体类型：积累蛋白质的P-型和不积累蛋白质的S-型。由于在两种质体类型中淀粉累积与否，在分类中不具有首要的重要性。因此，P-型质体又依据淀粉的存在与否进一步划分为6个亚型（Behnke和Barthlott，1983）（图8.7），

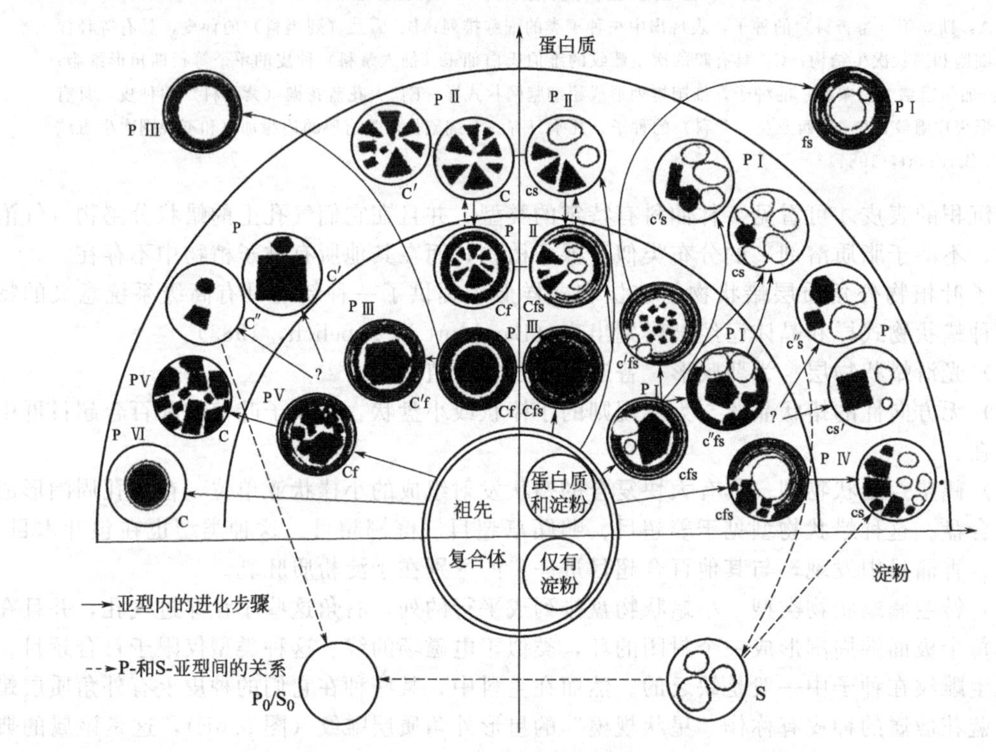

图8.7 筛管质体的不同形式和它们的可能的进化（Behnke和Barthlott，1983）

（1）PⅠ-亚型 这种质体包括不同大小和形状的单个晶状体和/或不规则排列的丝状体。这种亚型被认为是有花植物中最原始的类型，主要是木兰目、樟目、马兜铃目。

（2）PⅡ-亚型 这种亚型包括几个楔形晶状体指向质体中央。已调查的所有单子植物包括这种亚型。值得注意的是双子叶植物中仅有的一些种类具有这个亚型，即双子叶植物最原始的成员中马兜铃科的细辛属和马蹄香属，它们被广泛认为可能是连接单、双子叶植物之间的链环。

（3）PⅢ-亚型 这种亚型包括一个环形的丝状束。PⅢ-亚型被局限于中央种子目（石竹目），藜木科和环蕊科的移出是由于这些科中缺乏P-Ⅲ亚型的证据支持。进而，基于是否存

在晶体该亚型被划分为几个变型，即P-Ⅲa型（球状晶体），P-Ⅲb型（六角形晶状体）和P-Ⅲc型（没有晶状体）（图8.8）。基于这些变型的分布，Behnke（1976）建议将这个目分成三个科群，这样可与由Friedrich（1956）早期建立的三个亚目——石竹亚目、藜亚目和商陆亚目精确相应。然而，塔赫他间在他1983年的修订中承认这三个亚目，在最后的分类修订中，他将商陆亚目合并到石竹亚目，因而认为只有两个亚目——石竹亚目和藜亚目。在塔赫他间的石竹亚纲中被认为包括三个目，仅石竹目包括PⅢ-亚型质体，而在其他两个目——蓼目和白花丹目中包括S-型质体。同样地，Behnke（1977）提出仅保留石竹亚纲中的石竹目，将其他两个目移到蔷薇亚纲中，因为蔷薇亚纲中的成员也包含S-型质体。这个建议没有被塔赫他间（1987）和克朗奎斯特（1988）所接受，他们保留石竹亚纲中的全部三个目。而塔赫他间将这三个目放在了独立的超目下（克朗奎斯特不承认超目）。随着对类群内质体进一步透彻的研究，基于PⅢcf质体的存在和PⅢf质体不存在这项藜科具有的特点，Behnke（1997）提出将夷藜属从藜科中移出来，将其放在一个独立的科——夷藜科。

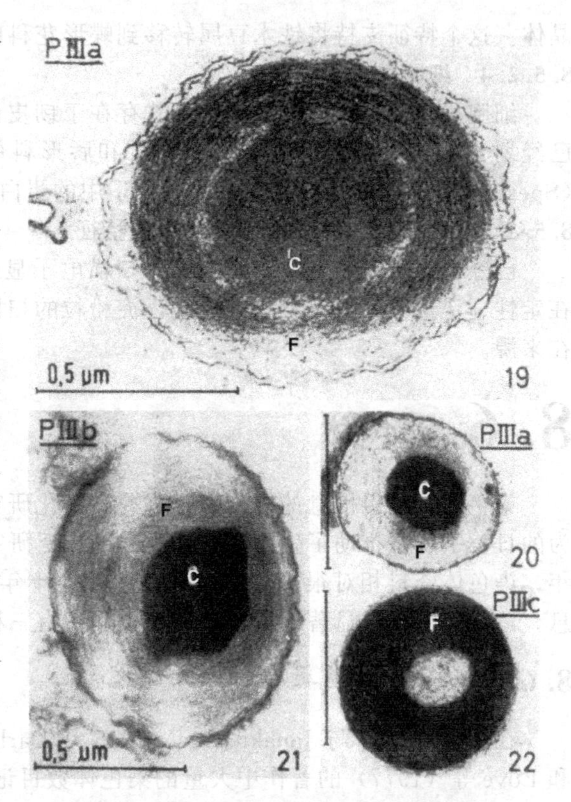

图8.8 全部具有环形丝状束的PⅢ-亚型筛管分子质体的不同变型（F）

19和20：PⅢa具有球状晶体（C）；21：PⅢb具有多边形的晶体；22：PⅢc没有晶状体（来自Behnke，1977）

（4）PⅣ-亚型　这种质体包括一些不同大小的多边形晶状体。这种亚型仅限于豆目。

（5）PⅤ-亚型　这种质体包括许多不同大小和形状的晶状体。这种亚型在欧石楠目和红树科中发现。

（6）PⅥ-亚型　这种质体包括单一的环状晶体。这种亚型在黄杨科中发现。

8.5.2.2　膨大潴泡

膨大潴泡（DC）由Bonnett与Newcom（1965）用于首次描述萝卜根细胞的内质网膨大部分。最初发现于十字花科和白花菜科，现在在被子植物的几个其他科中也发现了膨大潴泡，但集中在白花菜目（十字花科和白花菜科），形成了该目综合特性的一个部分。膨大潴泡可能为小囊状、不规则或者液泡状，在形式上具有丝状、管状或粒状内容物。膨大潴泡已经被认为在功能上与白花菜目发现的β-硫代葡萄糖苷酶和芥子酶细胞相关联。

8.5.2.3　韧皮部蛋白（P-蛋白）

P-蛋白仅在被子植物的筛管分中发现，并以丝状、管状的形式出现。它们集合成大的不连续体，在成熟的筛管分子中不解体，不像单层膜的细胞器。这些蛋白质的成分和三维排列表现出分类学的特殊性。当细胞成熟时，这些蛋白质分散在整个细胞中。但是在一些双子叶植物中，一个独立的多种形状的非扩散（水晶状）体可能被发现附加在扩散体上。水晶体在单子叶植物中是不存在的。它们的外形是特定的，因而具有分类学重要性。球形晶体在锦葵目和荨麻目中被发现。在蝶形花科中，以PⅤ-亚型质体为特征的蝶形花亚族有纺锤形的水晶体。这个特征支持将铁木豆属转移到蝶形花科中。

8.5.2.4 细胞核内含物

细胞核内含物以蛋白质晶体形式存在于韧皮部和射线软组织中，主要在菊亚纲的科中。已经划分出五种晶体类型。在玄参科和唇形科中，晶体结构的差异在分类上是有意义的（Speta，1979）。在紫草科中，筛管分子中的蛋白质晶体也被报道，而且可以证明其作用。

8.5.2.5 非韧皮部的透射电子显微镜特征

已经证明通过透射电子显微镜、扫描电子显镜和分散 X 射线技术观察种子的蛋白质体在定性、定量方面很重要。同样地，淀粉粒的扫描电子显微镜研究也是分类学重要信息的潜在来源。

8.6 染色体

染色体是遗传信息的携带者，因此在进化研究上具有相当的重要性。对于染色体和其行为的日益了解，推动了生物系统分类学的广泛研究和生物种概念的发展。在 20 世纪的前 25 年，染色体资料相对很少。然而，在最近几十年，尤其是随着带型研究带来的大量有用信息，这方面的资料显著地增加。在分类学中有三种类型的染色体信息是重要的。

8.6.1 染色体的数目

在 Darlington 与 Janaki-Ama（1945）、Darlington 与 Wylie（1955）、Federov（1969）和 Löve 等（1977）的著作中大量的染色体数目记录可供利用。国际植物分类协会在它的丛书《Regnum Vegetabile》中也正在出版《植物染色体数目索引》（Index to Plant Chromosome Numbers）。在 1967 年到 1977 年间，丛书出版了 9 卷，大多数是来自每年的染色体数目目录。密苏里植物园的最新服务器维持着染色体数目记录并可以在线询问相关物种的信息。染色体数目通常被报道为来自孢子体组织有丝分裂的二倍体（$2n$），但是基于配子体组织减数分裂或有丝分裂研究，染色体数目被报道为单倍体（n）。二倍体种的配子体染色体数目被称做基数（x）。这样，在二倍体种中 n=x，然而在多倍体种中，n 是多个 x。因而具有 $2n$=42 的六倍体种，有 n=21、n=3x 即$2n$=6x 的表现形式。

在被子植物中的染色体数目表现出相当大的变化。在菊科的纤细单冠菊中记录了最低的染色体数目（n=2），在禾本科的海滨早熟禾中记录了最高的染色体数（n=132）。在藻类圆筒水绵中也包括 n=2，而最高的染色体数目（n=630）记录在心叶瓶儿小草（蕨类植物）中发现。然而，在将近 25 万种被子植物中，染色体数目的变化范围从 n=2 到 n=132，这对于分类学定界不是十分重要，但有一些关于染色体研究隔离作用的事例。Raven（1975）提供了被子植物科级水平的染色体数目的评论。他推论被子植物的原始基数是 x=7，并且只有使用基数（不是 n 或 $2n$），科级水平的比较才是有效的。毛茛科以具大染色体（x=8）的属占优势，唐松草属和耧斗菜属最初被放在两个独立的亚科或族（哈钦松 1959 年和 1973 年结合其他分别具瘦果和具蓇葖果的属，甚至放在两个独立的科——毛茛科和铁筷子科），但具有小染色体（x=7），这是比较独特的，因而被划分在一个独特的族中。具有非常大的染色体的芍药属被分离到关系疏远的芍药科，这个放置已经得到形态学、解剖学和胚胎学资料的支持。在其他科的重要记录中包括具有 x=17 的苹果亚科的蔷薇科，然而在其他亚科中有 x=7、8 或 9。同样在禾本科竹亚科有 x=12，而禾亚科有 x=7。

大米草属被长期放在虎尾草族（x=10），尽管它的染色体基数（x=7）较特殊。Marchant（1968）指出大米草属事实上是 x=10，因而放在虎尾草族中是合理的。

还阳参属（babcock，1947）的经典研究基于染色体数目和形态学特征，将其从亲缘关系相近的属中分离。这导致黄鹌菜属的分离以及 *Pterotheca* 和还阳参属的合并。同样，薄荷属有小的、结构一致的染色体，染色体数目对于进一步划分成 *Audibertia*（x=9）、*Pulegium*（x=10）、*Preslia*（x=18）、薄荷（x=12）等几个组提供了强有力的支持。

染色体数目的加倍导致多倍体可以证明是有重要分类学意义的。禾本科植物鼠茅属包括二倍体（$2n=14$）、四倍体（$2n=28$）、六倍体（$2n=42$）的种。这个属被分成5个组，其中3个组仅包括二倍体，1个组为二倍体和四倍体，1个组有三个不同倍性的多倍体。据推测鼠茅属的四倍体和六倍体种来源于二倍体的祖先。二倍体种染色体数目的加倍可能形成四倍体（同源多倍体）。然而，如此的多倍体和二倍体种没有表现出差异或者至多可以表现出微小的差异，因而很少被认为是一个独立的分类学实体。二倍体杂种包括来自每个亲本的一个染色体组，然而由于在减数分裂过程中染色体配对失败往往不能存活。这种杂交伴随着染色体的加倍形成了具有来自双方的染色体组正常染色体对的四倍体（异源多倍体；双多倍体）。这样具有明显特征的四倍体杂种可以被认为是一个独立的种。

同样，二倍体和四倍体种产生的三倍体杂种由于来自二倍体亲本的染色体组在减数分裂过程中出现的配对问题可能不能存活，但是，杂交伴随着加倍形成的六倍体可形成一个完全正常的独立种。这样的事实导致了杂种的发现或证实了令人置疑的杂种。千里光属（菊科）包括二倍体混型千里光（$2n=20$），四倍体欧洲千里光（$2n=40$）和六倍体威尔士千里光（$2n=60$）。后者在形态上介于前两者之间，并在前两个种生长的区域发现了它。加之，两个种的不育三倍体杂种已经被报道。威尔士千里光是混型千里光和欧洲千里光的异源六倍体（Stace，1989）似乎是有理的。同样地，基于染色体数目和染色体组型，Owenby（1950）推断出四倍体种奇异婆罗门参产生于两个二倍体种疑似婆罗门参和蒜叶婆罗门参之间的双多倍体。

然而一个种通常表现出单一的染色体数目，某个种群或种下分类群（亚种、变种、变型）可能有时表现出不同的染色体数目（或者甚至是不同的染色体形态）。这样的种群或种下分类群组成细胞型。

8.6.2 染色体的结构

染色体在大小、着丝粒的位置（图 8.9）和次缢痕的出现方面表现出了相当大的变化。染色体通常被分为具中部着丝粒的（着丝粒在中间）、亚中部着丝粒的（着丝粒远离中间），近端着丝粒的（接近末端）或具端着丝粒的（在末端）。染色体也总是以它们的大小为特征。另外，次缢痕的出现和位置，对于在染色体的辨别和描述上划分随体的界线是重要的。随体的辨别通常是困难的，特别是当次缢痕很长时，一个随体可能被认为是一个明显的染色体。这种情况常导致错误的染色体计数。一个种的染色体组的结构称为染色体组型，通常是以染色体模式图和染色体组型图的形式用图示来表达（图 8.10）。大量数字研究的分析得出这样一个结论：对称的染色体组型（染色体基本上是相似的，主要是中部着丝粒）是原始的，非对称的染色体组型（染色体组中染色体类型是不同的）是进步的，后者通常在具有特定形态特征的植物中发现，诸如翠雀属和乌头属。

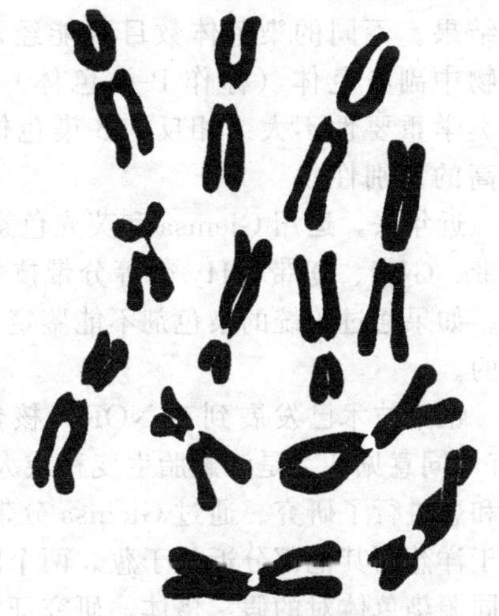

图 8.9 佛焰紫露草
（$2n=12$）有丝分裂的染色体
（具有姐妹染色单体和着丝粒）

利用到染色体信息的一个有趣的例子是龙舌兰科。这个科包括大约16个属，如龙舌兰属（因为下位子房，以前被有些人放在石蒜科中）和丝兰属（因为子房上位，以前被有些人放在百合科）。这些属被移到龙舌兰科是基于巨大的整体相似性。这也为龙舌兰科与众不同的双峰染色体组型所支持的，这种染色体组型是由5个大的染色体和25个小的染色体组成的。Rudall等（1997）基于双峰染色体组型这一特点，将玉簪属（放在玉簪科；1999年被Thorne放在夷百合科中）、克美莲属和绿莲属（两个属都被哈钦松在1973年放在百合科；1999年被Thorne放在风信子科）移到龙舌兰科中，Judd等（2002）和Thorne（2003）予以合并。Rousi（1973）通过对狮牙苣属的研究，基于染色体基数、染色体长度、着丝粒位置和随体等数据，将从前的橹苣属（x=4）作为蒲公英状狮牙苣亚属的一个组，与小紫菀狮牙苣组（x=4，7）放在一起。狮牙苣亚属具有独特的x=6或x=7的染色体以及不同的染色体形态。

图8.10　南欧蒜体细胞的染色体模式图

具32条体细胞染色体，8条表现出次缢痕（感谢R. N. Gohil教授）

因为独特的花的结构，莎草科和灯心草科早期被放在较远的位置。两个科都有小的染色体，没有明显的着丝粒，后者可能被分散或是非定域的。同样这些科现在被认为是关系亲近的。这样的染色体（全着丝粒的染色体）在减数分裂和有丝分裂中不依赖于分离的着丝粒，并可能有染色体断裂，这并没有什么不好的影响，这可能导致多样的染色体数目。有穗地杨梅类群中报道染色体数是 $2n=12$、14、24。有趣的是，总的染色体数量是相同的并且较高的染色体数目是这些全着丝粒染色体断裂（假多倍体）的结果。不同的染色体数目可能经常出现在同一根尖的不同细胞中（混倍体）。在高等植物中副染色体（称作B-染色体）的出现通常在形态学上不具有重要的作用，因此，分类学重要性不大。相反，B-染色体在苔藓植物中非常小（称作m-染色体），并常具有很高的识别性。

近年来，运用Giemsa和荧光色素染色剂的染色体带型研究取得了相当大的突破。诸如C-带、G-带、Q-带、Hy-带等分带技术已经被应用，有助于清楚地区分异染色质和常染色质区。如果通过传统的染色剂不能鉴定着丝粒的位置，C-带则对于指明着丝粒的位置是十分有用的。

银染技术已发展到对NOR（核仁组成区）加亮。Schubert等（1983）在做顶部洋葱（有不同意见认为是洋葱胎生变种或大葱多育变种）染色体的一个有趣研究时，也照样对洋葱和葱进行了研究。通过Giemsa分带和银染的研究，他们总结出顶部洋葱的一些染色体近似于洋葱而其他部分近似于葱。两个随体中，一个近似于其中的一种。顶部洋葱同样是不具有同源染色体对的假二倍体。研究证实了顶部洋葱是上述两个亲本的杂交种，因此将更好地命名为 *Allium* × *proliferum*（Moench）Schrad（基于 *Cepa proliferum* Moench），而不是上述两种任一种的变种。有趣的是，顶部洋葱归功于鳞茎的存在，它产生于花序的位置并确保杂种的繁殖，否则它是不育的。

8.6.3 染色体行为

植物的可育性高度依赖于减数分裂时染色体配对（联会）和它们随后分离的能力。染色体减数分裂的行为使得能够在染色体组之间比较以发现同源的程度，特别是当它们是杂种时。染色体组的非同源性在很大程度上导致配对的失败（不联会）或者染色体没有交叉散漫地配对，以至于在中期之前（联会消失）染色体崩溃。在极端的情况下，染色体组可以完全配对失败。可疑杂种的染色体组分析有助于确定几个多倍体种的身世。

两个种的二倍体杂种由于非同源染色体组导致杂种不育，通常表现为减数分裂配对的失败，但是当杂种形成接下来进行染色体加倍而形成的四倍体杂种时，来源于相同亲本的两个染色体组间表现出正常的配对，且四倍体杂种是可育的。同样，一个三倍体杂种可能是不育的，但一个六倍体杂种是可育的。染色体组分析已经证实六倍体的威尔士千里光是四倍体的欧洲千里光和二倍体的混型千里光的异源六倍体。相类似地，四倍体的奇异婆罗门参是两个二倍体种疑似婆罗门参和蒜叶婆罗门参的杂种。然而，最重要的事实是普通粮食小麦具有AABBDD染色体组的六倍体。染色体组分析证实了染色体组A是来自二倍体一粒小麦，B是来自斯佩特状山羊草，二个染色体组都表现为四倍体二粒小麦。染色体组D来源于二倍体山羊草。

8.7 化学分类学

植物化学分类学是分类学研究的一个扩展领域，它寻求利用化学信息帮助植物的分类。事实上，自从人类首次开始区分植物可食与否，化学证据就已经被运用，这显然是基于它们的化学成分差异。大约五个世纪前出版的本草中，关于药用植物的化学信息集中在诸如皂苷和生物碱之类具生理作用的次级代谢产物的定位和利用中。18世纪至19世纪期间，关于植物化学的知识大量增长。然而，随着生物大分子的研究，特别是先进的蛋白质和核酸技术的发展，植物化学在最近四十年受到了极大的关注。近年来的研究，兴趣集中在化感作用物质和动物界与植物界可能曾经历的化学协同进化的研究。植物不断进化出新的化学防御机制以保护它们免于捕食者的捕食，而动物进化出克服这些防御的措施。在这种过程中，一些植物种发展出了动物激素，因而当动物摄取它们时会扰乱动物的激素水平。

在植物中发现了极其多样的化合物，而且在生物合成途径中产生的这些化合物常常在不同的植物群中有所不同。在许多例子中，生物合成途径与现存的基于形态学的分类学框架协调得很好。在其他一些例子中有分歧，因而提倡修订这些框架。自然的化学成分可以方便地划分如下：

（1）小分子 低分子量的化合物（分子量小于1000）。

① 初级代谢产物，包括至关重要的代谢途径——柠檬酸、乌头酸、蛋白质氨基酸等。

② 次级代谢产物，这种化合物是代谢的副产物，常执行次要的功能——非蛋白质氨基酸、化合物、生物碱、β-硫代葡糖苷类、萜烯等。

（2）大分子：具有高分子量的化合物（分子量在1000以上）。

① 非信息载体大分子，不涉及信息传递——淀粉、纤维素等。

② 信息载体大分子，携带信息分子——DNA、RNA和蛋白质。

在最近十年，DNA和RNA研究的应用极大地促进了对于系统发育关系的理解，有益于建立一个称为分子系统分类学的新领域，这个领域将在化学分类学后被单独介绍。在这里将仅描述蛋白质。

8.7.1 初级代谢产物

初级代谢产物包括参与重要代谢途径的化合物。这些化合物大部分是普遍存在于植物中的，几乎没有分类学作用。首次分别从乌头属和柑橘属中发现的乌头酸和柠檬酸，参与克雷伯呼吸循环，并在所有的有氧生物体中发现。同样的是大约 22 个氨基酸和糖分子参与光合作用的卡尔文循环。然而这些初级代谢物的定量变化有时可能有分类学重要性。在硬质吉格禾（禾本科）中，丙氨酸是叶片提取物的主要氨基酸，脯氨酸是种子提取物的主要氨基酸，天冬酰胺是花提取物的主要氨基酸。同样在蔷薇科中富含精氨酸。

8.7.2 次级代谢产物

次级代谢产物执行非至关重要的功能，同初级代谢产物相比在植物中并非广泛存在。次级代谢产物通常是代谢产物的副产物。在早期，次级代谢产物被认为是废物，没有重要作用。然而，近年来认为它们在针对捕食者、病菌、植物间相互抑制的化学防御方面是重要的，对传粉、授粉也有帮助（Swain，1977）。Gershenzon 和 Mabry（1983）提供了在被子植物高级分类中次级代谢重要性的一个综述。有分类学重要作用的次级代谢的主要种类列举如下。

8.7.2.1 非蛋白质氨基酸

已经发现了大量不参与形成蛋白质的氨基酸（大约超过 300 种），这些氨基酸分布并不普遍，但是在某些类群中是特定的，同样具有分类学重要性。比如，山黎豆氨酸仅在山黎豆属中被发现。刀豆氨酸仅在蝶形花科中出现并显示对昆虫幼虫具保护作用（Bell，1971）。这些氨基酸通常集中在储藏根中，因此根部提取物常用来进行这些氨基酸的研究。

8.7.2.2 苯酚类

酚类化合物是一类基于苯酚（C_6H_5OH）形成的松散化合物。简单的酚类由一个环和不同位置、数量的羟基群组成。在植物界中这些化合物普遍存在，普通的例子如儿茶酚、对苯二酚、间苯三酚和焦棓酚。一类天然酚类——香豆素具有特有的气味。因而揉碎黄花茅叶通过这个特有的气味可以鉴别此植物。

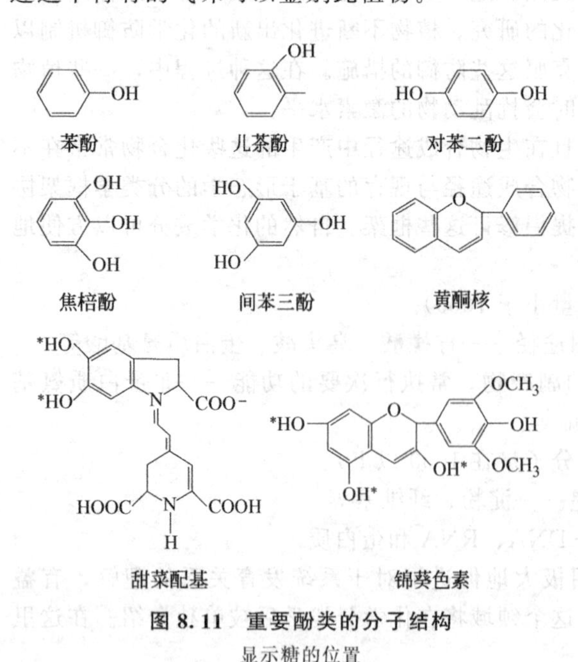

图 8.11 重要酚类的分子结构

显示糖的位置

黄酮类，是被广泛研究的化合物，它的基本结构是由两个苯环通过一个 C_3 开关结构组成的黄酮核（图 8.11）。普通的例子是黄酮醇、异黄酮、锦葵色素和花青素（经常结合不同的糖和在不同的位置形成不同类型的花青苷）。花青苷类和花黄苷类在花瓣细胞液中是重要的色素，在被子植物的大部分科中提供红、蓝（花青苷类）、黄（花黄苷类）颜色。

这些色素在一些科中不存在并被一些非常不同的化合物所代替，β 花青素和甜菜黄素（合称甜菜拉因）由含氮杂环组成并有十分独特的光合代谢途径。然而，作为花色素苷，它们具有同样的功能。甜菜拉因与花青素苷是相互排斥的，集中在传统的恩格勒和 Prantl 的中央种子目，现在被划分为石竹目。在包含甜菜拉因的九个科中，七个科包括在中央种子目，仙人掌科被放在广义仙人掌目或狭义仙人掌目，第九个科被放在无患子目。传统的中央种子目也包括环蕊科、石竹科和粟米草科，它们缺乏甜菜拉因反而包括花青苷。Mabry 等（1963）以分离的结构和代谢途径为基础，提出将含甜菜拉因的科放置在中央种子目，因而提议仙人掌科和木竹桃科包括在其中，而将环蕊科、石竹科和粟米草科排除在外。然而仙人掌科和木竹桃科包括在内容易被接受（因而将所有含有甜菜拉因的科放在上述的中央种子目），而基于结构资料将石竹科和粟米草科排除在外遭到强烈反对。传统和化学分类学的冲突重新激起了新的研究兴趣。

基于超微结构的研究，Behnke 和 Turner（1971）报道了所有中央种子目成员的 P-Ⅲ质体，因而提出一个折衷的建议，将石竹亚纲中含有甜菜拉因的所有科放在藜目，而另两个科（石竹科和粟米草科）放在石竹目。有趣的是，基于 DNA/RNA 杂交的研究，Mabry（1976）发现这些科之间亲缘关系密切，并建议将这些科全部放在石竹目，将其中含甜菜拉因的科放在藜亚目，不含甜菜拉因的科放在石竹亚目。近几年，由于形态学、解剖学和 DNA/RNA 杂交证据优于甜菜拉因的证据，经过折中得到的结论，学术界有不同的反响。Thorne（1976）承认三个亚目（第三个为马齿苋亚目），保留了石竹亚目下的石竹科和粟米草科。在 1983 年，他将藜亚目与石竹亚目合并（也将粟米草科和番杏科合并为一个亚科粟米草亚科）。1992 年，Thorne 恢复建立独立的藜亚目和石竹亚目，同时划分出了第四个亚目透镜籽亚目。Thorne 也建立了粟米草科，并保留了石竹亚目仅有的两个科——石竹科和粟米草科。在 1999 年，他保留了石竹亚目中仅有的石竹科，将粟米草科移到了商陆亚目的仙人掌科，认为石竹目下共五个亚目（透镜籽亚目、仙人掌亚目、商陆亚目、藜亚目、石竹亚目）。在 2003 年 Thorne 的最后版本保留了石竹目下的这五个亚目，但彻底重组了石竹超目（石竹亚纲下只有单一的超目，将蓝雪目和藜目合并，并加了三个新目——柽柳目、猪笼草目和非洲桐目）。塔赫他间（1983）将石竹目分成三个亚目，同样将两个不含甜菜拉因的科放在石竹亚目中。在 1987 年，他将商陆亚目与石竹亚目合并，因而石竹亚目下包括了除两个科（藜科和苋科放在藜亚目下）外的全部科。在塔赫他间的 1997 年分类中，他摒弃了亚目，因而所有科放在了一起。Dahlgren（1983，1989）和克朗奎斯特（1981，1988）从不承认亚目，Dahlgren 将石竹科和粟米草科这两个科放在了石竹目的开始，而克朗奎斯特将这两个科放在了石竹目的末尾（表 8.1）。

表 8.1　最近分类系统中关于中央种子目的分类

结构分类	化学分类	折中分类	Thorne (2003)	Dahlgren (1989)	克朗奎斯特 (1988)	塔赫他间 (1997)	APG Ⅱ (2003)
中央种子目	藜目	石竹亚纲	石竹亚纲	石竹超目	石竹亚纲	石竹亚纲	核心真双子叶类
		藜目	石竹超目	石竹目	石竹目	石竹超目	石竹目
			石竹目			石竹目	
藜科	番杏科	番杏科	透镜籽亚目	粟米草科	商路科	商路科	透镜籽科
苋科	苋科	苋科	透镜籽科	石竹科	透镜籽科	吉粟草科	番杏科
紫茉莉科	落葵科	落葵科	仙人掌亚目	商路科	紫茉莉科	萝卜藤科	苋科
商路科	仙人掌科	仙人掌科	马齿苋科	透镜籽科	番杏科	节柄科	钩枝藤科
环蕊科	藜科	藜科	异石竹科	萝卜藤科	木竹桃科	透镜籽科	翼萼茶科
番杏科	木竹桃科	木竹桃科	落葵科	落葵科	仙人掌科	珊瑚珠科	节柄科
马齿苋科	紫茉莉科	紫茉莉科	木竹桃科	马齿苋科	藜科	紫茉莉科	商路科
落葵科	商路科	商路科	仙人掌科	闭籽花科	苋科	番杏科	仙人掌科
石竹科	马齿苋科	马齿苋科	商陆亚目	紫茉莉科	粟米草科	海马齿科	石竹科
粟米草科			棒木科	番杏科	石竹科	坚果番杏科	木竹桃科
			油蜡树科	浜藜叶科		闭籽花科	双钩叶科
			闭籽花科	仙人掌科		马齿苋科	毛膏菜科
			粟麦草科	木竹桃科		异石竹科	粘虫草科
			紫茉莉科	异石竹科		落葵科	瓣鳞花科

续表

结构分类	化学分类	折中分类	Thorne (2003)	Dahlgren (1989)	克朗奎斯特 (1988)	塔赫他间 (1997)	APG Ⅱ (2003)
仙人掌目 仙人掌科			夷藜科 珊瑚珠科 萝卜藤科 **商路科** 南商路科 **番杏科** 节柄科 粟米草科 藜亚目 **藜科** **苋科** 石竹亚目 石竹科	**藜科** **苋科**		浜藜叶科 **仙人掌科** **木竹桃科** 粟米草科 石竹科 **苋科** **藜科**	吉粟草科 浜藜叶科 粟米草科 猪笼草科 **紫茉莉科** 非洲桐科 **商路科** 蓝雪科 蓼科 **马齿苋科** 棒木科 夷藜科 油蜡树科 闭籽花科 柽柳科
无患子目 **木竹桃科**	**石竹目** 石竹科 粟米草科	**石竹目** 石竹科 粟米草科				**环蕊超目** **环蕊目** 环蕊科	

有趣的是在担子菌（真菌）中也报道了甜菜拉因，在某些情况下在真菌和被子植物中都发现同样的物质。上述关于在中央种子目中甜菜拉因的研究说明，当与其他领域的资料相吻合时，化学资料对重新分类起重要作用。当化学证据与其他更重要的证据相抵触时，其重要性就降低。因而对于去除环蕊科，将仙人掌科和木竹桃科包含进来就没有争议，而去除石竹科和粟米草科就得不到赞同，因为这有悖于来自形态学、解剖学、超微结构和DNA/RNA杂种的证据。这也反映了过多依赖于一种证据的缺陷。

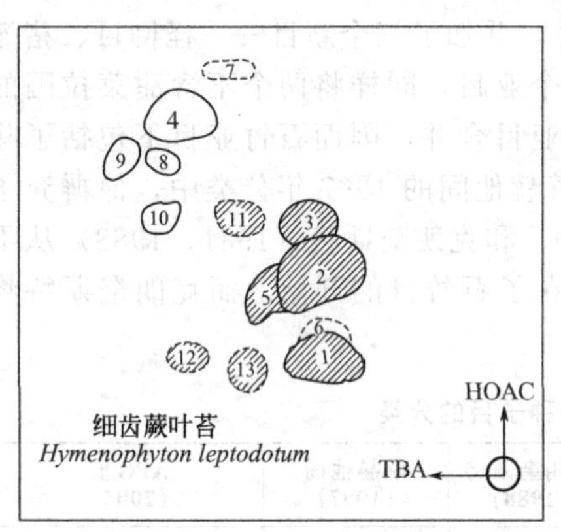

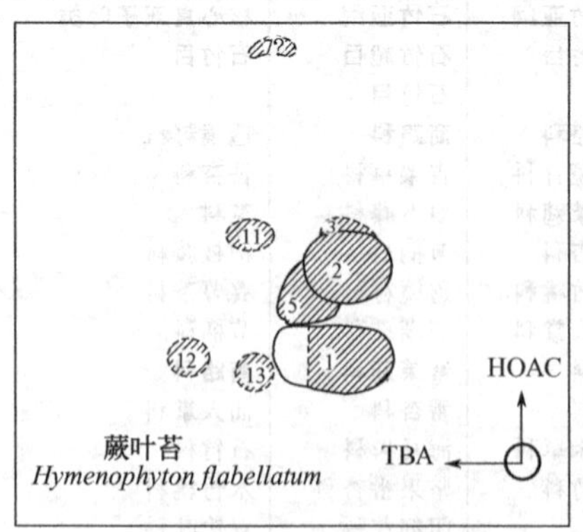

图 8.12　蕨叶苔属两个种的黄酮类二维纸层析色谱

（依据 Markhame 等，1976）

关于酚类化合物的研究有助于解决一些特定的问题。Bate-Smith（1958）在鸢尾属研究了5个不同组的酚类特性。化学证据支持划分成不同的组，黄金鸢尾最初放在 *Pogoniris* 组中，但是基于酚类特性，与 *Regelia* 组的种类似，染色体证据也支持这种移动。

应用双向纸层析色谱技术，进一步将黄酮类明确分离，已经证明在分类学研究中是非常有用的。蕨叶苔属（苔藓植物）被一些研究者认为是单种属，但其他一些研究者认为包括2个种。Markham 等（1976）基于快速黄酮类提取，双向纸层析色谱分析和鉴别（图 8.12）推断出这个属包括2个独立的种——细齿蕨叶苔和蕨叶苔，这样就没有合并它们的正当理由。

Alston 和 Turner（1963）对膺靛属（山毛榉科）进行了类似的研究，在杂种的确定中非常有用这个属的每个种有独特的黄酮类光谱，在可疑杂种中通过父本、母本的黄酮类模式的结合，杂种很容易被识别。

值得注意的是单独基于形态学或生物化学不能被鉴别的10个分类群（4个父母本和6个杂种），通过两者的结合能够完全区分开来。在本研究中黄酮类可以从花或叶中提取。

8.7.2.3 生物碱

生物碱是含氮有机物的基础，通常具有一些杂环。烟碱（烟草属）和麻黄碱（麻黄属）是熟悉的例子。它们的分布常常是特定的，因此具有重要的分类学意义。吗啡仅在罂粟中出现。Mears和Mabry（1971）在蝶形花科的研究中观察到生物碱 hystrine，仅存在于三个属——染料木属、腺荚豆属（都属于染料木类）和银沙槐属（最初放在槐类）。然而后者缺少槐类特有的苦参碱。表明将其移到染料木类是合理的。罂粟科和紫堇科的近缘关系被两者都有原鸦片碱所支持。

Gershenzon和Mabry（1983）报道了茄科和旋花科的托品烷生物碱是相似的，暗示其近缘关系，在最近的系统中两个科被放在同一个目中。早期与十字花科和白花菜科归在一起的罂粟科，现在被移到关系较近的毛茛科，这是基于β-硫代葡萄糖苷类的缺少和苯基异喹啉的存在。睡莲科和莲科的区别在于前者缺少苯基异喹啉生物碱。

8.7.2.4 β-硫代葡萄糖苷类

β-硫代葡萄糖苷类是在白花菜目中发现的芥末油糖苷。最初，十字花科、白花菜科、罂粟科和紫堇科放在同一个罂粟目中。然而，化学的和其他的证据支持十字花科和白花菜科放在白花菜目（基于β-硫代葡萄糖苷类的出现）以及罂粟科和紫堇科放在罂粟目或毛茛目的罂粟亚目（Thorne，2003）——（基于缺乏β-硫代葡萄糖苷类和苯基异喹啉生物碱的存在）。藜木科和环蕊科曾经被放在中央种子目（石竹目），但随后由于缺少甜菜拉因被移出。这种改动被β-硫代葡萄糖苷类的存在所支持，在石竹目中不存在β-硫代葡萄糖苷类。

8.7.2.5 萜类

萜类包括一大群由甲羟戊酸前体衍生的化合物或是大多数聚合异戊二烯的衍生物。普通的例子是樟脑（樟属），薄荷脑（薄荷属）和类胡萝卜素。它们在植物的化感作用中似乎有一定的作用。

萜类的普通类群——类萜被大量用于区别种和亚种、地理宗和杂种。气相色谱技术已经在很大程度上能够定性和定量测量化学差异。柑橘属的研究集中在确定某些栽培种的起源上。在鞘刺柏和阿希刺柏的研究中驳斥了早些时候关于两种之间广泛杂交和基因渗入的假说。在松属中类萜的分布被用来推定亲缘关系（Mirov，1961）。杰佛里松被认为是米目大松的一个变种，但是萜苷的分布说明它更类似于Macrocarpae类群，而不是米目大松所属的Australes类群。类萜在分类学中的一个重要作用是在菊科中已经运用倍半萜内酯进行分类。在菊科中的许多族是以它们产生的独特类型的倍半萜为特征的。这有助于确定斑鸠菊属有两个分布中心，即一个在新热带，另一个在非洲。同样，在欧洲苍耳（McMillan等，1976）的研究中已经阐明了旧大陆和新大陆种群的起源。旧大陆种群产生苍耳素和/或苍耳新碱，而新大陆种群包含苍耳素或它的立体异构体异苍耳素。印度和澳大利亚引进的 *chinense* 种群是源于包含异苍耳素的 *chinense* 复合体（来自Louisiana）。

环烯醚萜组成了另一重要的萜族（大多数单萜内酯）。它们在五十多个科中存在，并且它们的存在与合瓣花、单珠被薄珠心的胚珠、细胞型胚乳和胚乳吸器相关联。基于“具有这些独立特征组合的几个类群独立起源是不可能的”这样一个假定，Dahlgren将所有产生环烯醚萜的科集中在一起。环烯醚萜也出现在几个不相关科中，诸如金缕梅科和楝科，然而，这表明在被子植物的进化中，环烯醚萜可能独立地出现过一段时期。醉鱼草属具有独特的环烯醚萜珊瑚木苷，支持将其从马钱科移出到醉鱼草科。

克朗奎斯特（1977）提出化学排斥在双子叶植物主要类群的进化中起重要作用。木兰亚纲的生物碱异喹啉被金缕梅亚纲、蔷薇亚纲和五桠果亚纲的单宁酸所替代，单宁酸被菊亚纲中最有效的环烯醚萜所替代，菊科形成了最有效的倍半萜内酯。

8.7.3 非信息载体的大分子

除了DNA和RNA将在分子系统分类学中进行介绍，大分子还包括蛋白质和淀粉、纤维素等复杂多糖。淀粉通常以向心的（小麦属、玉蜀黍属）或离心的（马铃薯）颗粒形式存在，其解剖结构能在显微镜下观察到。在扫描电子显微镜下淀粉粒的细微结构具有重要的分类学意义。

8.7.4 蛋白质

蛋白质和核酸一起常常被称为信息载体，它们是生物有机体的基本组成成分，并参与信息传递。基于它们在信息传递中的位置，DNA是主要的信息载体，RNA是次要的信息载体，蛋白质是第三位的信息载体。信息载体是分类学中最有用的信息来源，这些信息大部分来源于蛋白质。关于DNA和RNA的信息将在下一节的分子系统分类学中讨论，这里仅讨论蛋白质。

蛋白质是复杂的高分子化合物，由氨基酸通过肽键连接成链状而成，形成一个多肽链，再组成一个三维结构。由于它们的复杂结构，对于蛋白质的分离、比较和研究需要特殊的技术，包括血清学、电泳和氨基酸序列分析等。

8.7.4.1 血清学

伴随着血清学和免疫学学科的发展，系统血清学或血清分类学领域在19世纪末期开始形成。沉淀素反应首次被Kraus（1897）报道。这项技术最初被J. Bordet（1899）在他的鸟类研究工作中运用，当时他报道了免疫反应是相对特定的，并且交叉反应的程度本质上是和有机物亲缘关系的程度成正比的。现在的血清学技术就是基于当哺乳动物被异种蛋白侵袭所表现的免疫学反应。在植物间评估亲缘关系的研究中，包含蛋白质（抗原）的种A的植物提取物被注射到一个哺乳动物（通常是兔子、老鼠或山羊）。哺乳动物将产生抗体，每个特定的抗体对应一个抗原，伴随着抗原抗体产生沉淀素反应、凝结、并且使得抗原不产生作用。这些抗体是作为抗血清从动物体中提取的。这个抗血清能够凝结种A的全部蛋白质，但是当混合有种B的蛋白质提取物时，沉淀素的反应程度依赖于两个种蛋白质的相似性。

由哺乳动物获得的抗血清通常包含有几种免疫球蛋白，它们能凝固同样的抗原，据说是多克隆的。这是因为一个抗原刺激了动物体内的几个不相同的淋巴细胞，对相同的抗原每个淋巴细胞产生一个不相同的抗体。现在技术的发展能产生单克隆的抗体。Milstein和Kohler（1975）创立了一个方法：产生抗体的哺乳动物淋巴细胞（在培育中不能生长和分化）与恶性肿瘤细胞（癌细胞在培育中能够快速生长）融合产生的杂交细胞叫做杂交瘤。这些杂交瘤能生长、增生扩散并且产生大量的单克隆抗体。

抗原大部分是从种子和花粉中提取的。在早期的工作中，做了天然物质的全部沉淀素反应的对照，但是现在形成了更多的提炼方法，它们能导致单独的抗原—抗体反应。主要的方法如下。

（1）双向扩散血清学　在这项技术中允许抗原混合物和抗血清在凝胶上从一边扩散到另一边（图8.13）。不同的蛋白质以不同的速率在扩散，因此在凝胶上不同的地方发生反应。这种方法允许在一块凝胶上同时对来源于不同分类群的几种抗原的混合沉淀素反应进行对照。在这种方法的修正中，抗血清被放在一个圆形的孔中，这个孔被包括抗原标本的几个孔环所包围。

（2）免疫电泳　在这项技术中，抗原首先通过电泳在凝胶上被单向性分离，然后向抗血清移动（图8.14）。这个方法使得反应成分更好地分离，但是也有它的局限性，即在单个凝

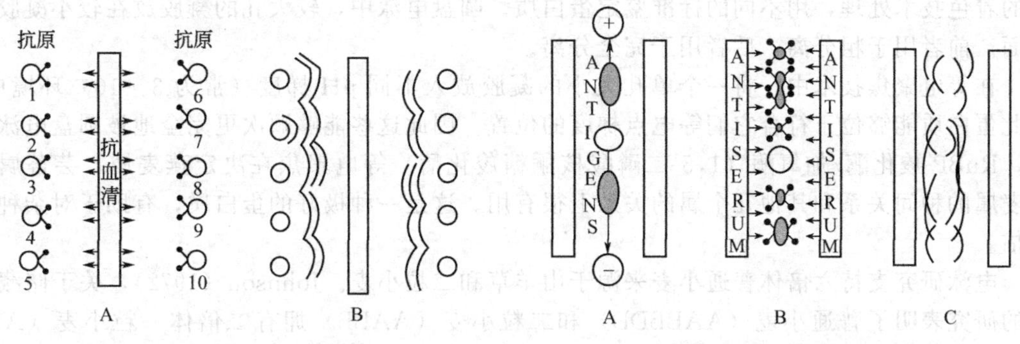

图 8.13　双向扩散血清学

A：抗原和抗体在凝胶上从一边扩散到另一边，1～10 表示来自 10 个不同分类群的抗原混合物；B：结果形成的沉淀素线

图 8.14　免疫电泳

A：抗原被电泳分离；B：抗体和分离的抗原相互扩散；C：结果形成的沉淀素线

胶上仅一个抗原混合物可被处理。

(3) 吸收　来源于不同种的蛋白质混合物常包括大量的普通蛋白质，特别是那些参与普通新陈代谢过程的蛋白质。这些普通蛋白质（抗原）的抗体首先被从抗血清中移出，以便有更符合逻辑的沉淀素反应对照。

(4) 放射免疫测定（RIA）　在这项技术中，抗体或抗原是被放射性分子标记的，使得它们痕量存在时也能被观察。

(5) 酶联免疫吸附测定（ELISA）　在这项技术中，抗体或抗原与酶标记相联系，因而甚至痕量也能被检测。

必须注意，蛋白质上有特殊的位点（决定子），在哺乳动物的特定细胞中它们能激发免疫球蛋白的产生。决定子是由 10～20 个氨基酸组成的区域，一个蛋白质可能包括几个不同的决定子，因此有几个抗原。

Smith（1972，1983）对雀麦属的免疫电泳模式做了进一步研究。结果表明雀麦属的北美二倍体有丰富的多样性。这个研究也强调了从不同的种提出的抗血清能够提供不同的结果。在血清学研究的基础上，Smith 确定了假黑麦状雀麦的种的地位，而以前将其作为黑麦状雀麦的变种，这得到了细胞学证据的支持。细胞学研究也支持莲属从睡莲科中分离出来，作为一个独立的莲科；支持黄毛茛属的位置在毛茛科中（而不在小檗科）；支持十大功劳属和小檗属的合并（Faibrother，1983）。

血清学可以通过蛋白质混合物的对照或单独而纯净的蛋白质对照来进行。Schmeider 和 Liedgens（1981）建立了一个复杂的但是极好的抗体单克隆培育程序，但遗憾的是用这种程序建立的“系统发育树”与已接受的进化框架不平行。Fairbrothers（1983）警告进化树不应该建立在单个酶或单个种的反应上。Lee（1981）用各种技术和纯净蛋白质对抗原研究做出结论：类豚草属（菊科）应该和豚草属合并。

8.7.4.2 电泳

血清学技术适应于在不同种的蛋白质混合物之间对比相似度，而不包括蛋白质的识别。蛋白质的分离和识别可以通过电泳来完成。分离是基于蛋白质的两性特性——根据介质的 pH 不同，它们带有不同程度的正电荷或负电荷，蛋白质在电压梯度作用下，在凝胶中以不同的速度穿行，这通常在聚丙烯酰胺凝胶中进行（聚丙烯酰胺凝胶电泳——PAGE）。这个过程包括在缓冲溶液中搅匀组织（包括蛋白质）。通过浸泡的几张滤纸条用搅匀的提取液浸透，然后放在大概在凝胶中心的一个狭长切口处。在一定时间内电流流动，蛋白质在凝胶中向不同的点运动。凝胶通常 1 cm 厚，被切成三个薄片，每片大概 3 mm 厚。这些薄片以不同的着色技术处理，用不同的标准鉴定蛋白质。圆盘电泳中，较大孔的凝胶放在较小凝胶的上面。前者用于粗分离，后者用于完全分离。

在等电聚焦技术中，将一个单孔大小的凝胶放入不同 pH 梯度（常为 3～10）环境中，因此蛋白质能够位于符合它们等电点梯度的位置。因此这些能够顺次更完全地被圆盘电泳分离。RuBP-羧化酶/加氧酶（1,5-二磷酸核酮糖羧化酶）等电聚焦在决定燕麦属、芸苔属和小麦属的种间关系和其他几个属的关系上很有用。这是一种极好的蛋白质，有助于对杂种的评估。

电泳研究支持六倍体普通小麦来源于山羊草和二粒小麦。Johnson（1972），关于储藏蛋白的研究表明了普通小麦（AABBDD）和二粒小麦（AABB）拥有二倍体一粒小麦（AA）A 染色体组的全部蛋白质。普通小麦（AABBDD）和二粒小麦（AABB）也共同拥有不确定来源的 B 染色体组蛋白质。D 染色体组来自山羊草，已得到形态学和细胞学资料的证实。通过将山羊草和二粒小麦的蛋白质混合，可以观察到二者蛋白质混合物的电泳特性极类似于普通小麦，因而证明普通小麦起源于山羊草和二粒小麦。通过结合有蛋白质的黄酮类数据，电泳研究也有助于在藜属内评定种的关系。7 个种的黄酮类调查表明在一些分类群中，黄酮类数据与种间蛋白质差异完全一致，但在有些例子中，有不一致现象。因而，一方面墨绿藜和狭叶藜有相同的黄酮类模式但能通过不同的种子蛋白质光谱区分，而另一方面，它们的种子蛋白质极相似，但黄酮类不同。然而黄酮类和蛋白质证据能区别开口藜和狭叶藜，因此支持它们作为独立的种。Vaughan 等（1966）通过血清学和电泳的研究表明芸苔和甘蓝相互间比它们和黑芥更亲近。

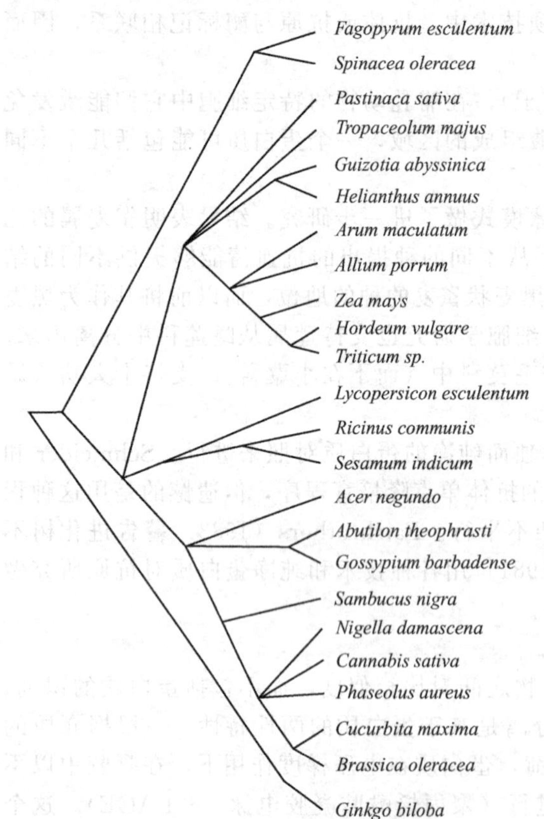

图 8.15 Boulter（1974）应用“祖先序列方法”建立的 25 种种子植物的进化分支图
（依据 Boulter）

电泳也有可能使得异型酶（相同酶的不同形式在同一个位点具有不同的等位基因）和同功酶（在多于一个的位点上具有不同的等位基因）分离。Barber（1970）表明某些多倍体拥有其祖先和一些新个体的全部同功酶。Backman（1964）对两个玉米品系进行杂交，每个品系有三个不同的同功酶。F_1 代拥有全部的六个同功酶。因而杂种表现出分子互补。

婆罗门属的研究确定了四倍体的奇异婆罗门参是两个二倍体种疑似婆罗门参和蒜叶婆罗门参的杂交种。然而发现亲本的二倍体在已检查过的 20 个酶位点有近 40% 是趋异的，四倍体杂种完全拥有各种酶型。形态学和染色体学的证据支持这个杂种的认定。

8.7.4.3 氨基酸序列分析

由于已知的组成蛋白质的氨基酸仅有 22 种，蛋白质之间的主要不同是由于多肽链上氨基酸序列的不同造成的。现在，能够从多肽链上将氨基酸一个一个地分离出来，层析法可鉴定每个氨基酸并逐步地建起氨基酸序列。细胞色素 C 是应用最普遍的分子，在分离出的 113 种氨基酸中，有 79 种在种与种之间存在差异，但是对其进行改变甚至是改变其余 34 种氨基酸中的一种就破坏了分子的功能。由于存在于所有的好氧微生物中，细胞色素 C 用于对比研究是理想的。Boulter（1974）运用“祖先序列方法”，建立了种子植物 25 个种的进化分支图（图 8.15）。在进化分支图中，银杏是唯一占有独立位置的裸子植物。银杏属具有独立的系统发育位置并非新的发现，但氨基酸序列表明的类似的进化分支说明了该研究在进化史上的意义。

最近来源于不同领域的资料指向了山羊草属和小麦属的合并。Autran 等（1979）基于 *N*-末端氨基酸序列分析，支持该项合并。一般而言，氨基酸数目的差异大概与在传统分类中有机体间的距离是平行的，表明这个方法大致是可信的。然而也有一些矛盾。在玉蜀黍和小麦（两者都属于禾本科）的细胞色素 C 间的数目差异多于与玉蜀黍和某些双子叶植物间的差异。

据发现，细胞色素 C 和质体蓝素（氨基酸序列研究中常用的另一种蛋白质）能展示出大量的平行置换（在不同有机体蛋白质中相同的位置上由一个氨基酸变为另一个氨基酸的同样变化），因此使得它们不宜用于重建系统发育史。实际的解决方案是利用广泛的蛋白质证据及各种技术。

8.8 分子系统学

20 世纪末以来大分子的研究重点已经转向 DNA 和 RNA，从而产生了分子系统学这一新兴学科。虽然黄酮类和酶也属于分子生物学资料，但是分子系统学通常只使用核酸方面的数据。因为分子生物学数据体现了基因水平的变化，所以人们认为相比于表型数据，分子生物学数据能够更好体现真实的系统发育关系。然而同时人们也认识到，尽管可以利用的分子性状很多，且比较起来通常更容易，但是分子生物学数据可能也会表现出类似与其他性状在系统学研究中的问题。

8.8.1 分子进化

在传统的分类学中，不同的分类群尤其是不同种之间的区分主要是通过表型上的差异。此外生理学、生物化学、解剖学、孢粉学、胚胎学以及染色体结构、行为上的差异也被用来完善进化树。尽管长期以来，基因的变化被认为是进化的基础，但直到最近 20 年人们才开始使用来自基因的数据研究进化关系。我们认为亲缘关系近的物种基因方面的相似度高，亲缘关系远的物种基因方面的相似度低。在过去的十年中，分子遗传学在认识物种形成方面发挥了主导作用。核苷酸序列上的差异可以通过数学原理和计算机程序来定性分析。DNA 水平上的进化变化可以在不同种间客观地比较，从而建立进化关系。

8.8.1.1 幸者生存

过去几十年的分子水平上的研究见证了关于物种进化观点的变化。Kimura（1968）提出了进化的中性理论，按照该理论，自然界种群中的大部分遗传变异是由于中性突变的积累。非中性突变影响生物的表型，并受自然选择作用，而中性突变不影响表现型，他们在种群中的传播是由其出现频率和随机遗传漂变所决定的。这个非达尔文进化理论相对于达尔文的适者生存理论，被称为幸者生存。尽管 Kimura 同意达尔文关于进化过程中自然选择决定物种的适应性变异这一理论，但他强调中性变化相对于适应性变化可以更好地解释基因的变化。

在这个理论的进一步阐述中，Kimura 等人（1974）提出了 5 个在分子水平上决定基因进化的原则。

① 对每种蛋白质而言，其氨基酸替代速率基本上吻合中性替代模式，从而不影响蛋白

质的结构和功能。

② 在功能上对有机体生存次要的或者部分功能次要的蛋白质总的来看要比重要的蛋白质或蛋白质区域进化速率高。换句话来说，在进化中不太重要性的蛋白质相对于重要的蛋白质而言，其氨基酸变异的积累比较快。

③ 在进化中，不改变蛋白质结构和功能的氨基酸替代频率比改变蛋白质结构和功能的氨基酸替代频率高。

④ 基因复制必定总导致新基因的出现。

⑤ 在进化中，有害突变被选择性剔除的情况以及中性或危害很低的等位基因被随机固定机会远比有益突变被达尔文选择所保留的概率。

尽管对逾千个物种中成千上万个基因的测序结果很好地支持上述5个原则，仍有一些被称为选择论者的遗传学者反对中性理论。不过公认的观点是进化中遗传漂变和自然选择都起了关键的作用。

8.8.2 分子数据来源的位置

系统分类学家使用的分子资料来自于植物细胞内的不同基因组：叶绿体基因组、线粒体基因组和细胞核基因组。叶绿体基因组最小，在高等植物中约为120～160 kbp（藻类伞藻属中高达2000 kbp），线粒体基因组在200～2500 kbp，而细胞核基因组是三者中最大的，通常为上百万或几十亿 kbp。叶绿体和线粒体 DNA 主要由母本遗传，而细胞核 DNA 为双亲遗传。线粒体基因组经历了大量的重组，以至于同一个细胞内可以存在线粒体基因的变异，因此线粒体基因组在阐述系统发育关系上作用很小。而叶绿体基因组和细胞核基因组不仅在同一个细胞中相当稳定，在种内也很稳定，所以是分类学研究中非常有用的工具。

8.8.2.1 线粒体 DNA

人们已经研究了一些植物的线粒体 DNA。每个线粒体包含有数个线粒体 DNA 的拷贝，同样每个细胞含有数个线粒体，因此每个细胞中的线粒体 DNA 含量很高。大多数线粒体 DNA 是环状的，少数为线状。在维管植物中，线粒体 DNA 相当大，呈环状，包含了许多非编码序列，其中一些非编码序列发生了复制。在维管植物中基因的物理图谱表明不同的物种，甚至关系相当近的物种，其相同的基因在环状的线粒体 DNA 上位置不同，这使得线粒体 DNA 在系统分类学中没有太大的用处。

8.8.2.2 叶绿体 DNA

与其他基因组相比，叶绿体基因组在植物 DNA 研究中承担着重要的角色。这是因为叶绿体 DNA 更容易被分离和分析，并且不会被基因复制和致同进化所改变（注：在 rRNA 中，有成千上万的重复片段拷贝，一个拷贝中的突变往往会被修正以与其他拷贝保持一致，这个同化过程被叫做 rDNA 的致同进化。叶绿体 DNA 的另一个优势在于它在组织、大小和主要序列方面高度保守。叶绿体 DNA 是闭合环状分子，具有编码同样基因但方向相反的两个区域（被称为反向重复序列）。在反向重复序列之间是一大一小两个单拷贝区域。所有的叶绿体 DNA 具有基本相同的基因组成，但在不同类群间基因的排序不同。

叶绿体 DNA 的多数研究集中于 *rbcL* 基因。该基因编码光和作用酶 RuBisCO 的大亚基。*rbcL* 基因在所有植物（除寄生植物外）中出现，长达1428 bp，不存在排序问题，并且在细胞中有许多可以利用的拷贝。在种子植物中，目前的 PCR 技术可以扩增2000个该基因的序列。

8.8.2.3 细胞核 DNA

虽然分析起来相对较难，并且使用频率不高，细胞核 DNA 具有两个极大的有利条件。首先，某些细胞核 DNA 序列比叶绿体 DNA 序列的进化速度快，从而可以更好的在种群水平上研究植物间的系统发育和亲缘关系。第二细胞核 DNA 是由双亲遗传而来，而叶绿体 DNA 为母本遗传。因此杂交物种的细胞核 DNA 来自双亲，但叶绿体 DNA 只来自母本。

细胞核基因的研究传统上包括核糖体 RNA。核糖体基因是由几千个串联拷贝排列而成。每组基因有一个小亚基单位（18S）和一个大亚基单位（26S），两者之间为一个更小的基因（5.8S）（图 8.16）。需要注意的是，尽管 5SRNA 也是核糖体 RNA 的一部分，但它是在核外单独合成的。这三个亚单位被两个内部转录间隔区（ITS：ITS1 和 ITS2）所分离。每个单位之间被一个更大的间隔区所分开。18S 基因和 26S 基因序列已经被用于系统发育研究，因为它们一方面含有一些高度保守的区域从而有助于比对，另一方面还有变异丰富的区域，从而有助于区分系统发育类群。内转录间隔区 ITS 已被用来判断近缘物种间的亲缘关系。总的来说，ITS 区的 DNA 序列数据支持了根据叶绿体 DNA 序列信息和形态性状所推论的系统发育关系。

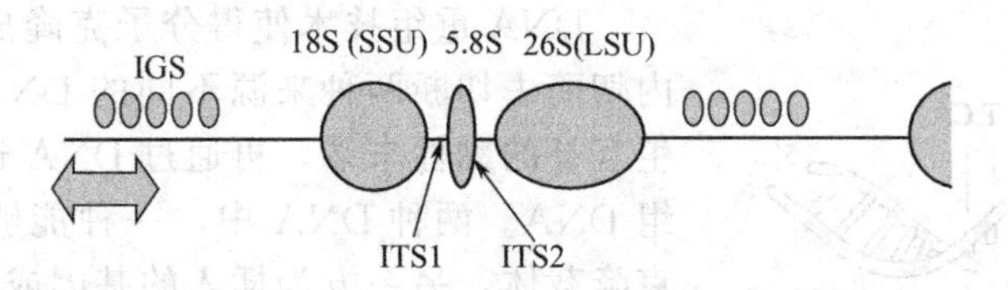

图 8.16　一列核糖体基因的一部分

每个单位有 3 个亚单位，被 2 个 ITS 区域分离，邻近的单位被 IGS 分离

8.8.3　分子技术

在过去的几十年中，分子数据的分析处理技术得到迅速发展，其中 DNA 序列比对更是首当其冲。现在我们可以在特异的位点将 DNA 长链打断、制作出每个基因的定位图谱、测出基因的核苷酸序列以及通过 PCR 技术扩增 DNA 片段。这些技术都为时我们得以获取充足的分子数据来进行分类群的比较。

8.8.3.1　总 DNA/DNA 杂交

系统学对核酸数据的早期研究包括利用基因组 DNA 进行 DNA/DNA 杂交。在由 Bolton 和 Mecarthy（1962）提出的方法中，从两个有机体中提取的 DNA 被处理为单链，然后将两者体外杂交，序列的结合程度则反映两个有机体序列的相似程度。Bolton（1966）发现长柔毛野豌豆的 DNA 序列和豌豆属的 DNA 序列的相似性（同源性）只有 50%，而豌豆属和菜豆属的序列同源性只有 20%。在 DNA/RNA 杂交技术中，RNA 与有亲缘关系的植物的互补 DNA 杂交。Mabry（1976）在中央种子（石竹目）中使用该技术，推断不含甜菜素的石竹科与含有甜菜素的科亲缘关系很近，但后者内部科之间的亲缘关系不是很近。

8.8.3.2　基因图谱-DNA 酶切

基因图谱-DNA 酶切技术可以用来制作单个基因或者整个基因组的物理图谱，该技术是 20 世纪 70 年代分子技术发展的里程碑，用限制性内切酶将从某个物种中提取的 DNA 在特定的位点（限制性位点）切断，获得限制性酶切片段。内切酶是从细菌中分离得来的，其命名的方法为所属细菌的属名的第一个字母加上种名的前两个字母。因此，从大肠杆菌（*Escherichia coli*）中分离得到的切割 DNA 序列中 GAATTC 位点的内切酶被命名为 *Eco*R Ⅰ（图 8.17）；从流感嗜血杆菌（*Haemophilus influenzae*）R_d 品系分离出的切割 AAGCTT 位点的内切酶被命名为 *Hind*Ⅲ。目前已经有 400 多种限制性酶被分离出来。

每个限制性酶具有双重旋转对称结构，能识别 4～6 个核苷酸的序列，这是因为限制性酶可以在不改变碱基序列的条件下，旋转 180 度，因此 *Eco*R Ⅰ识别的序列从 5′端往 3′读是 GAATTC，从 3′端往 5′读为 CTTAAG。这种对称被称为回文结构（如 AND MADAM

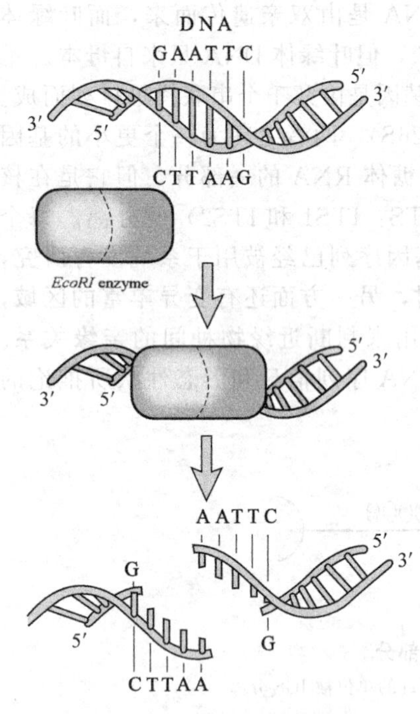

图 8.17　运用 *Eco*RⅠ限制性内切酶切断 DNA

酶产生交叉断裂以确保互补单链终端

DNA 这个无意短语，从两边读结果相同）。与限制性酶这种特征相结合的事实是大部分的限制性酶将 DNA 切成互补的黏性末端切口（而不是平端切口），随后可以用连接酶被重新连接。

限制性酶的运用使得 DNA 序列可以被精确地切成我们所需的特殊片段。使用不同的酶切割 DNA 的不同位点让我们可以识别和制作限制性图谱或者物理图谱。

8.8.3.3　DNA 克隆

对于 DNA 的进一步分析需要充足的 DNA 或 DNA 限制性片段。DNA 克隆技术可以产生大量的分析所需的 DNA 片段。

DNA 重组技术使得分子克隆成为可能。用限制性内切酶去切断两种来源不同的 DNA，使得它们分别产生互补的黏性末端，再通过 DNA 连接酶，形成新的重组 DNA。两种 DNA 中，一种能够自我复制，被称为克隆载体，另一方为插入的基因或 DNA 片段。在实践中，我们将特定的基因或者 DNA 片段插入到一个合适的克隆载体中，然后克隆载体携 DNA 加入到寄主细胞中，如一个细菌。

（1）质粒载体　质粒是染色体外的双链环状 DNA，存在于微生物尤其是细菌中。被选为载体的质粒含有一个抗性基因。在大多数通用技术中（图 8.18-Ⅰ）重组质粒被加入到感受态细胞（经过钙离子预处理的大肠杆菌）中，经过短暂热击后，感受态细胞从周围的环境中摄入 DNA。重组质粒加入感受态细胞后便自我复制，并随着细胞分裂传递自己的后代。重组质粒携带抗性基因，因此我们可以通过抗生素将不含有重组质粒的大肠杆菌杀死。由于形成了许多携带不同 DNA 片段的重组质粒，我们通过影印培养法和原位杂交将携带目的片段的质粒分离出来。使用影印培养法时要准备许多具有相同菌落的培养皿，在其中一个培养皿中，细胞被溶解，DNA 被固定在尼龙或者硝化纤维膜表面上；将 DNA 变性成单链，用经过标记过，与目的 DNA 片段互补的 DNA 探针与之杂交；洗去没有杂交上的探针，通过放射性自显影确定被标记的 DNA 探针的杂交位置。改进过的荧光原位杂交技术使用被荧光燃料标记过的探针，然后用荧光显微镜定位探针结合位点。

被识别出的克隆可以在原先的培养皿上找到对应的菌落，这些细菌细胞长成大的菌落，用来扩增重组质粒。经过扩增，提取 DNA，将重组质粒 DNA 分离出来。然后用限制性内切酶将插入质粒载体的 DNA 片段切下，并通过离心将两者分离。

（2）噬菌体载体　人们经常用 λ 噬菌体作为载体。噬菌体基因组为约 50kb 的线性 DNA。用限制性内切酶对噬菌体 DNA 中部约 15kb 长的片段处理，该片段包括使宿主菌裂解的基因，并可以插入外缘基因。重组的 DNA 片段在体外被插入到噬菌体的头部中。

λ 噬菌体头部能容纳 45～50kb 大小的分子，所以重组的 DNA 分子最多可以插入 10～15kb 的外缘 DNA 片段。噬菌体能够将重组 DNA 分子注入到大肠杆菌细胞中，在那里复制产生更多的重组 DNA 拷贝。

（3）黏粒载体　当需要插入较大的外缘 DNA 片段时，需要使用黏粒载体。黏粒是由质粒和 λ 噬菌体重组而成的，将质粒自我复制的特点和 λ 噬菌体体外包装的特点相结合。一个黏粒可以携带 35～40 kb 的 DNA 片段。

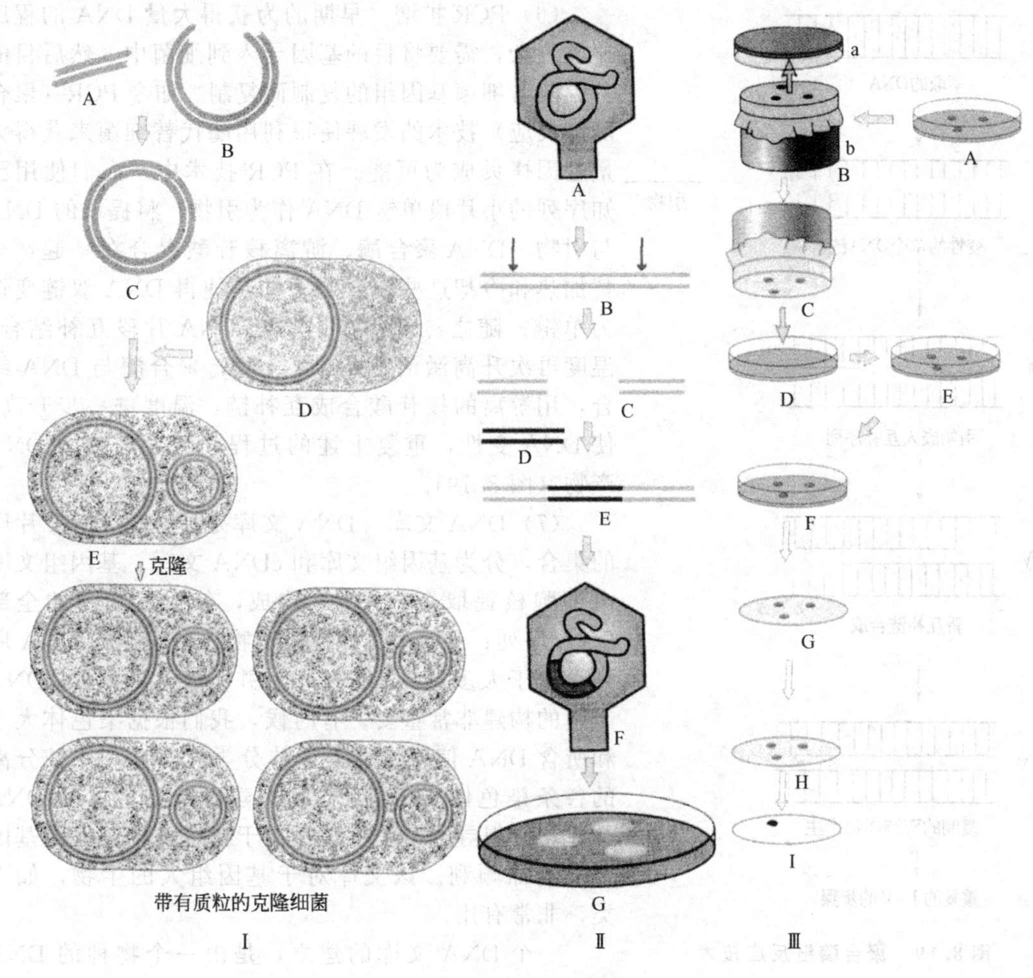

图 8.18 DNA 克隆

Ⅰ. 用质粒载体克隆 A：一个有机体的 DNA 片段；B：裂解的质粒 DNA；C：重组 DNA 分子（5～10kb）；D：细菌；E：带有重组 DNA 的细菌。Ⅱ. 用 λ 形噬菌体克隆真核状态的 DNA。A：具有两个 *Eco*RⅠ裂解位点 DNA 的 λ 形噬菌体突变株；B：*Eco*RⅠ处理噬菌体的提取 DNA；C：两个噬菌体 DNA 片段，中间部分抛弃；D：来自真核细胞的 DNA 片段（大约 25kp）；E：重组 DNA；F：位于噬菌体顶部的重组 DNA；G：有噬菌体感染的清晰噬菌斑的细菌培养盘。Ⅲ. 复制平板培养法和原位杂交法的联合程序。A：有细菌克隆的盘子；B：从盘子（a）向滤纸（b）传递细菌细胞；C：具有细菌克隆的滤纸；D：通过挤压滤纸接种空的培养盘；E：具有细菌克隆的盘子；F：为复制平板培养细菌克隆的培养盘；G：具有细菌克隆复制的硝化纤维膜；H：被溶解细胞分离，变性成为黏附膜的单链 DNA；I：标记杂种射线照相（彩图见文前）

（4）真核穿梭载体　一些最成功的克隆载体为真核穿梭载体。真核穿梭载体可以在大肠杆菌和其他一些物种体内复制。这种载体对于遗传剖析非常有用。将一个酵母基因插入到该载体上，然后在大肠杆菌细胞中诱导该基因发生特定位点的突变，将发生突变的酵母基因重新转移到酵母中，从而检测发生突变的基因对其宿主细胞的影响。

（5）人工染色体载体　近些年来，人们一直在尝试制造可以携带超过 45kb 长的 DNA 片段的载体。其中最重要的一种载体为 YAC（酵母人工染色体）。酵母人工染色体可以承载 1000kb 以上的 DNA 片段。最近，BAC（细菌人工染色体）的运用更加普遍。BAC 是特殊的细菌质粒（F-因子），即包括细菌复制原点并且可以携带 300kb 以内的 DNA 片段。

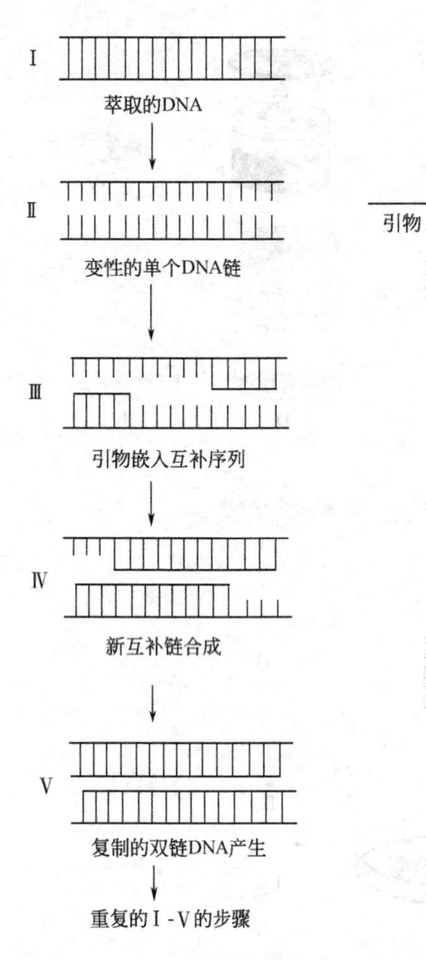

图 8.19 聚合酶链反应技术

(6) PCR扩增 早期的为获得大量DNA的程序非常复杂，需要将目的基因导入到细菌中，然后目的基因随着细菌基因组的复制而复制。如今PCR（聚合酶链反应）技术的发展使得利用酶代替细菌来获得大量基因拷贝成为可能。在PCR技术中，人们使用已知序列的小片段单链DNA作为引物；将提取的DNA与引物、DNA聚合酶、游离核苷酸混合在一起：交替加热和冷却这些混合物。加热使得DNA双链变性为单链；随之冷却使得引物与DNA片段互补结合：温度再次升高激活DNA聚合酶，聚合酶与DNA结合，用游离的核苷酸合成互补链，温度进一步升高，使DNA变性，重复上述的过程，产生足够的DNA产物（图8.19）。

(7) DNA文库 DNA文库是所克隆DNA片段的集合，分为基因组文库和cDNA文库。基因组文库由细胞核提取全部DNA构成，包括了物种的全部DNA序列；cDNA文库代表了物种中表达的DNA序列。由于大多数的DNA序列并不表达，所以cDNA文库的构建非常重要。有时候，我们根据染色体大小和所含DNA信息来将染色体分类。然后利用被分离的各条染色体所含的DNA构建各条染色体的DNA文库，使得寻找某个已知存在于特定染色体上的基因变得更加顺利。该文库对于基因组大的生物，如人类，非常有用。

一个DNA文库的建立，是由一个物种的DNA利用识别短的核苷酸序列酶随机裂解而来的，片段被合并入λ噬菌体并且获得每个重组DNA的多重拷贝。这些噬菌体和拷贝被储存并建成一个永久的全部DNA序列的集合存在于一个物种的基因组。建立cDNA库，要利用mRNA，通过逆转录酶建立DNA的一个互补链，RNA-DNA双方通过核糖核酸酶H、DNA聚合酶Ⅰ、DNA连接酶转变成双链DNA分子，双链DNA被合并入λ噬菌体并进一步进行如上所述的过程。

8.8.3.4 基因定位

上面的技术有助于构建基因的物理图谱。而能在DNA特定位点酶解的限制性内切酶以及克隆和DNA扩增技术有助于获得大量的目的片段。

通过凝胶电泳分离的限制性片段上的基因和DNA序列位点的鉴定是构建基因组图谱的一个重要步骤。基因图谱的制作过程因用作为探针的克隆细胞器基因组的有效性所简化。在常用的Southern印迹杂交方法（根据E. M. Southern命名，他在1975年发表了这个方法）中，叶绿体DNA的一个克隆片段（被用作探针）被放射性磷标记并变性产生单链DNA。电泳分离后，将从所研究物种中获得的DNA置于尼龙或硝化纤维膜上，用碱性溶液使其变性，最终通过干燥或UV照射固定。下一步将探针嵌入在尼龙膜上。只有和探针互补的序列能与之结合。当转移到X射线薄膜，被结合的条带显现为暗带，从而显示出与探针杂交的DNA序列的位点。不同大小的片段可以被排序从而产生物理图谱。

Northern印迹杂交技术（如此命名是因为它和Southern印迹技术恰好相反）被用来与

电泳分离后的RNA分子杂交，随后在甲醛作用下变性，在转移到膜上之后，RNA与RNA探针或DNA探针杂交。

基因定位的程序是相当复杂的。包括两种植物杂交，F_1自交，并产生大量的F_2植株。亲本和后代的基因用不同的标记来识别。尽管物理图谱可通过识别和排列重叠的DNA片段建立，而更复杂的基因图谱要用遗传标记来建立。在制图中常用的方法包括RFLD、VNTR、STRP、RAPD和AFLP。限制性片段长度多态性（RFLP）是由于突变引起DNA序列的变化，可以导致一个酶切位点的缺失或获得，因此等位基因由于酶切位点存在与否而不同。结果导致不同长度的片段产生。可变串联重复序列（VNTR）具有利用等位基因在两个酶切位点重复序列的数目不同这一特点。简单串联重复序列多态性（STRP）在制图中非常有用的，这是由于存在于种群中的大量等位基因有高比例的由不同等位基因杂合的基因型。随机扩增多态性DNA（RAPD）方法通常用于种群的研究且包括能在基因组嵌入相应序列的短的（10bp）随机PCR引物。这种方法有助于在种群中辨认不同基因型。根据它们的连锁标志的重要形态学特征绘图。扩增片段长度多态性（AFLP）技术用于核酸指纹法，以限制性酶切片段长度多态性来研究两个近缘物种基因组的变异。

AFLP包括四个基本步骤（图8.20）。第一步，将不同来源的DNA分离并利用相应的限制性核酸内切酶（RE）对其进行切割。对于大多数植物DNA，用到两个RE：一个很少见，具有6 bp识别位点（如*Eco*RⅠ），另一个较常见，具有4～6bp识别位点（如*Mse*Ⅰ）。第二步，特定的双链寡脱氧核糖核苷酸衔接头被绑定在切割后DNA的末端，产生已知或未知序列的嵌合分子。第三步，对嵌合片段进行PCR扩增以提供足够的模板DNA用于指纹分析PCR。第四步，PCR产物在聚丙烯酰胺测序凝胶上被分离，随后对目的指纹进行分析。

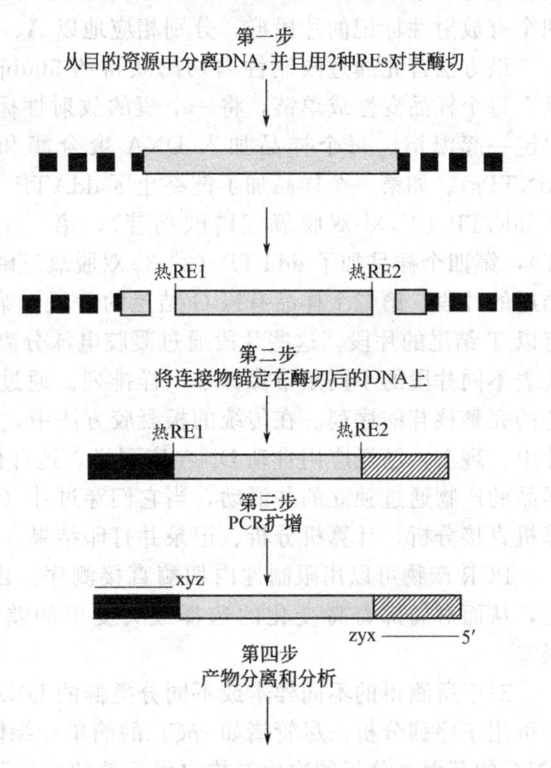

图8.20　扩增片段长度多态性草案的基本步骤

运用分子标记能将基因图和物理图统一起来。因此得到的物理图谱将为整理和整合多种类型的遗传信息（包括染色体带的位点、染色体断裂点、突变基因、转录区和DNA序列）提供单一的框架。

这个方法的早期重要结果之一由Jansen和Palmer（1987）所获得，他们在菊科叶绿体基因组的一个大的单拷贝区域发现了一个独特的基因排列方式。这个独特排列方式能被DNA的一个单一的倒位所解释。这个特征在其他所有被子植物中是不存在的，充分说明菊科是单源的。同样，禾本科在叶绿体基因组中有三个倒位。这三个倒位中，其中一个是该科独有的，确定了该科的单源地位。另外两个倒位中，其中一个是与假芦苇科共有的，而另一个是假芦苇科和帚灯草科都有的，表明这两个科是禾本科的姐妹类群。

叶绿体基因组图谱制作取得了相当大的进步，而核基因组图谱还处于研究之中。对于向日葵属，通过基因图谱说明了其物种形成问题。在禾本科植物和茄科植物中也取得了一些进步。在向日葵属中，Riesberg和他的合作者用至少7个易位和3个倒位区分了向日葵和叶柄向日葵，这影响了重组和基因渗入现象的可能性。杂交种异常向日葵的基因组发生重组，一部分个体与双亲有生殖隔离。Riesberg 等人用两亲本物种人工合成了杂交种，并发现杂交种的染色体重组与天然形成杂交种的重组方式相似。

8.8.3.5 基因测序

通过基因测序判定了 DNA 中部分片段，各种核苷酸的精确次序（腺嘌呤、胞嘧啶、鸟嘌呤、胸腺嘧啶），这样就可以建立一个基因或染色体的最终精细结构图。今天，测序已成为一个常规的实验室技术。正如小小的一年生杂草拟南芥，人类基因组的完整序列日臻完善，已成为一个强大的遗传工具。DNA 测序包括两个主要方法。

由 Allan Maxam 和 Walter Gilbert 创立的第一个方法中，DNA 链通过四个不同的化学反应裂解，每个反应以 A、G、C 或 C+T 为目标。在由 Fred Sanger（链终止方法）和他的同事创立的第二个方法中，在放射性核苷和特定链终止存在下进行体内合成 DNA，并产生四个有放射性标记的片段群，分别相应地以 A、G、C 和 T 结尾。

该方法首先通过限制性内切酶获得约 500bp 相同的 DNA 片段。然后将其分成四个样品。每个样品变性成单链，将一个短的放射性标记的寡脱氧核糖核苷酸与以 3′结尾的互补单链一起温浴。每个样品加入 DNA 聚合酶和全部四个脱氧核糖核酸酶三磷酸盐前体（dNTPs)。如第一个样品加了链终止区 ddATP（2′,3′-双脱氧三磷酸腺苷），第二个样品加了 ddGTP（2′,3′-双脱氧三磷酸鸟苷），第三个样品加了 ddCTP（2′,3′-双脱氧三磷酸胞苷)，第四个样品加了 ddTTP（2′,3′-双脱氧三磷酸胸苷）。反应之后的第一个样品将有以 A 结尾的片段，第二个样品有以 G 结尾的片段，第三个样品有以 C 结尾的片段，第四个样品有以 T 结尾的片段。这些片段通过凝胶电泳分离，它们的位点可以由放射自显影技术确定。代表不同片段的不同条带像梯子一样排列。通过梯状排列的电泳图，就可以确定一个 DNA 链的完整核苷酸序列。在传统的板凝胶方法中，四个不同的样品填充在凝胶上的四个不同的井中。现在，已经应用自动 DNA 序列机，这种机器使用荧光染色代替了放射性核苷。四个样品的产物通过独立的井涌动，当它们穿过井（管或凝胶）时光电池用荧光观察。输出由计算机直接分析，计算机分析、记录并打印结果。

PCR 产物可以用限制性内切酶直接测序。由于限制性位点上散布在 DNA 不同的位置上，从而对局部奇特变化的选择或突变率的差异不够敏感。将两条链一起测序可以减少误差。

对于所测得的不同样本或不同分类群的 DNA 序列首先要作比对分析。有多种计算机程序可用于序列分析。尽管诸如 *rbCL* 的简单叶绿体基因序列分析是容易的，其他的诸如编码 RNA 的基因，分子的次生结构（可折叠的）也已分析清楚。

Belfor 和 Thomson 在冰藜属利用副拷贝序列杂交得出结论，把该属分成两个亚属是不正确的。

Bayer 等（1999）基于质体 atpB 和 rbcL 基因的序列分析结果支持了锦葵目的扩大，包括多数先前划分在梧桐科、椴树科、木棉科和锦葵科中的大多数属。他们提出了将梧桐科、椴树科、木棉科和锦葵科合并，基于分子系统分类学、形态学和生物地理学的资料再把这个扩大的锦葵科分成 9 个亚科。

8.8.3.6 禾本科植物基因组

禾本科植物的基因组分析为我们提供了有用的信息。普通的禾本科植物中，水稻有最小的基因组（400 mb)。玉米基因组是 2500 mb，最大的基因组在小麦中发现（17 000 mb)。尽管在染色体数目和基因组大小上有很大的变化，许多序列高度保守的单拷贝基因间存在许多基因水平或者物理水平上的联系。通过编号 R1 到 R12 的水稻染色体对照，并将保守区域标明，人们发现了和水稻同源的保存区域在其他谷物中也被发现。从 W1 到 W7 的小麦单倍体染色体系列被指明。W1 的一个区域包括单拷贝序列，这个序列和水稻的 R5a 片段是部分同源的。W1 另一个区域的单拷贝序列和水稻的 R5 片段部分同源。每个这样保存的遗传的或自然的连接叫做同线群。值得注意的是玉米基因组有片段的重复，肯定了玉米是一个完整的、十分古老的四倍体，具有两个重复且相对重新排列的基因组区域。

环形图（图 8.21Ⅱ）很好地描绘了上面禾本科植物基因组，同时对照。DNA 片段排列成一个具有假定祖先染色体排列次序的圆环。由于在基因组中的同线群，同源基因常常由于其独有的位置而被识别。然而，必须记住的是环形图仅是为了描述方便；没有迹象表明古禾本科植物染色体是环形的，古禾本科植物染色体是正常线形染色体。

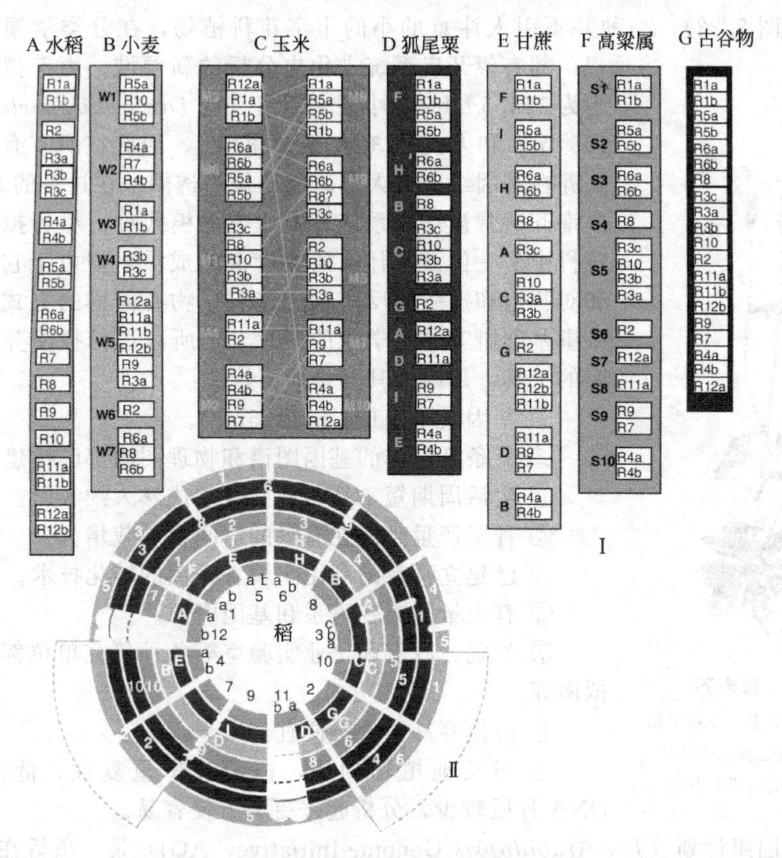

图 8.21 禾本科植物基因组进化

Ⅰ. 在稻基因组和其他禾本科植物种间的保守谱系（同线群）

A：染色体被分成连接的基因区的稻基因组；B：具有类似稻片段染色体的小麦基因组；C：具有象征古四倍体的重复区的玉米基因组；D：狐尾粟基因组；E：甘蔗基因组；F：高粱属基因组；G：在假定的由单个染色体对组成的古谷物基因组中的推断的或“重建”的片段次序

Ⅱ. 在如上禾本科植物中同线群的环形排列，细虚线表明在基因区间的连接（依据 Moore 等，1995，彩图见文前）

很多研究者用不同的标准和技术对禾本科进行了研究。所有的分子技术都说明针茅族是一个早期的分支谱系。因而，针茅族的形态学特征是一个共衍征和共祖征的混合产物，那些共衍征将它与禾亚科联系在一起，而共祖征是和许多其他禾草类所共有的。基于叶绿体基因 cpRFLP（Davis & Soreng，1993）、ndhF 序列（Catalan et al.，1997）和核基因 ITS（Hsiao &，1994）、光敏色素 b（Mathews 和 Sharrock，1996）和被淀粉合酶Ⅰ束缚的颗粒（Mason-Gamer et al.，1998）等的研究全部支持针茅族这样的一个系统位置。然而，通过叶绿体 DNA 和核 DNA 对小麦族的研究却得出了不同的结果，尽管基于 RFLP（Mason-Gamer & Kellog，1996）和 rpoA（Petersen 和 Seberg，1997）的两种叶绿体数据所构建的系统发育关系是相同的。

8.8.3.7 新大陆四倍体棉花

用同功酶、核 ITS 序列和叶绿体限制位点分析对棉属的基因组研究（Wendel et al.，1995）指出了新大陆四倍体如同旧大陆四倍体一样是单源的。新大陆四倍体棉花包括陆地棉是由基因组 A（来源于旧大陆）和 D（来源于新大陆）的异源多倍体发展而来。我们发现陆地棉有一个来源于非洲种之一的叶绿体，仅于一二百万年前获得，正好在大西洋形成时期。

8.8.3.8 拟南芥基因组

拟南芥（图 8.22），一种并不引人注意的小的十字花科植物，在分类学领域中常被忽视，却有望开启系统进化史分析的新领域。由于拟南芥具有大小为 114.5 mbp 的小型基因组（同 *Drosophila melanogaster* 的 165 mbp 和人类的 3000 mbp 相比），因此在所有有花植物中拟南芥在基因组上被人们研究得最为透彻。在过去的 8～10 年间，拟南芥通常被作为系统发育研究的模式种。尽管拟南芥在十字花科中是一位没有什么商业价值的成员，但由于它发育、繁殖和对胁迫和疾病的反应和许多农作物有同样的方式，因而深受从事基础研究的科学家的亲睐。之所以选择拟南芥作为基因研究的工具，是因为其具备如下特征：

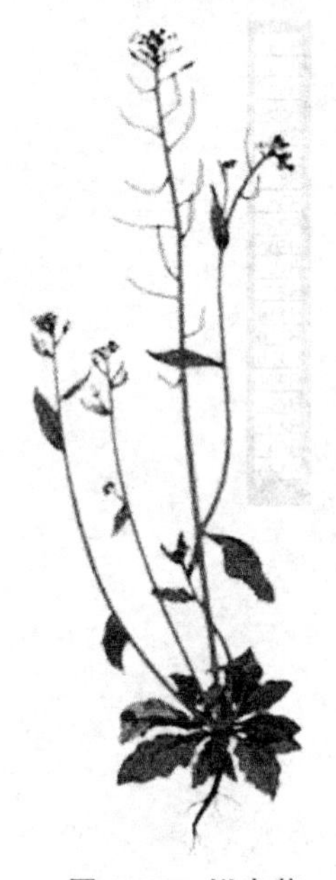

图 8.22 拟南芥

十字花科的小草本，在被子植物中其基因组是被完全认识的，被称为植物界的豚鼠

① 基因组小（114.5～125mb）。

② 五条染色体的基因图谱和物理图谱都已构建成功。

③ 生活周期短，从萌芽到种子成熟大约 6 周。

④ 种子产量高，在有限的空间容易栽培。

⑤ 已建立高效的利用土壤农杆菌的转化技术。

⑥ 有大量的突变谱系和基因资源。

⑦ 学院、政府和工业实验室等各种研究单位都在广泛研究拟南芥。

⑧ 种植容易，价格便宜。

⑨ 与其他植物相比，拟南芥中重复性，低信息含量的 DNA 片段较少，分析起来更为方便容易。

拟南芥基因组计划（*The Arabidopsis* Genome Initiative，AGI）是一项旨在测序模式植物拟南芥基因组的国际性合作项目。该项目从 1996 年开始到 2004 年，以完成拟南芥基因组序列为目标，在 2000 年底，拟南芥基因组测序工作已经完成。有关拟南芥的综合信息通过互联网上的拟南芥信息资源库（TAIR）可以得到，TAIR 是加利福尼亚州斯坦福植物生物学华盛顿处的卡耐基研究所和美国新墨西哥州圣达菲基因资源国家中心间的一项合作，由国家科学基金会提供资金。为拟南芥的科学研究提供了广阔的资源。

有关拟南芥的研究集中于发育的遗传调控。人们制造的转基因拟南芥品种要么过量表达 cyclinB，要么 cyclinB 表达水平偏低。CyclinB 的过量表达导致细胞分裂的速度加快；低水平表达导致细胞分裂速度减低。细胞分裂较快的植物拥有更多的细胞且比它们的野生型拷贝稍微大点，但是其他方面它们看上去完全正常。同样地，细胞分裂较慢的植物其细胞数少于细胞正常数目的一半，但它们以几乎同样的速度生长并和野生型植物达到同样大小，因为当细胞数目减少时，单个细胞变大。所以说植物有能力适应不正常的生长环境，正像动物对抗频繁形成的增殖癌细胞一样。

在拟南芥中有关遗传控制花形成的研究得出了重要的结果。在花形成期间（正如在其他四倍体植物中一样)，花部（花萼、花瓣、雄蕊、心皮）的每个轮从最初的一个分离的轮发生。三种不同类型的突变导致三种不同的表现型，一个缺少花萼和花瓣，第二个缺少花瓣和雄蕊，第三个缺少雄蕊和心皮。纯合子间的杂交使四个基因组被鉴定出来（表8.2)。基因*ap2*（*apetala-2*）的突变导致没有花萼和花瓣。缺少花瓣和雄蕊是由基因*ap3*（*apetala-3*）或*pi*(*pistillata*）突变所引起的。缺少雄蕊和心皮是由基因*ag*(*agamous*）的突变引起的。上述导致异常表现型的基因都被克隆和测序。这些基因全部是转录因子，是转录因子MAD盒子（MAD box）家族的成员，每个都包括一个58个氨基酸长度的序列。

表8.2 拟南芥的突变体中花的发育

基因型	花部的轮			
	1	2	3	4
野生型	萼片	花瓣	雄蕊	心皮
ap2/ap2	心皮	雄蕊	雄蕊	心皮
ap3/ap3	萼片	萼片	心皮	心皮
pi/pi	萼片	萼片	心皮	心皮
ag/ag	萼片	花瓣	花瓣	萼片

该项研究的一个有趣的发现是上述任何一个基因的突变都导致属于邻近轮的两个花部的消失。这个模式表明*ap2*是花萼和花瓣发育所必须的，*ap3*和*pi*是雄蕊发育所必须的，*ag*是雄蕊和心皮发育所必须的。因为突变表现型是由等位基因功能的缺失所引起，由此推断*ap2*在第1轮和第2轮表达，*ap*3在第2轮和第3轮表达，*ag*在第3轮和第4轮表达。因此，在这个植物中花的发育是由这四个基因的联合作用调控的。花萼从*ap2*基因表达活跃的组织发育，花瓣从*ap2*、*ap3*、*pi*都表达活跃的组织发育；雄蕊在*ap3*、*pi*、*ag*都表达活跃的组织发育；心皮在*ag*表达活跃的组织中发育，见图8.23。

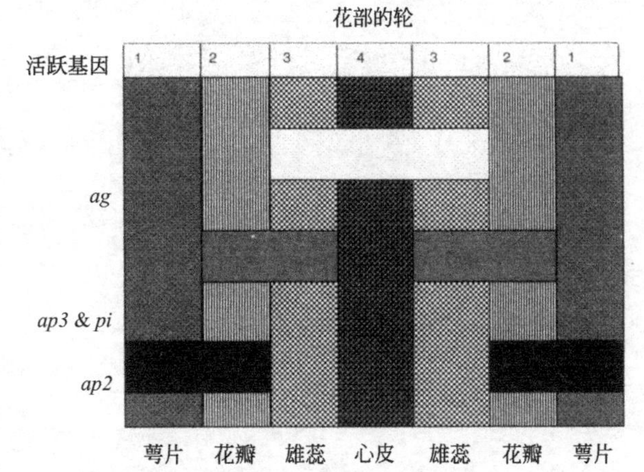

图8.23 在拟南芥中由4个基因的重叠行为控制花的发育的图表表达

基因*ap2*在外面的两轮（花萼和花瓣）表达，*ap3*和*pi*在中间的两轮（花瓣和雄蕊）表达，*ag*在最里的两轮（雄蕊和心皮）表达。每一轮有一组特有的活跃基因

需要注意是*ap2*表达和*ag*表达是相互排斥的。在*ap2*转录因子存在时，*ag*的表达被抑制，在*ag*转录因子存在时，*ap2*的表达被抑制。因此，在*ap2*的突变体中，*ag*的表达波及第1轮和第2轮；在*ag*的突变体中，*ap2*表达波及第3轮和第4轮。这个设想使我们能解释拥有单个甚至两个突变的表现型。这种基因表达模式已经通过RNA原位杂交所检测。测定结果证实了如上关于基因表达抑制模式的假设。*Ap2*、*pi*、*ag*三个基因的突变导致拟南芥不具有正常的花器官。取而代之的是轮状排列的叶器官。

8.8.3.9 基因树

分子分类学能够作为建立系统发育树强有力的工具。近些年常用的方法包括利用限制性酶切片段多态性研究叶绿体DNA（cpRFLP)、NADP脱氢酶亚单位F的叶绿体基因分析(ndhF，在小的拷贝区域)、RNA聚合酶Ⅱ“a”和“b”亚单位的叶绿体基因分析（在一个大的单拷贝区域的*rpoA*和*rpoC2*)、ATP合酶（AtpB)“b”亚单位的叶绿体基因分析、核糖体ITS区域、光敏色素B和淀粉合酶Ⅰ束缚颗粒。这些研究结果在禾本科针茅族植物中表现出令人鼓舞的一致性。在其他情形下，根据叶绿体基因构建的系统发育关系与根据核基因构建的系统发育关系不一致，暗示了在依赖任何单一特征建立系统发育时都应该谨慎。由 *rbcL* 建立的基因树在被子植物中得到充分利用。Chase等（1993）试图用 499 条 *rbcL* 序列获得所有种子植物的系统发育关系。这个分析证明了一些序列是假基因，整个科是由单序列表达的。这些数据组被其他的学者重新分析产生了简约树（Rice 等，1997）。*rbcL* 资料支持石竹亚纲是单源的。它也支持成对科萝摩科-夹竹桃科、五加科-伞形科和十字花科-白花菜科的合并。*rbcL* 资料也支持虎耳草科和忍冬科的多源属性。

第9章　表征方法：数量分类学

系统学的目的在于建立不同标准下的分类系统。我们常常看到，对于相同的数据，系统学家可以采用完全不同的分析方法。反映生物体之间关系的数据通常采用2种方法来处理：表征法和系统发育法，有时还采用进化学派的方法。依据不同方法所得的分类结果往往是不同的。

数量分类是分类学一个发展中的分支，它的发展很大程度上归功于计算机的发展和优势。这个领域的研究也经常被称为数学分类学（Jardine and Sibson，1971）、数量分类学（taxometrics，Mayr，1966）、统计分类学（Rogers，1963）、多元形态度量学（Blackith 和 Reyment，1971）和表征学。现代数量分类学的诞生以 Sneath（1957）、Michener 与 Sokal（1957）以及 Sokal 与 Michener（1958）等著作为标志，Sokal 与 Sneath 于1963年发表的《Principles of Numerical Taxonomy》及其随后在1973年发展的扩展和修订版《Numerical Taxonomy》代表了该方法发展的顶峰。

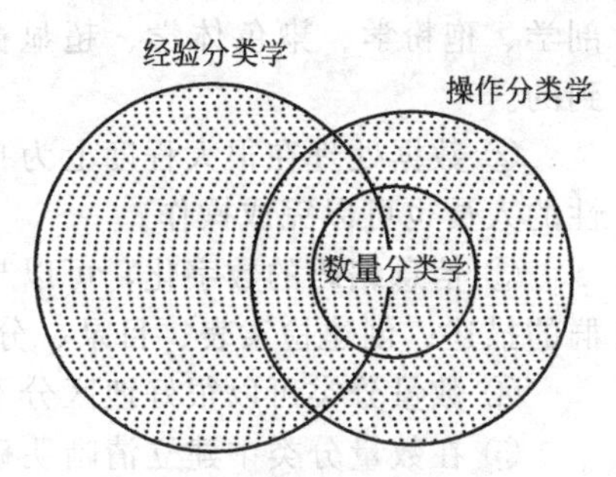

图 9.1　经验、操作和数量分类学之间的关系
(Sneath 和 Sokal，1973)

在最近的几十年里，人们就经验分类学（empirical approach）和运筹分类法（operational approach）哪一个更适用于系统学研究的问题展开了激烈的争论。经验分类法基于观察所得的数据，而不进行任何假设。相反，运筹分类法依赖不同的操作方法和对观察数据的评价，在此基础上做出最后的分类判断。数量分类学在这两者之间找到了平衡，因为它兼具经验性和操作性（图9.1）。

必须指出的是，数量分类学既不产生新的数据，也不创立新的分类系统，而是一种新的整理数据的方法，它帮助我们更好地理解分类群之间的关系。特定的分类往往以一个或几个特征或者一组数据作为分类的依据，而数量分类则基于从多组数据得到的大量特征，由此做出一个具有最大预测性的纯表征分类。

9.1 数量分类学的原理

现代数量分类的思想最早源于法国博物学家安德森（Michel Adanson，1763）。他否定对某些特征给予特别的重视，并且相信自然的分类是以相似性为基础的，因此应该将所有的特征都列入考虑的范围。由 Sneath 和 Sokal（1973）发展起来的现代数量分类学原则，是在对安德森原则的理解之基础上发展起来的，因此被称为新安德森原则。然而，将安德森作为数量分类学的创始者是错误的，因为他工作在一个与今天全然不同的学科环境中，研究方法大相径庭。现将这些分类学原则阐述如下：

① 分类中，种的信息含量越多，所依据的特征数量越多，所得出的分类结果越好。

② 分析时的先决条件是，在进行自然分类的时候，每个特征都有相同的价值。

③ 任何 2 个分类实体之间的全面相似性是对许多特殊相似性的概括，这些特殊相似性源于 2 个分类群的每一个特征的比较。

④ 性状间的相关性因所研究的类群而异，因此研究者总可以选取到有用的性状而把所研究的类群区分开来。

⑤ 在对进化的途径和机制做出一定假设的基础上，研究者可以依据分类群的系统排列和性状相关性来推论它们的系统发育。

⑥ 分类学被认为是经验学科，而实际上也是如此。

⑦ 分类基于表型的相似。

数量分类的方法论包括选取操作单元（种群、种、属等，决定于资料的来源）和性状。首先记录下来观察所得的信息，然后用各种统计公式计算操作单元之间的相似性（和/或距离）。最后的分析包括对相似性信息的比较以及图表或模型的构建，即对数据进行总结。图表或模型有助于对所有的分析进行综合，从而更好地理解分类群间的相互关系。相比于传统分类学，数量分类学的主要优点包括：

① 数量分类学可以综合各方面的信息，例如形态学、生理学、植物化学、胚胎学、解剖学、孢粉学、染色体学、超显微结构和微形态学等，这一点在传统分类学中是很难达到的。

② 数据处理在很大程度上为自动化，提升了工作效率和操作的简便性，即使是非技术性的人员也可以完成操作。

③ 信息编码的数字化，可以与已有的不同研究机构的信息处理系统结合，用于对分类群的描述、创建检索表、目录、分布图以及一些其他文件。

④ 数量分类可以很好地区分不同分类处理的优劣，从而提供更好的分类和检索表。

⑤ 在数量分类中建立清晰明确的数据表是非常有用的，它为我们更多更好地利用已描述的特征，为传统分类的改进提供了必要条件。

⑥ 随着数量分类的应用，产生了很多关于分类的新问题，也引发了对老分类系统的重新检验。

⑦ 一些生物学的和进化的观念已被重新解释，这引发了人们对生物学研究的新兴趣。

数量分类学旨在确定有机体间或分类群间的表征关系。Cain 和 Harrison（1960）将表征关系定义为没有任何性状加权的、建立在全面相似性基础上的分类处理。Sneath 和 Sokal（1973）定义表征关系为：基于被研究对象的一组表型性状的相似性。表征关系不同于分支关系，后者强调最近的共同祖先，反映出一组“祖先-后裔”的分支关系。表征关系以表征图来表述，而分支关系则是用分支图来表述。

9.2 运筹分类单位

数量分类学的第一步是选择运筹分类单位 OTUs，即数据源样本。尽管最理想的 OTUs 应该是同一个种群中的个体，但实际操作中我们选择比研究对象低一级分类阶元的分类群或群体作为 OTUs。因此，研究对象为物种时，OTUs 是种群；研究对象为属时，OTUs 是物种；研究对象为科时，OTUs 是属。尽管如此，属或者更高的分类阶元仍不宜作为 OTUs，因为大多数性状的变异都表现在不同的种之间，属以上的等级不适合用于比较。实际的做法是为研究对象选择合适的代表。因此，若是分析一个科，比较科内的几个属，则应取各个属的代表种，以此获取信息，用以分析。待 OTUs 选定后，应将它们列表排列。

9.3 分类特征

传统上对于分类特征的定义是：可以区分一个分类单位与另外一个分类单位的特征。因此，开白色花的种可以和开红色花的种相区别，而白花可以作为一个特征，红花也是一个特征。数量分类学提出一个操作性更强的有关性状的定义（Michener 与 Sokal，1957），即，一个有机体与另一个有机体相区别的特征。根据这一定义，花色是一个性状（无论白花还是红花），白花和红花只是两种性状状态（character-states）。有些人（Colless，1957）用属性指代性状状态，但是这两个名称并不总是具有相同的意思。当选择一个用于数量分析的性状时，最重要的是要选择一个单位特征，即，可区分出多个状态的性状，这一性状对于被研究的分类群来说是基本性状，从逻辑上不能被再划分（除非是通过编码的方法）。例如，毛状体可分为有腺体的或没有腺体的，有腺体的毛状体可能有柄或无柄、有分支或无分支，没有腺体的毛状体也一样。因此，有腺体的毛状体可作为一个单元性状，而没有腺体的毛状体是另外一个单元性状。然而，如果 OTUs 中的有腺体毛状体不存在变异，所有的无腺体的毛状体也相同，那么毛状体就可以作为一个单元性状。

数量分类中的第一步工作就是做一个单元性状的列表。这个列表应该包括所有有价值的性状。数据处理由因及果（先验加权），即将所有的性状同等处理（非加权的），然而，一些人提倡对某些性状赋予加权（后验加权）。这种做法在运用大量性状时通常是无效的。一般来说，数量分类研究所包含的有价值性状应当不少于 60 个，最好多于 80 个。实际工作中会遇到如下情况，即有些性状的信息没有什么价值（如种群中的许多植物不结果实），信息与被研究的类群不相关（如在所研究的类群中许多植株没有毛状体的情况下的“毛状体种类”）；某性状在同一个 OTU 中显示出不同的状态（如马樱丹属植物的花色）。当所有这样的性状都从列表中被除去后，就形成了对性状的剩余加权。选取性状的另一要点是，同源的性状才能进行比较。如银莲花的“花被片”是特化的萼片，与毛茛属其他植物的萼片不同源，因此不能进行比较；与此相同，甘薯的地下膨大器官（特化的根）不能和马铃薯的膨大器官（特化的茎）进行比较。

9.3.1 性状编码

数量分类的信息处理实质上就是计算机的运算。在将数据输入计算机之前，应首先将它们适当地编码。最适合计算机运算的是有 2 个状态的性状（二歧性状或“存在-缺失”性状），如植物的习性为木本或草本。但是，并非所有的性状都是成对的，它们可能是定性的多态（花是白色、红色、蓝色），也可能是定量的多态（每一个节上的叶片数是 2 片、3 片、4 片和 5 片）。这样的多态性状可以被转化成二态的（花白色相对于彩色，叶片 4 或 4 片以上相对于叶片数少于 4 的），或者被一分为二（花白色相对于非白色，蓝色相对于非蓝色，叶片 2 枚相对于非 2 枚，叶片 3 枚相对于非 3 枚等）。这样的分类方法难免会造成对这些性状的加权（如叶片数目、花色）。但是在具有大量数据的情况下，这样的偏差会被中和。二态或二歧性状最好被编码成 0 和 1，以表示 2 种不同的状态，这样可以使计算机的处理最为有效。这些被编码的信息将被输入到一个有 t 行（OTUs 的数目）n 列（性状的数目）的矩阵中，矩阵的次就是 $t \times n$（表 9.1）。

表 9.1 一个假设下的具有 t 个和 n 个性状的数据矩阵

性状 运筹分类单位(t)	习性 0 - 木本 1 - 草本	果实 0 - 蓇葖果 1 - 瘦果	子房 0 - 上位 1 - 下位	叶 0 - 单叶 1 - 复叶	生境 0 - 陆生 1 - 水生	花粉粒 0 - 三沟 1 - 单沟	胚珠 0 - 单珠被 1 - 双珠被	心皮 0 - 离生 1 - 合生	质体 0 - PⅠ型 1 - PⅡ型
1	1	0	1	1	0	1	1	1	1
2	1	0	1	1	1	1	0	0	1
3	0	NC	0	1	0	0	1	1	1
4	1	1	1	0	1	0	0	0	0
5	1	0	1	1	0	1	1	0	1
6	1	1	0	1	1	NC	0	1	0
7	0	1	1	0	1	1	0	0	1
8	0	0	0	1	0	0	1	1	1
9	1	1	1	0	0	1	1	0	0
10	0	0	0	1	1	0	1	1	1
11	1	0	1	1	0	1	0	0	1
12	1	1	0	0	1	1	0	0	1
13	0	0	1	0	1	0	1	0	1
14	1	0	1	0	1	0	1	0	1
15	0	1	1	0	0	1	1	0	0

注：二态性状的状态 a 和 b 分别编码为 1 和 0；编码 NC 表示在某个分类群中该性状不符合这样的二态状态；这个分析共包括有 100 个性状，但这里只显示其中的 9 个。

剩余加权包括从数据矩阵中去除一个性状，因为这一性状对于大量的 OTUs 没有信息或信息无效。有时，某一性状对于大多数的 OTUs 来说有信息，仅对少数 OTUs 没有，这种情况下，这一性状可以留作分析，而对于那些少数的不含有此性状信息的 OTUs，只要在矩阵中输入一个 NC 编码（not comparable，不可比）即可。在运算中，当程序遇到 NC 编码时，它就会识别出含有信息的 OUT，只对它们进行比较。当计算机执行信息处理时，这些 NC 编码被设定为特殊的数值（除 0 和 1 外）。然而当有太多 OTUs 在某性状上没有可比性时，应当尽可能避免做剩余加权。

尽管其他形式的编码也可以被处理，但是操作起来很麻烦。一种解决方法就是给不同的性状状态分别赋予不同的符号，如下表：

花 色	白	红	黄	紫
性状状态	A	B	C	D

当 2 个 OTUs 中出现相同的代表符号时，运算就会将它们记作相匹配，否则记作不匹配。

9.4 测量相似性

一旦数据整理完成，并以矩阵的方式输入，下一步就是计算每对 OTUs 之间的相似性。许多学者相继提出了一系列不同的用于计算每对 OTUs 相似性或相异性（分类学距离）的公式。如果我们要用二歧式的数据（即编码为 1/0 状态的数据）计算相似性或相异性，结果可能形成如下组合，

		OTU k 1	OTU k 0
OTU j	1	a	b
OTU j	0	c	d

相似者：$m=a+d$

不相似者：$u=b+c$

样本大小：$n=a+b+c+d=m+u$

j 和 k 是两个被比较的 OTUs

现将一些常用的公式讨论如下，

9.4.1 简单匹配系数

这种计算相似性的方法很方便，并十分适用于二歧式数据。其中 0 和 1 分别代表一个性状的 2 种状态，0 不仅仅代表一个性状状态是否存在。这个系数是由 Sokal 和 Michener (1958) 提出的。该简单匹配系数的表达式为：

$$S_{SM}=\frac{\text{匹配值}}{\text{匹配值}+\text{不匹配值}}$$

$$\text{或者}\quad \frac{m}{m+u}$$

用百分数来表示相似性更为合适（表 9.2）。因此，这个公式可以变形为：

$$S_{SM}=\frac{m}{m+u}\times 100$$

表 9.2 假设下的分类群相似性矩阵

OTUs	1	2	3	4	5	6	7	8	9	10	11	12	13	14	15
1	100														
2	47.0	100													
3	54.0	47.0	100												
4	49.0	54.0	52.0	100											
5	50.0	51.0	44.0	48.5	100										
6	46.0	59.0	46.0	47.0	48.0	100									
7	47.0	48.0	48.0	46.0	65.0	47.0	100								
8	56.0	51.0	56.0	51.0	46.0	58.0	25.0	100							
9	50.0	45.0	49.0	50.0	60.0	40.0	79.0	30.0	100						
10	50.0	45.0	54.0	50.5	58.0	41.0	77.0	36.0	92.0	100					
11	53.0	54.0	49.0	45.5	65.0	51.0	92.0	31.0	75.0	73.0	100				
12	48.0	47.0	49.0	50.0	58.0	42.0	81.0	30.0	96.0	94.0	75.0	100			
13	47.0	44.0	49.0	49.5	59.0	44.0	68.0	41.0	81.0	83.0	62.0	81.0	100		
14	55.0	46.0	55.0	51.5	57.0	44.0	72.0	39.0	81.0	81.0	72.0	81.0	74.0	100	
15	56.0	45.0	57.0	53.0	54.0	44.0	67.0	40.0	78.0	72.0	67.0	74.0	67.0	87.0	100

注：相似性以简单匹配百分比表示。

当比较一对 OTUs 时，如果每个 OTUs 的某性状状态都为 0 或都为 1 时，则记录一次匹配；相反，当一个性状在一个 OTU 中表现为 0，而在另一个 OTU 中表现为 1 时，则记录一次不匹配。

9.4.2 结合系数

这个系数最早是由 Jaccard (1908) 提出的，它对性状状态有所加权，只计算“1”而不考虑“0”，因此只适用于那些状态为“存在-缺失”的性状。其计算公式如下：

$$\text{结合系数}(S_J)=\frac{a}{a+u}$$

该式中，a 代表在 2 个 OTUs 中状态均为“存在”（编码为“1”）的性状的数目，这个值同样可以用相似百分比的形式来表示。

9.4.3 尤尔系数

这个系数在数量分类学中并不经常被用到，它的计算公式如下：

$$S_Y = \frac{(ad-bc)}{(ad+bc)}$$

9.4.4 分类学距离

OTUs之间的分类学距离可以简单地计算为 100 减去匹配值百分比，它也可以利用 Sokal 于 1961 年提出的公式直接以**欧式距离**计算：

$$\Delta jk = \left[\sum_{i=1}^{n} (X_{ij} - X_{ik})^2 \right]^{1/2}$$

平均距离表现如下：

$$d_{jk} = \sqrt{\Delta_{jk}^2 / n}$$

其他经常使用的分类距离包括 Cain 与 Harrison（1958）提出的平均性状差（M. C. D.）、Lance 与 Williams（1967）提出的曼哈顿度量距离系数和 Clark（1952）提出的发散系数。

一旦每对 OTUs 之间的相似性（表 9.2）或差异性（表 9.3）被计算出来，这些数据表现为 $t \times t$ 次的二维矩阵，在这个矩阵中，行和列都代表 OTUs（表 9.2）。必须注意的是，在这个矩阵中对角线 t 值表示的是自比较的结果，因此相似性是 100%，这些值自然就是多余的。对角线上部三角形中的值和下部的值相同，因此相似系数的有效个数是 $[t \times (t-1)]/2$。假设有 15 个 OTUs 参与比较，有效相似系数的数目应为 $[15 \times (15-1)]/2 = 105$。

表 9.3 假设下的分类群的非相似性矩阵

OTUs	1	2	3	4	5	6	7	8	9	10	11	12	13	14	15
1	0.0														
2	53.0	0.0													
3	46.0	53.0	0.0												
4	51.0	46.0	48.0	0.0											
5	50.0	49.0	56.0	51.5	0.0										
6	54.0	41.0	54.0	53.0	52.0	0.0									
7	53.0	52.0	52.0	54.0	35.0	53.0	0.0								
8	44.0	49.0	44.0	48.5	54.0	42.0	75.0	0.0							
9	50.0	55.0	51.0	50.0	40.0	60.0	21.0	70.0	0.0						
10	50.0	55.0	46.0	49.5	42.0	59.0	23.0	64.0	8.0	0.0					
11	47.0	46.0	51.0	54.5	35.0	49.0	8.0	69.0	25.0	27.0	0.0				
12	52.0	53.0	51.0	50.0	42.0	58.0	19.0	70.0	4.0	6.0	25.0	0.0			
13	53.0	56.0	51.0	50.5	41.0	56.0	32.0	59.0	19.0	17.0	38.0	19.0	0.0		
14	45.0	54.0	45.0	48.5	43.0	56.0	28.0	61.0	19.0	19.0	28.0	19.0	26.0	0.0	
15	44.0	55.0	43.0	57.0	46.0	56.0	33.0	60.0	22.0	28.0	33.0	26.0	33.0	13.0	0.0

注：该矩阵是建立在表 9.2 的相似性基础之上的。

9.5 聚类分析

OTUs×OTUs（$t \times t$）矩阵的表达方式太过繁杂，不宜于提炼出有意义的图表，因此需要进一步浓缩它，以便用于单元之间的比较。聚类分析就是这样一种方法，它将 OTUs 以相似性逐渐降低的顺序排列。早期的聚类分析比较烦琐，它包括相似性系数很接近的数据在矩阵中位置的调动，从而使矩阵中相似系数很接近的 OTUs 被成簇放在一起，形成聚类。今天，随着计算机技术的发展，有关聚类分析的软件更加行之有效，更利于构建聚类图或表征图。多种聚类分析的程序可以被分为 2 类。

9.5.1 凝聚法

凝聚法是从 t 个 OTUs 开始，使它们逐步合并直到最终形成一个聚群。在生物学中最常用的聚类方法是序贯凝聚等级非交迭聚类法（SAHN)。这个方法对实现阶元式分类十分有用。这个算法的过程始于假设只有 100% 相似的 OTUs 才能被合并。因为没有任何 2 个 OTUs 之间的相似性可能达到 100%，我们在计算的开始就会有 t 个群。现在，让我们将合并的标准降低到 99% 的相似，可仍然没有 OTUs 可以被合并，因为，在我们的例子中，最高的可合并相似性为 96.0%。最合理的方法就是采用这个最高的可合并数值（此处为 96.0）去合并相应的 2 个 OTUs（此处是 9 和 12)，这样，在合并标准是 96.0 的情况下，我们还会有（$t-1$）个聚群。再往后，下一个更低的可合并的匹配值被选出，聚群的数目则减少为（$t-2$）。以这样的步骤不断进行下去，直到我们只剩下单独一个群，它具有最低的显著相似值。这样，在将每一个 OTU 逐步合并入由多个 OTUs 组成的聚群时，非常重要的是如何决定聚群图表中聚群之间的水平连接值。以下的一些方法可以用以实现这一目的。

最常用的方法是单连锁聚类法（single linkage clustering method，也叫最近邻居聚类 nearest neighbour technique 或极小值法 minimum method)。在此方法中，每一个被合并入某聚群的 OTU 与此聚群的相似性即是它和该群中最近的成员的相似性。OTUs 和聚群之间的联系，以及聚群和聚群之间的联系是由一对 OTUs 之间的联系确立的。这种方法与其他 SAHN 聚类法相比，往往造成长而散乱的聚群。图 9.2 是我们用该方法处理数据得出的表征聚类图。

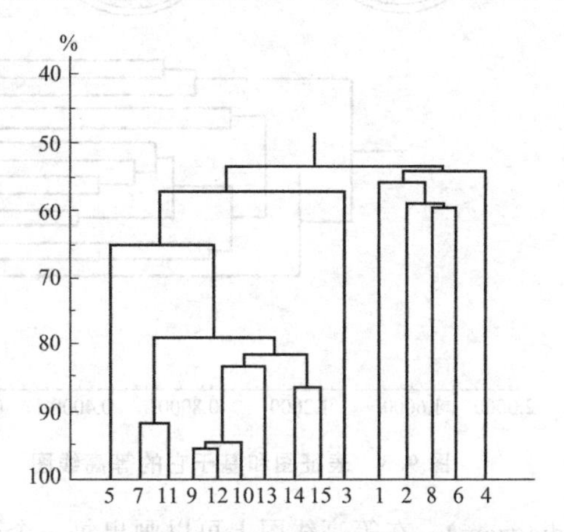

图 9.2 依据表 9.2 的相似性矩阵用单连接法计算出的 15 个操作分类单位的聚类

在我们的矩阵中（见表 9.2)，最高的相似值为 OTU9 和 OTU12 之间的 96.0，因此它们两个首先被合并。第 2 个相似值为 OTU10 和 OTU12 之间的 94.0，但是由于 OTU12 已经和 OTU9 合并成一个群，因此 OTU10 以相似性 94.0 加入该群。如此反复重复，直到所有的 OTUs 都被合并入一个聚群，其相似值为 53.0。

全连锁聚类法（complete linkage clustering，也叫最远邻居聚类 farthest neighbour 或极大值法 maximummethod)：候选的被合并 OTU 与聚群中最远的 OTU 之间的相似值即为它与整个聚群的相似值。这个方法经常获得紧密离散的聚群，很难与其他 OUT 或聚群合并，并有很低的全面相似性。

平均连锁聚类法：首先计算被合并 OTU 与聚群或聚群与聚群之间的平均相似值。为此，有许多算法：使用算术平均的不加权对群法（UPGMA）计算候选 OTU 和一个聚群之间的平均相似或相异值，平均对待聚群中的每一个 OTU，忽略它自身结构的亚分化。加权对群形心法（WPGMC)：对最近合并入和早先合并入聚群的 OTUs 进行等量加权。

9.5.2 拆分法

拆分法是相对于凝聚法的，它最初将所有的 t 个 OTUs 放在一群中，然后逐步将其拆分成亚群，直到不能再进一步拆分为止。常用的拆分方法为关联分析（William 等，1966)。这个方法常用于处理生态学数据的二态性状。在构建分支图时，拆分法与凝聚法的方向相反，前者自上而下，而后者是自下而上。这种分析所要进行的第一步是用下面的公式计算每

对特征性状之间的 x^2（卡方）值：

$$x_{hi}^{2}=n(ad-bc)^{2}/[(a+b)(a+c)(b+d)(c+d)]$$

其中 i 代表被比较的性状，h 代表除 i 以外的性状，首先计算每个性状的 x^2 总和，然后选出具有最大 x^2 值的性状用以进行第一级分支。所有的 OTUs 被分为 2 个聚群，一个具有特征状态 a，另一个具有特征状态 b。以此类推，在每一个聚群中，再选出其中具有最大 x^2 值的性状，继续进行亚拆分，这种步骤一直重复到 OTUs 间不存在明显的亚聚群为止。

9.5.3 阶元式分类

以各种方法构建的聚类图都可以用以进行阶元式分类，其中的关键点是要确定各分类等级的范围或量级。分析者可能以 85% 的相似性为物种聚类的标准，65% 和 45% 的相似性分别为属和科聚类的标准，从而从聚类图上定出哪些个分支（聚类群）是一个种、一个属或一个科。这种方法虽有助于进行阶元式分类，但在确定某一分类阶元的范围或（相似性）量级时，研究者往往持不同的标准，有人可能提出以 80% 相似性为种的聚类标准，而有些人可能提出其他数值。在这个问题上，比较普遍使用的是 85%、65% 和 45% 同型种系。这样的术语仅为使用方便，有待于充分的数据将它们定以正式的分类学等级。

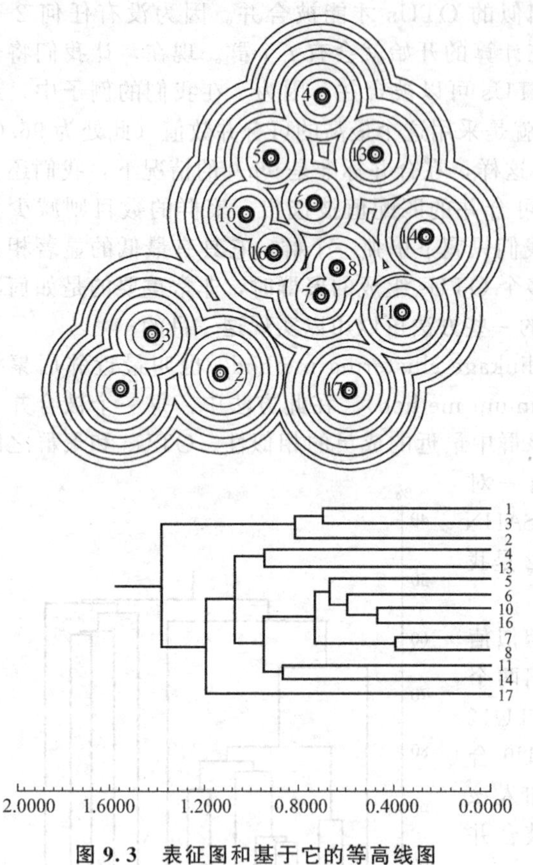

图 9.3 表征图和基于它的等高线图

聚类分析的结果往往以被称为表征图的树系图来表示。它也可以用等高线图来表示（图 9.3），前者是波兰的植物社会学家们发明的，被称为弗罗茨瓦夫图表（Wroclaw diagram）。在等高线图上可以画出每一个聚类群的界限。

9.6 排序法

排序法是一种将 OTUs 在二维或三维坐标图上定位的技术。二维排列的结果可以用散点图的形式表示，而三维排列的结果则需借助于三维模型来表示。这种排列依据距离计算模型。OUTs 间的距离可直接由性状状态的编码矩阵计算，也可由相应的相似性数据矩阵转化而来：距离为 100（当相似值以百分比表示时）或 1（当相似性为 0～1 的数值时）减去相似值。表 9.3 即是一个由相似性矩阵（表 9.2）转化而来的距离矩阵。

排序法的第一步就是构建一个 x 轴（水平轴）。在常用的极点排序中，两个距离最大的 OTUs 被选出作 x 轴的两个端点（A 和 B）。在我们的例子中它们是距离值为 75 的 OTU8 和 OTU7，其他所有的 OTUs 在 x 轴上的位置可以被一个一个标示出来。OTU10 与 A（OTU8）的距离为 64，和 B（OTU7）的距离为 23，以 A 为圆心 64 为半径画出的圆弧与以 B 为圆心 23 为半径画出的圆弧相交，从交点引出一条与 x 轴垂直的直线，直线与 x 轴的交点就是 OTU10 的位置。x 轴与圆弧交点的距离即相关 OTU 的偏离（poorness of fit）。

OTU 在 x 轴上与左端点（A）的距离也可以用公式直接计算：

$$x=\frac{L^2+dAC^2-dBC^2}{2L}$$

x 为某 OTU 与左端点的距离，L 为 A 和 B 的距离（x 轴的长度），dAC 为 A 和该 OTU 的距离，dBC 为 B 和该 OTU 的距离。OTU 的偏离（e）可以计算为：

$$e=\sqrt{dAC^2-x^2}$$

当所有 OTUs 的位置都被确定，最小适合值也都被计算出来之后，则需要计算第 2 个轴（纵轴或 y 轴）。具有最大偏离的 OTU 被选择出来作为 y 轴的一个顶点，而另一顶点则是与此点距离最大的另一 OTU，但与 x 轴的距离必须在 x 轴长度的 10%以内。用前述方法计算其他 OTUs 在 y 轴的位置及其偏离，同理，进一步可以建立 z 轴并计算各 OTUs 在 z 轴上位置，这样最终形成一个三维的散点图或模型。

常用的排序方法为主成分分析法，其结果也可以是一个二维散点图。采用这种方法时，散点图上无零点，x 轴和 y 轴上数值的范围均在 －1～1 之间（设为特征值），因而这个二维散点图共有 4 个轴：正水平轴、负水平轴、正垂直轴和负垂直轴（图 9.4）。这个方法的前提假设是：如果以一条直线（坐标轴）代表一个分类性状，则可以根据所有 OTUs 在那个性状上的状态值来确定它们在该直线上的位置。因此，如果采用两个分类性状，则产生一个二维图，如果采用 n 个性状，则产生 n 维坐标图。

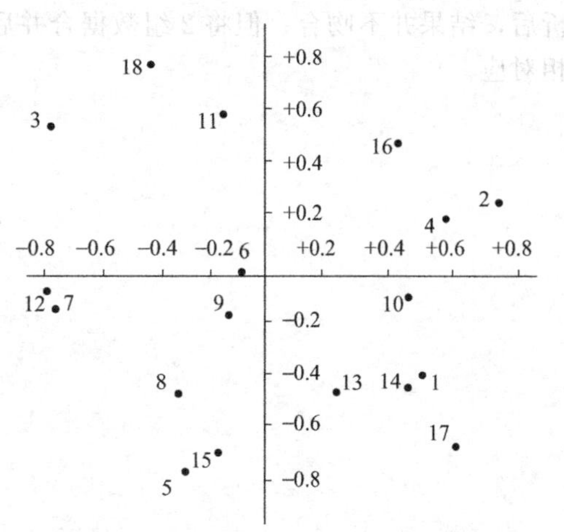

图 9.4　18 个假设分类群的主成分分析结果

主成分分析中对坐标轴的确定取决于最大变异量的分布，具有最大变异量的轴为第 1 主成分轴，第 2 轴与第 1 轴垂直，代表次大变异量。这样的计算过程最终产生的轴数目比 OUT 的数目少 1，一般是根据第 1 和第 2 轴的结果绘制散点图。该方法还计算特征向量，以表明某轴（某性状）的重要性。特征向量越大的轴，其重要性也越大。

与主成分分析相关的分类排列法是由 Gower（1966）提出的主坐标分析。这种方法可以直接从欧式距离矩阵计算主成分，而不必从原始的编码数据矩阵开始。这个分析方法也适用于非欧式距离的数据或其他联合系数，只要此矩阵没有较大的负特征值。与主成分分析相比较，这种分析方法受 NC 编码的影响较小。

9.7 数量分类在被子植物中的应用

应用数量分类方法解决分类问题的例子有很多。Clifford（1977）运用数量分析方法对塔赫他间（1969）和克朗奎斯特（1968）系统中的单子叶植物 4 个亚纲进行了分析，这 4 个亚纲是：泽泻亚纲 Alismidae（克朗奎斯特的 Alismatidae）、百合亚纲、鸭跖草亚纲和棕榈亚纲。依据聚类分析和主坐标分析，他的研究结果是：睡莲（泽泻亚纲）在单子叶植物中是明显区分于其他类群的一支。

他的研究还表明霉草目（克朗奎斯特将它放在泽泻亚纲，塔赫他间将它放在百合亚纲）是具风媒传粉特征的科中较特殊的一支。有趣的是塔赫他间（1987，1997）将霉草目作为霉草亚纲下的一支，Thorne（1992）也将它放在独特的霉草超目之中（这个处理被 Thorne 本人于 2003 年又否定了）。这个研究结果支持塔赫他间将香蒲目置于天南星亚纲中，而不支持他对天南星目的处理。该研究进一步表明，尽管天南星目和棕榈亚纲没有关系，但将它们置于与之相近的百合类（百合亚纲）也不妥当。重要的是，塔赫他间（1997）将天南星目独立成一个天南星亚纲。聚类分析结果产生的树系图具有 10 个类群，主坐标分析的结果显示，导致这样聚类的主要性状为鳞片的有无、花药绒毡层的特征和种子中胚乳的有无。鳞片和胚乳的状态为单子叶植物初级划分的主要特征。将植物划分为风媒传粉类和动物传粉类的主要性状有：子房的位置（上位、下位、半下位），胚乳的性质（是否含有淀粉），气孔副卫细胞的数目（0、2 或更多）以及果实的类型（瘦果、坚果、浆果、蒴果和核果）。

在双子叶植物中，比较重要的数量分类工作有 Young 和 Watson（1971）的研究，他们应用 83 个性状，分析了 543 个典型属。以此为基础，他们将双子叶植物分为厚珠心类和薄珠心类。

Hilu 和 Wright（1982）用数量分类法分析了禾本科：分别利用外部形态和显微特征分析后，结果并不吻合；但将 2 组数据合并后，分析结果为 8 个聚类群，与禾本科的 8 个亚科相对应。

第10章 系统发育方法：分支系统学

系统发育方法是以系统发育数据为基础对生物类群进行分析和分类，并在其基础上构建树系图，即分支图或系统发育树（最近直接称之为“树”），以此描述分类群间的谱系关系。应用该方法从事研究的学者属于分支分类学者，而这个研究领域则被称为分支系统学（cladistics）。这个术语目前逐渐被系统发育系统学一词所代替。系统发育的概念涉及很多变异类型，它们往往对研究结果有互相矛盾的解释。因此，在对这个复杂领域进行详细探究之前，我们必须先对它有一个简单的了解。

10.1 系统发育研究中的重要术语和概念

很多重要的术语在被子植物系统发育研究中被反复使用并赋予不同解释，并常常由此导致不同的结论。一个突出的例子为 Melville（1983）对被子植物单系起源的论断。他的论据是：单个化石类群舌蕨亚纲有多个祖先类型，被子植物由它们衍生而来。他的这一论据在大多数持严格单系概念的学者眼中恰好说明被子植物是一个复系类群，尽管这种观点被强烈否定。为更好地理解被子植物的系统发育，我们有必要对这些概念做一全面的评价。

10.1.1 祖征和衍征

决定某一生物类群系统位置的关键点是这一类群所含祖征和衍征的数目。过去，很多关于原始性的结论都立足于一种循环推理，如：“这些科是较原始的，因为它们具有原始特征，而原始的特征又是存在于这些原始类群中的特征”。近年来，我们已能更好地理解这些概念。我们普遍接受的观点是：不同植物类群有不同的进化速率，由此导致现有的某些类群比另外一些更为进化。在判定特征间的相对进化程度时，首先要做的是搞清楚哪些性状是祖征，哪些是衍征。Stebbins（1950）认为不应把不同的性状看作是独立的、相互分离的，因为自然选择是通过个体中所有性状的加合而起作用的。Sporne（1974）在同意这一观点的同时却认为，在研究初期，我们不可避免将各个性状独立看待，因为只有这样才能获得更好的统计分析。在早期被子植物化石记录不充分的情况下，比较形态被很大程度地用以判断性状的相对进化程度，为此形成了许多学说，但遗憾的是它们多依赖于循环推理。下面介绍一些比较重要的学说。

（1）保守区域学说　植物的某些结构和器官对环境的影响不太敏感而具有一定的保守性，因而它们被认为是比较原始的性状。但不幸的是几乎所有的性状都曾被当作过保守性状。再者，植物的花通常被认为比营养器官保守，那么花部性状就表现出一定的原始性，很多分类系统就是根据这种假设来处理植物类群的。

(2) 重演学说　该学说认为个体发育早期的性状更具原始性，即“个体发生重复系统发育”。Gunderson (1939) 用这个理论建立了被子植物的一些进化趋势：从离瓣花到合瓣花(因为合瓣花在个体发育的早期花瓣是分离的，后期才结合成管状)，从萼片分离到结合，从辐射对称到两侧对称，从心皮离生到合生。重演学说的观点最早只适用于动物而不完全适用于植物，原因在于植物的个体发生并未因胚胎发育的完成而停止，而是一直延续在整个植物生长发育的过程之中。幼态成熟就是一个例子，也就是说在成熟个体中存在的持续的胚性生长代表了一种高级状态。

(3) 畸形学说　Sahni (1925) 是畸形学说的倡导者，他主张当一个平衡被扰乱，那些较为稳妥的原始的体验会影响调节的进行。因此，畸形（变态）类似于返祖。Heslop-Harrison (1952) 认为，一些形态变化或退或进，都由个体的自身条件所决定。

(4) 系列变异学说　它认为任何一个特定的器官或结构在一系列生物中都呈连续变异式样，而系列变异的两端代表了该性状的 2 个性状状态，即祖征（原始的状态）和衍征（进化状态）。问题的关键是如何决定性状进化从哪一端开始的。

(5) 关联学说　该学说认为如果一个结构是由另一个进化而来的，那么“进化性状”的原始状态应该与其原始祖先的性状相似。因此，如果说导管是由管胞进化而来的，则原始类型的导管应该与管胞的特征相似，即导管分子较长、口径较小、壁厚、两头稍尖具斜的端壁。

(6) 普遍性学说　它认为一个群体中所有成员都具有的特征应当是来源于其共同祖先，因此被认为是比较原始的特征。然而，这个学说对被子植物来说并不适用，因为几乎所有的特征都有例外。

(7) 性状相关学说　这个学说在 19 世纪 20 年代得到了普遍的认可，它提出一些形态特征是相互关联的，这在进化研究中得到了证实和应用。Bailey (1914) 证实了三叶隙节和托叶之间的相关关系。Frost (1930) 认为特征之间的相互性是由于它们的进化速率相互关联而导致的。Sporne (1974) 并不同意这一观点，他认为即使进化速率不同的特征之间也可表现出相互的关联。在任何一个分类单位中，原始性状之间所表现出来的相关性不过是它们分布的不随机性所导致的。从定义来看，一个分类群中的原始成员都保留了较多的祖征，而较为进化的则是那些原始特征较少的成员，但后者可能是由于性状的丢失或转变所致。这样就形成了类群中的原始成员具有高于群体平均数的原始特征。为了建立性状之间的相关关系，其相关性可通过性状偏离随机分布的程度计算出来。以这种计算的结果为基础，Sporne (1974) 通过这种方法总结了一个性状表，其中包含双子叶植物的 24 个原始特征和单子叶植物的 14 个原始特征。这些特征分别分布在双子叶的木兰类和单子叶的石蒜类植物。根据这些特征的分布，Sporne 为每个科计算出了一个进化指数，并以一个圆形图的形式来表现被子植物不同科的进化位置。最原始的科靠近圆心，而最进化的科则在圆的边缘。从这个图可以很清楚地看到，被子植物最早的成员现已灭绝，因为没有一个现存的被子植物科的进化指数是零，现存的所有成员都在某些方面存在不同的进化。

随着分支分类学方法的发展以及祖征和衍征概念的运用，人们对被子植物的系统发育有了更深入的理解。从方法论看，分支分类学和数量分类学有相似之处，它最后构建一个分支图并以此来描述一个群体中的系统进化关系。被子植物的某些类群同时具有原始和进化的特征，这种现象称为祖衍症并存（heterobathmy）。水青树属就是这样一个例子，其茎中无导管，但它却具有较进化的三孔沟花粉粒。

10.1.2　同源和同功

任何不同的生物之间都存在某种程度的相似，一些分类群或分类单元的建立就是以这种全面的相似性为基础的。这种相似若为同源即为真相似，有些为同功的相似则为表面的相似。正确地理解这2个术语不仅对以探究系统发育为目的的植物分类十分必要，而且对进化生物学研究也具有十分重要的意义。

Owen（1848）最早使用并定义了这2个术语。在他的定义中，同源是指出现在不同生物中具有不同形态和功能的相同器官。同功是指一个动物中的某一结构或器官和另一动物的不同结构或器官具有相同的功能。如应用在植物中，则姜的根状茎、芋头的球茎、土豆的块茎、草坪草的匍匐茎均为同源器官，因为它们都是茎。土豆的块茎和甘薯的块根则是同功器官，因为土豆的块茎是变态的茎，而甘薯的块根则是变态的根。

Darwin（1959）是第一个把同源和同功应用到动物、植物中去的学者，他定义同源为由相同的胚胎部分发育而成的相关的结构或器官。因此，不同植物的花都是同源的，同样的花和叶也是同源的因为它们的发育完全相同。

19世纪的后半段，系统发育的概念被引入到对这些术语的解释中。Simpson（1961）将同源定义为由共同祖先那里继承下来的相似性。同样的，异源则被定义为不是从共同祖先继承下来的相似性。Mayr（1969）类似地定义同源为：如果不同生物所具有的相似特征可以追溯到它们共同祖先的某一相同特征，那么这些相似特征即为同源。在这个定义下，2个生物之间的同源只能是它们拥有一个共同的祖先，且这个祖先必须具有这2个生物共有的那个特征。

Wiley（1981）为这些术语提供了详细的解释。同源可以在2个特征之间，也可以在2个不同生物的某一特征之间。如果2个特征中的其中一个是由另外一个演化而来的，那么这2个特征就是同源的。这样的衍化系列称为进化转变序列（也称之为形态梯度或表型梯度）。先存在的特征称为祖征，而演化得到的特征称为衍征或进化特征。

3个或3个以上的特征如果处在同一个进化转变过程当中也可以是同源的（如子房上位→子房半下位→子房下位）。原始或进化都是相对的。在一个进化转变序列中，表现出3个特征A、B和C（图10.1），B相对于A来说是进化的，而相对于C来说则是原始的。

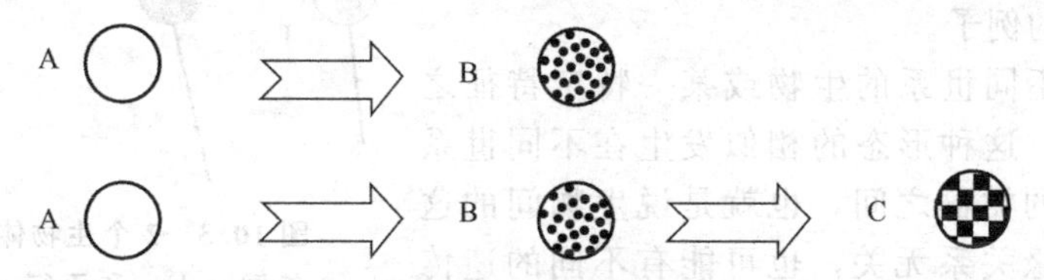

图10.1　特征间的同源性

在第1个例子中，特征A是祖征，B是衍征；在第2个例子中，B相对于A是衍征，但相对于C又是祖征，因为3个特征都属于一个进化转变系列

2个或2个以上具有同一特征的生物可以是同源的，如果它们的直接共同祖先也具有这个特征，这样的特征称为共享同源。如果这个特征出现在直接的共同祖先但在更早的祖先中没有（图10.2），也就是说这个特征本身就是进化后的一个特征，这种情况称为共有衍征。如果这个特征在直接共同祖先和更早的祖先中都有的话，即是一个比较原始的性状，则称为共有祖征。

同源可分为特殊同源和连续同源，以不同植物种类中的不同类型叶为例，那么这种不同生物之间的同源称为特殊同源。同一植物的不同叶子，如簇生叶、苞叶（苞片）、花叶之间的同源称为连续同源。以下一些标准可以帮助在实践中判断同源：

① 涉及地形位置、几何位置以及结构位置的形态学相似，如发生于叶腋处的枝条，尽管在其后它将产生不同的变化。

② 相似的个体发育过程。

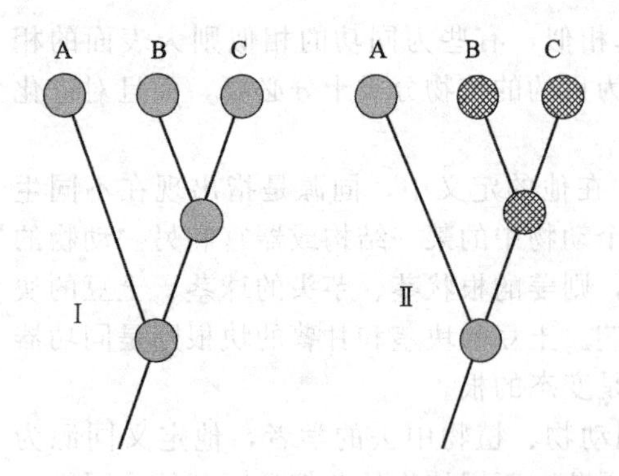

图 10.2　2 个生物体 B 和 C 间的同源性

在图Ⅰ中，相似性源于共祖征，因为 B 和 C 拥有的特征在它们的最近祖先中并没有改变；在图Ⅱ中，相似性源于共衍征，因为 B 和 C 的最近祖先拥有形态相似的性状，而且 B 和 C 现在共有一个衍生性状

③ 通过中间类型的延续，如哺乳动物槌骨是从鱼类的下颌骨进化而来，瘦果是由毛茛科的蓇葖果进化而来的，导管是由管胞发育而来的。进化发育早期的导管形态和管胞很相似，有窄长的胞体和斜的胞壁端。

④ 当许多物种都具有一个相同而又相对简单的性状时，那么这个性状在所有物种中都可能是同源的，与之相关的性状往往也是同源的。

⑤ 如果 2 种生物共有许多很复杂的同源特征，那么，这 2 种生物共有的其他特征往往也是同源的。

10.1.3　平行和趋同

与同源不一样，如果 2 个相似的特征并不能追溯到一个共同的祖先，则这种相似为同塑的结果。导致这种结果一般有 2 种情况：一是所研究的生物具有共同的祖先，但其相似性状并不存在于它们的共同祖先中（平行演化）；二是不同来源（祖先）生物的不同特征通过趋同演化形成完全相同或相似的特征（趋同）。这 2 种情况产生的相同或相似的特征称为假共有衍征，因为相似的特征并非来源于共同的祖先。

Simpson（1961）定义平行演化为生物具有共同的祖先，但他们所具有的相似特征是分别独立发生的。例如，毛茛属的三裂叶毛茛和常春藤毛茛具有相似的水生习性，全裂的叶子，但这些特征是通过平行演化获得的，买麻藤目和双子叶植物的导管也是一个平行演化的例子。

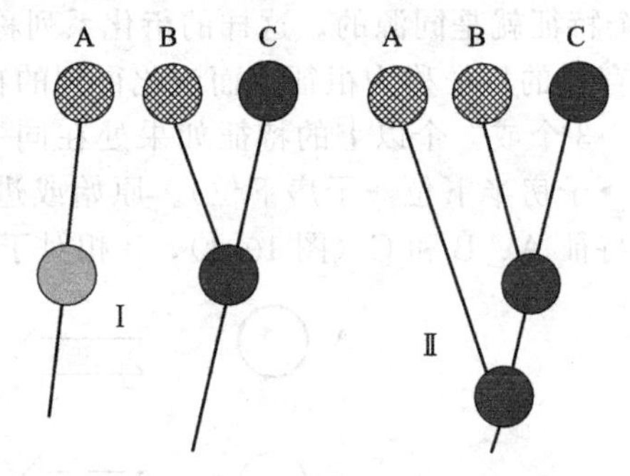

图 10.3　2 个生物体 A 和 B 之间趋同（Ⅰ）和平行（Ⅱ）的例子

在趋同现象中，生物间的相似性分别起源于不同的谱系；在平行演化中，A 和 B 具有共同祖先，但它们拥有的相似特征是分别独立产生的。在 2 种情况下，相似性反映的都是非真实的共衍征。两图中，B 和 C 的不相似都源于趋异

趋同意味着不同世系的生物或某一特定特征之间相似性的增加。这种形态的相似发生在不同世系或亲缘关系较远的类群之间，也就是说生物间的这种相似性常与亲缘关系无关，也可能有不同的遗传基础。如萝藦科和兰科的花粉块，木贼属、麻黄属和蓼属植物的节部特征。图 10.3 中显示平行和趋同的关系。

产生趋同的原因多为相似的气候、生境、传粉媒介和种子散播方式所致。一旦认定 2 个类群之间的相似性是趋同演化的结果，应当把它们分开分别形成一个自然的单系类群。以下的标准可以帮助判断趋同：

① 趋同通常源于对相似生境的适应。水生植物多缺乏根毛和根冠，但多具通气腔。沙漠中生长的多为一年生植物和肉质植物。大戟科和仙人掌科植物的肉质状态就是一个明显的趋同适应例子。

② 趋同也可能源于相同的传粉方式，如同为风媒的禾本科、杨柳科和荨麻科，以及同具花粉块的萝藦科和兰科。

③ 趋同可能是相同散播方式的结果，如菊科、萝藦科和一些锦葵科植物都具有多毛的种子。

④ 趋同经常发生在不同类群的较进化成员之间。蚤缀属和高山漆姑草属为一姐妹群，它们最早为一个属蚤缀属，高山漆姑草属是后来才从蚤缀属中独立出来。细长枝蚤缀和杂种高山漆姑草比它们分别与这2个属中的其他任意2个种都更为相似。如果这2个种的相似特征是从共同祖先继承下来的，那么这2个种应分别为2属中最古老的种（图10.4Ⅰ），此时将这2个属合并将更加合适。然而，研究发现这2个种都是它们各自属中最特殊的种（图10.4Ⅱ），它们的相似是趋同的结果。因此，这2个属的划分是恰当的。如果将它们合并势必形成一个复系类群，这是进化生物学家尽力避免的情况。

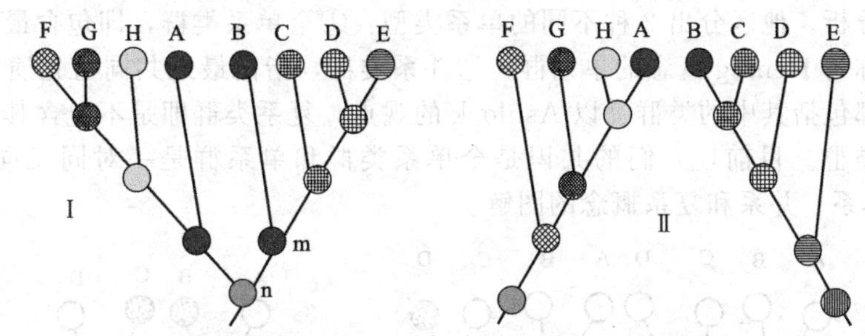

图10.4　物种A和B之间相似性的2种可能原因

在图Ⅰ中，A（如细长枝蚤缀）和B（如杂种高山漆姑草）分别是谱系FGHA（如蚤缀属）和谱系BCDE（如漆姑草属）中最原始的成员。2个谱系有共同祖先，因此构成一个单系类群（如*Arenaria* s.l.）；在图Ⅱ中，A和B恰好分别是2支谱系中最进化的成员，由于2个谱系已相当分化，而且A和B的相似性是出于趋同演化，证明了两个谱系的独立性（如两个独立的属蚤缀属和漆姑草属）

需要指出的是，平行演化和趋同适应的观点从理论上看是比较清晰合理，但在实际应用中就不见得那么容易区分了。如图10.4Ⅰ所示，如果我们不知道在m阶段以前这个类群的进化历史，就没办法得知这8个种是否具有共同的祖先。从实用的角度来看，比较保险的办法是将所有异源同形的情况（包括平行和趋同）同等对待，近代的一些学者如Judd等(2002)就是如此处理的。

10.1.4　单系、并系和复系

这几个术语常常在分类学和进化研究的文献中出现，但对它们的定义比较繁杂，增加了应用的困难。广义地讲，单系是指来源于一个祖先的类群，而复系则是来源于不止一个祖先的类群。如果是这样的话，依据我们对生物进化历史追溯的远近程度，这2个术语可能有不同的含义。如果地球上生命只起源一次，那么所有生物体都是单元起源的（哪怕将一个动物和一个植物共同讨论）。为了使这些术语具有分类学的意义，我们需要对它们进行精确的定义。

Simpson (1961) 的定义为：单系是以一个同级或低一分类等级的分类群为最近的祖先，经过一个或多个世系发展出来多个分类群。这个定义在以下情况下是确切的，即，如果假设B属是由A属的一个种进化而来的，那么B属在同级（属）或低一分类等级（种）上是单元起源的；然而，如果B属是从A属的2个种进化而来的，那么B只在属的级别上是单系的，而在低一分类等级的“种”的级别上则是复系起源的。

许多学者，包括Heslop-Harrison (1958) 和Hennig (1966) 坚持应该对单系进行更为严格的定义，即单系类群应当是来源于单一的最近的一个祖先物种，该祖先本身就可以是这个类群的一员。这样一来，单系就包含了2个不同层次的概念：最小单系和严格单系，前者指一个物种以上等级的类群起源于相同分类等级上的另一个类群（即Simpson的定义），后者则是指一个较高级别的分类群系是由一个物种衍生而来的。

Mayr (1969) 和 Melville (1983) 沿用了最小单系的定义。但许多学者，包括 Heslop-Harrison (1958)、Hennig (1966)、Ashlock (1971) 和 Wiley (1981) 都否定最小单系这一概念。他们认为，所有的种上的分类群都是各自独立的，不能互为祖先。只有一个物种可以是某个分类群的祖先。物种以上等级的祖先或分类群并不是生物学意义上的实体，只是进化研究中的人为单元。

Hennig (1966) 将单系类群定义为由单一物种（主干类群）演化出来的所有物种。简单地说，一个单系类群就是一个祖先的所有后裔。Ashlock (1971) 对 Hennig 的单系类群概念做了一个分析。他区分出 2 种不同的单系类型：①全单系类群，即包含最近共同祖先的所有后裔，也称为 Hennig 概念的单系群；②并系类群，指由最近共同祖先演化出来的，但并非所有后裔都包括其中的类群。以 Ashlock 的观点，复系类群即是不包含其所有成员的最近共同祖先的类群。目前，人们的共识是全单系类群和单系群是一对同义词。图 10.5 是 Ashlock 对于单系、并系和复系概念的图解。

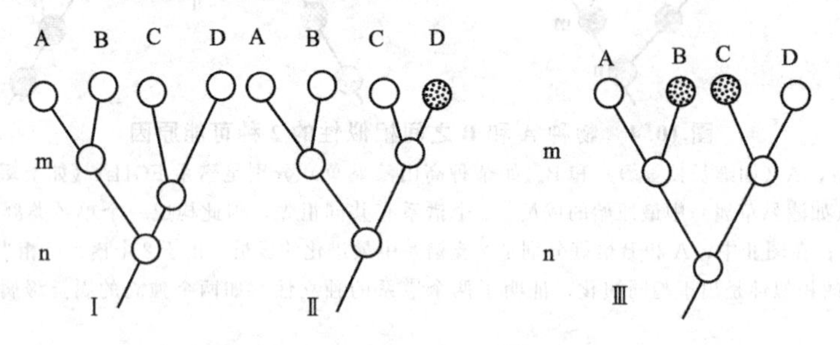

图 10.5 单系、并系和复系的概念

在图Ⅰ中，类群 AB 和 CD 都是单系类群，因为它们分别在阶段 m 拥有各自的共同祖先。类似地，ABCD 也构成单系类群，因为它在阶段 n 处存在共同祖先；在图Ⅱ中，类群 ABC 是并系类群，因为我们把来自阶段 n 上共同祖先的后裔 D 遗落在了外面；在图Ⅲ中，BC 为复系类群，因为它们在各自 m 的阶段 m 处祖先不属于同一类群

对于单系、并系和复系的最好解释是由 Dahlgren 和 Rasmusen (1983) 提出的剪切规则，根据这一规则，3 种概念的区别之处在于它们在进化树上被剪切的相对位置（图 10.6）：单系类群是剪切部位在某一个分支的下端节点而截取的部分，即是进化树上的一个完整分支；并系类群是剪切部位在某一个分支的下端节点，但又在分支内部再进行一次或几次剪切，所获得的分支是完整分支的一部分；所谓复系类群则是多次在不同的分支的下部节点进行剪切，从而得到的多个分支。

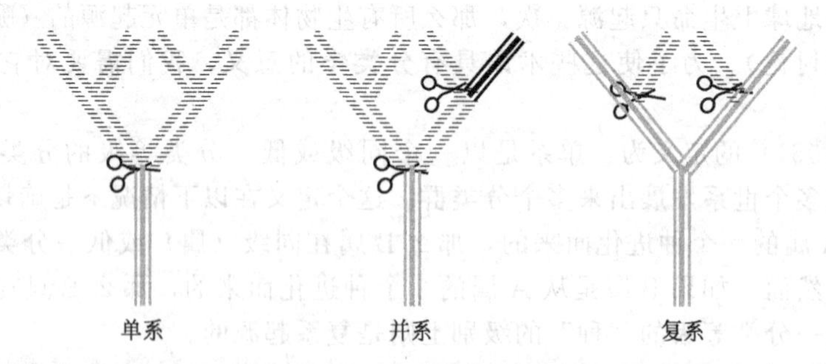

图 10.6 运用剪切法来确定单系、并系和复系类群（在图中被标记为浅色）

单系类群可以由位于它们之下的一次剪切而产生；并系类群可以由位于它们之下的一次剪切以及之内的一次或多次剪切而确定；一个复系类群则是由位于它们之下的二或多次剪切而确定的。总的来说，单系类群代表一个完整的分支，并系群代表一个分支的一部分，而复系群代表的是多个分支

Gerhard Haszprunar (1987) 在讨论腹足纲软体动物的系统发育的时候提出了干系类群

(orthophyletic) 的概念，即丢失了冠类群的一种特殊并系类群。这个术语后来在系统分类学研究中并没有被采纳。Sosef (1997) 比较了现存的阶元式分类系统。他提出，一个系统发育树可以依照单系分支的标准进行阶元式划分，从而与林奈的阶元系统相对应，相比之下，林奈的分类阶元中既有单系也有并系类群。目前的系统发育学者都尝试以林奈阶元系统为基础、在符合命名法规的原则下，提出以单系为标准的分类系统。实际上林奈的阶元系统和单系原则间存在本质上的不统一，单系原则要求一套独特的分类系统，在不同程度上与现在普遍接受的系统不相符，因为单系类群不能解决自然界中实际上普遍存在的网状物种进化关系。这样一来，林奈的分类系统显得更易被接受，而系统分类学家也要不可避免地接受并系类群。

如同平行演化和趋同适应的实质差别一样，并系和复系这 2 个概念（二者在以现代系统发育分析方法构建分类系统时都被否决）的区别也被分别运用到对不同分类群的分析之中，前者用于研究近缘类群的关系，后者则用于研究远缘类群。在研究对象是一个较小类群时，两概念间的差别则会变得模糊。在图 10.5-Ⅲ中，如果将分类群 B 和 C 放在一起，它们形成一个复系类群，因为它们在树的 m 世代上分别具有 2 个不同祖先；但是如果将 A、B 和 C 都放在同一个类群中，此时 B 和 C 则成为一个并系类群中的成员，因为由 n 世代上共同祖先演化出的所有后代中有一个成员 D 被排除在外了。总之，一个自然的分类群应是包含某一共同祖先的所有后代，即是一个单系类群。

10.1.5 系统发育关系的图示

不同植物类群之间的相互关系通常用图表来表述。这类图表也能够帮助我们解决类群的分类问题。为了能够正确解释图表反映出来的类群间关系，我们首先要了解一些重要的术语。树系图是最普通的一类分支关系图。任何一个能够反映进化历史的、由某节点分支出来的树状图都可以称为系统发育树。然而由于理论和方法的更新和改进，对术语的应用渐趋精确，树系图所能反映出来的有关分类群进化历史的信息也越来越丰富。

在最普通的树系图上，分支的长短能够反映衍征的相对量级。这样的图被称为分支图 (Stace，1980)，但分支图这一名词逐渐被限制于仅由分支方法构建的进化树（Stace，1989)。由纵轴表现衍征的量级的分支图现在更准确地被称为谱系图。Bessey 著名的“仙人掌图”（图 2.7）即是最早的一例谱系图。在这样的图中，原始类群接近树的基部，而越进化的类群则越远离基部。

哈钦松（1959、1973）用线条图来表示谱系（图 12.5)。塔赫他间（1966、1980、1987）和克朗奎斯特（1981、1988）在其近期的分类系统中对图表做了一些创新，他们以气球或小泡图代表分类群，以球或泡的大小代表类群中种的多少（相似的表现方法在 Bessey 的仙人掌图中也可见到)。这样的图不仅表现了类群之间的系统发育关系，也表现了它们的进化程度以及类群的大小。这样的图表被俗称为泡状图。塔赫他间的泡状图（图 12.8）很详细地反映了“泡”内目之间的关系，Woodland（1991）将它形象的称为“塔赫他间的花园”。

“系统进化发育树”是最普遍地用于表现系统进化历史的图形。其垂直轴代表地质历史上的时间尺度，类群的起源表现为从某主干开始的分支，而它的消亡则反映在分支的末梢。分支的内部节点表示在某地质历史时期消亡的化石类群，而现存类群则处于树冠的顶端枝叶上。总之，现存类群的相对进化程度往往由它们在树图上与中心的距离来表示；原始的类群更接近中心，较进化的类群趋于图的边缘。图 10.7 表现的是种子植物可能的进化关系和进化历史。

Dahlgren 在 1975 年发表了一个有花植物的系统发育树（在其 1977 年的著作中，他更

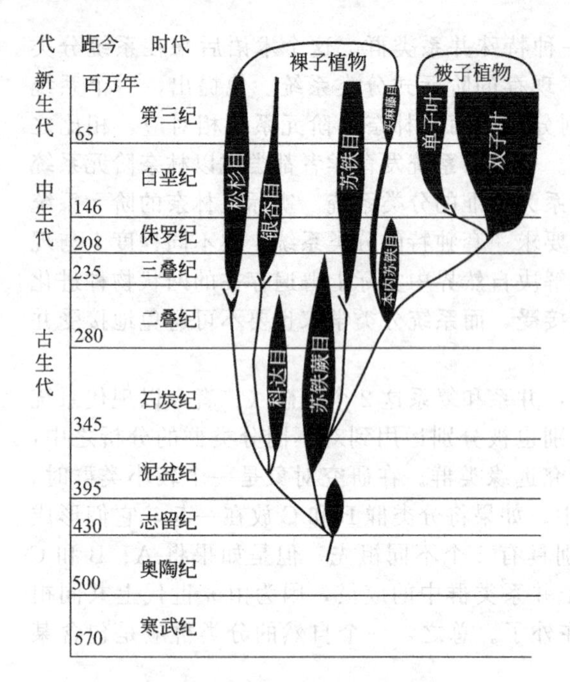

图 10.7　有关被子植物进化历史的系统发育树

纵轴代表地质时代，只有现存类群

才在树分支的顶端出现

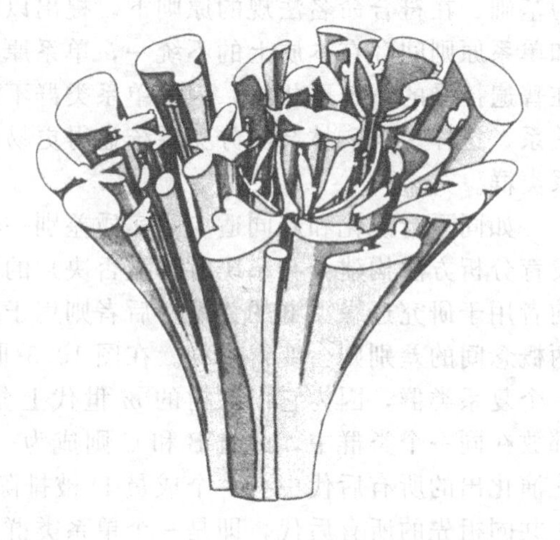

图 10.8　Dahlgren（1975）的被子植物系统发育树

其顶端为一个截面（1977 年，Dahlgren 又将

它命名为系统发育"灌木"）

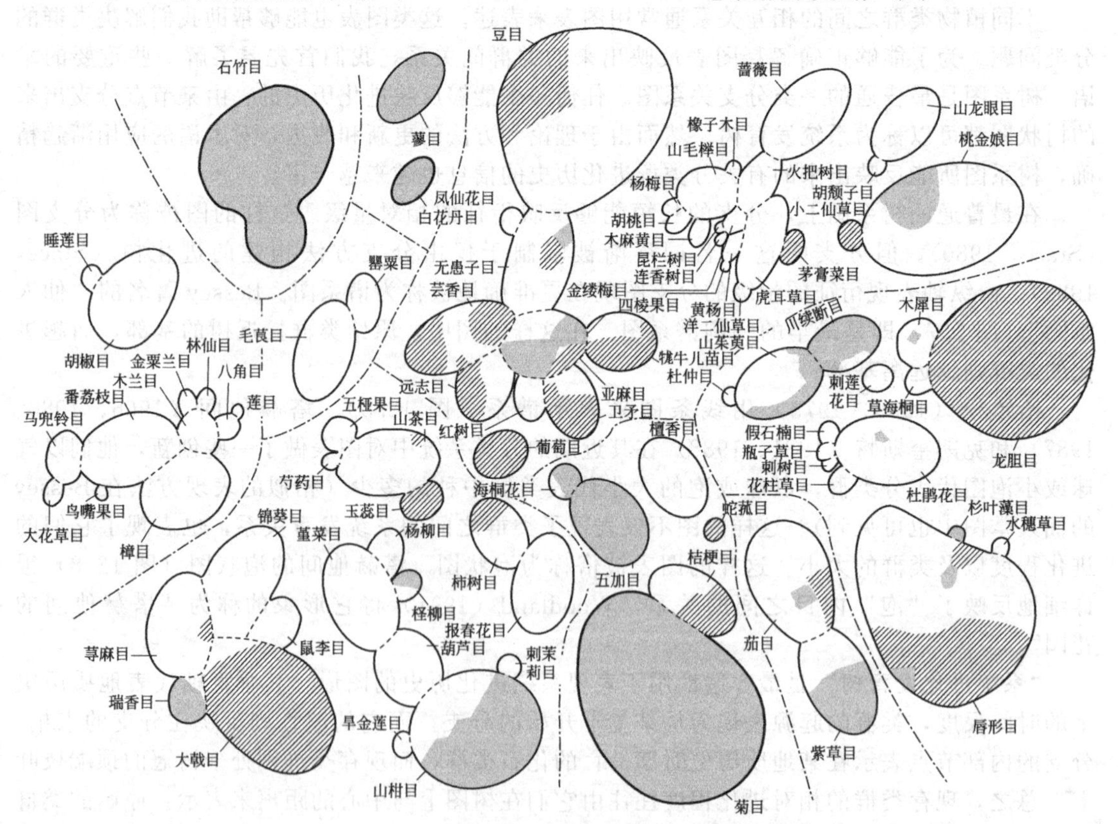

图 10.9　不同双子叶植物花粉的散布时期被标注到图 10.8 中被子植物系统发育灌木的顶端横截面上

花粉粒的散布时期区分为 2-细胞时期（图的空白部分）、3-细胞时期（带点的部分）或混合类型（有斜线的部分）

确切地称之为系统发育“灌木”)，其中，所有现存类群处于进化树的顶端，而顶端交叉部分被显示为飞机状图形（图 10.8）。在他后来发表的图解中（1977、1983、1989)，分支部分被去除，只留下顶端的飞机状图（顶端交叉部分)，成为一个二维平面图（图 10.9）。这个图对标注被子植物各种性状在不同类群中的分布十分有用，对这些性状的比较，使我们能够了解它们的变异在被子植物系统发育中的相互关联。这个图通常被称为“Dahlgrenogram”。

Thorne (2000) 的图与上述系统发育“灌木”的顶端截面图相似（图 12.15)，图的中心部分为空，表示已灭绝的原始被子植物。

当依据简约性原则构建系统发育树时，分支图代表的是利用分支分类学的方法理论重建某一类群最短的进化路径，以此解释目前存在的表型变异式样。分支图是利用现存类群的共衍征推算出来的它们之间的历史关联，图的纵轴仅表示系统发育的相对时间刻度，反映类群由祖先到后代的排序。图上的每一二叉分支节点都代表一个过去的物种形成事件，表示由此产生 2 个后来独立的谱系路线。

必须指出的是，在对分支图或系统发育树这些术语的应用中存在不少的混乱。Wiley (1981) 定义分支图为分类实体分支式样，这些分支是基于分类实体的共衍征推算出来的它们之间的历史关系，因此是一个系统发育或进化历史树。他定义系统发育树即是一个分支图，用以描绘谱系间的纽带，描述将现存个体、居群或分类群连在一起的历史事件顺序。他认为，在种和种群的水平上，可能的系统进化树的数目可以比表现某些性状变异的分支图要多，这决定于哪个种可能为另外一些种的祖先。对于较高的分类阶元，系统进化树和分支图的数目可能相同，因为较高的分类阶元不可能互为祖先，它们不是进化的单位，而是由分别独立进化的物种组成的历史事件单位。

因此，近些年来人们越来越普遍地利用分支系统学方法构建进化树，他们假设性状状态的变化（表现为进化刻度或树的长短）与地质历史的尺度相关，因而这种图表被称为进化树 (Judd 等，2002)、系统发育树或简单称为“树”(Stevens，2003)，将它们与分支图作为同义词对待。现在还有一种趋势，就是将树状图旋转 90°，这样一来，末端分支上现存的类群出现在树的右侧，树的水平轴则代表进化尺度，原来树状图的根部则在左侧。这样的图经常以斜出的分支表现，如图 10.10 所示。

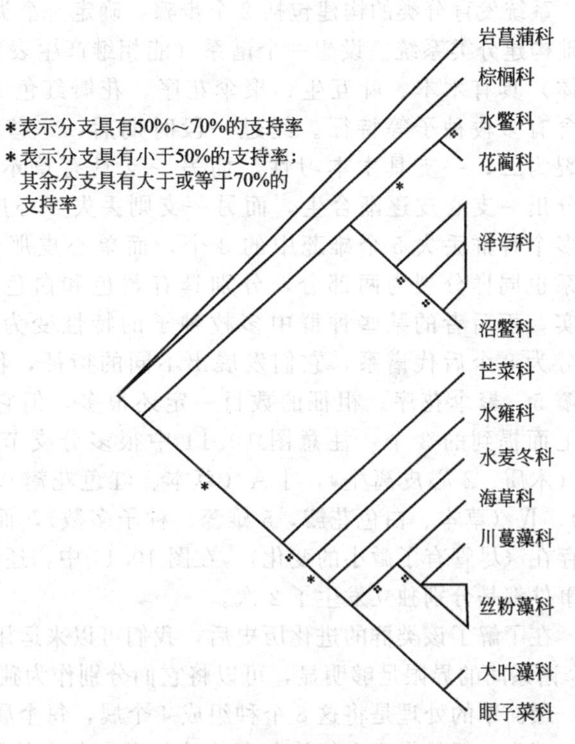

图 10.10 泽泻目各科的系统发育树

分支上的数字表示自展检验支持率（或自展值）（引自 2003 年 5 月发表的《APweb》第四版。该引用得到了 P. F. Stevens 博士的许可）

向右旋转之后的这类树状图与表征图看上去相似（图 12.18)，都应被称为卧式树状图。建立在现代理论基础上的树状图应含有进化标志的信息，如：自展值、枝长和 Bremer 支持率（这些在后面的章节中将做讨论)。

表征图是建立在对表征数据的数量分析基础上的图表。构建表征图往往利用来自多方面的大量性状，通过聚类分析计算分类群间的相似性。这种图（图 9.2）非常实用，首先因为它采用了大量的形状，其次是相似性的高低量级可以为划定分类群的阶元等级提供参考数据。

需要提出的是，以构建系统进化树为目的的现代系统发育方法有时也运用大量的性状，并对其进行比较，特别是在运用形态学性状的时候尤为如此。它的独到之处是要用到进化标记信息。

10.2 分支系统学方法

尽管 Bessey（1915）、哈钦松（1959、1973）以及一些当代分类系统的作者在描述分类群关系时使用了系统发育树系图（目前确切地被称为谱系图），分支图还是以其独到的方法论区别于前者。这种方法最早由德国动物学家 W. Hennig（1950、1957）提出，它创立了系统发育系统分类学，而分支系统学这一术语是由 Mayr 在 1969 年提出的，美国植物学家 W. H. Wagner 在 1948 年独立提出了构建系统发育树的平面分歧法。此后，分支系统学在系统发育分类学领域发展成为一个有效的方法。

分支系统学是旨在客观分析系统发育数据的一种方法，它平行于分析表征数据的数量分类方法。分支系统学方法在很大程度上以简约性原则为基础，根据这一原则，最可能的进化路线应是能解释目前变异式样的最短路线。在真实的系统发育中，分类群应该是单元起源的，研究中发现，共祖征（2 个或 2 个以上分类群共同具有的原始性状状态）不一定表明分类群单系性质。共衍征（2 个或 2 个以上分类群共同具有的衍生或演化出来的性状状态）才能更可靠地指示单系起源。因此在分支分类学研究中经常使用的是同源共有性状或衍征。

系统发育分类的构建包括 2 个步骤：确定一个类群的系统发育或进化历史，然后以之为基础构建分类系统。设想一个谱系（能相继产生表型上相似、遗传上有关联的后代的一群个体）具有木本、叶互生、聚伞花序、花瓣红色 5 枚、雄蕊 5 枚、心皮 2 枚离生、干果及含有多枚种子等特征。经过一段时期后，一些种群获得草本习性，使得原来的谱系分裂为二，一支具木本习性，而另一支具有草本习性（图 10.11）；木本的那一支中，又分出一支心皮逐渐合生，而另一支则丢失 2 心皮中的 1 枚；心皮合生的那一支中有 1 到多个种群丢失 5 个雄蕊中的 3 个，而单心皮那支中某些种群则雄蕊加倍为 10；草本谱系也同样分裂为两部分，分别具有黄色和白色的花瓣，前者的某些种群形成肉质的果实，而后者的某些种群中多枚种子的特性变为只有 1 枚种子。这样，原来的祖先逐渐分为 8 个后代谱系，它们发展出不同的衍征，但仍都保留一些祖征状态，如叶互生、花瓣 5、聚伞花序。祖征的数目一定还很多，但它们具有重要的分类意义者却很少，比如上面提到的 3 个。注意图 10.11 中很多分支节点上的祖先已经不存在了，如节点Ⅰ、Ⅱ（木质、2 心皮离生），ⅠA（草本、红色花瓣），Ⅲ（草本、黄色花瓣、离生心皮、干果），Ⅳ（草本、白色花瓣，5 雄蕊、种子多数），而节点Ⅴ和Ⅵ上的祖先则以 E 和 G 形式仍存在（尽管有了微小的变化）。在图 10.11 中，还请注意合生心皮及退化掉 3 个雄蕊这样的事件都是分别独立发生了 2 次。

在了解了该类群的进化历史后，我们可以来运用共衍征和单系类群的概念。假设所有的 8 个谱系间的界限足够明显，可以将它们分别作为独立的物种看待。这样，我们就有 8 个物种。最简单的处理是将这 8 个种组成 4 个属，每个属都有一个共同祖先。其中有 2 个共同祖先已消失，但是另 2 个依然存在并被包含在各自的属中（更确切的应该是将 E 看作 F 的祖先，G 为 H 的祖先）。这些种可以进一步被组合成 2 个科，每科含有 4 个种（2 个属），分别在节点ⅠA 和Ⅱ处有共同祖先；进一步，2 个科再合为 1 个目，在节点Ⅰ上有共同祖先。节点Ⅰ、ⅠA、Ⅱ、Ⅲ和Ⅳ处的祖先已不复存在。

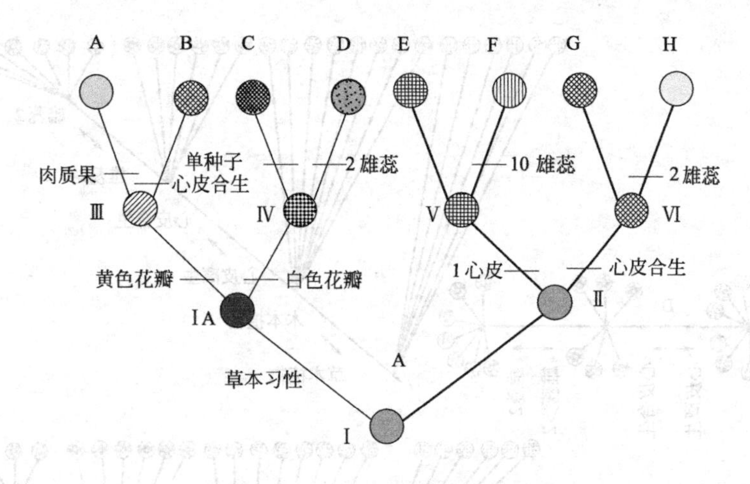

图 10.11　一个假设类群的进化历史

它起始于一个叶互生、聚伞花序、花瓣红色 5 枚、雄蕊 5 枚、心皮 2 枚离生、干果及有多枚种子的木本植物。在不同时期 11 个性状状态的变化最终导致 8 个现存种的出现。注意，有 2 个特征的变化（心皮的融合和 3 枚雄蕊的丢失）分别发生了 2 次，因此只有 9 个性状的遗传改变在分析中产生了作用。在节点Ⅰ、ⅠA、Ⅱ、Ⅲ和Ⅳ处的祖先种已不存在

第二种处理是将 A、B、C、D 并入一个属，E、F、G、H 并入另外一个属，并将它们合并到一个科里［当然这是根据相关科的多样性水平而定的，是单型（monotypic）的要素］。第三种处理就是将 8 个种放在一个属中。

要注意的是，在这个例子里，共衍征对决定单系类群有着很大的重要性。互生叶、聚伞花序和花瓣 5 这 3 个特征被传递给全部 8 个后代种，因此是共祖征，再将这 8 个种任意组合，形成不同的属，此特征仍是它们的共祖征。另一方面，如果我们只考虑共衍征，单系类群则较容易确定：图 10.11 中，A、B 的共衍征为花瓣黄色，C、D 的共衍征为白色花瓣，E、F 的共衍征为单心皮，G、H 的共衍征为合生心皮，A、B、C、D 的共衍征为草本植物。特别应注意的是，共祖征在确定单系类群时有时也能提供信息，特别是在有外类群的时候，因为它在外类群中往往表现为不同的性状状态。在图 10.11 的例子中，4 个祖征只有木本这一特征变为了草本，因此在 E、F、G、H 中保留的木本特征间接说明了 A、B、C、D 的单系性质。需要记住的是，共衍征和共祖征反映的都是同源性状特征。

上面所有的方法都可以帮助判断分类群（属、科或更高级阶元）是否为单系起源，从而对之进行系统发育分类。若将图 10.11 中的 D 和 E（或 C、D、E，D、E、F）放在一个属里，该属则是复系类群，复系类群一旦出现，就应被否决，因为复系类群是多于一个的祖先进化而来的。若将 A、B、C 或 F、G、H 作为一个属，则该类群为并系类群，因为该类群并没有包括由一个共同祖先演化来的全部后代（2 个属中分别缺少了 D 和 E）。同理，若将图 10.11 中多于 4 少于 8 个的种作为一个属，也都造成并系类群。并系类群在系统发育系统分类学也是被否决的，最典型的并系类群就是被子植物的单、双子叶划分。

必须注意的是，图 10.11 中的 8 个种无论怎样被分类都具有叶互生、聚伞花序和 5 枚花瓣这几个共有特征。节点ⅠA 水平处及以上的物种共同具有木质这一特征，Ⅳ及以上各节点处的物种都具有合生心皮，Ⅴ及以上各节点处的物种都具有单心皮。除上述 3 个共有特征之外，Ⅱ及以上各节点处的物种还都为草质，Ⅲ及以上各节点处的物种具有黄色的花瓣，Ⅴ及以上各节点处的物种具有白色花瓣。

以上描述的情况还可以通过巢状聚类群来表现，或更方便地用一组椭圆形的维恩图来表示（图 10.12A）。这个图基于以下假设：这是一个具有 21 个种的木本植物类群，其中 13 个

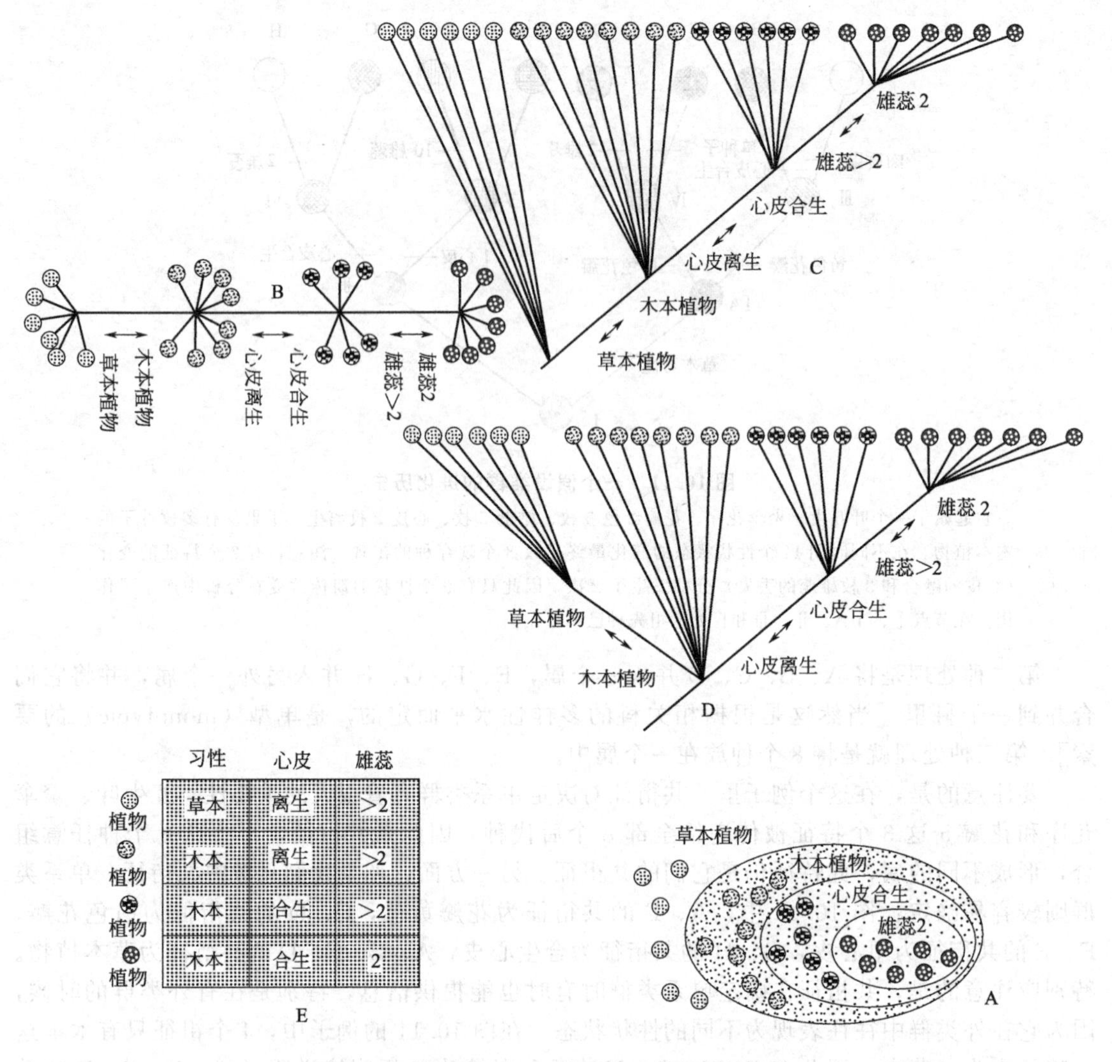

图 10.12　根据图 10.11 的进化式样绘制的图表

A：基于研究对象中有 21 个母本类群、其中 13 个有合生心皮雌蕊，7 个有两枚雄蕊，其他 6 个种则有多于 2 枚的雄蕊；B：基于维恩图的无根树；C：一个可能的有根树，如果研究类群的进化历史未知，则可以画出 15 种可能的有根树；D：一种有根树，它是在已知草本习性由木本习性进化而来、并了解木本植物的进一步演化历史的情况下而得到的；E：上面各图所依据的数据矩阵（彩图见文前）

种为合生心皮，8 个是离生心皮；而 13 个合生心皮的种中，7 个种有 2 个雄蕊，其他 6 个种则有多于 2 个的雄蕊。

这些数据以无根网或无根树的形式表现（图 10.12B）。草本的种处于图 10.12B 的最左边，位于其右侧的所有种都为木本。中间双箭头左边的为心皮离生的物种，位于其右边的所有物种为合生心皮。右侧双箭头左边的物种雄蕊数目多于 2，而最右端的物种只有 2 个雄蕊。

必须注意的是，在建立上面的维恩图和无根网时，只采用了其中 3 个有变化的性状。我们根本没采用单心皮这一性状。若将这些也列入考虑的范围，这个图将变得更加复杂，并出现多种可能的演化路线。为反映系统发育历史，更有意义的树应该为有根的（最原始的类群处于树的最基部）。即使在已知系统发育历史的情况下，也会出现几种不同的有根树，图 10.12C 和图 10.12D 显示的是 2 个简单的例子。如果我们不知道某类群进化的历史，则会出现更多的树，这取决于哪些性状状态是祖征，哪些性状（质地、心皮合生或雄蕊数目）决定树根的位置，它们在树上的变异顺序是什么。

用于分析的性状状态应该是同源的（一个是由另一个演化而来的）、不互相重叠的。当我们可以确定一个性状状态变化的进化背景是某一遗传变化而不是环境可塑性时，系统发育分析则更加有意义。这强调了在系统发育系统分类学中分子领域研究数据的重要性。现在认为对分子性状状态（核苷酸序列）的识别更简单和精确，尽管它也有许多问题。

关于维管植物特别是被子植物的系统发育，问题是我们对其进化历史了解得太少。能够提供直接进化信息的化石记录十分稀少，我们只是有混杂在一起的一群较原始、较进化和更进化的类群。每个类群都含有一些祖征，也含有一些衍征状态，每个类群也都相对于另一类群较为进化或较为原始。重建某生物类群进化历史的过程，需要对它所包含的个体进行比较研究，查明祖征和衍征以及它们在不同个体中的分布情况。在重建了类群的进化历史并且识别出各级单系类群后，则可以为这些单系群划定分类上的阶元等级，加以合适的名称，从而建立起一个实用的分类系统。

从方法上来看，分支分类学和数量分类学有很多相似之处，但也有很多本质上的区别。

10.2.1 可操作的进化单位

分支系统学的研究单位即可操作进化单位（OEUs），与数量分类学中的 OTUs 相同。分支系统学研究的一个特殊点是，被研究的 OEUs 具有一个假定的祖先，对于它们的比较可以揭示重要的系统进化信息。需进一步理解的是，只有物种才是有效的进化实体，其上的任何级别的分类单位都是人为制造的，它们的建立只是为了研究的方便。最有进化意义的分析基于大量来自于物种（种群）的信息。

10.2.2 性状和编码

下面所列的是一个性状表。表中每个性状的祖征和衍征被分别列出。在进行分析以前将祖征和衍征分别列出是重要的第一步。该分析的最初步骤包括性状相容性研究，即每个性状都被分别评价以决定它们在进化过程中变化的顺序或方向。分析中包括的主要性状多有 2 种状态，有时也会遇到多种状态的情况。这样，就不可避免出现多个转换系列。如下所示。

性状属性	可能的转换系列	性状属性	可能的转换系列
0 和 1	0 ⟷ 1		1 ⟷ 0 ⟷ 2
0,1 和 2	0 ⟷ 1 ⟷ 2		0 ⟷ 2 ⟷ 1

因此决定这些性状的祖先状态或确定性状极性是很有必要的。极性的指定是系统发育分析中较为困难和不确定的事情。因此需要进行内类群比较或与外类群比较。后者常常可以提供一些有用的信息，尤其当我们选择的这个相关类群与所研究类群互为姐妹群时。如果某一个性状状态同时出现在某一单系类群及其姐妹群中，则它很有可能是祖征，若该特征只出现在该单系类群，则可能是衍征。

内类群比较的前提是假设在所研究的单系类群中，原始的结构往往更具普遍性，也即假设后起的性状状态最有可能是只出现在该类群很多分支中的一个，因此祖先状态占大多数。一旦性状状态的极性被确定，最少的进化步骤即可被确定（Wargner 简约性），性状状态也就可以被排序。在所研究的 EUs 中相关的祖征或衍征状态都被确定之后，即可形成一个 t (EUs)$\times n$（特征）的数据矩阵，对某一性状来说，0 代表祖征，1 代表衍征。在矩阵中 EUs 的列表内假定的祖先排列在矩阵的最后一行，即记录所有特征值为 0 的行（表 10.1）。

假如某个性状出现 3 个状态（单叶→羽状叶→羽状复叶），编码则相应的变为以 0 代表最原始的状态（单叶），1 代表居中状态（羽状叶），2 代表最为进化的状态（羽状复叶）。

表 10.1 数据矩阵

性状(n) / EUs(t)	习性 0-木本 1-草本	果实 0-蓇葖果 1-瘦果	子房 0-上位 1-下位	叶 0-单叶 1-复叶	生境 0-陆生 1-水生	花粉 1-三孔 0-单沟	胚珠 1-单珠被 0-双珠被	心皮 1-离生 1-合生	质体 1-PⅠ-型 0-PⅡ-型
1	1	0	1	1	0	1	1	1	1
2	1	0	1	1	1	1	0	0	1
3	0	1	0	1	0	0	1	1	1
4	1	1	1	0	1	0	0	0	0
5	1	0	1	1	0	1	1	0	1
6	1	1	0	1	1	1	0	1	0
7	0	1	1	0	1	1	0	0	1
8	0	0	0	1	0	0	1	1	1
9	1	1	1	0	0	1	1	0	0
10	0	0	0	1	1	0	1	1	1
11	1	0	1	1	0	1	0	0	1
12	1	1	0	0	1	1	0	0	1
13	0	0	1	0	1	0	1	0	1
14	1	0	1	0	1	0	1	0	1
15	0	0	0	0	0	0	0	0	0

该矩阵有 t 个 EUs 和 n 个性状，性状状态被编码为 0（祖征）和 1（衍征）。该矩阵类似于表 9.1 中所示者，但只有 9 个在图中被描述的才被用于计算。此外，最后一个 EU 是假设出来的祖先，它的所有性状状态都被编码为 0（祖征），因为我们认为祖先的所有性状都应该是处于祖征状态的。

然而对 2 种状态的性状来说，确定其极性和对状态进行排序是相对简单的，困难的是对多态性状的排序，最好的做法就是保持它们为无序，并且认定状态的转化只有一种（Fitch 简约法）。DNA 序列性状有 4 种（腺嘌呤、胸腺嘧啶、鸟嘌呤、胞嘧啶），在一个单一位点上可以是 4 种碱基中的任何一个，由于可逆变化在它们中间很普遍，因此，它们通常被处理为无序状态。

对于比较简单的性状，相同的状态可以多次出现在同一类群的近缘种中（并系关系）或亲缘较远的不同类群之中（趋同现象），但对于较复杂的性状，平行和趋同的可能性则不大。通常一个形态特征由很多个基因决定，但其中一个基因的改变即可导致该特征的丢失（逆转）。这是 Dollo 法则，被称作 Dollo 简约原则，在选择系统进化树时应予以考虑。该原则认为，获得一个特征比丢失它需要更多的步骤。这种对性状的加权在系统发生分析中十分普遍。在处理分子数据时，颠换（嘌呤到嘧啶或嘧啶到嘌呤）比转换（嘌呤到嘌呤或嘧啶到嘧啶）往往赋予更多的加权，因为后者更频繁发生并且容易出现往复突变。限制性位点的获得也同理比它的丢失要获得更多的加权。由多个基因控制的复杂性状变起来比由少数基因控制的简单性状更难，因此要得到更多的加权。如果假设叶的解剖结构与它被毛的情况相比更不易发生改变，因此在分析数据时，叶解剖结构的变化可能被认为相当于 2 次被毛的变化而给予加权。如此，研究者往往为了得到预期的结果而使分析结果产生偏差。然而，比较合理的分析是：采用数量分类的方法，在分析的初始阶段对所有的性状都给予平等的加权（即都不给予加权），然后识别出具有最少异源同型的特征，并在后来的分析中给予加权，这种方法称作连续加权法，它可以避免为得到预期结果而对某一性状给予加权造成的偏差，从而使数据得到合理的分析。

10.2.3 相似性的计算

对每个 EU 都进行了性状编码之后，我们得到一个数据矩阵，它可以用于计算每对 EUs 之间的距离（从而可以计算相似性），包括它们与假定祖先的距离。距离是以 2 个 EUs 之间不同性状状态的数量来计算的，表现为一个 $t \times t$ 的矩阵（表 10.2）。

表 10.2 $t \times t$ 数据矩阵：以每对 EUs 间状态不同的性状之数目来表示 EUs 之间的距离

EUs	1	2	3	4	5	6	7	8	9	10	11	12	13	14	15
1	0														
2	3	0													
3	4	7	0												
4	7	4	8	0											
5	1	2	5	6	0										
6	6	5	6	4	7	0									
7	6	3	7	3	5	6	0								
8	3	6	1	8	4	6	7	0							
9	4	5	7	3	3	6	4	7	0						
10	4	5	2	7	5	5	6	1	8	0					
11	2	1	6	5	1	6	4	5	4	6	0				
12	6	3	7	3	5	4	2	7	4	6	4	0			
13	5	4	5	4	4	8	3	4	5	3	5	5	0		
14	4	3	6	3	3	7	4	5	4	4	4	4	1	0	
15	5	6	6	4	4	7	3	6	1	7	5	5	4	5	0

表 10.3 $t \times t$ 数据矩阵：以每对 EUs 间共有的衍征状态之数目来表示 EUs 之间的距离

EUs	1	2	3	4	5	6	7	8	9	10	11	12	13	14	15
1	X														
2	5	X													
3	4	2	X												
4	2	3	0	X											
5	6	5	3	2	X										
6	3	3	2	3	2	X									
7	3	4	1	3	3	2	X								
8	4	2	4	0	3	2	1	X							
9	4	3	1	3	4	2	3	1	X						
10	4	3	4	1	3	3	2	4	1	X					
11	5	5	2	2	5	2	3	2	3	2	X				
12	3	4	1	3	3	3	4	1	3	2	3	X			
13	3	3	2	2	3	1	3	2	2	3	2	2	X		
14	4	4	2	3	4	2	3	2	3	3	3	3	4	X	
15	3	2	1	2	3	1	3	1	4	1	2	2	2	2	X

这个方法与数量分类的方法类似，因为祖征和衍征的不同状态都被同等对待，然而在分析中纳入一个假设的祖先总是至关重要的。

另一个计算距离的方法是计算 2 个 EUs 之间共有衍征的数目，而忽略它们的共有祖征(表 10.3)。因为只有共衍征才能确定单系类群，该方法与基本的分支分类学概念相吻合。

10.2.4 树系图的构建

分支系统学的数据分析方法很多，构建进化树的基本要求是确定分类群的极性（外类群)。Wagner 平面分歧法就是这样的一种方法，它是由 H. W. Wagner 在 1948 年提出的，用以解释生物个体或类群之间的系统发育关系，从而可更正由直觉带来的偏差。这个方法首先检查分类群的衍征的状态，而后依据共有衍征的程度将亚分类群逐个联系起来。有趣的是，这种方法很少受到动物学家的采纳，却在植物学研究中被广泛应用。Kluge 与 Farris (1969) 和 Farris(1970) 以简约原则为基础全面发展了 Wagner 树系图法（分支图），这也是目前众多借助于计算机运算的系统发育分析的基础。在某一生物类群中，某一性状可能发生多次状态变化。因此，同一个数据矩阵可能会产生多个同等简约的进化树。

这种分析包括以下步骤：

① 确定性状或性状状态的衍征。

② 用0编码祖征，用1编码衍征。如果某性状包括不止2个同源状态，那么居中的衍征可被编码为0～1之间的数字，比如某性状有3个状态，分别被编码为0、0.5和1。

③ 建立一个含有分类群（EUs）及其性状编码的表格（见表10.1）。

④ 对数据矩阵进行合计，确定类群的分歧指数。由于衍征都被编码为1，分歧指数实际上是某一分类群衍征的数目。在表10.3的矩阵中，15个分类群的分歧指数被计算如下（注意第15个分类群即假设祖先的指数为0）：

分类群	1	2	3	4	5	6	7	8	9	10	11	12	13	14	15
分歧指数	7	6	5	4	6	6	5	4	5	5	5	5	4	5	0

⑤ 绘制图表，根据每个种的分歧指数，将它们排布在一些同心半圆上，连接各个类群的直线是由它们的共有衍征所决定的（见表10.3）。图10.13显示的是由此建立的分支图（Wagner树）。

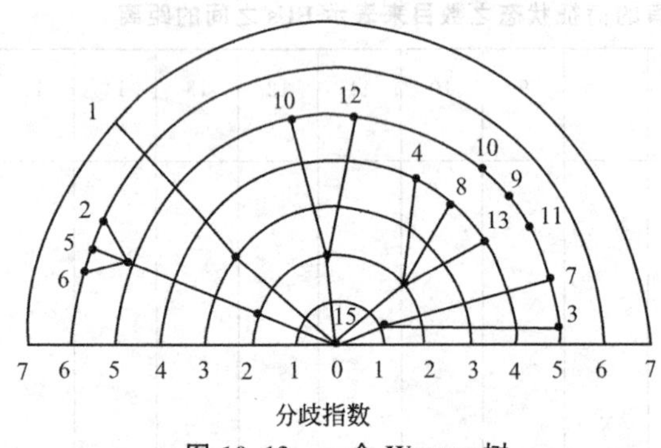

图10.13 一个Wagner树

并不是所有的分支分类学方法都遵守简约性原则。相容性分析或集群分析则是利用性状间的可比性进行的。这类分析可以检查出并剔除异源同形特征，可以通过手工或利用计算机程序计算，其结果可以绘制成有根或无根的树状图。相互间具有可比性状的类群被称为集群。这里我们以2个性状A和B为例来具体说明一下这个问题。A和B各自具有2种状态，因此共有4种状态的组合：

假设进化的路线是从A1到A2，从B1到B2。如果4种组合在自然界都存在，很明显至少发生过一次逆向转化（A2到A1）或平行演化（A1到A2发生两次），因此A和B是不可比的。换一种情况，如果只有2～3种组合发生，A和B是可比的。集群分析是首先比较所有的成对性状并选出其中相容者作为集群，然后选出最大的集群，由此构建分支图，最后，根据该分析是否包括假设的祖先而建立有根树或网状图。

10.2.4.1 多种进化树的并存

图10.12B中的无根树表现的是进化历程的一个片段。分类群和数据的扩充将使该树变得复杂，随之，树的拓扑结构也将具有更多的可能性。让我们加入一些具有黄色花瓣的草本类群，仍然假设共有15个草本的种，其中6个为红色花瓣，9个具有黄色花瓣。在9个具黄色花瓣的种中，4个具有合生心皮，5个具有离生心皮。10.14A给出了新加入的草本类群的维恩图和扩展后的无根树。需注意的是，这里我们已知该类群的进化历史，但在实际研究中，研究对象的进化历史未知，重建和描绘它们的进化历史正是我们要通过系统发育分析和构建树系图来实现的。图10.12B中的无根树包含了5个性状状态的变化（真正导致进化的变化，反映为分支长度），由于心皮从离生到合生的变化发生了2次，因此该树只包括4种真正遗传意义上的转变。如果我们并不知道该类群的进化历史，我们就会尝试去假设多种不同的进化途径，例如，我们可能将4个具有合生心皮的草本种类和具有合生心皮的木本种类结合到一起，从而认为从离生到合生心皮的转变只发生了一次。然而，这却带来了其他性状的多次变化：首先，从木本到草本的变化要发生2次，花瓣从红到黄要发生2次，这样一

来，导致进化的实际变化数目（分支长度）增加到6个（图10.15），其中包含了4个相同的遗传变化。树系图的末端节点（现存的后裔类群）越多，其拓扑结构的可能性也就越多。为此，我们需要将无根树转变为有根树状图，从而知道谁是基部的原始类群，谁是较进化的分支谱系。如前面所提到的，这又给我们带来更多的选择。在上述例子中，我们已知进化历史，因此可以将这个树的根确定在R点（图10.14C，箭头所示），然而在大多数的实际情况下，这是一个相当复杂的过程，它包括多种不同的假设、运算策略和方法。

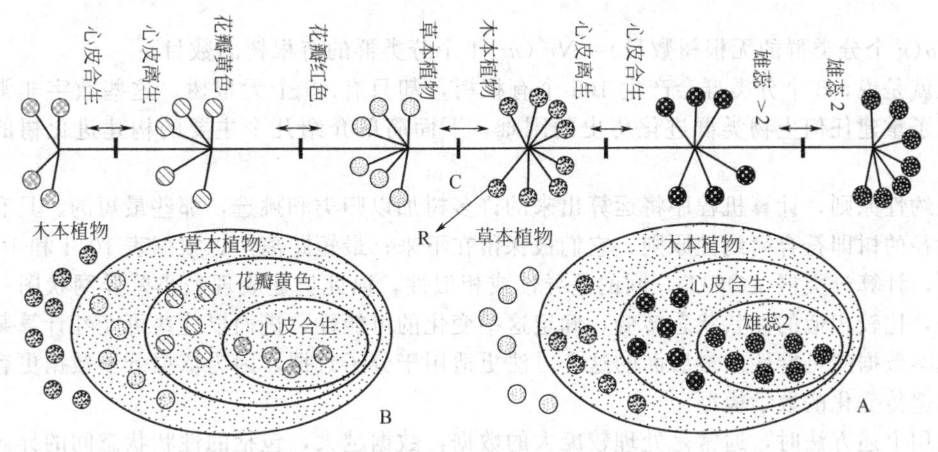

图10.14

A：木本物种的维恩图，与图10.12所示的内容一样；B：草本谱系中的一小部分类群的维恩图，它们包括15个种，其中6个有红色花瓣，9个有黄色花瓣，后者的9个种中4个具合生心皮，5个具离生心皮；C：图10.12B所示无根树的扩展，它包括了这里B图中所绘的物种。这里共有5次性状状态转变，但只有4个真正的变化，因为合生心皮发生了2次（彩图见文前）

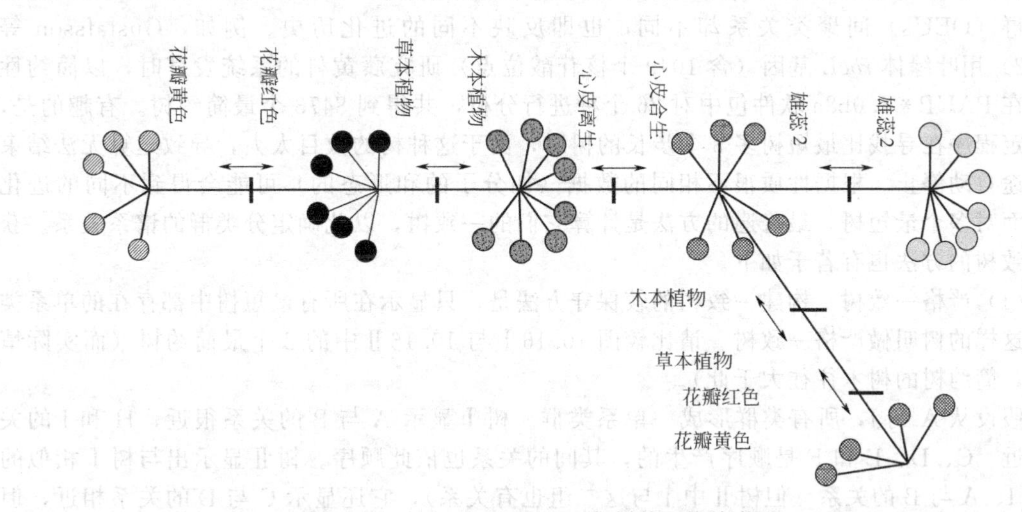

图10.15　图10.14C所示无根树的可能的变型

（在我们对所研究类群的进化史一无所知的时候）注意，这里树长增加到6，从木本到草本的习性变化发生了2次，花瓣从红到黄也发生了2次。这样的异源同形状况不常见

很多计算机程序和算法可以用于比较不同拓扑结构的树系图并计算它的长度。最常用的为NONA、PAUP和PHYLIP。这些程序都是先构建一些树状图，再在其中选出树的总分支长度最短的。假设我们处理3个种，会有3种可能的有根树[A(B,C)]、[B(A,C)]和[C(A,B)]。如果处理4个种，可能的有根树则增至15个，对于5个种来说，有根树为105个，而对于10个种，则会有34 459 425个有根树。

n个分类群可能产生的有根树数目为：

$$Nr=(2n-3)!\ /[(2^{n-2})\times(n-2)!]$$

较简单的计算方法为：

Nr（n个分类群的有根树数目）$=[2(n+1)-5]\times Nr'$（$n-1$个分类群的有根树数目）

可以看出，可能的有根树的数目远远多于可能的无根树的数目，简单算来，无根树的数目为：

Nu（n个分类群的无根树数目）$=Nr'$（$n-1$个分类群的有根树的数目）

也就是说，5个分类群会产生105个有根树，却只有15个无根树。这些数字非常明显地表明了重建任何生物类群进化历史的困难。下面简单介绍几个主要的构建进化树的计算方法。

简约性原则，计算机程序将运算出来的许多树加以归类和挑选，那些最短的、具有最简进化途径的树即符合简约性原则，它们被保留在下来；最短距离法，根据表10.4和10.5中的数据，计算分类群（OEUs）间的差异性或相似性，以此构建表现最小差异网状图；最大似然法，比较相似的性状状态转变，确定这些变化的可能性，进而以这些可能性计算某种树导致观察数据的可能性。最后面的这个方法更适用于分子数据，因为依据分子数据更容易建立计算遗传变化的数学模型。

应用上述方法时，通常是处理较庞大的数据，数据越大，包括的性状状态间的异源同形现象越多，因此程序的自动运算会产生很多最短的树，对于它们，我们还需进一步比较。

10.2.4.2　一致树

在使用软件推算进化树时，尽管我们可以根据某些已知的研究对象进化背景设定一些参数，计算机程序也会算出多个树，它们都代表最短进化路径、符合简约性原则，但表现出的分类群（OEUs）间聚类关系却不同，也即反映不同的进化历史。例如，Gustafsson等（2002）用叶绿体*rbcL*基因（含1049个核苷酸位点）研究藤黄科的系统发育时，以简约性方法在PAUP＊4.0b8a软件包中对26个种进行分析，共得到8473个最简约树。有趣的是，当指定程序在寻找比最短树多3个步长的树时，由于这种树的数目太大，导致运算无法结束而中途自动停止。根据性质很不相同的数据（如分子的和形态的）可能会得到不同的进化树。面对多个最短树，最普遍的方法是计算它们的一致树，以此确定分类群的谱系关系。获得一致树的方法也有若干如下。

（1）严格一致树　构建一致树的较保守方法是，只显示在所有最短树中都存在的单系类群，这样的树叫做严格一致树。请比较图10.16Ⅰ与10.16Ⅱ中的2个最简约树（而实际情况下，简约树的树木往往大于此）。

假设从A到J，所有类群形成一单系类群。树Ⅰ显示A与B的关系很近，H和I的关系很近。C、D、E和F是顺序产生的，其间的关系也依此顺序。树Ⅱ显示出与树Ⅰ相似的H与I、A与B的关系（但树Ⅱ中J与这二组也有关系），它还显示C与D的关系相近，但E、F和G的分支关系不明确，明确的只是它们由进化历史上同一祖先节点演化而来。因此，一致树Ⅲ忽略了J（因为它在树Ⅰ中不存在）。由于A与B、H与I的关系在2个最简约树Ⅰ和Ⅱ上一致，因此一致树也如此显示。其他分类群C、D、E、F和G的关系则被显示为未被分解的多歧分支。

（2）多数一致树　多数一致树显示在大多数（或是说50％以上的）最简约树中存在的分支。这样的一致树显示出每一分支在多少个最简约树上存在（以百分数表示），这一点对研究者非常有用。然而，这样的一致树只提供对系统发育分析的部分总结，它可能偏离某些最简约树，而后者是构建前者的基础元素之一。

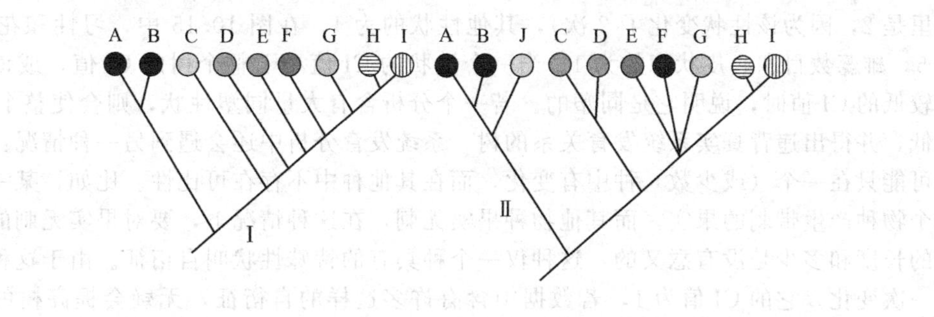

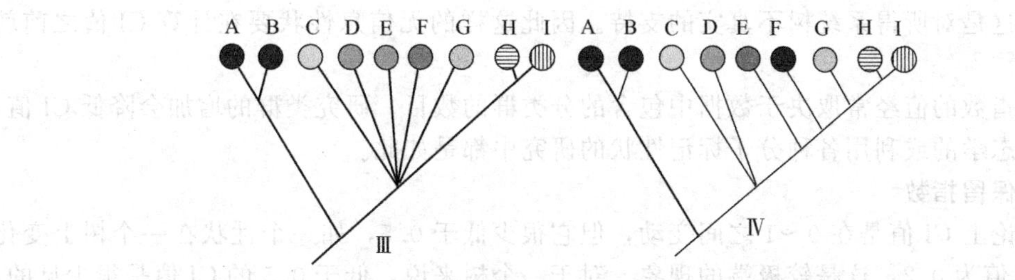

图 10.16 某一单系类群（A～J）的两个最简约树

Ⅰ：表示 C、D、E 和 F 渐次发生；Ⅱ：表示 E、F、G 同时产生于一个共同祖先，而 C 和 D 关系较近；Ⅲ：Ⅰ和Ⅱ的严格一致树；Ⅳ：Ⅰ和Ⅱ的半严格一致树

(3) 半严格一致树　半严格一致树在比较由不同数据或不同分类群构建的树时很有用。这种一致树显示所有类型的树都支持的分支关系，或其中一种树支持、但树之间不相互矛盾的关系。在图 10.16 中，树Ⅱ没有提供有关 E、F 和 G 起源时间的任何信息，而树Ⅰ显示它们是顺序形成的。类似地，虽树Ⅰ没有显示 C 和 D 的关系，但树Ⅱ将它们聚在同一分支。半严格一致树Ⅳ则显示这些信息，但不与任何一个最简约树相矛盾。

10.2.5　对一致树的检验

在建立一致树的过程中包括了直觉、猜测和假设。一些统计检验方法被用于评价这些树的可靠性，或用以计算对整个树或树的某一分支的支持程度。这些数据一般与树一起发表，使研究者得以公正评估这类数据的分析结果，并比较由不同数据构建的树。

10.2.5.1　一致性指数

简约性原则建立于一个基本科学规则之上，即奥卡姆剃刀原理（Ockham's razor），意为：不要建立一个较现实数据更为复杂的假设。我们所分析的数据中可能包含同塑现象的信息（如逆转和平行演化）。Dollo 简约原则（如前面提到的那样）对具有同塑现象性状的应用减小到最小。衡量塑性的最常用指标是一致性指数（CI），它是将数据中所有遗传改变的数目除以它们实际发生的次数计算而成的。

$$一致性指数\ \mathrm{CI}=Min/L$$

Min 代表最可能小的树长或最可能小的遗传变化，*L* 代表实际树长或状态变化的数目。在图 10.12B 的树中，有 3 个性状状态发生改变，每个包含 1 次遗传转变，它的一致性指数为 3/3=1。图 10.14C 中有 5 个实际的性状状态变化（树长为 5），但只包括 4 个遗传变化，因为心皮的融合发生了 2 次，因此它的一致性指数为 4/5=0.8。图 10.15 的树中，遗传变化的数目仍然为 4，但由于 2 次平行演化（或趋同演化）而导致树长为 6，因此它的 CI 为 4/6=0.66。

一致性指数也可以针对单个性状进行计算。在图 10.12B 中，所有性状的 CI 值为 1，在图 10.14C 中，合生心皮的 CI 值为 0.5（二态性状的最小可能变化值 1 除以实际变化数目，在这里是 2，因为该性状变化了 2 次），其他性状的为 1。在图 10.15 中，习性和花色的 CI 为 0.5，雄蕊数目和心皮状态的为 1。当一个性状的 CI 值小于整个树的 CI 值，或该性状本身有较低的 CI 值时，说明它是同塑的。若一个分析含有大量同塑性状，则会使整个树的 CI 值降低，并得出违背真实系统发育关系的树。系统发育分析中还会遇到另一种情况：某一个性状可能只在一个（或少数）种中有变化，而在其他种中不存在可比性。比如，某一类群中仅一个物种产生带刺的果实，而其他物种果实无刺，在这种情况下，要对果实无刺的物种谈及刺的长度和多少是没有意义的，这种仅一个种具有的特殊性状叫自衍征。由于这种特征只发生一次变化，它的 CI 值为 1，若数据中含有许多这样的自衍征，无疑会提高树的整体一致性指数，这是对所得系统树不真实的支持。因此这样的无信息性状要在计算 CI 值之前就删除。

一致性指数的值经常取决于数据中包含的分类群的数目。研究类群的增加会降低 CI 值，这无论在形态学的或利用各种分子标记性状的研究中都是如此。

10.2.5.2 保留指数

尽管理论上 CI 值是在 0～1 之间变动，但它很少低于 0.5，如一个性状在一个树上变化了 5 次，CI 值为 0.2，这是较极端的现象。对于一个树来说，低于 0.5 的 CI 值是很少见的，一般情况下 CI 值会在 0.5～1 的范围内。保留指数（RI）用以校正 CI 较窄的变化范围。它是通过比较某性状的最大可能变化次数（而不是像 CI 值那样关注最小变化次数）和实际变化次数来计算的。求 RI 时，首先算出树长的最大可能值，如果衍征状态在各个分类群中独立起源，或者说分类群的关系和性状状态无关。那么 RI 计算为：

$$\text{保留指数 RI}=(Max-L)/(Max-Min)$$

Max 代表树长的最大可能值，L 为实际的树长，Min 为最小可能树长。图 10.14C 中最大可能树长值为 9（已知最小树长值为 4，实际树长是 5），因此它的 RI 值为(9－5)/(9－4)＝0.8。RI 值越大，这个树就越可靠。

10.2.5.3 衰败指数

系统发育分析中遵循简约性原则的目的是选出最短的树。最短树可能在部分分支上比其他树有较高的可靠性，对这一点的检验通常是用衰败指数或 Bremer 支持率来完成。方法是比较最短树与总步长多出一步或两三步的树：有些分支在最短树中存在、而在树步长多了一步的树中瓦解，这类分支在树长多一步的严格一致树中是不存在的，它们的位置由衰败指数或 Bremer 支持率来指示，表示需要多少额外步骤能使最短树上的某分支瓦解。

树上某分支的可靠性也可以通过另一方法检验，即比较形成该分支所需的遗传变化数目和某些特定性状的 CI 值。Doyle 等（1994）在形态学资料的基础上建立了一个被子植物进化树。在这个树上，被子植物这一分支是由 18 个性状变异所致。这 18 个性状中，有 11 个的 CI 值为 1，表明被子植物是植物中一群独特的有共同祖先的单系类群。

10.2.5.4 自展检验

任何一个符合实际的分析都要求数据的随机性，有很多方法可以用来将数据进行随机化处理，自展检验是其中常用的一种。图 10.17A 中的矩阵提供的是图 10.14A 中无根树所依据的数据。矩阵中每一列都代表一个性状。自展检验起始于建立一个基于真实数据的假设矩阵。不去触动行即 OTU，原始矩阵中的任何一列（一个性状）都可以被随机选中形成新矩阵中的第 1 列，同样的，另一个作为第 2 列，直到新矩阵的列数与原始矩阵的相同为止。由于每次只选中一列，而已被选过的列（性状）仍然保留在原始矩阵中，这样在从原始数据中反复随机抽样的过程中，某些列可能被多次选中，而某些列可能没被选过，这个方法即随机抽样法。图 10.17B 的矩阵中"心皮"这一性状被随机选中出现了 2 次，而花瓣颜色这一性状却未被选中。

A

	习性	心皮	雄蕊	花瓣
植株	草本	合生	>2	黄
植株	草本	离生	>2	黄
植株	草本	离生	>2	红
植株	木本	离生	>2	红
植株	木本	合生	>2	红
植株	木本	合生	2	红

B

	花瓣	心皮	习性	心皮
植株	黄	合生	草本	合生
植株	黄	离生	草本	离生
植株	红	离生	草本	离生
植株	红	离生	木本	离生
植株	红	合生	木本	合生
植株	红	合生	木本	合生

图 10.17

A：树 10.14A 所依据的数据矩阵；B：随机替代抽样产生的假设矩阵

重复这样的随机抽取，构建多个矩阵，由每个矩阵分别构建一个最简约树，然后综合这些最简约树再构建自展一致树。在自展一致树上，每一分支都有该分支在所有简约树中出现的百分数比例，这被称作自展支持率或自展值。在一致树上显示分支长度（到达分支的步数）、每一分支的自展值、Bremer 支持度指数或衰败指数（如图 10.18 所示），这些都是常见的、有信息价值的操作。

10.2.5.5 不同外类群的影响

在构建有根树的过程中，有一个重要的分析步骤就是加入外类群。在利用形态学数据时，外类群的选取会影响系统发育推论。在运用分子数据时，一个特别的问题就是外类群和内类群之间 DNA 序列分歧程度以及随之可能产生的长枝吸引而造成的错误系统发育信息(Albert et al，1994)。为检测系统发育树可靠程度，可以使用随机产生的外类群，即，先排除所有外类群，再随机地抽取将它们加入到分析中。Sytsma 和 Baum(1996) 在研究被子植物的分子系统发育时，发现不含任何外类群的分析共产生 27 个最短无根树；只以银杏属为外类群时，所产生的分支谱系与包含所有外类群的分析结果一致；若只以松柏类为外类群时，一致树被分解的程度降低，很多分支都瓦解；当以买麻藤目为外类群时，若要达到与所有外类群参与的树一致的拓扑结构，则需增加树的步长，并且有趣的是，此时金鱼藻属成为除真双子叶类之外的所有被子植物的姐妹群。

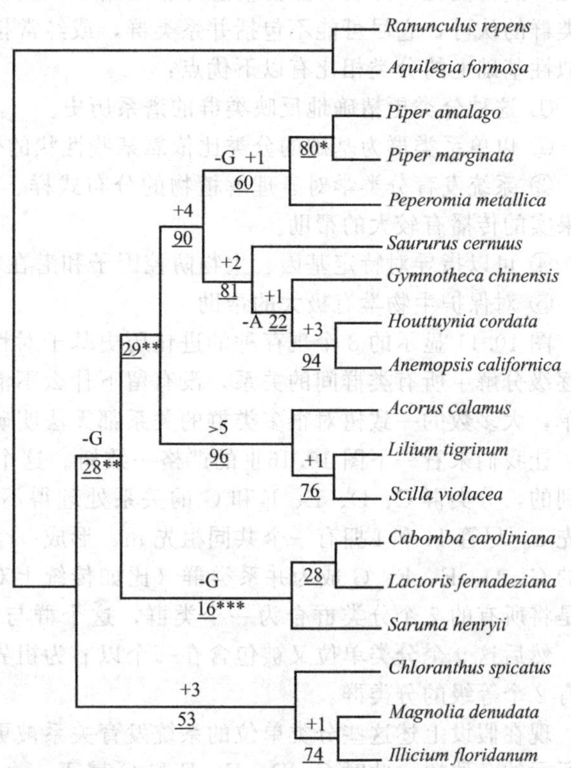

图 10.18　16 个草本物种和 2 个外类群的分支树系图

此树基于 58 个形态和个体发育性状，树长为 214 步，CI＝0.51，RI＝0.65。Bootstrap 支持率显示在树枝的下面，衰败指数显示于树枝的上面。*Ranunculus repens* 和 *Aquilegia formosa* 作为外类群（引自于 Tucker&Douglas，1996）

10.2.5.6 谱系缺失的影响

谱系缺失主要指研究对象中的某些类群已灭绝，这经常导致分析中缺少某些类群（尤其严重的如，研究被子植物系统发育时，其原始类型的化石记录非常贫乏），从而导致不真实的系统发育历史。同样的情况也会出现在采样不全的现存类群的研究中。在分析中每次删除一个主要谱系，其结果可能给我们许多有用的信息（Sytsma 和 Baum，1994）。如在被子植物系统发育分析中删除金鱼藻属和古草本类Ⅱb（金粟兰科和木兰目），对剩下的被子植物的拓扑结构没有影响，而删除古草本类Ⅰ（马兜铃目和八角目），樟目和真双子叶植物的系统位置则发生了重大变化。

10.2.5.7 样本的影响

在处理大量数据时的大计算负荷可以由占位者或代表性样本来简化。它们常被用于代表一个大的谱系。代表性样本的使用可以预告基部类群中取样缺乏所致的系统发育分析误差，在这种情况下，应该在分析中加入更多的分类群。但是在基部类群中有大量分类群灭绝的时候，分析的结果就会不确定。从对被子植物的分析可以看出，每一谱系中样本的减少都可以轻易地改变树的拓扑结构，说明代表样本的使用可以误导分析结果。

10.3 发展中的分类

当一个类群的系统发育树被构建出来后，就可以重建它的进化历史，描述它们的形态、生理和遗传变化，然后将这些信息综合运用于该类群的分类学中。系统发育分类学基于对单系类群的认可，它尽可能不包括并系类群，或经常拒绝并系类群。这样的分类与建立在全面相似性基础上的分类相比有以下优点：

① 这种分类更精确地反映类群的谱系历史。

② 以单系类群为基础的分类比依靠某些性状的分类更具预见性，也更有价值。

③ 系统发育分类学对于理解植物的分布式样、植物间的相互作用、传粉生物学和种子及果实的传播有较大的帮助。

④ 可以指导对特定基因、生物防控因子和潜在农作物的发现。

⑤ 对保护生物学有极大的帮助。

图 10.11 显示的 8 个现存种的进化历史基于对性状变化的准确计算和单系类群的构建，它逐级分解了所有类群间的关系，没有留下什么不清楚的进化疑问。但是现实情况并不这么简单，大多数的一致树对很多类群的关系都无法明确分解。

让我们来看一下图 10.16Ⅲ的严格一致树。这个树在图 10.19Ⅰ中被重新构建，如前面提到的，分类群 C、D、E、F 和 G 的关系处理得不很理想，它们仅是被显示来自一个共同祖先 o。尽管 H 和 I 拥有一个共同祖先 m、形成一个分异较大的类群，但是去除它们将使剩下的 C、D、E、F、G 成为并系类群（比如传统上对单子叶和双子叶的区分）。最安全的做法是将所有的 7 个分类群合为一个类群，这个群与只包括 A、B 的类群处于相同的系统等级，然后这 9 个分类单位又被包含在一个以 p 为祖先的类群中，这样我们就可以建立起一个只有 2 个等级的分类群。

现在假设上述这些分类单位的系统发育关系被更好地解析了，我们得到一个如图 10.19Ⅱ所示的一致树。此时 C、D、E、F 和 G 属于一个由主干进化谱系分支出来的类群，和 A 与 B 组成的谱系成并列关系。将 H 与 I 合并在单系群 HI，它与 C、D、E、F、G 组成的单系类群分别具有祖先 m 和 q，由它们再合并为 CDEFGHI 单系群，具有共同祖先 o。最后再将 AB 并入，形成 ABCDEFGHI 单系群。这样，我们则建立了一个有 3 个等级的分类，而区别于树Ⅰ的二等级分类。

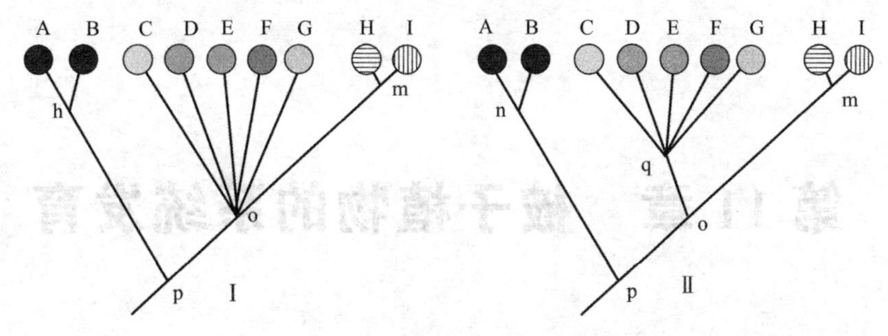

图 10.19 单系类群的构建

Ⅰ：图 10.16-Ⅲ中所示的严格一致树。该树未能很好解决系统发育关系，被视为单系类群的 H、I 与同等级上的 CDEFG 构成了一个并系类群，因为 H 和 I 被甩在了共同祖先 o 的所有后裔之外；Ⅱ：一个假设的一致树，该树显示了更清楚的分支关系。CDEFG 及 HI 都是单系类群，它们进一步组成较大的单系类群 CDEFGHI，具有共同祖先 o，包括了 o 的所有后裔。这个类群（CDEFG、HI）与 AB（也是单系类群）一起组成更大的单系类群，包括共同祖先 p 的所有后裔

假设这个树中从 A 到 I 这 9 个分类单位都是种，那么由树Ⅱ我们可以得到 3 个属：AB、CDEFG 和 HI。后面的 2 个属可以合并入一个科 CDEFGHI，AB 则构成另一个单系起源的科。另一种方法是将 A 和 B 分别定为 2 个单型属（由形态和遗传上的分歧程度而决定），然后并入 AB 科。最后这 2 个科可以被合并到 ABCDEFGHI 目。当然也有其他的分类法，如将第二级作为亚科，第三级作为科。类似地，第三等级也可以被作为亚目而不是目来处理。最后决定赋予这些类群什么分类等级要视类群的大小、内部分歧程度和性状变异可靠程度而定。但无论如何，任何等级上的分类群都应构成单系类群。

下面让我们看看图 10.18 中所示的关于古草本类的研究。毛茛属和耧斗菜属作为代表毛茛科的外类群，它们在树上相对孤立的位置显而易见。古草本类群构成了一群相互间关系不明确的类群，不同的分类系统对其系统位置有不同的处理，但有几点是比较确定的：胡椒属和草胡椒属（同属于胡椒科）组成一个明确的类群，三白草属、裸蒴属、蕺菜属和假银莲花属（同属于三白草科）也同样组成一个明确的类群，而这 2 个科又组成很好的一支（自展检验支持率达 90%）。这一点得到了关于古草本类群已发表的 7 个树的支持。水盾草属、囊粉花属和马蹄香属的关系不明确，因此它们的分类位也不确定。

最后对分类群的确立决定于研究者个人对该类群的理解。在图 10.18 的树中，金粟兰属与木兰属（木兰目）和月桂属（樟目）相近，但它的系统位置在不同的系统中经常不同：APGⅡ将金粟兰科放在互叶梅科的后面，置于被子植物的起始位置；Judd 等在其较早的工作中（1999）将金粟兰科放在木兰类复合体的樟目中，但在 2002 年又将它作为一个位置不确定的被子植物基部科群；Stevens（2003）的 APweb 将曾被他放在所有单子叶植物后面的金粟兰科又放在了木兰类和真双子叶类之间；Thorne 早期（1999、2000）将金粟兰科放在木兰亚纲→木兰超目→木兰目→金粟兰亚目（目内的其他亚目是木兰亚目和樟亚目）中，但后来他（2003）又将这个科放在互叶梅科后面置于金粟兰目，作为木兰亚纲的第 1 个目，这与 APGⅡ的处理类似。关于被子植物系统发育关系的进一步讨论将在后面的章节中详细介绍。

第11章 被子植物的系统发育

被子植物在植物界占有统治地位，它至少包括254 990个物种（Thorne，2003），远多于所有其他植物类群所含物种数的总和。被子植物不仅在数量上占有绝对优势，其生境范围也远远大于其他陆地植物。然而，这样一个重要类群的系统发育却仍存在许多谜团，原因主要在于自然界中太缺乏有关早期被子植物的记载，这可能是由于它们生活在不适于化石形成的环境中。为更好地阐述被子植物的系统发育，我们有必要先了解一些有关系统发育的一般术语和概念，特别是涉及被子植物的部分。

11.1 被子植物的起源

被子植物的起源和早期演化是一个困扰了植物学家一个多世纪的难解之谜，被达尔文称为“可恶的谜团”。正如福尔摩斯破案一样，这个谜团正在被一点一点地解开，也许20年后，被子植物起源之谜就不复存在了。除松柏林和苔原之外，被子植物占据陆地上所有主要植被领地，是食物链中主要的初级生产者，表现出惊人的形态多样性。但令人遗憾的是，相对于其巨大的多样性，我们对被子植物的起源还知之甚少，这样，就其祖先类群、原始类群以及演化途径等问题产生了五花八门的观点。为便于理解，我将从以下几个方面来讨论被子植物的起源。

11.1.1 什么是被子植物

所有被子植物共有一个独特的特征组合，从而明显区别于种子植物的其他类群。这一组合中的重要特征包括：胚珠由心皮包被、花粉粒在柱头上萌发、筛管有伴胞、双受精、三倍性（$3n$）的胚乳细胞以及高度退化的雌、雄配子体。此外，被子植物有导管，具有独特的不分层的花粉粒外壁内层，外壁外层分化成底层、柱状层和覆盖层（互叶梅科的花粉粒外壁缺覆盖层）。典型被子植物花为两性花，最中央是雌蕊，外边围绕以雄蕊，而雄蕊的外围是花瓣和花萼，这种结构特别适宜于被子植物中广泛存在的昆虫传粉。灌木状菌根也是被子植物（除互叶梅科、睡莲目和木兰藤目外）独有的特征。典型的被子植物导管具有梯纹穿孔。

上述的被子植物共同特征可能会在个别类群中有例外。例如，导管在某些被子植物（林仙科）中缺如，而在某些裸子植物（买麻藤目）中存在；柔荑花序类的好几个科都是单性花没有花被片，同时表现为风媒传粉。然而，尽管有这样或那样的例外，被子植物所具有的多种特征组合是独一无二的，其他任何种子植物都不具备这样一个组合。

11.1.2 被子植物的起源时间

被子植物的起源时间是一个争议颇多的问题。很多年以来，人们认为最早的被子植物化石是发现于英格兰南部巴雷姆阶和阿普第阶的2个早白垩纪地层［1.32～1.12亿年前(132～112百万年mya)］（表11.1）中的形式属棒纹单沟粉属(Couper，1958)。这是一个单沟花粉粒化石，具有非常明显的外壁纹饰，非常像现存*Ascarina*的花粉。然而，Brenner和Bickoff（1992）记录了在以色列的海莱茨构造凡兰今阶地层（大约135 mya）中发现了相似的但无孔沟的花粉粒。目前后者被公认为被子植物最古老的化石（Taylor与Hickey，1996）。另外，在以色列的晚欧特里阶地层（约132 mya）还发现了前阿佛罗利斯粉属（多数为无孔沟花粉，少数有微弱单沟）、棒纹单沟粉属（微弱单沟至无孔沟）和拟百合粉属(单沟花粉，外壁外层与单子叶植物的相似）的化石（Brenner，1996)。从晚巴雷姆阶地层中还发现了阿佛罗波利斯粉属、勃勒纳粉属（二者都缺少外壁柱状层）和三沟粉属（第一个出现三沟花粉粒的化石）的化石。

表11.1 地质年代表

时间 Time 百万年(mya)	代 Era	纪 Period	世 Epoch	阶 Stage
0.01	新生代 Cenozoic	第四纪 Quaternary	全新世 Holocene	
2.5			更新世 Pleistocene	
7		第三纪 Tertiary	上新世 Pliocene	
26			中新世 Miocene	
38			渐新世 Oligocene	
54			始新世 Eocene	
65			古新世 Palaeocene	
74	中生代 Mesozoic	白垩纪 Cretaceous	晚期 Upper	马斯里奇特阶 Maestrichtian
83				坎佩尼阶 Campanian
87				桑托阶 Santonian
89				科尼亚斯阶 Coniacian
90				土龙尼阶 Turonian
97				森诺曼阶 Cenomanian
112			早期 Lower	阿尔比阶 Albian
125				阿普第阶 Aptian
132				巴雷姆阶 Barremian
135				欧特里阶 Hauterivian
141				凡兰今阶 Valanginian
146				贝里亚斯阶 Berrtasian
		侏罗纪 Jurassic	晚期 Upper	
			中期 Middle	
208			早期 Lower	
		三叠纪 Triassic	晚期 Upper	
			中期 Middle	
235			早期 Lower	
280	古生代 Palaeozoic	二叠纪 Permian		
345		石炭纪 Carboniferous		
395		泥盆纪 Devonian		
430		志留纪 Silurian		
500		奥陶纪 Ordovician		
570		寒武纪 Cambrian		
2400	前寒武纪 Precambrian	阿尔冈纪 Algonkian		
4500		太古代 Archaean		

被子植物化石的数目和多样性骤然增多，在早白垩纪末期（约100 mya）的地层中，木兰亚纲、木兰目、百合目、林仙类和百合纲被很好地保存着。在晚白垩纪的化石植物中，至少有50%的种类属于被子植物。到白垩纪末期，许多现存的被子植物科已出现，它们继而以指数形式增加，构成了当今陆地上占绝对优势的植物区系。

白垩纪以前的化石痕迹却很不完全，并且令人费解。大部分关于白垩纪以前底层中被子植物化石的报道都被否定。Erdtman（1948）描述了侏罗纪时期的拟杜仲粉属，它具有双子叶植物的三沟花粉粒。然而这个化石为两侧对称花（Hughes，1961），具有颗粒状的孢粉外壁和裸子植物式的薄层状外壁内层（Doyle et al.，1975），这类花粉在某一不确定的裸子植物雌球果化石的种子珠孔处也有发现（Brenner，1963）。好几个起初被认作属于睡莲科植物的侏罗纪花粉化石最终还是被判定属于裸子植物。

近几年中，孙革等（1998、2002）在中国辽宁的上侏罗纪地层（接近124 mya）发现了古果属（*Archaefructus*）植物的化石。这枚化石清晰地显现了螺旋状排列的对折心皮及其内部的胚珠，这是一个在早期被子植物中未曾报道的特征。该植物的果实是蓇葖果。这被认为是一枚最古老的被子植物花化石。

好几个出现于三叠纪地层的营养器官化石也被认为是被子植物。Brown（1956）描述了发现于科罗拉多州三叠纪地层的叶化石植物沙米格列叶属，认为它与棕榈类植物有关。Cornet于1986和1989年更深入地研究了该化石，认为它是一个兼具单、双子叶植物特征的原始被子植物。Cornet确认了该化石具有被子植物的叶脉类型和生殖器官结构，然而Hickey和Doyle（1977）否定了它的脉序属于被子植物的类型。对于这个颇具争议的化石植物，我们的认识还远不够清晰。

马洛考维叶属叶化石（早期被Daugherty于1941年描述为蕨脉篦羽叶）出现于亚利桑那州和新墨西哥州的上三叠纪地层中。它与被子植物的关系目前还不清楚。

Harris（1932）描述了格林兰上三叠纪地层中的叉网叶属，它具有二歧叶片和二叉叶脉。虽然它在叶脉和角质层结构上接近双子叶植物的特征，但却有数个性状为被子植物所不具备，如，二叉中肋、二叉叶片、脉与叶轴成锐角的高脉序（Hickey & Doyle，1977）。

Cornet（1993）描述了维吉尼亚和北卡罗莱纳交界处晚三叠纪地层中的巴纳利卡叶属，这是一个看似双子叶植物的叶化石，具有三叉掌状叶脉，与其相连的生殖结构属于被子植物的类型，但无法肯定这些生殖器官和叶化石同属一种植物。Taylor和Hickey（1996）否定了它是被子植物，主要理由是它的叶脉与蕨类叶植物的更接近。在确定是否有三叠纪被子植物化石这个问题上，我们还需要很多的信息。

Cornet（1996）描述了德克萨斯晚三叠纪地层中的百岁兰，这个化石看上去很像杯形古球果，具有相似的雌穗和雄穗，二者都具有上百个螺旋排列的大杯形托。这个化石重新使人们相信买麻藤类可能是被子植物的祖先。

由于尚不清楚前白垩纪究竟是否有被子植物的化石纪录，人们普遍相信被子植物起源于晚侏罗纪或早白垩纪的早期（Taylor，1981），即接近130～135 mya。

Melville（1983）曾经很强烈地倡导生殖叶理论。他相信被子植物起源于大约2亿4千万年前的二叠纪，然后用了1亿4千万年来发展，直至白垩纪才大面积扩散。他认为被子植物的祖先舌羊齿植物在三叠纪遭遇了灭顶之灾从而灭绝，这一事件也降低了被子植物的发展速度，直到白垩纪被子植物的发展才达到指数水平。然而，这一假说很少受到人们的赞同。

近些年，研究者逐渐认识到被子植物起源的2个不同时期（Troitsky等，1991；Doyle与Donoghue，1993；Crane等，1995），即三叠纪和晚侏罗纪。前者是被子植物主干类群（Doyle与Donoghue1993年一文中的被子植物angiophytes和Troitsky等1991年一文中的前被子植物Proangiosperms）与其姐妹类群（买麻藤目、本内苏铁目和五柱木目）的分开；后者为被子植物冠类群（冠群被子植物），分裂成的现存的不同分支（图11.1）。

11.1.2.1 分子钟推算

人们试着将分子钟运用于核苷酸序列变异，从而推算被子植物类群的起源、分化时间（图11.1，节点B）。这样做往往会推算出过早的被子植物起源时间，而不同分析之间也会出现互相矛盾。此类工作第一个做得较深入的是Martin等（1989），他们采用9个被子植物

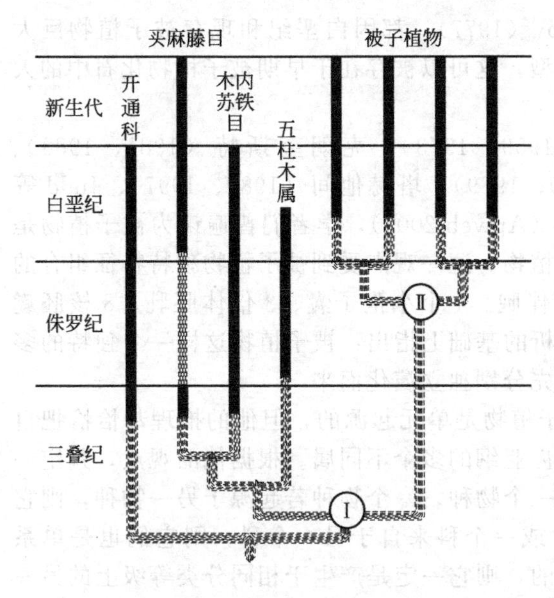

图 11.1 被子植物的系统发育树（谱系和姐妹类群）

节点Ⅰ示被子植物在晚第三纪与其姐妹群分开；节点Ⅱ示被子植物的冠类群在晚侏罗纪分裂成现存的亚类群。虚线所示的进化关系尚无化石证据

中的 *gapC* 基因（编码细胞质甘油醛-3-磷酸脱氢酶，即 GADPH 的核基因）进行核苷酸序列分析，观察到的每一对物种间非同义核苷酸替代的数目（Ka）与根据已知分化时间（如植物与动物、植物与酵母、哺乳类与鸡、人类与大鼠）推算出来的速率接近。这个结果显示单子叶与双子叶植物的分化时间在（319±35）mya，而单子叶植物的大爆发发生在（276±33）mya，禾草类的分化时间在（103±22）mya。许多作者对此提出质疑，因为它采用的仅是来自一个基因的结果。Wolfe 等（1989）尝试以大量的叶绿体基因组 DNA 序列、采用三层算法推算单-双子叶植物的分化时间，提出单-双子叶植物可能是在晚三叠纪（200 mya）分歧的。Martin 等 1993 年根据 *rbcL* 和 *gapC* 2 个基因的信息，支持被子植物的石炭纪（大约 200 mya）起源假说。Sytsma 与 Baum（1996）指出除非研究大量的分类群和大量的具不同分子进化模式的基因，否则，运用分子钟推算的年代就不一定准确。因而，关于被子植物系统发育的结论可能还要等待更多的分子数据和对它们更合理的分析评价。

11.1.3 被子植物的起源地

以前人们以为被子植物起源于北极地区（Seward，1931），然后往南迁移。Axelrod（1970）提出有花植物起源于低纬度的高海拔地带（高地理论）。Smith（1970）更为具体地提出当冈瓦纳古陆和劳亚古陆开始分离的时候，被子植物在东南亚邻近马来西亚的地方演化出来。Stebbins（1974）提出被子植物的起源地在具季节性干燥气候的开阔地域。塔赫他间（1966、1980）相信被子植物的幼态成熟起源。他提出，在具季风性气候的岩石山坡地区，被子植物的祖先在季节性干燥的环境下产生了一系列特殊的适应性性状，进而发展成现在的状态。

Retallack 与 Dilcher（1981）相信最早的被子植物可能是木本的、具有较小的叶片。它们生长在与非洲和南美洲毗邻的地堑地带中，其中的某些类群适应了沿海气候，在后来早白垩纪时期海平面的不断变化中得以发展。

虽然同意环境压力对被子植物起源产生的作用，近年来很多学者（Hickey 和 Doyle，1977；Upchurch 和 Wolfe，1987；Hickey 和 Taylor，1992）还是提出了低地理论，认为早期被子植物生活在溪流和湖泊边缘，随后出现在沼泽边缘和河床地带，最终占据河流阶地。Taylor 和 Hickey（1996）提出原始被子植物是多年生有根状茎的草本，它们在扰动频繁和河流适量冲击的地方沿河流和溪流演化。这些地带由于植物在周期性干扰下频繁的死亡而形成了较高的土壤营养。

11.1.4 被子植物是单系类群还是复系类群

恩格勒（1892）认为被子植物是多系类群，单子叶植物和双子叶植物是分别演化出来的。许多学者，如 Meeuse（1963）和 Krassilov（1977），都因白垩纪和现存被子植物巨大的多样性而建立了被子植物多系起源的理论模型，这可以被存在于早期被子植物化石中的大量多态性所支持。

在近期的大多数著作中，如哈钦松（1959、1973）、克朗奎斯特（1981、1988）、Thorne（1983、1992、2000）、Dahgren（1980、1989）、塔赫他间（1987、1997）、Judd 等（2002）、Bremer 等（APG Ⅱ 2003）和 Stevens（Apweb 2003），学者们普遍认为被子植物是单元起源的，单子叶植物起源于原始的双子叶植物。这一观点受到被子植物独特特征组合的支持。这个特征组合是：闭合的心皮、筛管、伴胞、4 个小孢子囊、3 倍体胚乳、8 核胚囊和退化的雌配子体。Sporne（1974）在统计分析的基础上指出：被子植物这样一个独特的多个特征的组合极不可能是从多个裸子植物的祖先分别独立演化而来。

有趣的是，尽管 Melville（1983）认为被子植物是单元起源的，但他的推理却恰恰把自己归入了多元派。他相信被子植物来自于舌羊齿亚纲的多个不同属。根据他的观点，判定一个分类群是否单系并非总是要看它是否起源于一个物种。一个物种若起源于另一物种，则它是单系的，同理，若一个属来自于另一个属，或一个科来自于另一个科，则它们也是单系的。依照他的这一原理，一个分类群若是单系的，则它一定是产生于相同分类等级上的另一个类群。由于被子植物亚纲和舌羊齿亚钢同属亚纲等级，两类群又都只包括少数几个谱系，它们可以被比喻为有好几股线拧成的绳子，被称为厚系类群（Pachyphy letic）。这种解释只适用于小单系类群概念，而无法解释目前被普遍接受的严格单系类群的概念。

11.1.5 被子植物可能的祖先

被子植物的祖先问题是一个最具争议的热点课题。在缺乏直接化石证据的情况下，几乎所有的化石类群和现存裸子植物都曾被不同的学者推测为被子植物的祖先。有的作者甚至提出单子叶植物的水韭起源，因为这个植物尽管没有种子，但表面上看与洋葱相似。各种各样不同的理论实际上都围绕 2 个基本假说：真花学说和假花学说。另外一些理论提出被子植物的古草本起源，这在近些年也引起了相当多的关注，从而使得被子植物的祖先问题变得更加不确定。

11.1.5.1 真花学说

也被称作球果花理论。真花学说首先由 Arber 和 Parkins 于 1970 年提出。根据这个理论，被子植物的花可以被解释为来自一个具多个螺旋状排列的心皮和雄蕊的两性孢子叶球，与已灭绝的裸子植物本内苏铁类的两性生殖结构相似。心皮被认为是一个特化了的大孢子叶（心皮的叶生孢子起源）。木兰目植物的两性花常被认为来自这样一个结构。在同意这一基本原则的情况下，不同学者对于裸子植物内哪一类群为被子植物祖先仍持不同观点，现简述如下。

（1）拟苏铁目（本内苏铁目）　这类植物现普遍被称为拟苏铁目，它们出现于三叠纪，繁盛生长于中生代的大部分时期，在白垩纪灭绝。拟苏铁类可能为被子植物祖先的观点主要来自 Wieland（1906，1916）对美洲化石苏铁类的经典形态学和分类学研究。Lemesle（1946）认为这一假说的基本依据是拟苏铁类的两性结构这一特征，此两性结构具一伸长的花托、多枚花被状的苞片和一轮产生花粉的小孢子叶，小孢子叶环绕着长有多个胚珠的珠鳞以及结合在一起的种鳞。然而，有雄性构造基部脱落的信息，它们的脱落显露出胚珠区域。

这类植物被称为拟苏铁是因为它外形似苏铁，有一个短缩的枝干和一簇羽状复叶构成的“树冠”（图 11.2A）。早期的研究表明其小孢子叶成熟时张开，但 Crepet（1974）表明小孢子叶是羽状的，羽片的先端融合，因此从结构上来说小孢子叶是不可能张开的（图 11.2B）。胚珠位于孢子叶的先端而不像被子植物那样位于心皮之内。

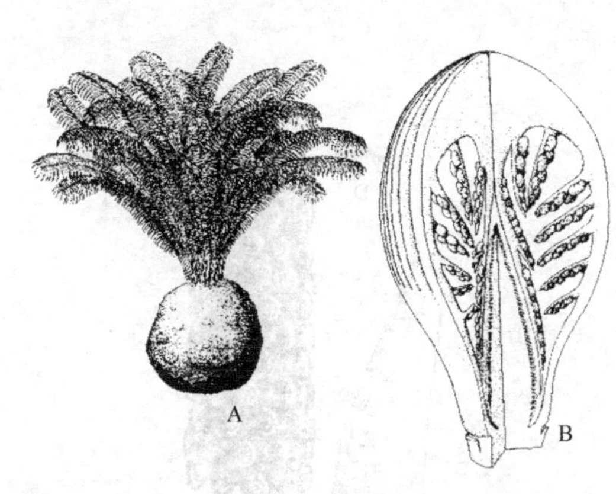

图 11.2 拟苏铁属

A：复原的植物外形，具有一个短缩的主干和数片羽状叶；B：复原的球果纵切面，显示小孢子囊的排列（A，自 Delevoryas，1971；B，自 Crepet，1974）

（2）开通科　近年来学者们越来越倾向于被子植物起源于种子蕨的观点，种子蕨经常被置于风尾松蕨目，但更普遍的是被放在开通目。开通科是由 Thomas 首先描述的，发现于约克郡凯顿海湾的侏罗纪地层中的化石植物，后来又在格林兰、英格兰和加拿大等地发现。该类群产生于晚三叠纪，灭绝于白垩纪末期。

叶（如鱼网叶属）长在小枝上而非树干上，它们具 2 对小叶（稀 3～6 枚小叶），网状叶脉。雄性生殖结构（开通花属）具有中轴和小羽片，每个羽片有一个由 4 个小孢子囊组成的聚孢囊。承载种子的结构（开通果属）有一个轴，其上长有 2 排杯形托（图 11.3B）每托含有几枚胚珠，杯形托向下弯曲，在胚珠附着点附近有一个唇状突起（通常称作柱头表面）（图 11.3C）。

在胚珠中发现花粉粒说明其是真正的裸子植物，但并不是被子植物的祖先。Krassilov（1977）和 Doyle（1978）认为杯形托和心皮同源，而 Gaussen（1946）和 Stebbins（1974）却认为它和胚珠的外珠被同源。Doyle 与 Donoghue（1987）的分支分析支持“开通目-被子植物”这支谱系。Thorne（1996）同意被子植物可能在晚侏罗纪起源于某类种子蕨。

（3）苏铁目　Sporne（1971）基于苏铁属的许多物种具棕榈状习性、胚珠生于叶状大孢子叶内，以及孢子叶片趋于减少等性状，提出这一类群与被子植物之间可能存在联系。虽然很难假设苏铁目就是被子植物的祖先，但它们与被子植物在外形上相像、又来源于蕨类植物，这两点足以进一步支持被子植物起源于蕨类植物的观点。

11.1.5.2　假花学说

这一假说一般与恩格勒学派相伴随，是由 Wettstein 在 1907 年提出的，即，被子植物来源于以麻黄属、买麻藤属和百岁兰属（以前都曾被置于买麻藤目）为代表的买麻藤纲。

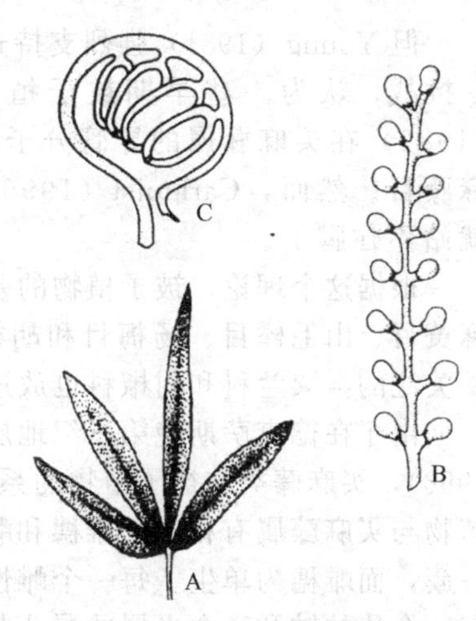

图 11.3 开通科

A：*Sagenopteris phillipsi* 的掌状复叶；B：*Caytonia nathorstii*，具有两列杯形托；C：*Caytonia sewardii* 的杯形托还原图（B 和 C 自 Dilcher，1979；C 自 Stewart 和 Rothwell，1993）

这一类群比任何现存的或化石裸子植物都表现出更多被子植物的性状，包括：具有导管、叶片如双子叶植物那样具网状叶脉、雄花具有花被片和苞片、配子体强烈退化、第二枚雄配子体与腹沟核融合等。麻黄属与木麻黄属在习性上相似。Wettstein 认为买麻藤目的复合球花与风媒传粉的柔荑花序类的柔荑花序是同源的，而木兰属醒目的两性虫媒花是假单花，实为 2 个单性花单元的结合，心皮代表的是一个特化的枝（心皮的轴生孢子起源）（图 11.4）。

然而又有数个特征不支持这个理论：导管的起源不同（Bailey，1944），在被子植物中来源于梯纹管胞，而在买麻藤类中则来源于环纹管胞，现存被子植物中有几个类群无导管（如林仙科）。此外，目前普遍认为柔荑花序类是比较进化的类群，因为它的花属于简化类型，又具有较进化的三沟花粉粒，而最重要的是买麻藤类是一个很年轻的类群。

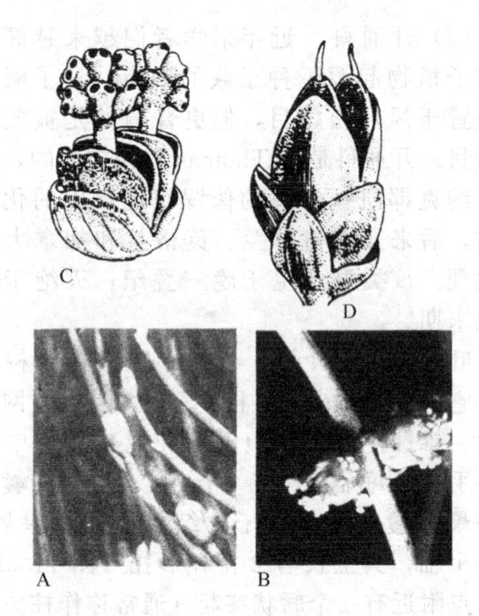

图 11.4 麻黄属

A：具有对生鳞片状叶的植物体一部分；B：一个分支上的雄球花；C：一个具数枚对生苞片的雄球花，顶生苞片包着雄球花的柄，其上着生多数小孢子囊；D：具数枚轮生苞片的雌球果，顶生苞片紧紧包着胚珠

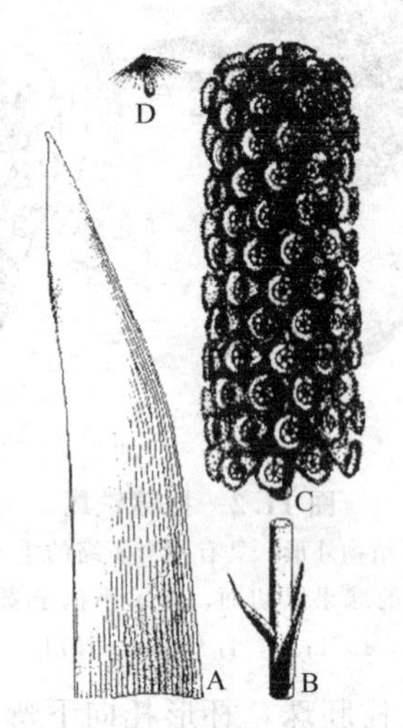

图 11.5 杯形古球果及其分离的器官的还原图

A：*Pelourdea poleoensis* 的副叶；B：球果的下部不育部分；C：雌球果具多数螺旋状排列的大杯形托；D：散播的种子（自 Cornet，1996）

但 Young（1981）强烈支持这个理论，他对最早的被子植物是无导管的这一观点提出了挑战，认为一些早期被子植物中无导管是因为后来丢失了。Muhammad 和 Sattler（1982）在买麻藤属的导管分子中发现了梯纹穿孔板，暗示被子植物到底还是来源于买麻藤目。然而，Carlquist（1996）却得出结论，当研究了大量材料之后，买麻藤起源论就站不住脚了。

根据这个理论，被子植物的基部类群包括柔荑花序类-金缕梅类分支上的目，包括：木麻黄目、山毛榉目、杨梅目和胡桃目。需要特别注意的是，Wettstein（1907）将近年来颇受关注的金粟兰科和胡椒科也放进了这一基部类群。

由于在德克萨斯晚第三纪地层中发现了类似百岁兰属的化石植物杯形古球果（Cornet，1996），买麻藤类在被子植物的系统发育中的重要性得到了进一步的证实（图 11.5）。这个植物与买麻藤属有相似的雄穗和雌穗组成，每穗有数百枚螺旋排列的大杯形托。雄穗 3 个成一簇，而雌穗为单生。每一个雌性大杯形托有一个轴向弯曲的（管状）苞片状器官，后者具有一个狭的轴和一个平展的漏斗状顶端。大杯形托包含一枚不育鳞片包被的胚珠（种子）。靠近大杯形托基部围以 3～4 枚非常小的苞片。

杯形古球果的雄性大杯形托包含花丝状的附属物而不是不育的鳞片。在其外面，大杯形托由许多分成两瓣的小孢子叶簇拥，每小孢子叶具 4 个花粉囊，附着在膨大的梗上。在雌杯形托的外面，有一些腺体状的结构，非常像雄杯形托上承载花粉囊的梗。这暗示它起源于两性大杯形托。花粉粒辐射对称，单孔沟。因此该化石植物被认为是比现存者更原始的买麻藤类种类。

麻黄属一般被认为是现存买麻藤类各属中最原始者。Cornet 认为古球果属所具有的特征对麻黄属来说可能都是祖征，如辐射对称、螺旋排列的花部。他相信，本内苏铁目、买麻藤目、五柱木目和被子植物具有共同祖先，该祖先早在第三纪以前就存在，为了适应风媒传粉，经历了巨大的花部组成的退化或集合。

Taylor 和 Hickey（1996）提出假说：金粟兰科的花由买麻藤的花序单元演化而来，可以认为是生殖结构大退化的结果。

11.1.5.3 花球学说

Neumayer 于 1924 年提出花球学说，它是在假花说的基础上略有改动而成，Meeuse (1963，1972) 强烈提倡和拥护这一理论。根据这个理论，被子植物的花（功能上的生殖单位）有多种独立起源途径（即被子植物是多元起源的）。在许多木兰类及它们的双子叶后代中，花是自买麻藤类经由胡椒目演化而来的多轴的系统；另一条途径是由原本的单轴系统（生殖枝或类花）经过一定的变化，形成金粟兰科的花。Meeuse (1963) 提出单子叶植物的花为独立起源的假说，认为它们是自化石植物五柱木目经由单子叶的露兜树目进化来的。

五柱木目是在印度和新西兰的侏罗纪地层中发现的。它的茎有 5 个输导束（在五柱木属中），花粉的承载器官呈羽状分裂（在萨巴球属中）：上部分开而基部融合成杯状。承载种子的结构形似桑椹，具有二十多个无柄的种子，每个具有一层肉质外种皮和内部的一层硬质中种皮。外种皮可能与种子蕨类的杯形托同源，被子植物的心皮被认为是一个复合结构，是由承载心皮的枝与起支撑作用的苞片融合而成的。有趣的是，我们注意到 Taylor 和 Hickey (1996) 不再将五柱木属纳入生花植物这样一支包括被子植物及其姐妹群本内苏铁目和买麻藤类的谱系中（见图 11.6）。根据他们的观点，五柱木属缺乏生花植物的关键特征，如在生殖轴上分别处于远轴、中间和近轴位置的雌性、雄性和不育的叶性器官，胚珠由苞片演化来的结构包被等。

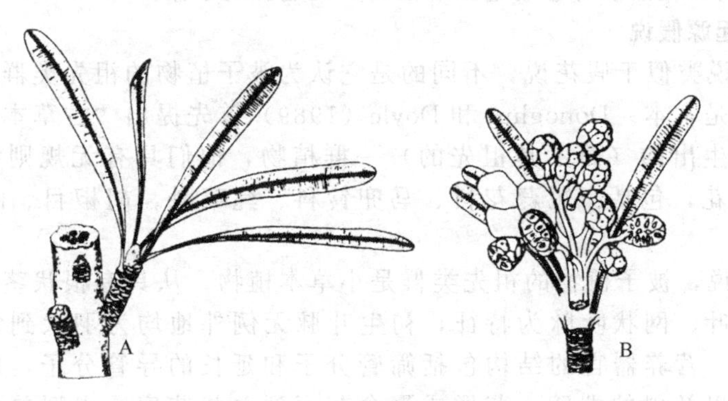

图 11.6 五柱木目

A：具带状叶的萨尼五柱木的还原图；B：种子球的还原图（自 Sahni，1996）

11.1.5.4 生殖叶理论

生殖叶理论是 Melville 基于他对脉序的研究而提出的，他认为被子植物是舌羊齿亚纲的后裔，而后者是冈瓦纳古陆上植物区系的重要成员。他又进一步认为被子植物的花来自于生殖叶，一个可育的轴叶合生的分支。在舌羊齿类较简单的盾籽属和奥陶卡里籽属中，可育枝包括一个两瓣的鳞片（有两个翅），被称为盾片，在二叉脉序的类群中，其先端长有胚珠，沿着其胚珠生长的位置将盾片合拢，则形成一个被子植物的心皮状态。这一合拢过程在化石植物布雷藤属中有所显现。在利奇顿属，可育枝包括 4～8 个花盘状结构，每个托载数枚胚珠。在从印度的拉尼根杰发现的德喀尼属中，大约有 6 个托载种子的杯形托附着在一个从可育鳞片的中肋长出的长梗上。

舌羊齿属的叶片是披针形的，有明显的网状叶脉（图 11.7）。舌羊齿属中可育部分呈球果状，是一个从叶片向可育鳞片的过渡区域，鳞片螺旋状排列，显示出球果花的样子。在 *Mudgea* 属中，有人提出花簇 anthofasciculi 这一术语，即叶状结构有 2 个可育枝，其一为雄性，而另一个为雌性，由此形成被子植物，如毛茛属和金合欢属的花。

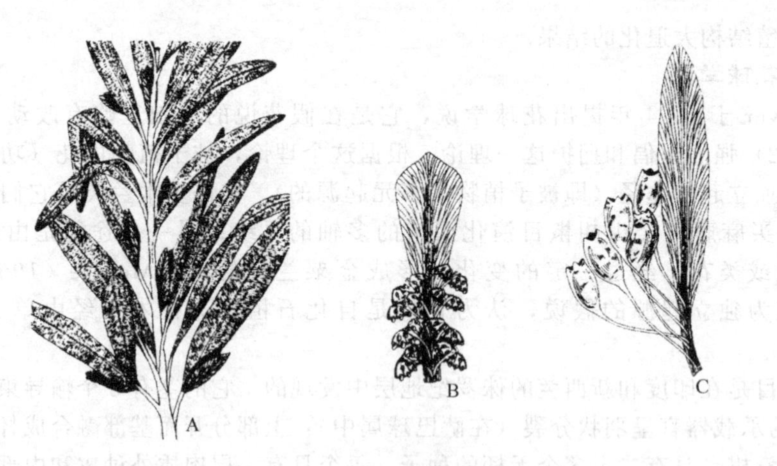

图 11.7 舌羊齿亚纲

A：*Dictypteridium feistmantelii*（*Glossopteris tenuinervis*）的营养枝；B：*Lidgettonia mucronata* 的可育枝（生殖叶）；C：*Denkania indica* 具有杯形托的可育枝（A 自 Chandra 和 Surange，1976；B 和 C 自 Surange 和 Chandra，1975）

Melville 相信被子植物起源于 2 亿 4 千万年前的二叠纪，用了近 1 亿 4 千万年来发展自身，直到白垩纪变得繁荣昌盛。正如前面解释过的，贴切地说，虽然 Melville 认为被子植物是单元的，但他的推理恰恰将它划进被子植物多元起源的学派。

11.1.5.5 草本起源假说

草本起源假说类似于假花说，不同的是它认为被子植物的祖先类群是有根状茎的多年生草本，而不是木本。Donoghue 和 Doyle（1989）首先提出“古草本”一词，用以界定从木兰亚纲衍生出的（而不是祖先的）一群植物，他们具有无规则型气孔、两轮花被片和三基数的花，包括：短蕊花科、马兜铃科、莼菜科、胡椒目、睡莲科以及单子叶植物。

根据这一假说，被子植物的祖先类群是小草本植物，从具有根状茎到具攀援多年生习性。它们以单叶、网状叶脉为特征，初生叶脉无例外地均为羽状到掌状，而次生叶脉具有二歧分支。营养器官的结构包括筛管分子和延长的导管分子，后者具有边缘环状的或梯纹穿孔以及斜的端壁。花形成聚伞花序到总状花序。小型单孔沟花粉粒形成穿孔成网状纹饰。心皮离生、瓶状（胚珠近缝线而生）、有 2 枚直生胚珠、双珠被、厚珠心、胚具双子叶。前述的作者引用的化石资料中，极少为被子植物的木材化石，而大量为早期的叶片印记化石。

与上述理论相呼应，近年来的系统发育研究揭示：被子植物的最近缘现存类群是买麻藤类，而最近缘化石类群是本内苏铁目，这两类群与被子植物一起，构成了所谓的 Anthophytes。这个支系很可能是起源于晚三叠纪，接下来在晚白垩纪分出来的是 Angiophytes，这一支进而分为 stem Angiophytes（已灭绝的早期被子植物）和 crown Angiophytes（即现存的被子植物类群）（图 11.8）。

Krassilov 指出在与被子植物起源相关的谱系中，可以分出 3 类侏罗纪植物，即 Caytoniales、Zcekanowskiales 和 Dirhopalostachyaceae。这些植物的花粉粒在花冠裂片的唇口萌发，根据他的看法，这很令人失望，因为这一特征使这些植物落入被子植物的范畴之中，而不应作为祖先类群被讨论。他提出从 Caytoniales 衍生出樟目-蔷薇目支系，Zcekanowskiales 具有由柱头带形成的二瓣蒴果，因而显示出与单子叶植物的关系。Dirhopalostachyaceae 具有一对暴露于盾状侧生附属物的胚珠，因而可能与金缕梅目有进化关系。

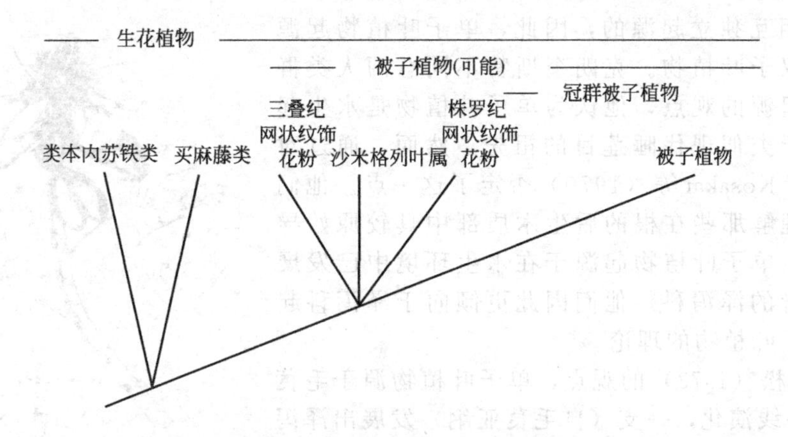

11.8 生花植物的一致树（Taylor 和 Hickey，1996）

注意五柱木属被排除于生花植物的姐妹群之外（这里只有本内苏铁和买麻藤类）

最近，基于最古老最完整的被子植物化石记录，佛罗里达大学自然历史博物馆的古植物学家 David Dilcher（图 11.9）发现了位于被子植物基部的一个新科，即水生的古果科 Archaefructaceae。他和中国吉林大学古生物研究中心的孙革、中国科学院地质（理）研究所的纪强以及其他三位作者共同将该新科发表于《科学》杂志上（Sun 等，2002）。这个科只包含一个属古果属及其下的两个种：中华古果和辽产古果。它们可能是1亿2千4百万年前的水生草本植物。古果属有完好的花，它与现存被子植物的花很不同：没有花被片、有延伸得很长的花托，雄蕊成对、果实为小蓇葖果，由螺旋状排列的对折心皮发育而来。每一心皮上近轴面上延伸的柱头冠羽非常醒目。在 *Archaefructus* 被发现之前，Dilcher 和 Crane（1984）描述了在中白垩纪的最上面的阿尔比阶/中森诺罗阶时期（大约 110 mya）的叉叶古花（图 11.10），认为这是一个原始的有花植物，叶为单叶成二分叉，花顶生，有多数离生心皮，蓇葖果。

图 11.9 D. L. Dicher 博士

佛罗里达大学自然历史博物馆的古植物学家教授，他是研究化石被子植物中华古果并还原其形态图的先驱者。该植物最近由 Sun、Dilcher 等（2002）描述，被认为是距今将近 124 mya 的最古老被子植物化石（彩图见之前）

古果属大约 50cm 高，根植于湖底，部分被水支持。细弱的茎伸达水表面，产生花粉和种子的花器官露出水面，叶片可能是沉水的。种子可能在水面上散播，然后游向岸边，在阴暗的地方萌发。这被认为是有记载的最古老的被子植物的花，它被置于一个独立的科中，可能是所有现存被子植物的祖先，但仍不清楚它如何与被子植物相关联。

11.1.6 单子叶植物的起源

早期的理论认为单子叶植物较双子叶植物起源早（恩格勒，1892），而且是多元起源的（Meeuse，1963）。然而，目前大部分学者都相信单子叶植物来自于双子叶植物，是单元起源的。根据 Bailey（1944）和 Cheadle（1953）的研究，单子叶和双子叶植物中的导管是相互独立起源的，因此，单子叶植物起源于无导管的双子叶植物。克朗奎斯特不同意两大类群中导管独立起源的观点，他认为单子叶植物是水生起源的，来自于类似现代睡莲目的祖先。然而，通过对导管的研究，Kosakai等（1970）否定了这一点。他们认为，很难理解那些在根的后生木质部中具较原始导管分子的陆生单子叶植物起源于在水生环境中已发展出较高级导管的泽泻科。他们因此更倾向于泽泻科起源于陆生单子叶植物的理论。

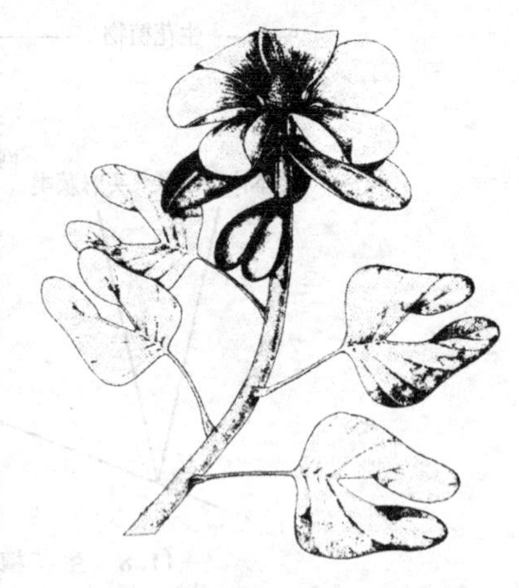

图 11.10　中白垩纪地层中叉叶古花的有花叶性分支的还原图
（自 Dilcher 和 Crane，1984）

依据哈钦松（1973）的观点，单子叶植物源于毛茛目，沿2条路线演化，一支（自毛茛亚纲）发展出泽泻目，而另一支（自铁筷子亚科）衍生出 Butomales。塔赫他间（1980，1987）提出睡莲目和泽泻目共同起源于一个假想的木兰亚纲中的陆生草本类群。Dahlgren 等（1985）认为单子叶植物出现于早白垩纪的110mya，那时，具木兰类花的植物之祖先已经获得了现今的一些性状，但是分化水平较低。一些其他的双子叶植物已从祖先类群的主干上分出。Thorne（1996）相信单子叶植物是最原始双子叶植物的早期后代。Chase 等（1993）和 Qiu 等（1983）依据叶绿体 *rbc*L 序列信息发现：单子叶植物从具单沟花粉粒的木兰亚纲而来，是单元起源的；菖蒲属、Melanthiaceae 和花蔺属是特化程度最小的单子叶植物。

11.2 现存被子植物的基部类群

越来越多的观点认为被子植物起源于晚侏罗纪或早白垩纪。新的手段正在全面地探讨这一类群之内的演化过程。

近一个世纪以来，人们普遍认为早期的被子植物是木本、灌木或小乔木（而草本习性是后生的），它们的叶全缘、具羽状叶脉和托叶。关于谁是最原始被子植物的问题，存在2个对立的观点：恩格勒学派（认为柔荑花序类，特别是木麻黄科是最原始的双子叶植物）和毛茛学派（认为具两性花的木兰目是最原始的）。在最近的几年中，又出现了古草本说，它是最具竞争力的新观点。下面就被子植物可能的原始类群进行阐述。

11.2.1 木麻黄科

依据恩格勒学派（此学说目前已基本上被否定），柔荑花序类是最原始的被子植物，它们具有退化的排成柔荑花序的单性花。恩格勒以及 Rendle（1892）和 Wettstein（1935）认为木麻黄科（图 11.11）是从麻黄科演化出来的，是最原始的双子叶植物科。目前已达成的共识是：木麻黄科和其他柔荑花序类成员具有较进化的三沟花粉粒，木材解剖特征也属相对进化的类型，其简单的花更可能是简化的结果而非原始类型，它们还具衍生的风媒传粉特征。柔荑花序类其他一些较进化的特征是：三叶隙节、雄蕊轮生、合生心皮雌蕊和中轴胎座。

11.2.2 木兰类

另一个学派，即毛茛学派认为具有两性花和离生的、螺旋排列的花部组成的毛茛类复合群（包括木兰目）代表了最原始的被子植物。

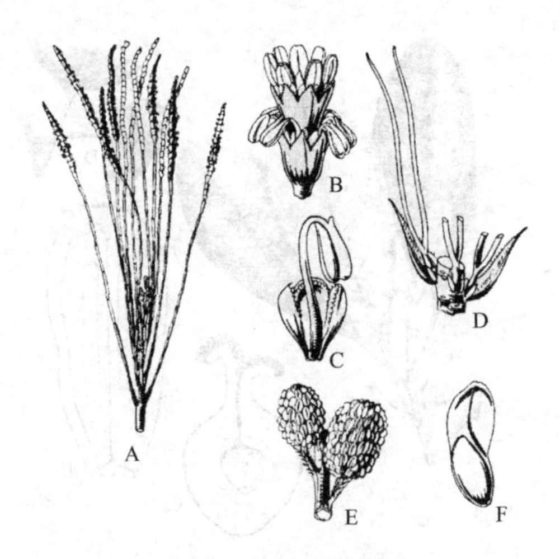

图 11.11　木麻黄科

苏伯木麻黄 A：雄花序分支；B：雄花序的一部分；C：具单雄蕊的雄花；D：雌花序的一部分，示雌花；E：果实；F：具宽翅的种子

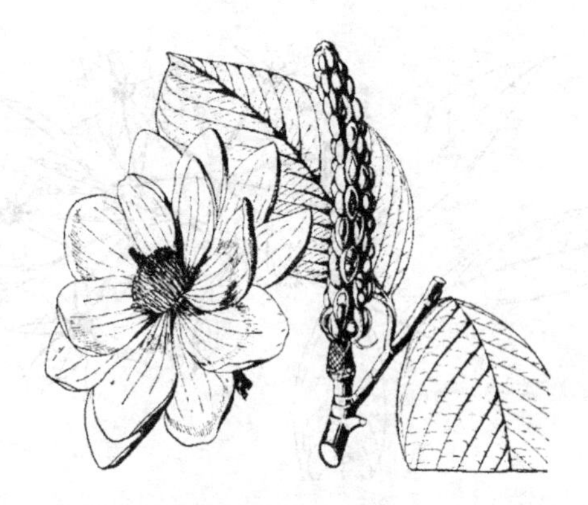

图 11.12　迷人木兰的花和一个具伸长果轴的小枝

（图片版权经牛津出版社许可）

11.2.2.1　木兰科

Bessey（1915）、哈钦松（1959、1973）、塔赫他间（1966）和克朗奎斯特（1968）都认为木兰属具有大的单花，多枚离生、螺旋状排列于柱状花托上的雌蕊、雄蕊，是被子植物最原始的现存类群（图 11.12）。木兰属和其他近缘类群的雄蕊呈片状，花被片分离，花粉粒为单沟、舟形。在后来的工作中，塔赫他间却认为比起林仙科和单心木兰科，木兰属的花是比较进化的。

11.2.2.2　林仙科

在木兰属被视为最原始被子植物长达几十年之后，Gottsberger（1974）和 Thorne（1976）对这一观点提出了挑战。他们认为，最原始的被子植物可能是那些花中等大小簇生于侧枝之上、有少数雄蕊和心皮的一些植物，如林仙科中较原始的林仙属（图 11.13）。支持这一观点的有力证据是：与木兰属相比，林仙属有相似的小型雄蕊和心皮、导管缺如、外形看似蕨类植物，高染色体数目，这都反映出林仙属具有更长的演化历史和不发达的虫媒传粉机制。

塔赫他间（1980、1987）后来承认花中等大小的单心木兰属和林仙科是更原始的，而具有大型花的木兰属和睡莲科是次生的。他承认单心木兰科是现存被子植物中最原始的科。克朗奎斯特（1988）也放弃了木兰原始的观点，而认为林仙科是被子植物最原始的科。

11.2.2.3　单心木兰科

塔赫他间曾强烈支持木兰属为现存被子植物最基部类群的假说，但后来却放弃了这一观点而认为林仙科和单心木兰科是最基部的科。1980 年后，他一直坚持单心木兰科是被子植物中最原始的科。

单心木兰科（图 11.14）的特征是：叶全缘、螺旋状排列、无托叶，花大、腋生、具许多花被片和一枚心皮，导管分子具梯纹穿孔，花粉粒舟形。它最重要的祖征为：柱头的长度就是整个心皮的长度（心皮无花柱和柱头之分），雄蕊片状，有三条脉，果实为蓇葖果，胚具 3～4 枚子叶。

11.2.2.4　腊梅科

由于具备一系列被子植物营养和生殖结构上的祖征，如灌木、单隙两叶迹的节、梯纹导

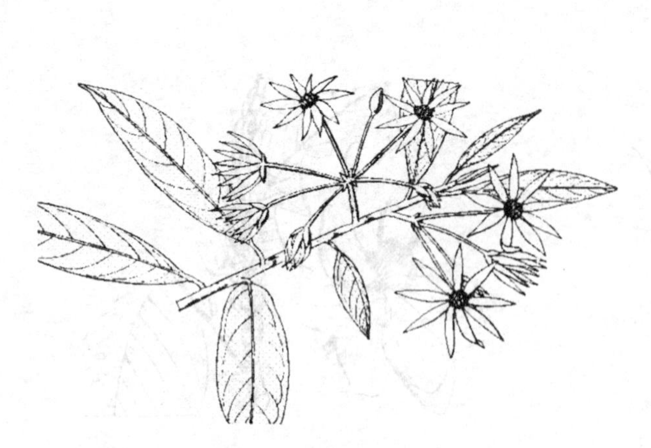

图 11.13 林仙科林仙的花

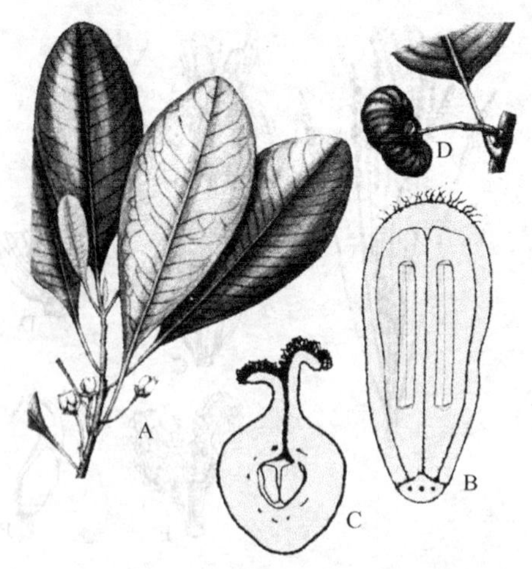

图 11.14 单心木兰科（单心木兰）
A：花枝；B：雄蕊；C：心皮纵切面；D：果实

管、筛管分子含淀粉内含物、叶对生、球果状花、苞片叶形、多数未分化的花被片、具少数胚珠的心皮以及雄蕊药隔先端的食物块显示的虫媒传粉，腊梅科已被提出是被子植物基部类群（Loconte 和 Stevenson，1991）。

本科（图 11.15）是樟目中最基部的类群。有趣的是，异籽属（这是 S. T. Blake 在 1972 年基于原来的腊梅属的澳洲夏腊梅 *Calycanthus austriliensis* 发表的新属）被认为是有花植物的原始类群。Endress 于 1983 年写道：无论从哪个角度看，异籽属都给人以奇特的活化石印象。

11.2.3 古草本类

20 世纪的最后 10 年见证了被子植物草本起源说（起初为古草本起源说）的长足发展（Taylor 与 Hickey，1996）。该假说认为最原始的被子植物是具根状茎的攀缘多年生草本，叶具简单的网状叶脉，花成总状或聚伞花序，具有包含一到两粒胚珠的离生心皮，好几个科属于这一类群。Thorne（2000）曾把它们与木兰科和林仙科都一起放在木兰目中。然而，在他 2003 年的新版著作里，他却把互叶梅科和金粟兰科（与腺齿木科和木兰藤科一起）置于金粟兰目中，作为木兰纲（相当于被子植物）的第一个目。金鱼藻科被置于单子叶植物各科之后，作为毛茛的姐妹群。Judd 等（2003）、APGⅡ（2003）和 APweb（Stevens，2003）都将互叶梅科放在其被子植物系统第一位，而其他两科的位置仍不定。Judd 等和 APweb 都认为金粟兰科（位于木兰复合群之前，接近基部科末端）和金鱼藻科（接近木兰类复合群中末端的科）具有不定的系统位置。正如 Throne 的处理，APGⅡ将互叶梅科和金粟兰科作为被子植物的起始类群，而将金鱼藻科放在木兰的前面。

11.2.3.1 金粟兰科

Taylor 与 Hickey（1996）认为金粟兰科（图 11.16）是被子植物中较原始的科。这个科显示出若干个祖征，如花排列为花序、落叶、心皮单生、胎座顶生以及果实核果状具有小型种子。该科在化石记录中是最古老的，化石属棒纹单沟粉属被归于金粟兰科，接近于 *Ascarina*。草珊瑚属的茎属于无导管的原始类型，但 Carlquist（1996）报道该属中有导管。这个科被认为是被子植物中最早有风媒传粉的科。

该科植物多数为草本，有些为灌木。花高度退化，包被于苞片之中，花被缺如，交互对生。*Ascarina*、雪香兰属和 *Ascarinopsis* 的花为单性，而金粟兰和草珊瑚属的花为两性。雄

图 11.15 腊梅科

加洲夏腊梅 A：具有顶生单花的花枝；B：花的纵切面，示离生心皮；C：去掉一些花的被片和雄蕊的花

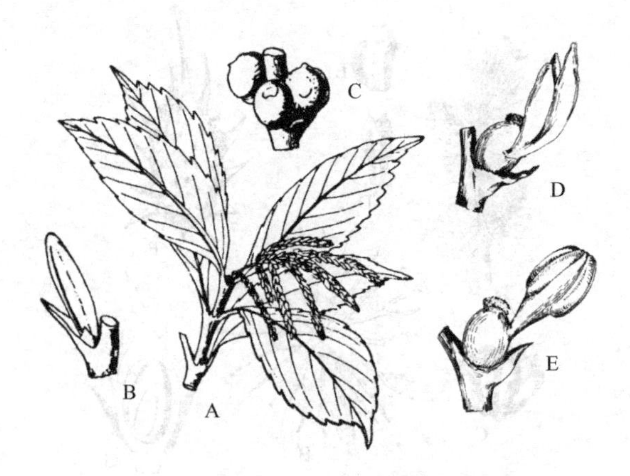

图 11.16 金粟兰科

A：*Ascarina lanceolata*，花枝；B：雄花；C：果；D：宽叶金粟兰的两性花，具有苞片，3 枚雄蕊和有丛生柱头的雌蕊；E：草珊瑚的两性花

蕊数目从 1～5 不等。雌蕊缺花柱，单枚直生胚珠具有双珠被。

Taylor 和 Hickey 认为金粟兰科起源于买麻藤类，推测其胚珠和包被花部结构的苞片与买麻藤类的一枚顶生胚珠和包被（花序单元）的前花叶是同源器官。金粟兰科曾经历了花部器官在数目和复杂程度上的强烈退化。

Taylor 和 Hickey 还认为被子植物双珠被胚珠的外珠被在个体发育上起源于环状原基，与买麻藤类中形成第二层珠被的胚珠苞片是同源的。

11.2.3.2 金鱼藻科

Chase 等（1993）依据 *rbc*L 基因序列认为金鱼藻科代表了被子植物的基部类群。该科的化石记录可向前推至早白垩纪。Sytsma 和 Baum（1996）根据分子数据所做的分支分类学结果支持将金鱼藻属（图 11.17）置于被子植物基部，但是他们也谨慎指出，有关部子植物基部类群的划分及其系统发育关系的问题，我们还需等待更多的分子和形态数据以及系统发育系统学理论的进一步发展。Taylor 和 Hickey 认为这类具有强烈退化的营养器官以及具花粉壁的水生植物不太可能是基部被子植物。Thorne 认为该科是高度特化的类群，它的系统发育关系是一个难解之谜。该科其他的特化特征包括无根、叶全裂、退化的维管系统以及无气孔。

Loconte（1996）对上述由不同作者提出的被子植物基部类群进行了分支分析。他选取了 69 个分类群和 151 个被子植物共衍征的性状。运用 PAUP 进行的简约性分析，产生了树长为 590 步的 10 个等同的最大简约树，腊梅科出现在第一分支上，而若以木兰科、林仙科或金粟兰科为根，则树长要多 2 步，以金鱼藻科和木麻黄科为根，树长则多 6 步。

还有一些类群被划为谷草本类，它们共有一些祖征，包括：三百草科、胡椒科、马兜铃科、合瓣莲科，莼菜科和睡莲科。他们共有草本的习性，具柱状覆盖层的单沟花粉粒，离生心皮雌蕊以及简单的花部组成。

11.2.3.3 互叶梅科

互叶梅科以其花粉不具覆盖层，无萌发孔到呈撕裂状，在被子植物中非常独特，由此近年来引起了强大的研究兴趣。互叶梅科（图 11.18）为不具导管的灌木，节部有单穿孔，叶两排，无托叶，叶的两缘成波状锯齿。落叶植物，花小成聚伞花序，具有 5～8 枚螺旋状排列的不分化的瓣状花被片。雄花有 10～25 枚雄蕊，花药无柄，花粉粒具腺质外壁。雌花有 1～2 枚退化雄蕊和 5～6 轮不完全闭合的心皮，心皮进而发育成有凹陷颗粒的小核果，凹陷中含有近树脂状的物质。

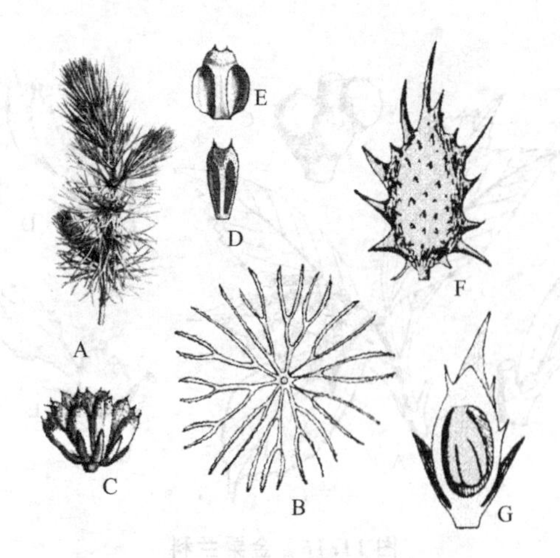

图 11.17 金鱼藻科

细金鱼藻 A：植物体一部分；B：节上的轮生叶；C：雄花；D：幼嫩的雄蕊；E：开裂的雄蕊；F：果实；G：果实纵切面，示下垂的种子

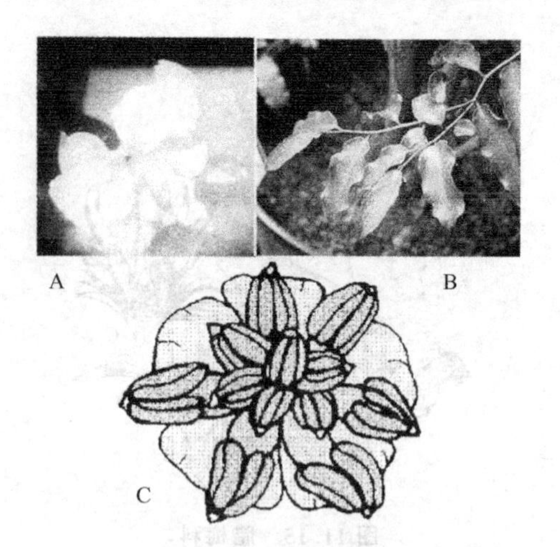

图 11.18 互叶梅科

互叶梅 A：完全张开的雌花；B：一个枝条的近影；C：雄花（图 B 由加利福尼亚大学 Santa cruz 惠赠；图 A 由密苏里植物园惠赠）

被子植物基部类群的谱系关系仍在澄清工作之中。互叶梅科很可能是所有其他被子植物的姐妹类群，然后依次是睡莲科和木兰藤目作为所有其他类群的姐妹群。

11.3 进化趋势

虽然近年来有人对现存被子植物最原始类群的习性是木本还是草本有所争论，但原始被子植物的一般特征已被确定：它们的叶为互生的单叶、无托叶、全缘、有柄、叶脉为发育不全的网状脉，具单穿孔的两隙节。导管缺如或具有假导管（管胞）。花两性，辐射对称，由螺旋状排列的花部组成。雄蕊宽、不分化、具有边缘着生的小孢子囊。心皮宽、含有多数胚珠，柱头边缘着生，不完全闭合，胚珠具双珠被，果实为囊果。

11.3.1 基本进化趋势

被子植物的不同类群具有不同的进化路线，通过对现存的和化石植物的比较研究，已确认被子植物中有数条演化途径。下面就被子植物在其不断繁荣的过程中经历的一般过程加以概括。

11.3.1.1 融和

在被子植物的进化过程中，植物体不同部分的融合塑造了复杂的花器官。相似部分的融合导致了合萼、合瓣、聚药雄蕊、合心皮雌蕊等特征出现在不同的科。雄蕊的融合呈不同程度：

仅花丝融合（锦葵科中的单体雄蕊）、仅花药融合（如菊科中的聚药雄蕊）和完全的融合（如葫芦科中的聚药雄蕊）。类似地，心皮的融合也发生在不同程度上：仅是子房的合生（如石竹科的合生子房）、仅花柱合生（如夹竹桃科的合柱雌蕊）以及子房和花柱都完全融合（如茄科和报春花科的合柱合心皮雌蕊）。植物体不同部分的融合导致花瓣上雄蕊的现象（花瓣与雄蕊融合）、合蕊冠（如萝摩科中雄蕊与雌蕊的融合）以及下位子房的形成（如伞形科和桃金娘科等中花萼与子房的融合）。

11.3.1.2 减化

被子植物很多科中相对简单的花实为简化的结果。雄蕊或雌蕊的丢失导致单性花的形成，花被片中任何一轮的丧失形成单被花，而花被片的全部丧失则形成无被花。此外，同一物种的不同个体可以在花被片数目、雄蕊数和雌蕊数上有不同程度的减退；同一科中不同属可表现出子房内胚珠数目的减退，最少至一枚胚珠，如毛茛科在从囊果到瘦果的转化过程中发生的变化；花体积减小，如菊科和禾本科；种子的减小，如兰科；大戟属的雄花只有一枚雄蕊，没有花被片和任何退化雌蕊的痕迹，仅仅有一个关节显示出花托的位置以及花梗与花丝之间的分界。

11.3.1.3 对称性的变化

从较原始的简单的辐射对称花到不同的科中相对进化的两侧对称的花，这是被子植物适应昆虫传粉的一个机制。花冠管的大小和花冠裂片的方位都随着传粉昆虫的口器形状而变化。如鼠尾草属花筒的杠杆现象和兰科眉兰属的拟态现象，即它的花看似一只雌性黄蜂。

11.3.1.4 精致性

这种补偿机制在数个科中已有发现。在菊科和禾本科，花体积的减退被花序中花数目的增多所补偿。类似地，胚珠数目的减少往往伴随着胚珠和种子体积增大，如在胡桃属和七叶树属中所见。

11.3.1.5 返祖现象

通过比较某些被子植物类群和它们的化石祖先，Melville（1983）提出这个术语以表示被子植物进化中的倒退。根据 Melville 的观察，被子植物可育枝上的叶性器官出现脉序从营养叶中较进化的式样逐渐变成苞片、萼片、直至花瓣中越来越古老的式样，即，一个花芽中最内轮的部分表现出的是进化历史中最古老的状态，而最外轮表现出的是最近的状态。

在人们探讨被子植物系统发育的过程中，对于心皮的轴生孢子起源这一观点的理解曾有过较大的波动（Taylor 与 Kirchner，1996）。若接受这一观点，则被子植物生殖器官的原始状态应是：生殖轴上具多数花，每花含少数心皮，每心皮含少数胚珠。后来，沿 2 个方向演化：其中之一变成每生殖枝具少数花，每花有多数心皮和少数胚珠；而另一支则成为具少数花，每花少心皮多胚珠。由此可见，被子植物的进化趋势经常是非常复杂的，并且我们会常常碰到似乎是逆向演化的情况，比如在某些类群中导管的次生丧失。

11.3.2 木质部的进化

被子植物的木质部组织中包含大量的死细胞、导管、支撑纤维和活的射线细胞。管胞是长形的、闭锁的，其作用是输导水分，他们在几乎所有的低等维管植物、裸子植物和被子植物中都存在。导管是木质部中的长形穿孔分子，它们只严格存在于被子植物中。虽然发现在买麻藤类，木贼属、卷柏属、苹属和蕨属的某些种类中也有导管的存在，但因买麻藤与被子植物最为近缘，所以学者们推测被子植物起源于前者。然而 Bailey 和他的合作者们却在研究中发现这两大类群中的导管是分别独立起源的，买麻藤中的导管来源于环纹穿孔的管胞，而被子植物中的导管则来源于梯纹管胞。Carlquist（1996）也指出，买麻藤的环纹导管以及其他裸子植物的管胞因具有纹孔塞和纹孔缘（其孔远大于被子植物的）而与被子植物的不同。虽然有些被子植物也有具塞的纹孔膜，但纹孔缘在被子植物中是完全不存在的。

所有的化石和现存裸子植物都具有环纹边缘穿孔的管胞，由此可推测管胞是被子植物中管胞分子的最原始类型。由于导管分子都来源干管胞，因而可推测最原始的导管是那些细长、先端渐狭的类型。被子植物的管胞有梯纹穿孔，因而可以推测这些管胞起源于裸子植物的环纹管胞。在从梯纹管胞向梯纹导管分子的转变中，最早的导管分子有很多梯纹纹饰，在导管的进一步进化过程中，导管分子缩短变粗，穿孔板变得趋于水平方向，板上纹孔越来越少，最进化的类型是非常短粗、只具有横向单穿孔板的导管分子（图 11.19）。金缕梅亚纲曾经因其简单的花部结构和较进化导管分子而被认为比木兰亚纲（具有较原始的细长导管分子）更进化。这一研究得到了花解剖学和孢粉学证据的支持。

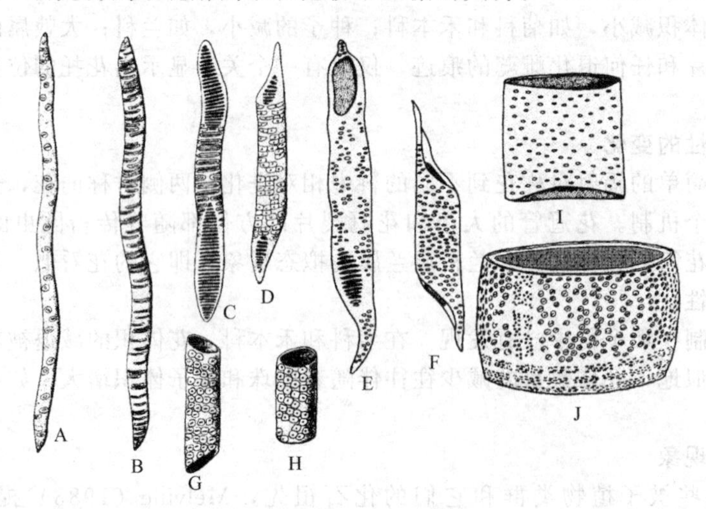

图 11.19 假设的管胞从裸子植物的环纹穿孔

A 到被子植物的梯纹穿孔 B 的进化转变，进一步到有很多梯纹纹饰的斜向穿孔板的导管分子 C；再进一步，导管分子缩短变粗，穿孔板变得趋于水平方向，板上纹孔越来越少，直到最后形成非常短粗、只具有单穿孔板的导管分子；导管分子 E 一端的穿孔板有梯纹，而另一端的则只具有一单穿孔。注意导管分子那些醒目的尾部，它们是管胞的痕迹，导管分子 D、E 和 F 仍具斜向的穿孔板。J 显示的是栎属 *Quercu salba* 的导管分子，它的粗度比长度还大，只具有一个单一的大穿孔

Carlquist（1996）基于木材解剖识别出被子植物中一系列独特的进化趋势。形成层原基缩短了，伴纤维和导管分子的长度比（F/V 比例）从在原始双子叶植物中的 1.00 增长为最特化的木本植物中的 4.00，随着导管的变粗，其截面轮廓由多角形变成环形，梯纹纹饰的数目也逐渐降低，最后形成单穿孔板，利于水分的畅通运输。侧壁的纹饰由梯纹变成对生环纹，再到互生环纹，以此产生更强的支撑力。不穿孔的管胞则变成纤维状管胞，最后成为韧型纤维。纺锤状原始细胞的短缩与木材的叠生相关。有趣的是，分支分析的结果表明，现存的缺少导管的被子植物并不形成一支，而是分散在不同的类群中，如金缕梅目的昆栏树属和水青树属）、木兰目的互叶梅科、林仙科、樟目（然而，Carlquist 于 1987 年报道草珊瑚属的导管存在于根的次生木质部中，而 Takahashi 于 1988 年报道其茎的后生木质部有导管）。

学者们曾一直认为导管首先出现在次生木质部，而后出现在后生木质部，并且其特化过程始于次生木质部，逐渐延及到初生木质部。Carlquist 指出，梯纹穿孔在维管植物的后生木质部非常普遍，如果依据古草本假说认为被子植物的最原始类群是草本的话，后生木质部应该具有梯纹管胞穿孔。如果承认幼态成熟理论，木本习性的发展应该使梯纹穿孔类型在次生木质部中得以发展。

11.3.3 雄蕊的进化

在单心木兰属、木兰藤属、舌蕊花属和木兰属等一些原始属中，我们可以见到被子植物最原始的雄蕊类型（图 11.20），它们是有 3 条脉的薄片型叶状器官，没有任何明显的可育和不育部分的区别。花粉粒囊（小孢子囊）或于远轴面（如在单心木兰属、番荔枝科和舌蕊花属中）或于近轴面（如在木兰藤属和木兰属中）着生于近中央部。半薄片状的雄蕊出现在睡莲科、金鱼藻科和澳楠科中。在雄蕊的进一步特化过程中，不育组织逐渐退化，边缘区域

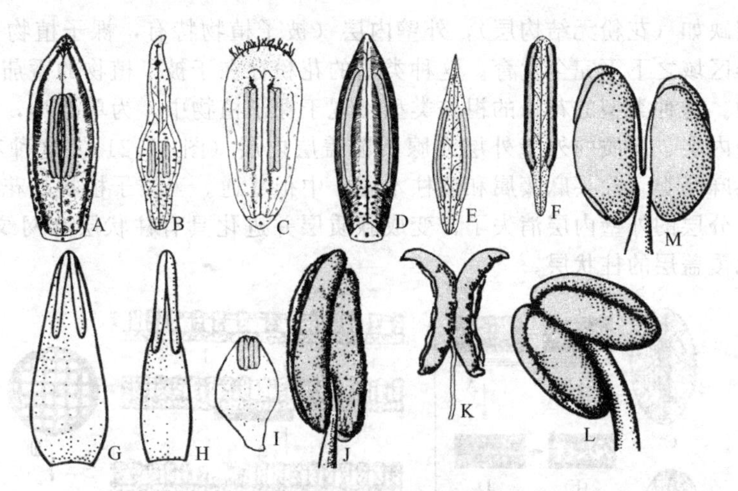

图 11.20　被子植物雄蕊的进化

A～D：原始的没有明显花丝和花药区分的片状雄蕊 A：木兰藤的近轴面花粉囊（小孢子囊）；B：舌蕊花的远轴面花粉囊；C：单心木兰的远轴面花粉囊；D：迈喱木兰的近轴面花粉囊；E：光叶木兰的片状雄蕊，具有边生花粉囊和顶端延伸的不育附器；F：暗棕含笑的半片状雄蕊，具有边生花粉囊和窄花丝；G：香睡莲的外轮半片状雄蕊，具有瓣状的花丝和窄花药；H：内轮雄蕊具有窄花丝和分化的花药区；I：小花八角的雄蕊，具有退化的花药区和宽花丝；J：微小仙人掌的雄蕊，具有分化完全的花药和花丝；K：草地早熟禾的雄蕊，具有退化的药隔和细线状的花丝；L：淡灰钓钟柳的雄蕊，具有明显的花丝和大型花药，花药裂瓣明显，但药隔退化；M：黑色桦的雄蕊，具有较进化的花药和花丝

退缩，近轴端变成花丝，远轴端变成花药，脉中区成为药隔，脉的远轴部变成附器（如在很多属中可见的那样）。

在比较原始的科中，药隔是花药的主要部分；而在较进化的科中，药隔则高度退化（如在爵床科和车前科）或缺如。在有些科中，如桦木科，药隔及花丝上部分裂，以至于 2 个花药裂片分离。在更为原始的科中，药隔形成花药上部的附器，后来在越来越进化的科中，它逐渐消失。

具有宽薄片状花丝的雄蕊代表了最原始的类型。它变得逐渐狭窄，最后在较进化的科中成为圆柱形。具有显著窄花丝的雄蕊就有基生的、远轴着生或丁字着生的花药附属物。基着药的情况是最原始的，丁字着生是最进化的，后者可经常在禾草和石蒜科中见到。

总之，就目前已达成共识来看，原始的雄蕊是薄片型的，有 2 对小孢子囊，着生于近轴或远轴面（即这 2 种状况在原始雄蕊类型中均出现）。在进化过程中雄蕊逐渐变得细瘦，它的薄片形态逐渐消失，小孢子囊占据边缘位置。睡莲属植物从外轮到内轮雄蕊由宽薄片型到细瘦型转变，或是在不同的物种中出现这样的过渡，生动地反映了这一进化过程。

被子植物的典型雄蕊是花药 2 室的，具有 2 个花药裂瓣，每瓣含 2 个花粉囊，在最后的演化阶段两花药裂瓣又融合为一个。具有一个花药裂瓣的雄蕊，如在锦葵科中，只具有一个融合而成的单室花粉囊。锦葵科和其他一些科的单室花粉囊花药来源于雄蕊的分离，因此 2 个花药裂瓣相分离。而在另外一些类群中，如柳属，2 个雄蕊部分愈合，导致明显的二歧式雄蕊，解剖证据表明，这类植物的花托两侧有明显的 2 束维管束，与雄蕊分裂成两瓣的类群相区别。

11.3.4　花粉粒的进化

单子叶植物的很多科以及木兰复合群的几个原始双子叶植物科具有单沟花粉粒，这一特性通常被认为是被子植物的原始性状，Walker 和 Doyle（1975）以及 Walker 和 Walker（1984）提出原始被子植物的花粉从较大到中等体积、船形、壁光滑、具有同型或腺质覆盖内层，覆盖层缺如（花粉无结构层），外壁内层（被子植物特有，裸子植物不具此层）或缺少或在萌发器区域之下不完全发育。这种类型的花粉存在于被子植物的番茄枝科、单心木兰科和木兰科中。这种类型的花粉的祖先类型出现于裸子植物中，为单孔沟，大型，船形，具有分层的外壁内层、同质的外壁外层或腺质覆盖层内层（图 11.21）。这种花粉粒类型在木内苏铁目、买麻藤类（除买麻藤属和五柱木属）中很普通。当被子植物的花粉粒从这种类型演化出来时，分层的外壁内层消失了，变成腺质层并进化具有柱状层和网纹表面的覆盖层，进一步变为无覆盖层的柱状层。

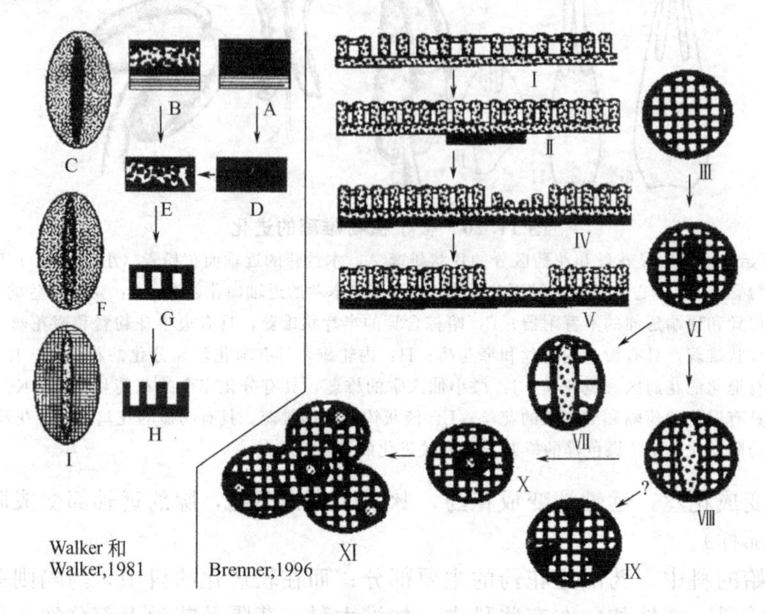

图 11.21　被子植物花粉粒外壁和花粉粒的 2 种进化模式（Walker 和 Walker，1984）

（左图）A：祖先裸子植物的外壁，有同质外层和片状的内层；B：同上，但外层有腺质的覆盖层内层；C：同类植物的船形单沟花粉粒；D：最原始被子植物的花粉粒外壁，具有光滑的外层，片状的内层消失；E：同上，但有同型外层；F：同类植物的单沟花粉粒；G：已发展出覆盖层、覆盖层内层和同质内层的花粉粒外壁；H：同上，但覆盖层消失；I：单沟花粉粒，具无覆盖层外壁（右图）Ⅰ：早期被子植物花粉粒外壁，具有柱状覆盖层，没有萌发器；Ⅱ：外壁，已出现有初始的外壁内层（黑色的长方块）；Ⅲ：圆形、没有萌发器的早期花粉粒；Ⅳ：具有发育完全的外壁内层和初始孔的外壁；Ⅴ：有发育完全的萌发孔的外壁；Ⅵ：基部被子植物的单孔沟花粉粒；Ⅶ：木兰类和单子叶植物的船形单孔沟花粉粒；Ⅷ：单子叶植物的环形单孔沟花粉粒；Ⅸ：真双子叶植物的三孔沟花粉粒，这种类型可能起源于单孔沟或无孔沟花粉粒；Ⅹ：单孔花粉粒；Ⅺ：林仙科四分体时期的单孔花粉粒（自 Brenner，1996，加以改进）

Brenner 和 Bickoff（1992）记录了在以色列的海莱茨形成时期的凡兰今阶（约 135mya）地层中发现有球状无孔花粉粒。这在目前看来是最早的被子植物化石。这些花粉粒从总体形状和缺少孔沟这点上来看与买麻藤属的花粉相似，而被子植物的金粟兰科、胡椒科和三白草科等也有这类花粉，这些科作为被子植物的基部类群已受到越来越多的关注。以上这些证据给了 Brenner 以启发，使他于 1996 年提出了新假说，即被子植物的花粉最早出现在凡兰今阶时期或更早的被子植物与买麻藤类共同祖先生活的时代，它们比较小，外形圆，具覆盖层囊轴，无孔沟。在欧特里阶时期，可能的内壁加厚伴随以附加于内壁之上的外壁内层的发展。接下来的演化步骤包括花粉沟的发展和单子叶、双子叶花粉类型从原始双子叶类型分化开来。在巴雷姆阶时期，随着被子植物向不同地理区域的迁移，分化出了单沟花粉粒。在阿普第阶时期的冈瓦纳古陆上，由单沟花粉粒或无孔沟花粉粒演化出三沟花粉粒，由此发展出真双子叶植物。

Brenner认为花粉沟在早白垩纪的形成可能是适应进化的结果。它增加了花粉管发育过程中识别蛋白的释放效率，而后来在阿普第阶时期三沟花粉粒的形成及其演化是这一适应机制的进一步发展。

在花粉粒产生出纹饰之前，外壁内层就已形成，表明是由内壁加厚而成的，它与花粉沟的发育有关。在现存被子植物中，纹饰下面的内壁储存有识别蛋白。

11.3.5 心皮的演化

心皮是被子植物独有的结构，它包被和保护胚珠。心皮的演化在被子植物多样性产生和成功发展的过程中起到了主要作用。因为它不仅保护种子不被采食，还带来一些相关有益性状，包括，通过发展出各式各样的传播机制而使种子更有效地传播，通过花粉传播到柱头上并萌发花粉管增加受精的效率，通过发展出一些利于昆虫传粉的特殊花部结构以及种下和种间不亲和性，促进异交。

近年来，基于Taylor（1991）提出的一套术语，人们普遍接受将心皮分为3类：囊状心皮，胚珠临近于腹缝线排列；折叠状心皮，胚珠沿腹缝线排列；囊型折叠状心皮，介于前两者之间的类型。

被子植物心皮的性质是一个存在很大争议的问题。主流观点是心皮的叶生孢子起源说，它认为心皮和大孢子叶同源。这一观点被Bailley和Swamy（1951）、克朗奎斯特（1988）以及塔赫他间（1997）及其他一些学者所支持。其他一些学者认为心皮包括一枚衬在其下面的苞片，胎座代表末端长有胚珠的枝，这一观点被命名为轴生孢子起源说（Pankow，1962；Sattler与Lacroix，1988）。

11.3.5.1 叶生孢子起源说

持叶生孢子起源观点的学者认为，心皮是一个折叠的叶子，具有近轴表面（对折面）或内卷的相互接触的远轴表面（内卷面）。其上沿腹缝线边缘（或亚边缘）着生很多胚珠（Bailey和Swamy，1951；Eames，1961）。其他学者认为这种孢子叶从根本上说是盾状的（Baum，1949；Baum和Leinfellner，1953），这可以从许多心皮的原基呈杯状这一点得到证明。

Bailey和Swamy（1951）提出心皮起源于对折的营养叶这一观点。在较原始的类型中，有一个冠状物从心皮顶端延伸至基部，相当于柱头，如在林仙属、舌蕊花属和单心木兰属中的那样。在单心木兰属和花蔺属中，冠状物的双重性在光滑的外表面边缘沿接触线的地方表现明显。在单心木兰属和林仙属中，由于柱头冠状物上相互嵌扣的乳头状突起细胞，心皮边缘不完全愈合。心皮有3个叶迹，一个位于远轴面，两个在近轴面，后者延伸到胚珠。以这一类型为起点，最终形成被子植物完全愈合的心皮要经历以下过程：相邻的边缘以近轴面愈合（图11.22D～F），心皮上部柱头部位边缘紧密愈合，胚珠数目减少并局限在分化为子房的心皮下部，心皮中部不育的部位成为花柱。合生心皮雌蕊中相邻心皮近轴面的愈合是沿不同方向发展而来的。开放的数个对折心皮在侧面愈合即形成具有侧膜胎座的一室子房（图11.22G）。中轴胎座或是由于多数心皮的边缘相互不愈合但都贴生于花托（图11.22H）、或是由心皮的腹面结构相愈合（图11.22I）而形成（其子房室数与所含心皮的数目相等）。心皮愈合程度在被子植物不同的科有所不同，有些科，如石竹科具有离生花柱和柱头，另外一些科，如茄科具有完全融合的子房、花柱和柱头。特立中央胎座可能源于中轴胎座隔膜的消失，其胎座柱与子房的基部和顶部相连；或者它是由于子房基部承载胎座的部分向上延伸而成（如报春花科）。仅有一枚基生胚珠的基生胎座可能来源于一枚心皮（泽泻科）或多枚心皮（菊科）的减退。胚珠散布于整个子房壁内表面的片状胎座可能是最原始的类型，它存在于睡莲科、莼菜科、花蔺科和其他一些相对原始的科中。这类心皮中的胚珠主要从心皮维管束的一个小型网状组织（很少从背、腹面的维管束）得到它们的水分和营养供给。随着进化，胚珠的数目逐渐减少，逐渐局限在亚边缘的位置上，维管供给来自于腹面维管束。这一转化过程在林仙科和单心木兰科可见到。

心皮的闭合也可能源于其内卷边缘的愈合，随着愈合程度的加深，相邻的腹面维管束融汇在一起（图 11.22O～P），形成蓇葖果类心皮。当开放心皮的相邻边缘愈合，则仅有充分融合的腹面维管束，形成侧膜胎座；而当闭合心皮的边缘愈合时，则形成既有边缘又有腹面维管束的中轴胎座。

内卷闭合心皮由 Joshi（1974）、Puri（1960）和其他几个学者提出。在这一类型中，心皮的边缘内卷，远轴面（而非近轴面）或边缘相互接触，由此形成的合生心皮雌蕊在多个属中可见（图 11.22L～N）。虽然有人提出内卷类型是由对折类型演化而来，Eames（1961）认为这很不可能，因为如此一个演化要包含从近轴面的接触变为远轴面的接触，这是一个巨大的，远较一般的进化路线复杂得多的、迂回的变化过程。他提出心皮的闭合过程可能在几条不同谱系中独立发生。

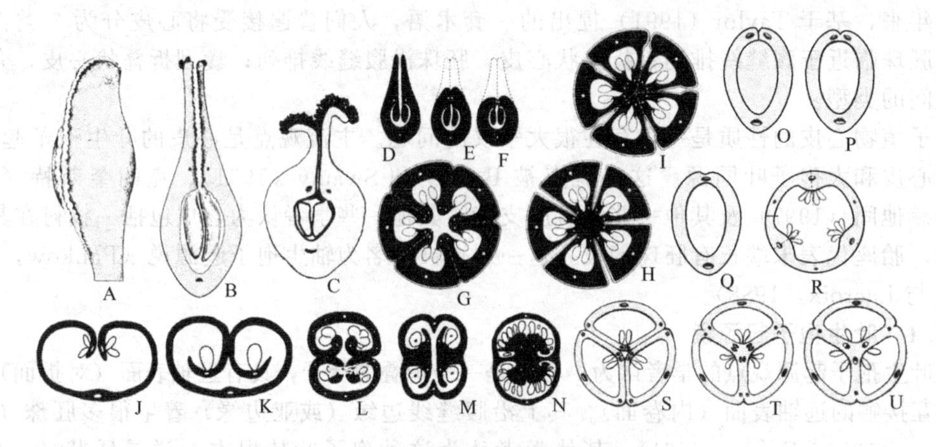

图 11.22　心皮进化的叶生孢子概念

A～I：对折式闭合；J～N：内卷式闭合；O～U：沿边缘闭合。A：胡椒林仙心皮，具有一个长柱头冠；B：同植物，纵切面，示部分闭合的边缘；C：单心木兰的心皮纵切面，边缘突起，具乳头状生长；D～F：对折心皮闭合的不同阶段，柱头区域逐渐消失（虚线所示），残生边缘胎座；G：相邻心皮在侧面愈合形成侧膜胎座；H：对折心皮的边缘相互不愈合但都贴生于花托形成中轴胎座；I：心皮的腹面相愈合形成中轴胎座；J～K：心皮远轴面接触形成内卷闭合；M～N：心皮由内卷闭合而愈合的例子；L：百金花；M：短蓝卷花；N：异叶石龙芮；O～Q：边缘愈合而闭合的心皮，其腹面维管束完全汇合；R：开放心皮在近轴面愈合而闭合，导致腹面维管束汇合，形成侧膜胎座；S～U：闭合心皮的侧面愈合，近轴面侧面的维管束和腹面维管束愈合形成中轴胎座（A～H：基于 Bailey 与 Swamy，1951；J～N：基于 Eames，1961；O～U：基于 Eames 与 MacDaniels，1947）

Baum 和 Leinfellner（1953）极力提倡心皮为盾状叶的理论。他们认为，正如盾状叶的形成过程一样，心皮的盾状形态是由于叶片的基部裂片从腹面向上内卷并且边缘对边缘愈合所致。在愈合处两个边缘分生组织相遇的地方，形成一个横向分生组织，称为交叉区。当心皮原基延长的时候，依靠边缘分生组织继续生长的交叉区在心皮内壁上产生一条腹带，它与侧壁相连形成一个管状器官。基于这一理论，胚珠产生于由交叉区形成的壁上。盾状心皮又分为显盾状或隐盾状，前者有显著的柄以及交叉区明显的管状叶片性结构（如唐松草属），而后者只有管状的基部，交叉区只在个体发育的早期才短暂出现（如腊梅属）。根据这一理论，毛茛科的瘦果只有一枚单生于隐性交叉区的胚珠，是管形蓇葖果发展的第一步。这恰恰与被普遍接受的观点相对立，即蓇葖果是较原始的，而毛茛科的瘦果才是后起的。

11.3.5.2　轴生孢子起源说

轴生孢子起源说首先由 Hagerup（1934、1936、1938）提出，他认为对折心皮有 2 个生长区域。Lam（1961）、Melville（1962、1983——他提出生殖叶理论作为轴生孢子论的变形）以及近期的 Taylor（1991）和 Taylor 与 Kirchner（1996）进一步发展了该理论。随着买麻藤类被认为是被子植物的最近缘类群，该理论受到越来越多的关注。这个理论认为心皮实际上包含一枚苞片和花托，后者与末端生有胚珠的短枝同源。胚珠长于苞片末端这一特征直接与买麻藤等被子植物外类群的同类形状相同源。基于这一理论，有少数胚珠的囊型心皮是较原始的，对折心皮和囊型折叠状心皮是雌蕊原基和胚珠完善发育的结果。Taylor 和 Kirchner 列举了支持轴生孢子起源说的更多证据如下：

① 基于叶绿体 DNA *rbc*L 基因序列的分析，木本和草本木兰类处于被子植物系统发育的基部，从而说明它们所具有的含 1～2 胚珠的囊型心皮是较原始的。

② 包括本内苏铁目、买麻藤目和科达树目的外类群分析表明雌性生殖结构是一个复合器官。

③ 在金鱼草属和拟南芥属所做的突变体分析使人们了解到花形态发育的分子基础；在曼陀罗属通过观察染色体嵌合体进行的心皮发育的研究（心皮壁的发育过程相似于花被片或叶片；心皮有两种类型的原基，一种发育成壁，另一种发育成明显的中肋，进而发展成隔膜、胎座、假隔膜，起到花轴的作用）；在烟草属以 GUS 细菌的基因为标记所研究的 *Ac*-GUS 报告系统（表明心皮壁由 L1 和 L2 层组成，而胎座区有一额外的 L3 层）。

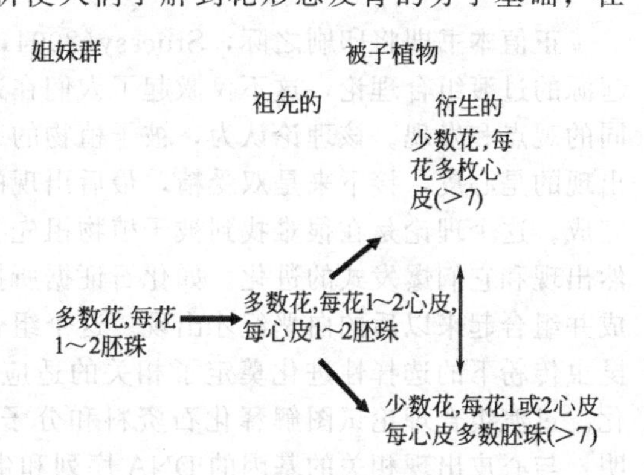

图 11.23 基于 Taylor 和 Kirchner（1996）的轴生孢子起源说而设想的心皮和花的进化路线。祖先类型的确定基于姐妹类群中雌性生殖结构同源性

基于新的研究证据，Taylor 和 Kirchner 总结了心皮的演化趋势：原始类型为囊状心皮，具边缘柱头，胎座基生到略侧生，直生胚珠 1～2 枚；弯生胚珠及其着生位置的进化是向着珠孔远离柱头或花粉管传输组织的方向进行。他们提出花多数、每花心皮少数、每心皮胚珠少数的生殖轴是原始的（图 11.23）。

从这样的原始类型发展出 2 种的花序：一类是每花有多数心皮和少数胚珠，而另一类为少数花，每花有少数心皮、多数胚珠。

11.3.6 生殖叶理论

Melville（1962，.1983）主要根据他对叶和花部各轮的维管结构的研究提出了生殖叶理论。这一理论是轴生孢子理论的变形。根据他的观点，子房包括不育叶、承载胚珠的附着于叶梗上的分支。每片叶与可育分支一起被视为一个单位，它被称为生殖叶，而不称为心皮。这一理论已在“被子植物的起源”一节中有详细讨论。

11.3.7 下位子房的进化

下位子房在被子植物中是较进化的，这一点已被普遍认可，而关于它的形成途径，存在 2 种不同观点。林奈、de Candolle 和许多早期植物学家认为，下位子房的形成是由于外轮花部的基部与雌蕊贴生而成，这被称为附属物理论（也称 Candollean 理论、愈合理论等）。其他一些学者则相信由德国植物学派的花托理论（轴理论），即下位子房是由于花托凹陷而环绕子房所形成，这被 Schleide、EichlerSachs 等支持。

逐渐积累的解剖学证据显示，下位子房在被子植物不同类群中是多次独立形成的，在某些类群中是由花部其他部分与雌蕊贴生而成，而在另一些类群中则由于花托凹陷而成。在常春藤属等植物中，有通向花部不同组成的分离叶迹，而在另一些类群如胡桃属中，下位子房内有不同程度的维管束愈合，这类植物有正常的维管束形成方式（即韧皮部在外，木质部在内），很显然，其下位子房来源于附属物形成的方式。

花托轴的凹陷最终导致下位子房内部的维管束翻转（木质部在外，韧皮部在内），而外部维管束排列方向正常，这在仙人掌科、茄科和檀香科中可见。而在蔷薇属等类群中，肉质花托的下半部凹陷而上半部则包含愈合在一起的不同花部组成。子房的上部或周围的花部结构的贴合导致隐头花絮的形成，这一结构与仅包含花萼的花萼筒完全不同，但它们往往被混淆。下位子房在数个科中独立发生，如蔷薇科和睡莲科等既有子房下位的属又有子房上位的属。睡莲科中，萍蓬草属具上位子房，睡莲属为半下位子房，而芡实属为下位子房。

11.4 过渡组合理论

正值本书即将印刷之际，Stuessy(2004，Taxon 53 (1)：3～16) 发表了关于被子植物起源的过渡组合理论，这不仅激起了人们在这个问题上新的兴趣，而且很好地解释了最近不同的观点和发现。该理论认为，被子植物的起源始于侏罗纪，从种子蕨开始缓慢进化。首先出现的是心皮，接下来是双受精，最后出现的才是花。这 3 个基本的转变可能用了 1 亿年才完成。这个理论是在很难找到被子植物祖先类群的情况下提出的，同时考虑到被子植物的突然出现和它们爆发式的进化。如化石证据所揭示，现存被子植物直到上述 3 个重要性状均形成并组合起来以后的白垩纪才出现。这个组合为爆发式多样性的产生提供了机会，特别是为昆虫传粉下的选择性进化奠定了相关的适应性性状。如交配系统和花粉亲和性上的相应变化。过渡组合理论试图解释化石资料和分子系统学研究结果之间的一些矛盾。分子证据表明：与心皮出现相关的基因的 DNA 序列和蛋白质序列的第一个变化发生于早白垩纪，这远远早于被子植物这三个性状都出现并被组合起来的时间。该理论指出，除了已灭绝的种子蕨（心皮起源于该类植物）之外，其他裸子植物都与被子植物没有直接的系统发育关系。

Stuessy 建议应把其他裸子植物排除在外，进一步对蕨类和被子植物之间的直接纽带类群进行有意义的形态学分支分析。他相信，被子植物那些利于异交的传粉和交配系统方面的性状以及特化的花粉都产生于花出现之后，这较好解释了缺乏 1 亿 3 千万年以前的被子植物花粉化石的原因。

第 12 章　主要的分类系统

12.1 边沁和虎克

以两位英国植物学家边沁和虎克（Bentham 和 Hooker）为代表提出的种子植物分类系统，是发展最为完善的自然分类系统。此分类系统发表在三卷巨著《植物属志》（1862～1883）中。乔治·边沁（1800～1884）是一位自学成才的植物学家（图 12.1）。他成就卓越，撰写了许多科的专著，如唇形科、杜鹃花科、玄参科及蓼科。此外，他还发表了《英国植物志手册》（1858）及 7 卷著作《澳大利亚植物志》（1863～1878）。虎克（1817～1911）是一位著名的植物学家，他继承其父威廉·虎克担任了英格兰邱皇家植物园园长一职，并曾到世界许多地方进行过考察（图 12.2）。虎克出版了 7 卷巨著《英属印度植物志》（1872～1897）及《不列颠群岛研究者植物志》（1870），他还修订了《英国植物志手册》后来的版本，此版一直到 1952 年仍是一本重要的英国植物志。此外虎克参与了《邱园索引》（2 卷，1983）的编写，此索引列出了所有已知植物的名称及其异名。

图 12.1　乔治·边沁（1800～1884）
《植物属志》（乔治·边沁和 J D.）虎克，1862～1883）作者之一，著有 7 卷著作《澳大利亚植物志》及几个主要科专著（图片版权经邱皇家植物园许可）

图 12.2　J. D. 虎克（1817～1911）
英国著名植物学家，与乔治·边沁合著《植物属志》，此外还著有 7 卷著作《英属印度植物志》及其他出版物。他是邱园皇家植物园的园长（图片版权经邱皇家植物园许可）

边沁和虎克编写的《植物属志》包含种子植物 202 科，7569 属，约 97 205 种，此分类系统是 A. P. de Candolle 及 Lindley 系统的升华，而后两者是依据 de Jussieu 分类系统提出的。科与属的分界建立在自然亲缘关系之上，属于自然分类系统。所有科与属的描述都是根据植物标本的观察写出的，而不是从其他文献抄袭而来，这使得该分类系统更受欢迎，更可信。世界上许多重要的标本馆都是依据该系统排列的。

此分类系统将显花植物或种子植物分为三个纲：双子叶植物纲、裸子植物纲和单子叶植物纲。根据花瓣的有无及合生情况将双子叶植物纲又进一步分为了三个亚纲：离瓣花亚纲、合瓣花亚纲及单被花亚纲；这些亚纲又依次被分为系、目［两位作者称之为群（cohorts）］和科（称之为自然目）。在单子叶植物纲及单被花亚纲中没有群的概念，直接分为科（自然目）。分类系统纲要详见表 12.1。

表 12.1 边沁和虎克在《植物属志》中提出的植物分类系统纲要

显花植物或种子植物	
纲 1. 双子叶植物纲 Dicotyledons	(种子具 2 片子叶，花 5 基数或 4 基数，叶具网状脉) 14 系，25 目，165 科
亚纲 1. 离瓣花亚纲 Polypetalae	(双被花，花瓣分离)
系 1. 离瓣花系 Thalamiflorae	(花下位，雄蕊多数，花盘不存在) 6 目：毛莨目、侧膜胎座目、远志目、石竹目、藤黄目、锦葵目
2. 花盘系 Disciflorae	(下位花，花盘位于子房之下) 4 目：牻牛儿苗目、铁青树木、卫矛目、无患子目
3. 萼花系 Calyciflorae	(花周位或上位) 5 目：蔷薇目、桃金娘目、西番莲目、番杏目、伞形目
亚纲 2. 合瓣花亚纲 Camopetalae	(双被花，花瓣合生)
系 1. 子房下位系 Inferae	(子房下位) 3 目：茜草目、菊目、桔梗目
2. 异形系 Heteromerae	(子房上位，雄蕊 1 或 2 轮，心皮数多于 2 枚) 3 目：杜鹃花目、报春花目、柿树目
3. 二心皮系 Bicarpellatae	(子房上位，雄蕊 1 轮，心皮 2) 4 目：龙眼目、花荵目、玄参目、唇形目
亚纲 3. 单被花亚纲 Monochlamydeae	(花单被，花被无或有但不分化为萼片和花瓣)
系 1. 弯胚系 Curvembryeae	(胚弯曲，胚珠 1)
2. 水生多胚珠系 Multiovulatae aquaticae	(水生植物，胚珠多数)
3. 陆生多胚珠系 Multiovulatae terrestres	(陆生植物，胚珠多数)
4. 小胚系 Microembyeae	(胚极小)
5. 瑞香系 Daphnales	(心皮 1，胚珠 1)
6. 檀香系 Achlamyclosporae	(子房下位，1 室，胚珠 1～3)
7. 单性花系 Unisexuales	(花单性)
8. 特征奇特系 Ordines nomali	(亲缘关系未定)
纲 2. 裸子植物 Gymnospermae	(胚珠裸露) 3 科
纲 3. 单子叶植物 Monocotyledons	(花 3 基数，平行脉序) 7 群，34 科
系 1. 微子系 Microspermae	(子房下位，种子极小)
2. 上位花系 Epigynae	(子房下位，种子大)
3. 冠花系 Coronariae	(子房上位，心皮合生，花被有颜色)
4. 萼花系 Calycinae	(子房上位，心皮合生，花被绿色)
5. 裸花系 Nudiforae	(子房上位，花被不存在)
6. 离生心皮系 Apocarpae	(子房上位，心皮多数 1 枚，分生)
7. 颖花系 Glumaceae	(子房上位，花被小，花包在颖片中)

12.1.1 优点

该系统虽然没有体现出系统发育但已有 100 多年的历史，并且现在依然在分类界享有盛名，这是因为下面的优点：

① 本系统对植物鉴定有很大的实用价值，容易进行常规鉴定。

② 在英国及印度等许多国家，标本馆中标本的排列次序依据该系统。

③ 本系统是对种子植物现有属的实际标本进行仔细比较检查而提出的，而不是仅仅对已知事实的编撰。

④ 不同于 de Candolle，裸子植物未被置于双子叶植物纲中，而是将其作为一个独立的类群。

⑤ 虽然该系统不是按系统发育来安排，毛茛科依然被置于双子叶植物纲的起始。毛茛目（广义上包括现在从木兰目中分离出来的许多科）被多数权威学者认为是原始的目。

⑥ 将双子叶植物纲置于单子叶植物纲之前，也被现代学者所认同。

⑦ 科与属的描述精确，作为鉴定用检索表十分适用。为了方便鉴别，较大的属被分为亚属。

⑧ 分类群的排列基于所有的建立在形态学特征上的自然亲缘关系，这些特征可以通过肉眼或放大镜直接观察到。

⑨ 尽管一些类群是根据某些重要特征来命名的，而在多数情况下分类本身是依据其特征的综合而非某一具体特征进行的。因此，翠雀属虽然有合生的花瓣，仍然与相近的属一起被放在离瓣花亚纲的毛茛科中。同样，葫芦科中的许多合瓣花类属仍与离瓣花一样被置于双子叶植物中。

⑩ 异数心皮系置于双心皮系之前是正确的。

12.1.2 缺点

本系统产生于前达尔文时期，在方法论上有以下不足之处：

① 该系统没有体现系统发育，尽管它是在达尔文发表进化论之后提出的。

② 裸子植物置于双子叶植物与单子叶植物之间，裸子植物是不同于被子植物的一个独立类群，应置于双子叶植物纲之前。

③ 单被花亚纲是一个非自然的分类群集合，此亚纲的建立使得许多亲缘关系很近的科被分开了。石竹科、醉人花科（Illecebraceae）及藜科在一定程度上有极近的亲缘关系，因此在当代分类中将它们放在了同一目中。包括塔赫他间在内的许多学者都将裸果本科与石竹科合并，而在边沁和虎克的系统中，石竹科被放在离瓣花亚纲中，而另外两科则放在了单被花亚纲中。同样，放在水生多胚珠群下的河苔草科最好归入蔷薇目（克朗奎斯特，1988）。小胚系下的金粟兰科及瑞香系下的樟科与木兰目（广义毛茛目）亲缘关系较近，因此克朗奎斯特系统（1988）将其置于木兰亚纲中。

④ 包括克朗奎斯特在内的许多学者普遍认为单子叶植物纲的百合科和石蒜科亲缘关系很近，将其合并放在同一目中；但在本系统中这两科被置于不同的类群中，石蒜科置于上位花系，百合科则在冠花系。

⑤ 单性花群是一个不同科物种的松散集合，只有一个共同特点即单性花。克朗奎斯特（1988）将这些科放在两个不同的亚纲金缕梅亚纲和蔷薇亚纲中。塔赫他间（1987）则将其分别归入金缕梅亚纲和五桠果亚纲。

⑥ 边沁和虎克并不清楚特征奇特系内各科的亲缘关系，这些科暂时被放在一起。克朗奎斯特（1988）和塔赫他间（1987）将金鱼藻科放在木兰亚纲下，其他三科置于五桠果亚纲下。

⑦ 诸如荨麻科、大戟科、百合科及虎耳草科等大科，是非自然的集合，代表了复系类群。这些科被后来的学者分成了小而自然的单系科。

⑧ 兰科具有子房下位、两侧对称的花，是进步的科，但在本系统中却将其放在单子叶植物纲的起始。

⑨ 在合瓣花亚纲中，子房下位系（具下位子房）放在了具上位子房的异数心皮系和双

心皮系的前面，而目前认为下位子房起源于上位子房。

⑩ 本系统将被子植物分为双子叶植物纲和单子叶植物纲，而现代系统发育系统将古草本植物和木兰亚纲放在单子叶植物纲和真子叶植物纲之前。

12.2 恩格勒和柏兰特

德国植物学家恩格勒（1844～1930）（图12.3）和柏兰特（1849～1893）联合提出了整个植物界一个分类系统。该分类系统发表在23卷不朽巨著《植物自然科志》（1887～1915）上。恩格勒是柏林大学的植物学教授，后来担任柏林植物园园长。该分类系统提供了属级水平以上的分类和描述，并综合了形态、解剖及地理分布等信息。

图12.3 恩格勒（1844～1930）
德国著名植物学家，与柏兰特在20卷著作《植物自然科志》（1887～1915）中提出了当时植物界最完善的分类系统

本系统公认以恩格勒命名，1892年恩格勒首次以《植物分科志要》为名发表了描述到科级水平的分类系统。此分类系统框架不断地被恩格勒修订，至他去世后，修订工作仍在进行。最新的第12版是在1954年（H. Melchior和E. Werdermann编辑）和1964年（M. Melchior编辑）出版的两卷。在第12版中，双子叶植物被移到了单子叶植物之前。

恩格勒还开展了一项雄心勃勃的计划，编写分类学专著《植物界》，将各个科描述到种级水平。1900年至1953年期间，共出版了107卷，包含种子植物78个科和苔藓植物的泥炭藓科。

恩格勒系统通常被认为是系统发育框架的开始，现在来讲并不是十分严格的系统，只是从最简单的类群开始按进化的复杂程度以线性序列来编排的。遗憾的是，恩格勒没有看到被子植物中的简化实际上是进化中退化的结果。

虽然如此，恩格勒系统较边沁和虎克分类系统还是有很大的改进：将裸子植物移至被子植物的前面；取消了单被花亚纲，并将原单被花亚纲的各类群放在了与其相近的离瓣花系中；许多大的不自然的科被划分为小而自然的科。然而该系统所做出的将单子叶植物放在双子叶植物之前的改变并没有得到认同。将包含桦木科、壳斗科和胡桃科等的柔荑花序类放在双子叶植物起始位置后来也没有发现更多的支持。因本系统（表12.2）内容丰富、全面，像边沁和虎克系统一样变得非常流行，现在世界上许多地区的标本馆还一直采用恩格勒系统。包括《欧洲植物志》（1964～1980）在内的一些最近的植物志编写都采用了这个系统。

在这个分类系统框架中，将植物界分为13门（在1936年第11版的《植物分科志要》中，将植物界分为14门；而第12版中则分为17门），前11门为无节植物门，第12门为无管有胚植物门（形成胚，但无花粉管），包括苔藓植物和蕨类植物；第13门也是最后1门为有管有胚植物门（有胚，形成花粉管），包括种子植物。

12.2.1 优点

恩格勒和柏兰特分类系统较边沁和虎克的分类系统有很大的改进：

① 这是第一个结合了器官进化观点的重要分类系统，迈出了向系统发育分类系统发展的重要一步。

表 12.2　恩格勒和柏兰特分类系统大纲

植物界

门 1. }

}……原植体植物 Thallophytes

门 11. }

门 12. ……无管有胚植物门 Embryophyta Asiphonogame

亚门 1. 苔藓植物 Bryophyta

亚门 2. 蕨类植物 Pteridophyta

门 13. ……有管有胚植物门 Embryophyta Siphonogama

亚门 1. 裸子植物 Gymnospermae

亚门 2. 被子植物 Angiospermae

纲 1. 单子叶植物纲 Monocotyledoneae——11 目、45 科

目 1. 露兜树目 Pandanales(第一科为露兜树科)

……

目 11. 微种子目 Microspermae(最后一科为兰科)

纲 2. 双子叶植物 Dicotyledoneae——44 目、258 科

亚纲 1. 原始花被亚纲 Archichlamydeae(花瓣缺或分离)——33 目、201 科

目 1. 木麻黄目 Verticillatae(仅木麻黄科)

……

目 33. 伞形目 Umbelliflorae(最后一科为山茱萸科)

亚纲 2. 后生花被亚纲 Metachlamydeae(花瓣合生)——11 目、57 科

目 34. 岩梅目 Diapensiales(仅岩梅科一科)

……

目 44. 风铃草目 Campanulatae(最后一科为菊科)

② 此分类系统包含了整个植物界，为科级水平（《植物分科志要》）、属级水平（《植物自然科志》）以及大量科中的种（《植物界》）提供了描述和分类检索表；并提供了大量有价值的绘图以及解剖学和地理学方面的信息。

③ 裸子植物被分离出来放在了被子植物之前。

④ 边沁和虎克系统的许多大的不自然科也被分解成小而自然的科，如荨麻科被分为荨麻科、榆科和桑科。

⑤ 单被花亚纲的废除使许多亲缘关系很近的科聚集到一起。裸果本科被合并进了石竹科，藜科与石竹科同放在了同一个中央种子目下。

⑥ 双子叶的菊科及单子叶的兰科具有下位子房，两侧对称和复杂的花，是进步的科；因此分别被放在了双子叶植物纲和单子叶植物纲的最后一科，这是正确的。

⑦ 几个最新的分类系统将单子叶类置于真双子叶类之前。

⑧ 合瓣花类比离瓣花类进步，符合现在当代系统发育的观点。

⑨ 该分类系统被广泛应用于世界各地的教科书、植物志与标本馆中。

⑩ 术语“群”和“自然目”已经分别由合适的术语“目”、“科”取代。

⑪ 亲缘关系相近的百合科和石蒜科被归于百合目之中。

12.2.2　缺点

近几年来随着对系统发育概念理解的不断深入，恩格勒和柏兰特系统也显示出了一些不足之处。主要是由于他们将“简单即原始”这一概念应用于被子植物中，而简化在被子植物的进化中是一种重要现象，在低等类群中并不普遍。本系统的主要不足体现在：

① 从现在意义上来看，恩格勒系统不是按系统发育来编排的；许多观点在现在已经过时了。

② 单子叶植物放在双子叶植物之前，而现代分类系统中，古草本植物和有些木兰类置

于单子叶植物之前。

③ 包括桦木科、胡桃科和壳斗科等具有单性花、无花瓣、柔荑花序等特征的所谓柔荑花序类被认为是原始类型。通过对木材解剖、孢粉学及花解剖的研究发现柔荑花序类是一进步的类群。花的简化是一种简化进化，而非原始特征。Loconte（1996）的分支分类研究表明，基于“简化即原始”的假设所得到的进化树比最短的进化树要长6步。

④ 认为双被花（有花萼、花冠之分）由单被花（花被仅一轮）演化而来，这是错误的。

⑤ 认为被子植物多元起源的，而现代证据证明被子植物是单元起源的。

⑥ 现在认为单子叶植物纲天南星科起源于百合科；而恩格勒系统将天南星科放在佛焰苞花目中，后者又放在百合目（包含百合科）的前面。

⑦ 沼生目（包括泽泻科、花蔺科和眼子菜科）是原始类群，而本系统将其放在了相对较进步的露兜树目之后。

⑧ 认为特立中央胎座由侧膜胎座演化而来，侧膜胎座由中轴胎座演化而来，这与花解剖得出的结论是相违背的。现在观点认为中轴胎座隔膜消失而形成了特立中央胎座。

⑨ 目前认为广义上的毛茛目因具两性花、花部多数、螺旋排列，是原始类群。而本分类系统中则将其置于柔荑花序类之后。

⑩ 此分类系统中的百合科是一个大的非自然类群的集合，在近来的分类系统中，如Judd等（2002）、APGⅡ（2003）及Thorne系统（2003）等，已将百合科分成许多小的单系类群科，如百合科、葱科、天门冬科、日光兰科（Asphodelaceae）等。

以上两个分类系统已经被世界各地的标本馆以及不同地区和地方植物志广泛采用。尽管依据的标准不同，但两系统的处理是相近的，通过有用的检索表和精确的描述有助于确定各属的分类地位和鉴定。这些对标本馆标本的编排是非常重要的，同样，对一份标本从属级水平进行初步鉴定也是十分有用的。当代大多数分类系统都缺乏科级以下的描述，这些分类系统可能对更高级类群的定位比较适用，但对实际鉴定缺乏实用价值。

表12.3对边沁和虎克的分类系统与恩格勒和柏兰特分类系统进行了比较。

表12.3　边沁和虎克的分类系统与恩格勒和柏兰特分类系统比较

边沁和虎克系统	恩格勒和柏兰特系统
1. 发表在3卷本著作《植物属志》(1862～1883)上。	1. 发表在23卷巨著《植物自然科志》(1887～1915)上
2. 仅包括种子植物。	2. 包含整个植物界。
3. 裸子植物放在双子叶植物与单子叶植物之间。	3. 裸子植物独立放在被子植物之前。
4. 双子叶植物放在单子叶植物之前。	4. 双子叶植物放在单子叶植物之后。
5. 双子叶植物分3亚纲：离瓣花亚纲、合瓣花亚纲、单被花亚纲	5. 双子叶植物分为两个亚纲：古生花被亚纲和后生花被亚纲
6. 亚纲进一步分为系、群(相当于目)和自然目(相当于科)。	6. 亚纲进一步分为目和科，没有系的概念。
7. 单子叶植物分7个系、34个自然目。	7. 单子叶植物包括11目、45科。
8. 前达尔文时期的概念。	8. 后达尔文时期的概念。
9. 双子叶植物第1目为毛茛目(具两性花)。	9. 双子叶植物第一目为木麻黄目(具单性花)。
10. 单子叶植物第1目为微子目(包括兰科在内)。	10. 单子叶植物第1目为露兜树目，微子目被置于单子叶植物较靠后的位置。
11. 亲缘关系较近的科，如石竹科、裸果本科以及藜科被分开了，石竹科放在离瓣花亚纲中，而另外两科则放在了单被花亚纲中。	11. 裸果本科与石竹科合并，藜科与石竹科同放在了中央种子目下。
12. 亲缘关系较近的石蒜科和百合科被分别放在了上位花系和冠系系中。	12. 百合科和石蒜科同放在了百合目下。
13. 像荨麻科、大戟科和虎耳草科等许多大的科是非自然的多源类群。	13. 边沁和虎克系统中的几个较大的科被划分为小而同源的科，如荨麻科被分为荨麻科、榆科和桑科。

12.3 哈钦松

哈钦松（1884～1972），英国邱园皇家植物园植物学家，管理邱园标本馆多年（图12.4）。哈钦松最初在其著作《有花植物科志》中提出被子植物分类系统，1926年第1卷双子叶植物出版，第2卷单子叶植物出版于1934年。该分类系统不断地被修订，1959年出版了第2版，在他去世后一年即1973年又出版了第3版。

图12.4 哈钦松（1884～1972）
英国植物学家，曾任邱园标本馆馆长，在其著作《有花植物科志》以及《有花植物属志》中发表被子植物分类系统（照片版权经邱皇家植物园许可）

除了标志其被子植物分类系统的代表作以外，哈钦松还发表了许多重要著作，如《Flora of West Tropical Africa》（1927～1929）、《Common Wild flowers》（1945）、《A Botanist in South Africa》（1946）、《Evolution and Classification of Rhododendrons》（1946）、《British Flowering Plants》（1948）、《More Common Wild flowers》（1948）、《Uncommon Wild flowers》（1950）、《Evolution and Phyogeny of Flowering Plants》（1969）、《Key tothe Families of Flowering Plants of the World》（1968）等。

哈钦松还开始了一项雄心勃勃的计划，修订边沁和虎克的《植物属志》，并定名为《有花植物属志》；遗憾的是，仅完成了2卷，出版于1964年和1967年，该计划因他的去世而中断。

哈钦松分类系统仅涉及有花植物，包括被子植物门和裸子植物门。该分类系统建立在24条原则基础之上，这些原则包括一般原则、与一般习性相关的原则、与有花植物的一般结构相关的原则以及与花和果实相关的一般原则。这些原则概述如下。

其他条件相同时，可认为：

① 进化有上升（花冠合瓣，上位花）及下降（无花瓣，单性）两方向。

② 进化不会同时包含一种植物的全部器官；并且一个或一组器官可能向前演进，而其他一个或一组器官可能停止不前或后退。

③ 进化通常是首尾一致的，就是当一特殊的前进或后退的演化开始建立，就一直持续到该类群的终点。

（1）关于植物的一般习性

④ 某些类群中，乔木和灌木较草本要原始。

⑤ 乔木和灌木较藤本要原始，后者的习性是经过特殊环境而获得的。

⑥ 多年生植物较二年生植物要原始，一年生植物是从前两者演化而来的。

⑦ 水生显花植物，按照常理是较晚出现于陆生植物（至少在同科或同属的各个成员如此），同样亦可认为附生植物、腐生植物及寄生植物较晚出现。

（2）关于有花植物的一般构造

⑧ 具有并生维管束而排列成圆柱状的植物（双子叶植物），其起源比具散生维管束者（单子叶植物）更加原始，但后者不一定自前者直接演化而来。

⑨ 具螺旋状排列的茎叶或花叶的植物，较早于具对生或轮状排列的植物。

⑩ 具单叶的植物按照常规早于具复叶的植物。

（3）关于植物的花和果

⑪ 两性花较早于单性花，雌雄异株可能较晚于雌雄同株。

⑫ 单生花比花序要原始。

⑬ 花各部螺旋覆瓦状排列的植物，较早于轮状镊合状排列的植物。

⑭ 花部数目多的（多基数花的）植物原始，花部数目少的（少基数花的）进化，进化过程中出现了生殖部分进步性的不育。

⑮ 有花瓣植物早于无花瓣植物，后者是简化的结果。

⑯ 花瓣分离的（多瓣花）植物早于花瓣合生的（合瓣花）。

⑰ 辐射对称花（整齐花）植物早于左右对称花植物（不整齐花）。

⑱ 下位花是原始的构造形式，周位花和上位花都是自下位花演化而来。

⑲ 心皮合生的植物由较原始的心皮分离的植物演化而来。

⑳ 多心皮的植物早于少心皮的植物。

㉑ 种子具有小胚和胚乳的植物较原始，而种子无胚乳的较为高等。

㉒ 原始花具有多数雄蕊，进步花具有少数雄蕊。

㉓ 分离雄蕊较早于合生雄蕊。

㉔ 聚花果较晚于单果，按照常理蒴果较早于核果或浆果。

追随Bessey系统，哈钦松认为被子植物属单元起源，起源于假定的苏铁类祖先类群，将它命名为原生被子植物；他通过特征组合将植物划分在一起，建立了许多小的类群；他建立了木兰目以区别毛茛目，因为他认为两者是平行进化的。哈钦松认为木兰科是现存被子植物中最原始的科，双子叶植物比单子叶植物要原始，将其置于单子叶植物之前，并将两者作为亚门等级（表12.4）。

表12.4　哈钦松提出的有花植物分类系统大纲

门Ⅰ. 裸子植物门 Gymnospermae	区Ⅰ. 萼花区 Calyciferae 12 目
门Ⅱ. 被子植物门 Angiospermae	目 83. 花蔺目(第一科为花蔺科)
亚门Ⅰ. 双子叶植物亚门 Dicotyledones	……
区Ⅰ. 木本区 Lignosae 54 目	目 94. 姜目(最后一科为姜科)
目 1. 木兰目(第一科为木兰科)	区Ⅱ. 冠花区 Corolliferae 14 目
……	目 95. 百合目(第一科为百合科)
目 54. 马鞭草目(最后一科为马鞭草科)	……
区Ⅱ. 草本区 Herbaceae 28 目	目 108. 兰目(仅有兰科)
目 55. 毛茛目(第一科为芍药科)	区Ⅲ. 颖花区 Glumiflorae 3 目
……	目 109. 灯心草目(第一科为灯心草科)
目 82. 唇形目(最后一科为唇形科)	……
亚门Ⅱ. 单子叶植物亚门 Monocotyledones	目 111. 禾本目(仅有禾本科)

注：按照第三版《有花植物科志》，1973。

离瓣花、合瓣花和单被花等类群被彻底废除，同时将双子叶植物分为两大进化分支：木本区（基本上是木本植物）和草本区（基本上是草本植物）；木本区以木兰科开始，以马鞭草科结束。草本区第一科为毛茛科，最后一科为唇形科。哈钦松将单子叶植物分成三个进化线：萼花区（有花萼植物）、冠花区（有花冠植物）和颖花区（有颖片植物）。将被子植物分为411科，双子叶植物342科，单子叶植物69科；木本区包括54目，草本区29目（萼花区12目、冠花区14目、颖花区3目）。图12.5用图解（近似系统发育图）的方式表示了双子叶植物的系统发育和演化关系。

哈钦松认为双子叶植物中木本习性是原始的，而单子叶植物中草本习性则是原始的，木本类群起源于草本类群。此外，哈钦松认为单子叶植物也是一个单系类群，起源于毛茛目，认为花蔺目和铁筷子科有一定的联系，而泽泻目和毛茛科有联系；毛茛科种子具胚乳，花蔺科和泽泻科不具胚乳，否则被认为关系更近，哈钦松解释后两者可能是由于水生的关系。图12.6用图解（系统发育图）的方式表示了单子叶植物各个目可能的系统发育关系。

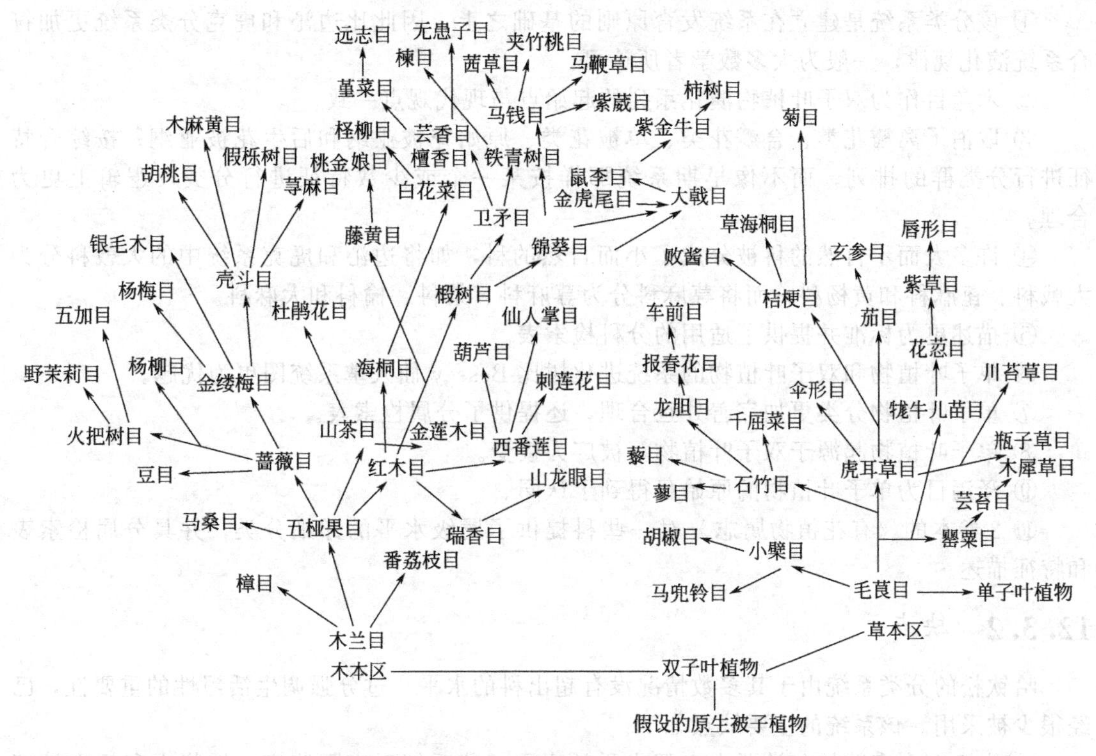

图 12.5 哈钦松的分类系统图解（系统发育图）

表示双子叶植物各个目的系统发育和演化关系（1973）

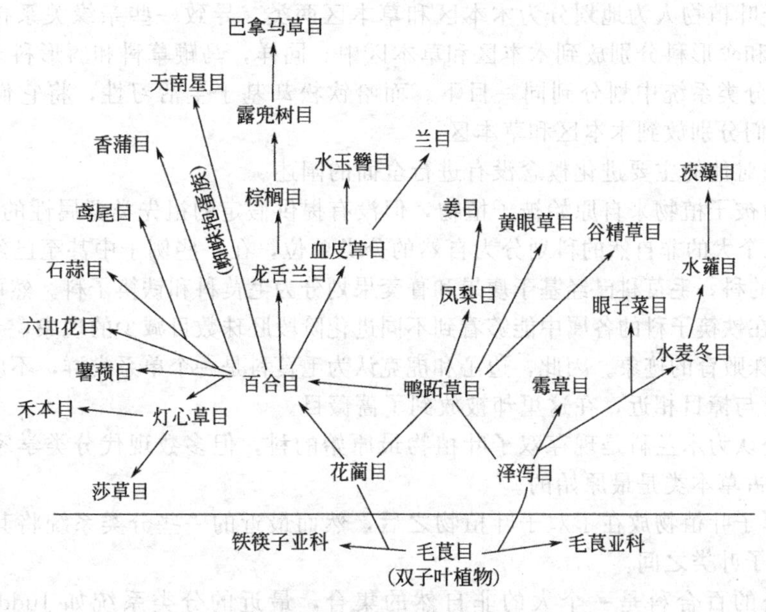

图 12.6 哈钦松的分类系统图解（系统发育图）

表示单子叶植物各个目可能的系统发育和演化关系（1973）

12.3.1 优点

哈钦松的被子植物分类系统是通过对邱植物园大量植物的研究，并结合所提出的系统发育原则建立的，与早期的分类系统相比有以下改进：

① 该分类系统是建立在系统发育原则的基础之上，因此比边沁和虎克分类系统更加符合系统演化规律，一般为大多数学者所认可。

② 木兰目作为双子叶植物演化系列的起始点与现代观点一致。

③ 取消了离瓣花类、合瓣花类、单被花类、原始花被亚纲和后生花被亚纲；按综合特征进行分类群的排列，而不像早期系统那样按某一个或少数特征进行分类，逻辑上更为合理。

④ 许多大而不自然的科被分成了小而自然的科，如将边沁和虎克系统中的大戟科分为大戟科、蓖麻科和黄杨科，而将荨麻科分为荨麻科、桑科、榆科和大麻科。

⑤ 描述更为标准并提供了适用的分科检索表。

⑥ 单子叶植物和双子叶植物的系统进化树比 Bessey 仙人掌系统图更为优越。

⑦ 单子叶植物分类更加完善并且合理，还提供了分属检索表。

⑧ 单子叶植物起源于双子叶植物，被广为接受。

⑨ 泽泻目为单子叶植物的原始目得到了认同。

⑩ 2 卷本的《有花植物属志》对一些科提供了属级水平的详细分类，并具分属检索表和特征描述。

12.3.2 缺点

哈钦松的分类系统由于其多数情况没有超出科的水平，过分强调生活习性的重要性，已经很少被采用。该系统的主要缺点如下：

① 由于在大多数的分类群中未超出科的水平，该系统对实际鉴定、植物志和标本馆植物排列的作用不大。

② 将双子叶植物人为地划分为木本区和草本区两类，导致一些亲缘关系接近的科被分开，如五加科和伞形科分别放到木本区和草本区中。同样，马鞭草科和唇形科亲缘关系非常接近，在现代分类系统中划分到同一目下。而哈钦松却基于生活习性，将它们列入不同的目，甚至将它们分别放到木本区和草本区。

③ 哈钦松对他的主要进化概念没有进行全面的阐述。

④ 他认为被子植物来自原始被子植物，但没有提供假定的祖先类群属性的信息。

⑤ 他将几个大的非自然的科划分为自然的分类单位，在一些例子中甚至已经划分成一些自然单系类群的科，毛茛科已经基于瘦果和蓇葖果划分为毛茛科和铁筷子科。然而花部解剖学研究已经表明在铁筷子科的各属中能够看到不同进化阶段胚珠数目减少的现象，毛茛科的许多属也显示有胚珠败育的迹象。因此，边沁和虎克认为毛茛科是一个单系类群，不应该分开。

⑥ 腊梅科与樟目相近，在这里却被放到了蔷薇目。

⑦ 哈钦松认为木兰科是现存双子叶植物最原始的科，但多数现代分类学家认为少导管的林仙科或者古草本类是最原始的。

⑧ 他将单子叶植物放在了双子叶植物之后，然而最近的一些分类系统将其放在原始被子植物和真双子叶类之间。

⑨ 哈钦松的百合科是一个大的非自然的集合，最近的分类系统如 Judd 等（2002）、APGⅡ（2003）和 Thorne（2003）等已经将其分为几个较小的单系类群科，如百合科、葱科、天冬门科和水仙科。

12.4 塔赫他间

塔赫他间（1910）是俄罗斯杰出的植物分类学家（图 12.7），列宁格勒（现名为圣彼得堡）前苏联科学院柯马洛夫植物研究所高等植物部的领导者，植物地理学和有花植物起源与系统发育的国际权威人士。他曾担任1975年在前列宁格勒举行的第十二届国际植物学大会的会长。

图12.7 塔赫他间（1910）
苏联杰出的植物地理和有花植物分类学权威，1997年发表他的最后一版分类系统，并包括对其系统进行的几次修订

塔赫他间的分类系统最初于1954年用俄文发表，在1958年苏联出版了他的英文版《被子植物起源》以后，才逐渐被外界了解。该系统在俄文版的《Die Evolution der Angiospermen》（1959）和《Systema et phylogenia Magnoliophytorum》（1966）中进行了详细阐述。后者在1969年被C. Jefferey翻译成英文版的《有花植物——起源和分布》后，这一系统才得到流行。1980年修订的分类系统发表在《植物学评论》上。这一分类系统更为详细的修订是1987年的俄文版著作《Sistema Magnoliophytov》（拉丁文名为Systema Magnoliophytorum）。1980年至1987年间，他只在1983年（双子叶的修订出现在Metcalfe和Chalk：《双子叶植物解剖学》）和1986年（《世界植物区系》）中提出了较小的修订。他最终的综合分类系统发表于1997年（《有花植物的多样性与分类》）。早些时候，塔赫他间、克朗奎斯特和Zimmerman也提出了一个有胚植物的广泛分类系统（1966）。

塔赫他间属于毛茛学派，他所提出的这个科级水平以上的被子植物分类系统，在很大程度上受哈钦松、Hallier及其他许多进步的德国学者影响。他认为被子植物为单元起源，来自于种子蕨。依据塔赫他间的观点，被子植物为幼态成熟起源（在成体植物中保持幼体特征，又称为幼体发育）。这样，在木兰目——现存被子植物中最原始的类群，单叶、全缘、羽状脉重现了种子蕨叶状体的幼年阶段。

塔赫他间认为被子植物在环境的胁迫下出现，可能是对季风气候地区的岩石山坡适度的季节性干旱适应的结果。

多年来，塔赫他间认为林仙科以及单心木兰科是被子植物中中最原始的类群。但最后，他选择单心木兰科作为最原始的科，置于木兰目中。他将林仙科移到木兰目之后独立的林仙目中（1987年的系统中，他将林仙科放在澳洲番荔枝目和番荔枝目之后，朝向系统线的起始位置）。非常有趣的是许多现代分类学家认为林仙科或者古草本类（主要为互叶梅科）属于现存被子植物中最原始的类群。

在确定各个类群的分类地位时，塔赫他间根据自己对可利用资料的理解，应用了许多标准。他的主要结论总结如下：

① 最原始的被子植物是常绿小乔木或灌木，高大的乔木和落叶的习性是后来发展的。

② 单叶全缘具羽状脉是原始的。羽状和掌状裂叶是随后出现的，最后发展为羽状和掌状复叶。

③ 原始的花是中等大小的，由少数花组成聚伞花序，如单心木兰属。木兰属和睡莲科中的大花是后来形成的。

④ 花瓣具双重起源，在木兰目来自苞片（包片瓣）和在石竹目来自雄蕊（雄蕊瓣）。早期的被子植物具许多螺旋状排列的苞片变态形成的花被，花瓣与萼片分离是后来形成的。

⑤ 原始的雄蕊为宽的片状，具3脉，未分化出花丝及药隔。共同的祖先类型叶边缘具孢子囊，远轴（如单心木兰属中的外向花药）和近轴（如木兰属中的内向花药）类型是后来形成的。

⑥ 单沟花粉是原始的，由此演化出3沟花粉，然后是多沟花粉类型。

⑦ 原始的心皮是离生、没有封口的、对折的、多胚珠的、具片状胎座的类型（如单心木兰属），合生心皮是后来发展的。闭合心皮的边缘愈合演化出具中轴胎座的合生心皮雌蕊；随后隔膜消失演化出具特立中央胎座的溶生心皮雌蕊；打开对折的心皮侧面愈合形成具侧膜胎座的并生心皮雌蕊。

⑧ 外珠被起源于原始裸子植物的杯状部分。单珠被的胚珠起源于双珠被的融合或者其中之一败育。

⑨ 塔赫他间和克朗奎斯特早期认为单子叶植物是水生起源，从睡莲目到泽泻目。后来认为泽泻目是单子叶植物进化的一条侧枝，并提出泽泻目和睡莲目有共同的起源，起源于假设的已经灭绝的木兰亚纲的陆生类群，主要单子叶植物在起源上是陆生的。

塔赫他间的分类系统将被子植物作为木兰门的命名与克朗奎斯特（1981，1988）相近。双子叶植物和单子叶植物给予纲一级等级，并分别命名为木兰纲和百合纲。它们再进一步分为亚纲（以-idea结尾，如蔷薇亚纲）、超目（以-anae结尾，如蔷薇超目）、目和科。但是克朗奎斯特并未划分出超目，也反对塔赫他间将双子叶植物分为11个亚纲，单子叶植物分为6个亚纲（1987年的分类系统中，双子叶植物分为8个亚纲，单子叶植物分为4个亚纲）。而克朗奎斯特将双子叶植物分为6个亚纲，单子叶植物分为5个亚纲。这两个系统都是基于每一个研究领域的系统发育和表征分类学方面的研究资料。然而克朗奎斯特更加强调表征分类学资料的重要性，塔赫他间更重视系统发育的资料。

尽管这两个分类系统与Thorne系统（1981、1983、1992）和Dahlgren系统（1981、1983、1989）基本一致，但Thorne最近的修订版（2000、2003）更接近于APG系统，它放弃了传统的双子叶植物和单子叶植物的分类方式。

塔赫他间和克朗奎斯特都将被子植物称为木兰门，双子叶植物和单子叶植物分别称为木兰纲和百合纲。表12.5表示了该分类系统的概要（1997版）。

表12.5 塔赫他间（1997）被子植物分类系统概要

门．木兰门 Magnoliophyta：2个纲、17个亚纲、71个超目、232个目、589个科（1987年的分类系统含2个纲、12个亚纲、53个超目、166个目、533个科），估计13 000属，2 50 000种

纲1．木兰纲 Magnoliopsida（双子叶植物纲 Dicotyledons）：11个亚纲、55个超目、175个目、458个科（1987年的分类系统含8个亚纲、37个超目、128个目、429个科），估计10 000属，190 000种

亚纲1．木兰亚纲 Magnoliidae
2．睡莲亚纲① Nymphaeidae
3．莲亚纲① Nelumbonidae
4．毛茛亚纲 Ranunculidae
5．石竹亚纲 Caryophyllidae
6．金缕梅亚纲 Hamamelididae
7．五桠果亚纲 Dilleniidae
8．蔷薇亚纲 Rosidae
9．山茱萸亚纲① Cornidae
10．菊亚纲 Asteridae
11．唇形亚纲 Lamiidae

纲2．百合纲 Liliopsida（单子叶植物纲 Monocotyledons）：6个亚纲、16个超目、57个目、131个科（1987年的分类系统含4个亚纲、16个超目、38个目、104个科），估计3000属，60 000种

亚纲1．百合亚纲 Liliidae
2．鸭跖草亚纲① Commelinidae
3．棕榈亚纲 Arecidae
4．泽泻亚纲 Alismatidae
5．霉草亚纲 Triurididae
6．天南星亚纲① Aridae

① 表示1987分类系统中没有的亚纲。

1987 版对 1980 版分类系统的修订是在木兰纲（1980 版中的菊超目被划分为菊超目和桔梗超目——仍置于菊亚纲下，其余超目移到新的唇形亚纲）和百合纲（霉草超目从百合亚纲下移到霉草亚纲）下各增加了 1 个亚纲。另外在木兰纲下增加了 17 个超目、56 个目、96 个科；百合纲下加了 8 个超目、17 个目、27 个科。在他的 1997 年修订中在木兰纲下增加了 3 个亚纲——睡莲亚纲、莲亚纲（从木兰亚纲中分出）和山茱萸亚纲（从蔷薇亚纲中分出），木兰纲还增加了 18 个超目、47 个目、29 个科；百合纲下增加了 2 个亚纲——鸭跖草亚纲（从百合亚纲中分出）和天南星亚纲（从棕榈亚纲中分出），百合纲增加了 20 个目，27 个科。

塔赫他间 1987 年的分类系统值得注意的一点是其对锁阳科的位置不确定。单一的锁阳属早期放在蛇菰科（哈钦松，1973；克朗奎斯特，1988）。塔赫他间（1980），Thorne（1983、1992、2003）和 Dahlgren（1983、1989）将其移到锁阳科并靠近蛇菰目的蛇菰科。塔赫他间 1987 年的分类系统将这一科放在锁阳目，将该目暂时放在蔷薇亚纲的最后，但并不确信它们的亲缘关系。在其 1997 年的分类系统中，将锁阳目放在木兰亚纲的蛇菰超目。值得一提的是，Judd 等（2002）、APG Ⅱ（2003）和 APweb（2003）对这两个科的位置也不确定。

与早期版本不同的是塔赫他间将鸭跖草亚纲单独作为一个亚纲，这与克朗奎斯特系统相一致。但塔赫他间不像克朗奎斯特那样，他将百合亚纲放在百合纲的开始位置，泽泻亚纲放在天南星亚纲之后。

像其他系统发育的分类系统那样，假定的各个亚纲和超目的关系借助于泡状图表现出来（图 12.8 示双子叶植物，图 12.9 示单子叶植物），更接近于系统发生图。每个气泡或者气球的大小表示一个类群的相对大小。分支式样显示系统发生的亲缘关系，气泡的长度表示进化的进展程度（衍征程度）。

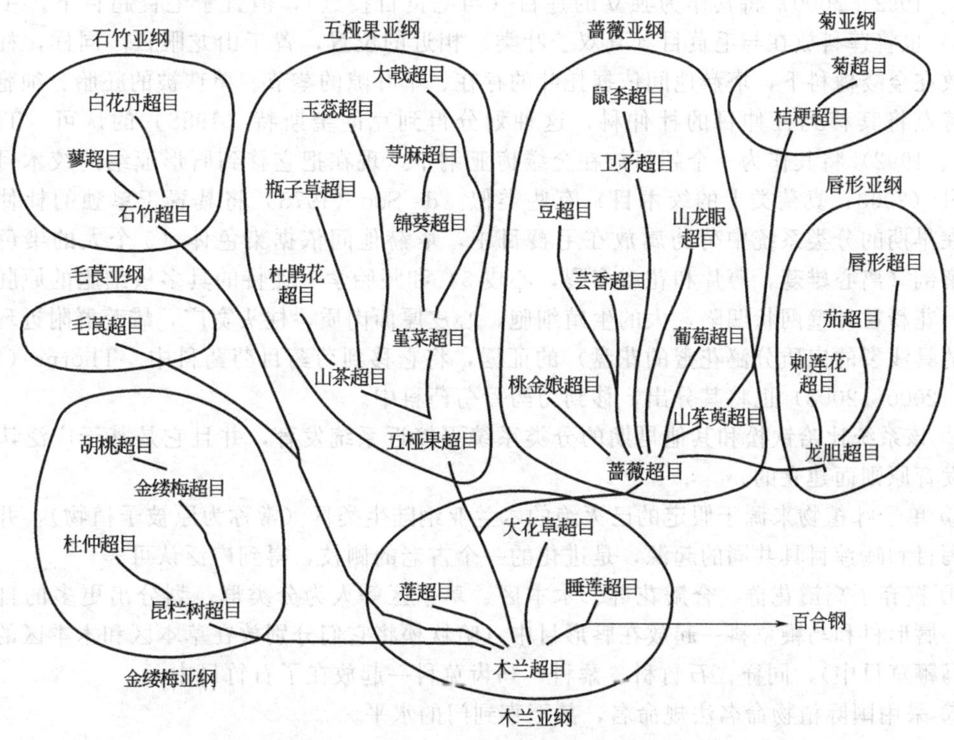

图 12.8　塔赫他间的泡状图表示双子叶植物不同亚纲和超目的可能关系

基于塔赫他间，1987，1997 年的分类系统未包括泡状图

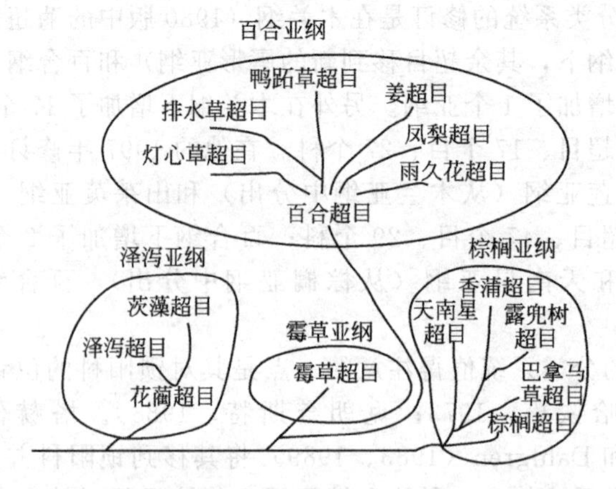

图 12.9 塔赫他间的泡状图表示单子叶植物不同亚纲和超目的可能关系（基于塔赫他间，1987）

12.4.1 优点

根据最近有关系统发育和表征分类学的资料，塔赫他间最近的分类系统（1997）有了一些改进。但许多早期版本中的优点，在最近的版本中仍然保留。这个系统的主要成就包括：

① 与当代主要的分类系统——克朗奎斯特、Dahlgren、Thorne（早期至 1992 年版本）基本一致，并且结合了表征分类学和系统发育的资料对目和科进行细致的划分。莲属早期放在睡莲目睡莲科。塔赫他间基于三沟花粉的出现，胚胎结构，乳汁管的消失以及染色体形态将其从睡莲目睡莲科分出，放在莲目莲科下。最后他将其放在莲亚纲的莲超目下。Thorne（1983、1992、2000）将其作为独立的莲目（与毛茛目接近），但置于毛茛超目下。APGⅡ（2003）也将莲科放在与毛茛目（真双子叶类）相近的位置，置于山龙眼目。同样，杜仲属最初放在金缕梅科下，塔赫他间依据托叶的存在、单叶隙的茎节、单珠被的胚胎、细胞型胚乳的特点将其移到杜仲目的杜仲科，这种划分得到克朗奎斯特（1988）的认可。Thorne（1983、1992）将其作为一个超目放在金缕梅亚纲中，现在把它移到唇形亚纲的绞木目，与 APGⅡ（2003；真菊类Ⅰ的绞木目）有些类似。de Soo（1975）将其置于单独的杜仲亚纲中。在早期的分类系统中芍药属放在毛茛目中，塔赫他间依据染色体（5 个大的染色体），花部解剖（离心雄蕊，萼片和花瓣多裂，心皮 5）和胚胎学（独特的具多核细胞的原胚阶段胚胎，花粉粒外壁网状凹陷，大的生殖细胞，心皮厚而肉质，柱头宽广，雌蕊群附近环绕着突出的具浅裂的肉质分泌花蜜的花盘）的证据，将它移到芍药目芍药科中。Thorne（1983、1992、2000、2003）也将其分出，移到芍药目芍药科中。

② 该系统比哈钦松和其他早期的分类系统更接近系统发育，并且它是基于广泛认可的系统发育原则而建立的。

③ 单子叶植物来源于假定的已灭绝的木兰亚纲陆生类群（常称为原被子植物），并且认为泽泻目和睡莲目具共同的起源，是进化的一个古老的侧枝，得到广泛认可。

④ 摈弃了离瓣花群、合瓣花群、木本区、草本区等人为分类群，划分出更多的自然分类群。唇形科和马鞭草科一起放在唇形目中（哈钦松将它们分别放在草本区和木本区的唇形目和马鞭草目中），同样，石竹科、藜科、马齿苋科一起放在了石竹目中。

⑤ 采用国际植物命名法规命名，甚至直到门的水平。

⑥ Clifford（1977）根据数量分类学的研究在很大程度上支持单子叶植物所划分的亚纲。

⑦ 将木兰亚纲作为被子植物的最原始类群，双子叶放在单子叶之前，木兰目放在木兰亚纲的开始位置，这些与其他作者基本一致。

⑧ 借助泡状图描述假定的主要亚纲和超目的关系是非常有帮助的，它可以告诉我们不同群体的相对大小、进化支的分歧和进化程度（衍征）。大的圆圈表示大的群体，垂直线的长度显示进化程度，分支点表示进化支的分歧点。

⑨ 将菊亚纲分成菊亚纲和唇形亚纲，对合瓣花类群的划分更加合理。Thorne（2000、2003）、APGⅡ（2003，尽管置于真菊类Ⅰ和真菊类Ⅱ）也将菊亚纲和唇形亚纲分开。山茱萸超目与合瓣花类群的科关系比较近，被放到单独的山茱萸亚纲中（早期放在蔷薇亚纲）。尽管 Thorne 将山茱萸超目放在菊亚纲，APGⅡ还是将山茱萸目放在单独的非正式类群的真菊类中。

⑩ 将荨麻目从金缕梅亚纲移出，作为单独的荨麻超目放在五桠果亚纲的锦葵超目和大戟超目之间更为合适。Dahlgren（1983）指出荨麻目与锦葵目、大戟目关系近缘，这与Thorne（2003）相一致。然而克朗奎斯特（1988）将荨麻目放在金缕梅亚纲中，锦葵目放在五桠果亚纲中，大戟目放在蔷薇亚纲中。

⑪ 双钩叶科放在双钩叶目中，与 Metcalfe 和 Chalk（1983）基于解剖学的证据，认为该科占有一个独立的分类学位置的观点相吻合。该科早期包含在山茶目中，靠近钩枝藤科。

⑫ 具争议的双子叶植物睡莲目，被放到木兰纲的独立的亚纲睡莲亚纲中。

⑬ 超目的结尾-anae 现在已经被早期使用-florae 结尾的 G. Dahlgren（1989）和 Thorne（1992）接受，因为-florae 结尾仅限于被子植物，在应用上不普遍。

⑭ 将十字花科和白菜花科分开，得到叶绿体序列数据（Hall.，Sysma 和 Iltis，2002）支持，与形态学资料一致。

⑮ 将萝藦科与夹竹桃科合并得到了 Judd 等（1994）与 Sennblad 和 Bremer（1998）的分子生物学分析的支持，承认单独的萝藦科意味着将夹竹桃科作为其并系类群（Judd 等，2002）。

12.4.2 缺点

在 1997 年的最近一版分类系统中，塔赫他间试图排除早期版本中的一些缺陷。然而对其最新版本的批评意见，反映了该系统的不足，将来可能还会发现更多的不足之处。下面是该系统的一些局限：

① 该系统虽然非常健全，非常符合系统发育，但对于分类群的鉴定和标本馆的应用没有什么价值，因为它只提供科级以上的分类，而且没有提供分类群鉴定的检索表。

② Dahlgren（1980、1983）和 Thorne（1983、1992、2003）认为被子植物应作为一个纲与裸子植物的主要类群如松柏纲、苏铁纲等在分类等级上是相同的。

③ Clifford（1977）通过数量分类学分析认为天南星目与百合目接近。Dahlgren（1983，1989）将天南星目放在百合超目之后。近来研究发现天南星科与泽泻目关系密切。如 APGⅡ将该科放在泽泻目，Thorne（2003）将天南星目放在泽泻亚纲天南星超目。

④ 虽然该系统以各个方面的数据为基础，但相对表征分类学的资料而言，最终的判断，更多地依赖于分支系统学的资料。

⑤ Ehrendorfer（1983）指出金缕梅亚纲并不是木兰亚纲的一个古老侧枝，而是从木兰亚纲到五桠果亚纲-蔷薇亚纲-菊亚纲进化过程中的残余。

⑥ Behnke（1997）及 Behnke 和 Barthlott（1983）指出石竹目的质体是 PⅢ型，而蓼目和蓝雪目的是 S 型，提议将它们从石竹亚纲移到蔷薇亚纲，石竹亚纲中只剩下石竹目。虽然塔赫他间（1987，1997）不同意将它们移动，但部分结合了 Behnke 的建议将这 3 个目分别

放在3个超目——石竹超目、蓼超目和蓝雪超目，但都放在同一亚纲——石竹亚纲中。Thorne（2003）将蓝雪科和蓼科放在同一个目——蓼目中。

⑦ 科的进一步划分并使得科的数目增加到592（1987年533科），结果使得科的范围非常狭窄，产生了一定数量的单型科，如单室木科、合瓣莲科、黄毛茛科、南天竹科、夷茱萸科、角茴香科等和很多寡型科，如蛇菰科、瓶子草科、骆驼蓬科和雪叶科。

⑧ 多数作者认为无导管的林仙科或者古草本类的互叶梅科是现存被子植物的原始类群，塔赫他间认为单心木兰科是最原始的类群，林仙科作为一个独立的类群放在单独的林仙目。单心木兰科放在樟超目中。

⑨ 塔赫他间在1997年的分类系统框架中对1987年的版本进行了实质性的改变。但遗憾的是它未能提供一个既能反映前面版本的优点，又能反映各个类群的亲缘关系和相对大小的泡状图。这变得尤其重要，因为是他已经在双子叶植物中增加了3个亚纲，单子叶植物中增加了2个亚纲。

⑩ 塔赫他间认为较小的科更自然。根据Stevens（2003）的观点，这是不正确的。包含较少分类群的单系类群——塔赫他间的小科——并不一定有更多的衍征，尽管这些类群的个体具有更多的共同特征。

⑪ 霉草科被移到一个独立亚纲中的独立超目，但18S rDNA序列（Chase等，2003）分析证明应将其放在露兜树目。Thorne（2003）将霉草科移到露兜树超目下独立的霉草目中。

⑫ 单子叶植物被放在双子叶植物之后，然而最近的分类系统将其放在原始被子植物和真双子叶类之间。

⑬ 林仙科和白桂皮科被放到不同的两个目中，然而，多基因分析（Soltis等，1999；Zanis等，2002、2003）为它们的亲缘关系提供了99%～100%自展值（bootstrap）或刀切法（jackknife）支持。APG Ⅱ和APweb将它们放在同一个目中，Thorne（2003）将它们放在同一个亚目中。这两个科的亲缘关系也得到了Doyle和Endress（2000）形态学研究的支持。

12.5 克朗奎斯特

克朗奎斯特（1919～1992）是美国杰出的分类学家，依托纽约植物园（图12.10）与塔赫他间和Zimmerman（1966）一起提出有胚植物的广泛分类系统，1968年在《有花植物的分类与进化》一书中，他提出一个详细的被子植物分类系统。1981年在《有花植物的综合分类系统》一书中进一步详细阐述了该系统。最终的修订本发表在第二版的《有花植物的分类与进化》（1988）中。一些双子叶植物的重新排列发表在《北欧植物学杂志》（Nordic Journal of Botany）上（1983）。

图12.10 克朗奎斯特（1919～1992）

植物分类学家，曾发表《有花植物的进化与分类》一书。他的分类系统与塔赫他间的系统基本相似。（照片承蒙纽约植物园Allen Rokach提供）

该分类系统大体上与塔赫他间系统相似，但细节上不同。与塔赫他间系统一样都基于各个方面的证据，只是塔赫他间重视进化支的数据，克朗奎斯特重视相对表现型分类法的数据（Ehrendorfer，1983）。

同塔赫他间一样，克朗奎斯特也将被

子植物称为木兰门，分为木兰纲（双子叶植物）和百合纲（单子叶植物）。该系统的双子叶植物包括6个亚纲，单子叶植物有5个亚纲。在双子叶植物中，将塔赫他间系统中的毛茛亚纲并入木兰亚纲，唇形亚纲并未作为一个独立的亚纲等级，而是保留在菊亚纲中。

克朗奎斯特在犹他州普洛沃布里根青年大学植物标本室编著《Intermountain Flora》手稿时去世。1992年3月22日克朗奎斯特的去世标志着系统植物学时期的结束，那个时代，不仅是植物分类学界，乃至整个植物学领域由为数不多的一些富有思想的学者引领着。

克朗奎斯特于1919年3月19日出生在加利福尼亚州San Jose，在俄勒冈州波特兰长大。为了他的博士研究，被一些人称作"金发大个子"的他，前往明尼苏达州大学进行北美飞蓬属物种的修订工作。1943年，他以馆长助理的身份第一次去了纽约植物园（NYBG）。

克朗奎斯特和Arthur Holmgren在1959年开始了一项西部山间的研究，并同C. Leo Hitchcock和Marion Ownbey一起集中编写多卷本著作——太平洋西北部植物图志。他一直从事这部图志工作，直到20世纪70年代初，他的注意力才转向南方。作为《Intermountain Flora》的资深作者，他竭力为7卷本的第二版图志编写那一地区植物的概况。同时，克朗奎斯特从事Henry Gleason以及他自己的著作《东北美和加拿大周边维管植物手册》的修订工作，这本书的第二版于1991年问世。

作为一名教育工作者，克朗奎斯特在20世纪60年代编写了两本最精致的植物学教材。《植物学导论》和《基础植物学》被广泛使用并译成多种语言。他教授了许多学生，现在他的不少学生执教于全美各所大学。

到20世纪60年代末，克朗奎斯特成为植物学领域重要的资深发言人。他广泛演讲，并且作为一个顾问积极求索，他撰写了大量的有关进化、系统发育和普通植物学方面的文章。他担任数个组织的主席，其中包括美国植物分类协会，在引导国内和国际组织上发挥了重要的作用。

克朗奎斯特对有花植物分类的兴趣首次表现在1957年发表的一篇文章中，当时他正在比利时工作。1965年他前去列宁格勒旅游并和塔赫他间进行交流，从此，两人建立了持续而良好的关系。然而两个人独立出版著作，并且在很多方面意见不一致，两人都从事被子植物系统发育的许多方面的研究。两人都出版了几个版本，但克朗奎斯特很少进行修改。1968年，他的著作《有花植物分类与演化》的出版为他未来的工作奠定了基础，1981年的《有花植物分类的完整系统》达到了顶峰。后期的工作将开创他在被子植物系统发育方面巨大的、有重要意义的全新阶段，这是一项彻底的工作，将被现代系统分类学手段验证。

在单子叶植物中，姜亚纲从百合亚纲中分离出来，霉草目仍保留在泽泻亚纲中。与塔赫他间、Dahlgren和Thorne系统的主要不同点在于：没有划分超目，将亚纲直接分成了目。塔赫他间系统划分了233个目，592个科，而克朗奎斯特系统划分了83个目，386个科。克朗奎斯特同意Thorne的观点（早期版本为到1992年），关于在双子叶植物的起始位置保留林仙科（没有像塔赫他间采用单心木兰科作为双子叶植物的起始），并连同单心木兰科、木兰科和番荔枝科等。与当代其他作者不同，克朗奎斯特没有把芍药科划分为独立的芍药目，而是把它移到了五桠果亚纲下的五桠果目中。

克朗奎斯特与塔赫他间系统的重要分歧在于将石蒜科和百合目下百合科的合并。塔赫他间将这两个科分别放在两个独立的石蒜目和百合目下。与近代多数作者不同的是，克朗奎斯特认为单子叶植物是水生起源的，起源于类似现代睡莲目的原始无导管的祖先。

与塔赫他间系统不同，克朗奎斯特系统将莲科放在了睡莲目（而不是作为一个独立的莲目），香蒲目放在了鸭跖草亚纲（而不是棕榈亚纲），双子叶植物合瓣花类的科放在了一个大的亚纲——菊亚纲（而不是3个亚纲——菊亚纲、山茱萸亚纲和唇形亚纲）。荨麻目和风媒传粉的科一起包括在金缕梅亚纲中（而不是和其相关的锦葵目和大戟目放在一起），锦葵目和大戟目分别保留在两个独立的亚纲——五桠果亚纲和蔷薇亚纲中（不是同一亚纲——五桠果亚纲）。克朗奎斯特提供了一个分类群排列的概要，推进了科水平鉴别的进程。克朗奎斯特系统纲要列表如12.6所示。这个系统在美国被广泛应用。

表 12.6 克朗奎斯特被子植物分类系统纲要（1988）

门：木兰门2纲、11亚纲、83目和386科、219 300种

纲1：木兰纲（双子叶纲）6亚纲、64目、320科、169 400种

亚纲：1. 木兰亚纲（12目，即木兰目、樟目、胡椒目、马兜铃目、八角茴香目、睡莲目、毛茛目和罂粟目

2. 金缕梅亚纲（11目，即昆栏树目、金缕梅目、交让木目、双颊果目、杜仲目、荨麻目、软木目、胡桃目、杨梅目、山毛榉目和木麻黄目

3. 石竹亚纲（3目，即石竹目、蓼目、蓝雪目

4. 五桠果亚纲（13目，即五桠果目、山茶目、锦葵目、玉蕊目、猪笼草目、堇菜目、杨柳目、白花菜目、藜木目、杜鹃花目、岩梅目、柿树目和报春花目

5. 蔷薇亚纲（18目，即蔷薇目、豆目、山龙眼目、川苔草目、小二仙目、桃金娘目、红树目、山茱萸目、檀香目、大花草目、卫矛目、大戟目、鼠李目、亚麻目、远志目、无患子目、牻牛儿目、伞形目

6. 菊亚纲（11目，即龙胆目、茄目、唇形目、水马齿目、车前目、玄参目、桔梗目、茜草目、川续断目、头花草目，菊目

纲2：百合纲（单子叶纲）5亚纲、19目、66科、49 900种

亚纲：1. 泽泻亚纲（4目，即泽泻目、水鳖目、茨藻目、霉草目）

2. 棕榈亚纲（4目，即棕榈目、环花棕目、露兜树目、天南星目）

3. 鸭跖草亚纲（7目，即鸭跖草目、谷精草目、帚灯草目、灯芯草目、莎草目、排水草目、香蒲目）

4. 姜亚纲（2目，即凤梨目、姜目）

5. 百合亚纲（2目，即百合目、兰目）

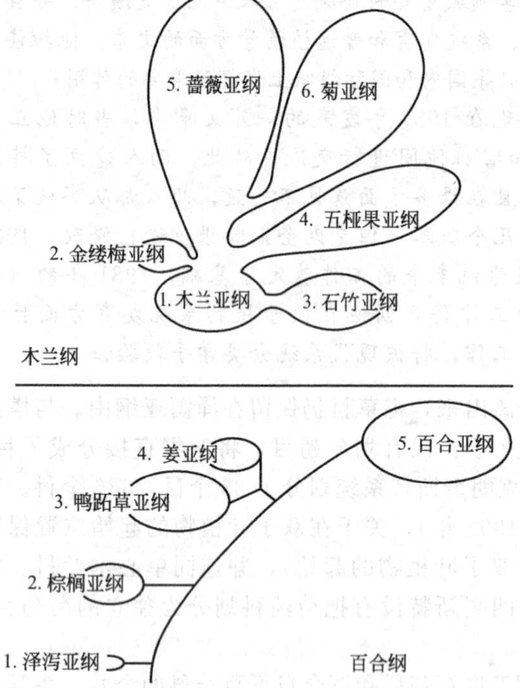

图 12.11 克朗奎斯特提出的表现各个亚纲和目之间关系的系统发育图（基于克朗奎斯特，1988）

各个亚纲和目的关系（图12.11）借助于系统发育图表示，仍采用泡状图的形式，类似于其他当代分类系统。

12.5.1 优点

克朗奎斯特的分类系统很大程度上基于当代主要分类学者所公认的系统发育原则。这个系统有如下优于早期分类系统的优点。

① 该系统与当代主要的分类系统——塔赫他间、Dahlgren 和 Thorne（早期版）的分类系统表现出总体的一致，并且运用所有资料证据进行各个类群的排列。因此，芍药属和莲属被置于芍药科和莲科，尽管芍药目和莲目没有被认可。杜仲属也被保留在独立的杜仲目下单一的杜仲科中。

② 1981年和1988年的分类修订以综合的形式提出，给出了包含形态学在内的植物化学、解剖学、超微结构和染色体方面的详细信息。

③ 在书籍编写和源于美国的植物区系项目中，该系统英文版的文本更容易被接受。

④ 该系统是高度系统发育性的并且基于现在广为接受的系统发育原则。

⑤ 林仙科置于双子叶植物起始的位置，总体上得到包括 Ehrendorfer(1968)、Gottsberger(1974) 和 Thorne(到1992) 在内的绝大多数作者的认可。林仙科具有类似于裸子植

物的无导管木质部，在小孢子叶和大孢子叶间有极高的相似性，有单面的雄蕊和心皮，形态类似于种子蕨，高染色体数目表明有长的进化史，而同木兰属相比有特化性较低的虫媒传粉。

⑥ 废除诸如离瓣花类、合瓣花类、木本区和草本区等人为分类群名称，导致了更多的自然分类类群。因此，马鞭草科和唇形科放在了唇形目。同样，将石竹科、藜科和马齿苋科放在了同一个目——石竹目。

⑦ 命名符合国际植物命名法规。

⑧ 木兰亚纲放在被子植物最原始的类群，双子叶位于单子叶之前，木兰目位于木兰亚纲起始，花蔺科位于百合纲的起始，这些观点基本上与其他分类学者的观点相一致。

⑨ 双子叶植物的菊科和单子叶植物的兰科被认为是最进化的科，被分别置于各自类群的最后面。

⑩ 各个类群的相互关系通过图表表示，这种方式提供了有关相关进化、分支分类关系和各个亚纲大小方面的有用信息。

⑪ 十字花科和白花菜科的分开得到染色体序列资料的支持（Hall、Sytsma 和 Iltis, 2002)，与形态学资料相一致。

12.5.2 缺点

克朗奎斯特系统日渐流行，特别是在美国，许多书中沿用该系统。但存在的不足还需指出如下。

① 尽管该系统是一个高度系统发育类系统并且在美国深受欢迎，但由于该系统没有提供属的分类检索表、分布和描绘，使得其在标本馆中的鉴定和采纳不是很有用。

② Dahlgren（1983、1989）和 Thorne（1981、2003）认为被子植物应该是一个纲的等级，而不是一个门的等级。

③ 菊亚纲代表几个分歧的合瓣花类科的一个松散集合。

④ Clifford(1977) 基于数量分类学研究认为将香蒲目放在棕榈亚纲更合适。克朗奎斯特将香蒲目放在鸭跖草亚纲。

⑤ 没有划分出目以上的等级——超目，因此在该方面与塔赫他间、Thorne、Dahlgren 等当代分类系统有显著的差异。

⑥ Ehrendorfer(1983) 指出金缕梅亚纲不是木兰亚纲的一个古老侧支，而是木兰亚纲-五桠果亚纲-蔷薇亚纲-菊亚纲路线上的残余。

⑦ Behnke(1977) 与 Behnke 和 Barthlott(1983) 提议具有 S-型质体的蓼目和蓝雪目应移到蔷薇亚纲，仅将具有 PⅢ-型质体的石竹目保留在石竹亚纲。

⑧ 荨麻目和风媒传粉的科一起放在金缕梅亚纲，然而它与锦葵目和大戟目更接近 (Dahlgren，1983、1989)。克朗奎斯特进一步分别将锦葵目置于五桠果亚纲，大戟目置于蔷薇亚纲。

⑨ 近来大多数作者不相信单子叶植物的水生起源。Kosakai 等 (1970) 基于对莲属（睡莲目）根部初生木质部的研究提供了大量的证据驳斥单子叶植物的水生起源。克朗奎斯特认为单子叶植物起源于类似现代睡莲目的无导管祖先。Dahlgren 等 (1985) 指出睡莲目和泽泻目证明了多重趋同这一事实，仅有少许特征（带沟的花粉粒和 3 数花）归因于共同祖先。双子叶，S-型筛管质体的存在，睡莲目中鞣花酸和外胚乳种子的出现强烈否定了其作为单子叶植物的起始点，这些特征在泽泻目中并不存在。

⑩ 基于解剖学特征的独特组合，Metcalfe 和 Chalk(1983) 建议双钩叶科应占据一个独立的分类学位置，但克朗奎斯特将其放在堇菜目的钩枝藤科之前。

⑪ 克朗奎斯特（1988）将非洲桐科作为荨麻目的一个科，但不能确定其精确位置。

⑫ 单子叶植物放置在双子叶植物之后，然而近来的分类将它们放在了原始被子植物与真双子叶类之间。

⑬ 林仙科放在木兰目的开始，而白桂皮科放在木兰目的末尾。多基因分析（Soltis 等，1999；Zanis 等，2002，2003）在它们的亲缘关系上提供了 99%～100%的自展值和刀切法支持。因此，在 APGⅡ和 APweb 中将二者放在一个独立的目中，在 Thorne(2003) 中放在同一个亚目中。这两个科的亲缘关系也为 Doyle 和 Endress(2000) 的形态学研究所支持。

12.6 Rolf Dahlgren

Rolf Dahlgren（1932～1987），丹麦植物学家，在 Kopenhagen 大学植物博物馆工作。1974 年在丹麦教科书中第一次提出了他自己的系统和阐述系统发育关系的一个新方法。随后的英文修订版于 1975 年、1980 年、1981 年和 1983 年相继出版。1985 年，一个参考价值大的对于单子叶植物详细分类在其著作《单子叶植物科志》（Dahlgren 等）中提出。他的系统图是一个通过顶部的横切面的具有想象力的系统发育树，因绘制了被子植物各个目的特征地位的分布变得非常流行，被普遍称作 Dahlgrenogram。

图 12.12 Rolf F. Dahlgren 和他的妻子 Gertrud Dahlgren

1987 年 Rolf F. Dahlgren 去世后，其妻子继续他的有关被子植物的分类工作；1990 年之后，Gertrud 集中研究植物进化与物种差异（照片由 Gertrud Dahlgren 免费提供）

在 1987 年的一次车祸中，Dahlgren 不幸去世，其妻子 Gertrud Dahlgren（图 12.12）继续他的工作，并在 1989 年为双子叶植物发表了“last Dahlgrenogram”，紧随其后的单子叶分类系统也于同年出版，其中包括了 Dahlgren 的最近的想法，并提出了一个最新版的被子植物分类系统。Gertrud Dahlgren 也将超目的词尾由-florae 变为-anae，由于前一词尾的使用仅限于有花植物，变成-anae 保持了与命名法规的一致性。词尾-anae 最初由塔赫他间开始使用，但现在包括早期同 Dahlgren 一样喜欢以-florae 结尾的 Thorne（自从 1992 年起）也开始用-anae 结尾。Gertrud（1991 年）继续用各种胚胎学特征地位来强化这个系统图。

该分类系统非常接近 Thorne 早期的各个版本，以木兰纲作为被子植物的名称，木兰亚纲表示双子叶植物，百合亚纲表示单子叶植物。重新排列是基于大量的表征分类学特征，主要是植物化学、超微结构和胚胎学。该系统包括双子叶植物 25 个超目和单子叶植物 10 个超目。Dahlgren 和他的合作者完成了几百个这样的图。Dahlgren 指出双子叶植物和单子叶植物的划分并不能说明一个人遵循严格的分支系统学方法，不过他仍认为单子叶植物是一个值得作为亚纲等级的独特类群。

Dahlgrenogram（图 12.13）是一个泡状图，其中不同的目以泡来表示，泡的大小和这个目中种的数量成正比，它们的相对位置反映了系统发育的亲缘关系。目组合成超目，因此产生了泡的复合体。1989 年在 Dahlgren 系统的修订版中，Gertrud 在山茶超目、锦葵超目、芸香超目和山茱萸超目做了重要的改变。同样在单子叶植物中也做了一些较小的变动，包括将菖蒲科作为天南星目的一个科，黑三棱科并入香蒲科，锡斯米科并入水玉簪科，地蜂草科

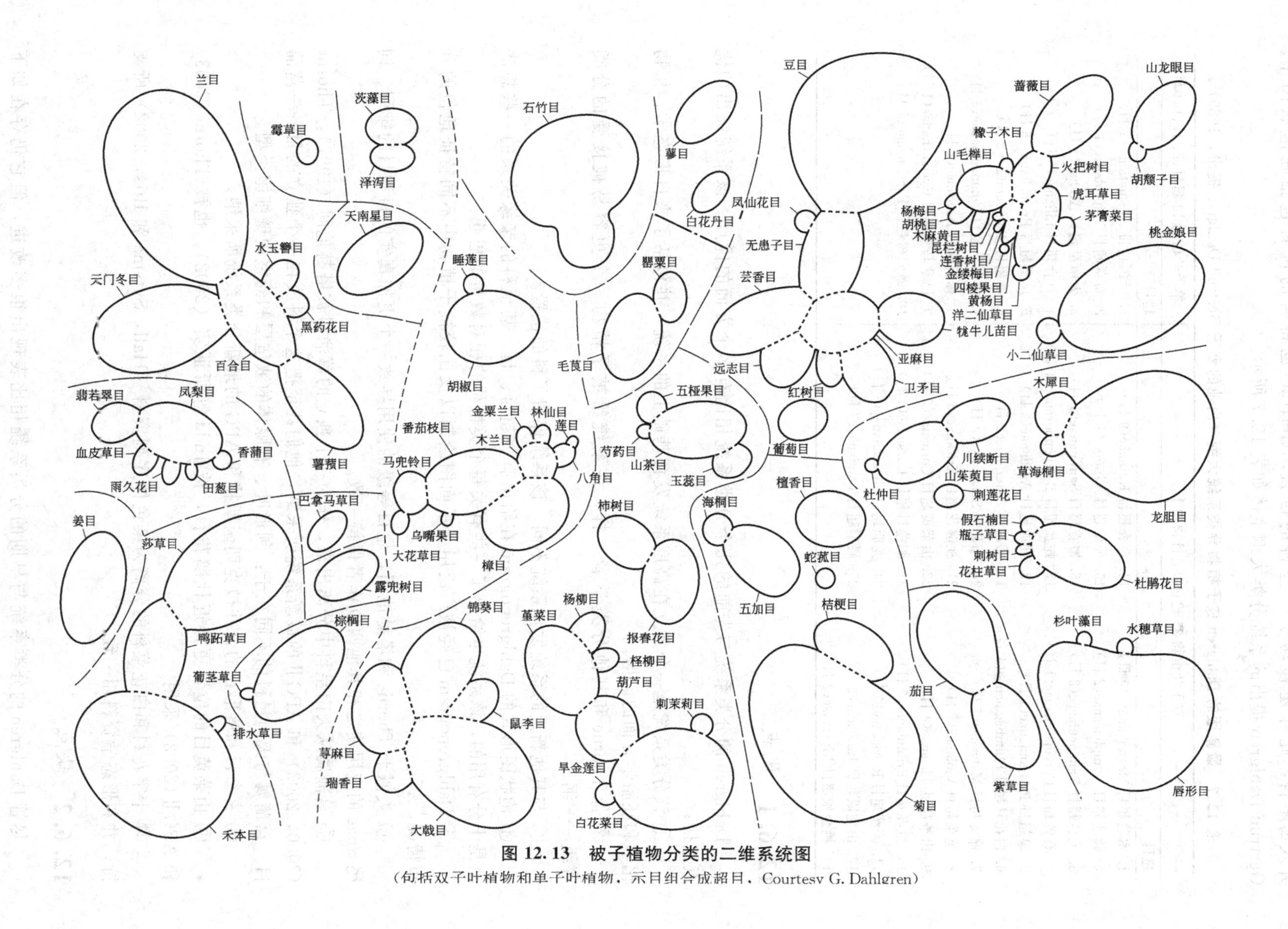

图 12.13 被子植物分类的二维系统图

（包括双子叶植物和单子叶植物，示目组合成超目，Courtesy G. Dahlgren）

并入鸢尾科，此外还移动了一些科的位置。Gertrud 也将科的位置包括在泡状图中。Gertrud Dahlgren 提出的系统分类大纲主体如表 12.7 所示。

表 12.7 最新版的 Dahlgren 被子植物分类系统大纲（由他的妻子 Gertrud Dahlgren 提出，1989）

双子叶植物 25 超目、87 目、343 科		单子叶植物 10 超目、24 目、104 科
超目		超目
1. 木兰超目 Magnolianae(10 目)	14. 芸香超目 Rutanae(9 目)	1. 泽泻超目 Alismatanae(2 目)
2. 睡莲超目 Nymphaeanae(2 目)	15. 葡萄超目 Vitanae(1 目)	2. 霉草超目 Triuridanae(1 目)
3. 毛茛超目 Ranunculanae(2 目)	16. 檀香超目 Santalanae(1 目)	3. 天南星超目 Aranae(1 目)
4. 石竹超目 Caryophyllanae(1 目)	17. 蛇菰超目 Balanophoranae(1 目)	4. 百合超目 Lilianae(6 目)
5. 蓼超目 Polygoinanae(1 目)	18. 五加超目 Aralianae(2 目)	5. 凤梨超目 Bromelianae(6 目)
6. 白花月超目 Plumbaginanae(1 目)	19. 菊超目 Asteranae(2 目)	6. 姜超目 Zingiberanae(1 目)
7. 锦葵超目 Malvanae(7 目)	20. 茄超目 Solananae(2 目)	7. 鸭跖草超目 Commelinanae(3 目)
8. 堇菜超目 Violanae(7 目)	21. 杜鹃花超目 Ericanae(5 目)	8. 棕榈超目 Arecanae(2 目)
9. 山茶超目 Theanae(4 目)	22. 山茱萸超目 Cornanae(3 目)	9. 巴拿马草超目 Cyclanthanae(1 目)
10. 报春花目 Primulanae(2 目)	23. 刺莲目超目 Loasanae(1 目)	10. 露兜树超目 Pandananae(1 目)
11. 蔷薇超目 Rosaceae(15 目)	24. 龙胆超目 Gentiananae(3 目)	
12. 山龙眼超目 Roteanae(2 目)	25. 唇形超目 Lamianae(3 目)	
13. 桃金娘超目 Myrtanae(2 目)		

12.6.1 优点

Dahlgren 的分类系统与先前的几个分类系统相比有多个方面的优点。该系统突出的优点包括：

① 该分类系统是一个建立在高度系统发育基础上的系统，并包括了来自形态学、植物化学和胚胎学方面的证据。

② 像 Thorne 和其他分类学者一样，该系统给被子植物一个更容易被接受的分类等级——纲。

③ 与其他新近的系统发育系统不同，该系统保留了科的位置。

④ 泡状图形式的 Dahlgrenogram 在给出有关超目、目、甚至科的亲缘关系的一些想法上是十分有用的。该系统也给出了一些有关每个类群种的相对数量的思想。

⑤ Dahlgrenogram 已经被广泛用于平面图绘制以及比较被子植物中不同特征地位的分布情况。

⑥ 类似于 Thorne 和塔赫他间，超目等级的使用导致一个更加真实的科和目的排列。词尾-anae 的应用使之和其他两位作者保持一致。

⑦ 菖蒲属从天南星科中分离出来，作为一个独立的菖蒲科被塔赫他间（1997），Thorne（2000，2003）和 APGⅡ的最新系统所采纳，他们甚至把这个科放在一个独立的目——菖蒲目。菖蒲属与天南星科的不同在于：剑形叶、有腺体的绒毡层和药室内壁细胞类型。

⑧ 玄参目和唇形目的合并被克朗奎斯特和 APG 的最新分类系统所采纳。

⑨ 山茱萸目的位置更接近杜鹃花目，被 Judd 等所证实（2002），也被 Thorne(2003) 和 APGⅡ(2003) 采用。

⑩ 十字花科和白花菜科的分离为染色体序列资料（Hall，Sytsma 和 Iltis，2002）所支持，并和形态学资料相一致。

12.6.2 缺点

尽管 Dahlgren 的分类系统与早期的分类系统相比表现出很多改进，但它仍存在如下不足：

① 该系统仅覆盖了有花植物范围，且不包括科以下的水平，因此，对于植物标本馆中标本的排列或植物志的编排是没有用的。

② Dahlgren 将菊超目、山茱萸超目和五加超目放在唇形超目之前，而来自分子方面的研究证明这些类群的位置（有些类似于真菊类Ⅱ的范围）应该放在唇形超目之后（同 APG Ⅱ的真菊类Ⅰ相对比）。

③ Dahlgren 将被子植物划分成双子叶植物和单子叶植物，而 APGⅡ(2003) 和 Thorne (2000，2003) 的最新分类系统将原始被子植物单独放置。

④ 单子叶植物放置在双子叶植物之间，而最近的分类系统将单子叶植物放在原始被子植物和真双子叶类之间。

⑤ 金鱼藻科被放在睡莲目，但是 Zanis 等 (2002) 和 Whitlock 等 (2002) 的研究表明，金鱼藻科小孢子的发生和叶边缘的结构特点显示该类群是单子叶植物的一个姐妹类群。因此，在 APGⅡ系统中被放在单子叶植物之前。

⑥ 菖蒲科被放在天南星目，但是根据 Chase 等 (2000) 与 Fuse 和 Tamura(2000) 的分子生物学方面的研究，菖蒲科应放在其余的单子叶植物之前。

⑦ 林仙科放在一个独立的目，白桂皮科之后，但就这两个科的关系，多基因分析 (Soltis 等，1999；Zanis 等，2002，2003) 提供了 99%～100%的自展值和刀切法支持。因此，在 APGⅡ系统和 APweb 系统中将这两个科放在同一个目中，Thorne(2000，2003) 的系统中将它们放在同一个亚目。这两个科的亲缘关系得到了 Doyle 和 Endress(2000) 形态学研究的支持。

⑧ Dahlgren 认为醉鱼草科和苦槛蓝科与玄参科是独立的科，但是 Bremer 等 (2001) 的形态学研究和 Olmstead 等 (2001) 的分子生物学（三基因分析）资料支持它们的合并，APGⅡ(2003) 和 Thorne (2003) 也追随后者的观点。

12.7 Robert F. Thorne

Robert F. Thorne(1920)，美国分类学家，供职于 Rancho Santa Ana 植物园，创立了一个植物分类系统并周期性修订，其系统接近于 Dahlgren 系统，将被子植物设为纲的等级，双子叶植物和单子叶植物设为亚纲等级。这些又进一步划分为超目、目、亚目和科。目和科排列的一般性方法，与同时代其他 3 位分类学家——克朗奎斯特、Dahgren 和塔赫他间的分类在相当大的程度上平行发展。

Thorne（图 12.14）于 1968 年第一次提出自己的分类系统，并分别在 1974 年、1976 年、1981 年、1983 年、1992 年、1999 年、2000 年和 2003 年进行了修订。开始他喜欢以-florae 作为超目的词尾，而不愿像塔赫他间用-anae 做词尾，但现在他接收了以-anae 做词尾。

图 12.14 兰乔圣塔安那植物园的 Robert Thorne
他的被子植物分类系统的最近修订版发表于 2000 年

Thorne 在分类群的重新排列中结合了植物化学的应用，更频繁地划分亚科，并且将优先律原则应用到纲的等级，这样倾向于以 Annonopsida 作为被子植物的名称，Annonidae 作为双子叶植物的名称，以 Annoniflorae 代替 Magnoliflorae 用于木兰超目，Annonales 代替 Magnoliales

用于木兰目。然而自从1992年，他开始放弃与当代其他分类系统的分歧，采纳了大多数人接受的木兰纲、木兰亚纲和木兰目的名称。

Thorne的系统发育图指明了不同类群之间的关系，从上面俯视是一个系统发育灌木，图的中央留有空白，其表示灭绝的早期的被子植物；那些较靠近中央的部分是原始的类群，较靠近外围的是进化的类群。在不同的类群中，种的相关数量用气球的大小来表示（图12.15）。

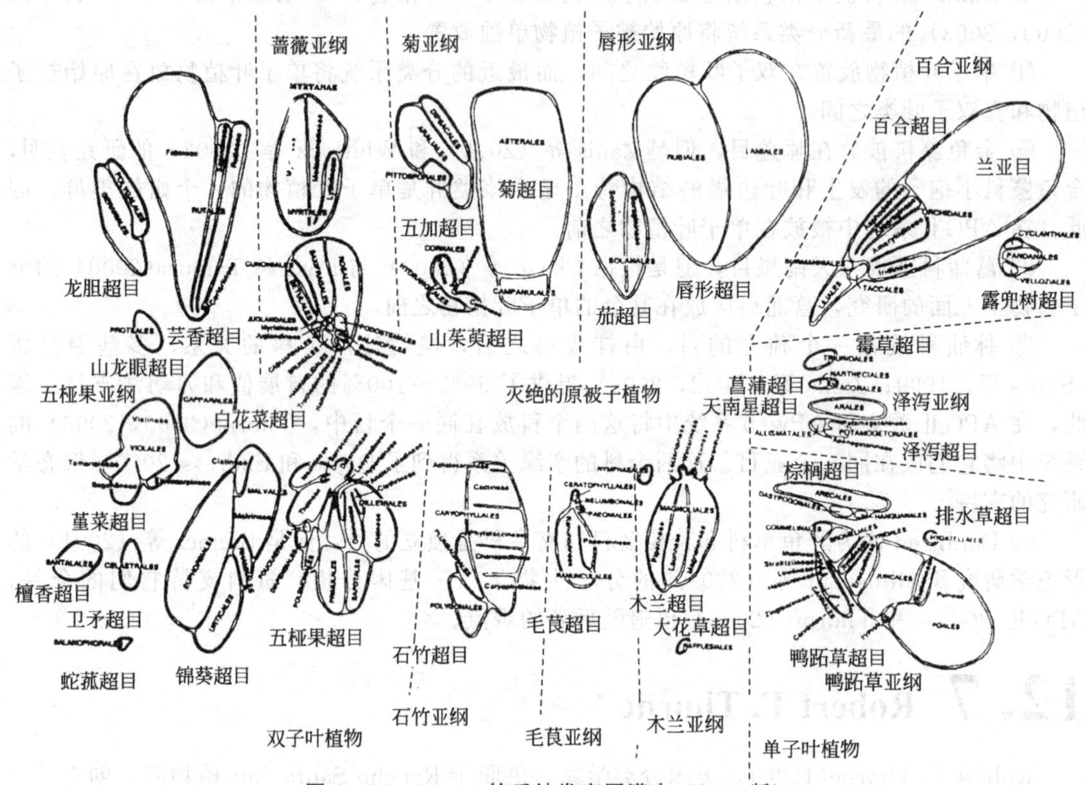

图12.15 Thorne的系统发育图灌木（2000版）

1992年，Thorne开始建立电子版本的分类系统。1999年主要修订版建立在网站http：//www.inform.umd.edu/PBIO/fam/thorneangiosp99.html上，与1992年版有很大的区别，放弃了传统的将被子植物划分成双子叶植物和单子叶植物的做法，而是采用当代的分支分类学处理。该分类系统于2000年发表在《植物学评论》（Botanical Review）上。被子植物（现在偏向以纲命名被子植物门）被分成10个亚纲，其中传统的单子时植物被分成3个亚纲（泽泻亚纲、百合亚纲、鸭跖草亚纲），置于木兰亚纲之后毛茛亚纲之前。这10个亚纲有些接近APG的非正式类群，包括木兰亚纲、泽泻亚纲、百合亚纲、鸭跖草亚纲、毛茛亚纲、石竹亚纲、五桠果亚纲、蔷薇亚纲、菊亚纲和唇形亚纲。这样的位置排列产生了不同分类群的一个更加真实的系统发育排列，使这个系统与被子植物系统发育类群更加接近。该分类系统将被子植物划分为31超目、74目、471科。也有7个不确定的属，其中4个暂时作为单型科。在目的划分上，该分类系统也是十分详细的，需要时将目划分为亚目，科划分成亚科。

在APGⅡ系统发表后，Thorne的分类系统在2003年做了一次重大修订。Thorne系统的最新版可在兰乔圣塔安那植物园网站www.rsabg.org/publications/angiosp.htm上看到，尽管保留有同样的亚纲数，但和1999年（以及2000年）的版本相比有很大的一些变动，包括：

① 现在的木兰亚纲有4个目（1999年和2000年版包括1个目），林仙亚目和八角亚目放在白桂皮目中，其余三个作为独立的目。还有一个主要的改变就是将互叶梅科、金粟兰科、腺齿木科和对叶藤科放在木兰亚纲的开始，第一次放弃了将林仙科放在被子植物起始的位置。

② 泽泻亚纲的霉草超目（塔赫他间1987年、1997年将其作为一个独立的霉草亚纲）被废除。樱井草科被放在樱井草目（菖蒲超目）。霉草科被移到百合亚纲→露兜树超目→霉草目。

③ 在百合亚纲中增加了1个超目。蒟蒻目放在一个独立的蒟蒻超目中，百部科从蒟蒻目中移出，作为一个独立的百部目放在露兜树超目中。

④ 鸭跖草亚纲中以2个超目代替了原来的3个，排水草超目被废除，排水草科放在鸭跖草超目的黄眼草目。帚灯草目下的禾本亚目被作为一个独立的禾本目。

⑤ 毛茛亚纲增加了1个山龙眼超目。该超目从五桠果亚纲移出并扩展到包括悬铃木科（从蔷薇亚纲→蔷薇超目→金缕梅目移出）、黄杨科和双颊果科（从蔷薇亚纲→蔷薇超目→橡子木目移出）以及清风藤科（从五桠果亚纲→芸香超目→芸香目移出）。这些划分出来的科被置于4个独立的目——山龙眼目、悬铃木目、黄杨目和清风藤目。

⑥ 最大的亚纲五桠果亚纲（在1999年和2000年版本中有10超目、19目和160科）被废除，它所包括的成员主要放在蔷薇亚纲（蔷薇亚纲现在有12超目、20目和146科，而在1999年和2000年版本中仅有2超目、11目和54科），而原五桠果亚纲的其余部分分别放在了石竹亚纲和菊亚纲中。

⑦ 新的亚纲金缕梅亚纲的建立取代了五桠果亚纲，包括金缕梅目、虎耳草目、胡桃目和桦木目，所有这些均从蔷薇亚纲→蔷薇超目中移来。这个亚纲也包括洋二仙草目下的葡萄科和洋二仙草科（这两个科均从菊亚纲→山茱萸超目→山茱萸目移入）。智利藤目也包括鳞枝树科和智利藤科（在1999年和2000年版本中都为不确定的科）。

⑧ 石竹亚纲中以5目代替了早期的3目。蓝雪目和蓼目合并。这些增加的目包括柽柳目（来自五桠果亚纲→堇菜超目→堇菜目→柽柳亚目）、猪笼草目（来自五桠果亚纲→五桠果超目→五桠果目→钩枝藤亚目＋从茅膏菜科分离出的粘虫草科）和非洲桐目（来自五桠果亚纲→五桠果超目→五桠果目→山茶亚目）。

⑨ 蔷薇亚纲现在是最大的亚纲有12超目、20目和146科。五桠果亚纲废除后，其主要成员被移到蔷薇亚纲，这些成员的命名和范围产生了重要变动。

⑩ 菊亚纲增加了一个杜鹃花超目（包括大部分五桠果超目的成员，五桠果超目的成员现在仅局限于蔷薇亚纲的五桠果科）。

⑪唇形亚纲增加了一个目绞木目，其中包括绞木科、桃叶珊瑚科、杜仲科（所有这些科从菊亚纲→五加超目→五加目移入）和茶茱萸科（从五桠果亚纲→五桠果超目→五桠果目→茶茱萸亚目移入）。

这些变化许多与APGⅡ一致。主要的相同包括：①将互叶梅科、金粟兰科和木兰藤科放在被子植物的起始位置；②划分出白桂皮目、胡椒目、樟目并将其作为独立的目放入木兰亚纲；③将霉草科和百部科移至更靠近露兜树科的位置；④将山龙眼科、悬铃木科、黄杨科和双颊果科等科移得更近；⑤将金缕梅科、虎耳草科、葡萄科从蔷薇亚纲移至金缕梅亚纲；⑥将杜鹃花科和相关科从蔷薇亚纲移出（废除五桠果亚纲），转至菊亚纲中；⑦将绞木目划分为一个独立的目，包含绞木科、桃叶珊瑚科和杜仲科。

在其2003年版本里，Thorne也在分类等级水平、界限划定和分类群调整方面引入了可信度的概念。A代表有限的可信度，B代表可能正确的分配，C则显示需考虑的可信度。这一指标对以后一些类群位置的确立是很有帮助的，可以更集中于那些需要进一步调查的类群。

表 12.8 列出了 Thorne 分类系统的大纲（网址 www.rsabg.org/publicsations/angiosp.htm 中亦可查到）。

表 12.8 Thorne 于 2003 年提出的被子植物分类系统大纲

被子植物纲 Angiospermae 10 亚纲、33 超目、90 目、489 科，估计 13 260 属，254 990 种	
亚纲	超目：1. 石竹超目 Caryophyllanae
1. 木兰亚纲 3 超目、7 目、32 科、307 属、9095 种	8. 蔷薇亚纲 12 超目、20 目、146 科、3758 属、72 360 种
超目：1. 木兰超目 Magnolianae	超目：1. 檀香超目 Santalanae
2. 睡莲超目 Nymphaeanae	2. 蛇菰超目 Balanophoranae
3. 大花草超目 Rafflesianae	3. 五桠果超目 Dillenianae
2. 泽泻亚纲 3 超目、6 目、19 科、177 属、3530 种	4. 蔷薇超目 Rosanae
超目：1. 菖蒲超目 Acoranae	5. 卫矛超目 Celastranae
2. 天南星超目 Aranae	6. 酢浆草超目 Oxalidanae
3. 泽泻超目 Alismatanae	7. 芸苔超目 Brassicanae
3. 百合亚纲 3 超目、9 目、54 科、1257 属、28 540 种	8. 芸香超目 Rutanae
超目：1. 露兜树超目 Pandananae	9. 桃金娘超目 Myrtanae
2. 蒟蒻超目 Taccanae	10. 堇菜超目 Violanae
3. 百合超目 Lilianae	11. 金丝桃超目 Hypericanae
4. 鸭跖草亚纲 2 超目、9 目、35 科、1293 属、25 730 种	12. 牻牛儿超目 Geranianae
超目：1. 棕榈超目 Arecanae	9. 菊亚纲 4 个超目、15 目、81 科、2733 属、44 680 种
2. 鸭跖草超目 Commelinanae	超目：1. 山茱萸超目 Cornanae
5. 毛茛亚纲 2 超目、9 目、18 科、299 属、6330 种	2. 杜鹃花超目 Ericanae
超目：1. 山龙眼超目 Proteanae	3. 五加超目 Aralianae
2. 毛茛超目 Ranunculanae	4. 菊超目 Asteranae
6. 金缕梅亚纲 1 超目、6 目、26 科、162 属、4695 种	10. 唇形亚纲 2 超目、4 目、44 科、2635 属、48 340 种
超目：1. 金缕梅超目 Hamamelidanae	超目：1. 茄超目 Solananae
7. 石竹亚纲 1 超目、5 目、34 科、688 属、11 680 种	2. 唇形超目 Lamianae

12.7.1 优点

Thorne 的分类系统跟进了最新的发展，并且被不断更新。与以前和当代的其他分类系统相比有以下优点。

① 它是一个高度系统发育的系统，结合了最新的分子系统分类学和化学分类学的证据，并与其他来源的证据相协调。

② 像 Dahlgren 和其他最新的系统那样，给被子植物一个更加一致的纲的等级。

③ 与当代其他系统相比，该系统更加全面，一些科在需要时划分出了亚科，同样在一些目下也划分了亚目。

④ 与 APGⅡ系统不同，该系统为所有 APG 中位置未定的科确立了相应的位置。

⑤ 将互叶梅科、金粟兰科和对叶藤科置于被子植物的起始位置，这与 APG 的最新分支分类框架相吻合。

⑥ 废弃传统的双子叶植物和单子叶植物类群划分，将被子植物直接分成若干亚纲（与 APG 正式类群的界限相似），这与最近的系统发育思路一致。

⑦ 被子植物起始位置的木兰亚纲既包括传统的木兰亚纲类，也包含古草本类，两者现在都被普遍认为属于最原始的被子植物类群。

⑧ 该系统所有的超目等级都给予了正式的类群名称，这比 APGⅡ分类系统更具优势。

⑨ 划分超目，并以词尾-anae 作为识别标志，这使亚纲内目的安排更加实际可用。

⑩ 单子叶植物的科被安置在原始双子叶植物和高级双子叶植物之间，而不是像以前塔

赫他间、Dahgren 和克朗奎斯特的分类系统将它们置于被子植物的最末尾。这种处理与被子植物系统发育类群相一致。

⑪ 荨麻目被移至蔷薇亚纲，与大戟科相伴，这个位置似乎更合适一些。

⑫ 林仙科和白桂皮科被移到一起，放在同一目甚至同一亚目之下，形态学研究以及多基因分析都强烈支持它们的亲缘关系。

⑬ 将十字花科和白花菜科分开得到叶绿体序列数据分析（Hall、Sytsma 和 Iltis，2002）的支持，与形态学资料相一致。

⑭ 将醉鱼草科并入玄参科得到 Bremer 等（2001）的形态学研究和 Olmstead 等（2001）的分子系统学（三对基因分析）研究的支持。

⑮ 将霉草科和百部科移至更靠近露兜树科的位置，这与最近的 APG 系统相吻合。来自 18SrDNA 的系列证据（Chase 等 2000）证明了它们的位置应在露兜树目中。而将霉草亚纲作为一个独立的亚纲得不到现有证据的支持。

⑯ 将山茱萸目和杜鹃花目一起放在菊亚纲与当前 APG 的思路一致。

⑰ 哈钦松和早期作者中的百合科已被分割成了许多单源的科，如百合科、葱科、日光兰科、天门冬科等，这与 APG 分类系统的安排一致。

⑱ 提出通过等级水平、界限划定和分类群细致划分等方面分配可信度（A、B、C）的概念，这有助于更好地理解系统发育的亲缘关系。

⑲ Judd 等（1994）与 Sennblad 和 Bremer(1998）的分子系统分类学分析支持萝藦科和夹竹桃科的合并，单独的萝藦科的划分将使得夹竹桃科成为并系类群。

12.7.2 缺点

尽管该系统包含了许多新的进展，但同样有一些缺点需要指出：

① 尽管该体系是高度系统发育性的，但对标本馆标本的鉴别和采用还不完善，因为没有提供对属的鉴定检索表及它们的分布与描述。

② Thorne 将菊亚纲置于唇形亚纲之前，而分子系统分类学研究资料倾向于将该类群(其界限与真菊亚纲类Ⅱ相似）置于唇形亚纲（与 APGⅡ的真菊亚纲类Ⅰ相对应）之后。

③ Thorne 将金鱼藻科置于单子叶植物之后的毛茛亚纲中，而在 APG 最新版本中将其置于单子叶植物之前。Zanis 等，(2002）和 Whitlock 等，(2002）在小孢子发生和叶缘结构上的研究表明该科是单子叶植物的一个姐妹群。

④ Thorne 对被子植物五个属的亲缘关系不能确定。

⑤ 扁担杆科（以前椴树科，椴树属除外）被作为一个独立的科，然而最新 APG 系统(Judd 等，APGⅡ和 APweb）将椴树科、木棉科和梧桐科中的所有成员置于锦葵科。

⑥ Thorne 将睡莲科置于木兰亚纲类复合体之后，尽管分子系统分类学研究（Qui 等，2000；Soltis 等，2000）强烈支持该科的位置应作为被子植物的一个基部类群。

⑦ Thorne（1999、2003）依据 3 基数的花，分离的萼片和花瓣，2～3 离生心皮和蓇葖果特征将水盾草属和莼菜属分出放在莼菜科。而分支分类学分析却支持仍将它们置于睡莲科，如 APGⅡ，APweb 和 Judd 等的做法。莼菜科的分离使得睡莲科成为并系类群。

12.8 被子植物系统发育研究组

最先认真尝试创立分支分类系统的学者是 Bremer（图 12.16）和 Wanntorp（1978、1981)，他们建议被子植物应该被处理为种子植物纲的木兰亚纲，他们认为被子植物不应该被划分为单子叶植物和双子叶植物，因为这样使整个类群成为并系，而应该将被子植物直接

图 12.16　Kare Bremer 最先提出被子植物的分支分类系统，他和他的妻子 Birgitta Bremer 一起对 APG 分类系统的发展起了重要的领导作用

这两个人和其他一些同事一起从事系统发育分类工作（照片版权经 Kare Bremer 的许可）

划分为一系列的超目。这个提议最初并未得到重视，因为直到 20 世纪 90 年代所有主要的分类系统仍然将单子叶植物和双子叶植物作为分离的类群被划分开。

随着分子数据的应用和强大的数据处理工具的发展，分支分类的概念大量出现。近十年来，通过一批投身于"被子植物系统发育研究组（APG）"工作者（K. Bremer 等）的通力合作，这个概念发展成了 APG 分类系统。他们在 1998 年发表了一个包含 462 个科的被子植物分类系统，这些科被归类成 40 个假定的单元目，置于以下几个非正式的更高级类群中：单子叶类、鸭跖草类、真双子叶类、核心真双子叶类、蔷薇类、真蔷薇类Ⅰ、真蔷薇类Ⅱ、菊类、真菊类、真菊类Ⅱ。在这些非正式类群中同样列出了许多未设立目的科，在开始位置包括 11 个未设立目的科，在被子植物中的起始位置也有 4 个目没有划分超目类群成为非正式类群。在该系统的末端有一个补充名单，列出了无确定位置的 25 个科，因为没有可靠的数据支持它们在该系统中的位置。

最近的分支分类分析更详尽地揭示了有花植物的系统发育，并且有证据支持科以上水平的许多主要类群是单系类群。

随着系统发育主要分支系列中很多组分的确立，有花植物超科分类系统的修订变得可行而必要。分支分类系统的信息强烈表明将被子植物简单划分为单子叶植物和双子叶植物是不能反映出系统发育历史的。

Judd 等（1999）对 APG 分类系统做了一些调整，共划分了 51 个目，将一些在 1998 年分类系统中直接放置的科从非正式类群中移出，放到这些目中。不过在该书中仅列举了主要的科，有将近 200 科没有涉及。2002 年的第二版修订做了进一步的改进，与 APG 分类系统思路一致，并且与 APGⅡ分类系统大同小异。该书中未列出的科，其位置与 APGⅡ分类系统中相同。Judd 等（2002）的分类系统大纲见表 12.11。

图 12.17　密苏里州植物园的 Peter F. Stevens，在被子植物系统发育网站上一直更新 Apweb 分类系统

APG 分类系统的最近修订（APGⅡ，2003），以及 P. F. Stevens（图 12.17）对被子植物系统发育网站的不断完善（http：//www. mobot. org/MOBOT/research/APweb/），使得 APG 分类系统框架有了相当的改善，越来越多的科（和一些目）从未排列位置的分类群名单中移出来。APGⅡ分类系统的大纲主体见表 12.9。该系统将被子植物划分为 45 个目，其中 44 个被置于 11 个非正式类群，被认为多少是单系类群。被子植物最开始的位置有一个未被安置类群的目。共有 457 个科。

APG 分类系统的简短历史读起来很有趣。一些发展趋势也很快显露出来。单子叶植物被更好的放置在两个类群中，即鸭跖草类和单子叶类。这两个类群的位置被放在原始被子植物（很可能是木兰类）之后。

表 12.9　被子植物系统发育类群 APGⅡ分类系统大纲主体（2003）

木兰门 Magnoliophyta

位置不确定的科：互叶梅科 Amborellaceae，莼菜科 Cabombaceae，金粟兰科，睡莲科

类　群	目	类　群	目
1. 木兰类 Magnoliids	木兰藤目 Austrobaileyales	6. 蔷薇类 Rosids	1. 燧体木目 Crossosomatales
	1. 木兰目 Magnoliales		2. 牻牛儿苗目 Geraniales
	2. 樟目 Laurales		3. 桃金娘目 Myrtales
	3. 白桂皮目 Canellales	7. 真蔷薇类Ⅰ Eurosids Ⅰ	1. 卫矛目 Celastrales
	4. 胡椒目 Piperales		2. 金虎尾目 Malpoghiales
	5. 金鱼藻目 Ceratophyllales		3. 酢浆草目 Oxalidales
2. 单子叶类 Monocots	1. 菖蒲目 Acorales		4. 豆目 Fabales
	2. 泽泻目 Alismatales		5. 蔷薇目 Rosales
	3. 天门冬目 Asparagales		6. 葫芦目 Cucurbitales
	4. 薯蓣目 Dioscoreales		7. 山毛榉目 Fagales
	5. 百合目 Liliales	8. 真蔷薇类Ⅱ Eurosids Ⅱ	1. 芸苔目 Brassicales
	6. 露兜树目 Pandanales		2. 锦葵目 Malvales
3. 鸭跖草类 Commelinids	1. 棕榈目 Arecales		3. 无患子目 Sapindales
	2. 禾本目 Poales	9. 菊类 Asterids	1. 山茱萸目 Cornales
	3. 鸭跖草目 Commelinales		2. 杜鹃花目 Ericales
	4. 姜目 Zingiberales	10. 真菊类Ⅰ Euasterids Ⅰ	1. 绞木目 Garryales
4. 真双子叶类 Eudicots	1. 毛茛目 Ranunculales		2. 龙胆目 Gentianales
	2. 山龙眼目 Proteales		3. 唇形目 Laminales
5. 核心真双子叶类 Core Eudicots	1. 洋二仙草目 Gunnerales		4. 茄目 Solanales
	2. 石竹目 Caryophyllales	11. 真菊类Ⅱ Euasterids Ⅱ	1. 冬青目 Aquifoliales
	3. 檀香目 Santalales		2. 伞形目 Apiales
	4. 虎耳草目 Saxifragales		3. 菊目 Asterales
			4. 川续断目 Dipsacales

注：不确定位置的分类群：无冠木属 *Aneulophus*、蛇菰科、刺平盘属 *Centroplacus*、锁阳科、簇花草科 Cytinaceae、无柱花科 Haplostigmataceae、细管木属 *Leptaulus*、毛丝花科 Medusandraceae、管花木科 Metteniusaceae、帽蕊花科 Mitrastemonceae、单室木科 Pottingeriaceae、大花草科、索克斯属 *Soauxia* 和毛冠木属 *Trichostephanus*。类群中未排列位置的科：单子叶类中 2 个，鸭跖草类中 1 个，真双子叶类中 5 个，核心真双子叶类中 3 个，蔷薇类中 2 个，真蔷薇类Ⅰ中 3 个，真蔷薇类Ⅱ中 2 个，真菊类Ⅰ中 3 个，真菊类Ⅱ中 10 个。也见表 12.11。

1998 年版本的 APG 分类系统有 81 个未排列位置的科，其中 11 个置于开始，25 个置于末尾，其他 45 个置于 11 个非正式类群里。另外，有 18 个科划分到 4 个目中，在超目等级没有安排任何分类群而置于最开始。在 APGⅡ分类系统中这些未排列位置的科仅剩 40 个，并且起始位置的 4 个目调整到木兰亚纲类（Judd 等的非单子叶的古草本类和木兰亚纲类复合体）之下。在起始位置中，仅划分了一个未排列位置的目。

起始位置未排列位置的科数目降至 4，末尾位置降至 9。APGⅡ提出了一个进化分支图，描绘了目和较高级的非正式类群之间的关系，并且在图 12.18 中还涉及到了一些科。

P. F. Srevens 在 APweb 的定期更新版本（2003 年 5 月，第 4 版，表 12.10）中，将未排列位置的科数降至 32，起始位置无，末尾有 10 个。他还划分出补充的 9 个目，其中 2 个可容纳 APGⅡ分类系统中被子植物起始位置的一些未排列位置的科，1 个在鸭跖草亚纲，2 个在真双子叶类，3 个在核心真双子叶类，1 个在真双子叶类Ⅰ。主要的系统树（图 12.19）显示了目之间的关系（在起始端没有未排列位置的科）。其中包含一些有价值的树的链接，将树引至独立的目。

表 12.12 给出了最近 5 个主要分类系统对未排列位置科（APG 或其他分类系统）进行安排的比较。必须注意到，Judd 等的出版物中仅覆盖了被子植物中的主要科，很多未排列位置的科都不包含（没有列出），不过很可能接受 APGⅡ分类系统对其作的安排。Thorne 分类并不属于被子植物系统发育性分类，但反映了最新的分子系统分类学进展，并且试图将等级分类系统和单系类群的概念相协调，而后者对被子植物系统发育类群来讲是非常值得推崇的。

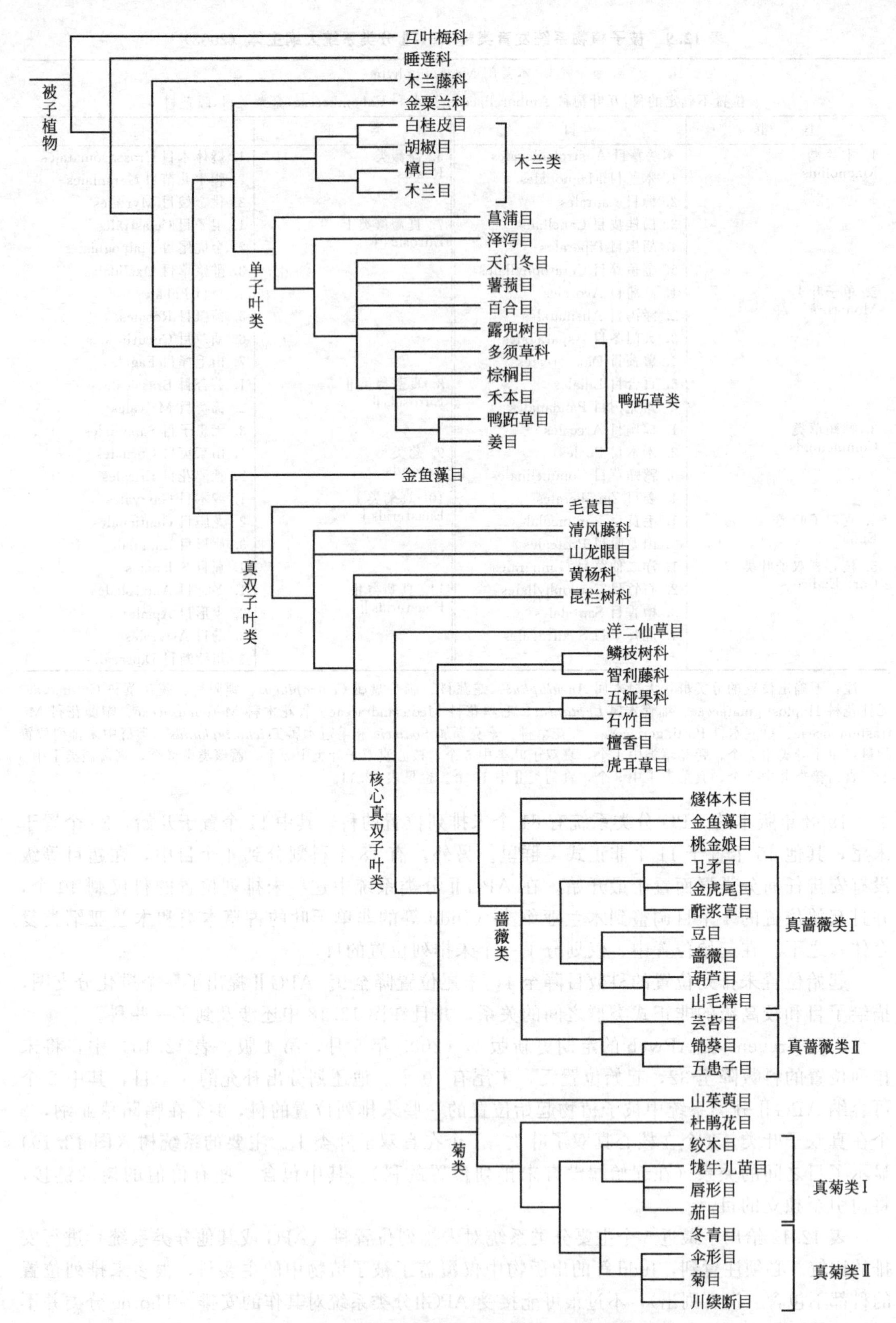

图 12.18 APGⅡ分类系统中的目和一些科之间的相互关系（2003），（自展值支持率超过 50%）

表 12.10 P. F. Srevens 于被子植物系统发育网站上的 Apweb 分类大纲概要

（2003 年 5 月，第 4 版）

木兰门 Magnoliophyta			
类　群	目	类　群	目
	1. 互叶梅目 Amborellales		5. 虎耳草目 Saxifragales
	2. 睡莲目 Nymphaeales		6. 葡萄目 Vitales
	3. 木兰藤目 Austrobaileyales	6. 蔷薇类 Rosids	1. 燧体木目 Crossosomatales
	4. 金鱼藻目 Ceratophyllales		2. 牻牛儿苗目 Geraniales
1. 单子叶类 Monocots	1. 菖蒲目 Acorales		3. 桃金娘目 Myrtales
	2. 泽泻目 Alismatales		
	3. 天门冬目 Asparagales	7. 真蔷薇类Ⅰ Eurosids Ⅰ	1. 蒺藜目 Zygophyllales
	4. 薯蓣目 Dioscoreales		2. 卫矛目 Celastrales
	5. 百合目 Liliales		3. 金虎尾目 Malpoghiales
	6. 露兜树目 Pandanales		4. 酢浆草目 Oxalidales
2. 鸭跖草类 Commelinids	1. 棕榈目 Arecales		5. 豆目 Fabales
	2. 禾本目 Poales		6. 蔷薇目 Rosales
	3. 鸭跖草目 Commelinales		7. 葫芦目 Cucurbitales
	4. 姜目 Zingiberales		8. 山毛榉目 Fagales
	金粟兰科 Chloranthales①	8. 真蔷薇类Ⅱ Eurosids Ⅱ	1. 芸苔目 Brassicales
3. 木兰类 Magnoliids	1. 木兰目 Magnoliales		2. 锦葵目 Malvales
	2. 樟目 Laurales		3. 无患子目 Sapindales
	3. 白桂皮目 Canellales	9. 菊类 Asterids	1. 山茱萸目 Cornales
	4. 胡椒目 Piperales		2. 杜鹃花目 Ericales
4. 真双子叶类 Eudicots	1. 毛茛目 Ranunculales	10. 真菊类Ⅰ Euasterids Ⅰ	1. 绞木目 Garryales
	2. 山龙眼目 Proteales		2. 龙胆目 Gentianales
	3. 昆栏树目 Troehodendrales		3. 唇形目 Laminales
	4. 黄杨目 Buxales		4. 茄目 Solanales
	5. 洋二仙草目 Gunnerales	11. 真菊类Ⅱ Euasterids Ⅱ	1. 冬青目 Aquifoliales
5. 核心真双子叶类 Core Eudicots	1. 智利藤目 Berberidopsidales		2. 伞形目 Apiales
	2. 五桠果目 Dilleniales		3. 菊目 Asterales
	3. 石竹目 Caryophyllales		4. 川续断目 Dipsacales
	4. 檀香目 Santalales		

①放在鸭跖草亚纲类和木兰亚纲类之间。

注：不确定位置的分类群：无冠木属、蛇菰科、刺平盘属、锁阳科、簇花草科、无柱花科、细管木属、毛丝花科、管花木科、帽蕊花科、单室木科、大花草科、索克斯属、藉花科 Haptanthaceae 和毛冠木属。类群中未排列位置的科：单子叶类中 2 个，鸭跖草亚纲类中 1 个，真双子叶类中 1 个，蔷薇亚纲类中 1 个，真蔷薇亚纲类Ⅰ中 2 个，真蔷薇亚纲类Ⅱ中 4 个，真菊亚纲类Ⅰ中 1 个，真菊亚纲类Ⅱ中 10 个，也见表 12.11。

表 12.11 Judd 等提出的被子植物系统分类大纲概要（2002），

显示与 APGⅡ和 Apweb 分类系统稍有不同

木兰门 Magnoliophyta			
类　群	目	类　群	目
“基部科群 Basal families”	1. 互叶梅目 Amborallales①		3. 禾本目 Paales
	2. 睡莲目 Nymphaeales①		4. 姜目 Zingiberales
	3. 木兰藤目 Austrobaileyales	4. 真双子叶类 Eudicots(三沟花粉)	1. 毛茛目 Ranunculales
1. 木兰类复合体 Magnoliid complex	1. 木兰目 Magnoliales		2. 山龙眼目 Proteales
	2. 樟目 Laurales	5. 核心真双子叶类 Core Eudicots	1. 石竹目 Caryophyllales
	3. 白桂皮目 Canellales		2. 蓼目 Polygonales
	4. 胡椒目 Piperales		3. 檀香目 Santalales
	5. 金鱼藻目 Ceratophyllales	6. 蔷薇类进化支 Rosid clade	1. 虎耳草目 Saxifragales
2. 单子叶类 Monocots	1. 菖蒲目 Acorales		2. 葡萄目 Vitales
	2. 泽泻目 Alismatales		3. 牻牛儿苗目 Geraniales
	3. 百合目 Liliales	7. 真蔷薇类Ⅰ Eurosids Ⅰ	1. 蒺藜目 Zygophyllales
	4. 水仙目 Narthesiales①		2. 酢浆草目 Oxalidales
	5. 天门冬目 Asparagales		3. 卫矛目 Celastrales
	6. 薯蓣目 Dioscoreales		4. 金虎尾目 Malpoghiales
3. 鸭跖草类进化支 Commelinid clade	1. 棕榈目 Arecales		5. 豆目 Fabales
	2. 鸭跖草目 Commelinales		6. 蔷薇目 Rosales

木兰门 Magnoliophyta			
类　群	目	类　群	目
	7. 葫芦目 Cucurbitales 8. 山毛榉目 Fagales 9. 桃金娘目 Myrtales①	10. 真菊类Ⅰ Euasterids Ⅰ	1. 绞木目 Garryules 2. 茄目 Solanales 3. 龙胆目 Gentianales 4. 唇形目 Lamiales
8. 真蔷薇类Ⅱ Eurosids Ⅱ	1. 芸苔目 Brassicales 2. 锦葵目 Malvales 3. 无患子目 Sapindales	11. 真菊类Ⅱ Euasterids Ⅱ	1. 冬青目 Aquifoliales 2. 伞形目 Apiales 3. 川续断目 Dipsacales 4. 菊目 Asterales
9. 菊类进化支 Asterid clade	1. 山茱萸目 Cornales 2. 杜鹃花目 Ericales		

①桃金娘目放在真蔷薇亚纲类Ⅰ或Ⅱ茄目中的紫草科位置不确定；

注：不确定位置的分类群：金粟兰科在“基部科”金鱼藻目在木兰亚纲复合体。

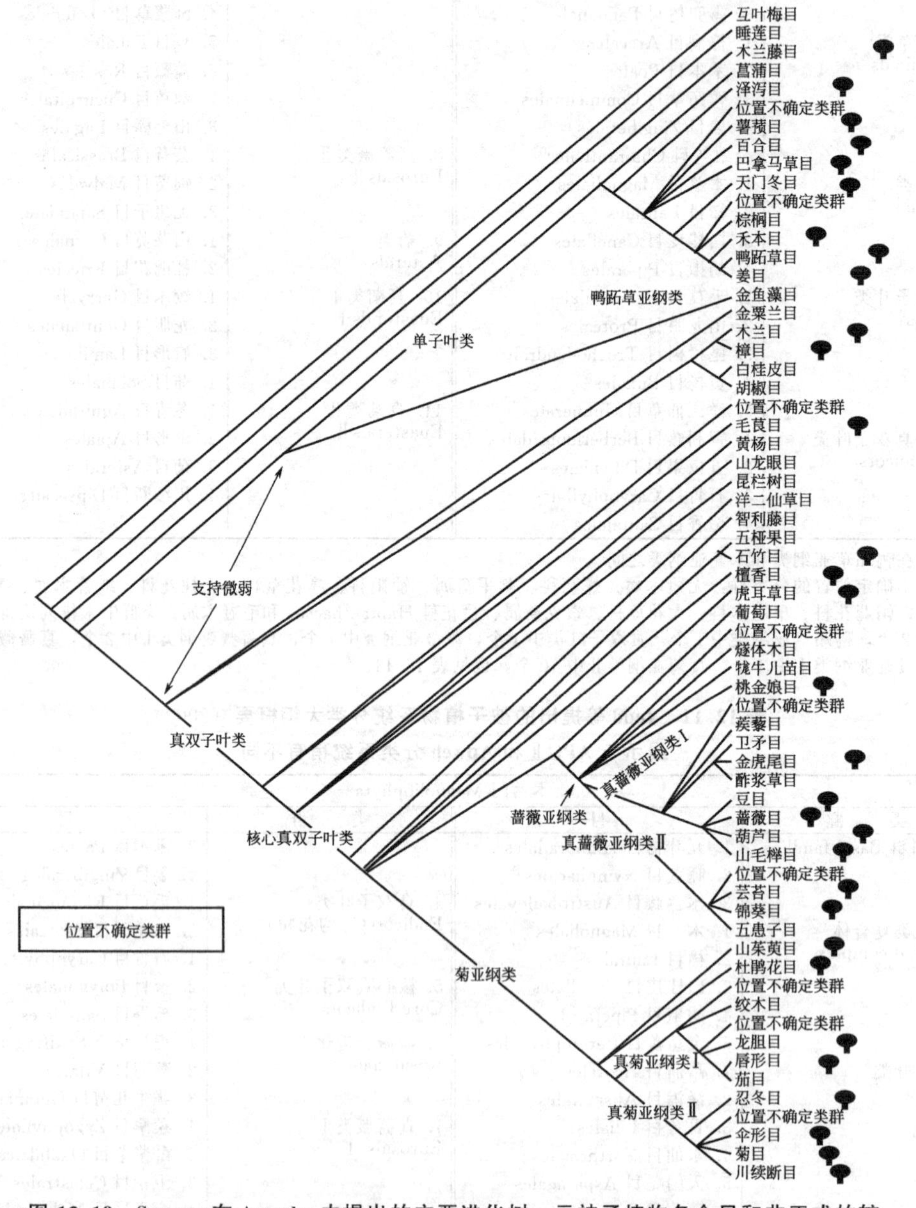

图 12.19　Srevens 在 Apweb. 中提出的主要进化树，示被子植物各个目和非正式的较高级进化支之间的关系。互联网上树的图像可链接到各个目

（使用版权经 P. F. Stevens 许可）

表 12.12　最近 5 个主要分类系统对未排列位置科的处理

APG1998		Judd et al. 2002	APGⅡ 2003	Apweb 2003	Thorne 2003
位置不确定的起始类群(US)	互叶梅科	♯(互叶梅目)$	(US)	♯(互叶梅目)	木兰亚纲-木兰超目-金粟兰目
	木兰藤科	♯(木兰藤目)$	♯(木兰藤目)	♯(木兰藤目)	木兰亚纲-木兰超目-金粟兰目
	莼菜科(NL)	♯(睡莲目)$[1]	(US)莼菜科	♯(睡莲目)	木兰亚纲-睡莲超目-睡莲目
	白桂皮科	木兰亚纲类复合体-白桂皮目	木兰亚纲类-白桂皮目	木兰亚纲类-白桂皮目	木兰亚纲-木兰超目-白桂皮目
	金粟兰科	(US)	(US)	♯(金粟兰目)	木兰亚纲-木兰超目-金粟兰目
	菌花科	木兰亚纲类复合体-胡椒目	木兰亚纲类-胡椒目	木兰亚纲类-胡椒目	木兰亚纲-木兰超目-胡椒目
	八角科	♯(木兰藤目)	♯(木兰藤目)	♯(木兰藤目)	木兰亚纲-木兰超目-白桂皮目
	睡莲科	♯(睡莲目)$	(US)	♯(睡莲目)	木兰亚纲-睡莲超目-睡莲目
	大花草科	(UE)	@	@	木兰亚纲-大花草超目-大花草目
	五味子科	♯(木兰藤目)$	♯(木兰藤目)	♯(木兰藤目)	木兰亚纲-木兰超目-白桂皮目
	腺齿木科	♯(木兰藤目)$	♯(木兰藤目)	♯(木兰藤目)	木兰亚纲-木兰超目-金粟兰目
	林仙科	木兰亚纲类复合体-白桂皮目	木兰亚纲类-白桂皮目	木兰亚纲类-白桂皮目	木兰亚纲-木兰超目-白桂皮目
	金鱼藻目♯				
	金鱼藻科	金鱼藻目(? 木兰亚纲类)	♯(金鱼藻目)	♯(金鱼藻目)	毛茛亚纲-毛茛超目-金鱼藻目
	胡椒目♯				
	马兜铃科	木兰亚纲类复合体-胡椒目	木兰亚纲类-胡椒目	木兰亚纲类-胡椒目	木兰亚纲-木兰超目-胡椒目
	短蕊花科	木兰亚纲类复合体-胡椒目	木兰亚纲类-胡椒目	木兰亚纲类-胡椒目	木兰亚纲-木兰超目-胡椒目
	胡椒科	木兰亚纲类复合体-胡椒目	木兰亚纲类-胡椒目	木兰亚纲类-胡椒目	木兰亚纲-木兰超目-胡椒目
	三百草科	木兰亚纲类复合体-胡椒目	木兰亚纲类-胡椒目	木兰亚纲类-胡椒目	木兰亚纲-木兰超目-胡椒目
	樟目♯				
	香皮茶科	木兰亚纲类复合体-樟目	木兰亚纲类-樟目	木兰亚纲类-樟目	木兰亚纲-木兰超目-樟目
	腊梅科	木兰亚纲类复合体-樟目	木兰亚纲类-樟目	木兰亚纲类-樟目	木兰亚纲-木兰超目-樟目
	腺蕊花科	木兰亚纲类复合体-樟目	木兰亚纲类-樟目	木兰亚纲类-樟目	木兰亚纲-木兰超目-樟目
	莲叶桐科	木兰亚纲类复合体-樟目	木兰亚纲类-樟目	木兰亚纲类-樟目	木兰亚纲-木兰超目-樟目
	樟科	木兰亚纲类复合体-樟目	木兰亚纲类-樟目	木兰亚纲类-樟目	木兰亚纲-木兰超目-樟目
	檬立木科	木兰亚纲类复合体-樟目	木兰亚纲类-樟目	木兰亚纲类-樟目	木兰亚纲-木兰超目-樟目
	坛罐花科	木兰亚纲类复合体-樟目	木兰亚纲类-樟目	木兰亚纲类-樟目	木兰亚纲-木兰超目-樟目
	木兰目♯				
	番荔枝科	木兰亚纲类复合体-木兰目	木兰亚纲类-木兰目	木兰亚纲类-木兰目	木兰亚纲-木兰超目-木兰目
	单心木兰科	木兰亚纲类复合体-木兰目	木兰亚纲类-木兰目	木兰亚纲类-木兰目	木兰亚纲-木兰超目-木兰目
	澳洲番荔枝科	木兰亚纲类复合体-木兰目	木兰亚纲类-木兰目	木兰亚纲类-木兰目	木兰亚纲-木兰超目-木兰目
	舌蕊花科	木兰亚纲类复合体-木兰目	木兰亚纲类-木兰目	木兰亚纲类-木兰目	木兰亚纲-木兰超目-木兰目
	木兰科	木兰亚纲类复合体-木兰目	木兰亚纲类-木兰目	木兰亚纲类-木兰目	木兰亚纲-木兰超目-木兰目
	肉豆蔻科	木兰亚纲类复合体-木兰目	木兰亚纲类-木兰目	木兰亚纲类-木兰目	木兰亚纲-木兰超目-木兰目
位置不确定的单子叶植物(UM)	白玉簪科	单子叶类-百合目	单子叶类-百合目	单子叶类-百合目	百合亚纲-百合超目-百合目
	短柱草科	未列	(MU)(无叶莲科之下)	(UM)(无叶莲科之下)	泽泻亚纲-菖蒲超目-无叶莲目[2]
	纳茜菜科	单子叶类-纳茜菜目	单子叶类-薯蓣目	单子叶类-薯蓣目	泽泻亚纲-菖蒲超目-纳茜菜目
	无叶莲科	未列	(UM)	(UM)	泽泻亚纲-菖蒲超目-无叶莲目
	霉草科	未列	单子叶类-巴拿马草目	单子叶类-巴拿马草目	泽泻亚纲-巴拿马草超目-霉草目

续表

APG1998		Judd et al. 2002	APGⅡ 2003	Apweb 2003	Thorne 2003
位置不确定的鸭跖草亚纲类(UC)	南美沼草科	未列	鸭跖草亚纲类-禾本目③	单子叶类-禾本目③	鸭跖草亚纲-鸭跖草超目-黄眼草目③
	凤梨科	鸭跖草亚纲类进化支-禾本目	鸭跖草亚纲类-禾本目	鸭跖草亚纲类-禾本目	鸭跖草亚纲-鸭跖草超目-凤梨目
	多须草科	未列	(UC)	(UC)	鸭跖草亚纲-鸭跖草超目-帚灯草目
	匍茎草科	鸭跖草亚纲类进化支-鸭跖草目	鸭跖草亚纲类-鸭跖草目	鸭跖草亚纲类-鸭跖草目	鸭跖草亚纲-鸭跖草超目-鸭跖草目
	花水藓科	鸭跖草亚纲类进化支-禾本目	鸭跖草亚纲类-禾本目	鸭跖草亚纲类-禾本目	鸭跖草亚纲-鸭跖草超目-黄眼草目
	偏穗草科	未列	鸭跖草亚纲类-禾本目	鸭跖草亚纲类-禾本目	鸭跖草亚纲-鸭跖草超目-黄眼草目
位置不确定的真双子叶类(UE)	黄杨科	(UE)基部三沟花粉类	(UE)	真双子叶类-黄杨目	毛茛亚纲-山龙眼超目-黄杨目
	双颊果科	未列	(UE)	真双子叶类-黄杨目	毛茛亚纲-山龙眼超目-黄杨目
	清风藤科	未列	(UE)	UE(基部真双子叶)	毛茛亚纲-山龙眼超目-清风藤目
	水青树科(NL)	(UE)基部三沟花粉类④	(UE)	真双子叶类-昆栏树目	金缕梅亚纲-金缕梅超目-金缕梅目④
	昆栏树科	(UE)基部三沟花粉类	(UE)	真双子叶类-昆栏树目	金缕梅亚纲-金缕梅超目-金缕梅目
位置不确定的核心真双子叶类(UCE)	鳞枝树科	未列	(UCE)	核心真双子叶-智利藤目	金缕梅亚纲-金缕梅超目-智利藤目
	智利藤科	未列	(UCE)	核心真双子叶-智利藤目	金缕梅亚纲-金缕梅超目-智利藤目
	五桠果科	未列	(UCE)	核心真双子叶-五桠果目	蔷薇亚纲-五桠果超目-五桠果目
	洋二仙草科	未列	核心真双子叶-洋二仙草目	核心真双子叶-洋二仙草目	金缕梅亚纲-金缕梅超目-洋二仙草目
	香灌木科	未列	核心真双子叶-洋二仙草目	核心真双子叶-洋二仙草目	菊亚纲-山茱萸超目-假石楠目
	葡萄科	蔷薇亚纲类进化支-葡萄目	(UR)	核心真双子叶-葡萄目	金缕梅亚纲-金缕梅超目-洋二仙草目
位置不确定的蔷薇亚纲类(UR)	球花柞科	未列	(UR)	蔷薇亚纲类Ⅰ-燧体木目	蔷薇亚纲-桃金娘超目-燧体木目
	西兰木科	未列	(UR)	蔷薇亚纲类Ⅰ-燧体木目	蔷薇亚纲-桃金娘超目-燧体木目
	刺秋果科	蔷薇亚纲类进化支-蒺藜目	(URⅠ)	真蔷薇亚纲类Ⅰ-蒺藜目	蔷薇亚纲-牻牛儿苗超目-蒺藜目
	夷苦木科	(UR)	(UR)	(UR)	蔷薇亚纲-芸香超目-芸香目
	川苔草科	真蔷薇亚纲类Ⅰ-金虎尾目	真蔷薇亚纲类Ⅰ-金虎尾目	真蔷薇亚纲类Ⅰ-金虎尾目	蔷薇亚纲-金丝桃超目-金丝桃目
	三列科	未列	真蔷薇亚纲类Ⅰ-金虎尾目⑥	真蔷薇亚纲类Ⅰ-金虎尾目⑥	蔷薇亚纲-金丝桃超目-金丝桃目⑲
	蒺藜科	真蔷薇亚纲类Ⅰ-蒺藜目	(URⅠ)	真蔷薇亚纲类Ⅰ-蒺藜目	蔷薇亚纲-牻牛儿苗超目-蒺藜目
位置不确定的真蔷薇亚纲类Ⅰ(URⅠ)	卫矛科	真蔷薇亚纲类Ⅰ-卫矛目	真蔷薇亚纲类Ⅰ-卫矛目	真蔷薇亚纲类Ⅰ-卫矛目	蔷薇亚纲-卫矛超目-卫矛目
	葱味木科	未列	(URⅠ)	(URⅠ)	蔷薇亚纲-卫矛超目-卫矛目
	梅花草科	真蔷薇亚纲类Ⅰ-卫矛目	真蔷薇亚纲类Ⅰ-卫矛目	真蔷薇亚纲类Ⅰ-卫矛目	蔷薇亚纲-卫矛超目-卫矛目
	木根草科	未列	真蔷薇亚纲类Ⅰ-卫矛目⑦	真蔷薇亚纲类Ⅰ-卫矛目⑦	五桠果亚纲-卫矛超目-卫矛目⑦
位置不确定的真蔷薇亚纲类Ⅱ(URⅡ)	瘿椒树科	未列	(URⅡ)	(URⅡ)	蔷薇亚纲-桃金娘超目-燧体木目⑰
位置不确定的真菊亚纲类Ⅰ(UAⅠ)	紫草科	真菊亚纲类Ⅰ-茄目	(UAⅠ)	(UAⅠ)	唇形亚纲-茄超目-茄目
	环生籽科	真菊亚纲类Ⅰ-唇形目	真菊亚纲类Ⅰ-唇形目	真菊亚纲类Ⅰ-唇形目	唇形亚纲-唇形超目-唇形目
	茶菱科	未列	真菊亚纲类Ⅰ-唇形目⑭	(UAⅠ)(? 唇形目附近)	唇形亚纲-唇形超目-唇形目
	二岐草科	未列	(UAⅠ)	(UAⅠ)	菊亚纲-山茱萸超目-绣球目
位置不确定的真菊亚纲类Ⅱ(UAⅡ)	五福花科	真菊亚纲类Ⅱ-川续断目	真菊亚纲类Ⅱ-川续断目	真菊亚纲类Ⅱ-川续断目	菊亚纲-五加超目-川续断目
	假石楠科	未列	(UAⅡ)	(UAⅡ)	菊亚纲-山茱萸超目-假石楠目
	香茜科	未列	真菊亚纲类Ⅰ-唇形目	真菊亚纲类Ⅰ-唇形目	唇形亚纲-唇形超目-唇形目
	弯药树科	未列	(UAⅡ)	(UAⅡ)(川续断目附近)	菊亚纲-山茱萸超目-绣球目
	离水花科	未列	(UAⅡ)	(UAⅡ)(川续断目附近)	菊亚纲-山茱萸超目-绣球目

续表

APG1998		Judd et al. 2002	APGⅡ 2003	Apweb 2003	Thorne 2003
位置不确定的真菊亚纲类Ⅱ(UAⅡ)	寄奴花科	未列	(UAⅡ)	(UAⅡ)(伞形目附近)	菊亚纲-山茱萸超目-绣球目
	夷鼠刺科	未列	(UAⅡ)	(UAⅡ)(伞形目附近)	菊亚纲-山茱萸超目-绣球目
	茶茱萸科	未列	(UAⅠ)	(UAⅠ)(嘉丽亚目附近)	唇形亚纲-茄超目-嘉丽亚目
	多香木科	未列	(UAⅡ)	(UAⅡ)(伞形目附近)	菊亚纲-山茱萸超目-绣球目[18]
	眠树科(NL)	未列	(UAⅡ)[20]	(UAⅡ)(伞形目附近)	未列
	楔蕊花科	(UAⅡ)	(UAⅡ)	(UAⅡ)(伞形目附近)	菊亚纲-五加超目-冬青目
	智利木科	未列	(UAⅡ)	(UAⅡ)(伞形目附近)	菊亚纲-山茱萸超目-绣球目[8]
位置不确定的末尾类群@	蛇菰科	(UE)(？蛇菰科)	@	@	蔷薇亚纲-蛇菰超目-蛇菰目
	多子科	未列	真蔷薇亚纲类Ⅰ-金虎尾目	真蔷薇亚纲类Ⅰ-金虎尾目	蔷薇亚纲-金丝桃超目-金丝桃目
	心翼果科	未列	真蔷薇亚纲类Ⅱ-冬青目	真蔷薇亚纲类Ⅱ-冬青目	菊亚纲-五加超目-冬青目
	垂籽树科	未列	真蔷薇亚纲类Ⅰ-金虎尾目	真蔷薇亚纲类Ⅰ-金虎尾目	蔷薇亚纲-牻牛儿苗超目-大戟目
	锁阳科	未列	@	@	蔷薇亚纲-蛇菰超目-蛇菰目
	簇花草科	未列	@	@	木兰亚纲-大花草超目-大花草目
	十齿花科	未列	@	@	蔷薇亚纲-堇菜超目-堇菜目
	沟繁缕科	未列	真蔷薇亚纲类Ⅰ-金虎尾目	真蔷薇亚纲类Ⅰ-金虎尾目	蔷薇亚纲-金丝桃超目-金丝桃目
	四棱果科	未列	(UR)	蔷薇亚纲类-燧体木目	菊亚纲-山茱萸超目-假石楠科
	鞘花科	未列	未列	@	@(鞘花属,未列入科)
	单柱花科	未列	@	@	唇形亚纲-茄超目-茄目
	扁果树科	未列	真菊亚纲类Ⅰ-茄目[9]	真菊亚纲类Ⅰ-茄目[9]	唇形亚纲-茄超目-茄目[9]
	洋酢浆草科	未列	真蔷薇亚纲类Ⅰ-卫矛目	真蔷薇亚纲类Ⅰ-卫矛目	蔷薇亚纲-卫矛超目-卫矛目
	尖药科	未列	真菊亚纲类-杜鹃花目[10]	真菊亚纲类-杜鹃花目[10]	菊亚纲-杜鹃花超目-山榄目
	刺莲花科	未列	真蔷薇亚纲类Ⅰ-金虎尾目	真蔷薇亚纲类Ⅰ-金虎尾目	蔷薇亚纲-堇菜超目-堇菜目
	毛丝花科	未列	@	@	蔷薇亚纲-檀香超目-檀香目
	管花木科	未列	@	@	唇形亚纲-茄超目-绞木目[11]
	帽蕊花科	未列	@	@	木兰亚纲-大花草超目-大花草目
	八蕊树科	未列	(UAⅡ)	(UAⅡ)(伞形目附近)	菊亚纲-五加超目-冬青目
	五列木科	未列	菊亚纲类-杜鹃花目	菊亚纲类-杜鹃花目[12]	菊亚纲-杜鹃花超目-山茶目[12]
	围盘树科	未列	真蔷薇亚纲类Ⅰ-金虎尾目	真蔷薇亚纲类Ⅰ-金虎尾目	蔷薇亚纲-牻牛儿苗超目-大戟目
	印桐科	未列	真蔷薇亚纲类Ⅰ-卫矛目[7]	真蔷薇亚纲类Ⅰ-卫矛目[7]	蔷薇亚纲-卫矛超目-卫矛目[7]
	单室木科	未列	@	@	未列[18]
	独药树科	未列	菊亚纲类-杜鹃花目	菊亚纲类-杜鹃花目	菊亚纲-杜鹃花超目-山茶目
	栓皮果科	未列	(UR)	蔷薇亚纲类-燧体木目	蔷薇亚纲-桃金娘超目-燧体木目
	苦皮树科	未列	真蔷薇亚纲类Ⅱ-锦葵目[16]	真蔷薇亚纲类Ⅱ-锦葵目[16]	唇形亚纲-唇形超目-茜草目

①置于睡莲科 Nymphaeaceae；②置于岩菖蒲科 Tofieldiaceae；③置于黄眼草科 Xyiridaceae；④置于昆栏树科 Trochodendraceae；⑤置于昆栏树科 Trochodendraceae；⑥置于川台草科 Podostemaceae；⑦置于卫矛科 Celastraceae；⑧置于夷鼠刺科 Escalloniaceae；⑨置于山醋李科 Montiniaceae；⑩置于柿树科 Ebenaceae；⑪置于茶茱萸科 Icacinaceae；⑫置于厚皮香科 Ternstroemiaceae；⑬置于龙胆科 Gentianaceae；⑭置于胡麻科 Pedaliaceae；⑯置于瑞香科 Thymelaeaceae；⑰置于省沽油科 Staphylesceae；⑱置于夷鼠刺科 Escalloniaceae；⑲置于川苔草科 Podostemaceae；⑳置于楔蕊花科 Sphenostemonaceae；㉑在 1999 年的版本中置于菊亚纲—山茱萸超目—绣球目 Ast.—Cornanae-Hydrangeales。在 APGⅡ和 Apweb 系统中未安排位置的属有：无冠木属 *Aneulophus*，刺平盘属 *Centroplacus*；细管木属 *Leptaulus*，索克斯属 *Soyauxia* 和毛冠木属 *Trichostephanus*。APGⅡ添加了美洲簇花草属 *Bdallophyton* 和古米拉木属 *Gumillea*。Thorne 未安排的属：澳远志属 *Emblingia*，鞘花属 *Haptanthus*（在 Apweb 系统中是鞘花科 Haptanthaceae），南线梅属 *Guamatela*，榆果木属 *Pteleocarpa* 和巴西异花茄属 *Heteranthia*。在 Judd 等（2002）没有列出的科被假定放在 APGⅡ系统中的科在后面。

注：(NL)-在 APG 系统中未列出；$—“基部科”下的类群；#—未安排的目。

被子植物真实的系统发育图还不是很清楚。不过将木兰亚纲复合体如互叶梅科、莼菜科、芍药科、木兰藤科、腺齿木科、八角科和五味子科中的一些原始草本科重新移动并置于被子植物的起始位置似乎得到了相当一致的认可。这将使单子叶类和真双子叶类成为真正的单系类群。目前木兰亚纲类（将草本科移走后）的位置还不清楚。APGⅡ分类系统将它置于单子叶类之前，APweb系统（作者P.F.Stevens，对APGⅡ分类系统亦有贡献）将其置于单子叶类之后。Judd等（对APGⅡ分类系统亦有贡献）在其第一版（1999）的书中和Apweb系统一样将其置于单子叶类之后，可是在第二版（2002）中和APGⅡ分类系统一样将其置于单子叶类之前。Judd等的分类系统与APGⅡ分类系统有以下不同：将三个目互叶梅目、睡莲目和木兰藤目作为"基部科群"，将金鱼藻目（尽管未确定位置）移至木兰类复合体的末尾，将水仙目作为单子叶类的一个独立的目（而APGⅡ分类系统将其放在薯蓣目），将虎耳草目置于蔷薇类进化支（而APGⅡ分类系统将其置于核心真双子叶类），将葡萄目置于蔷薇类进化支（而APGⅡ分类系统的蔷薇类中无葡萄科），将桃金娘目从蔷薇类进化支移至真蔷薇类Ⅰ或Ⅱ（位置未定），将蒺藜目作为真蔷薇类Ⅰ中的一个独立的目（而APGⅡ分类系统未将蒺藜科置于真蔷薇类Ⅰ中），并且改变了一些目的顺序。或许我们已经打破了被子植物单、双子叶类群划分的局面，但目前仍然不确定包含了被子植物一些最原始代表的木兰类复合体的位置。胡椒目似乎已多少稳定在其最末端，但金鱼藻科还需要找一个可靠的位置。Judd等将其放在木兰类复合体中，作为胡椒目后金鱼藻目里的一个科。但Stevens在APweb分类系统以及APGⅡ分类系统中都将其置于单子叶类之前，朝向被子植物的起始位置。

12.8.1 优点

这种新型的分类系统经过一批系统分类学家的不懈努力，在最近五年里经历了引人注目的调整，进展很快。APGⅡ（以及Apweb）分类系统有以下优点。

① 该系统基于构建分类群的健全的系统发育原则，而分类群构建又是建立在已确定的单源发生的基础上。

② 该系统的建立主要基于来自形态学、解剖学、胚胎学、植物化学以及更多依赖于分子系统分类学研究等信息的综合。

③ 正式类群的名称一般仅给到目的等级，因为该水平类群的单源性已被牢固建立。

④ 传统被子植物分类方式被废弃，单子叶类群被放在原始双子叶植物和真双子叶类之间，因此克服了以前分为单、双子叶植物的二源发生问题。

⑤ 尽管目以上等级的类群无正式名称，人们仍然尝试建立超目的单系类群进化支。

⑥ 分子系统分类学数据和其他来源的信息给出了表示被子植物各个类群之间一般亲缘关系的许多分支进化图。

⑦ 具有一些原始特征的科置于被子植物的起始位置，被子植物中互叶梅科放在最开始，它是唯一花粉粒的外壁表面具有粒状和无外壁内层的科。

⑧ 尽管APG分类系统的被子植物起始位置有4个未排列位置的科，但它们在Apweb中已经被调整到目中。

⑨ 各种非正式类群中未排列位置的科以及在末尾不确定位置的科的数目在APGⅡ和APweb系统中大大降低，APG分类系统（1998）中许多未排列位置的科找到了它们适合的位置。

⑩ 醉鱼草科、苦槛蓝科和玄参科的归并得到Bermer等（2001）的形态学研究和Olmstead等（2001）分子系统学研究（3对基因分析）的支持。

⑪ 林仙科和白桂皮科一起放在同一个目。它们的亲缘关系得到形态学研究和多基因分

析强烈支持。

⑫ 哈钦松和先前一些作者中的百合科被分割成了一些单系的科如百合科、葱科、天门冬科、日光兰科等。

⑬ 龙舌兰科的界限扩展到了包括其他的属如玉簪属和克美莲属和皂百合属，它们也具有双峰的染色体组型。这种处理被 Judd 等（2002）、Thorne 和 Apweb 采用。

⑭ 锦葵科的界限被扩展到包括椴树科、梧桐科和木棉科，因而形成了一个单系类群的锦葵科，这也被形态学和分子系统分类学证据所支持。

⑮ 萝藦科和夹竹桃科的归并被 Judd 等（1994）、Sennblad 和 Bremer 的分子系统分类学证据所支持。将萝藦科作为独立的目使得其余的夹竹桃科成为并系类群（Judd 等，2002）。

12.8.2 缺点

尽管该系统不断地发展并得到改进，在它稳定之前还需要大量的时间，并且要经过各种参数检验，但是以下的一些缺点还是明显的。

① 分类还未超过科的水平，对标本馆和植物志的实际应用方面帮助不大。

② 尽管大量的科被或多或少地安排到单系的目下，但在 APGⅡ和 Apweb 系统中仍有大量未排列位置的科和一些属。

③ 尽管大多数目被安排到非正式的类群里，可这些类群没有给出符合植物命名法规的正确名称。

④ 尽管 APGⅡ分类系统将所有假定的被子植物原始的科置于单子叶类之前，APweb 系统将木兰类置于单子叶类和鸭跖草类之后。

⑤ 传统分类系统中将金粟兰科置于木兰亚纲中，该科具有原始的花的形态（Endress，2001），在 APGⅡ分类系统中将其置于被子植物的开始，而在 APweb 系统中将其放在木兰类之前鸭跖草类之后，并没有任何证据支持这一改动。

⑥ 被子植物已经给出门的分类等级，但在目和门等级之间无正式的分类群，这在分类系统中是一个很不正常的现象。

⑦ 山柑科和十字花科归并，但染色体系列数据却倾向于将这两个科还有以及白花菜科都分开，Thorne（2003）分类中将这三个类群分别作为独立的科。

第13章 被子植物的主要科

本章中被子植物科的排列尝试着综合了各主要分类系统。将被子植物分为单子叶植物门和双子叶植物门，并将后者作为并系类群。由于长期以来人们认为单子叶植物起源于原始的双子叶植物，所以将单子叶植物放在了原始与进化的双子叶植物之间，这一观点得到了进一步的巩固。实力强大的被子植物系统发生研究组试图建立科级水平上更加一致的单系类群，科级水平上与其他级别水平相比研究相对欠缺，没有什么有应用价值的研究成果。尚有30多个科的位置有待于确定。从目水平上看假定的进化支过于武断，这种分类在分类系统确立分类目的之前盛行了很长一段时间。鉴于现代分子系统领域的发展，当代分类学家Thorne在他最近的电子版期刊分类系统（2003）中，改进了他的分类系统，但依然保留了现有分类系统最基本的分类等级，这对任何分类研究单位来讲都很重要。在Thorne1999年的分类系统中，保留了原始的木本科，如林仙科、金粟兰科、木兰科、单心木兰科、番荔枝科、腊梅科以及樟科等，并将其放在古草本类群前，而古草本类群又位于单子叶植物之前。然而，在最近的版本中，则将互叶梅科、金粟兰科、腺齿木科和木兰藤科放在林仙科和其他木兰类之前，这仅仅是为了参考方便以及部分科划分的方便；这些科的划分与属的数目以及科内种数具有直接的关系，对这些科的安排在其分类系统的叙述中将得到体现，其中属与种的数目是基于2003年电子版的分类系统。然而，对近来主要分类系统中相关科的分类地位做了比较，对系统发生位置的讨论主要依据最近血清分类学和分子系统分类学最新进展。应当注意同一名称并不总是具可比性，所以木兰纲和百合纲在克朗奎斯特和塔赫他间系统中指的是双子叶植物和单子叶植物，而在Dahlgren系统和Thorne系统中木兰纲是指被子植物（在塔赫他间和克朗奎斯特系统中采用木兰门），Dahlgren系统和Thorne系统都用木兰亚纲代替双子叶植物纲，百合亚纲代替单子叶植物。然而，最近Thorne抛弃以前传统的区分出单子叶植物和双子叶植物的做法，取而代之的是，采用与塔赫他间和克朗奎斯特系统类似的亚纲（但没有双子叶植物和单子叶植物超级类群）。同样，Thorne也大胆地将原始的双子叶植物从进化的双子叶植物中分离出来，并将单子叶植物置于两者之间，这样，使得本分类系统更接近于被子植物系统发育研究组的观点，但仍然保持在目以上应用亚纲和超目的分类等级。Thorne在其2003年的分类系统中对分类群的分类界限、排列及等级水平等的确定程度做了概述，其中，A代表有限确定，B代表可能正确的安排，而C则暗含位置的大体确定。在这里我们只简述那些A或B水平上的类群。

本书并没有包含被子植物的所有科，只是选择了一些大科，一些近几年用于研究系统发育的主要的科也选入书中予以介绍。

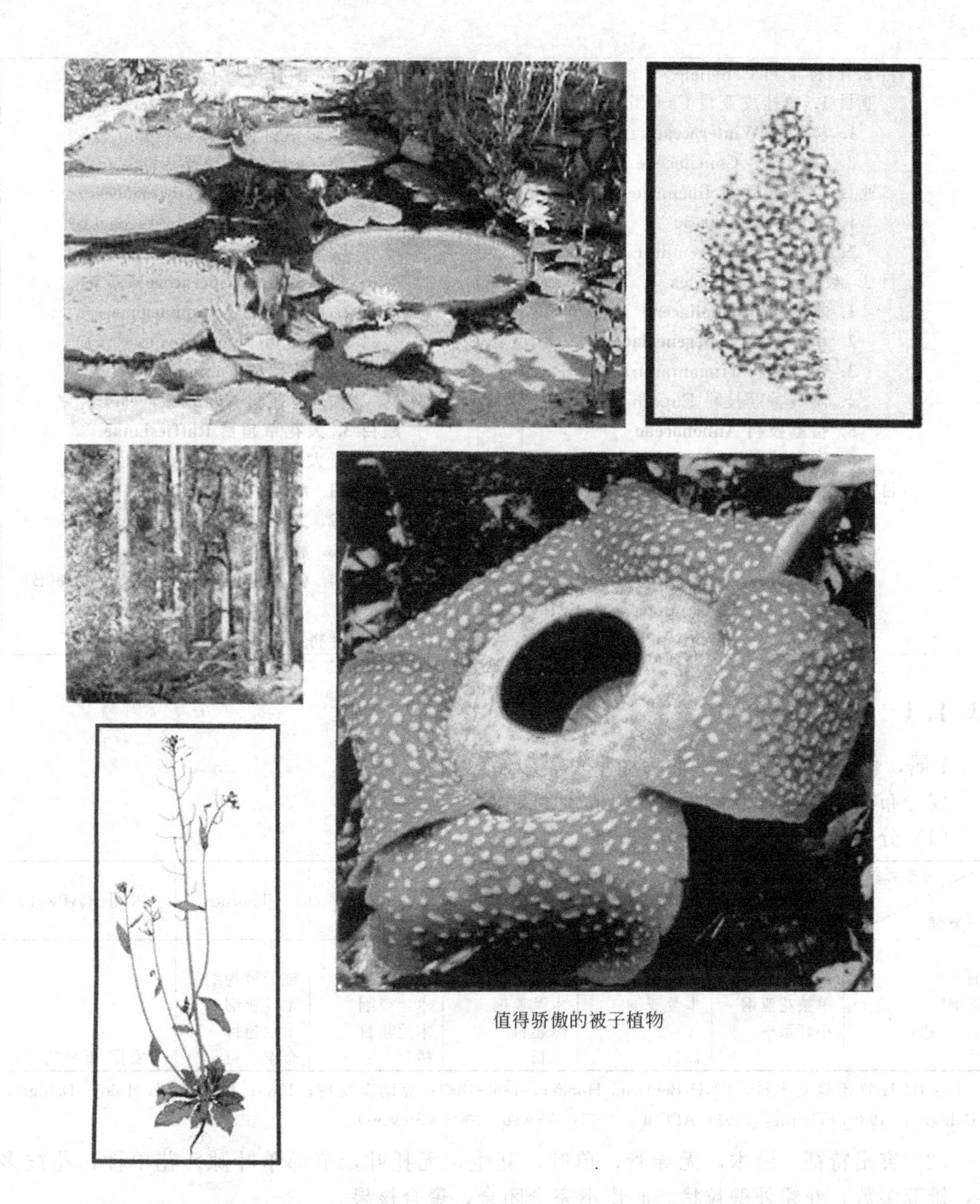

值得骄傲的被子植物

左上角：王莲（睡莲科），叶漂浮于水面，直径可达 2m，可支撑一个孩子的重量。右上角：无根萍（浮萍科）已知最小的被子植物，仅 1mm 大小，如水面上的泡沫一般。左中：杏仁桉（桃金娘科），记录中世界上最高的树，高达 97m，周长为 7.5m。右下：大王花（大花草科），一种植株不大于菌类菌丝体的奇特植物，但生成最大的花，其花的直径有时可达 1m。左下图：拟南芥（十字花科），植物界的豚鼠，基因组大部分已研究清楚（彩图见文前）。

13.1 木兰亚纲

依据 Thorne(2003)的系统排列	
亚纲 1. 木兰亚纲 Magnoliidae	**1. 互叶梅科 Amborellaceae#**
超目 1. 木兰超目 Magnolianae	**2. 金粟兰科 Chlorranthaceae**
目 1. 金粟兰目 Chlorranthales(B)	3. 腺齿木科 Trimeniaceae
	4. 木兰藤科 Austrobaileyaceae

目 **2.** 白桂皮目 Canellales

亚目 1. 白桂皮亚目 Canellineae

1. 林仙科 Winteraceae

2. 白桂皮科 Canellaceae

亚目 2. 八角亚目 Illicineae

1. 八角科 Illiciaceae

2. 五味子科 Schisandraceae

目 3. 木兰目 Magnoliales

1. 木兰科 Magnoliaceae

2. 单心木兰科 Degeneriaceae

3. 舌蕊花科 Himantandraceae

4. 澳洲番荔枝科 Eupomiatiaceae

5. 番荔枝科 Annonaceae

6. 肉豆蔻科 Myristicaceae

目 4. 樟目 Laurales

1. 腊梅科 Calycanthaceae

2. 檬立木科 Monimiaceae

3. 樟科 Lauraceae

4. 莲叶桐科 Hemandiaceae

5. 香皮茶科 Atherospermataceae

6. 油籽树科 Gomortegaceae

7. 坛罐花科 Siparunaceae

目 5. 胡椒目 Piperales

1. 马兜铃科 Aristolochiaceae

2. 短蕊花科 Lactoridaceae

3. 根寄生科 Hydnoraceae(B)

4. 三白草科 **Saururaceae**

5. 胡椒科 Piperaceae

超目 2. 睡莲超目 Nymphaeanae

目 1. 睡莲目 Nymphaeales

1. **莼菜科 Camombaceae**

2. 睡莲科 Nymphaeaceae

超目 3. 大花草超目 Raffiesianae

目 1. 大花草目 **Raffiesiaes**

1. 离花科 Apodanthaceae(B)

2. 大花草科 Raffiesiaceae

3. 簇花草科 Cytinaceae

4. 帽蕊花科 Mitrastemonaceae(B)

注:加黑的类群将详细介绍。

13.1.1 互叶梅科

1 属，仅含互叶梅 1 种（图 13.1）

仅分布在南太平洋新喀里多尼亚岛地区。

（1）分类地位

分类系统 / 分类群	B&H	克朗奎斯特	塔赫他间	Dahlgren	Thorne	APGⅡ/(APweb)
门		木兰门	木兰门			
纲	双子叶植物纲	木兰纲	木兰纲	木兰纲	被子植物纲	
亚纲	单被花亚纲	木兰亚纲	木兰亚纲	木兰亚纲	木兰亚纲	
系＋/超目	小胚系＋		樟超目	木兰超目	木兰超目	
目		樟目	樟目	樟目	金粟兰目	未安排(互叶梅目)

注：B&H 置于檬立木科。B&H-Bentham Hooker，1862-1883；克朗奎斯特，1988；塔赫他间，1997；Dahlgren-G. Dahlgren，1989；Thorne，2003；APGⅡ，2003；APweb，2003（Stevens）

（2）突出特征　灌木，无导管，单叶，互生，无托叶，节部单叶隙，花单性，花被多层，雄蕊多数，花粉外壁粒状，心皮不完全闭合，聚合核果。

（3）主要属　仅互叶梅属 1 属，1 种。

（4）描述　蔓生灌木；木质部具管胞无导管，节部单叶隙，初生髓射线窄，筛管质体 S 型。叶常绿，互生，螺旋状排成两列，单叶，全缘至羽状分裂，羽状脉，气孔无规则型，无托叶，叶肉无香精油。花序为聚伞花序，雌雄异株。花小，单性，具托杯。**花被片** 5～13 枚，雄花花被片较雌花数目略多，基部稍联合，螺旋状排列，不分化为萼片和花瓣。**雄蕊群**包含 12～22（～100）雄蕊，离生，3～5 轮，外轮雄蕊与花被片在基部合生，花药贴生，纵向开裂，内向，小孢子发生连续，花粉无萌发孔至溃疡状，花粉外壁外层颗粒状，雌花具 1～2枚退化雄蕊。雌蕊群由 5～8 心皮组成，1 轮，离生，子房生于茎轴上，上位，心皮边缘不完全闭合（顶端张开），柱头无柄，具两个膨大突起，胚珠 1，边缘胎座，悬垂或横生胚珠，无珠柄。果实为聚合核果，外具石质瘤突以及树脂物质的包被；种子富含胚乳，胚小，子叶 2 枚。

（5）经济价值　经济价值不详。

（6）系统发育　本科是被子植物中唯一具颗粒状花粉外壁外层而缺乏覆盖层的科。加之无导管、心皮不完全闭合等特征使得本科被放在被子植物系统树最低分支上，由一个未知的所有被子植物的共同祖先演化而来。以往本科习惯上被置于樟目（克朗奎斯特、Dahlgren和塔赫他间）。多基因分析（Qui 等，1999；Soltis 等，1999；Zanis 等，2002）表明：本科与现存的被子植物同源，而睡莲科与其余被子植物同源，这会最终导致将这些科放在同一目下或是不同的目下。APGⅡ不赞同将互叶梅科放在被子植物的最前面。APweb 将本科放在了单型的**互叶梅目**中，并置于被子植物的最前面。最初 Thorne（1999，2000）将林仙科放在被子植物（和木兰亚纲）的前面，并将互叶梅科置于第三亚目下，而现在（2003），如APGⅡ一样，将互叶梅科提至木兰亚纲的起始地位金粟兰目下。

图 13.1　互叶梅科

互叶梅　A：种植在圣克鲁斯加州大学树木园的样本（树木园的管理员 Brett Hall 正蹲坐在树边）（Tim Stephens 摄影）；B：完全开放的雌花；C：枝的特写；D：雄花（A 和 C：照片获圣克鲁斯加州大学许可；B：照片获密苏里州植物园许可）

13.1.2　金粟兰科

4 属，75 种（图 13.2）

分布于热带、亚热带以及南温带地区。

(1) 分类地位

分类系统 / 分类群	B&H	克朗奎斯特	塔赫他间	Dahlgren	Thorne	APGⅡ/(APweb)
门		木兰门	木兰门			
纲	双子叶植物纲	木兰纲	木兰纲	木兰纲	被子植物纲	
亚纲	单被花亚纲	木兰亚纲	木兰亚纲	木兰亚纲	木兰亚纲	
系+/超目	小胚系+		木兰超目	木兰超目	木兰超目	
目		胡椒目	金粟兰目	金粟兰目	金粟兰目	未安排/(金粟兰目)

(2) 突出特征　叶具芳香气味，单叶对生，叶柄基部合生，托叶小，花小，无花被，雄蕊1～3枚，合生成一体，心皮1，子房下位，胚珠单生，核果小。

(3) 主要属　雪香兰属（25种）、金粟兰属（12种）、*Ascarina*（3种）和草珊瑚属（3种）。

(4) 描述　草本、常绿灌木或乔木，含香精油。草珊瑚属无导管（据报道根部有导管，而茎中无）；其他各属具细长梯状导管分子，具梯状穿孔底板，节部单叶隙或三叶隙；筛管质体S型。叶具芳香气味，单叶对生，边缘常具锯齿，叶柄常在基部合生，托叶小，生于叶柄内，叶肉具球形油细胞。花序为穗状花序、圆锥花序或头状花序，末级花序单元为聚伞花序。花常为单性花，或为由雌雄花联合形成的假两性花；*Ascarina* 和雪香兰属为单性花，而金粟兰属和草珊瑚属为两性花；花小，具苞片，辐射对称。花被在雄花中缺，在雌花中发育不全且成花萼状并与子房合生，后者有时完全裸露（*Ascarina*）或围以杯状苞片（雪香兰属）。雄蕊群为单雄蕊（草珊瑚属），或3雄蕊合成一体，通常中间雄蕊花药2室，两侧雄蕊花药1室（金粟兰属），纵向开裂。雌蕊群仅1心皮，子房下位，单室，含1个悬垂的直生胚珠，双珠被，厚珠心，顶生胎座，花柱很短或无。果实为卵形或球形核果，种子胚乳丰富、油性，胚小，具外胚乳。

(5) 经济价值　光滑金粟兰是一种观赏灌木。马来半岛和印度尼西亚的某些地区用载培金粟兰的叶子来做饮品。在东亚各地，不显金粟兰的花和叶浸剂，用于治疗咳嗽，花可供熏制茶叶。在南美热带当地，巴西雪香兰的叶的提取物可作滋补品、诱导发汗以及治疗胃疾。

(6) 系统发育　传统上本科放在木兰类复合群中的胡椒目下（克朗奎斯特），或金粟兰目下（塔赫他间、Dahlgren、Thorne）。Donoghue 和 Doyle 系统（1989）将金粟兰科放在樟目下，但这种处理没有得到基于 DNA 的分支分类分析的支持。Taylor 和 Hickey（1996）认为金粟兰科是被子植物的基部科。本科具有一些形态相似的特征，如花序中的花、雌雄异株、心皮单一、顶生胎座、果核果状、种子小等。化石记录表明，金粟兰科是最古老的科。化石属归属于金粟兰科，并与 *Ascarina* 属亲缘关系较近。草珊瑚属茎中无导管，其他各属为长形导管分子，梯状并具许多隔条的穿孔底板，这些特征都是比较原始的。在风媒传粉方面，上本科也被认为是最古老的科。Taylor 和 Hickey 认为金粟兰科起源于买麻藤类，并假设金粟兰科的胚珠以及与花对生的苞片和买麻藤类中的顶生胚珠以及与花药（花序单位）对生的原始小孢子叶是同源的。金粟兰科在其各部分的数目上以及复杂性上有了很大的简化。Thorne（1996）认为腺齿科是与金粟兰科亲缘关系最近的科。

APG 系统中金粟兰科的位置是不确定的。六基因综合分析有84%自展值支持率认为本科与木兰亚纲+真双子叶类为姐妹类群（Zansi 等，2003），但 APGⅡ没有将本科放在被子植物的开始，也没有将其归于任何目。APweb 将其放在了金粟兰目下，并将此目置于木兰亚纲之前，鸭跖草亚纲之后。早期 Thorne（1999）将本科放在木兰目金粟兰亚目下，并在林仙科和八角科之后；但在最新版本（2003）中，将其（以及互叶梅科、腺齿木科和木兰藤科）放在了木兰亚纲（被子植物第一亚纲）下第一目金粟兰目中。

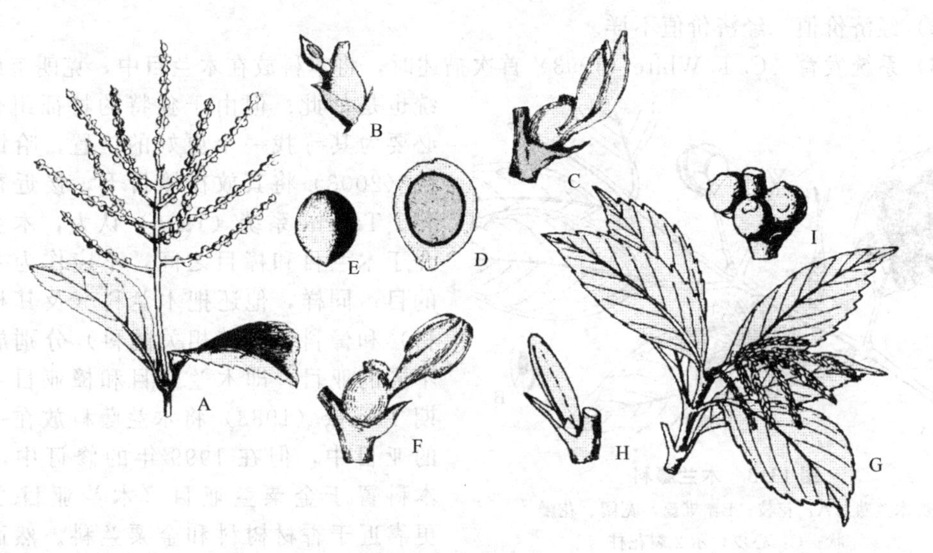

图 13.2 金粟兰科

A：不显金粟兰的花枝；B：短穗金粟兰的两性花；C：宽叶金粟兰的两性花，具单一苞片，3 数雄蕊，其中中间雄蕊花药 2 室（4 分孢子囊），两侧雄蕊花药 1 室（2 分孢子囊），以及具毛绒柱头的雌蕊。草珊瑚属 D：金粟兰状草珊瑚果实横切面；E：种子；F：草珊瑚的两性花。*Ascarina lanceolata*；G：花枝；H：雄花；I：果实

13.1.3 木兰藤科

1 属，单种木兰藤（图 13.3）

原产于澳大利亚昆士兰州。

（1）分类地位

分类系统 / 分类群	B&H	克朗奎斯特	塔赫他间	Dahlgren	Thorne	APGⅡ/(APweb)
门		木兰门	木兰门			
纲		木兰纲	木兰纲	木兰纲	被子植物纲	
亚纲		木兰亚纲	木兰亚纲	木兰亚纲	木兰亚纲	
系＋/超目			木兰超目	木兰超目	木兰超目	
目		木兰目	木兰藤目	木兰藤目	木兰目	木兰藤目

注：B&H 无记载。

（2）突出特征　攀援灌木，单叶对生，花单生叶腋，两性，花被片多数，由萼片渐过渡为花瓣，雄蕊多数，片状，内侧的退化，心皮多数，离生，不完全闭合，花柱 2 裂。

（3）主要属　1 属 1 种；以往描述过 2 种，即 *Austrobaileya maculata* 和 *A. scandens*；但现在已将两者合并为 1 种，采用后者的名称。

（4）描述　高大攀援灌木，产生芳香油；节部单叶隙，2 脉迹；导管端壁末端梯状；筛管质体 S 形。叶常绿，对生至近对生，革质，具柄，单叶，全缘，羽状脉；托叶小，位于叶柄内，早落；叶肉具球形香精油细胞。花序具单生于叶腋的花。花两性，有花柄，具苞片和小苞片。花被片由萼片逐渐过渡为花瓣，(9～)12(～14)，离生，覆瓦状排列。雄蕊群具 12～25 枚雄蕊，向心发育，离生，较外的片状，花瓣状，可育，内侧的渐小，最内层的退化；花药合生，纵裂，内向；单沟花粉。雌蕊群具（6－）9(～12) 心皮，离生，螺旋状排列，子房上位，胚珠 8～14，边缘胎座（2 列），胚珠平行的两纵列着生，倒生胚珠，双珠被，厚珠心；花柱部分不闭合，2 裂。果实为浆果；种子具嚼烂状胚乳。虫媒传粉。

(5) 经济价值　经济价值不详。

(6) 系统发育　C. T. White (1993) 首次描述时，将本科放在木兰目中，克朗奎斯特系统也是如此；但由于独特的特征组合，有必要为其寻找一个更好的位置，哈钦松系统 (2003) 将其放在樟目下，接近香材树科。Thorne系统 (1996) 认为，木兰藤科介于木兰目和樟目之间，不应作为一独立的目。同样，他还把木兰科（及其相关的科）和樟科（及其相关的科）分别放在了不同的亚目，即木兰亚目和樟亚目下。早期 Thorne (1983) 将木兰藤科放在一独立的亚目中，但在 1999 年的修订中，他将本科置于金粟兰亚目（木兰亚目之前），更靠近于香材树科和金粟兰科。然而，在他最新的修订 (2003) 中，他将亚目独立为目，金粟兰目（将金粟兰亚目升级）放在了木兰亚纲的起始位置。Dahlgren (1989) 将本科置于木兰超目的第一个目，即番荔枝目下。塔赫他间又将其移至木兰超目的木兰藤目。APG Ⅱ将木兰藤科与腺齿木科、五味子科和八角科放在了木兰藤目下，但没有设置非正式的较高分类等级，置于被子植物的起始。若干多基因分析结果 (Soltis, Soltis 和 Chase, 1999; Soltis 等, 2000) 达到 99%的自展值支持率支持将这些科组合为一个单独的目。

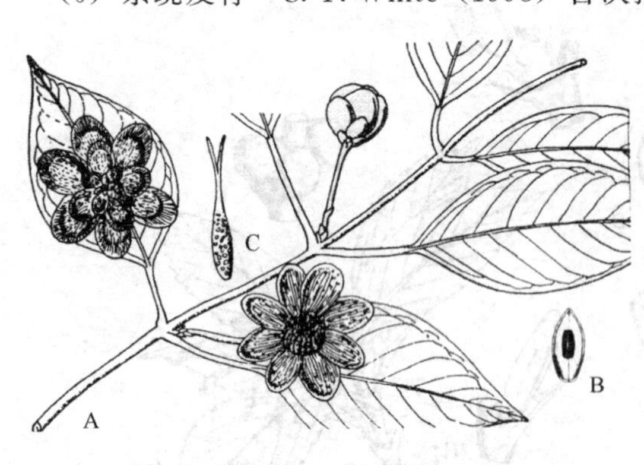

图 13.3　木兰藤科

木兰藤　A：花枝；B：雄蕊，宽阔、花瓣状；C：心皮，示 2 裂花柱

13.1.4　林仙科

8 属，90 种（图 13.4）

分布于马达加斯加岛、南美、墨西哥、澳大利亚、新喀里多尼亚和新几内亚等热带、亚热带和温带地区。

(1) 分类地位

分类系统 分类群	B&H	克朗奎斯特	塔赫他间	Dahlgren	Thorne	APG Ⅱ/(APweb)
门		木兰门	木兰门			
纲	双子叶植物纲	木兰纲	木兰纲	木兰纲	被子植物纲	
亚纲	离瓣花亚纲	木兰亚纲	木兰亚纲	木兰亚纲	木兰亚纲	
系＋/超目	离瓣花系＋		木兰超目	木兰超目	木兰超目	木兰类①
目	毛茛目	木兰目	林仙目	林仙目	白桂皮目	白桂皮目

① 非正式进化支名称，APG Ⅱ和 APweb 未给出目级水平上的正式类群名称。本章下同。

注：B&H 置于木兰科下。

(2) 突出特征　乔木或灌木，单叶互生，叶背面有白霜，无托叶，节部三叶隙，无导管，聚伞花序，花中等大小，雄蕊多数，花丝扁平，花粉粒为四分体，柱头沿花柱下延，蓇葖果。

(3) 主要属　假八角属（40 种）、布比林仙属（30 种）和林仙属（4 种）。

(4) 描述　乔木或灌木，无导管，具细长管胞，节部三叶隙，筛管质体 S 型。叶革质，互生，芳香，具腺点，含萜类化合物，单叶，全缘，网状脉，被面覆有蜡质，呈白霜状，无托叶。花序为聚伞状花序或簇生，花少数，中等大小，在合蕊林仙属单生枝端。花常两性，稀杂性，辐射对称，雄蕊螺旋排列，下位。花萼具 2～6 萼片，离生或基部合生（林仙属），镊合状，有时成帽状脱落。花冠具5或多枚花瓣，2轮或多轮，多半在芽期特别鲜艳，覆瓦状排列。雄蕊群具多数雄蕊，离心发育，离生，花丝扁平或近薄片状，花药分化差，花药2室，纵裂，内向，药隔常伸出花药，绒毡层不定形或腺质，花粉粒单萌发孔，以四分体形式释放。雌蕊群具1至多数心皮，1轮，常离生，有时稍合生（散子林仙属）或合生（合蕊林仙属），子房上位，侧膜胎座，胚珠1至多数，倒生，双珠被，厚珠心，柱头沿花柱下延或头状，心皮有时部分合生（林仙属）。果实为聚合浆果或聚合蓇葖果，胚小，胚乳丰富。靠小甲虫（林仙属）或蝇类、蛾类等传粉；有些种为风媒传粉（假八角属）。靠脊椎动物散播果实，尤其是浆果。

（5）经济价值　林仙的树皮有重要的药用价值，在南美当地用作滋补品，也曾经被水手用于防治坏血病。一些别的种类也有药用功效，披针叶林仙的果实和种子用作胡椒和多香果的替代品。

（6）系统发育　在过去的30年里，本科在系统发生上具有重要的意义，被认为是被子植物现存科中最原始的类群；在Thorne（2003年版）最近分类处理和克朗奎斯特系统中，都将林仙属作为了本科中最原始的属（而根据Eames1961年对一些特征的综合表明美林仙属才是本科中最原始的属）。塔赫他间也认为本科是一非常原始的科，但认为单心木兰属（以前位于林仙科，现已移至单心木兰科）才是最原始的属。林仙属的原始性体现在：无导管，具有细长管胞，雄蕊薄片状，以及原始的虫媒传粉等。本科的化石记录可追溯到100～140年前。在被子植物化石记录中仅有金粟兰科是古老的。Thorne（1996）认为林仙属的原始特征表现在：叶互生，全缘，无托叶，四分体花粉粒，长的形成层原始细胞和管胞，不均匀射线，不规则羽状脉，聚伞花序，中小型花，无花柱，柱头边缘部分合生及蓇葖果。

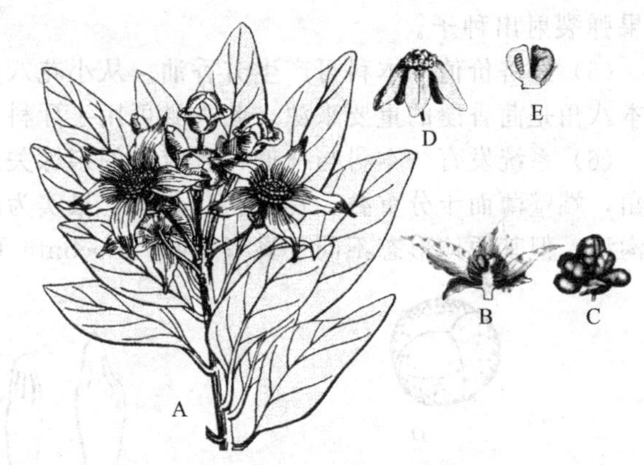

图13.4　林仙科

林仙　A：林仙斑点变种的花枝；B：花的纵切面；C：果实。假八角属1种　D：花；E：心皮的纵切面

林仙科在被子植物中的原始地位主要是因为草本起源假说的提出以及主要基于分子资料的分支系统学研究结果，然而，在过去的十年里这种看法一致受到质疑。Young（1981）通过一系列的反向进化阐明本科中的幼态成熟，同时也表明本科与八角科（Doyle和Donoghue，1993）和互叶梅科（Loconte和Stevenson，1991）有共同的祖先。通过对比各种假说，Loconte（1996）指出建立基于林仙科假说建立的进化树，要比基于腊梅科假说建立的树的长两步。最近，APGⅡ和APweb将林仙科与白桂皮科一起置于了独立的白桂皮目中，并放在了互叶梅科、金粟兰科和木兰藤科之后，而未放在被子植物的起始。林仙科和白桂皮科的同源关系得到了多基因分析（Qui.等，1999；Solits等，1999；Zanis等，2002，2003）99%～100%的自展值支持率。这两科的共同特征为：具吗啡碱，节部三叶隙，筛管质体具淀粉和蛋白质晶体。Thorne（2003）将这两科置于白桂皮目下的白桂皮亚目，另一亚目为八角亚目。

13.1.5　八角科

1属，42种（图13.5）

分布在美国东南部、西印度群岛、墨西哥、中国、日本和东南亚。

(1) 分类地位

分类群＼分类系统	B&H	克朗奎斯特	塔赫他间	Dahlgren	Thorne	APGⅡ/(APweb)
门		木兰门	木兰门			
纲	双子叶植物纲	木兰纲	木兰纲	木兰纲	被子植物纲	
亚纲	离瓣花亚纲	木兰亚纲	木兰亚纲	木兰亚纲	木兰亚纲	
系+/超目	离瓣花系+		木兰超目	木兰超目	木兰超目	
目	毛茛目	八角目	八角目	八角目		木兰藤目

注：B&H 置于木兰科下。

(2) 突出特征　乔木或灌木，单叶，互生，无托叶，节部单叶隙，花单生，多层花被，雄蕊多数，心皮离生，1 轮，星状聚合蓇葖果。

(3) 主要属　仅八角属（42 种）。

(4) 描述　灌木或小乔木，含芳香萜类化合物和分支石细胞。叶常绿，互生，常枝顶密集，有时近轮生，全缘，具腺点，含萜类化合物，单叶，网状脉，无托叶。花单生、腋生或腋上生，稀 2～3 簇生。花常两性，辐射对称，下位花。花被片多数，几轮，不分化为萼片和花瓣，最外轮萼片状，往里渐小，花瓣状。雄蕊群具雄蕊多数，离生，螺旋排列，花丝短而粗，花药基着，纵裂，药隔伸出花药裂片，3 沟花粉粒。雌蕊群具5～20离生的瓶状心皮，单轮，子房上位，1 胚珠，基底胎座，柱头向着花柱下弯。果实为星状聚合蓇葖果（follicetum），胚小，胚乳明显，种子有光泽。主要通过蝇类昆虫传粉。靠蓇葖果弹裂射出种子。

(5) 经济价值　本科可产生芳香油。从小花八角的树皮中提取的油可用来调味。八角和日本八角是茴香醚的重要来源，茴香醚可用于牙科、调味和香水等。

(6) 系统发育　本科与林仙科有较近的亲缘关系，尽管本科具导管且导管分子细长，有棱角，端壁薄而十分重叠，具梯状穿孔板。果实为原始的一轮单种子蓇葖果。尽管花粉粒为三沟型，但其原体形态不同于真双子叶。Loconte（1996）认为八角目属于被子植物中最基

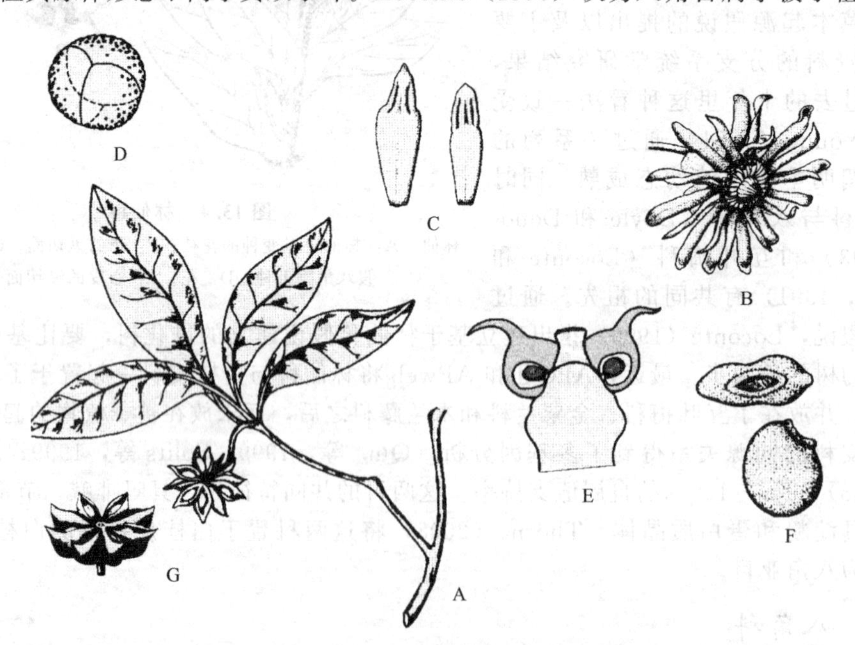

图 13.5　八角科

佛罗里达八角　A：果枝；B：花；C：具宽大花丝的雄蕊，左边为近花瓣状花丝；D：三沟花粉粒；E：心皮纵切，去除其余花部；F：不同侧面观的两粒种子；G：日本莽草开裂的蓇葖果

部的类群。

传统上，八角科被放在木兰类复合群的八角目中，但 APGⅡ和 APweb 将其与木兰藤科、五味子科和香材树科一起放在了独立的木兰藤目，放在没有任何非正式的超演化支的被子植物起始位置。Eames（1961）认为五味子科是最为相近的科。多基因分析（Soltis，soltis 和 Chase，1999；Soltis 等，2000）获得 99%的自展值支持率表明八角科与木兰藤科和五味子科有较近的亲缘关系。APGⅡ提出将八角科置于五味子科（因为后者是一个优先的名称）。五味子科包括攀援或蔓生灌木。Thome 将上述 2 科置于八角亚目，该亚目早先（1999）放在木兰目，现在（2003）已提至白桂皮目。

13.1.6 木兰科

7 属，182 种（图 13.6）

分布于美洲东南部、北部和中部，及印度西部，巴西及东亚的温带至热带地区。

（1）分类地位

分类系统 / 分类群	B&H	克朗奎斯特	塔赫他间	Dahlgren	Thorne	APGⅡ/(APweb)
门		木兰门	木兰门			
纲	双子叶植物纲	木兰纲	木兰纲	木兰纲	被子植物纲	
亚纲	离瓣花亚纲	木兰亚纲	木兰亚纲	木兰亚纲	木兰亚纲	
系+/超目	离瓣花系+		木兰超目	木兰超目	木兰超目	木兰类[1]
目	毛茛目	木兰目	木兰目	木兰目	木兰目	木兰目

（2）突出特征　乔木或灌木，单叶互生，托叶早落，在节处留一环状托叶痕，节部多叶隙，花大，通常单生，两性，花部多数，螺旋排列于伸长的花托上，花被片渐分化为外层的萼片和内层的花瓣，雄蕊片状，心皮离生，种子常由线状珠柄悬挂。

（3）主要属　木兰属（80 种）、含笑属（40 种）、盖裂木属（40 种）和鹅掌楸属（2 种）。

（4）描述　乔木或灌木，节部 5 叶隙或多叶隙，导管分子具梯状末端，导管无纹孔，木薄壁组织离管型（末端），筛管质体 S 型，或 S 型和 P 型；P 型有Ⅰ（b）亚型。叶常绿或落叶，单叶，互生，螺旋排列，具柄，多裂（鹅掌楸属），羽状浅裂或全缘，羽状脉，或掌状脉；托叶大，鞘状，包着顶芽，早落，在节处留一环状托叶痕；气孔平列型或无规则；小叶脉无韧皮传输细胞（木兰属）。花单生枝端或生于叶腋。花具花苞（苞片佛焰苞状）；花大，规则，两性。花被，具 6～18 花被片，离生，由萼片过渡到花瓣，或通常花瓣状，常螺旋排列，极少 3～4 轮；白色、乳黄色或粉红色；落叶。雄蕊群具雄蕊多数（5～200），向心发育，离生，螺旋排列，全部可育，常片状（内含 4 对小孢子囊，雄蕊常类似带状）；花药并生，纵向开裂，或瓣裂；花药外向（鹅掌楸属）、侧向或内向；药隔延长成附属物或无；单沟花粉粒。雌蕊群具（2～）20～200 离生心皮，子房上位，心皮完全或不完全闭合，2(～20）胚珠；边缘胎座；胚珠具珠柄，悬垂，两列（生于腹缝线上），倒生，双珠被，厚珠心；柱头沿花柱下延，有时顶生。果实为聚合蓇葖果、不开裂翅果（鹅掌楸属）或肉质聚花果（香木兰属）；种子胚乳丰富，胚乳含油，种子常较大，种子常具线状珠柄。主要为虫媒传粉；除鹅掌楸属的翅果是靠风力传播之外，果实主要靠动物散播。

（5）经济价值　木兰属（荷花玉兰、月木辛夷、旱花木兰）和含笑属（含笑、黄兰含笑——一种独木舟的常用木材）的许多种类可栽培供观赏。在美国，北美鹅掌楸是一种极有价值的木材。木兰属（日本厚朴）和含笑属的许多种类也是常用的木材。

（6）系统发育　多年来，木兰科一直被许多分类系统认为是现存的最原始的被子植物，如 Hallier（1905）、哈钦松系统（1926，1973）及克朗奎斯特系统和塔赫他间系统的早期版本等。这一观点最初是由 Smith（1945）提出异议的，Smith 认为木兰科在营养器官及花部上相对地高度特化，并对本科的原始特征提出质疑，认为像林仙科等类群可能是原始的。木兰科是最原始的这一观点后来被 Carlquist（1969）、Gottsberger（1974）和 Thorne（1976）强烈反对，他们一致认为林仙科才是原始的科。木兰科的原始特征包括花部螺旋状排列、雄蕊片状、蓇葖果、导管细长、单沟花粉粒和虫媒传粉等。

rbcL 和 *ndhF* 序列研究结果（Qui 等，1993；Kim 等，2001）表明木兰科是单元起源的。然而，这些研究结果质疑了盖裂木属、含笑属和木莲属属于不同属的观点，以及这三属是与木兰属平行进化的观点。本科可分为两个不同的演化支，即以鹅掌楸属为代表的一支和剩余的属所组成的另一支。Judd 等，（2002）也认为木兰科仅分为两属，即木兰属和鹅掌楸属。Thorne（2003）将木兰属和其他 5 属放在木兰亚科，而将鹅掌楸属放在单属的鹅掌楸亚科中。

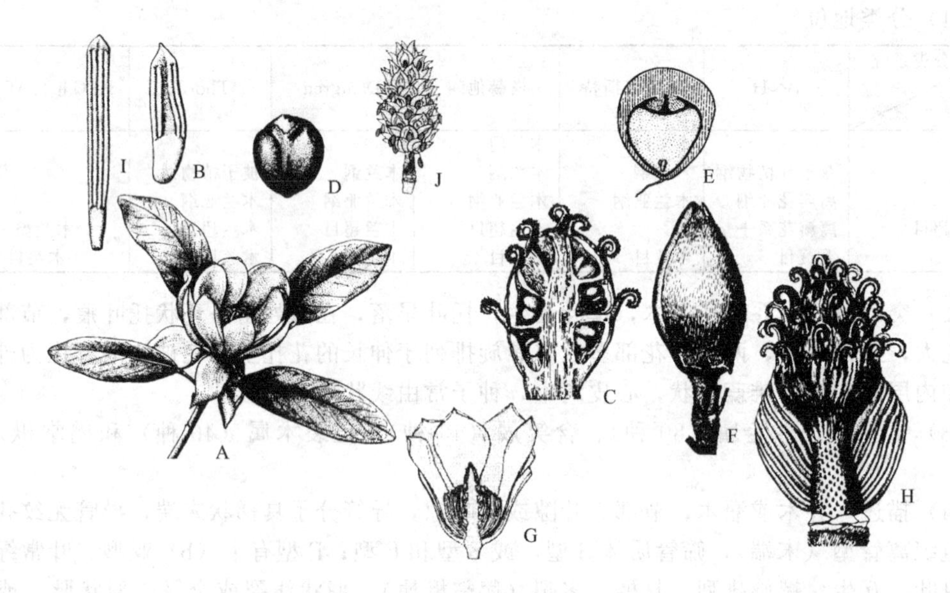

图 13.6　木兰科

弗吉尼亚木兰　A：花枝，花单生枝顶；B：雄蕊，片状及顶端不育附属物；C：雌蕊群纵切，每心皮具两枚倒生胚珠；D：具肉质种皮的种子，种皮已去掉；E：种子纵切，示肉质种皮、丰富的胚乳以及小的胚。荷花玉兰，F：花芽；G：花纵切；H：去掉半数雄蕊的花托；I：雄蕊；J：开裂的果实，示线状珠柄悬挂具假种皮的种子

13.1.7　单心木兰科

1 属，2 种（图 13.7）

斐济地区特有。

（1）分类地位

分类群＼分类系统	B&H	克朗奎斯特	塔赫他间	Dahlgren	Thorne	APGⅡ/(APweb)
门		木兰门	木兰门			
纲		木兰纲	木兰纲	木兰纲	被子植物纲	
亚纲		木兰亚纲	睡莲亚纲	木兰亚纲	木兰亚纲	
系+/超目			木兰超目	木兰超目	木兰超目	木兰类[①]
目	未描述	木兰目	木兰目	木兰目	木兰目	木兰目

(2) 突出特征　木本或灌木，单叶互生，无托叶，节部5叶隙，花常单生，两性，大，有萼片和花瓣之分，萼片3，花瓣12～18，雄蕊多数，片状，3主脉，内侧的为退化雄蕊；心皮单一，不完全闭合，果实革质，含多枚种子。

(3) 主要属　仅单心木兰属1属，2种，即单心木兰和红花单心木兰。

(4) 描述　高大乔木，具香精油，节部5叶隙，导管分子端壁斜，筛管质体P型，髓部具隔。叶互生，有柄，无鞘，具腺点，芬芳，单叶，全缘，羽状脉，无托叶，气孔平列型，叶肉具球形油细胞。花单生，悬垂，生于叶腋上方。花中等大小至大型，辐射对称，多轮，花托稍隆起，有萼片和花瓣之分。萼片3枚，1轮，离生，宿存。花瓣12～18枚，比萼片大，3～5轮，离生，肉质，脱落，无柄。雄蕊群约有30～50枚雄蕊，向心发育，离生，3～6轮，最内侧3～10枚退化，可育雄蕊片状，扁平，椭圆形，具3脉，花药2室，并生，纵向开裂，具裂缝或裂片，花药外向，绒毡层具腺，单沟花粉粒。雌蕊单心皮，子房上位，单室，心皮不完全闭合（主要在开花期开张），无花柱，柱头几乎占据真个心皮，边缘胎座，胚珠20～30，两列，具长的珠柄，有一个明显的绳索状的珠孔塞，倒生，双珠被，厚珠心，外珠被不形成珠孔。果实，革质，有坚硬的外果皮，开裂或不开裂，种子20～30；种子扁平，多少有雕纹，具橘红色肉质种皮；胚分化完好但较小，子叶3(～4)，胚乳丰富，嚼烂状，油质。甲虫传粉。

(5) 经济价值　经济价值不详。

(6) 系统发育　本科早期被放在林仙科中，哈钦松（1973）认为本科与霸王属亲缘关系较近。现在单心木兰科作为一独立的科，与木兰科和舌蕊花科亲缘关系较近。塔赫他间（1987，1997）认为林仙科和单心木兰科是较原始的科，但他似乎是唯一一个认为单心木兰科是现存被子植物中最原始科的现代学者。单心木兰科的原始特征为单叶，互生；雄蕊多数，片状；心皮部分闭合，柱头占据整个心皮；子叶3～4，单沟花粉粒。Thorne系统（2003）将单心木兰科放在了木兰科和舌蕊花科之间。

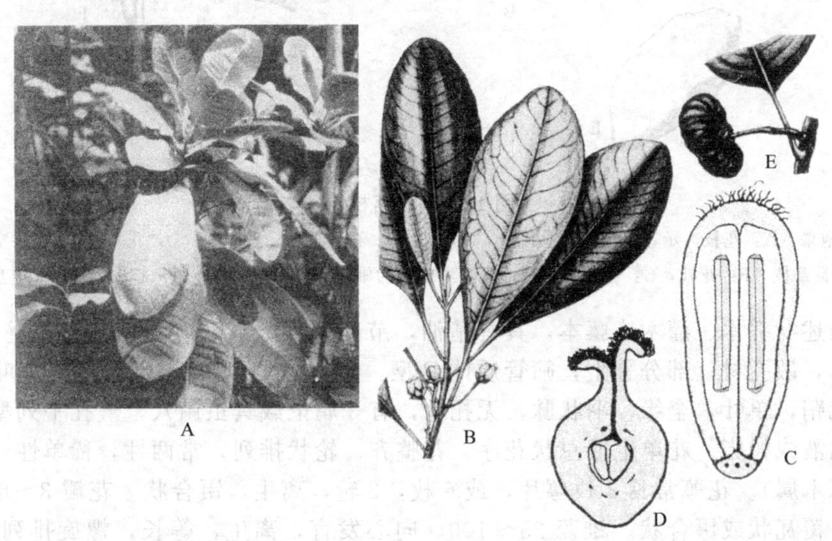

图13.7　单心木兰科

单心木兰　A：斐济地区自然生长的乔木；B：花枝；C：片状雄蕊，包含未分化的花丝和花药部分；D：心皮横切；E：果实

13.1.8　番荔枝科

128属，2300余种（图13.8）

广布于北美东部和东亚的温带及热带地区，以及南美热带地区。主要分布于旧大陆热带地区潮湿的森林中。

(1) 分类地位

分类系统 分类群	B&H	克朗奎斯特	塔赫他间	Dahlgren	Thorne	APGⅡ/(APweb)
门		木兰门	木兰门			
纲	双子叶植物纲	木兰纲	木兰纲	木兰纲	被子植物纲	
亚纲	离瓣花亚纲	木兰亚纲	木兰亚纲	木兰亚纲	木兰亚纲	
系+/超目	离瓣花系+		木兰超目	木兰超目	木兰超目	木兰类①
目	毛茛目	木兰目	番荔枝目	番荔枝目	木兰目	木兰目

(2) 突出特征　乔木或灌木，叶二列互生，无托叶，叶片灰绿色或具金属光泽。花有香气，3 基数，雄蕊多数，螺旋排列，心皮多数，离生，聚合浆果，种子具嚼烂状胚乳。

(3) 主要属　硬蕊花属（250 种）、木瓣树属（150 种）、紫玉盘属（100 种）、鹰爪花属（100 种）、番荔枝属（100 种）和暗罗属（100 种）。

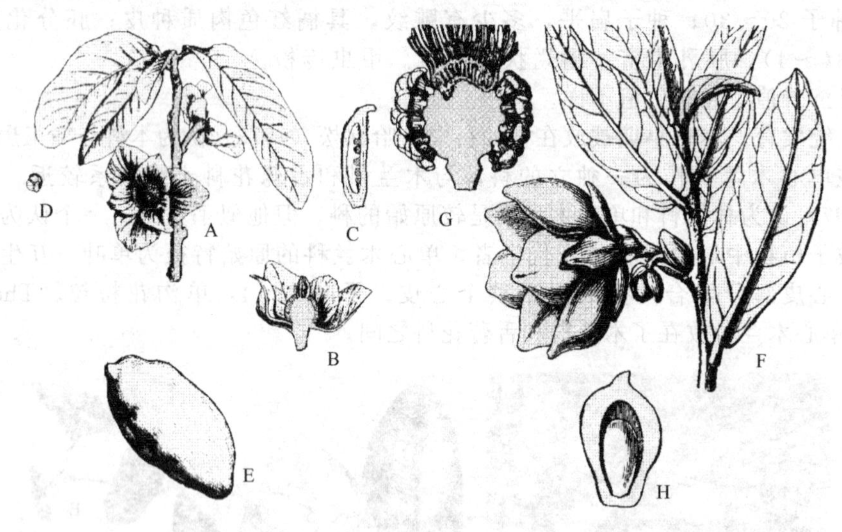

图 13.8　番荔枝科

泡泡果　A：花枝，示花单生；B：花垂直切面观；C：心皮纵切，示胚珠；D：花粉粒；E：果实。
糠秕状番荔枝　F：花枝；G：花托垂直切面观，示中心的雄花和外围的雌花；H：心皮纵切，示基底胚珠

(4) 描述　乔木、灌木或藤本，具香精油，节部单叶隙或双叶隙，导管端壁平，单生，无附物纹孔，散孔材；部分叠生，筛管质体 P 型，Ⅰ (a) 亚型，髓部常具隔。叶常绿，二列互生，无鞘，单叶，全缘，羽状脉，无托叶，有 3 属记载具虫菌穴，气孔平列型，分泌腔含油液、黏液或树脂。花单生或总状花序。花整齐，轮状排列，常两性，稀单性，花托有时伸长（柄蕊木属）。花萼常具 3 枚萼片，或 6 枚，2 轮，离生，镊合状。花瓣 3～6 枚，1～2 轮，离生，覆瓦状或镊合状。雄蕊 25～100，向心发育，离生，等长，螺旋排列，稀 3～6 轮，少数外轮雄蕊退化（如在紫玉盘属），花药 2 室，并生，纵裂或瓣裂，花药外向，药隔延长成附属物，绒毡层腺质，花粉聚合成块（5 属）或单一花粉粒；当聚合成块时为四聚体（多数）或多聚体（三心花属中为八聚体）。单沟花粉或无萌发孔，或中部有两平行沟，或具远极孔。雌蕊群有心皮 10～100，常离生，稀合生，离生心皮基底胎座，合生心皮 1 室，或 2～15 室，侧膜胎座或基底胎座。胚珠 1～50，倒生，腹部有珠脊，双珠被，厚珠心，外珠被不形成珠孔。果实，肉质，常为聚合浆果；种子具胚乳，胚乳嚼烂状，油质。多由甲虫类

传粉。果实尤其是肉质果实则通过鸟类、哺乳动物和海龟等传播。

(5) 经济价值 番荔枝属许多种类是为了食用其果实而栽培，如番荔枝、刺果番荔枝、牛心果和香番荔枝。依兰香和非洲沐体花的花可用来制香水。非洲西部埃塞俄比亚木瓣树的辛辣果实就是用来调味的所谓“黑胡椒粉”，肉豆蔻单兜的果实用来代替肉豆蔻。

(6) 系统发育 现在人们普遍认为番荔枝科起源于木兰支系。哈钦松系统认为番荔枝目起源于木兰目，因此将本科放在木兰目之后的番荔枝目，这样，根据他的安排，演化途径较为清晰。番荔枝科的原始特征为：雄蕊与心皮多数，且螺旋排列；药隔延长成附属物。萼片和花瓣分化要比木兰科进步。现代大多数学者（除Dahlgren和塔赫他间，他们将其放在番荔枝目）将此科置于木兰目，并且认为，具合生心皮和肉质浆果的属比具离生心皮的属要进化。

13.1.9 腊梅科

4属，8种（包括奇子树科）（图13.9）

间断分布科，分布于北美、东亚及昆士兰。

(1) 分类地位

分类系统 分类群	B&H	克朗奎斯特	塔赫他间	Dahlgren	Thorne	APG Ⅱ/(APweb)
门		木兰门	木兰门			
纲	双子叶植物纲	木兰纲	木兰纲	木兰纲	被子植物纲	
亚纲	离瓣花亚纲	木兰亚纲	木兰亚纲	木兰亚纲	木兰亚纲	
系+/超目	离瓣花系+		木兰超目	木兰超目	木兰超目	木兰类
目	毛茛目	樟目	腊梅目	樟目	樟目	樟目

(2) 突出特征 灌木，单叶，对生，无托叶，花被片多数，螺旋排列，雄蕊多数，着生于杯状花托边缘，瘦果，种子1枚。

(3) 主要属 美洲夏腊梅属（3种）、腊梅属（3种）、夏腊梅属（1种）和奇子树属（1种）。

(4) 描述 小乔木或灌木，树皮具芳香，有香精油，节部单叶隙，导管端壁斜，筛管质体P型、Ⅰ(a)亚型。叶对生，革质，具叶柄，有腺点，单叶，全缘，羽状脉，无托叶，平列型气孔，毛单细胞或无毛，叶肉具球形精油细胞。花单生于特化叶状短柄的顶端。花中等到大型，规则，花部螺旋排列，两性，典型的周位花。花被片15～30枚，每片花被具3～4脉，由萼片逐渐过渡到花瓣，离生，着生于花托边缘。雄蕊15～55枚，向心发育，离生，螺旋排列于托杯顶端，片状或线形，2室，内侧10～25枚退化雄蕊，能产生蜜汁，花药并生，纵向开裂，外向，药隔延伸成附属物，花粉粒2（～3）萌发孔，具沟槽。雌蕊群具5～45离生心皮，螺旋排列于托杯内，子房上位，花柱明显，柱头顶生，子房含2枚胚珠（上面1枚通常败育），边缘胎座，胚珠着生于腹缝线，上升，倒生，双珠被，厚珠心或假厚珠心，外珠被不形成珠孔。果实，为聚合瘦果，包裹在肉质托杯内；种子无胚乳，胚分化较好（大型），子叶2，螺旋扭曲。昆虫传粉，主要为甲虫类。

(5) 经济价值 美国夏腊梅和加州夏腊梅为观赏灌木。东南夏腊梅和美国夏腊梅的树皮提取物可供药用。香腊梅被广泛种植，是为数不多的在冰雪冬季开花的种类之一，在日本，香腊梅的花用来制香水。

(6) 系统发育 腊梅科与木兰科及番荔枝科有较近的亲缘关系，如花部多数、螺旋排列、心皮离生等。哈钦松根据花周位和离生心皮将此科归入蔷薇目，引起各学者的争议。

Thorne（1996，2000）认为腊梅科与檬立木科有较近的亲缘关系，并将其放在木兰目的樟亚目之下，但随后（2003）将其放在独立的樟目中。Loconte 和 Stevenson（1991）则提出腊梅科是基部的被子植物，具有一系列营养和繁殖方面的被子植物祖先特征，如灌木，节部单叶隙，双叶迹，梯纹导管，筛管分子具淀粉内含物，叶对生，花球果状，苞片叶状，花被片多数，分化不明显，螺旋排列，心皮少数可育等。顶生药隔说明甲虫传粉。最有趣的是奇子树属（1972 年 S. T. Blake 根据 *Calycanthus australiensis* 提出的新属）被认为是最原始的有花植物。Blake 将奇子树属放在了单独的奇子树科中，哈钦松也认为奇子树科不同于腊梅科。Endress（1983）描述道"从各个方面来看，奇子树属给人一种奇特的活化石感觉"。分子研究认为腊梅树科是樟目中最基部的科。

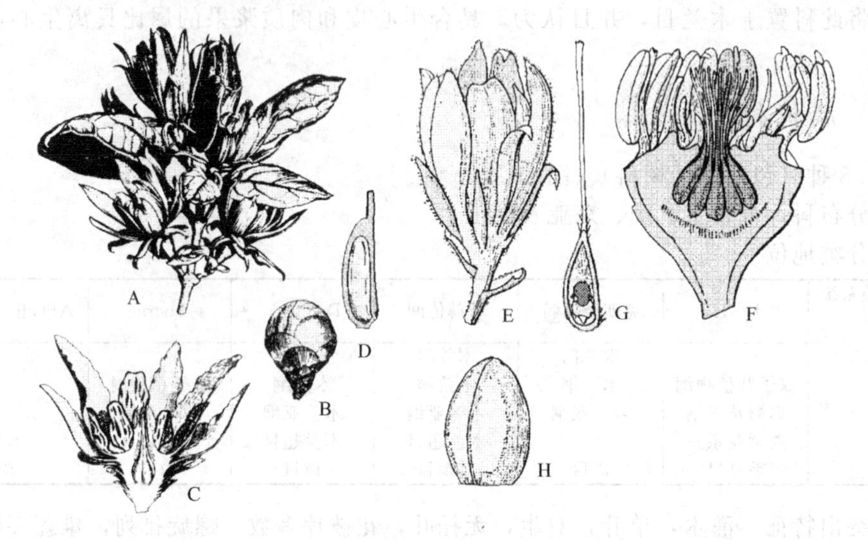

图 13.9 腊梅科

A：平滑夏腊梅的花枝；香腊梅，B：花芽；C：花纵剖；D：心皮纵剖。
美国夏腊梅 E：花；F：花纵剖；G：心皮纵剖；H：坚果

13.1.10 樟科

50 属，3000 余种（图 13.10）

分布在全球热带和亚热带地区，主要在东南亚和北美的雨林中。

（1）分类地位

分类系统 / 分类群	B&H	克朗奎斯特	塔赫他间	Dahlgren	Thorne	APG Ⅱ /（APweb）
门		木兰门	木兰门			
纲	双子叶植物纲	木兰纲	木兰纲	木兰纲	被子植物纲	
亚纲	单被花亚纲	木兰亚纲	木兰亚纲	木兰亚纲	木兰亚纲	
系＋/超目	瑞香系＋		樟超目	木兰超目	木兰超目	木兰类①
目		樟目	樟目	樟目	樟目	樟目

注：B&H 作为樟亚目。

（2）突出特征　乔木或灌木，芳香，叶互生，花被小，未分化，雄蕊多轮，核果或浆果，种子 1。

（3）主要属　木姜子属（400 种）、绿心樟属（350 种）、樟属（250 种）、厚壳桂属（250 种）、鳄梨属（200 种）、琼楠属（150 种）和山胡椒属（100 种）。

（4）描述　芳香乔木和灌木，有时为寄生缠绕藤本（无根藤属）。节部单叶隙，两脉迹，导管梯状或末端简单，无纹孔，木质部部分为贮藏组织；筛管质体P型或S型，P型时为Ⅰ（b）亚型。叶多常绿，常互生，螺旋状，稀对生或轮生，革质，具柄，无鞘，具腺点，芳香，单叶全缘，有时具裂片（檫木属），羽状脉，无托叶，巢穴（14属）穴状、囊状或毛簇状，平列型气孔，毛多为单细胞，叶肉常具球形油细胞。花序为聚伞花序或总状花序，常为伞状具宿存小总苞，少见单生花。花小，常芬芳，整齐；两性，稀单性，常3基数，轮生，具发育完好的托杯。花被片常6，有时4，离生，（1～）2（～3）轮，相似，萼片状至花瓣状，绿色、白色、乳白色或黄色。雄蕊群具（3～）9（～26）枚雄蕊，离生、等长或明显不等长，（1～）3（～4）轮，最内轮有时为退化雄蕊，多少由于花丝和花隔扩大成片状或花瓣状，花丝具附属物或无，花药2室，底着药，从基部至顶部纵向瓣裂，或孔裂（六孔樟属），通常内向，少数外向，绒毡层无细胞壁（多数属），或具腺体功能（一些属），花粉粒无萌发孔，外壁具刺。雌蕊1心皮，子房通常上位，有时下位（非洲厚壳桂属），花柱明显，柱头顶生，顶生胎座，胚珠悬垂，向下倒转，具背脊，无假种皮，胚珠倒生，双珠被，厚珠心，外珠被不形成珠孔。果实肉质，核果状或浆果状，着生于肉质花托上，具1枚种子；种子无胚乳，胚发育完全，子叶块状，有时嚼烂状。

（5）经济价值　本科的一些种，如月桂、锡兰肉桂、樟和白檫木等是重要的调味品来源。鳄梨是一种重要的热带水果。山胡椒属和檫木属植物可提取芳香油。木姜子属和绿心樟的许多种可产生香木以制橱柜。

（6）系统发育　樟科被广泛认为是一个较为特化的科，与檬立木科和腊梅科位置较近。一直以来，樟目都被归属于木兰类复合体，代表一个早期分化的类群。樟科与檬立木科的衍征体现在：子房单心皮，花粉粒具刺。此外，两科的花粉皆无萌发孔，雄蕊具有成对的附属物，花药瓣裂。

传统上，樟科可分为两亚科：无根藤亚科（无根藤属）和樟亚科（其余属）。后者又被分为3个（Werff和Richter，1996）或5个族群（Heywood，1978）。

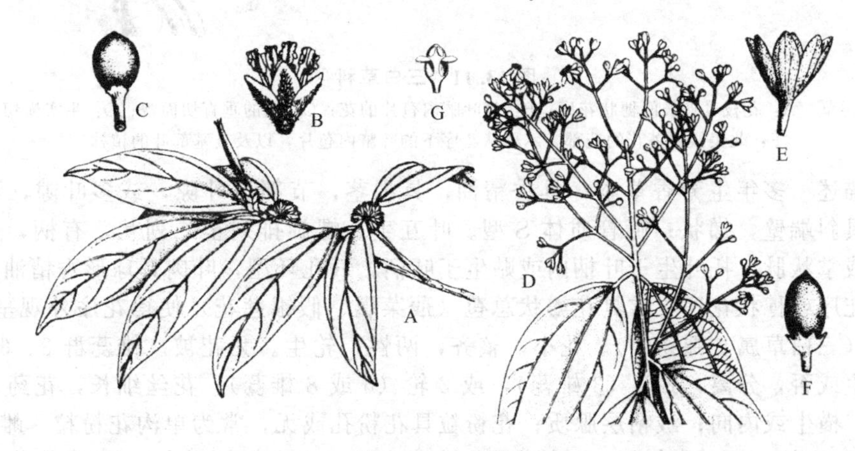

图13.10　樟科

杜希木姜子　A：生有球状腋生花簇的花枝；B：花；C：果实。柴桂，D：末端具圆锥花序的花枝；E：花；F：果实；G：瓣裂的花药

13.1.11　三白草科

5属，7种（图13.11）

分布在北美及东亚温带或亚热带的海滨地区。

（1）分类地位

分类系统 / 分类群	B&H	克朗奎斯特	塔赫他间	Dahlgren	Thorne	APG Ⅱ/(APweb)
门		木兰门	木兰门			
纲	双子叶植物纲	木兰纲	木兰纲	木兰纲	被子植物纲	
亚纲	单被花亚纲	木兰亚纲	木兰亚纲	木兰亚纲	木兰亚纲	
系+/超目	小胚系+		胡椒超目	睡莲超目	木兰超目	木兰类[1]
目		胡椒目	胡椒目	胡椒目	胡椒目	胡椒目

注：B&H 置于胡椒科。

(2) 突出特征　多年生草本，叶互生，托叶贴生于叶柄，花简化，成密集的穗状花序，彩色苞片常围绕在花序基部，类似花瓣，整个花序看上去像一朵花，雄蕊 6，多少贴生心皮，心皮离生或合生，蒴果。

(3) 主要属　三白草属（2 种）、裸蒴属（2 种）、蕺菜属（1 种）、假银莲花属（1 种）和齐头绒属（1 种）。

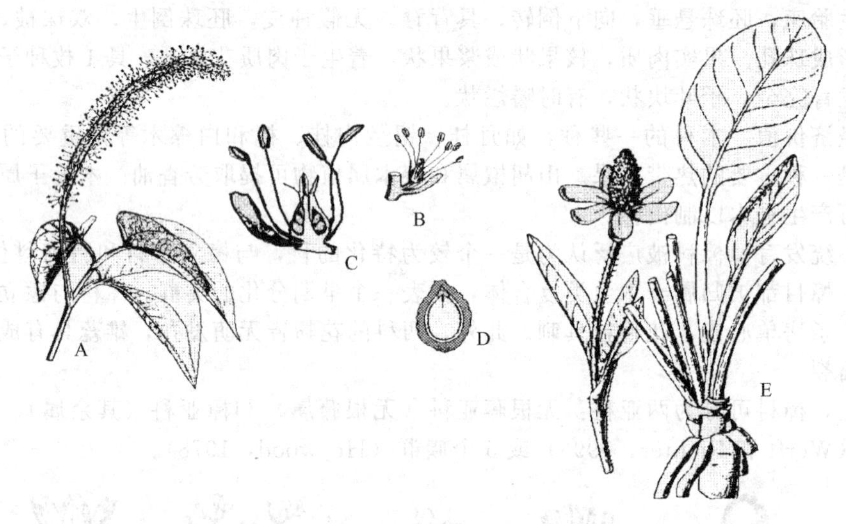

图 13.11　三白草科

蜥尾草　A：花枝具伸长的穗状花序；B：具叶腋内苞片的花；C：花的垂直切面观；D：果实横切。
E：北美假银莲花的花部，示穗状花序下的叶腋内苞片，以及具基部叶的植株

(4) 描述　多年生芳香草本，具香精油，具根茎，节部 5 叶隙，或多叶隙，环状维管束，导管具斜端壁，梯状；筛管质体 S 型。叶互生，螺旋排列至二列状，有柄，芬芳，单叶，羽状或掌状脉，托叶生于叶柄内或贴生于叶柄，气孔环型，叶肉具球形香精油细胞。花序为总状花序或穗状花序，常具花瓣状总苞（蕺菜属、假银莲花）使得花序外观呈一朵花，或无总苞（三白草属、裸蒴属）。花小，整齐，两性，轮生。无花被。雄蕊群 3、6 或 8 枚，与雌蕊合生或否，分离，1 轮（3 雄蕊），或 2 轮（6 或 8 雄蕊）；花丝细长，花药基着，纵裂，外向、横生或内向；绒粘层腺质；花粉粒具花粉孔或无，常为单沟花粉粒。雌蕊群具 3 或 4（～5）心皮，离生或合生，三白草属心皮半合生（心皮基部联合）；子房上位（多数），或下位（假银莲花）；在三白草属心皮不完全闭合；柱头沿花柱下延；（1～）2～4 胚珠，胎座分散（片状至侧膜），子房 1 室，花柱 3～4（～5）；除三白草属胎座顶生外都为侧膜胎座，柱头 3～4（～5），单室胚珠 20～40（～50）（每胎座有胚珠 6～10），胚珠直生至半倒生，双珠被，薄珠心或厚珠心，外珠被形成珠孔。果实为聚花果（三白草属）或否，果不开裂（三白草属）或开裂，肉质，蒴果，或蒴果状不开裂；种子胚乳贫乏，具外胚乳，胚未发育完全。

(5) 经济价值　鱼腥草是一种良好的地被植物，常被栽培。在越南，这种植物的叶常用

做色拉，也可治疗眼部疾病。三白草也偶尔有种植。美国印第安人曾流行用北美假银莲花具香气的匍匐茎干制项链的珠子，并取名为阿帕切珠子。浸在水中的茎干也可用来治疟疾和痢疾。

(6) 系统发育　本科与胡椒科相比特化较少的地方表现在：心皮离生至合生，侧膜胎座，可归为古草本复合体，即被子植物的早期基部支。Hickey 和 Taylor (1996) 提出了草本起源假说，认为胡椒科以及假银莲花属和蕺菜属的花由买麻藤类的花序轴系统缩减及其苞片变化而来，位于次级花序轴的腋内苞片之上，形成远轴的单一或近轴一对以上的生花结构，三白草属及裸蒴属的花具 4 心皮，是倒数第 2 对和倒数第 1 对花结构退化的结果。三白草科被认为是单源的 (Tucker 等，1993)。

13.1.12　胡椒科

5 属，2015 种 (图 13.12)

分布在热带、亚热带地区，主要在雨林中。

(1) 分类地位

分类群 \ 分类系统	B&H	克朗奎斯特	塔赫他间	Dahlgren	Thorne	APGⅡ/(APweb)
门		木兰门	木兰门			
纲	双子叶植物纲	木兰纲	木兰纲	木兰纲	被子植物纲	
亚纲	单被花亚纲	木兰亚纲	木兰亚纲	木兰亚纲	木兰亚纲	
系+/超目	小胚系+		胡椒超目	睡莲超目	木兰超目	木兰类[①]
目		胡椒目	胡椒目	胡椒目	胡椒目	胡椒目

(2) 突出特征　草本、灌木或攀援藤本，节关节状，维管束散生，叶互生，叶柄具鞘，花小，为密集的穗状花序，无花被，雄蕊 2～6，子房单胚珠，胚非常小。

(3) 主要属　胡椒属 (970 种)、草胡椒属 (961 种)、奥托胡椒 (70 种)、大胡椒属 (10 种) 和肉胡椒属 (4 种)。

(4) 描述　草本、灌木、木质攀援藤本或小乔木，具香精油；茎节明显，节部 3～多叶隙，维管束散生，导管分子具梯状或简单端壁，筛管质体 S 型。叶互生，螺旋，草质或肉质，单叶，全缘，羽状脉或掌状脉，叶柄具鞘，托叶生于叶柄内，与叶柄贴生，通常具排水孔，气孔环列型或不等细胞型，叶肉具球形油细胞。花序为肉穗花序或穗状花序。花具苞片，小，常两性，有时单性。花被无。雄蕊 1～10 枚，贴生于子房基部或否，离生，常多少结合成单体雄蕊，常具退化雄蕊，花药 2 室 (草胡椒属为单室)，纵裂，外向，绒毡层腺质，花粉粒单沟或无萌发孔。雌蕊群具 2～4 合生心皮或单心皮 (草胡椒属)，子房上位，1 室，柱头 1～5，基底胎座；胚珠上升，直立胚珠，双珠被或单珠被 (草胡椒属)，厚珠心。果实肉质，常为核果；种子含少量胚乳，外胚乳丰富，胚小。

(5) 经济价值　胡椒是黑胡椒粉和白胡椒粉 (分别为成熟和不成熟的) 的原料。在玻利尼西亚，酿酒胡椒的根常用来制有名的饮料卡法酒。在东非、印度及印度尼西亚，马拉巴胡椒的叶子可用作咀嚼物。草胡椒属的一些种类如皱叶草胡椒、常春藤叶草胡椒、木兰叶草胡椒等，可种植作为观叶植物。

(6) 系统发育　胡椒科及三白草科通常作为一个单系类群被置于胡椒目。Thorne 早期 (1999，2000) 将这些科置于木兰目下的胡椒亚目中，但现在 (2003) 将两科与马兜铃科、根寄生科及短蕊花科一起放入胡椒目。和三白草科一样，胡椒科也是单源的 (Tucker 等，1993)。草胡椒属被认为是胡椒科中最进化的成员，具有如单心皮、花药单室、胚珠单珠被、花粉粒无萌发孔、叶肉质等衍征，通常被作为一独立的科草胡椒科。Thorne (2003) 将草胡椒属放在了独立的亚科草胡椒亚科中，而将其余 4 属放在胡椒亚科中。

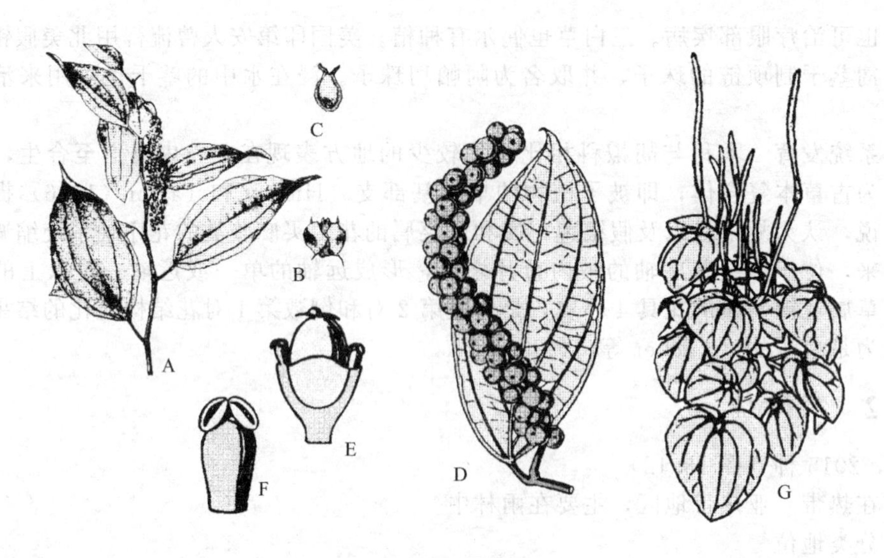

图 13.12 胡椒科

几内亚胡椒 A：具下垂穗状花序的果枝；B：成对的花及其苞片；C：雌花纵切。胡椒，D：果枝；E：花；F：雄蕊。G：银灰草胡椒，花簇

13.1.13 莼菜科

2属，6种（图 13.13）

分布在美国、印度、澳大利亚及热带非洲地区。

(1) 分类地位

分类系统 分类群	B&H	克朗奎斯特	塔赫他间	Dahlgren	Thorne	APGⅡ/(APweb)
门		木兰门	木兰门			
纲	双子叶植物纲	木兰纲	木兰纲	木兰纲	被子植物纲	
亚纲	离瓣花亚纲	木兰亚纲	睡莲亚纲	木兰亚纲	木兰亚纲	
系+/超目	离瓣花系+		睡莲超目	睡莲超目	睡莲超目	
目	毛茛目	睡莲目	盾叶莲目	睡莲目	睡莲目	未安排/(睡莲目)

注：B&H 置于睡莲科，主观上将 APGⅡ置于睡莲科。

(2) 突出特征　水生草本，叶漂浮，具长叶柄，盾状，花大，生于长花梗上，雄蕊多数，果实松软，含多枚种子。

(3) 主要属　水盾草属（5种）和莼菜属（1种）。

(4) 描述　多年生水生草本，具根茎，分泌腔存在，无导管，筛管质体S型。叶为沉水叶或沉水叶和浮水叶，同型（莼菜属），或异型（水盾草属），沉水叶多裂，浮水叶全缘，互生或对生（水盾草属的沉水叶），单叶或复叶，具叶柄，无托叶，无厚壁组织异细胞。花序生于叶腋。花两性，3基数，轮生或部分轮生。萼片3枚，花瓣状，1轮，离生。花瓣3枚，1轮，离生，黄色、紫色或白色；具爪或无。雄蕊3～6（水盾草属），或12～18（莼菜属），向心发育，离生，花丝稍扁，花药2室，纵裂，外向，单沟花粉粒，有时为3沟花粉粒。雌蕊群具（2～）3～18心皮，离生，子房上位，柱头下延（莼菜属）或顶生（水盾草属），（1～）2（～3）胚珠，边缘胎座，胚珠悬垂，倒生，双珠被，厚珠心，外珠被不形成珠孔。果实为聚合蓇葖果，或含多枚种子的松软浆果，有时不裂，坚果状（莼菜）；种子具胚乳，含外胚乳，子叶2枚。

(5) 经济价值 不详。❶

(6) 系统发育 与睡莲科相比，本科与单子叶植物更为近缘。一直以来，本科被放在木兰超目之后的睡莲超目中，但塔赫他间最终将其放在独立的睡莲亚纲中。在过去 10 年里，人们发现莼菜科具有古草本复合体特征，构成了被子植物最原始的演化世系，古草本复合体主要特征体现在：维管束散生，无维管形成层，叶互生，常为掌状脉，不定根系和缺乏香精油细胞。Judd 等（2002）将水盾草属和莼菜属放在了睡莲科的莼菜亚科（APG Ⅱ，主观地），这是因为这两属的分离将会导致睡莲科成为并系类群。Thorne（1999，2003）和 Stevens（APweb，2003）根据这两属具有明显的萼片和花瓣、2～3 离生心皮、蓇葖果的特征，将其分离出来置于莼菜科中，成为 3 数花的基部类群。

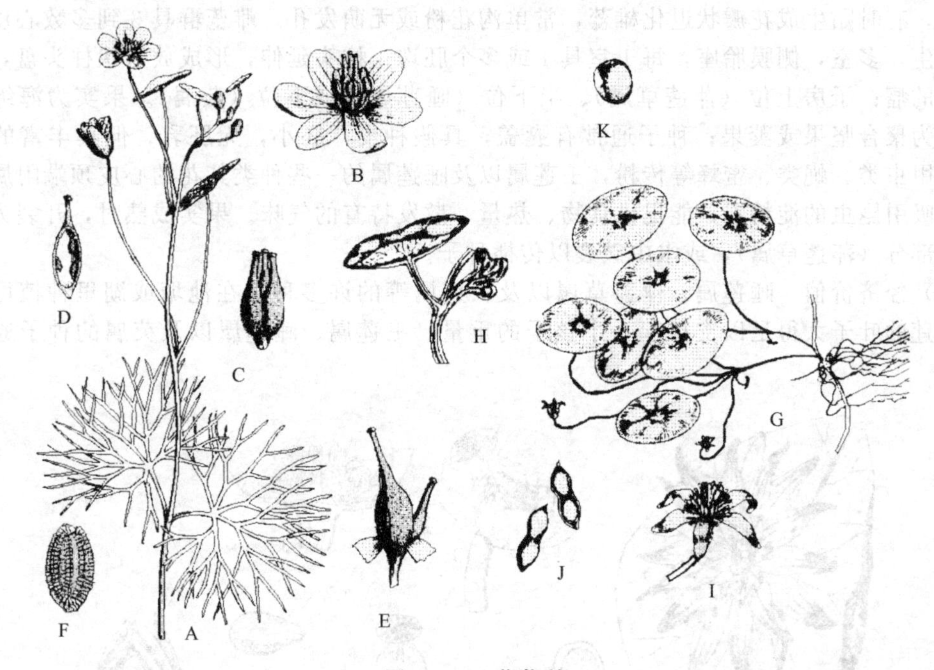

图 13.13 莼菜科

水盾草 A：花枝，示多裂的沉水叶和阔盾状的浮水叶；B：花；C：雌蕊具 3 枚离生心皮；D：心皮纵切；E：果实；F：种子。莼菜 G：具有盾状叶和小型花的部分植株；H：覆有厚胶质的沉水部分；I：花，具 3 枚萼片和 3 枚花瓣，本质上相似；J：具 2 枚种子的琴形坚果状果实；K：球状种子

13.1.14 睡莲科

6 属，62 种（不包括莼菜科）

遍布全球，在淡水环境中形成浮叶植物群落。

(1) 分类地位

分类系统 / 分类群	B&H	克朗奎斯特	塔赫他间	Dahlgren	Thorne	APG Ⅱ/(APweb)
门		木兰门	木兰门			
纲	双子叶植物纲	木兰纲	木兰纲	木兰纲	被子植物纲	
亚纲	离瓣花亚纲	木兰亚纲	睡莲亚纲	木兰亚纲	木兰亚纲	
系＋/超目	离瓣花系＋		睡莲超目	睡莲超目	睡莲超目	
目	毛茛目	睡莲目	睡莲目	睡莲目	睡莲目	未安排/(睡莲目)

❶ 莼菜的嫩茎叶做蔬菜食用。——译者注

(2) 突出特征　水生草本，叶漂浮，具长柄，盾状着生，花大，着生于长的花梗上，雄蕊多数，果实海绵质，内含多枚种子。

(3) 主要属　睡莲属（40种），萍蓬草属（15种）和王莲属（3种）。

(4) 描述　多年水生草本，具粗大横走根状茎，茎具散生维管束，具多数气腔和乳汁管。单毛，通常能产生黏液。叶漂浮（睡莲属、王莲属等）或沉水，通常较大（王莲的叶直径可达2米），常互生，稀对生或轮生，单叶，心形或圆形，常盾状，具生于根状茎上的长叶柄，具托叶或无。花单生于叶腋，浮于水面或高出水面，两性，辐射对称，雄蕊螺旋排列，下位花。萼片4～12枚，分离或合生，花瓣状。花冠表现为雄蕊状，多数或无，分离或基部合生，通常过渡为雄蕊。雄蕊群具多数雄蕊，分离，螺旋排列，花丝扁平，有时花药不能区分，有时贴生成花瓣状退化雄蕊，常单沟花粉或无萌发孔。雌蕊群具3到多数心皮，分离或合生，多室，侧膜胎座，每1室具1或多个胚珠；柱头延伸，形成放射状柱头盘，常围绕中央的瘤；子房上位（萍蓬草属）、半下位（睡莲属）或下位（芡属）。果实为海绵质浆果，稀为聚合坚果或荚果；种子通常有囊盖，具假种皮，胚小，无胚乳，但具丰富的外胚乳。由甲虫类、蝇类、蜜蜂等传粉，王莲属以及睡莲属的一些种类其花的心皮顶端附属物上还具有吸引昆虫的淀粉器，能提供食物、热量、散发特有的气味。果实成熟时，开裂为许多独立的部分（萍蓬草属），或水中破裂以传播种子。

(5) 经济价值　睡莲属、萍蓬草属以及王莲属等的许多种类在池塘或湖里种植可供观赏。王莲的叶子大得足以支撑起一个孩子的重量。王莲属、睡莲属以及芡属的种子通常可食用。

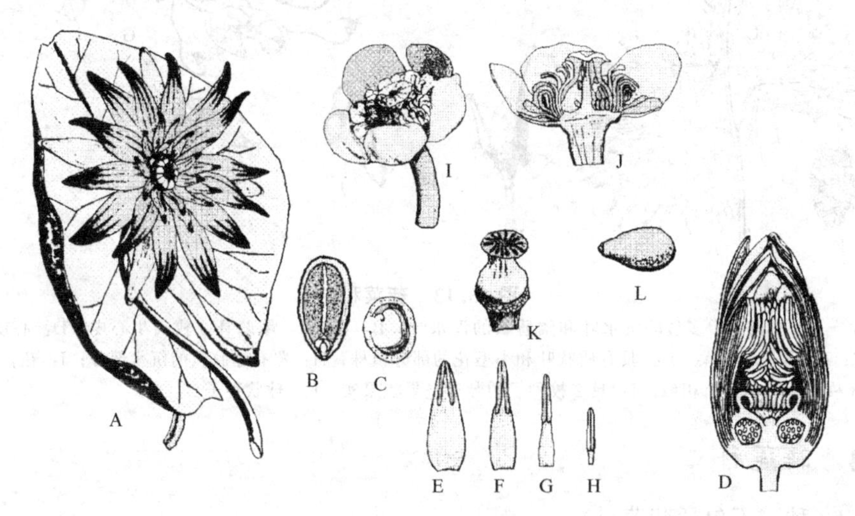

图 13.14　睡莲科

A：蓝睡莲的叶和花；B：白睡莲种子的纵切；C：白睡莲种子横切，示生于子叶腔上的幼芽；D：香睡莲花的纵切；E～H：萍蓬草属1种由外至内逐渐过渡的雄蕊；I：花；J：花纵切；K：具柱头盘的雌蕊；L：种子

(6) 系统发育　本科一直是一个有争议的科，通常与单子叶植物关系密切，尽管传统分类上归于双子叶植物。睡莲科过去被放在木兰超目之后的睡莲超目中，但塔赫他间最终将其置于独立的睡莲亚纲之下。在最近10年里，本科被证实是组成被子植物最原始类群的古草本复合体的成员。古草本复合体特征为：散生维管束，无维管形成层，叶互生，常为掌状叶脉，不定根系，无香精油细胞。以前本科还包括莲属，现因莲属具3沟花粉粒且无乳汁管等特征已将其独立为莲科。塔赫他间将其放在独立的莲亚纲之下，然而APGⅡ系统将其移至3沟花粉（真双子叶类）进化支中。APGⅡ（主观地）和Juss等（2002）将水盾草属和莼菜

属包括在睡莲科的莼菜亚科，因为分开它们会使睡莲科成为并系类群。Thorne（2000，2003）和 APweb 则将这两属分离出来放在莼菜科下。尽管分子研究（Qui 等，2000；Soltis 等，2000）强烈支持本科在被子植物类群中的基础进化支地位，Thorne 依然将睡莲科放在了木兰类之后。

13.1.15 大花草科

3 属，20 种（图 13.15）

分布在东南亚，印度至印度尼西亚。

（1）分类地位

分类系统 分类群	B&H	克朗奎斯特	塔赫他间	Dahlgren	Thorne	APG Ⅱ/（APweb）
门		木兰门	木兰门			
纲	双子叶植物纲	木兰纲	木兰纲	木兰纲	被子植物纲	
亚纲	单被花亚纲	蔷薇亚纲	木兰亚纲	木兰亚纲	木兰亚纲	
系+/超目	陆生多胚珠系+		大花草超目	木兰超目	大花草超目	
目		大花草目	大花草目	大花草目	大花草目	未安排

注：B&H 作为大花草科（Cytinaceae）。

（2）突出特征　寄生于植物的根和茎上，植物体如真菌菌丝体，花常单性，具肉质花瓣状花萼，雄蕊合成筒状，子房下位，心皮合生，侧膜胎座，果实肉质。

（3）主要属　大花草属（16 种）、寄生花属（2 种）和根生花属（2 种）。

（4）描述　完全寄生于被子植物的根和茎上，营养器官退化成菌丝体状，无根，侵入寄主的组织内，仅有花或花枝露出寄主组织，木质部无导管。叶多数退化，生于花枝基部、或生于花下、或无，互生、对生或轮生，膜质鳞片状，无气孔。花单生，由小到大，有时十分巨大（大王花，具被子植物最大的花，直径可达 1 米），整齐，常单性，轮状。花被片绿色或花瓣状，4 或 5（～10），离生，或合生成管状，常肉质，覆瓦状排列，稀镊合状排列。雄蕊群具 5～100 枚雄蕊，与雌蕊合生、离生或花丝结合成管状而围绕花柱，1 轮，花丝纤细，或退化，花药单室或 2 室，纵裂、孔裂或横裂，花粉粒常无萌发孔。雌蕊群由 4～8 心皮合生，子房下位，单室，4～14 侧膜胎座，或胎座突伸于近中部形成3～10（～20）室（大花草属），每室胚珠 50～100，无假种皮，横生胚珠至倒生胚珠，双珠被，薄珠心，联合，花柱延生成大的盘状复合体，柱头锥形。果实，常为肉质浆果，种子胚乳丰富，较小，胚未发育完全。

（5）经济价值　不详。

（6）系统进化　本科与根寄生科亲缘关系较近，常作为独立的大花草目置于木兰类中。然而，克朗奎斯特将大花草目放在了蔷薇亚纲中。本科常因同被花而被认为与马兜铃科相近。但是，根据多基因分析，最近分支系统学研究表明根寄生科和马兜铃科应置于胡椒目之下。APG Ⅱ和 APweb 对大花草科的系统位置还不确定。Nickrent（2002）认为本科与锦葵目较相近。Thorne 早期（1999）详尽地描述了大花草科，并将其分为四个亚科：帽蕊草亚科（帽蕊草属——花两性，单生，子房上位）、簇花草亚科（簇花草属和美洲簇花草属——花单性，总状花序，雄蕊 1 轮，子房下位，胎座 8～14）、离花亚科（离花属、豆生花属、云生花属——花小，单性，单生，雄蕊 2～4 轮，子房下位，4 胎座或 1 连续胎座）和大花草亚科（花单生，单性，巨大，雄蕊 1 轮，子房下位，不规则多室）。这些亚科在 Thorne（2003）中，分别被提升为独立的科，即帽蕊草科、簇花草科、离花科和大花草科。APG Ⅱ和 APweb 也认同它们作为独立的科，但并没有将其排列于被子植物的后面，并且未确定美洲簇花草属的位置。根据 Judd 等（2002），大花草科（及蛇菰科和菌花科）与其他有花植物截然不同，没有人确定将其置于何位置。菌花科看起来应归于胡椒目，其他两科属于双子叶植物，目前没有比这更精确的位置。

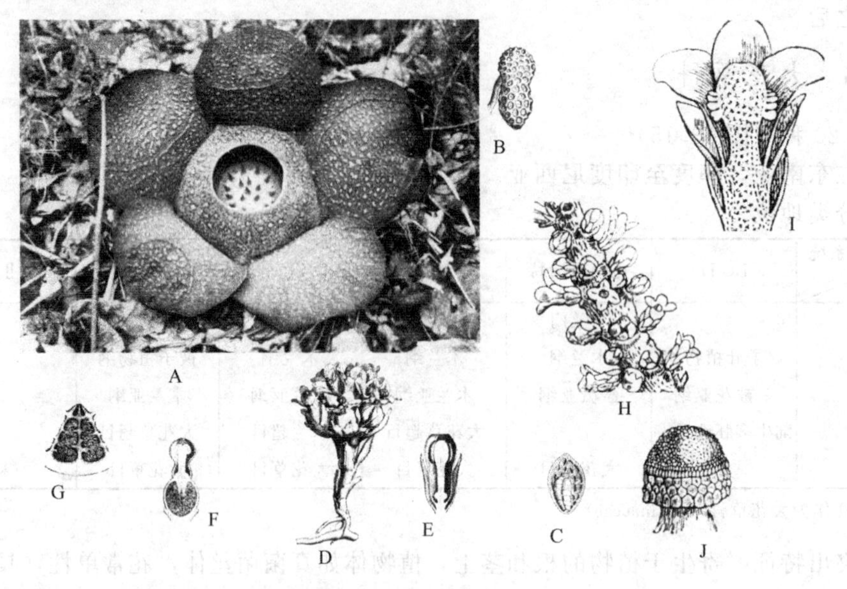

图 13.15 大花草目，大花草科（A～C），**离花科**（H～J）

A：美丽大王花完全开放的花（照片版权经 Julie Barcelona 许可，马尼拉，菲律宾）；B：大王花的种子；C：种子侧面，示未分裂的胚；簇花草科（D～G）。背囊簇花草 D：花期植株；E：雄花的垂直切面；F：雌花的垂直切面；G：子房横切部分。贝尔特豆生花，H：豆生花属具花的小枝；I：雄花的垂直切面；J：头状雄蕊

13.2 泽泻亚纲

亚纲 2. 泽泻亚纲 Alismatidae

超目 1. 菖蒲超目 Acoranae(A)

目 1. 无叶莲目 Petrosaviales(B)

1. 无叶莲科 Petrosaviaceae

目 2. 纳茜菜目 Nartheciales(B)

1. 岩菖蒲科 Tofielsiaceae(B)
2. 纳茜菜科 Nartheciaceae(B)

目 3. 菖蒲目 Acorales

1. **菖蒲科 Acoraceae**

超目 2. 天南星超目 Aranae

目 **1.** 天南星目 Arales

1. **天南星科 Araceae**
2. 浮萍科 Lemnaceae

超目 3. 泽泻超目 Alismatanae

目 1. 泽泻目 Alismatales

1. **花蔺科 Butomaceae**
2. 黄花蔺科 Limnocharitaceae
3. **泽泻科 Alismataceae**
4. **水鳖科 Hydrocharitaceae**

目 2. 眼子菜目 Nartheciales(B)

1. 水蕹科 Aponogetonaceae
2. 芝菜科 Scheuchzeriaceae
3. 波喜荡科(海草科)Posidoniaceae
4. 丝粉藻科 Cymodoceaceae
5. 川蔓藻科 Ruppiaceae
6. 水麦冬科 Juncaginaceae
7. **眼子菜科 Potamogetonaceae**
8. 大叶藻科 Zosteraceae
9. 角果藻科 Zannichelliaceae

13.2.1 菖蒲科

1 属，2 种（图 13.16）

分布在北温带、古热带、寒带、温带和亚热带地区。西里伯斯岛和新几内亚、东亚至挪威靠近北极圈的地区以及北美中部和西部地区。

(1) 分类地位

分类系统 分类群	B&H	克朗奎斯特	塔赫他间	Dahlgren	Thorne	APGⅡ/(APweb)
门		木兰门	木兰门			
纲	单子叶植物纲	百合纲	百合纲	百合纲	被子植物纲	
亚纲		槟榔亚纲	槟榔亚纲	百合亚纲	泽泻亚纲	
系+/超目	裸花系+		天南星超目	天南星超目	菖蒲超目	单子叶类[①]
目		天南星目	菖蒲目	天南星目	菖蒲目	菖蒲目

注：B&H 置于天南星科。

(2) 突出特征　具根状茎的沼生草本，无草酸晶体，肉穗花序，无佛焰苞，花小，两性，被片 6，2 轮，雄蕊 2 轮，心皮 3，合生，浆果。

(3) 主要属　仅菖蒲属 1 属 2 种。

(4) 描述　多年生芳香沼生草本，具根状茎，产生香精油，根木质部具梯状端壁导管。叶互生，两列，扁平，无柄，具鞘，全缘，平行脉，叶肉具球形香精油细胞，无草酸钙晶体。花序具花莛，肉穗花序，无佛焰苞。花无苞片，较小，两性，整齐，3 基数，轮状排列。花被具 6 枚花被片，离生，2 轮，内凹或兜囊状，相似，膜质。雄蕊 6 枚，离生，2 轮，花药基着，纵裂，内向，绒毡层腺质，单沟花粉粒或近溃疡状。雌蕊群具 3 心皮，稀 2 或 4，合生，子房上位，3 室（稀 2 或 4 室），中轴胎座，每室 2～4（～5）胚珠，悬垂，直生，双珠被。果实为肉质浆果；种子具胚乳，有外胚乳，子叶 1，非双受精。

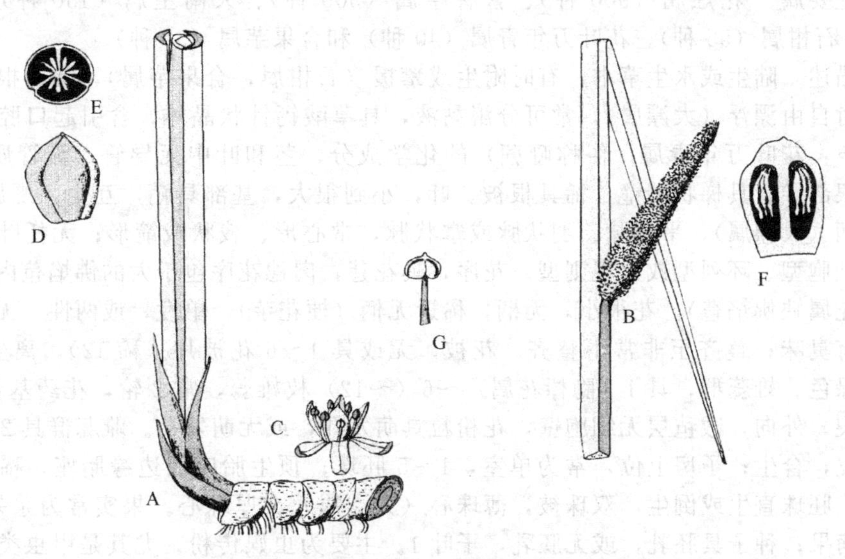

图 13.16　菖蒲科

菖蒲　A：具基生叶的根状茎；B：包在叶腋内的肉穗花序；C：花；D：雌蕊群；E：子房横切；F：子房纵切；G：雄蕊

(5) 经济价值　菖蒲油是由菖蒲的根状茎中提取的，以供制香水和药用。

(6) 系统发育　本科早期归为天南星科。哈钦松（1973）将其与裸穗草属一起置于菖蒲族（*Acorae*）。Grayum（1987）将菖蒲属从天南星科中移了出来，得到了所有现代分类系统的支持。塔赫他间和 Thorne 将菖蒲科放在了独立的菖蒲目中，然而，Dahlgren 和克朗奎斯特将其归入天南星目。Thorne（1999）将菖蒲目从天南星超目中移出将其与岩菖蒲目一起放到了菖蒲超目下。现在（2003）他将无叶莲目（无叶莲科；APGⅡ和APweb未将其放在单子叶植物中）添加至菖蒲超目。后来的分子分析证明，单独的菖蒲科或菖蒲科与裸穗草属一起是所有其他单子叶植物的姐妹类群，这一观点也得到了Chase等（2000），Soltis等（2000）和Fuse及Tamura（2000）基于多基因分析研究的支持。APGⅡ和APweb也将菖蒲科置于独立的菖蒲目中，放在单子叶植物的起始位置。

13.2.2 天南星科

104属，3040种（图13.17）

遍布全球，但主要分布在热带和亚热带地区；热带森林和湿地中较常见，温带地区也有少数种分布。

（1）分类地位

分类系统 分类群	B&H	克朗奎斯特	塔赫他间	Dahlgren	Thorne	APGⅡ/(APweb)
门		木兰门	木兰门			
纲	单子叶植物纲	百合纲	百合纲	百合纲	被子植物纲	
亚纲		槟榔亚纲	天南星亚纲	百合亚纲	泽泻亚纲	
系＋/超目	裸花系＋		天南星超目	天南星超目	天南星超目	单子叶类[①]
目		天南星目	菖蒲目	天南星目	菖蒲目	泽泻目

注：B&H作为天南星科（Aroideae）。

（2）突出特征　陆生直立或攀援草本，或水生草本，具根状茎或球茎，叶常大型，能分泌黏液，花序具花莛，肉穗花序包于佛焰苞内，花很小，退化，常单性，浆果或胞果。

（3）主要属　花烛属（900种）、喜林芋属（500种）、天南星属（150种）、魔芋属（100种）、石柑属（55种）、花叶万年青属（40种）和合果芋属（30种）。

（4）描述　陆生或水生草本，有时附生或攀援（石柑属，合果芋属），常具根状茎，或球茎，有时自由漂浮（大漂属），常可分泌黏液，具草酸钙针状晶体，含引起口腔发炎（或短暂性失声：花叶万年青属，俗称哑蔗）的化学成分，茎和叶中无导管，筛管质体P型，亚型Ⅱ；根部导管具梯状端壁，稀具根被。叶，小到很大，基部具鞘，互生，螺旋或两列，具柄或无柄（大漂属），平行脉、羽状脉或掌状脉，常心形、戟状或箭形；无托叶；气孔平列型、四细胞型、环列型或无规则型。花序，具花莛，肉穗花序包于大的佛焰苞内（裸穗草属和金棒花属缺佛焰苞）。花很小，无柄，稀近无柄（梗花芋），单性，或两性，无苞片，常芳香，或有臭味；整齐至非常不整齐。花被，无或具4～6花被片（稀12），离生或合生，常2轮，绿色。雄蕊群，具1（隐棒花属）～6（～12）枚雄蕊，常2轮，花药基着，孔裂、纵裂或横裂，外向，绒毡层无细胞壁，花粉粒具萌发孔，或无萌发孔。雌蕊群具2～3心皮，稀达8心皮，合生；子房上位，常为单室，1～5胚珠；顶生胎座或边缘胎座，稀为多室的中轴胎座；胚珠直生或倒生，双珠被，薄珠心（大漂属）或厚珠心。果实常为浆果或核果，稀胞果或蒴果；种子具胚乳，或无胚乳，子叶1。主要为虫媒传粉，尤其是甲虫类、蝇类和蜜蜂。靠鸟类和动物散播浆果。

（5）经济价值　本科包含大量的园艺观赏植物，如石柑属、海芋属、麵南星属、花叶万年青属、龟背竹属、喜林芋属、马蹄莲属和合果芋属等。芋、臭魔芋、印度马来海芋、隐籽芋属和黄秆芋等的球茎以及龟背竹属的果实可作食物。

（6）系统发育　本科被认为是单源的。哈钦松认为本科起源于百合科的蜘蛛抱蛋族。两性花被认为是更原始的特征，而本科中那些具单性花的种类是高度进化的。现代大多数分类系统把天南星科与浮萍科一起归于天南星目中，菖蒲科已经被移到一个分离出来的菖蒲目。同样在这些分类系统中，天南星目置于独立的天南星超目中（塔赫他间将天南星超目提升为独立的天南星亚纲；Dahlgren 和克朗奎斯特也将菖蒲科放在天南星目中）。APG Ⅱ和 APweb 将菖蒲科放在一独立的目，但将天南星科与其他几个科一起放在了泽泻目中，并将浮萍科和天南星科合并。本科被认为是单子叶植物类群相当早期的分支支系，并且和泽泻目的其余科为姐妹群（按照 APG Ⅱ的界定）。Thorne（2003）将天南星科分为 7 亚科：裸穗草亚科（1 属）、金棒花亚科（3 属）、石柑亚科（4 属）、龟背竹亚科（12 属）、刺芋亚科（10 属）、水芋亚科（1 属）和疆南星亚科（73 属），APweb 也认同 7 个亚科，但将龟背竹亚科与石柑亚科合并，而加入了浮萍亚科。Mayo 等（2003）通过对 5 个质体基因的分析，并未发现本科内明确的进化关系。但是，基部进化支（裸穗草亚科和金棒花亚科）是一致的，浮萍亚科作为本科其余类群的姐妹群，这是很确定的。Keating（2003a，b）将疆南星亚科分为三个亚科。

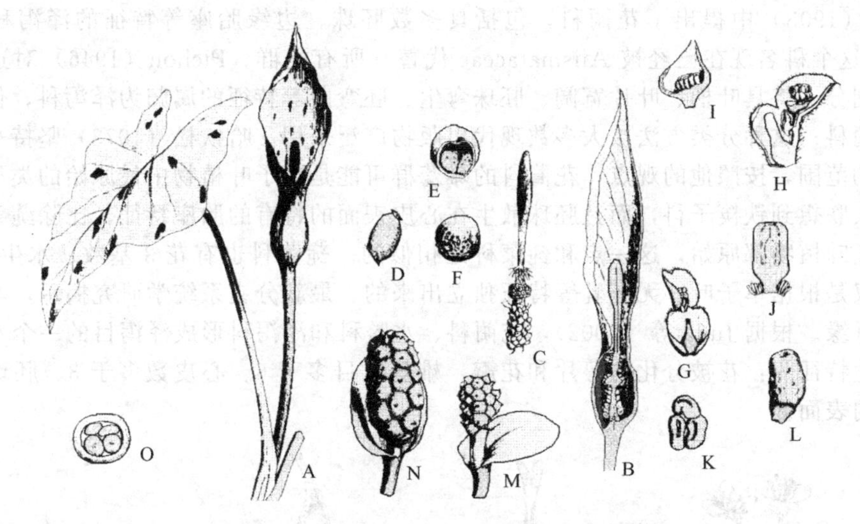

图 13.17　天南星科

点纹疆南星　A：具佛焰花序的植株；B：肉穗花序和佛焰苞的垂直切面；C：肉穗花序；D：雌蕊；E：果实，示种子；F：种子。大漂　G：花序；H：花序的垂直切面；I：子房的纵切面；J：直生胚珠的纵切面，具胎座绒毛；K：雄蕊群部分；L：种子。水芋　M：花序；N：成熟果实；O：心皮横切

13.2.3　花蔺科

1 属，仅花蔺 1 种（图 13.18）

分布在北温带地区，广布于亚洲和欧洲，在美洲热带归化。

（1）分类地位

分类系统 分类群	B&H	克朗奎斯特	塔赫他间	Dahlgren	Thorne	APG Ⅱ/（APweb）
门		木兰门	木兰门			
纲	单子叶植物纲	百合纲	百合纲	百合纲	被子植物纲	
亚纲		泽泻亚纲	泽泻亚纲	百合亚纲	泽泻亚纲	
系＋/超目	离生心皮系＋		泽泻超目	泽泻超目	泽泻超目	单子叶类①
目		泽泻目	花蔺目	泽泻目	泽泻目	泽泻目

注：B&H 置于泽泻科。

（2）突出特征　水生或沼生植物，叶呈条形三棱状，花序有花莛，伞状聚形花序，花被 2 轮，外轮淡绿，雄蕊 9，心皮离生，聚合蓇葖果。

（3）主要属　花蔺属（1 种）。

(4) 描述　水生或沼生植物。叶基生，具根茎，分泌腔存在，有乳汁，根木质部具导管，具单一或梯状端壁，茎木质部无导管，筛管质体P型，Ⅱ亚型。叶挺出，互生，二列状，具叶柄或无，具鞘，单叶，全缘，条形三棱状，平行脉，气孔平列型。花序具花莛，伞状聚伞花序，总苞有3枚苞片。花中等大小，生于长花梗上，3基数，整齐，两性，轮状。花被片6枚，离生，2轮，相似或外轮萼片状而内轮花瓣状，外轮常带绿色。雄蕊9枚，2轮（6+3），花药基着，纵裂，边向，单沟花粉粒。雌蕊群含6心皮，离生或基部联合，子房上位，心皮不完全闭合，花柱短，自腹侧下延，胚珠20～100，胎座散生，柱头具乳突。果实，聚合蓇葖果，种子无胚乳，胚直生（无弯曲），子叶1。

(5) 经济价值　可作观赏植物。根状茎烘烤后可食。

(6) 系统发育　花蔺属早期被Bentham和Hooker放在泽泻科中。Buchenau在恩格勒《植物界》（1903）中提出了花蔺科，包括具多数胚珠、边缘胎座等特征的泽泻科（Alismaceae）（这个科名现在已经被Alismataceae代替）所有类群。Pichon（1946）对这两科重新进行了划分，将具叶柄、叶片宽阔、胚珠弯生、胚弯曲等特征的属归为泽泻科，仅将花蔺属归为花蔺科；这种分类方法被大多数现代出版物广泛采用。哈钦松（1973）坚持采用更加广阔的科的范围，按照他的观点，花蔺科的雌蕊群可能是单子叶植物中最原始的类型，其离生心皮使人联想到铁筷子科，而且胚珠散生在心皮表面的特有的胎座特征，比除莼菜科外其他草本双子叶植物都原始，这一点和莼菜科是相似的。莼菜科也有花3基数、水生的特征，而花蔺科仅是根据单子叶、无胚乳等特征独立出来的。最新分支系统学研究揭示，本科与水鳖科更为近缘。根据Judd等（2002），花蔺科、水鳖科和泽泻科形成泽泻目的一个水生进化支，其衍生特征为：花被分化为萼片和花瓣、雄蕊数目多于6、心皮数多于3、胚珠散生在子房室的内表面。

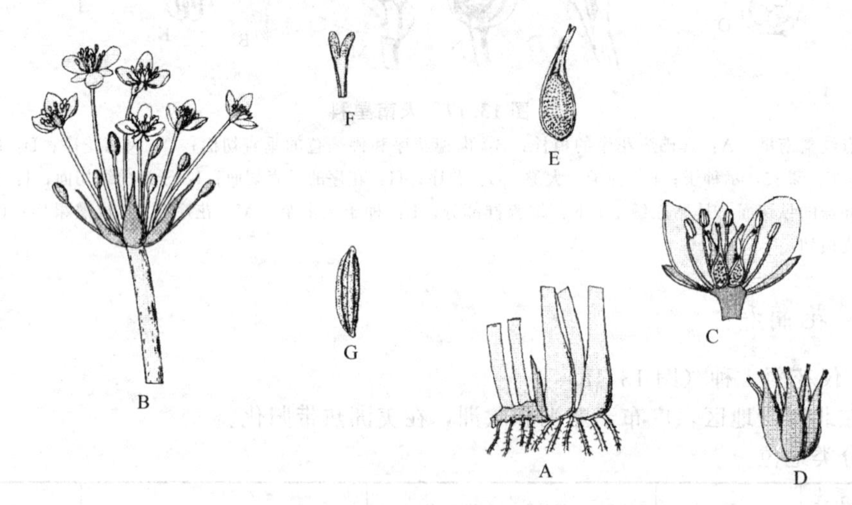

图13.18　花蔺科

花蔺　A：具基生叶的根状茎；B：具总苞的伞状聚伞花序；
C：花的纵切面；D：心皮；E：心皮纵切，示散生胚珠；F：柱头；G：种子

13.2.4 泽泻科

12属，80种（不包括黄花蔺科）（图13.19）

遍布全球，主要为淡水湿地、沼泽地、湖泊、江河及小溪等；大多数种类分布在新大陆。

(1) 分类地位

分类群 \ 分类系统	B&H	克朗奎斯特	塔赫他间	Dahlgren	Thorne	APGⅡ/(APweb)
门		木兰门	木兰门			
纲	单子叶植物纲	百合纲	百合纲	百合纲	被子植物纲	
亚纲		泽泻亚纲	泽泻亚纲	百合亚纲	泽泻亚纲	
系+/超目	离生心皮系+		泽泻超目	泽泻超目	泽泻超目	单子叶类①
目		泽泻目	泽泻目	泽泻目	泽泻目	泽泻目

注：B&H 采用泽泻科 Alismaceae。

(2) 突出特征　水生或沼生植物，具乳汁，叶有柄，叶片宽阔，具花序柄，花被两轮，分化为萼片和花瓣，雄蕊 6 至多数，心皮 6 至多数，离生，通常每心皮 1 胚珠，聚合瘦果，胚弯曲。

(3) 主要属　刺果泽泻属（35 种）、慈姑属（25 种）、泽泻属（9 种）和异株泽泻属（3 种）。

(4) 描述　水生或沼生草本；叶基生，具根状茎，具乳汁器，产生白色乳汁，根木质部具导管，导管具梯状至简单端壁，茎和叶中无导管。叶沉水或挺水，常为异形叶，互生，具柄或无，具鞘，单叶，羽状脉、掌状脉或平行脉，气孔平列型或四细胞型，具腋生鳞片。花序具柄，圆锥花序，末级花序分支为聚伞花序、总状花序、有时伞形花序或甚至单生，具总苞或无。花具苞片，两性或单性，雌雄同株或异株（异株泽泻属），整齐；3 基数，轮状。花被分化为花萼和花冠；萼片 3，离生，覆瓦状；花瓣 3，离生，白色、红色或粉色。雄蕊群常具 6 枚雄蕊，稀具多数分支的外雄蕊，离生，花药 2 室，纵裂，外向，花粉粒常具 2～3 萌发孔。雌蕊群具 3 心皮，稀多心皮，离生，子房上位，1 胚珠，基底胎座，倒生胚珠或横生胚珠。果实为聚合瘦果，种子无胚乳，子叶 1，胚马蹄形。

(5) 经济价值　在中国和日本，欧洲慈姑广泛种植以食用其球茎。慈姑属、泽泻属和刺果泽泻属等属的部分种可种在泳池边，也可养在鱼缸中。

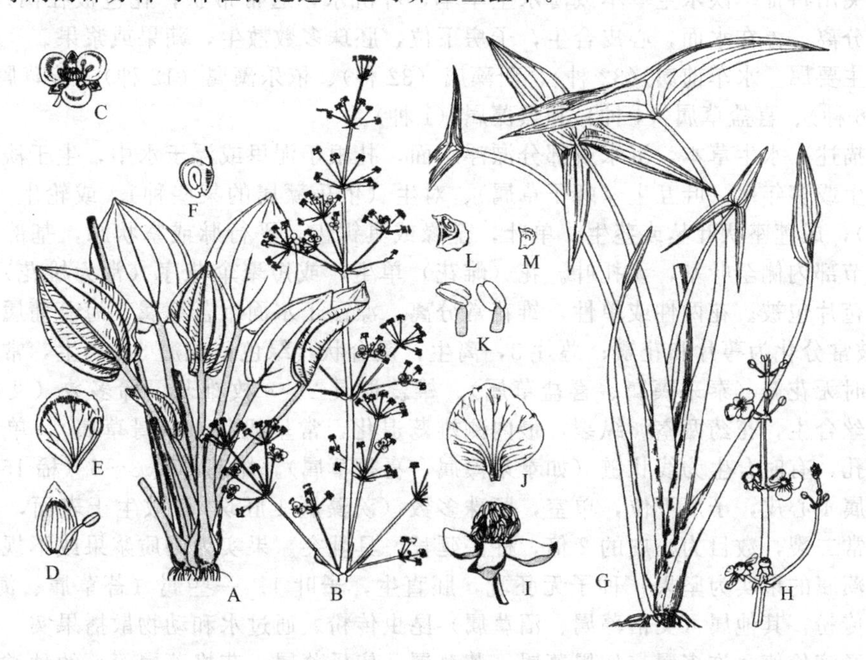

图 13.19　泽泻科

欧泽泻　A：具叶的植株基部；B：花序；C：花；D：外被片；E：内被片；F：瘦果。

欧洲慈姑，G：具箭形叶和花柄基部的植物体；H：花序；I：去除花瓣的雄花；J：花瓣；K：不同侧面观的雄蕊；L：瘦果；M：心皮

（6）系统发育　本科被重新定义（Pichon，1946），包括了具有乳汁管、叶具柄、叶片宽阔、胚珠弯生、种子具弯曲胚等一系列特征的所有属，也包括以前属于花蔺科的部分属。根据Judd等（2002），花蔺科、水鳖科和泽泻科形成泽泻目的一个水生进化支，其共同衍征为：花被分化为萼片和花瓣，雄蕊多于6个，心皮多于3个，胚珠散生在子房室的内表面等。具瘦果的属（如慈姑属、泽泻属、刺果泽泻属等）可形成一个单系类群（Chase等，1993）。本科常因雄蕊和心皮多数而被作为一原始的科。然而，发育与解剖研究表明：这些多数雄蕊是次生增加的结果，源自2轮6雄蕊的祖先特征。根据哈钦松（1973），由本科联想到毛茛科，毛茛泽泻属除了具单一子叶且无胚乳，似乎放在毛茛科中更好。根据Soros和Les（2002），刺果泽泻属是多系类群，明显地需要重新划分。

13.2.5　水鳖科

18属，110种（图13.20）

广泛分布于全世界，多数在热带、亚热带地区，生于淡水或海水中。

（1）分类地位

分类群＼分类系统	B&H	克朗奎斯特	塔赫他间	Dahlgren	Thorne	APGⅡ/（APweb）
门		木兰门	木兰门			
纲	单子叶植物纲	百合纲	百合纲	百合纲	被子植物纲	
亚纲		泽泻亚纲	泽泻亚纲	百合亚纲	泽泻亚纲	
系＋/超目	微子系＋		泽泻超目	泽泻超目	泽泻超目	单子叶类①
目		水鳖目	水鳖目	泽泻目	泽泻目	泽泻目

注：B&H作为水鳖科（Hydrocharideae）。

（2）突出特征　淡水生草本或海水生草本，叶沉水，通常带状，花包被在两片苞片内，雄花通常分离，浮在水面，心皮合生，子房下位，胚珠多数散生，蒴果或浆果。

（3）主要属　水车前属（32种）、茨藻属（32种）、依乐藻属（12种）、苦草属（8种）、水鳖属（6种）、喜盐草属（4种）和黑藻属（1种）。

（4）描述　水生草本，沉水或部分漂浮水面，扎根于泥里或浮于水中，生于淡水和海水中，一年生或多年生。叶互生（虾子草属）、对生（依乐藻属的某些种）、或轮生（黑藻属、软骨草属），成莲座状叶丛或茎生，单叶，全缘或具锯齿，平行脉或掌状脉，基部具鞘，鳞叶小，在节部内侧至叶基，无托叶。花（雌花）单生，或短聚伞花序（常为雄花），常有两片结合的苞片包被。花两性或单性，雄花常分离，漂浮于水面（苦草属、海菖蒲属和软骨草属）。花被常分化为萼片和花瓣；萼片3，离生，镊合状，绿色；花瓣3，离生，常白色，覆瓦状，有时无花瓣（泰来藻属、喜盐草属）。雄蕊群具2～3枚雄蕊，稀多数（艾格藻属），离生，花丝合生，花药两室，纵裂，最内侧雄蕊退化，常呈帆状（软骨草属），单沟花粉粒或无萌发孔，有时合生为线状链（如泰来藻属、喜盐草属）。雌蕊群具3～6（稀15）合生心皮，茨藻属1心皮，子房下位，单室，胚珠多数（茨藻属1胚珠），散生于表面，胎座常深陷；花柱常二裂，数目为心皮的2倍，柱头延长，具乳突。果实为肉质浆果或不规则开裂干蒴果，茨藻属的果实为坚果；种子无胚乳，胚直生，子叶1。一些属（苔草属、海菖蒲属）通过水媒传粉，其他属（艾格藻属、沼草属）昆虫传粉。通过水和动物散播果实。

（5）经济价值　许多属（如黑藻属、苦草属、依乐藻属、艾格藻属等）的种类可作水生观赏植物；在世界的许多地区，像黑藻、加拿大依乐藻等许多种已成为很棘手的杂草。

（6）系统发育　分支分类分析显示，水鳖科、花蔺科和泽泻科形成了一界限清楚的进化支。尽管本科是单源的（Dahlgren和Rasmussen，1983），但在形态上却是异源的，并被分为3亚科（哈钦松系统，1973；Thorne，2003：水鳖亚科、泰来藻亚科、喜盐草亚科）到5亚科（Dahlgren等，1985）。Les等（1997）得出结论，水鳖科是一界限清楚的群系。Tanaka等（1997）在两基因变异分析基础上提出了一系列有充分证据支持的节点，最终得到的类群划分与Les等（1997）的结论相似。尽管茨藻科具有明显不同的特征，如单心皮、1胚珠、子房上位等，Thorne、APGⅡ和APweb依然将其置于水鳖科。据推测茨藻属可能与水鳖科其他属是姐妹群，因此可作为一独立的科。APweb根据Les等（1997）研究结果在水鳖科下建立了7个界限清楚的类群（群系）。

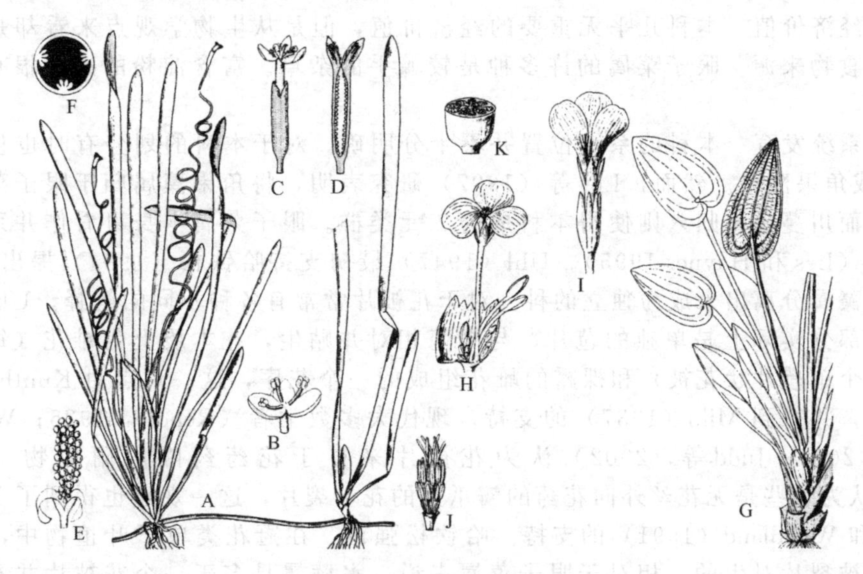

图13.20　水鳖科

苦草　A：植株，示匍匐茎、线形叶和着生在线圈状长柄上的雌花；B：分离且浮水生的雄花；C：雌花；D：雌花的垂直切面；E：具两联合苞片的雄花序；F：子房横切，示侧膜胎座。心叶水车前　G：具叶和花芽的植株；H：具打开佛焰苞的雄花；I：雌花；J：去除花被的雄花，示雄蕊和退化雌蕊；K：子房横切

13.2.6　眼子菜科

3属，90种（川曼藻科除外）（图13.21）

遍布全球，主要分布在池塘、沟渠和湖泊中。

（1）分类地位

分类系统／分类群	B&H	克朗奎斯特	塔赫他间	Dahlgren	Thorne	APGⅡ/(APweb)
门		木兰门	木兰门			
纲	单子叶植物纲	百合纲	百合纲	百合纲	被子植物纲	
亚纲		泽泻亚纲	泽泻亚纲	百合亚纲	泽泻亚纲	
系＋/超目	离生心皮系＋		泽泻超目	泽泻超目	泽泻超目	单子叶类①
目		茨藻目	眼子菜目	茨藻目	眼子菜目	泽泻目

注：B&H置于茨藻科。

（2）突出特征　水生草本，叶沉水或漂浮，花常为穗状，两性，花被片4，离生，雄蕊1～4，心皮4，离生，聚合瘦果。

（3）主要属　眼子菜属（83种）、鞘眼子菜属（6种）和对叶眼子菜属（1种）。

（4）描述　多年生或稀一年生淡水草本，具根状茎，茎大部分沉水，维管束退化，仅剩1轮，具气室，常有单宁酸，根部木质部具梯状端壁的导管，茎中无导管，筛管质体P型，PⅡ亚型。叶沉水或漂浮，基部具鞘，互生或对生（对叶眼子菜属），单叶，全缘，平行脉，沉水叶薄，无角质层和气孔，浮水叶厚，节部叶鞘内具小鳞叶。花序顶生或腋生穗状花序，常生于长的花序梗上，挺出水面，花序梗基部具鞘。花无苞片，整齐，两性，下位花，轮生。花被具4枚花被片（常体现为来自花药药隔的附属物，如此则无花被），离生，肉质，常具瓣爪。雄蕊4，离生，与花被贴生或对生，花药无花丝，纵裂，花粉粒球状，无萌发孔。雌蕊群具4枚离生心皮，子房上位，基底胎座至顶生胎座，胚珠1，弯生，双珠被，厚珠心，花柱短或无，柱头平截或头状。果实，为聚合瘦果或核果，种子无胚乳，含淀粉，子叶1，胚微弯。风媒传粉，通过水或动物散播果实。

（5）经济价值　本科几乎无重要的经济价值，但是从生物学观点来看却是水中生物的重要食物来源。眼子菜属的许多种是较棘手的杂草。富含淀粉的贮藏根有时可作食物。

（6）系统发育　本科的系统位置并不十分明确。对于本科的划分有时也包含川蔓藻属和/或角果藻属。然而，Les等（1997）研究表明，将角果藻属归于眼子菜科说服力很低，而川蔓藻属归入则使得本科成为二元类群。眼子菜属本身可看作并系类群或复系类群（Les和Haynes 1995）。Uhl（1947）最初支持哈钦松（1934）提出的观点，即将角果藻属分离出来成为独立的科。对于花被片常常有各种不同的解释。Uhl提出所谓的花被部分实际上是单独的苞片，与雄蕊相对并贴生，花本质上为雄花（每一雄花表现为一个单苞片状花被）和裸露的雌花组成的一个花序，这一观点由Kunth（1841）首次提出，并得到Miki（1937）的支持。现代大多数学者（Rendle，1925；Waston和Dallwitz，2000；Judd等，2002）认为花被片来自于花药药隔的附属物。哈钦松（1973）认为这些是无花丝外向花药的瓣爪上的花被裂片，这一观点也得到了Heywood（1978）和Woodland（1991）的支持。哈钦松强调，在冠花类单子叶植物中，雄蕊通常是与花被裂片对生的，相对于眼子菜属来说，水蕹属具多于一个花被片并不是十分进化的。如果说眼子菜属的花药为内向的，那么，花瓣状结构可看作是药隔基部的分支，这在有花植物中的确是一个非常独特的特征。

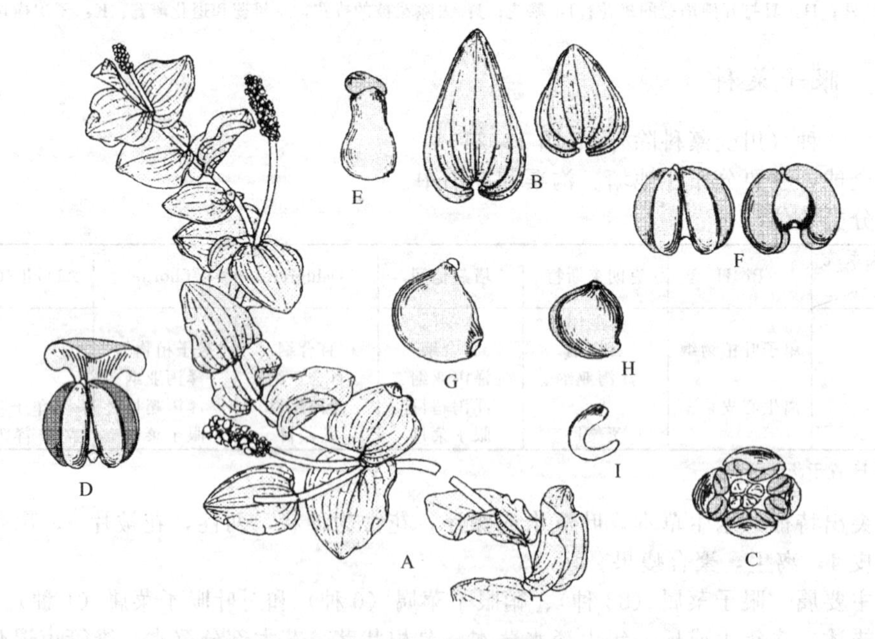

图13.21　眼子菜科

穿叶眼子菜　A：具果序和花序的植株；B：叶；C：花；D：与雄蕊合生的花被片；E：心皮；F：不同面观的花药；G：果实；H：包有坚硬的内果皮的种子；I：种子

13.3 百合亚纲

亚纲 3. 百合亚纲 Liliidae

超目 1. 露兜树超目 Pandananae(B)

目 1. 露兜树目 Pandanales

1. 露兜树科 Pandanaceae

目 2. 巴拿马草目 Cyclanthales

1. 巴拿马草科 Cyclanthaceae

目 3. 霉草目 Triuridales(A)

1. 霉草科 Triuridaceae

目 4. 翡若翠目 Velloziales(B)

1. 翡若翠科 Velloziaceae
2. 芒苞草科 Acanthochlamydaceae(B)

目 5. 百部目 Stemonales

1. 百部科 Stemonaceae

超目 2. 蒟蒻薯超目 Taccanae(B)

目 1 蒟蒻薯目 Taccales(B)

1. **薯蓣科 Dioscoreaceae**
2. 丝瓣藤科 Stenomeridaceae
3. 毛柄花科 Trichopodaceae
4. 蒟蒻薯科 Taccaceae
5. 水玉簪科 Burmanniaceae
6. 丝玉簪科 Thismiaceae(B)

超目 3. 百合超目 Lilianae(B)

目 1. 百合目(B)Liliales

1. 金梅草科 Campynemataceae
2. 黑药花科 Melanthiaceae
3. 延龄草科 Trilliaceae
4. 六出花科 Alstroemeriaceae
5. 秋水仙科 Colchicaceae
6. 刺藤科 Petermanniaceae
7. 垂花科 Philesiaceae
8. 菝葜木科 Luzuriagaceae
9. **菝葜科 Smilacaceae**
10. **百合科 Liliaceae**
11. 油点草科 Tricyrtidaceae
12. 裂果草科 Calochortaceae
13. 白玉簪科 Corsiaceae

目 2. 兰目 Orchidales

1. 澳韭兰科 Boryaceae
2. 仙茅科 Hypoxidaceae
3. **兰科 Orchidaceae**
4. 毛石蒜科 Lanariaceae
5. 芳香草科 Asteliaceae
6. 香水花科 Blandfordiaceae

目 3. 鸢尾目 Iridales

亚目 1. 鸢尾亚目 Iridineae

1. 基叶草科 Tecophilaeaceae
2. 矛花科 Doryanthaceae
3. 鸢尾蒜科 Ixioliriaceae
4. **鸢尾科 Iridaceae**

亚目 2. 日光兰亚目 Asphodelineae(B)

1. 血剑草科 Xeronemataceae(B)
2. 黄脂木科 Xanthorrhoeaceae
3. **日光兰科 Asphodelaceae**
4. 萱草科 Hemerocallidaceae
5. 红箭花科 Johnsoniaceae

亚目 3. 葱亚目 Alliineae

1. 花篱科 Anthericaceae
2. 异蕊草科 Laxmanniaceae
3. **葱科 Alliaceae**
4. 星捧月科 Aphyllanthaceae
5. 风信子科 Hyacinthaceae
6. 紫灯花科 Themidaceae
7. 非洲菝葜科 Behniaceae
8. 知母科 Amemarrhenaceae
9. 异菝葜科 Herreriaceae
10. **龙舌兰科 Agavaceae**

亚目 4. 天门冬亚目 Asparagineae

1. 天门冬科 Asparagaceae
2. 龙血树科 Dracaenaceae
3. 玲花蕉科 Nollinaceae
4. 洋莎草科 Eriospermaceae

13.3.1 露兜树科

3 属，875 种（图 13.22）

广布于旧大陆的热带和亚热带区，主要分布于海岸和沼泽地区。

(1) 分类地位

分类系统 / 分类群	B&H	克朗奎斯特	塔赫他间	Dahlgren	Thorne	APG Ⅱ/(APweb)
门		木兰门	木兰门			
纲	单子叶植物纲	百合纲	百合纲	百合纲	被子植物纲	
亚纲		槟榔亚纲	槟榔亚纲	百合亚纲	百合亚纲	
系+/超目	裸花系+		露兜树超目	露兜树超目	露兜树超目	单子叶类①
目		露兜树目	露兜树目	露兜树目	露兜树目	露兜树目

(2) 突出特征　大型灌木、乔木或藤本，具每年的叶基痕迹，有气生根，叶 3 列，质硬，肉穗花序，花单性，裸花，雄花具多枚雄蕊，心皮多数，离生或合生，果实为浆果或多室的核果，经常聚合成像凤梨一样的锥形聚花果。

(3) 主要属　露兜树属（750 种）、藤露兜属（123 种）和异露兜属（2 种）。

(4) 描述　乔木、灌木或多年生藤本（藤露兜属），具气生支持根，根经常穿透支持的宿主（藤露兜属）或甚至不存在（异露兜属），树干有每年的叶基痕迹。茎和叶的木质部导管有梯状的端壁。叶形成顶生的叶冠，3 列或 4 列，有时由于茎的旋转而呈螺旋状排列，长而窄，通常质硬或呈剑状，基部具鞘，有脊，边缘和脊常具刺，有时候甚至呈禾草状。肉穗花序包被在色彩亮丽的佛焰苞内，并且常包含一种花型，雄花和雌花生在不同的植株上（雌雄异株），异露兜属不具肉穗花序，为圆锥花序。花除异露兜属外均无花梗，单性，无花被，下位花。花被缺或发育不完全，有时形成一个浅杯（异露兜属）。雄花具多数雄蕊，花丝分离或结合，花药直立，2 室，基部附着，花药纵裂，雌花中常具退化雄蕊（藤露兜属）。雌花多心皮，离生或合生，子房上位，单室（心皮离生）或多室（心皮合生），胚珠 1（露兜树属）至多数（藤露兜属），倒生，花柱短或不存在，柱头接近无柄，雄花中常具不育子房。果实为浆果或多室的核果，常聚合成长圆形或球形类似于凤梨一样的聚花果；种子小，有肉质的胚乳和微小的胚。

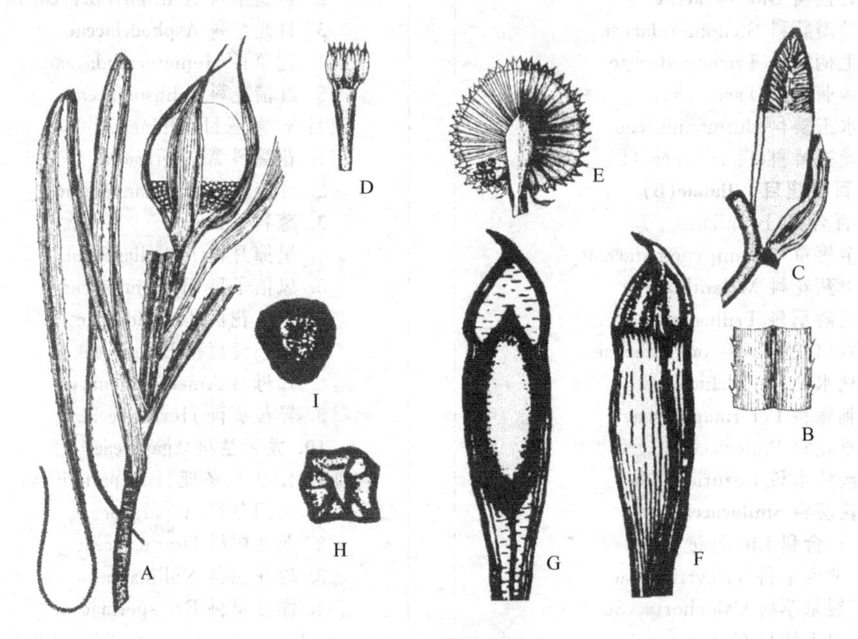

图 13.22　露兜树科

斯里兰卡露兜树　A：具叶和雌花序的植株；B：叶的一部分，示边缘具刺；C：雄花序；D：雄花具顶端有小尖头的花药；E：雌花序劈开，示花的排列；F：雌花具弯曲的花柱；G：雌花纵切；H：核果先端具宿存的柱头；I：种子

(5) 经济价值　露兜树属的一些物种是有用的食物来源。尼科巴面包树能产生一种大的在水中煮的球形水果。其他物种也生成能食用的果实，如有用露兜树和安达曼露兜树。极香露兜树的叶子可用于盖茅草屋和编织。气生根的纤维可用于制绳索和毛刷。这个种的花可用于生产受欢迎的印第安香精 Kewra。在马来半岛，香露兜树芳香的叶子可用作 poutpourris。班克斯藤露兜和威氏露兜树可用作观赏植物。

(6) 系统发育　露兜树科单独组成一个界定清晰的进化支包含在露兜树目下（Thorne、塔赫他间、Dahlgren、克朗奎斯特和哈钦松），或者和巴拿马草科、百部科、翡若翠科及霉草科一起组成一个进化支（APGⅡ、APweb）。巴拿马草科的位置因为它常常被置于相邻的目并未显示出多大的偏离。然而，霉草科置于露兜树目却很有意思。Takhtajan 把霉草科放在一个独立的亚纲，克朗奎斯特把它放在泽泻亚纲下，Dahlgren 把它放在单独的霉草超目下。该科置于露兜树目中得到由 18S rDNA 的研究支持（Chase 等，2000）。Thorne 早期（1999）把霉草科放在泽泻亚纲中，最终（2003）把它转移到百合亚纲、露兜树超目、霉草目下，并没有采用霉草超目。他还做了一个大的转变，就是把露兜树科放在百合亚纲的开始，而早期他把露兜树科放在该亚纲的最后。

13.3.2 薯蓣科

3 属，600 种（图 13.23）

主要分布在热带、亚热带地区，少数出现在温带。

（1）分类地位

分类群＼分类系统	B&H	克朗奎斯特	塔赫他间	Dahlgren	Thorne	APGⅡ/(APweb)
门		木兰门	木兰门			
纲	单子叶植物纲	百合纲	百合纲	百合纲	被子植物纲	
亚纲		百合亚纲	百合亚纲	百合亚纲	百合亚纲	
系＋/超目	上位花系＋		薯蓣超目	百合超目	蒟蒻薯超目	单子叶类①
目		百合目	薯蓣目	薯蓣目	蒟蒻薯目	薯蓣目

（2）突出特征　木质或草质藤本，叶互生，心形，叶柄两端有叶枕，网状脉，花序为腋生总状、穗状或伞状花序，花单性，果实为蒴果，种子具翅。

（3）主要属　薯蓣属（575 种）、闭果薯蓣属（20 种）和 *Tamana*（5 种）。

（4）描述　多年生草质或木质藤本，具块茎或根状茎，有些为矮灌木，常缠绕在支持物上，茎中维管束 1 或 2 轮。叶常互生，有时对生（参薯），单叶，心形，有时掌状浅裂或复叶（五叶薯蓣），有柄，叶柄的基部和上部均具叶枕，有时具类似翼缘的托叶，有时在表面或内部具腺体，腺体内有固氮菌，掌状网脉，气孔不规则型，叶轴常有珠芽。花序，腋生，圆锥状、总状或穗状花序，花单生或 2～3 朵簇生。花常单性（雌雄异株），小，无柄或稀具花柄，辐射对称。花被片 6，2 轮，分离或在基部合生成管。雄蕊 6 枚，2 轮，生于花被的基部，有时 3 个退化，花丝分离或稍联合，花药 2 室，药隔有时宽阔；花粉粒单沟或多孔。雌蕊 3 心皮，合生，子房下位，3 室，中轴胎座，每室有胚珠 2 枚（稀多数），花柱 3，分离或合生。果实为 3 果瓣的蒴果或浆果，稀翅果；种子通常扁平有翅，具胚乳和小的胚，常第 2 枚鳞片状子叶，种皮含黄棕色到红色的色素和晶体。

（5）经济价值　薯蓣属的很多种由于富含淀粉的块茎（山药）而被栽培。有些种是皂角苷的来源，皂角苷最近几年被开发为口服避孕药。

（6）系统发育　本科通常被放在薯蓣目下。Dahlgren（1985）认为薯蓣目也包括菝葜科和延龄草科，而且认为薯蓣目可能代表原始的单子叶植物。这个目的最初定位（由 Stevenson 和 Loconte 提倡，1995）并不被基于 *rbcL* 序列和形态学资料的分支分类分析所支持（Chase 等，1995），Thorne 把薯蓣科和蒟蒻薯科包括在蒟蒻薯目下，而塔赫他间把蒟蒻薯科放在单型的蒟蒻薯目下，保持薯蓣科及与其密切相关的科放在薯蓣目中。克朗奎斯特早期把它包括在广义的百合目中。薯蓣目的范围在 APGⅡ和 APweb 变得更窄了，只包括纳茜菜科、薯蓣科、水玉簪科，菝葜科和延龄草科（后者被置于黑药花科）被转移到百合目，并且百部科被转移到露兜树目，但是合并了蒟蒻薯科、丝瓣藤科、毛柄花科和薯蓣科（Thorne 认为这些科都是很独立的科）。狭义的薯蓣目是单源的，得到了形态学和 *rbcL* 序列证据的支持（Chase 等，1995）。尽管纳茜菜科的位置在最近的研究（Chase

等，2000；Caddick 等，2002）中缺乏有力的支持。Thorne 早期（1999，2000）把蒟蒻薯目放在百合超目下的百合目，最终（2003）把它重新移到独立的蒟蒻薯超目，位于百合超目之前，露兜树超目之后，而露兜树超目被移到了百合亚纲的开始。

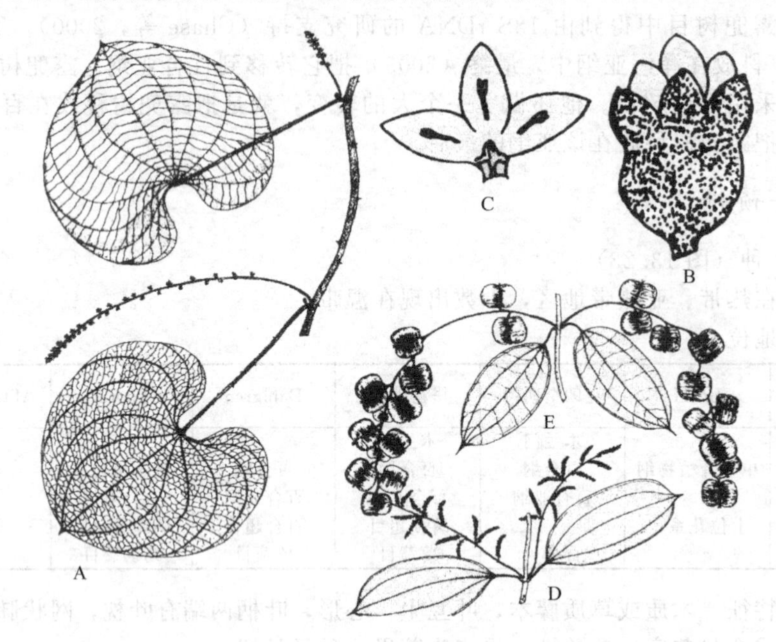

图 13.23　薯蓣科

刺薯蓣　A：具互生叶雄株；B：雄花；C：展开的雄花。对叶薯蓣，D：具对生叶和花的雄株；E：具果的雌株

13.3.3 菝葜科

3 属，320 种（图 13.24）

主要分布在热带和亚热带，温带地区也有分布。

（1）分类地位

分类系统 / 分类群	B&H	克朗奎斯特	塔赫他间	Dahlgren	Thorne	APGⅡ/（APweb）
门		木兰门	木兰门			
纲	单子叶植物纲	百合纲	百合纲	百合纲	被子植物纲	
亚纲		百合亚纲	百合亚纲	百合亚纲	百合亚纲	
系＋/超目	冠花系＋		薯蓣超目	百合超目	百合超目	单子叶类[①]
目		百合目	菝葜目	薯蓣目	百合目	百合目

注：B&H 置于百合科。

（2）突出特征　木质或草质藤本，通过托叶卷须攀援，茎有时具刺，叶互生，网状脉，花序腋生，总状、穗状或伞形花序，花单性，浆果，含 1～3 枚种子。

（3）主要属　菝葜属（300 种），肖菝葜属（13 种）和无须菝葜属（7 种）。

（4）描述　草质或木质藤本，有成对的托叶卷须，茎具刺，有地下根状茎或块茎。叶互生或对生，多革质，具柄，3 出脉，托叶（或叶鞘）发育为卷须（菝葜属），网状脉。花腋生，总状、穗状或聚伞花序。花小，单性（雌雄株异）或两性（无须菝葜属），花整齐，下位，3 基数。花被片 6 枚，等大或近等大，2 轮，分离或合生成管（肖菝葜属）。雄蕊 6 枚（很少为 3 或 9），分离或合生，花药因 2 室融合而为 1 室，花药内向，花粉粒无萌发孔或有单沟，雌花有退化雄蕊。雌蕊具 3 枚合生心皮，子房上位，3 室，每室 1～2 个胚珠，中轴胎座，胚珠悬垂，直生或半倒生，柱头 3。果实为浆果，含 1～3 枚种子，胚小，胚乳硬。

昆虫传粉，由鸟散布果实。

(5) 经济价值　菝葜属的几个种是药用菝葜根的来源，用于治疗风湿病和其他疾病。菝葜干燥的根状茎产生的浓缩物可用作兴奋剂。嫩的茎和浆果有时作为食物。

(6) 系统发育　早期包括在百合科下（Bentham 和 Hooker，恩格勒和柏兰特），后来哈钦松（1934，1973）把它单独列为一个科，按照他的观点，该科成员在习性、花雌雄异株和药室融合等方面和百合科有明显的区别。他认为菝葜科为百合科共同祖先，因而属于更高级类群。Dahlgren 等（1985）认为本科和薯蓣科密切相关，应该包括在薯蓣目下。然而，形态学研究（Conran，1989）和 *rbcL* 序列分析（Chase 等，1993）则支持了它位于百合目下（克朗奎斯特，1988；Thorne；APG Ⅱ；APweb）。克朗奎斯特在菝葜科中也包括了萎瓣花属，花须藤属，金钟木属等属。然而据 Chase 等，这样划分就使得菝葜科成为复系类群的。本科的单源性（仅包括菝葜属，肖菝葜属和无须菝葜属三个属）得到形态学和分子证据的支持。APG Ⅱ 和 APweb 把无须菝葜属包括在一个单独的科无须菝葜科下（叶对生，花粉网状），而 Judd 等人（2002）则把无须菝葜属放在菝葜科下。Thorne（2003）把这个科分为两个亚科：菝葜亚科和无须菝葜亚科。

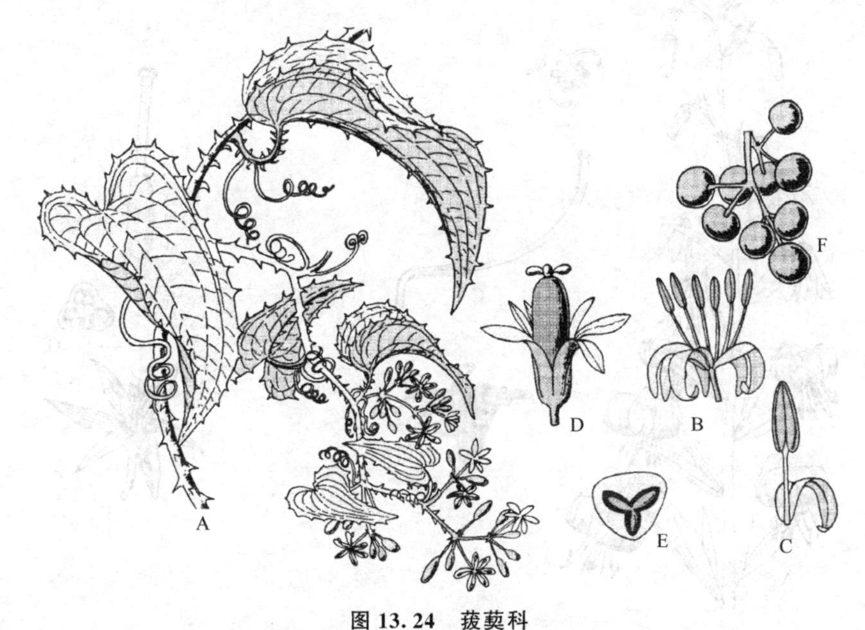

图 13.24　菝葜科

穗菝葜　A：具叶、托叶卷须和花序的部分植株；B：雄花；C：具雄蕊的花被片；D：雌花；E：子房横切；F：带浆果的果序

13.3.4　百合科

11 属，545 种（图 13.25）

广泛分布在北半球，主要是在温带地区。

(1) 分类地位

分类群＼分类系统	B&H	克朗奎斯特	塔赫他间	Dahlgren	Thorne	APG Ⅱ/(APweb)
门		木兰门	木兰门			
纲	单子叶植物纲	百合纲	百合纲	百合纲	被子植物纲	
亚纲		百合亚纲	百合亚纲	百合亚纲	百合亚纲	
系＋/超目	冠花系＋		薯蓣超目	百合超目	百合超目	单子叶类①
目		百合目	百合目	百合目	百合目	百合目

注：克朗奎斯特也将石蒜科、天门冬科、葱科等其余的几个科一起包括在百合科内

(2) 突出特征　草本，叶互生或轮生，基部有鞘，花不包于佛焰苞内，花两性，3 基数，花被片 6，雄蕊 6，花丝分离，心皮 3，合生，子房上位，中轴胎座，果实为蒴果。

(3) 主要属　贝母属（90 种）、顶冰花属（80 种）、郁金香属（80 种）和百合属（75 种）。

(4) 描述　多年生草本，有地下鳞茎，一般有短缩根。叶多数基生、对生或轮生，常为线形或带状，单叶，全缘，平行脉，无托叶。花序常为总状花序（百合属），有时单花（郁金香属）或近伞形花序（顶冰花属）。花艳丽，两性，辐射对称，稀两侧对称，3 基数，下位花。花被片 6 枚，2 轮（外侧代表萼片，内侧是花瓣），花瓣状，常有斑点或条纹，常合生为管状，花被片基部有蜜腺。雄蕊 6 枚，2 轮，花丝分离或贴生于花被筒上。雌蕊 3 心皮，合生，子房上位，3 室，胚珠多数，中轴胎座，花柱单一，柱头 3 裂。果实为室间开裂的蒴果，稀浆果；种子常扁平，表皮发育良好，种皮非黑色，胚小，胚乳丰富。昆虫传粉，尤其是蜜蜂、黄峰、蝴蝶。种子通过水或风散播。

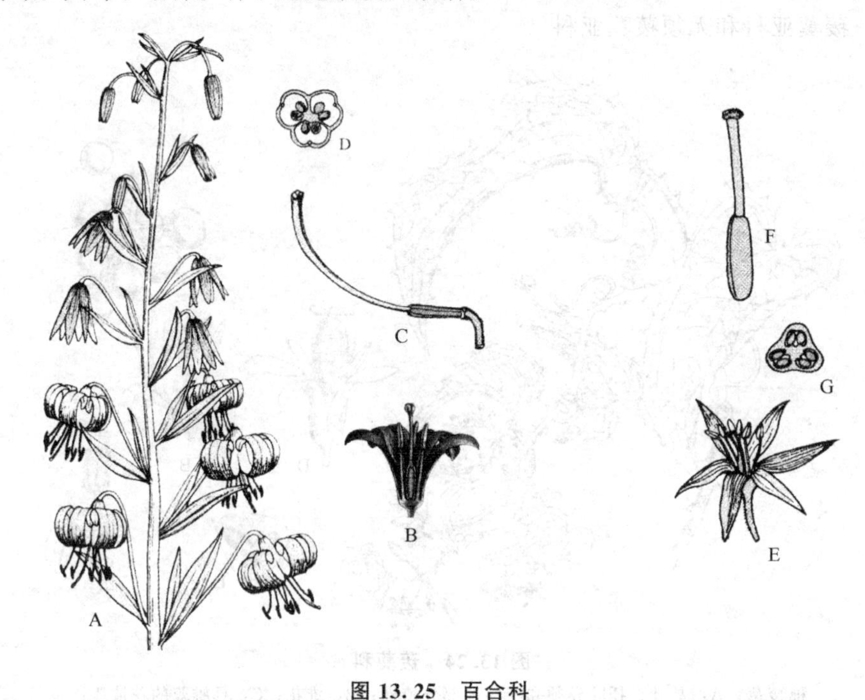

图 13.25　百合科

A：多叶百合花枝；B：加拿大百合花纵切；C：剑叶百合雌蕊；D：剑叶百合子房横切。
假网状顶冰花　E：花；F：雌蕊；G：子房横切

(5) 经济价值　本科主要用于观赏，如百合（百合属）、郁金香（郁金香属）和贝母属。

(6) 系统发育　本科的范围在最近几年有了很大的缩小。以前包括在该科的很多属都移到了其他的科：秋水仙属（秋水仙科——具球茎）、延龄草属（延龄草科——根状茎，叶轮生，花被包括萼片和花瓣）、葱属（葱科——鳞茎，伞形花序，有佛焰苞，葱蒜味，种子黑色）、日光兰属和芦荟属（日光兰科——总状花序，种子黑色，叶肉质，常有有色的汁液）、天门冬属（天门冬科——果实浆果，叶退化，种子黑色）和假叶树属（假叶树科 Ruscaceae——叶膜质，花丝结合），在最近的 APG Ⅱ 和 APweb 分类中，上述后四科和一些其他的科被置于单独的天门冬目。Thorne 早期（1999，2000）把这四个科（和其他从广义百合科分出的科）都归于兰目，但是后来（2003）又把这些科和其他的科一起转到鸢尾目，这也带来了科目界定上的一些变化（假叶树科和铃兰科包括在天门冬科下）。这个狭义科最初由

Dahlgren 提出（1985），通过 Chase 等（1995a，1995b）的分支分类研究证实形成了一个单系类群。而相反，克朗奎斯特扩大了该科的范围，除包括上面提到的那些科外，还将大的石蒜科也包括在百合科下。

13.3.5 兰科

788属，18 500种（菊科后的第二大科）（图13.26）

广泛分布，最常见的是在潮湿的热带雨林（那里通常为附生植物），亚热带和温带地区也有分布。

（1）分类地位

分类系统 / 分类群	B&H	克朗奎斯特	塔赫他间	Dahlgren	Thorne	APG Ⅱ/（APweb）
门		木兰门	木兰门			
纲	单子叶植物纲	百合纲	百合纲	百合纲	被子植物纲	
亚纲		百合亚纲	百合亚纲	百合亚纲	百合亚纲	
系+/超目	微子系+		百合超目	百合超目	百合超目	单子叶类①
目		兰目	兰目	兰目	兰目	天门冬目

（2）突出特征　多年生草本，具根被，叶2列，花3基数，两侧对称，花冠有2个侧花瓣和唇瓣，花粉成花粉块，子房下位，种子微小。

（3）主要属　肋枝兰属（1100种）、石豆兰属（970种）、石斛属（900种）、柱瓣兰属（800种）、玉凤花属（580种）、羊耳蒜属（320种）、沼兰属（280种）、鸢尾兰属（280种）、虾脊兰属（1000种）、香果兰属（100种）和万代兰属（60种）。

（4）描述　多年生草本，陆生（沼兰属，红门兰属）、附生（鸢尾兰属，石斛属）或腐生（天麻属，薄囊兰属），稀攀援（香果兰属），具根状茎、块根，球茎或根茎，根为菌根，具有许多连续的死上皮细胞形成的根被。茎上有叶或花莛，基部加粗形成假鳞茎，有气生根。叶常互生，2列，稀对生，有时退化为鳞片，常肉质，单叶，全缘，基部有鞘，鞘闭合且环绕着茎，平行脉，无托叶，气孔四细胞型。花序为总状花序、穗状花序或圆锥花序，有时单花，稀闭花受精。花常两性，稀单性，两侧对称，非常艳丽，在发育过程中旋转180度（向上翻转）。花被分化为萼片和花瓣；萼片3，分离或联合，常花瓣状，覆瓦状排列，相似或背部的较小，侧面多少与子房结合。花瓣3，分离，中间的花瓣特化成唇瓣，通常有点和各种颜色，有时囊状，甚至基部有距，侧花瓣和萼片相似。雄蕊群常为1枚雄蕊，有时2（拟兰属）或3枚（三蕊兰属），与花柱、柱头合生成柱状（合蕊柱）和唇瓣相对，合蕊柱上花药无柄，2室，纵裂，内向；花粉粒粉状或蜡状，黏合成花粉块，每个花粉块有1个不育的部分称花粉块柄，1朵花中有2～8个花粉块。雌蕊有3个合生心皮，子房下位，1室，侧膜胎座，稀为3室的中轴胎座（拟兰属），柱头3，一个常转化为不育的蕊喙，蕊喙常有一个黏垫称作黏盘黏附到花粉块；胚珠多数，微小，倒生，薄珠心。果实为开裂的蒴果或肠状的浆果；种子多数，微小，胚很小，无胚乳。主要通过像蜜蜂、黄蜂、蛾和蝴蝶等昆虫授粉。眉兰属的花和雌黄峰相似，拟交配导致了传粉，雄黄峰被花的形状气味吸引，误以为是雌黄峰。微小的粉尘状种子随风传播。

（5）经济价值　本科包含大量的观赏植物，以它们艳丽的花而著称，主要有洋兰属、石斛属、兰属、柱瓣兰属、万带兰属、贝母兰属和长萼兰属。本科唯一的食物产品是香果兰调味品从扁叶香果兰果实中获得的。

（6）系统发育　兰科一般被认为是一个自然类群，本科的单源性通过形态学和 *rbcL* 序列分析得到支持（Dressler，1993；Dahlgren 等，1985）。本科一般被分为3个亚科：拟兰亚科、构兰亚科和兰亚科。前两者各包括一个族，但是最后的亚科包括了将近99%的兰科种类，分为4个族。拟兰亚科被认为是其余兰科植物的姐妹群（Dressler，1993；Cameron等，1999），并且其单源性通过单穿孔的导管和特殊的种子类型得到支持。杓兰亚科通常被认为是明显的单系类群（Judd等，1999），有囊状的唇瓣、2个功能性的雄蕊及没有花粉块等特征支持。兰亚科的成员都具有锐尖的花药顶点、柔软的茎、缺乏硅酸体。而最近有人提出了5个亚科的观点，另两个亚科是香果兰亚科和柱瓣兰亚科（APweb，Thorne，2003）。然而最近的研究对于杓兰亚科的位置又有很多不确定性，比如，它可能和香果兰亚科同源（虽然趋势较弱）（Freudenstein & Chase 2001）或可能是兰亚科减去拟兰亚科的姐妹群（Cameron 2002；Stevens，2003）。

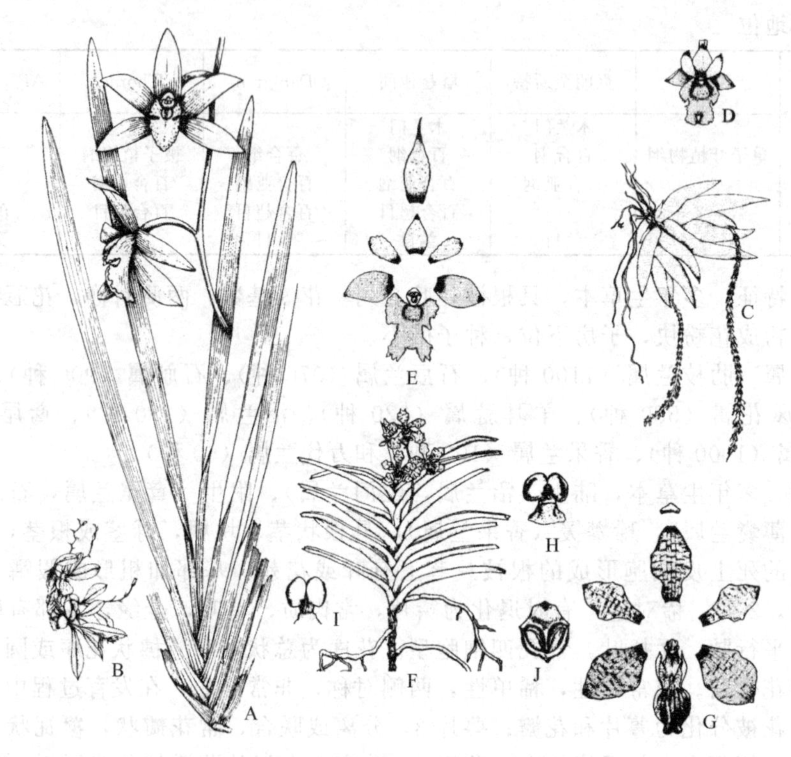

图 13.26　兰科

A：具叶和花的虎头兰；B：两鞘毛兰，具花序的植株。外弯鸢尾兰　C：附生植株，具剑形叶和下垂花序；D：花；E：分离的花部，示从上向下看的苞片，3枚萼片，2枚侧瓣和下方的1枚唇瓣。方格纹万代兰　F：附生植株，具花序；G：分离的花部；H：花粉块背面观，具腺体和舌片；I：花粉块正面观；J：药帽里面观

13.3.6 鸢尾科

60属，1800种（图13.27）

广泛分布于热带和温带，主要分布在南非、地中海区域、中南美洲。

（1）分类地位

分类系统 分类群	B&H	克朗奎斯特	塔赫他间	Dahlgren	Thorne	APGⅡ/（APweb）
门		木兰门	木兰门			
纲	单子叶植物纲	百合纲	百合纲	百合纲	被子植物纲	
亚纲		百合亚纲	百合亚纲	百合亚纲	百合亚纲	
系＋/超目	上位花系＋		百合超目	百合超目	百合超目	单子叶类①
目		百合目	兰目	百合目	鸢尾目	天门冬目

(2) 突出特征　多年生草本，叶嵌叠状着生，基部有鞘，花两性，萼片花瓣状，花瓣有斑点，子房下位，花柱花瓣状，果实为蒴果。

(3) 主要属　鸢尾属（240种）、唐菖蒲属（230种）、肖鸢尾属（125种）、庭菖蒲属（100种），番红花属（75种）、鸟胶花属（45种）、香雪兰属（20种）和虎皮花属（12种）。

(4) 描述　多年生草本，有根状茎（鸢尾属）、球茎（唐菖蒲属）或鳞茎，束鞘有柱状的氧化钙晶体，具单宁和萜类化合物。叶互生，2列，常无柄，嵌叠着生（上升的边缘对着茎部），单叶，全缘，基部鞘状，平行脉，无托叶。花序为聚伞花序、总状花序、穗状花序或圆锥花序，有时单生，常包在1个或多个佛焰苞状的苞叶内。花两性，艳丽，辐射对称（庭菖蒲属）或两侧对称（唐菖蒲属），3基数，上位花。花被6片，2轮，常分化为萼片和花瓣。萼片3，分离或联合，覆瓦状排列，有时向下弯曲，有毛状饰物（胡子鸢尾）。花瓣3，分离（肖鸢尾属）或联合（番红花属），与萼片联合形成一个花被管，花瓣有时有斑点，在胡子鸢尾花瓣直立（形成标准）。雄蕊3枚，稀2枚，花丝分离或联合，有时联生到花被，花药2室，纵裂，花药外向，有时黏到分支上。雌蕊3心皮，合生，子房下位，很少上位（剑叶兰属），3室，中轴胎座，稀单室具侧膜胎座（蛇头鸢尾属），胚珠少数到多数，倒生或弯生，花柱上部3裂，有时呈花瓣状。果实为开裂蒴果，瓣裂，通常在顶端有明显环痕；种子常有假种皮，胚乳丰富，胚小，种皮常肉质。花主要藉昆虫传粉，尤其是蜜蜂和蝇类，有些种靠鸟媒传粉（硬鸢尾属），很少靠风媒传粉（漏斗花属）。种子靠风或水散播。

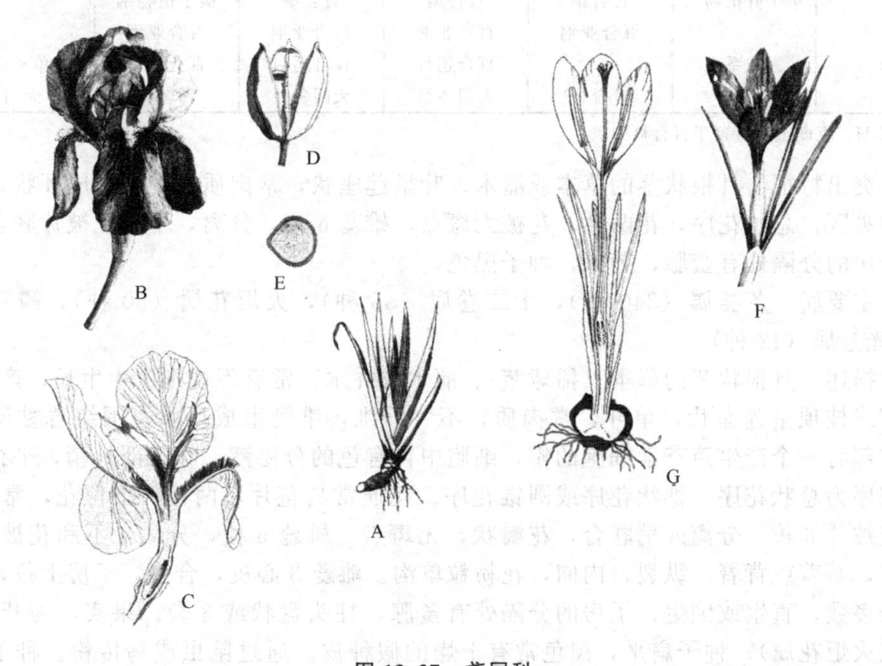

图 13.27　鸢尾科

德国鸢尾　A：根状茎和基生叶；B：花；C：花纵切；D：蒴果瓣裂；E：种子纵切；

春番红花，F：花和叶；G：植株纵切

(5) 经济价值　本科包括一些最受欢迎的园林观赏植物，如唐菖蒲属、鸢尾属、香雪兰属、魔杖花属、虎皮花属和庭菖蒲属。番红花的橘黄色柱头，广泛用作食品色和调味剂。香根鸢尾的根被用于制作香水和化妆品。

(6) 系统发育　本科和百合科相近。剑叶兰属具上位子房，有时被移到一个单独的科，但根据哈钦松（1973），其除了子房上位的特性，都和鸢尾类的特征一致，因此将本科放在这里。本科通常划分为若干族，其中庭菖蒲族有分离的花被，具根状茎，无花柱分支，被认为是最原始的（Hutchinson）。唐菖蒲族和花菖薄族更高级，花被两侧对称，具弯曲的花被管，蓬样的背部裂片。本科的位置还不确切。然而哈钦松把它移到清晰的鸢尾目下，塔赫他间把它放在兰目下，Dahlgren 和克朗奎斯特则将其放在百合目下。在最近 APG 的分类中，主要基于 *rbcL* 序列分析（Chase 等，1995a），将其放在一个广义的天门冬目下。而形态学研究（Chase 等，1995b；Stevenson 和 Loconte）则把它放在百合目内。结合这两方面的研究成果，则把该科放在天门冬目下。Rudall（2001）认为下位子房是该目的共衍特征，指出在“更高一级的”天门冬目（现在 APGⅡ减到只剩 2 个科：葱科和天门冬科），才可能会有大的倒退，出现上位子房。Thorne 早期（1999，2000）认为鸢尾科在兰目下，但随后（2003）把它和其他一些科转到鸢尾目，狭义的兰目仅含 6 个科。

13.3.7 芦荟科

15 属，510 种（图 13.28）

分布于旧世界的温带和热带地区，尤其是南非，通常见于干旱环境。

（1）分类地位

分类系统 / 分类群	B&H	克朗奎斯特	塔赫他间	Dahlgren	Thorne	APGⅡ/（APweb）
门		木兰门	木兰门			
纲	单子叶植物纲	百合纲	百合纲	百合纲	被子植物纲	
亚纲		百合亚纲	百合亚纲	百合亚纲	百合亚纲	
系＋/超目	冠花系＋		百合超目	百合超目	百合超目	单子叶类①
目		百合目	天门冬目	天门冬目	鸢尾目	天门冬目

注：B&H，克朗奎斯特置于百合科中。

（2）突出特征　具根状茎的草本或灌木，叶呈莲座状，常肉质，维管束成环状，围绕着黏质的中央区，总状花序，花两性，花被无斑点，雄蕊 6 枚，分离，不与花被片联合，子房上位，子房的分隔处有蜜腺，蒴果，种子黑色。

（3）主要属　芦荟属（340 种），十二卷属（55 种），火炬花属（50 种），鳞芹属（50 种），日光兰属（12 种）。

（4）描述　具根状茎的草本（稀球茎）、灌木或乔木，常有不规则次生生长，产生蒽醌。叶在基部或枝顶呈莲座状，单叶，常肉质，不含纤维，维管束成环状，围绕着黏质的软组织，韧皮部有一个产生芦荟素细胞的帽，细胞中含有色的分泌液，叶基部具鞘，平行脉，无托叶。花序为总状花序、穗状花序或圆锥花序。花通常具苞片，两性，下位花，常艳丽，3 基数。花被片 6 枚，分离或稍联合，花瓣状，无斑点。雄蕊 6 枚，分离，不和花被片联合，花药 2 室，基着或背着，纵裂，内向，花粉粒单沟。雌蕊 3 心皮，合生，子房上位，中轴胎座，胚珠多数，直生或倒生，子房的分隔处有蜜腺，柱头盘状或 3 裂。果实，为开裂蒴果，稀浆果（火炬花属）；种子扁平，黑色常有干燥的假种皮。通过昆虫或鸟传粉。种子主要靠风散播。

（5）经济价值　包括芦荟属、十二卷属、火炬花属、脂麻掌属等几个属都被用作观赏植物。芦荟属的几个种被用于制作化妆品并用来提取药品。

（6）系统发育　芦荟科的成员早期包括在百合科下，现在单独列出。Dahlgren 等（1985）是第一个在分类时，区分出本科和上面提到的几个小科的作者。他们提出的两个亚科日光兰亚科和芦荟亚科中，后者明显是单源的，因为离态叶有中央凝胶区，有产生芦荟素的细胞层和二态的染色体组型。日光兰亚科包括火炬花属，火炬花属无产生芦荟素的细胞层，且是浆果，鳞芹属和芦荟亚科、日光兰属都很接近。芦荟亚科的提出使得日光兰亚科成为并系类群（Stevens，2003）。本科一般包括在天门冬目下（Dahlgren，塔赫他间，APG

Ⅱ，Judd等，APweb），但Thorne（2003）把它放在鸢尾目日光兰亚目下。Treutlein等（2003）基于叶绿体DNA序列（*rbcL*，*matK*）和遗传指纹图谱（ISSR）得出关于芦荟属的属间界限确定还令人不太满意的结论。

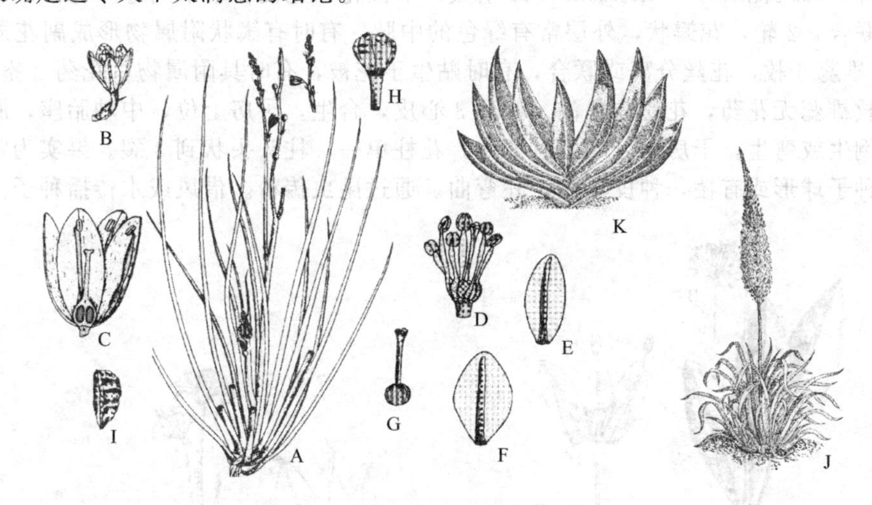

图13.28 芦荟科

小管状日光兰 A：具花莛的植株；B：花；C：花纵切；D：去掉花被的花，示雄蕊和雌蕊；E：外轮花被片；F：内轮花被片；G：雌蕊，示子房、单一花柱和3裂的柱头；H：蒴果；I：种子；J：奥氏独尾草具基生叶和花莛的植株；K：沙鱼掌具基生叶的植株

13.3.8 葱科

80属，1336种（图13.29）

广泛分布在热带和温带地区，常生长在半干旱的环境中。

包括5个亚科：葱亚科（2属，即葱属和穗花韭属；500种）、紫娇花亚科（1属，22种）、吉利葱亚科（10属，75种；包括假葱属）、百子莲亚科（1属，9种）、石蒜亚科（66属，730种）。下面的讨论包括前四个亚科，石蒜亚科是最大的一个亚科，单独讨论。

（1）分类地位

分类系统 / 分类群	B&H	克朗奎斯特	塔赫他间	Dahlgren	Thorne	APGⅡ/（APweb）
门		木兰门	木兰门			
纲	单子叶植物纲	百合纲	百合纲	百合纲	被子植物纲	
亚纲		百合亚纲	百合亚纲	百合亚纲	百合亚纲	
系+/超目	冠花系+		百合超目	百合超目	百合超目	单子叶类①
目		百合目	石蒜目	天门冬目	鸢尾目	天门冬目

注：B&H，克朗奎斯特置于百合科中；B&H将石蒜科放在上位花组。

（2）突出特征 多年生草本，有鳞茎，具乳汁，有葱蒜味，叶基有鞘，花序具花莛，伞状聚伞花序，包在佛焰苞内，花两性，花被无斑点，雄蕊6枚，常和花被联生，子房上位，果实为蒴果。

（3）主要属 葱属（499种）、假葱属（35种）、紫娇花属（22种）、百子莲属（9种）、智利葱属（5种）和吉利葱属（3种）。

（4）描述 多年生草本，有鳞茎和伸缩性根，茎减缩，稀具球茎（穗花韭属）或根状茎（百子莲属，紫娇花属），导管分子有单纹孔，有乳汁管，分泌有葱蒜味或蒜味的硫化物，如烯丙基硫醚、乙烯基二硫醚等。叶多基生，互生，单叶，圆柱状或扁平，常为管状，全缘，平行脉，基部鞘状成鳞茎的被膜，无托叶。花序具花莛，伞状聚伞花序，包在佛焰苞内，佛焰苞包被着花芽，有些种产生珠芽而不是花，稀为穗状花序（*Milula*）。花无苞片，两性，常辐射对称，稀两侧对称（*Gilliesia*），3基数，下位花，花梗长短不均等。花被片6枚，分离或基部联合，2轮，花瓣状，外层常有绿色的中脉，有时有鳞状附属物形成副花冠（*Tulbaghia*）。雄蕊6枚，花丝分离或联合，有时贴生于花被，有时具附属物，花药2室，纵裂，稀3或4枚雄蕊无花药，花粉粒单沟。雌蕊3心皮，合生，子房上位，中轴胎座，胚珠2个或更多，倒生或弯生，子房的分隔处有蜜腺，花柱单一，柱头头状到3裂。果实为室背开裂的蒴果；种子球形或有棱，种皮黑色，胚弯曲。通过昆虫传粉。借风或水传播种子。

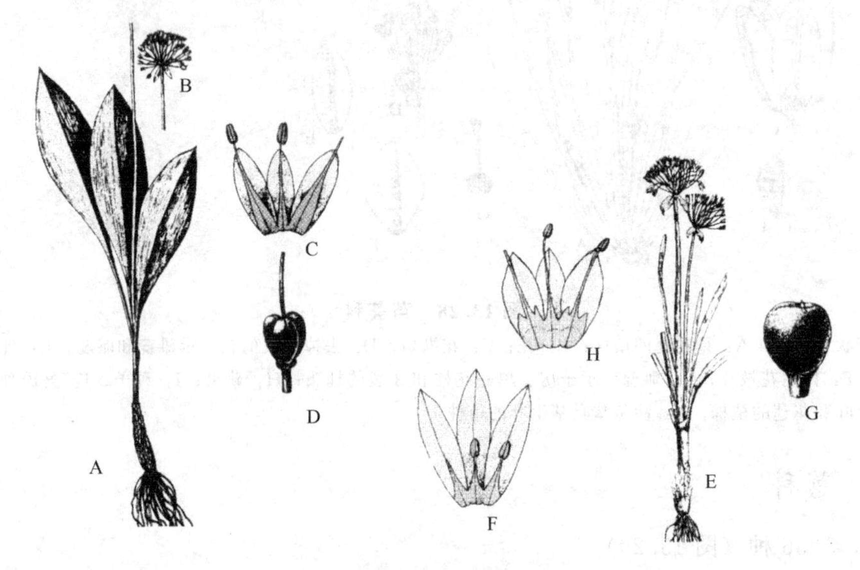

图 13.29　葱科，葱亚科

茖葱　A：具被网状纤维包被的鳞茎、扩披针形叶及花莛的植株；B：带花序的花莛上部；C：带雄蕊的花被片；D：蒴果具长的花柱。三柱韭　E：具花莛和花序的植株；F：带雄蕊的花被片；G：蒴果；H：罗伊莱韭的雄蕊和花被片，示内轮花丝具2齿

（5）经济价值　本科为重要的蔬菜或调味品，如蒜、洋葱、韭葱、细香葱等。洋葱的种子常用作黑种草的替代品。葱属、紫娇花属、吉利葱属的有些种被培育作观赏植物。

（6）系统发育　本科最初包括在百合科中，哈钦松（1934）首次做了大的转变，他放弃了传统的基于子房上位划归百合科而子房下位划归石蒜科的分类，把葱科和与之相关的上位子房类群划归于石蒜科，主要的依据是佛焰苞。克朗奎斯特（1981，1988）随后合并了百合科和石蒜科。最近几年，像上面提到的许多科都被隔离出来。本科和石蒜科最为接近，表现在聚伞花序包在佛焰苞内，鳞茎及花莛存在。最近进化支的分析导致合并所有伞形花序的科（百子莲科、石蒜科和葱科）。APGⅡ和APweb随意地把另两个科都包括在葱科下。该进化支的特征就是具鳞茎、黄酮醇、皂角苷、乳汁管，花序具花莛，伞形，有佛焰苞，花序苞片2（或更多——外部的），花梗无关节，花被分离或基部联合，花柱长，胚乳核型或沼生目型（Fay等，2000）。Thorne早期（1999）认为石蒜科和百子莲科是不同的科，但最终（2003）把二者合并到葱科下，并划分出5个亚科：葱亚科、紫娇花亚科、吉利葱亚科、百子莲亚科和石蒜亚科。葱科的单源性得到形态学、化学和*rbcL*序列的支持。

13.3.9　石蒜亚科

66属，730种（图13.30）

广泛分布于热带和温带地区，尤其是南非，南美洲和地中海区域。

（1）突出特征　多年生草本，有鳞茎和收缩性根，叶基具鞘，花序具花莛，无苞片，伞状聚伞花序，包于佛焰苞内，花两性，花被无斑点，有时具雄蕊冠，雄蕊 6 枚，常与花被合生，子房下位，3 室，果实为蒴果或浆果。

（2）主要属　文珠兰属（130 种）、孤挺花属（65 种）、葱莲属（55 种）、水鬼蕉属（48 种）和水仙属（30 种）。

（3）描述　多年生草本，有鳞茎和伸缩性根，茎缩短，导管分子具梯形穿孔。叶多基生，互生，多线形或带状，有时具柄，基部有鞘，平行脉，无托叶。花序常具花莛，聚伞花序，常成伞形花簇或单生，花常包于佛焰苞内。花具苞片，艳丽，两性，辐射对称或两侧对称，上位花。花被片 6，2 轮（外层代表萼片，内层代表花瓣），均花瓣状，常合生成管，有时在花被管的喉部有副花冠。雄蕊 6 枚，2 轮，生于花被管上，花丝分离，有时延伸并合生成雄蕊冠（水鬼蕉属、全能花属）。雌蕊具 3 个合生心皮，子房下位，3 室，胚珠多数，中轴胎座，花柱单一，柱头 3 裂，子房的分隔处有蜜腺。果实为开裂蒴果，稀浆果；种子常黑色，胚小而弯曲，胚乳肉质。通过昆虫和鸟传粉。种子靠风或水传播。

（4）经济价值　本亚科主要用作观赏植物，如水仙（水仙属）、文殊兰（文殊兰属）、水鬼蕉（水鬼蕉属）和孤挺花（孤挺花属）等。

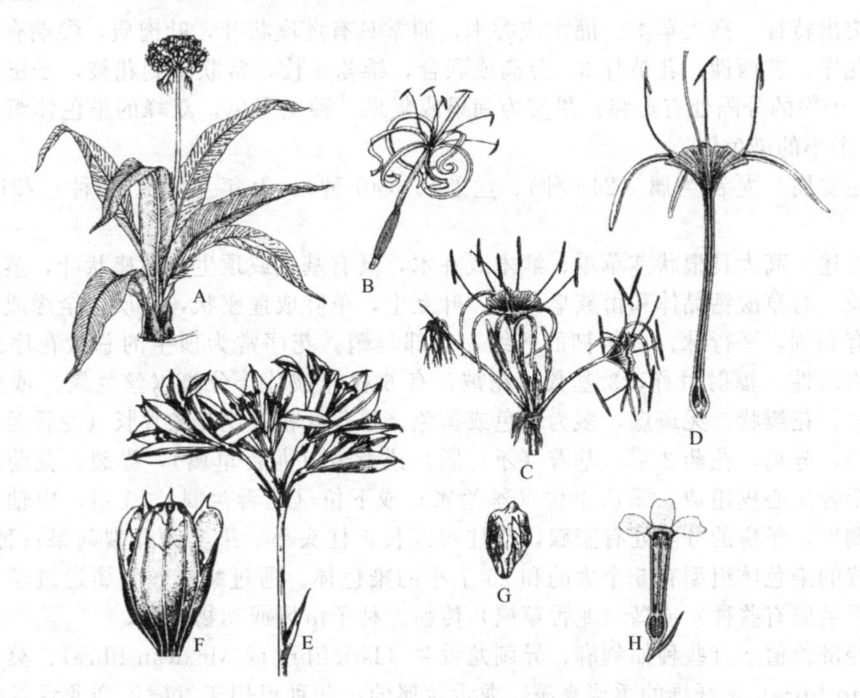

图 13.30　葱科，石蒜亚科

文殊兰　A：具花序的植株；B：花具伸长的花被管，无副花冠。水仙叶水鬼蕉　C：带部分花莛的花序；D：花纵切，示雄蕊冠。鸢尾蒜，E：花序；F：开裂的蒴果；G：种子；H：红口水仙花纵切

（5）系统发育　按照该类群传统的界定，包括具花莛的植物，花序有佛焰苞包被，下位子房，因此被认为是一个独立的科：石蒜科。哈钦松也把上位子房（现在的葱亚科）的属包括在石蒜科下。随后克朗奎斯特（1981，1988）合并了石蒜科和百合科。最近几年，比如上面提到的许多科都被分离出来。该进化支和葱科最为接近，表现在伞形花序包在佛焰苞内，鳞茎及花茎的存在。该进化支的单源性得到下位子房、石蒜碱和 *rbcL* 序列支持（Chase 等，1995a）。最近分支分类分析导致对所有具伞形花序的科（百子莲科、石蒜科和葱科）的随意

合并，而且像上面所提到的，APGⅡ和APweb选择葱科作为优先名称。Judd等（2002）则把该类群作为独立的科。Thorne（2003）则把它包括在葱科石蒜亚科下。

13.3.10 龙舌兰科

16属，315种（图13.31）

广布于热带和亚热带，主要在干旱的气候区。

（1）分类地位

分类系统 / 分类群	B & H	克朗奎斯特	塔赫他间	Dahlgren	Thorne	APGⅡ/(APweb)
门		木兰门	木兰门			
纲	单子叶植物纲	百合纲	百合纲	百合纲	被子植物纲	
亚纲		百合亚纲	百合亚纲	百合亚纲	百合亚纲	
系+/超目	冠花系+/上位花系		百合超目	百合超目	百合超目	单子叶类[①]
目		百合目	石蒜目	天门冬目	鸢尾目	天门冬目

注：B & H丝兰属（和子房上位的其他类群）置于百合科（冠花组），龙舌兰属（和子房下位的其他类群）置于石蒜科（上位花组）

（2）突出特征　高大草本、灌木或乔木，通常具有莲座状叶，叶肉质，尖端有刺，含纤维，圆锥花序，花两性，花被片6，分离或联合，雄蕊6枚，常联生到花被，子房下位或上位，3室，子房的分隔处有蜜腺；果实为蒴果或浆果，种皮黑色，双峰的染色体组型有5个大的和25个小的染色体。

（3）主要属　龙舌兰属（240种）、丝兰属（40种）、万年兰属（20种）和晚香玉属（13种）。

（4）描述　高大具根状茎草本、灌木或乔木，具有基生或顶生的莲座状叶，茎有不规则的次生生长，有草酸钙晶体和甾族皂角苷。叶互生，单叶成莲座状，肉质，全缘或具刺状锯齿，顶端有尖刺，平行脉，有粗韧的纤维，基部具鞘。花序常为顶生的总状花序或圆锥花序。花多为两性，辐射对称，3基数。花被，有6枚花被片，分离（丝兰属）或合生为管（龙舌兰属），花瓣状，无斑点，多为白色或黄色。雄蕊6枚，比花被片长（龙舌兰属）或短（万年兰属），分离，花药2室，基着（矛花属）或背着（龙舌草属），纵裂，花药内向。雌蕊群由3个合生心皮组成，子房上位（丝兰属）或下位（龙舌兰属），3室，中轴胎座；胚珠多数，倒生，子房的分隔处有蜜腺，花柱短或长，柱头小。果实为开裂蒴果；种子扁平，黑色。双峰的染色体组型有5个大的和25个小的染色体。通过蛾（丝兰属通过丝兰蛾属）、蝙蝠（龙舌兰属有些种）或鸟（龙舌草属）传粉。种子由风或动物散播。

（5）经济价值　有些种如剑麻、异刺龙舌兰（Istlefibre或Mexican fibre）、莫里斯龙舌兰（Keratto fibre）是纤维的重要来源。龙舌兰属的一些种可用于发酵生产龙舌兰酒和麦斯卡尔酒。龙舌兰属和丝兰属的种都用作生产口服避孕药。龙舌兰属、丝兰属和晚香玉属（晚香玉）的一些种用作观赏植物。

（6）系统发育　本科的成员早期被放在百合科和石蒜科下，后来移到一个单独的科包括子房上位（从百合科来）和子房下位（从石蒜科来）的成员，在各自的科里它们代表了进化的族（哈钦松，1973），并且没有鳞茎，具木本植物的习性，总状花序（不为伞形花序）。哈钦松（1973）和克朗奎斯特（1981，1988）把龙舌兰科的范围界定的更宽，还包括了现在被移到龙血树科、玲花蕉科和澳铁科Laxmanniaceae（点柱花科Lomandraceae）的属。这样广义的科是异源的，是通过木质的习性联系到一起的，并且明显是复系类群（Dahlgren等，1985；Rudall等，1997）。该科一个明显的特征是双峰的染色体组型，且玉簪属（放在玉簪科；Thorne，1999置于夷百合科Hesperocallidaceae）、克美莲属和皂百合属（两属都放在风信子科下；Thorne，1999）也有这一特征。Rudall 等（1997）主张把它们转移到龙舌兰科，Judd 等（2002）和 Thorne（2003）建议合并。Judd 认为只有 2 个亚科——丝兰亚科和龙舌兰亚科。Thorne 认为有 4 个亚科，又加了皂百合亚科（克美莲属、皂百合属、黑斯廷莲属、舒安莲属）和西利草亚科（西利草属、玉簪属）。这个科的单源性得到表型特征和 DNA 特征支持（Bogler 和 Simpson，1996）。本科和黑斯廷莲属关系密切。APweb（2003）认为有 5 组（划分的组没有正式名称）。这样分组在 3-基因树和 4-基因树得到了 100％的支持（Chase 等，2000a；Fay 等，2000）。

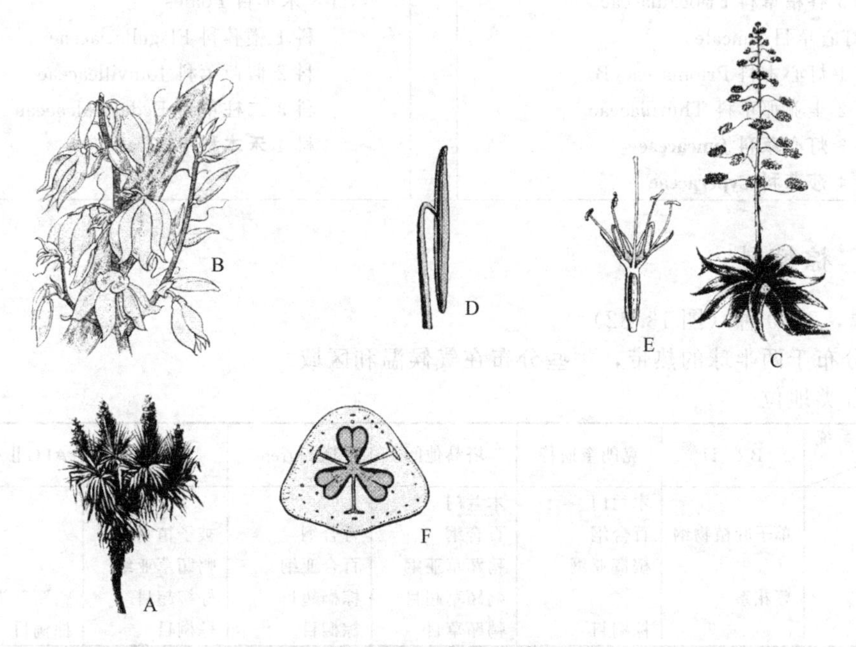

图 13.31　龙舌兰科

A：芦荟叶丝兰具多数发育的花序；B：丝兰的部分花序；龙舌兰，C：带花序的植株；D：雄蕊，示丁字着药；E：花纵切；F：子房横切

13.4 鸭跖草亚纲

亚纲 4 鸭趾草亚纲 Commelinidae

超目 1 棕榈超目 Arecanae

目 1 棕榈目 Arecales

科 1 **棕榈科 Arecaceae**

超目 2 鸭趾草超目 Commelinanae

目 1 鸭趾草目 Commelinales(B)

科 1 **鸭跖草科 Commelinaceae(B)**

科 2 帚茎草科 Hanguanaceae

科 3 血皮草科 Haemodoraceae

科 4 雨久花科 Pontederiaceae

科 5 田葱科 Philydraceae

目 2 美人蕉目 Cannales

亚目 1 芭蕉亚目 Musineae

科 1 **芭蕉科 Musaceae**

亚目 2 旅人蕉亚目 Strelitzineae

科 1 旅人蕉科 Strelitziaceae

亚目 3 兰花蕉亚目 Lowiineae

科 1 兰花蕉科 Lowiaceae

亚目 4 蝎尾蕉亚目 Heliconiinae

科 1 蝎尾蕉科 Heliconiaceae

亚目 5 姜亚目 Zingiberineae

科 1 **姜科 Zingiberaceae**

科 2 闭鞘姜科 Costaceae

亚目 6 美人蕉亚目 Cannineae

科 1 **美人蕉科 Cannaceae**

科 2 竹芋科 Marantaceae

目 3 凤梨目 Bromeliales(B)

科 1 凤梨科 Bromeliaceae

目 4 香蒲目 Typhales 科 1 香蒲科 Typhaceae 目 5 黄眼草目 Xyridales 科 1 偏穗草科 Rapateaceae 科 2 黄眼草科 Xyridaceae 科 3 三蕊细叶草科 Mydatellaceae 科 4 排水草科 Hydatellaceae(B) 科 5 谷精草科 Eriocaulaceae 目 6 灯心草目 Juncales 科 1 灯心木科 Prioniaceae(B) 科 2 圭亚那草科 Thurniaceae 科 3 **灯心草科 Juncaceae** 科 4 **莎草科 Cyperaceae**	目 7 帚灯草目 Restionales 科 1 多须草科 Dasypogonaceae 科 2 苞穗草科 Anarthriaceae 科 3 帚灯草科 Restionaceae 科 4 澳帚草科 Hopkinsiaceae(B) 科 5 澳灯草科 Lyginiaceae(B) 科 6 刺鳞草科 Centrolepidaceae 目 8 禾本目 Poales 科 1 鞭藤科 Flagellariaceae 科 2 假芦苇科 Joinvilleaceae 科 3 二柱草科 Ecdeiocoleaceae 科 4 **禾本科 Poaceae**

13.4.1 棕榈科

189 属，2350 种（图 13.32）

广泛分布于两半球的热带，一些分布在气候温和区域。

（1）分类地位

分类群＼分类系统	B & H	克朗奎斯特	塔赫他间	Dahlgren	Thorne	APG Ⅱ/(APweb)
门		木兰门	木兰门			
纲	单子叶植物纲	百合纲	百合纲	百合纲	被子植物纲	
亚纲		槟榔亚纲	鸭跖草亚纲	百合亚纲	鸭跖草亚纲	
系＋/超目	萼花系＋		鸭跖草超目	棕榈超目	棕榈超目	鸭跖草类[①]
目		棕榈目	鸭跖草目	棕榈目	棕榈目	棕榈目

注：B&H 作为棕榈科。

（2）突出特征　木质灌木或乔木，树干具叶痕，叶大型，扇形或羽状复叶，基部具鞘，圆锥花序，常具佛焰苞，花小。

（3）主要属　省藤属（350 种）、桃棕属（180 种）、山槟榔属（120 种）、轴榈属（105 种）、黄藤属（100 种）、槟榔属（60 种）和刺葵属（17 种）。

（4）描述　乔木或灌木，主干不分支，稀分支（叉茎棕属，水椰属），落叶后可见显著的叶痕，有时具刺，由叶根和暴露的纤维变形而来，有时具根状茎，常具单宁和多酚，维管束具硬质纤维鞘，顶芽很好地被叶鞘保护。叶互生，常形成顶生树冠，有柄（叶柄在叶的基部常具一个小片称为舌状体），羽状（羽状棕榈）或掌状（扇状棕榈）分裂，有时羽状或二回羽状复叶，具褶（折叠成扇形），叶片稀全缘（轴榈属），在横切面上叶裂片折叠成 V 型（内向镊合状的）或倒 V 型（外向镊合状的），叶有时非常大，有时达 20m（酒瓶椰子具有已知的最大叶片）。花序腋生或顶生，常被佛焰苞所包，重复分支的圆锥花序（省藤属）或几乎穗状花序。花两性（轴榈属、蒲葵属）或单性，雌雄同株（窗孔椰属）或雌雄异株（树头棕属，棕竹属），花小，辐射对称，常无柄，3 基数，小苞片常在花下联合。花被分化成萼片和花瓣，有时退化（水椰属）。萼片 3，离生（桃椰属）或合生（双籽藤属），常覆瓦状排列。花瓣 3，离生或联合，常在雄花中镊合状排列，在雌花中覆瓦状排列（桃椰属的雌花中呈镊合状）。雄蕊群常具 6 枚雄蕊，2 轮，有时多数（来哈特棕属，荷威棕属），稀为 3（水椰属），离生，稀花丝联合（水椰属），花药 2 室，基着或背着，稀丁字形着药，纵裂；花粉粒常单沟，光滑或具小刺。雌蕊群常具3心皮，离生或合生，在刺葵属中仅1个可育，心皮有时多数，子房上位，常中轴胎座，稀为侧膜胎座（沟叶椰属），柱头常顶生，有时侧生（异苞椰属）或基生（簇叶椰属），胚珠常1，稀到3，直生或倒生。果实为具1枚种子的浆果或核果，外果皮常纤维质或覆盖有反折的鳞片；种子与内果皮分离或黏合，具胚乳，胚小。海椰子的种子是被子植物中最大的种子。

（5）经济价值　该科有非常重要的经济价值。最有用的种类是椰子，几乎每个部分都有用处。果实的中果皮是椰子纤维的来源，种子的胚乳产生椰子油，叶子用来盖茅屋顶，编筐，制成各种玩具以及装饰品。油棕可提取棕榈油。一种碳水化合物食物——西谷米的主要来源是西谷椰子以及桄榔属和鱼尾葵属的一些种。棕榈酒是从树头棕属和鱼尾葵属的一些种中提取的。纤维也是从很多棕榈植物中获得的，尤其是拉菲棕属，鱼尾葵属和膜苞椰属(Piassava fibre)。海枣是从枣椰子中获得的。植物象牙来自象牙椰子的种子，用于制造诸如纽扣等小物品并作为真正象牙的替代物。蜡可以从蜡棕属(carnauba wax) 和蜡椰属中获得。槟榔子来自非洲和东南亚的槟榔。该科也提供了大量的观赏植物，如大王椰子、鱼尾葵（鱼尾葵属)、蒲葵（蒲葵属)、甘蓝棕属。各种省藤属植物是制造家具和马球棍的商业藤条来源。

（6）系统发育　该科尽管非常大和多样化，并且通常被划分为大量的亚群，但该科特殊，容易区分，并且是单源的。Uhl等（1995）用形态学资料以及cpDNA限制位点分析资料对该科进行分支分类分析，结果支持水椰属（水椰亚科）与其他棕榈植物为姐妹关系。最近Asmussen等（2000）更多的研究表明水椰亚科＋省藤亚科（强烈支持）＋该科剩余的亚科（一般支持）形成了基本的3个分支；其他特征支持这些关系。然而其他研究指出水椰亚科和省藤亚科与该科剩余亚科的联系细节尚不清晰，并且一些形态学类群并未得到分子资料的支持（Hahn，2002)。

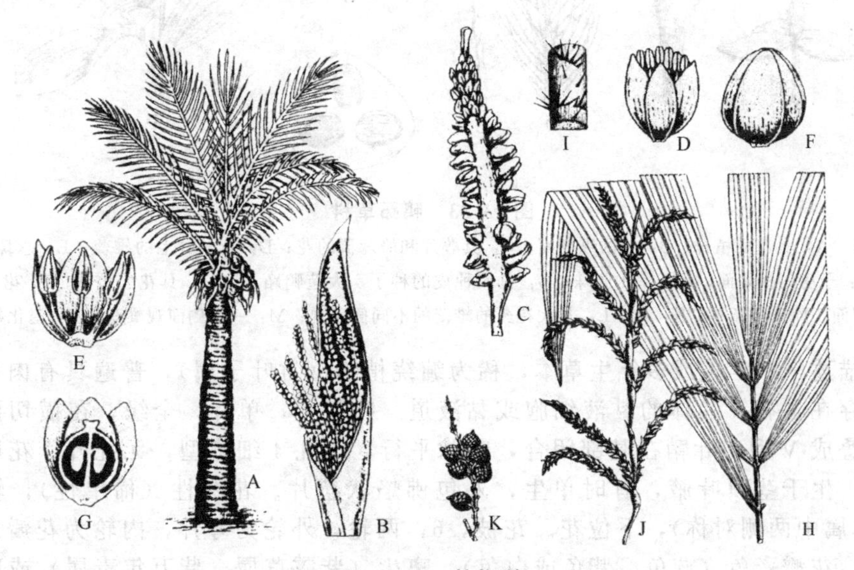

图13.32　棕榈科

椰子　A：典型外观；B：花序；C：花序枝，雌花朝向基部，雄花朝向顶端；D：雄花；E：雄花的纵剖面；F：雌花；G：雌花的纵剖面。假细省藤　H：植物分支；I：部分具刺的树干；J：雄花序；K：雌花序

13.4.2　鸭跖草科

40属，650种（图13.33）

广泛分布于热带，亚热带和暖温带地区。

(1) 分类地位

分类系统 / 分类群	B & H	克朗奎斯特	塔赫他间	Dahlgren	Thorne	APG Ⅱ/(APweb)
门		木兰门	木兰门			
纲	单子叶植物纲	百合纲	百合纲	百合纲	被子植物纲	
亚纲		鸭跖草亚纲	鸭跖草亚纲	百合亚纲	鸭跖草亚纲	
系+/超目	冠花系+		鸭跖草超目	鸭跖草超目	鸭跖草超目	鸭跖草类①
目		鸭跖草目	鸭跖草目	鸭跖草目	鸭跖草目	鸭跖草目

(2) 突出特征　草本，具肉质茎，节膨大，叶基部具闭合的鞘，外轮花被（萼片），绿色，内轮（花瓣）彩色，花两性，3 基数，生于佛焰状苞片的叶腋内，花丝常有毛，子房上位，3 室。

(3) 主要属　鸭跖草属（170 种）、紫露草属（70 种）、竹叶菜属（65 种）、水竹叶属（50 种）、蓝耳草属（50 种）、鸳鸯草属（30 种）、水竹草属（4 种）和紫万年青属（1 种）。

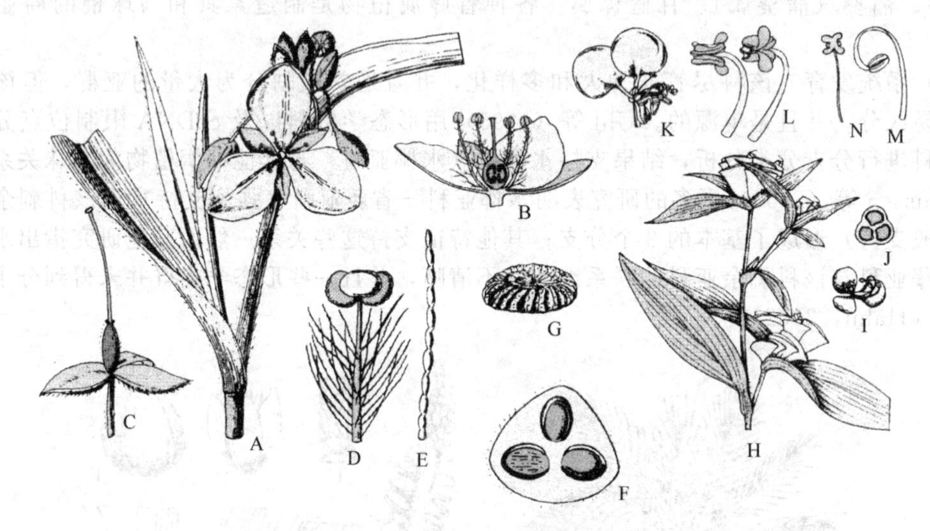

图 13.33　鸭跖草科

紫露草　A：具花的植株；B：花的纵剖面；C：具萼片和雌蕊群的花；D：花丝具毛的雄蕊；E：念珠状的雄蕊毛；F：子房的横切面，示 1 室 1 胚珠；G：具假种皮的种子。大苞鸭跖草　H：具花的植株；I：花；J：子房的横切面。库氏鸭跖草　K：花；L：具大花药的雄蕊的不同侧面观；M：一个侧面观雄蕊；N：退化雄蕊

(4) 描述　一年生或多年生草本，稀为缠绕植物（竹叶子属），普遍具有肉质茎和膨大的节，存在含有针晶体的黏液细胞或黏液道。叶互生，单叶，全缘，在横切面上叶片平展或折叠成 V 型，叶鞘在基部闭合，叶脉平行，气孔 4 细胞型，无托叶。花序为螺状聚伞花序，生于茎顶叶腋，有时单生，外包佛焰状苞片。花两性（稀单性），辐射对称(在鸭跖草属中两侧对称)，下位花。花被，6，两轮，外轮为萼片，内轮为花瓣。萼片绿色，离生。花瓣彩色（蓝色，紫色或白色），离生（紫露草属、紫万年青属）或联合成管状（蓝耳草属，水竹草属）或集中靠合（紫竹梅属），花后凋谢，覆瓦状排列，芽期折皱。雄蕊群具 6 枚雄蕊（有些种类常具退化雄蕊），2 轮，花丝分离，具单毛或念珠状毛，有时贴生于花瓣上，药隔常扁平，花药 2 室，纵裂，稀顶孔开裂（鸳鸯草属），花粉粒单沟。雌蕊群具 3 心皮，联合，子房上位，3 室，具 1～多数直生或倒生胚珠，中轴胎座，花柱单一，柱头 3 浅裂或头状。果实为室背开裂的蒴果，稀浆果；种子具假种皮，具粉状胚乳。

(5) 经济价值　该科主要经济价值在于其观赏植物，如鸭跖草（鸭跖草属）、紫露草（紫露草属）、紫万年青（紫万年青属）和水竹草（水竹草属）。在非洲，贝宁竹叶菜被作为泻药。在热带非洲，聚花草叶子的汁液被用作治疗眼睛炎症。紫露草和棒状鸭跖草的嫩芽和嫩叶可食。

(6) 系统发育　该科通常被划分为两个亚科紫露草亚科和鸭跖草亚科——完善的进化支。前者的特征为花粉粒无刺，染色体中等到大型，花辐射对称和具念珠状的毛。而鸭跖草亚科具有的特征为花粉粒具刺，花两侧对称，花丝上的毛不为念珠状。该科的单源性得到由形态学和分子水平数据的共同支持（Evans 等，2000）。最近的分类（APweb；Thorne，2003）将基部的彩花草属和被广泛分离出来的三角彩花草属置于彩花草亚科中，两者的其他类群合并在鸭跖草亚科中。

13.4.3　芭蕉科

3 属，40 种（图 13.34）

主要分布在从西非到太平洋（日本南部到昆士兰州）的湿热带低地。

(1) 分类地位

分类系统 / 分类群	B & H	克朗奎斯特	塔赫他间	Dahlgren	Thorne	APGⅡ/(APweb)
门		木兰门	木兰门			
纲	单子叶植物纲	百合纲	百合纲	百合纲	被子植物纲	
亚纲		姜亚纲	鸭跖草亚纲	百合亚纲	鸭跖草亚纲	
系+/超目	上位花系+		姜超目	姜超目	鸭跖草超目	鸭跖草类①
目		姜目	芭蕉目	姜目	美人蕉目	姜目

注 B&H 置于蘘荷目 Scitamineae。

(2) 突出特征　大型草本，具由叶鞘形成的假茎，叶大型具粗壮的中脉，平行脉，花单性，包于大型佛焰状苞片的腋内，花冠 2 唇形，雄蕊 5（第 6 枚退化），心皮 3，子房下位，3 室，胚珠多数，果实为肉质浆果，具多数黑色小种子。

(3) 主要属　芭蕉属（33 种）、象腿蕉属（6 种）和地涌金莲属（1 种）。

(4) 描述　大型的通常为乔木状多年生草本，具由重叠的叶鞘形成的假茎，具乳汁管，有根状茎。叶大型，螺旋状排列，单叶，全缘，边缘常撕裂使叶片表现为羽状，叶脉平行具粗壮的中脉，基部具叶鞘。花序为圆锥状聚伞花序，具 1 个或多个佛焰苞，花序轴从根状茎的基部上升，穿过假茎生长。花单性（雌雄同株），上部苞片围裹雄花，下部苞片围裹成簇的雌花。花被 6 片，2 轮，花瓣状。萼片 3，贴生于 2 片花瓣上，细管状，很快沿一边开裂，在顶端裂成各种齿状。花瓣 3，稍 2 唇形，2 枚花瓣与萼片合生，1 枚分离。雄蕊群具 5 枚可育雄蕊和 1 枚过渡的退化雄蕊，贴生于花瓣，花丝分离，花药线形，2 室，纵向缝裂，花粉粒黏。雌蕊群有 3 个合生心皮，子房下位，中轴胎座，花柱线状，柱头 3 浅裂。果实为伸长的浆果具多数种子，果实形成紧密的一束；种子具有丰富的小型胚。

(5) 经济价值　香蕉是很多热带国家的主要食物。马尼拉大麻或蕉麻来自麻蕉的纤维，它们被用来制作绳索。阿比西尼亚香蕉栽培以利用其纤维和食用；茎肉和嫩芽可以烹调食用。芭蕉属一些矮生栽培品种（*Musa acuminata* 'Dwarf Cavendish'）常在温带气候下作为温室植物种植。

(6) 系统发育　该科通常被放在姜目（克朗奎斯特，Dahlgren，APGⅡ，APweb），与美人蕉科，姜科，竹芋科以及其他关系相近的科并列。早期被放在该科的蝎尾蕉属，已经被移到一个独立的蝎尾蕉科（Thorne，APGⅡ，APweb）或者放在旅人蕉科（Heywood，

1978)。塔赫他间把芭蕉科放在独立的芭蕉目下。Thorne（1999，2003）更愿意用美人蕉目作为广义的目代替姜目，并将其划分为6个亚目。化石记录在北美洲的始新世已经被发现。

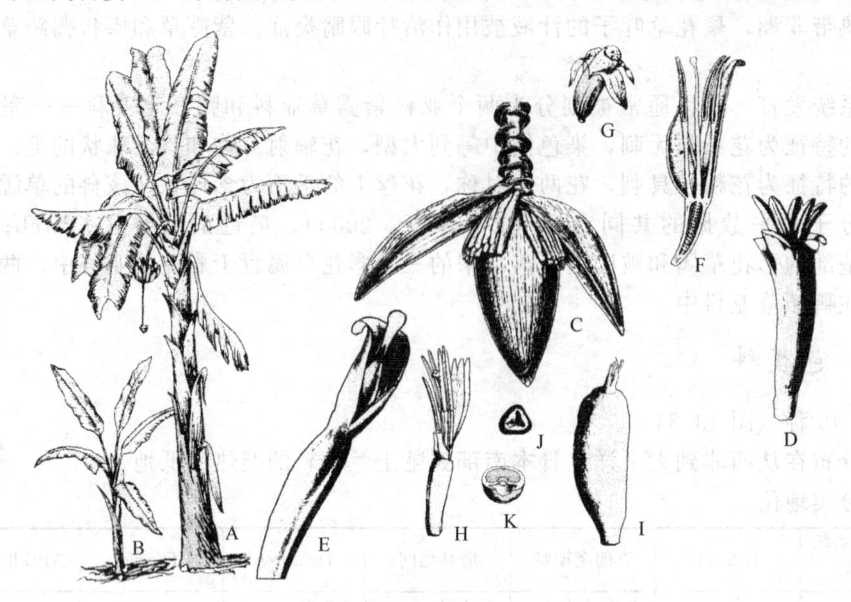

图 13.34 芭蕉科

香蕉（A～C，F，G） A：具花序和撕裂老叶的植物体；B：植物幼体；C：花序的顶端部分；D：阿希蕉的雄花；E：阿希蕉的雌花；F：两性花的纵剖面；G：果实被部分打开，显示顶端可食的浆果部分。食用象腿蕉，H：两性花；I：果实；J：种子；K：种子的横切面，显示种脐的孔

13.4.4 姜科

46属，1275种（图 13.35）

广泛分布于热带，常生长于林下以及湿地，主要分布在印度马来西亚（Indomalaysia）。

(1) 分类地位

分类系统 / 分类群	B & H	克朗奎斯特	塔赫他间	Dahlgren	Thorne	APG Ⅱ/(APweb)
门		木兰门	木兰门			
纲	单子叶植物纲	百合纲	百合纲	百合纲	被子植物纲	
亚纲		姜亚纲	鸭跖草亚纲	百合亚纲	鸭跖草亚纲	
系+/超目	上位花系+		姜超目	姜超目	鸭跖草超目	鸭跖草类①
目		姜目	姜目	姜目	美人蕉目	姜目

注：B&H 置于蘘荷目 Scitamineae。

(2) 突出特征　多年生具根状茎的芳香草本，叶互生，两列，基部具叶鞘，花两性，两侧对称，花被6，2轮，1个花瓣常大于其他花瓣，可育雄蕊1枚，退化雄蕊3或4，花瓣状，2枚退化雄蕊形成1个唇或唇瓣，心皮3，合生，子房下位，中轴胎座，果实为蒴果或浆果。

(3) 主要属　山姜属（165种）、豆蔻属（130种）、姜属（95种）、舞花姜属（65种）、姜黄属（55种）、山柰属（65种）、姜花属（66种）和小豆蔻属（7种）。

(4) 描述　具根状茎的多年生草本，常具块根，芳香，含芳香油、萜烯及苯丙烷类复合物，气生茎短，常无叶，稀有叶，导管存在于根部以及茎部。叶互生，两列，从根状茎生出，基部具有开放或闭合的叶鞘，无柄或有柄；叶柄具气腔，被具星状细胞的横隔膜所分隔；叶片宽大，紧密的羽状平行脉，从中脉处不等分叉，托叶无，在叶柄和叶鞘的连接处有1叶舌。花序，常被总苞围绕（苞序豆蔻属）或无总苞（盆距兰属*一般置于兰科，译者注、豆蔻属），成密集的穗状、头状（豆蔻属）或聚伞花序，有时为总状或圆锥花序（小豆蔻属），甚至单生（秘鲁闭鞘姜属）。花两性，包于具叶鞘的苞片内，常两侧对称，较早凋谢，常复杂，上位花，3基数。花被分化成萼片和花瓣；萼片3，绿色，联合成管状；花瓣3，艳丽，稍微合生，位于后方的花瓣常扩大。雄蕊群具1枚可育雄蕊和4枚退化雄蕊，2轮；外轮的2枚退化雄蕊常结合形成2～3浅裂的唇或唇瓣（有时简化成1齿，喙花姜属），第3枚缺如；内轮具1枚可育雄蕊和2枚较小的退化雄蕊，离生或合生成唇状；可育雄蕊具两室花药，花丝内凹并合抱花柱，花粉粒单沟或无萌发孔。雌蕊群具3合生心皮，子房下位，3室，稀2室，胚珠常多数，中轴胎座，或单室具侧膜胎座（舞花姜属）或基生胎座（*Haplochorema*），花柱顶生，不分裂，常与花药分离或被花药合抱，有时2唇形或齿状，柱头漏斗状，蜜腺2，位于子房顶部。果实为肉质蒴果，不开裂或室背开裂，稀浆果；种子球形或具棱，具大的假种皮，胚乳丰富，白色，硬质或粉状，具外胚乳。虫媒或鸟媒传粉。果实由鸟散播。

（5）经济价值　该科的很多成员被广泛栽培作为观赏植物，主要有姜花属、山柰属、闭鞘姜属、火炬姜属(torch ginger）和山姜属。该科也是非常重要的调味香料，如姜和姜黄的根状茎，或香豆蔻（*Bengal cardamon*，'moti elaichi'）和小豆蔻（Malabar cardamon，'chhoti elaichi'）的果实。东印度的姜芋粉是从狭叶姜黄的块茎中提取出来的。芳香粉末abir是从草果药的根状茎中提取出来的。迈拉格胡椒是从非洲豆蔻中提取出来的。阿拉伯山姜的根状茎也是调味料、滋补品和香水（zeodary）的原料，红豆寇的根状茎供药用和制调味品（galangal）。

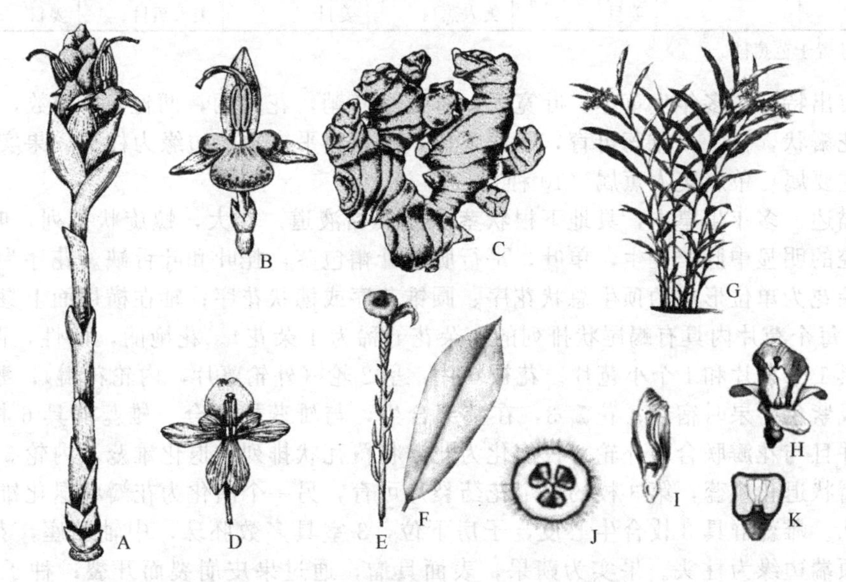

图 13.35　姜科

姜　A：具花序的植物体；B：花；C：根状茎；D：高山象牙参的花。月桂叶非洲豆蔻　E：花序；F：叶子。垂序山姜　G：具花序的植物体；H：花；I：花的纵剖面；J：果实的横切面；K：豆蔻属的种子的纵剖面

（6）系统发育　如上所述，该科形成一个单系类群，与其他科共同包含在姜目下。闭鞘姜属有时被放在姜科中作为一个独立的亚科，现在已经被移到一个独立的闭鞘姜科

中。该科的单元起源的证据得到形态学（Kress，1990）和DNA信息（Kress，1995）的支持。Loesener（1930）将该科划分为2个亚科：闭鞘姜亚科和姜亚科（4个族，后者被划分为3个族，姜花族、舞花姜族和姜族）。哈钦松（1934，1937）把这4个类群作为4个族（第4个族是姜族）。Kress等（2001，2002）对该科进行了重新划分，认为有4个亚科：把3个族（闭鞘姜亚科已被作为独立的科）中的大多数属放在2个亚科：山姜亚科（根状茎肉质，外轮的侧生退化雄蕊非常小或无，唇瓣由内轮2枚退化雄蕊独立形成，果实常不裂，胚乳无淀粉）和姜亚科（纤维质根状茎，外轮侧生退化雄蕊从唇瓣中分离出来，唇瓣与花丝合生并形成管），并且提出另外2个亚科：非洲山柰亚科（单属非洲山柰属——根状茎肉质，直立，花序为总状花序，小苞片无）和塔米姜亚科（单源属——单种塔米姜；纤维质根状茎，侧膜胎座）。这些作者所做的2基因分析强烈支持非洲山柰亚科与其他3个亚科为姐妹关系，塔米姜亚科与另外2个亚科，即山姜亚科＋姜亚科也为姐妹关系。

13.4.5 美人蕉科

1属，10种（图13.36）

主要分布在美洲热带和亚热带，一些种已经在亚洲和非洲归化。

（1）分类地位

分类系统 分类群	B & H	克朗奎斯特	塔赫他间	Dahlgren	Thorne	APG Ⅱ/（APweb）
门		木兰门	木兰门			
纲	单子叶植物纲	百合纲	百合纲	百合纲	被子植物纲	
亚纲		姜亚纲	鸭跖草亚纲	百合亚纲	鸭跖草亚纲	
系＋/超目	上位花系＋		姜超目	姜超目	鸭跖草超目	鸭跖草类[①]
目		姜目	美人蕉目	姜目	美人蕉目	姜目

注：B&H置于芭蕉科。

（2）突出特征　多年生草本，叶宽大，基部具叶鞘，花艳丽，两性，3基数，花被花瓣状，雄蕊花瓣状，仅1枚雄蕊可育，子房下位，花柱扁平，顶端边缘为柱头，果实具瘤。

（3）主要属　单属美人蕉属（10种）。

（4）描述　多年生草本，具地下根状茎。茎具黏液道。叶大，螺旋状排列，叶片宽大，具含有气腔的明显中脉，互生，单叶，平行脉，叶鞘包茎，托叶和叶舌缺。花序为以蝎尾状排列的2朵花为单位形成的顶生总状花序、圆锥花序或穗状花序；轴在横切面上具3棱，具3列苞片，每个苞片内具有蝎尾状排列的2朵花（稀为1朵花）。花艳丽，两性，两侧对称，上位花，具1个苞片和1个小苞片。花被6片，呈2轮（外轮萼片，内轮花瓣）；萼片3，离生，绿色或紫色，果时宿存；花瓣3，在基部合生，与雄蕊柱联合。雄蕊群具6枚雄蕊，2轮，合生并且与花瓣联合，外轮3枚演化为花瓣状覆瓦状排列的退化雄蕊，内轮3枚中2枚演化为花瓣状退化雄蕊，第3枚的一个花药裂片可育，另一个演化为花瓣状退化雄蕊，花粉粒无萌发孔。雌蕊群具3枚合生心皮，子房下位，3室具多数胚珠，中轴胎座，花柱单一，花瓣状，顶端边缘为柱头。果实为蒴果，表面具瘤，通过果皮崩裂而开裂；种子球形，黑色，具簇毛（演化为假种皮），胚直，胚乳坚硬，具外胚乳。多数种自花传粉。种子常靠水传播。

（5）经济价值　美人蕉属的各个种，尤其是美人蕉以及各种杂交种都被作为园艺观赏植物。蕉芋（昆士兰竹芋）根状茎富含淀粉，因其易消化，可用于制作婴儿的食物。

（6）系统发育　该科与其他科如姜科、芭蕉科、竹芋科和旅人蕉科关系紧密，常被放在姜目，因缺少叶舌而与姜科区别。Thorne（1999，2003）更愿意采用美人蕉目作为目名。塔赫他间（1997）采用狭义的美人蕉目，仅包括美人蕉科和竹芋科（Thorne 的美人蕉亚目），姜目的范围限定为仅有姜科和闭鞘姜科。兰花蕉科被移到兰花蕉目，芭蕉科和蝎尾蕉科以及旅人蕉科放到芭蕉目。所有的 4 个目被放到姜超目。Grootjen 和 Bouman（1988）描述了美人蕉科的厚合点现象，在合点和珠心的基部随着胚珠发育发生有丝分裂。这点不像其他姜科近缘的科。该科为单源性的，得到 DNA 和形态学的支持（Kress，1990，1995）。

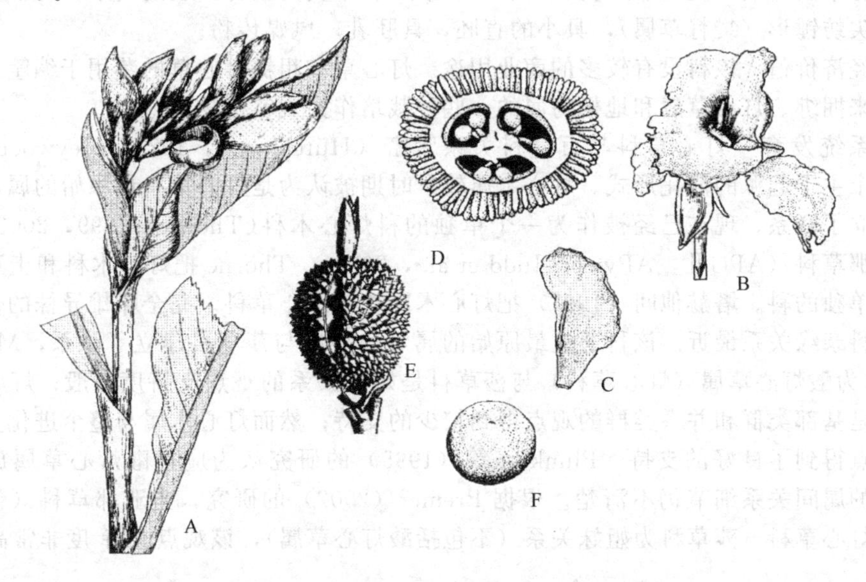

图 13.36　美人蕉科

美人蕉　A：具叶和花序的植物体；B：开放的花朵，示花瓣状退化雄蕊、半个花药和花柱的顶端；C：可育雄蕊具半个花瓣状退化雄蕊和半个花药；D：子房的横切面，示中轴胎座和具瘤状凸起的子房壁；E：表面具瘤的开裂蒴果；F：种子

13.4.6　灯心草科

6 属，345 种（图 13.37）

世界广布，大部分分布于寒冷的温带和山区，常生长在潮湿生境。

（1）分类地位

分类群 \ 分类系统	B & H	克朗奎斯特	塔赫他间	Dahlgren	Thorne	APGⅡ/(APweb)
门		木兰门	木兰门			
纲	单子叶植物纲	百合纲	百合纲	百合纲	被子植物纲	
亚纲		槟榔亚纲	鸭跖草亚纲	百合亚纲	鸭跖草亚纲	
系+/超目	萼花系+		灯心草超目	鸭跖草超目	鸭跖草超目	鸭跖草类①
目		灯心草目	灯心草目	莎草目	灯心草目	禾本目

（2）突出特征　丛生草本，叶禾草状，有时简化至基部的叶鞘，花被片 6 枚，排成两轮，雄蕊 6 枚，具 4 分体花粉粒，子房上位，中轴胎座，柱头 3，蒴果。

（3）主要属　灯心草属（260 种）、地杨梅属（65 种）、酸灯心草属（7 种）和双排草属（3 种）。

（4）描述　多年生或一年生丛生草本，常具根状茎，茎圆柱状并且实心，通常只在基部具叶。叶互生，大部分基生，3 列，稀 2 列（双排草属），圆柱状或扁平，基部具鞘或退化为叶鞘，叶鞘开放或闭合，叶片禾草状，全缘，平行脉，无托叶和叶舌。花序由聚伞花序集生成头状或形成圆锥花序、伞房花序或甚至单生（安第斯草属）。花，常两性，有时单性（双排草属）并且雌雄异株，稀雌雄同株（同株灯草属），辐射对称，很小，3基数。花被片6枚，排列成两轮，离生，绿色、棕色或黑色，稀为干膜质，内轮有时较小（袋籽草属）。雄蕊群常具6枚雄蕊，稀3枚（三蕊灯心草属），对瓣，离生，花药2室，基着，纵裂，花药内向，花粉粒成4分体，单孔。雌蕊群具3枚合生心皮，子房上位，中轴胎座，有时侧膜胎座（袋籽草属），胚珠多数，花柱3或1，柱头3。果实为室背开裂的蒴果；种子球形或扁平，有时尖纺锤形（袋籽草属），具小的直胚，具胚乳。风媒传粉。

（5）经济价值　该科没有较多的商业用途。灯心草和粗糙灯心草的茎用于编筐。海洋灯心草可用来捆绑。灯心草属和地杨梅属的一些种栽培作为观赏植物。

（6）系统发育　灯心草科与百合科关系紧密（Hutchinson，1973；Heywood，1978）代表从那个主干起源的简化形式。灯心木属较早时期被认为是灯心草科最原始的属，由它与百合科建立了联系，现在已经被作为一个单独的科灯心木科（Thorne，1999，2003），或者放在圭亚那草科（APGⅡ，APweb，Judd et al.，2002）。Thorne把灯心木科和圭亚那草科作为两个单独的科。塔赫他间（1997）把灯心木属放在灯心草科。完全雌雄异株的帚灯草科与灯心草科亲缘关系最近。该科通过最原始的属灯心莎属与莎草科建立了联系，Muasya等（1998）认为酸灯心草属（灯心草科）与莎草科是姐妹关系的观点支持度一般；灯心草科的其他类群是基部类群和并系类群的观点得到较少的支持；然而灯心木属与整个进化支为姐妹关系的观点得到了良好的支持。Plunkett等（1995）的研究认为应把酸灯心草属放在莎草科。后者的属间关系细节仍不清楚。根据Bremer（2002）的研究，圭亚那草科（包括灯心木属）与灯心草科+莎草科为姐妹关系（不包括酸灯心草属），该观点支持 度非常高。

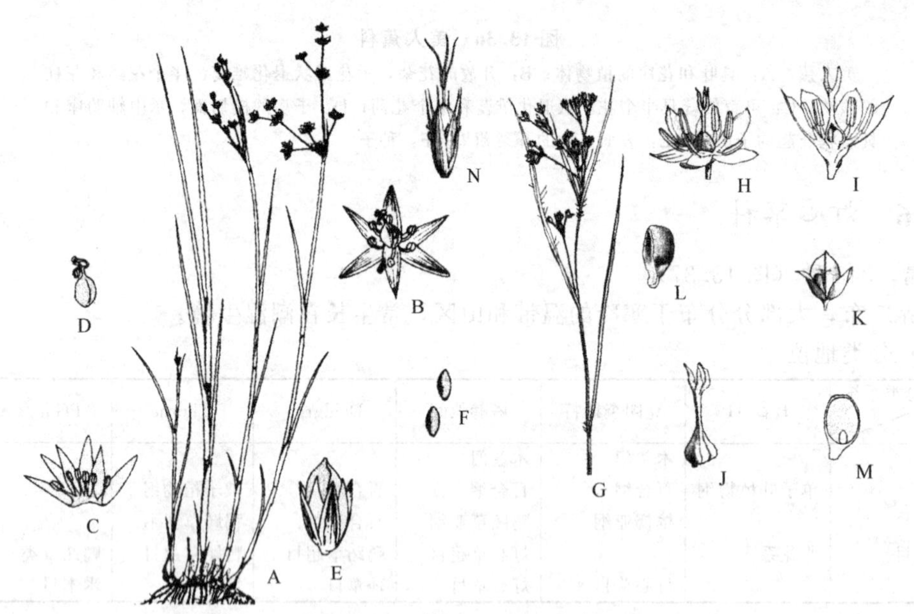

图 13.37　灯心草科

节状灯心草　A：具花序的植物体；B：花；C：花被和雄蕊；D：雌蕊群；E：蒴果；F：种子。微白地杨梅　G：具花序的植物体；H：花；I：花的纵剖面；J：雌蕊群；K：开裂的果实；L：种子；M：种子的纵切；N：枯灯心草的花

13.4.7　莎草科

104属，4950种（图13.38）

世界广布，主要分布于寒温带，常生长在湿地生境。

(1) 分类地位

分类系统 / 分类群	B & H	克朗奎斯特	塔赫他间	Dahlgren	Thorne	APG Ⅱ/(APweb)
门		木兰门	木兰门			
纲	单子叶植物纲	百合纲	百合纲	百合纲	被子植物纲	
亚纲		槟榔亚纲	鸭跖草亚纲	百合亚纲	鸭跖草亚纲	
系+/超目	颖花系+		灯心草超目	鸭跖草超目	鸭跖草超目	鸭跖草类①
目		莎草目	莎草目	莎草目	灯心草目	禾本目

(2) 突出特征　草本，茎常3棱，实心，叶排列成3列，含硅质体，叶鞘闭合，叶舌缺，具颖片，每花具1枚苞片，浆片缺，花被退化为刚毛、鳞片或无，子房上位，胚珠单生，果为小坚果。.

(3) 主要属　苔草属（1800种)、莎草属（580种)、飘拂草属（290种)、藨草属（280种)、刺子莞属（240种)、珍珠茅属（200种）和荸荠属（190种)。

(4) 描述　一年生或多年生草本，常具地下茎，茎常3棱，实心。叶互生，排列成3列，常在茎基部簇生，单叶，禾草状，含硅质体，全缘或具细锯齿，平行脉，托叶和叶舌缺如，叶鞘闭合，气孔具哑铃形保卫细胞。花序由小的穗状花序（有时称为小穗但是不同于禾草类的小穗，禾草类小穗基部具2枚颖片，并且每朵小花包于内稃和外稃之间）组成，每个小穗外常具1枚苞片（先出叶)，苞片（颖片）在轴（称小穗轴）上呈螺旋状排列（一本芒属）或两列排列（莎草属)，每枚苞片腋内有1花；小穗（小穗状花序）簇生成穗状花序、圆锥花序或伞状花序，整个花序包在1枚或多枚叶状总苞内。花很小，两性（莎草属、藨草属）或单性（珍珠茅属)，包在苞片（颖片）内，雌花常具第2枚苞片包围雌蕊并形成囊状果囊。花被退化成刚毛状，有时鳞片状（灯心莎属、湖瓜草属)，或无（球柱草属、藨草属)。雄蕊群具3枚雄蕊，有时更多（节柱草属为6枚，多蕊莎属为12～22枚)，离生，花药2室，基着，椭圆形或线形，纵裂，花粉粒单孔，假单体（4个小孢子中的3个退化并成为第4个可育小孢子的一部分，形成花粉粒)。雌蕊群具2（水蜈蚣属）或3（莎草属）枚合生心皮，子房上位，单室，胚珠1枚，倒生，基生胎座，花柱具2或3分支，柱头2或3。果为小坚果（常称瘦果，但后者严格源于单心皮)，有时形成胞果（苔草属)，常具宿存的花柱以及宿存的花被刚毛，双凸面或三棱形；种子直立，胚小，胚乳显著，粉状或肉质。

(5) 经济价值　莎草科的各个种有不同的用途。纸莎草的茎古代用来造纸，现在作为观赏植物。散穗克拉莎草的茎也是廉价纸的来源。风凌草苔草和席草的茎和叶子用来捆扎和编筐。油莎草、块茎藨草和荸荠的地下器官可做为食物。托塔拉藨草的茎可用于制作制独木舟和木筏，沼生藨草的茎用于制作编织物、垫子和椅座。

(6) 系统发育　该科被认为是单元起源的，通过最原始的属灯心莎属与灯心草科联系起来（哈钦松，1973)。Muasya等（1998）认为酸灯心草属（灯心草科）与莎草科为姐妹关系，支持度一般。Plunkett等（1995）把酸灯心草属放在了莎草科下，后者属间的关系细节尚不清楚。根据Bremer（2002）的研究，圭亚那草科（包括灯心木属）与灯心草科和莎草科两者为姐妹关系，支持度较高。他没有把酸灯心草属放在莎草科下。根据他的观点，莎草科、灯心草科和圭亚那草科形成了一个易于界定的莎草类进化支。该科传统上被分为3个亚科（恩格勒)：藨草亚科、刺子莞亚科和苔草亚科。哈钦松把该科划为8个族。Simpson等(2003）基于花粉和质体的DNA序列信息得出结论，擂鼓力亚科（哈钦松作为割鸡芒族）与该科其他类群为姐妹关系，然而苔草属与羊胡子属为姐妹关系，被划入另一个进化支中。

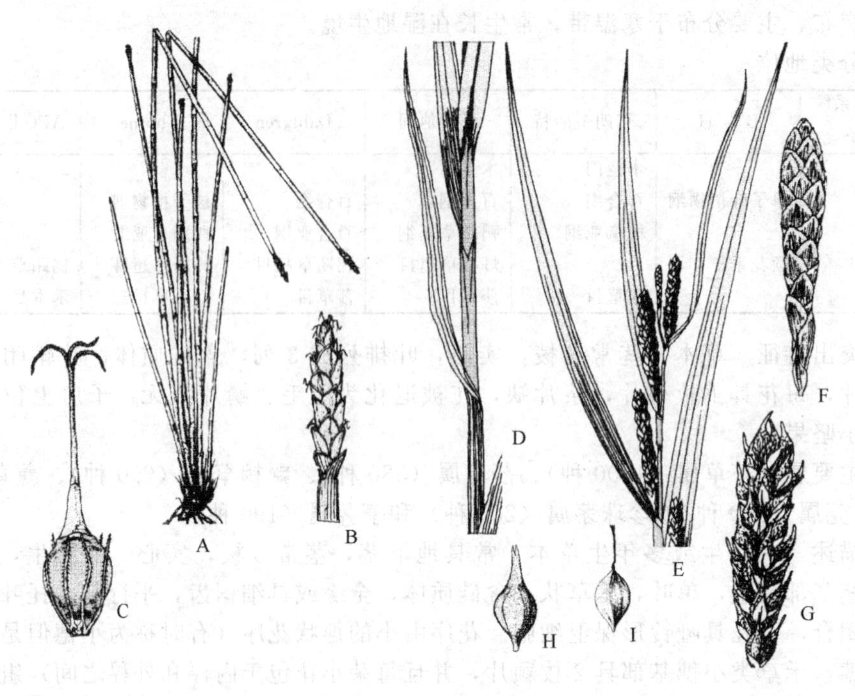

图 13.38 莎草科

兰卡纳莩荠 A：具花的植物体；B：花序；C：正在形成果实的雌蕊群具下位的刚毛。舌苔草 D：植物体的下部；E：花序的一部分；F：雄小穗；G：雌小穗；H：胞果；I：小坚果

13.4.8 禾本科

656 属，9975 种（菊科、兰科和豆科后的第四大科）（图 13.39）

世界广布，从两极到赤道，从山峰到海滩均有分布，适于各个类型的气候和生境。

（1）分类地位

分类系统 / 分类群	B & H	克朗奎斯特	塔赫他间	Dahlgren	Thorne	APGⅡ/(APweb)
门		木兰门	木兰门			
纲	单子叶植物纲	百合纲	百合纲	百合纲	被子植物纲	
亚纲		槟榔亚纲	鸭跖草亚纲	百合亚纲	鸭跖草亚纲	
系＋/超目	颖花系＋		禾本超目	鸭跖草超目	鸭跖草超目	鸭跖草类①
目		莎草目	禾本目	禾本目	帚灯草目	禾本目

注：B&H 作为禾本科（Gramineae）。

（2）突出特征 草本或灌木，具中空的节间和茎节，叶两列，叶鞘明显包于茎部，叶片呈线形，在叶片的连接处常有 1 片叶舌，小穗具 2 枚颖片，花退化，包在外稃和内稃内，花被退化为浆片（鳞被），子房上位，柱头羽状，果实为颖果。

（3）主要属 早熟禾属（500 种）、黍属（450 种）、羊茅属（430 种）、雀稗属（350 种）、针茅属（300 种）、雀麦属（160 种）、披碱草属（150 种）、鼠尾粟属（140 种）、箣竹属（125 种）、狗尾草属（100 种）、青篱竹属（50 种）和虎尾草属（50 种）。

（4）描述 草本，稀灌木或乔木（竹类），常具根状茎、匍匐茎或蔓生茎，频繁分蘖（从地表面分支）在茎部丛生，茎（秆）具中空的节间和膨大的茎节，具硅质体。叶 2 列，互生，单叶，基部叶鞘包围节间，上部为线形叶片，叶片和叶鞘结合处常具叶舌，叶鞘边缘重合但不合生，有时联合成一管状，叶脉平行，叶边缘常卷曲尤其在干燥时，无托叶。花序由小穗排列成总状花序、圆锥花序（早熟禾属、燕麦属）或穗状花序（小麦属、大麦属）。每个小穗具2枚颖片（稀1枚如单颖禾属）包围1朵（大麦属、干沼草属）或更多的小花（早熟禾属、小麦属）生于称为小穗轴的轴上，常成两列。花小，退化（小花），两侧对称（由于2枚浆片只排列在一边），稀辐射对称，常两性，稀单性（玉蜀黍属），下位花，包在外稃和内稃（先出叶）内，外稃常在背部（燕麦属）、近顶端（小麦属）或顶端（大麦属）形成芒，或无芒（早熟禾属）。花被无或退化为2枚浆片（稀3枚，如在箣竹属和捩芝禾属）。雄蕊群通常具雄蕊3枚，有时6枚（稻属）或更多（青篱竹属），稀1～2枚（细穗草族），花丝分离，花药两室，基着，常箭形，纵裂，花粉粒单孔。雌蕊群有多种类型，有两心皮、3心皮（有1枚退化为花柱）、合生心皮或单心皮，单室，具1胚珠，基生胎座，花柱2，有时3（竹类和捩芝禾属），罕为1（畸苞草属），柱头常羽状。果实为颖果，稀为坚果、浆果或胞果；种子与果皮合生，胚直，胚乳粉状。

（5）经济价值　该科有非常重要的经济价值，是重要谷物如水稻、小麦和玉米的来源。该科也包括其他粮食作物，如大麦、珍珠粟、燕麦、黑麦和高粱。狗牙根属、轴足禾属和剪股颖属等禾草被广阔用于草坪和草皮。须芒草属、冰草属和梯牧草属是主要的饲草。甘蔗是商业用糖的主要原料。竹类在世界各地广泛用于施工工程、编织工艺和盖屋顶。竹笋作为食物并常可腌制。柠檬草（香茅属）的叶子蒸馏产生香精油可散发香茅香味。薏苡的谷粒可以用于制作项链。香根草的根被用作芳香冷却垫并提取香根草油。

（6）系统发育　尽管作为一个庞大的类群，禾本科还是容易识别，并形成一个单系类群，这得到了形态学（浆片，具颖片的小穗，内稃和外稃，颖果）和DNA特征（*rbcL* 和 *ndhF* 序列）证据的支持。克朗奎斯特（1988）把禾本科和莎草科放在同一莎草目下，但是两者相似的形态被认为是趋同进化的结果，莎草科与灯心草科有更为紧密的关系（Judd等，1999）。根据Bremer（2002）的研究，用 *rbcL* 和taq分析找到更有力的证据支持莎草科、灯心草科和圭亚那草科形成了莎草类进化支，禾本科与其他科形成禾草类进化支。

该科雌蕊群的本质是一个受争议的问题。大多数早期的作者包括Haeckel（1883）、Rendle（1930）和Diels（1936）认为它是单心皮顶端为2～3枚分支柱头。Lotsy（1911）、Weatherwax（1929）和Arber（1934）认为它是3心皮的子房，是从1个具侧膜胎座的子房进化而来，该观点得到花部解剖研究的支持（Belk，1939）。其他人认为雌蕊群由2～3心皮组成（由可见柱头的数目决定；克朗奎斯特，1988；Woodand，1991）。

不同的作者对该科进行了不同的分类。哈钦松（1973）将其分为两个亚科：早熟禾亚科（具24族）和黍亚科（具3族）。Heywood（1978）将其分为6个亚科［箣竹亚科、假淡竹叶亚科Centostecoideae（应该为Centothecoideae，名称基于假淡竹叶属 *Centosteca*，Willis，1973和哈钦松，1973都没有列出）、箭竹亚科、虎尾草亚科、黍亚科和早熟禾亚科］，进一步划分为50族。这些亚科中，假淡竹叶亚科尽管与箣竹亚科和黍亚科两者有联系，并且包括小穗具1朵到多朵花的阔叶草本，但是在分类上还是占据了一个独立的位置。Clark等（1995）及Soreng和Davis（1998）的研究认为根据胚胎学和DNA数据，强烈支持箭竹亚科、虎尾草亚科、黍亚科形成一进化支（常称为PACC进化支）。箭竹亚科按照通常的定义不是单系类群，他们中的很多成员如三芒草属、芦苇属等都分布到其他两个亚科中。虎尾草亚科、黍亚科一般认为是单系类群。Stevens（APweb，2003）在禾本科下列出了12个亚科：畸苞草亚科、法若禾亚科、布篱竹亚科、黍亚科、箭竹亚科、酸模芝亚科、虎尾草亚科、三芒草亚科、扁芝草属（后6个形成PACCAD进化支）、箣竹亚科、皱稃草亚科、早熟禾亚科（BEP进化支）。该科在形态学和C4光合作用的生化反应上具有多样性（Kellogg，2000）。基于基因表达（Ambrose等，2000）的研究表明内稃或许甚至外稃本质上是花萼，而浆片是花冠。

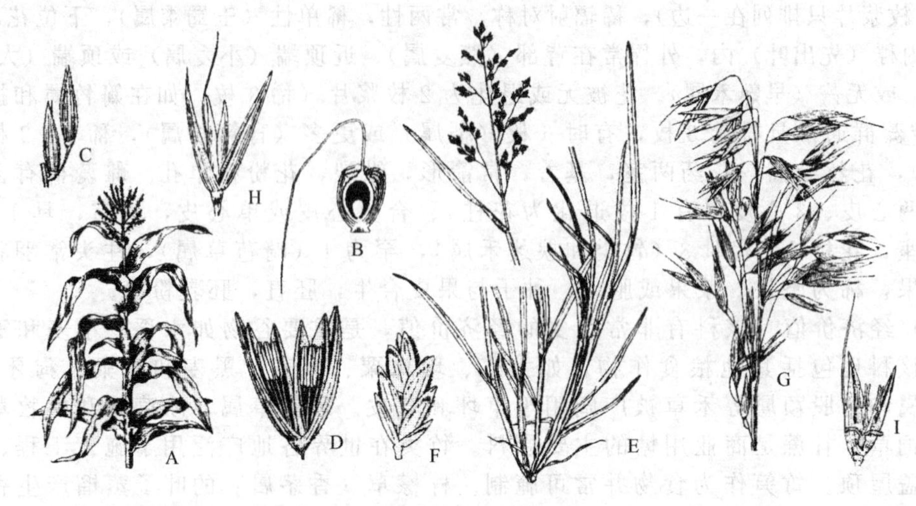

图 13.39 禾本科

玉米 A：具顶生雄花序和腋生雌花序的植物体（Cob）；B：雌小穗的纵剖面；C：成对的雄小穗；D：雄小穗打开，示两朵可育花。早熟禾 E：具花的植物体；F：小穗。燕麦 G：花序；H：小穗打开；I：外稃具芒的可育花

13.5 毛茛亚纲

<table>
<tr>
<td>
亚纲 5. 毛茛亚纲 Ranunculidae(A)
超目 1. 山龙眼超目 Proteanae(A)
目 1. 山龙眼超目 Proteales
1. 山龙眼科 Proteaceae
目 2. 悬铃木目 Platanales(B)
1. 悬铃木科 Platanaceae
目 3. 黄杨目 Buxales(B)
1. 黄杨科 Buxaceae
2. 双颊果科 Didymelaceae
目 4. 清风藤目 Sabiales
1. 清风藤科 Sabiaceae
超目 2. 毛茛超目 Ranunculanae
目 1. 金鱼藻目 Ceratophyllales(A)
1. 金鱼藻科 Ceratophyllaceae
目 2. 莲目 Nelumbonales
1. 莲科 Nelumbonaceae
</td>
<td>
目 3. 领春木目 Eupteleales(B)
1. 领春木科 Eupteleaceae
目 4. 芍药目 Paeoniales(B)
1. 芍药科 Paeoniaceae
2. 白根葵科 Glaucidiaceae
目 5. 毛茛目 Ranunculales
亚目 1. 毛茛亚目 Ranunculineae
1. 木通科 Lardizabalaceae
2. 星叶草科 Circaeasteraceae
3. 防己科 Menispermacceae
4. 小檗科 Berberidaceae
5. 黄毛茛科 Hydrastidaceae
6. 毛茛科 Ranunculaceae
亚目 2. 罂粟亚目 Papaverineae
1. 蕨罂粟科 Pteridophyllaceae(B)
2. 罂粟科 Papsverstese
</td>
</tr>
</table>

13.5.1 金鱼藻科

1属，6种（图13.40）

分布广泛，在淡水体中形成浮游群落。

(1) 分类地位

分类系统 / 分类群	B&H	克朗奎斯特	塔赫他间	Dahlgren	Thorne	APGⅡ/(APweb)
门		木兰门	木兰门			
纲	双子叶植物纲	木兰纲	百合纲	木兰纲	被子植物纲	
亚纲	单被花类	木兰亚纲	睡莲亚纲	木兰亚纲	毛茛亚纲	
系+/超目	特征异常系+		金鱼藻超目	睡莲超目	毛茛超目	
目		睡莲目	金鱼藻目	睡莲目	金鱼藻目	金鱼藻目

(2) 突出特征　沉水草本植物，根缺如，叶轮生，常叉状深裂，花小，单性，花被片7数，苞片状，雄蕊10到多数，花药药隔延长，心皮1，子房上位，顶生胎座，果实为瘦果，具2至多个针刺。

(3) 主要属　单属金鱼藻属（6种）。

(4) 描述　沉水草本，常形成漂浮植物群落，根缺如但有时具有无色根状分支来锚定植物；茎分支，但每节一分支。具中央气腔的单一维管束；气腔周围是含淀粉的细胞，里面有单宁酸。叶轮生，每节3～10，1～4次二叉状深裂，末回裂片具两排小齿并且顶端有2刺毛，气孔和角质层消失，无托叶。花序具单生叶腋的花，通常每轮叶对应1朵花。花单性（雌雄同株），雌雄花常交替在节上着生，辐射对称，非常小。花被片7到多数，线形，苞片状，基部略微合生。雄蕊多数，花丝不明显，花药长圆线型，2室，纵裂，外向，药隔延伸出2个突起并形成具色彩的齿，雌花中退化雄蕊缺如；花粉粒无萌发孔，外壁简化，花粉管分支。雌蕊具1心皮，子房上位，1室1胚珠，顶生胎座，胚珠悬垂，花柱过渡为子房，柱头在花柱的一侧延伸。果实为坚果，顶端有宿存刺状花柱，常具2个或更多的针刺；种子具有直生胚，胚乳缺如。

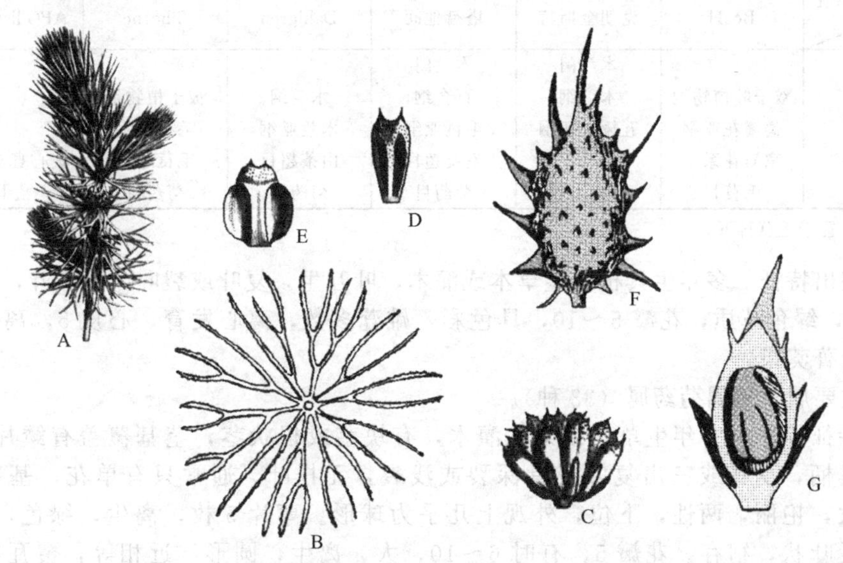

图13.40　金鱼藻科

细金鱼藻　A：部分植株；B：节部轮生的叶展开，示叉状分裂；C：带花被的雄花及数个无柄的雄蕊；D：幼小的雄蕊，药隔产生2个突出齿；E：裂开的雄蕊；F：果实具宿存的花柱和刺突；G：果实纵切，具悬垂的种子

(5) 经济价值　漂浮植物群落可以保护鱼苗，也可成为带血吸虫的蜗牛和带丝虫或疟原虫的蚊子幼虫的宿留地。果实和叶子可以为迁徙的水鸟提供食物，但有时会制造麻烦，堵塞水路。

(6) 系统发育　本科的系统发育还存有很多争议。Bentham和Hooker把这一科和其他不确定亲缘关系的科放在特征奇特组之下。本科经常被认为与睡莲科（Lawrence，1951；

Heywood，1978——两者包括莲属均置于睡莲科下）相关，特别是与已经被移到另一个具明显不同特征的莲科中的莲属相关。克朗奎斯特（1988）把这三个科放在同一个睡莲目中，G. Dahlgren（1989）将其包括莲科置于木兰超目的莲目中，而睡莲科和金鱼藻科被放到睡莲超目的睡莲目中。塔赫他间（1997）把莲科移入一个单独的莲目、单独的莲超目，甚至一个单独的莲亚纲中。金鱼藻科和睡莲科被放入睡莲亚纲，但划分金鱼藻超目和睡莲超目，包含相应的目金鱼藻目和睡莲目。Thorne（1999，2000，2003）把睡莲科和莼科放在木兰亚纲、睡莲超目、睡莲目下。金鱼藻科与莲科关系更紧，置于毛茛亚纲中的毛茛超目，但是它们分属于金鱼藻目和莲目。

金鱼藻科已经引起广泛关注，形态和化石方面的证据（Les 等，1991）以及分子证据（Chase 等，1991）表明了它在被子植物中的基础地位。尽管如此，Hickey 和 Taylor（1996）认为这种水生植物具有高度简化的植物体和花粉壁、薄珠心和单珠被胚珠以及存在争议的化石记录等不支持将其放在基础地位。金鱼藻科可能与单子叶植物具有姐妹关系（例如，Graham 和 Olmstead，2000；Zanis 等，2002；Whitlock 等，2002），因此在 APG Ⅱ 和 APweb 中被放入在单子叶植物之前独立的金鱼藻目中，金鱼藻目没有任何非正式的超级等级。睡莲科同样地被放在睡莲目中，但是莲科被移入真双子叶类植物中。

13.5.2 芍药科

1属，33 种（图 13.41）

主要分布于亚洲和欧洲的温带地区，美洲西北部也有分布。

（1）分类地位

分类系统 / 分类群	B&H	克朗奎斯特	塔赫他间	Dahlgren	Thorne	APG Ⅱ/（APweb）
门		木兰门	木兰门			
纲	双子叶植物纲	木兰纲	百合纲	木兰纲	被子植物纲	
亚纲	离瓣花亚纲	五桠果亚纲	毛茛亚纲	木兰亚纲	毛茛亚纲	
系＋/超目	离瓣花系＋		毛茛超目	山茶超目	毛茛超目	核心真双子叶类[①]
目	毛茛目	五桠果目	芍药目	芍药目	芍药目	虎耳草目

注：B&H 置于毛茛科下。

（2）突出特征　多年生具根状茎草本或灌木，叶互生，复叶或裂叶，无托叶，花大，两性，萼片 5，绿色革质，花瓣 5～10，具色彩，雄蕊多数，离心发育，心皮 5，离生，胚珠多数，聚合蓇葖果。

（3）主要属　单属芍药属（33 种）。

（4）特征描述　多年生草本或柔软灌木，有块茎或根状茎，茎基覆盖有鳞片状叶鞘。叶互生，具柄，羽状或三出复叶或具深裂或浅裂，无托叶。通常只有单花，基部有叶状苞片。花大，艳丽，两性，下位，外观上几乎为球形。萼片 5 枚，离生，绿色，不等大，覆瓦状，近叶状，宿存。花瓣 5，有时 6～10，大，离生，圆形，近相等，覆瓦状。雄蕊多数，离心发育，着生于心皮周围的肉质花盘上，离生，螺旋状排列，花药 2 室，基着，纵裂，外向。雌蕊群有 5 个心皮，有时为 2，生于肉质花盘上，离生，肉质，子房上位，单室，胚珠 2 到多数，边缘胎座，柱头无柄，肥厚，钩状，具 2 唇。果实为革质的聚合蓇葖果，在近轴缝合线处开裂，种子球形，具假种皮，成熟时由红色变为黑色，种脐显著，胚小，胚乳丰富。

（5）经济价值　本科植物多为观赏性栽培花卉。药用芍药的花直径可以达到 15 厘米。

（6）系统发育　芍药属曾被包括在毛茛科中，但其与众不同之处在于具有 5 条大染色体、雄蕊离心发育（而不是向心发育）、萼片宿存、具花盘和种子具假种皮。Worsdell

(1908) 首次依据解剖学证据将该属划分到一个独立的科中。Corner (1946) 认为雄蕊的离心发育在系统发育上有重要作用，倡导把芍药科放五桠果科附近，这个观点得到克朗奎斯特 (1981，1988) 的支持，但哈钦松并不支持这种观点，他在 1969 年把芍药科放在毛茛目下铁筷子科的前面。雌蕊发育及蜜腺形态的差别不支持将芍药科放在五桠果科附近 (Stevens in APweb，2003)。哈钦松认为芍药属是连接木兰科和铁筷子科的纽带，但是和后者更近。Fishbein 等 (2001) 的有关分析表明芍药属与景天科进化支有可能相联系，而很少有可能与景天科+虎耳草科进化支相联系，由此 APG Ⅱ 和 APweb 将其放在虎耳草目核心真双子叶类下。芍药科和另一个单源的科白根葵科通常被认为是相关的，Dahlgren (1989) 和 Thorne (1999，2003) 将其一起放在芍药目下，而塔赫他间 (1997) 将其放在了毛茛亚纲的毛茛超目中两个毗邻的目芍药目和白根葵目下。Mabberley (1997) 将白根葵属包括在芍药科中，Hoot 等 (1998) 将白根葵属和黄毛茛属置于毛茛科，认为是该科其余类群的姐妹群，APG Ⅱ 和 APweb 采用其观点，认为应该将其放在两个亚科白根葵亚科和黄毛茛亚科中。

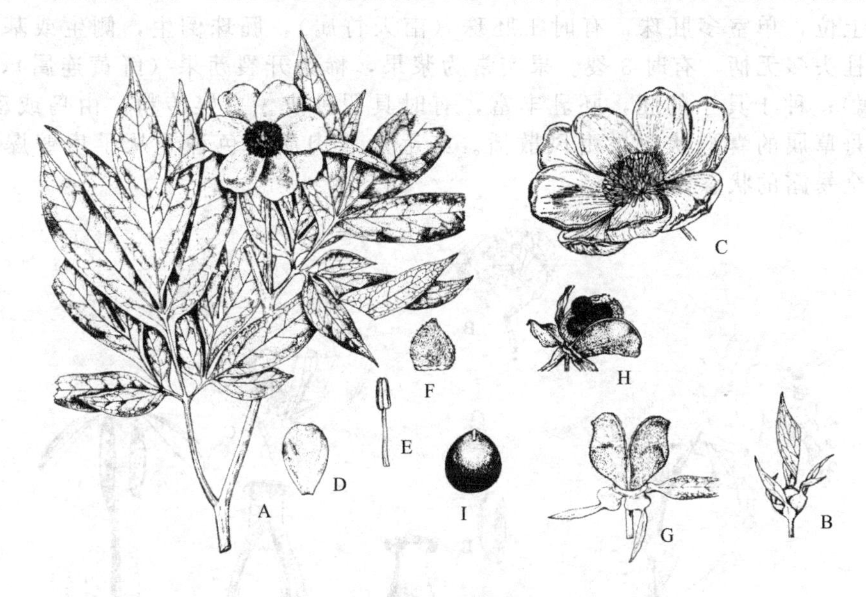

图 13.41　芍药科

多花芍药　A：花枝；B：具叶状苞片的花蕾；C：花放大示多数雄蕊；D：花瓣；E：雄蕊；F：被毛的子房；G：劈开的蓇葖果；H：蓇葖果开裂露出种子；I：种子具假种皮

13.5.3　小檗科

13 属，660 种 (图 13.42)

广泛分布，主要在北部温带地区，以及南美安第斯山脉。

(1) 分类地位

分类系统 / 分类群	B&H	克朗奎斯特	塔赫他间	Dahlgren	Thorne	APG Ⅱ/(APweb)
门		木兰门	木兰门			
纲	双子叶植物纲	木兰纲	百合纲	木兰纲	被子植物纲	
亚纲	离瓣花亚纲	木兰亚纲	毛茛亚纲	木兰亚纲	毛茛亚纲	
系+/超目	离瓣花系+		毛茛超目	毛茛超目	毛茛超目	真双子叶类[①]
目	毛茛目	毛茛目	小檗目	毛茛目	毛茛目	毛茛目

(2) 突出特征　草本或灌木，无托叶，花两性，萼片和花瓣相似，雄蕊 6，外轮对瓣，

花药瓣裂，1心皮，子房上位，果实为浆果。

(3) 主要属　小檗属（540种）、十大功劳属（60种）、鬼臼属（12种）、鲜黄连属（2种）和南天竹属（1种）。

(4) 描述　多年生草本或灌木，稀小乔木，茎中有时具分散的维管束，木材由于含小檗碱（一种生物碱）而常呈黄色。叶多为互生，稀为对生（鬼臼属），单叶（小檗属）、掌状裂（鬼臼属），或羽状复叶（十大功劳属），稀2～3回羽状复叶（南天竹属），长枝的叶有时特化为刺（小檗属），叶全缘或有刺状锯齿，羽状或掌状网脉，无托叶。花序为总状花序、圆锥花序（南天竹属）甚至单生（鲜黄连属）。花两性，辐射对称，下位花。花萼具3到6枚萼片，离生，覆瓦状，绿色（鬼臼属）或花瓣状（小檗属），稀缺（裸花草属）。花冠具3～6枚花瓣，有时更多，离生，内轮有花瓣状蜜腺，稀缺（裸花草属）。雄蕊常6枚，对瓣，有时18（鬼臼属）或为4（淫羊藿属），花药2室，由下到上纵向瓣裂，有时纵裂（南天竹属、鬼臼属），花粉粒常3沟型。雌蕊1心皮，子房上位，单室多胚珠，有时1胚珠（南天竹属），胚珠倒生，侧生或基生胎座，花柱短，柱头多无柄，有时3裂。果实常为浆果，稀为开裂蒴果（鲜黄连属），或瘦果（裸花草属）；种子具小的胚，胚乳丰富，有时具假种皮。虫媒传粉。由鸟或动物传播果实。牡丹草属的囊泡状蒴果由风散播。红毛七属肉质蓝色种子从子房壁爆射出来，可以在完全暴露的状态发育。

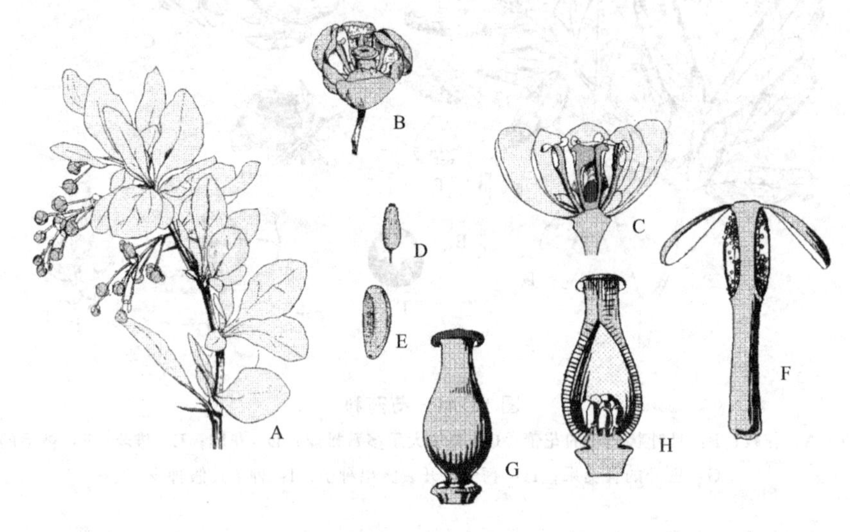

图 13.42　小檗科

欧洲小檗　A：具叶、花及刺的枝；B：花；C：花纵切；D：果实；E：种子。

B. stenophylla　F：具花药2瓣裂的雄蕊；G：子房；H：子房纵切（F～H依哈钦松，1973）

(5) 经济价值　小檗属的许多种（黄杨叶小檗和达尔文小檗）、十大功劳属（冬青叶十大功劳）和南天竹属（南天竹）普遍栽培作为观赏植物。桃儿七的根状茎可以产生一种树脂用于清洗剂，并且是一些松弛药物的组成成分。

(6) 系统发育　本科的各个属彼此之间有很大的不同。Chapman（1936）基于心皮解剖提出小檗科和毛茛科是从前毛茛类平行进化而来的，并且怀疑现存的科可能是小檗科直接祖先的观点。她还证明该科的单心皮类群是从3心皮的中轴胎座的祖先衍化而来的，其余2心皮被抑制，它们的胎座移到子房的一侧，其室因压缩而消失，结果产生了单室的情况。根据Kim和Jansen（1998），只有$n=6$进化支（淫羊藿属、鬼臼属、鲜黄连属）的雌蕊由两心皮演化而来。哈钦松（1973）把这里的所有属划分在三个科下：小檗科（包括木本的属小檗属和十大功劳属，它们的花药瓣裂）、南天竹科（单一木本的属，具有2～3回羽状复叶，花药缝状开裂）和鬼臼科（包括草本的属）。有趣的是，尽管前两者被包含在小檗目下，后一个科和毛茛科、睡莲科、金鱼藻科等一起还是被放在毛茛目下。塔赫他间也把草檗科Ranzaniaceae划分成4个科，并将其一起放在小檗目下。最近的分类把它们放在同一个小檗科中，形态学和DNA证据支持其为单系类群。在现在的多数分类系统中，本科和毛茛科及其他相关的科一起放在毛茛目。南天竹属被认为与该科的其余类群有姐妹关系，经常被放在独立的亚科南天竹亚科下，而其余属均被放在小檗亚科下。小檗科被认为有很多独立的进化支（Loconte，1993）。牡丹草属、露籽草属和红毛七属的特征是具有花瓣状蜜腺（退化雄蕊）、花粉有网状纹饰、基底胎座。同样地，淫羊藿属、范库弗草属和鲜黄连属独特之处在于具有大的蓝色肉质种子，并在暴露的条件下发育。Thorne（2003）把小檗科划分成四个亚科：南天竹亚科、小檗亚科、牡丹草亚科和鬼臼亚科。APweb（2003）认为只有两个亚科：单属的南天竹亚科和包括其他所有属的小檗亚科。

13.5.4 毛茛科

58属，2505种（图13.43）

主要分布于北半球的温带和北部地区。

（1）分类地位

分类群 \ 分类系统	B&H	克朗奎斯特	塔赫他间	Dahlgren	Thorne	APGⅡ/(APweb)
门		木兰门	木兰门			
纲	双子叶植物纲	木兰纲	木兰纲	木兰纲	被子植物纲	
亚纲	离瓣花亚纲	木兰亚纲	毛茛亚纲	木兰亚纲	毛茛亚纲	
系+/超目	离瓣花系+		毛茛超目	毛茛超目	毛茛超目	真双子叶类①
目	毛茛目	毛茛目	小檗目	毛茛目	毛茛目	毛茛目

（2）突出特征　草本，叶基部具鞘，叶片常分裂，花两性，花瓣具蜜腺，雄蕊和心皮多数，离生并螺旋状排列，子房上位，蓇葖果或瘦果。

（3）主要属　毛茛属（400种）、铁线莲属（200种）、翠雀属（250种）、乌头属（245种）、银莲花属（150种）和唐松草属（100种）。

（4）描述　多为草本，有时为木质藤本（铁线莲属）或灌木（黄根属），茎有散生的或几环维管束，单毛。叶通常互生（铁线莲属对生），叶片不裂（驴蹄草属）、掌状裂（毛茛属）或为复叶（铁线莲属），无托叶（唐松草属有托叶），有时在叶柄部（铁线莲属）或小叶末端（锡兰莲属）会形成具有支撑作用的卷须。花单生（银莲花属）或形成聚伞花序，有时为总状花序（翠雀属）或圆锥花序（漂浮铁线莲）。有苞片（铁线莲属）或无苞片（银莲花属），两性（唐松草属中单性），辐射对称（翠雀属两侧对称），雄蕊和心皮螺旋状排列，下位花。花萼具5枚（铁线莲属中为4）或多数萼片，离生，其中1枚（翠雀属）或全部5枚（耧斗菜属）萼片经常在基部延伸为距。花冠，具5或多数花瓣（铁筷子属），离生，常具蜜腺或表现为蜜腺（翠雀属），有时形成距进入萼片形成的距中，有时花被不分化（银莲花属、铁筷子属）为萼片和花瓣。雄蕊群有多数雄蕊，离生，螺旋状排列，花药常外向，纵裂。雌蕊群具单一（翠雀属的飞燕草亚属）或多数离生心皮（黑种草属中心皮合牛），1室（黑种草属多室），具1（毛茛属）或多数（翠雀属）胚珠，边缘或基底胎座，稀中轴胎座（黑种草属），子房上位，花柱1，有时羽毛状（铁线莲属），柱头1。果实为瘦果（毛茛属）、蓇葖果（翠雀属）、浆果（类叶升麻属）或稀为蒴果（黑种草属）；种子具小的胚，胚乳存在。通常为虫媒传粉。缺少蜜腺的铁线莲属和银莲花属通过收集花粉的昆虫传粉。带有蜜腺的毛茛属和翠雀属等常由蜜蜂传粉。唐松草属的一些种类藉风媒传粉。瘦果具有利于风力传播的毛(铁线莲属)、具小瘤或钩状刺以利于动物传播(毛茛属)。类叶升麻属的浆果主要由鸟类散布。

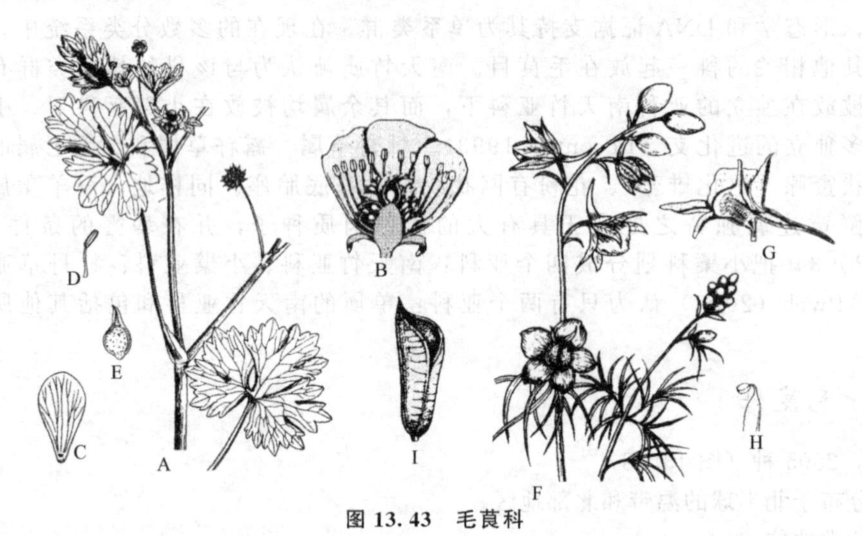

图 13.43 毛茛科

刺果毛茛 A:具花和果的部分植株;B:花纵切;C:具蜜腺的花瓣;D:雄蕊;E:瘦果。
飞燕草 F:具有花蕾和展开的花朵的花枝;G:花纵切;H:雄蕊;I:开裂的蓇葖果

(5) 经济价值 翠雀属、银莲花属、耧斗菜属、毛茛属和铁筷子属栽植供观赏。小芜菁乌头生产乌头,凶猛乌头是乌头碱的原料。黄毛茛属(被塔赫他间移入黄毛茛科中)的根被用作胃药。

(6) 系统发育 形态学和分子生物学证据表明这个科是单系类群。黄毛茛属具 3 基数的花被、梯纹导管、胚珠具两层珠被、肉质蓇葖果,和白根葵属一起居于独立的基础地位,这由分子生物学证据得以证明。这两个属被塔赫他间(1997)分别移入了黄毛茛目和白根葵目下独立的科黄毛茛科和白根葵科中。Thorne(2003)把白根葵科放在芍药目下,但把和毛茛科相近的黄毛茛科放在毛茛目下面。基于 cpDNA 限制性位点和序列数据的研究(Hoot,1995)表明这两个属和被放入唐松草亚科中的其他属一起组成基部的并系类群,由此证明了把这些属放入毛茛科中的合理性。这些基部地位的属保留了一些形态相似的特征,如存在小檗碱,黄色的匍匐根状茎,小的毛被和小的染色体,使它们与小檗科联系起来。哈钦松把具有蓇葖果的属放在铁筷子科下,被花部解剖学的证据否定。每个心皮中胚珠数目的减少和瘦果的衍化在这个科中发生了好多次。将其独立出来也被核苷酸序列分析所否定(Hoot,1995)。带有蜜腺的花瓣通常表示带花瓣的蜜腺,花瓣缺如。根据 Erbal 等(1999),解释为由雄蕊演化而来,并且雄蕊在第二轮螺旋状排列。Thorne(2003)把这个科分为三个亚科:黄连亚科、扁果草亚科和毛茛亚科。Stevens(APweb,2003)认为有 5 个亚科:增加了黄毛茛亚科和白根葵亚科。

13.5.5 罂粟科

50 属,830 种(图 13.44)

广泛分布,主要在北半球的温带地区,南非及澳大利亚东部也有分布。

(1) 分类地位

分类群 \ 分类系统	B&H	克朗奎斯特	塔赫他间	Dahlgren	Thorne	APGⅡ/(APweb)
门		木兰门	木兰门			
纲	双子叶植物纲	木兰纲	木兰纲	木兰纲	被子植物纲	
亚纲	离瓣花亚纲	木兰亚纲	毛茛亚纲	木兰亚纲	毛茛亚纲	
系+/超目	离瓣花系+		毛茛超目	毛茛超目	毛茛超目	真双子叶类[①]
目	侧膜胎座目	罂粟目	罂粟目	罂粟目	毛茛目	毛茛目

(2) 突出特征　草本，有白色或彩色汁液，花两性，萼片早落，花瓣在芽中褶皱，雄蕊多数，轮生，子房上位，1室，果为蒴果。

(3) 主要属　紫堇属（380种）、罂粟属（100种）、球果紫堇属（50种）、蓟罂粟属（30种）和花菱草属（10种）。

(4) 描述　一年生或多年生草本，稀为软木质灌木（木罂粟属），或小乔木（羽脉博落回属），维管束常为几轮，具白色或彩色的乳汁，单毛，有时具短硬毛（绿绒蒿属）。叶常互生，花叶有时近对生（宽蕊罂粟属），单叶，常多深裂，有时全缘（木罂粟属）或具刺（蓟罂粟属），网状脉，无托叶。花序，常具单花，血根草属具花莛，血水草属为总状花序，羽脉博落回属为圆锥花序。花两性，辐射对称，有时两侧对称（球果紫堇属、紫堇属）。花萼，具2个萼片，有时3，早落或成帽状，离生，常包围花芽。花冠具4个花瓣，有时为6甚至8～12（血根草属），离生，常为两轮，外面的两片常囊状或距状包含蜜腺（球果紫堇属、紫堇属），里面的有时在先端靠合（球果紫堇属），覆瓦状，常在花芽中褶皱，在羽脉博落回属中缺。雄蕊群具多数雄蕊（罂粟属），有时为4枚并对瓣（紫堇属）或6枚，两轮每轮3枚（荷包牡丹属），花药2室，（球果紫堇属6个雄蕊中2个具2室花药，4个具1室花药），纵裂，花粉粒3沟型到多孔型。雌蕊群常具2合生心皮，有时松散结合，在果时分离（宽蕊罂粟属），子房上位，单室具侧膜胎座，有时由于胎座的延伸导致多室，胚珠多数，有时为1（羽脉博落回属），胚珠倒生，柱头盘状或具裂，有时为头状。果实为蒴果，瓣裂或分裂为含1个种子的瓣片，有时为坚果（球果紫堇属）；种子小，有时具有假种皮，胚小，胚乳丰富，肉质或油质。通常为虫媒传粉，稀为风媒（羽脉博落回属）。种子通过蒴果的爆发性开裂而散布，具假种皮的种子通常通过蚂蚁散布。

(5) 经济价值　罂粟属、花菱草属、蓟罂粟属、紫堇属、血根草属和荷包牡丹属的许多种都栽培作为观赏植物。罂粟是生产鸦片最具价值的植物（由蒴果的乳汁中获得），并由它派生出海洛因、吗啡、可待因。该种的种子不含鸦片，因此可用来焙烘，并且可用来生产一种干性油。墨西哥人用黄花海罂粟和蓟罂粟的种子榨油来制作肥皂。

(6) 系统发育　本科被认为向后与铁筷子科（哈钦松，1973）相关，但是具有合生心皮的雌蕊和侧膜胎座，而向前很明显与十字花科相关，后者也具有侧膜胎座但是有假隔膜。具有两侧对称的花以及具囊状或距状花瓣的属有时被放入截然不同的荷包牡丹科（哈钦松，1926，1973；Lawrence，1951；克朗奎斯特，1988；Dahlgren；1989和塔赫他间）中，但形态学和核苷酸序列的数据支持包括这些属的科为单系类群，更好的处理是将它们放入荷包牡丹亚科中（Thorne，2003；Judd等，2002）。APGⅡ仍把荷包牡丹科放在罂粟科下面。然而，关于基部地位的属具有不同的观点。Loconte等（1995）提议把具有多数稍微合生心皮及离生柱头的宽蕊罂粟亚科（宽蕊罂粟属及其近缘植物）作为基部的进化支。另一方面，Hoot等（1997）基于形态解剖学和核苷酸序列的资料把蕨罂粟属作为其他属的姐妹群。这个单型的属被塔赫他间（1997）、Thorne（1999，2003）、APGⅡ和APweb移入到一个独立的科蕨罂粟科中。

本科由于具有侧膜胎座，早期被放在十字花科和白花菜科的附近，但现在被移到毛茛目附近（或其下面），这种改变得到化学证据的支持——β-硫代葡糖苷类的缺如和植物碱的存在。

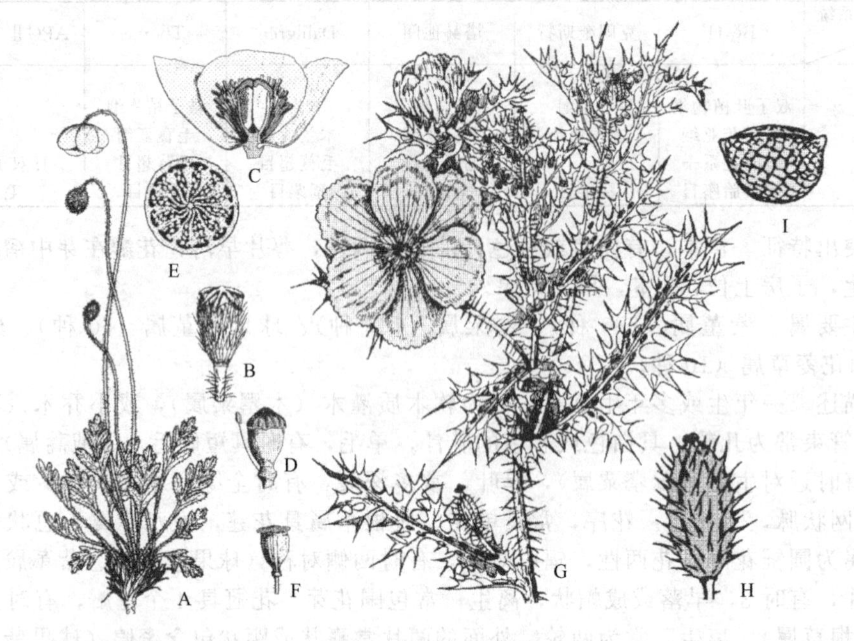

图 13.44 罂粟科

野罂粟 A：具花植株；B：具刚毛的果实。虞美人 C：花纵切；D：残留1枚雄蕊的雌蕊，其余雄蕊脱落；E：子房横切，示胎座伸入形成的隔膜；F：果实表面光滑，柱头盘宽阔；G：黄绿蓟罂粟，具花及明显花柱，基部具1枚果实；H：蓟罂粟的果实，无花柱；I：蓟罂粟的种子

13.6 金缕梅亚纲

亚纲 6. 金缕梅亚纲 **Hamamelididae**(B)
- **超目 1. 金缕梅超目 Hamamelidanae**
  - 目 1. 金缕梅目 Hamamelidales
    - 亚目 1. 昆栏树亚目 Trochodendrineae
      - 1. 昆栏树科 Trochodendraceae
      - 2. 连香树科 Cercidiphyllaceae
    - 亚目 2. 金缕梅亚目 Hamamelineae
      - 1. 蕈树科 Altingiaceae
      - 2. 金缕梅科 Hamamelidaceae
      - 3. 交让木科 Daphniphyllaceae
  - 目 2. 虎耳草目 Saxifagales
    - 1. 四果木科 Tetracarpaeaceae
    - 2. 景天科 Crassulaceae
    - 3. 扯根菜科 Penthoraceae
    - **4. 虎耳草科 Saxifagaceae**
    - 5. 隐瓣藤科 Aphanopetalaceae(B)
    - 6. 鼠刺科 Iteaceae
    - 7. 齿蕊科 Pterostemonaceae
    - 8. 醋栗科 Crossulariaceae
    - 9. 小二仙草科 Haloragaceae
  - 目 3. 洋二仙草目 Gunnerales(B)
    - 亚目 1. 洋二仙草亚目 Gunnerineae
      - 1. 洋二仙草科 Gunneraceae
    - 亚目 2. 葡萄亚目 Vitineae(B)
      - 1. 葡萄科 Vitaceae
  - 目 4. 智利藤目 Berberidopsidales(B)
    - 1. 鳞枝树科 Aextoxicaceae
    - 2. 智利藤科 Berberidopsidaceae
  - 目 5. 胡桃目 Juglandales
    - 亚目 1. 胡桃亚目 Juglandineae
      - 1. 马尾树科 Rhoipteleaceae
      - 2. 胡桃科 Juglandaceae
    - 亚目 1. 杨梅亚目 Myricineae
      - 1. 杨梅科 Myricaceae
  - 目 6. 桦木目 Betulales
    - 1. 南山毛榉科 Nothofagaceae
    - **2. 山毛榉科 Fagaceae**
    - 3. 核果桦科 Ticodendraceae
    - **4. 桦木科 Betulaceae**
    - **5. 木麻黄科 Casuarinsceae**

13.6.1 虎耳草科

30属，525种（图 13.45）

广泛分布，但以北半球最具有代表性，主要分布于温带和极地气候环境。

(1) 分类地位

分类系统 分类群	B&H	克朗奎斯特	塔赫他间	Dahlgren	Thorne	APGⅡ/(APweb)
门		木兰门	木兰门			
纲	双子叶植物纲	木兰纲	木兰纲	木兰纲	被子植物纲	
亚纲	离瓣花亚纲	蔷薇亚纲	蔷薇亚纲	木兰亚纲	金缕梅亚纲	
系+/超目	萼花系+		虎耳草超目	蔷薇超目	金缕梅超目	核心真双子叶类①
目	蔷薇目	蔷薇目	虎耳草目	虎耳草目	虎耳草目	虎耳草目

注：B&H 作为 Saxifrageae。

(2) 突出特征　多年生草本，叶轮生，齿状腺体，无托叶，花辐射对称，常周位，萼片和花瓣各 5，雄蕊 5～10，心皮 2，合生，子房上位，中轴胎座，果实为蒴果。

(3) 主要属　虎耳草属（310 种）、矾根属（50 种）、金腰属（45 种）、唢呐草属（18 种）、落新妇属（18 种）和岩白菜属（6 种）。

(4) 描述　多年生草本，导管分子具有单穿孔，常含单宁，有时具氰化物。叶互生，常在基部排成莲座状，单叶或羽状、掌状复叶，羽状或掌状网脉，托叶缺或被叶柄基部边缘的膨大所代替。花序为总状或聚伞花序，稀为单花。花两性，稀单性（雌雄同株或雌雄异株），辐射对称，稀为两侧对称，常为具有显著托杯的周位花，稀为上位花。花萼，常具有 5 个萼片，稀为 4，分离或联合，常宿存。花冠常具有 5 枚花瓣，分离，常有爪，覆瓦状或螺旋状排列，有时简化或缺如。雄蕊群具 5～10 枚雄蕊，离生，花药 2 室，纵裂，3 孔沟型花粉。雌蕊群常具有 2 个心皮，稀为 5，合生、离生或贴生于托杯上，子房上位或下位，中轴或侧膜胎座，胚珠多数，花柱及柱头离生，柱头头状。果实为室间开裂的蒴果或蓇葖果；种子具有被胚乳包围的小而直胚。主要为虫媒传粉。种子由风或途经的动物散布。

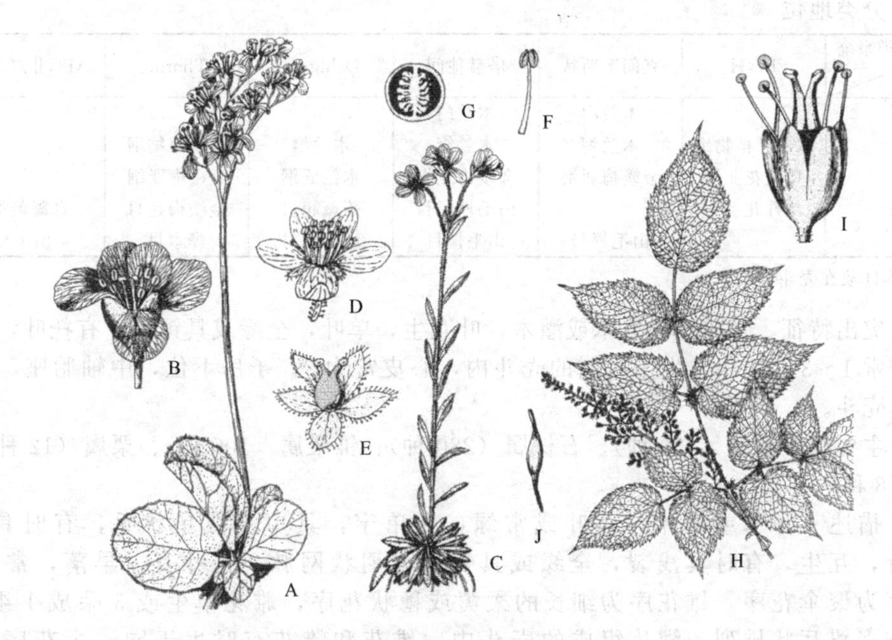

图 13.45　虎耳草科

腺毛岩白菜　A：具基生叶和生于长花莛上聚伞状圆锥花序的植株；B：花，示花瓣明显长于近半杯形的花萼。鞭状虎耳草　C：植株具密集的匍匐茎、小的叶及少数花；D：花具有近乎离生的萼片，花梗和萼片具腺毛；E：带有花萼和雌蕊的花，去掉花瓣和雄蕊；F：雄蕊；G：子房横切，示中轴胎座。

溪畔落新妇　H：部分羽状叶，旁边带有圆锥花序；I：花无花瓣，具 5 枚雄蕊和 2 个心皮；J：种子，示两端尾状

（5）经济价值　本科的经济价值不大，只有虎耳草属和落新妇属等一些属栽植于岩石公园和多年生草本的边缘。

（6）系统发育　本科早期的广义科包含许多属，现在都被分别放在不同的科中，例如醋栗科（茶藨子属）、绣球科［绣球属，被 Thorne（2003）放在菊亚纲→山茱萸超目→绣球目；APGⅡ将其置于菊亚纲类→山茱萸目）、梅花草科（梅花草属，被 Thorne 放在蔷薇亚纲→卫矛超目→卫矛目；APGⅡ和 APweb 将其置于真蔷薇类→卫矛目］等。绣球科为木本，薄珠心和单珠被，与菊亚纲类相关。同样地把梅花草科独立出来也具有植物解剖学上的证据（Bensel 和 Palser 1975b，c）。本科长期被认为与蔷薇科相关。虎耳草科中的落新妇属经常与蔷薇科的假升麻属混淆，但是前者常具有对生叶，心皮常为 2 并在基部联合，它们的雄蕊更少一些；这些相似之处主要是表面上的。虎耳草科中主要有两个进化支：狭义的虎耳草属进化支和矾根属进化支，后者包含这个科中大多数花部变异的成员（Soltis 等，2001）。属的界限并不明显；杂交广泛存在，并且存在叶绿体和核基因型的各种组合。例如：杯花属的叶绿体基因型经常在唢呐草属中发现（Soltis 等，1993）。然而单珠被具有花莛花序的雨伞草属完全被包含在虎耳草科中（Gornall，1989）。Thorne 早期把虎耳草目放在蔷薇亚纲下面，但是后来（2003）把它移入一个新的亚纲金缕梅亚纲中。来自 cpDNA 限制性位点、*rbcL*、*matK* 和 18S 序列以及形态学方面的资料证明该科是单源的。此外该科中的所有成员 *rpl2* 内含子缺失。最近的研究表明像虎耳草属和唢呐草属这两个属都不是单系类群。并且，由于杂交经常造成分类学上的困难。

13.6.2　山毛榉科

9 属，915 种（图 13.46）

广泛分布于北半球热带和温带地区。

（1）分类地位

分类群 \ 分类系统	B&H	克朗奎斯特	塔赫他间	Dahlgren	Thorne	APGⅡ/（APweb）
门		木兰门	木兰门			
纲	双子叶植物纲	木兰纲	木兰纲	木兰纲	被子植物纲	
亚纲	单被花亚纲	金缕梅亚纲	金缕梅亚纲	木兰亚纲	金缕梅亚纲	
系+/超目	单性花系+		山毛榉超目	蔷薇超目	金缕梅超目	真蔷薇类Ⅰ[①]
目		山毛榉目	山毛榉目	山毛榉目	桦木目	山毛榉目

注：B&H 放在壳斗科中。

（2）突出特征　含单宁的乔木或灌木，叶互生，单叶，全缘或具锯齿，有托叶，聚伞花序，雌花常 1～3 朵 1 组，生于具鳞的壳斗内，心皮常为 3，子房下位，中轴胎座，果为坚果，外具壳斗。

（3）主要属　栎属（430 种）、石栎属（280 种）、锥栗属（100 种）、栗属（12 种）和山毛榉属（8 种）。

（4）描述　乔木或灌木，落叶或常绿，含单宁，具单毛或星状毛，有时具腺体。叶为单叶，互生，有时具浅裂，全缘或具锯齿，羽状网脉，托叶有，早落，常狭三角形。花序为聚伞花序，雄花序为细长的柔荑或穗状花序，雌花单生或 3 朵成 1 组簇生，生于由许多覆瓦状排列的鳞片组成的壳斗中，雄花和雌花有时生于同一个花序上（栗属、石栎属）。花小，单性（雌雄同株），辐射对称。花被具 4～6 枚花被片，简化，离生或稍合生，覆瓦状排列。雄蕊群具 4 至多数雄蕊，花丝分离，丝状，花药直立，2 室，药室常毗邻，纵裂，常为 3 孔沟或 3 沟花粉，雌花中常具退化雄蕊。雌蕊常具 3 心皮，稀到 12，合生，子房下位，室和心皮数相同，中轴胎座，每室 2 胚珠但整个子房只有1个发育，悬垂，双珠被，外珠被有维管组织，花柱离生，柱头多孔或沿着花柱的上端膨大，珠孔受精。**果实**为坚果，与壳斗紧密相连并在基部（栎属）或全部（栗属）被壳斗包围，壳斗常坚硬木质，有时有刺（栗属），不开裂（栎属）或由于壳斗类似果皮的爆炸性开裂而成瓣状（栗属）；种子单一，无胚乳。山毛榉属和栎属的花藉风媒传粉，栗属和锥栗属的花因产生强烈的气味可吸引蝇类、甲虫和蜜蜂传粉。果实由鸟类和啮齿类传播。

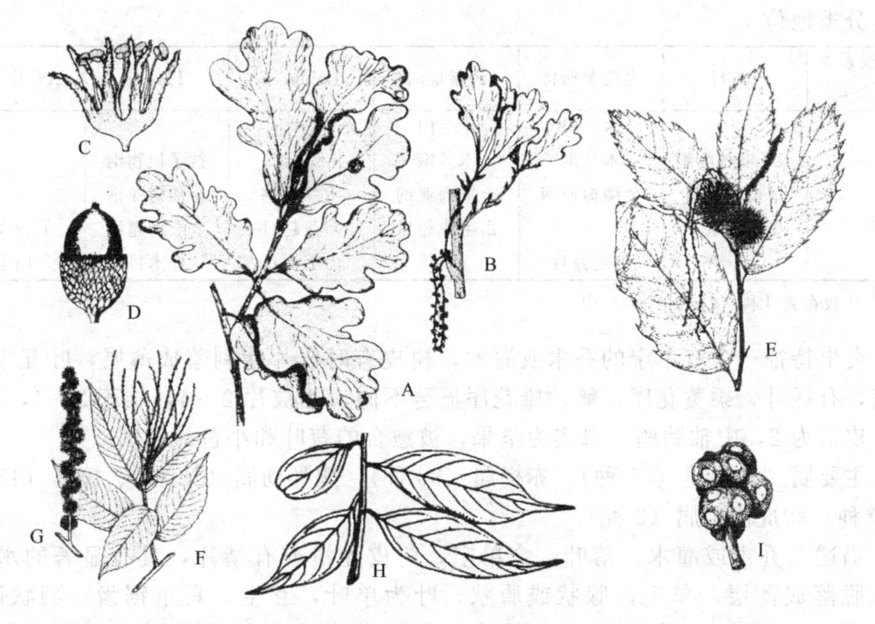

图13.46 山毛榉科

欧洲栓皮栎 A：花枝，具裂叶和长花序柄的雌花；B：具雄柔荑花序的幼枝；C：雄花；D：被壳斗近半包的坚果；E：欧洲板栗的枝，具长的穗状柔荑花序，每个花序基部生有1朵雌花，上部有多数雄花，壳斗具刺。印度锥栗；F：具多个穗状柔荑花序的枝；G：果序。厚叶石栎，H：具叶的部分枝条；I：部分果枝，坚果每3个1组

（5）经济价值 栗属的种类的坚果焙烤后可食，但保存期很短，几天就会变坏。栎属和山毛榉属一些种的果实偶尔可食。欧洲栓皮栎的树皮可制成软木塞。许多树种是建筑、家具、桶以及细木家具的木材来源。栎属、山毛榉属、栗属和石栎属的许多种可栽培供观赏。

（6）系统发育 本科与桦木科联系紧密，这两个科常被放在同一个目下面，虽然塔赫他间只把山毛榉科和南山毛榉科放在山毛榉目，而把桦木科和其余类群放在榛目。形态学、cpDNA限制性位点（Manos等，1993）和 *matK* 序列（Manos和Steele，1997）资料表明该科是单源的。栗属、石栎属和黄叶柯属保留了许多近同形的形态特征，如雌雄同株的花序、发育较好的花被、伸出的雄蕊和微小的柱头。壳斗的属性还在争论之中，一般认为，壳斗代表一个聚伞花序，聚伞花序外面的部分为特化成壳斗的苞片，带有鳞片或刺（Manos等，2001）。南山毛榉属的壳斗［起初被放在山毛榉科（哈钦松，1973；克朗奎斯特，1981），但现在独立为南山毛榉科］由许多成丛的苞片和托叶组成，与山毛榉科的壳斗不同源。Heywood（1997）认为山毛榉科分为三个亚科：山毛榉亚科、栎亚科和栗亚科。山毛榉属与山毛榉科的其他类群具有姐妹关系被单独地置于山毛榉亚科。三棱栎属被认为与该科的其他部分（除山毛榉属）具有姐妹关系，因此与美洲三棱栎属和中国三棱栎属被Thorne放在第4个亚科三棱栎亚科。

Thorne起初（1999）把桦木目放在蔷薇亚纲→蔷薇超目，但随后将其移入金缕梅亚纲→金缕梅超目中。APGⅡ和APweb更倾向于将山毛榉目置于真蔷薇类Ⅰ进化支中。

13.6.3 桦木科

6属，140种（图13.47）

广泛分布于温带以及北部地区，赤杨属分布于南美的安第斯山脉和阿根廷地区。

（1）分类地位

分类系统 分类群	B&H	克朗奎斯特	塔赫他间	Dahlgren	Thorne	APGⅡ/（APweb）
门		木兰门	木兰门			
纲	双子叶植物纲	木兰纲	木兰纲	木兰纲	被子植物纲	
亚纲	单被花亚纲	金缕梅亚纲	金缕梅亚纲	木兰亚纲	金缕梅亚纲	
系+/超目	单性花系+		山毛榉超目	蔷薇超目	金缕梅超目	真蔷薇类Ⅰ①
目		山毛榉目	榛目	山毛榉目	桦木目	山毛榉目

注：B&H放在壳斗科（Cupuliferae）中。

（2）突出特征 含有单宁的乔木或灌木，树皮有时成片状剥落成薄层，叶互生，单叶，具重锯齿，有托叶，柔荑花序，雌、雄花序显著不同，花被片2～4，雄蕊2～4，雌花中无花被，心皮常为2，中轴胎座，果实为坚果，被愈合的苞叶和小苞片包围。

（3）主要属 桦木属（55种）、赤杨属（30种）、鹅耳枥属（28种）、榛属（15种）、铁木属（10种）和虎榛子属（2种）。

（4）描述 乔木或灌木，落叶，含单宁，树皮光滑或有鳞片，具有显著的水平皮孔，有时片状脱落成薄层，单毛，腺状或盾状。叶为单叶，互生，具重锯齿，羽状网脉，次级脉直达锯齿，有托叶。花序为柔荑花序，雌雄花序分离但雌雄同株，雄花序常悬垂，雌花序短而直立，花单生于柔荑花序的每个节上或2～3朵组成聚伞花序簇，贴生于由苞叶和小苞片组成的总苞。在赤杨属，雌花序中每个聚伞状的花簇具有2朵花，由1个苞片、2个次级小苞片和2个三级苞片联合成为木质的宿存总苞。在桦木属，3朵雌花为1簇，带有1个苞片、两个小苞片，会融合为3浅裂的“苞片”或果苞。花小，单性（雌雄同株），辐射对称。花被常具有2～4枚花被片，稀为1或到6，简化，离生，覆瓦状，在雄花（榛亚科）或雌花（桦木亚科）中缺如。雄蕊群具有2（桦木属）或4（赤杨属）枚雄蕊，稀为1或12（榛亚科），有时由于3朵花紧密联合会表现出很多雄蕊，花丝离生或基部合生，花药2室，药室分离或毗邻，纵裂，花粉粒常2至多个萌发孔，雌花中无退化雄蕊。雌蕊群具有2合生心皮，子房下位，两室，中轴胎座，每室2胚珠但只有1个发育，悬垂，单珠被，花柱离生，圆柱状，柱头沿花柱的近轴面，雄花中无退化雌蕊。果实为单种子的坚果或具2翅的翅果并常具有宿存的花柱，由苞片或小苞片形成的总苞脱落或宿存，鳞状、木质或扩大为叶状，有时为囊状（铁木属）；种子单生悬垂，胚直，子叶大，无胚乳。花藉风媒传粉并且先叶开放。桦木属和赤杨属的翅果由风来散布。榛属的大坚果由啮齿类动物散布。

（5）经济价值 糙皮桦像纸一样的树皮在古代吠陀梵语的手稿中被用来代替纸张作为书写材料；它也被用来作为屋顶的材料或作为伞盖。黄桦和柔桦为北美重要的硬木，提供制作夹板、盒子和车工工艺的木材。红赤杨提供一种有价值的木材可作为桃花心木的仿制品。榛属种类的坚果——榛子可食。桦木属、赤杨属、榛属、铁木属的许多种可栽培作为观赏植物。

（6）系统发育 本科与山毛榉科关系紧密，并且两者常被放在同一个目下，虽然塔赫他间只把山毛榉科和南山毛榉科放在山毛榉目，而把桦木科和其他的类群放入榛目。本科常被分为 2 个亚科：桦木亚科（雄花具花被，雌花缺花被，雄蕊 2 或 4，总苞鳞状或木质化，果实为具 2 翅的翅果）和榛亚科（雄花无花被，雌花具花被，雄蕊常多于 3 个，总苞叶状，坚果不成扁平形）。细胞核核糖体 ITS 和 *rbcL* 的序列仍然支持分两个亚科（Chen 等，1999）。哈钦松将它们处理为不同的科，并指出桦木科的雌花缺花被，子房上位，而榛科的雌花具花被，子房下位；这种论点并不被其他作者所支持。两个类群均为单系类群，尽管铁木属和鹅耳枥属作为单系类群的论断仍有争议（Yoo 和 Wen，2002）。

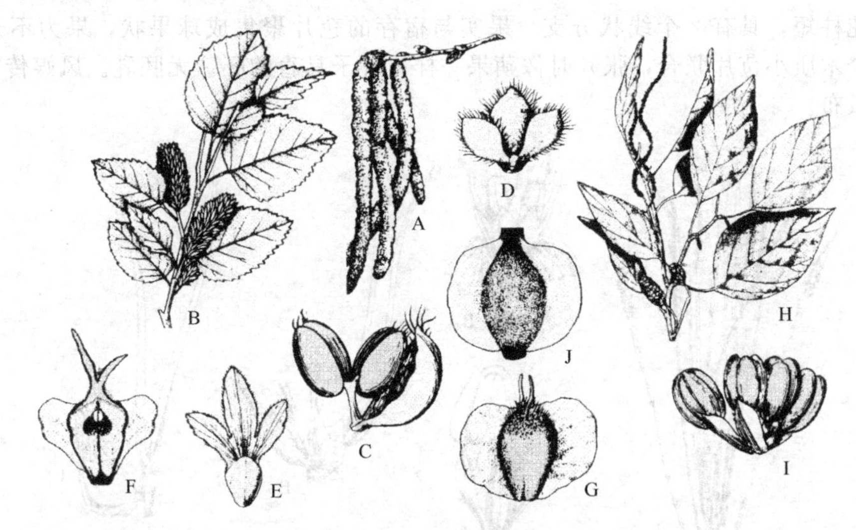

图 13.47　桦木科

糙皮桦　A：雄花序枝，柔荑花序先叶开放或与叶同时开放；B：雌花序枝；C：具苞片的单个雄蕊（另一个被去掉），示花丝分叉及分开的药室；D：雄花的苞片及侧生的小苞片；E：雌花的苞片及小苞片愈合；F：幼小的具翅心皮；G：具 2 翅及宿存花柱的坚果。亮叶赤杨　H：花枝，具直立细长的雄柔荑花序（上方）和卵穗状雌花（下方）序；I：雄花具 4 枚花被片和 4 枚雄蕊；J：坚果具 2 翅

13.6.4　木麻黄科

4 属，96 种（图 13.48）

广泛分布于东南亚和澳大利亚，非洲和美洲的热带和亚热带沿岸地区归化。

（1）分类地位

分类系统 / 分类群	B & H	克朗奎斯特	塔赫他间	Dahlgren	Thorne	APG Ⅱ /(APweb)
门		木兰门	木兰门			
纲	双子叶植物纲	木兰纲	木兰纲	木兰纲	被子植物纲	
亚纲	单被花亚纲	金缕梅亚纲	金缕梅亚纲	木兰亚纲	金缕梅亚纲	
系+/超目	单性花系+		木麻黄超目	蔷薇超目	金缕梅超目	真蔷薇类Ⅰ①
目		木麻黄目	木麻黄目	木麻黄目	桦木目	山毛榉目

（2）突出特征　常为乔木，茎具节，外观似针叶树，叶鳞状，节处轮生，柔荑花序，花单性，被苞片包于叶腋内，无花被，雄蕊 1，心皮 2，合生，子房上位，果为翅果，聚集的果实像球果。

（3）主要属　异木麻黄属（55 种）、木麻黄属（25 种）、裸孔木麻黄属（14 种）和隐孔木麻黄属（2 种）。常归并为单一的木麻黄属。

（4）描述　乔木或灌木，枝条柔软细长而下垂，茎具节，节部（转变习性）具环状叶鞘，枝具槽，可进行光合作用，有时芳香（异木麻黄属），筛管质体为S型，节部具单叶隙，根具包含固氮细菌的节结，含单宁，叶轮生（4～20一轮），鳞片状，在每个节上结合成齿状鞘，无托叶。花序为柔荑花序，由侧枝的顶端形成。花小，单性（雌雄同株或雌雄异株），辐射对称，单生于花序每个苞叶的叶腋中，与两个小苞片结合。花被在雌花中缺如，在雄花中有时被1～2个发育不全的鳞片所代替（常被解释为内侧的小苞片）。雄蕊群具单雄蕊，花药2室，在芽中内弯，纵裂，花粉粒3孔型。雌蕊群具有2个合生心皮，子房上位，2室，中轴胎座，其中1室常退化使子房表现为单室，胚珠2，只有1个发育，直胚珠，双珠被，厚珠心，花柱短，具有2个线状分支。果实与宿存的苞片聚集成球果状，果为不开裂的翅果，与2个木质小苞片联合，张开时像蒴果一样；种子具直的胚，无胚乳。风媒传粉。果实常由风来散布。

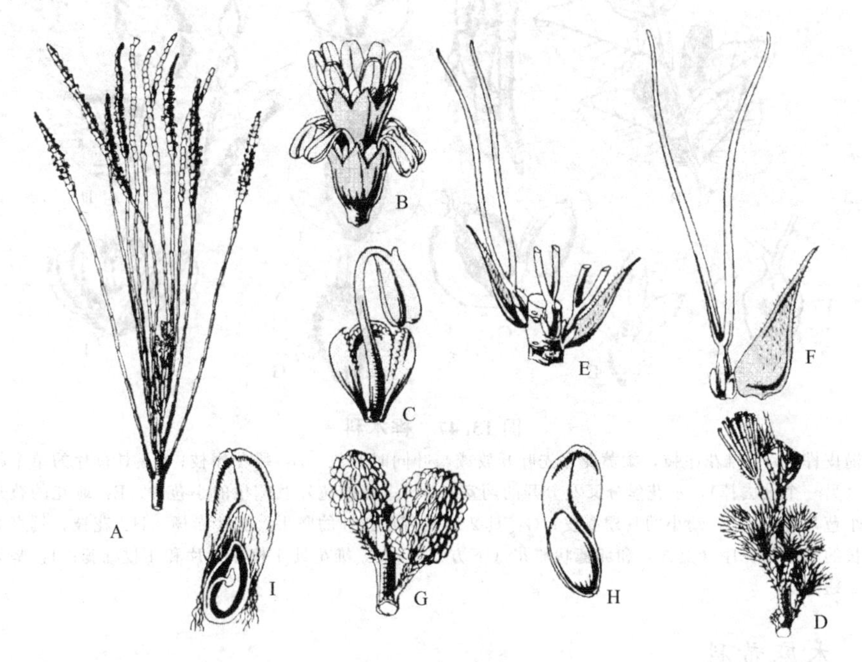

图13.48　木麻黄科

木栓木麻黄　A：雄花序枝；B：部分雄花序；C：具单个雄蕊的雄花；D：部分雌花序枝；E：部分雌花序，示3朵花；F：雌花，具1个苞片、2个小苞片以及2个长花柱分支的雌蕊；G：果实；H：种子具阔翅；I：种子纵切

(5) 经济价值　许多种的木材非常坚硬可以用来制造家具。木麻黄被广泛栽培用作装饰树种。

(6) 系统发育　本科为单系类群，4个属被认为是独立的属或归并到木麻黄属。本科被认为是金缕梅复合体的一部分，现在也被包含于广义的蔷薇群周围蔷薇超目（Dahlgren）或蔷薇亚纲（Thorne，1999放在木麻黄目；随后在2003年将其移入金缕梅亚纲→金缕梅超目→桦木目）。APGⅡ和APweb把本科放在山毛榉目（真蔷薇类之下），把金缕梅科和类群中的一些其余科移到虎耳草目。山毛榉目是古老的“恩格勒学派，柔荑花序类”的核心，现在已经被推翻重组，一些成员被移入另外的真双子叶类（Qiu等，1998）中完全不相关的类群。木麻黄科曾被认为是双子叶植物中最原始的类群（Engler和Prantl），由麻黄科衍生而来。茎解剖学和花解剖学研究表明其相当高级，在花的特征和植物的形态方面相当简化。本属被分为上面所说的4个属（Johnson和Wilson，1993）。裸孔木麻黄属与本科其他类群具有姐妹关系，并且具有许多近同形的特征（2个可育心皮，每心皮2胚珠）。

13.7 石竹亚纲

亚纲 7. 石竹亚纲 **Caryophyllidae**

超目 1. 石竹总目 **Caryophyllanae**

目 1. 石竹目

亚目 1. 透镜籽亚目 Achatocarpineae

科 1. 透镜籽科 Achatocarpaceae

亚目 2. 仙人掌亚目 Cactineae

1. 马齿苋科 Portulacaceae
2. 浜藜叶科 Halophytaceae
3. 异石竹科 Hectorellaceae
4. **仙人掌科 Cactaceae**
5. 落葵科 Basellaceae
6. 木竹桃科 Didiereaceae

亚目 3. 商陆亚目 Phytolaccineae

1. 棒木科 Rhabdodendraceae(A)
2. 油蜡树科 Simmondsiaceae(B)
3. 闭籽花科 Stegnospermataceae
4. 粟麦草科 Limeaceae(B)
5. 紫茉莉科 Nyctaginaceae
6. 夷藜科 Sarcobataceae(B)
7. 珊瑚珠科 Petiveriaceae
8. 萝卜藤科 Agdestidaceae
9. 商陆科 Phytolaccaceae
10. 南商路科 Lophiocarpaceae(B)
11. 番杏科 Aizoaceae
12. 节柄科 Barbeuiaceae
13. 粟米草科 Molluginaceae(B)

亚目 4. 藜亚目 Chenopodiineae

1. **藜科 Chenopodiaceae**
2. **苋科 Amaranthaceae**

5. 石竹亚目 Caryophyllineae

1. **石竹科 Caryophyllaceae**

目 2. 蓼目 Polygonales

1. **蓼科 Polygonaceae**
2. 白花丹科 Plumbaginaceae

目 3. 柽柳目 Tamaricales

1. 柽柳科 Tamaricaceae
2. 瓣鳞花科 Frankeniaceae

目 4. 猪笼草目 Nepenthaceae

1. 钩枝藤科 Ancistrocladaceae
2. 双钩叶科 Dioncophllaceae
3. 捕虫草科 Drosophyllaceae(B)
4. 茅膏菜科 Droseraceae
5. 猪笼草科 Nepenthaceae

目 5. 非洲桐目 Physenales

1. 非洲桐科 Physenaceae(B)
2. 翼萼茶科 Asteropeiaceae(B)

13.7.1 仙人掌科

122 属，1810 种（图 13.49）

主要分布在气候干旱地区，如北美和南美的沙漠地带，其中一些种被引种到非洲、印度和澳大利亚。

（1）分类地位

分类系统 分类群	B & H	克朗奎斯特	塔赫他间	Dahlgren	Thorne	APG Ⅱ /(APweb)
门		木兰门	木兰门			
纲	双子叶植物纲	木兰纲	木兰纲	木兰纲	被子植物纲	
亚纲	离瓣花亚纲	石竹亚纲	石竹亚纲	木兰亚纲	石竹亚纲	
系+/超目	萼花系+		石竹超目	石竹超目	石竹超目	核心真双子叶类[①]
目	番杏目	石竹目	石竹目	石竹目	石竹目	石竹目

注：B & H 作为 Cacteae

（2）突出特征　肉质多汁，常为带刺的草本或灌木，针刺排列在刺座内，花单生，花瓣多数，雄蕊多数，子房下位，浆果。

（3）主要属　仙人掌属（250 种）、乳突球属（190 种）、仙人球属（75 种）、天轮柱属（55 种）、丝苇属（50 种）和管花柱属（50 种）。

（4）描述　草本，具针刺，茎肉质多汁，有时树状，稀为非肉质（但具有肉质的叶——

木麒麟属）或附生（丝苇属），茎为圆柱形或具有一定棱角，有时为扁平状，甚至具有关节，茎通常可进行光合作用，常具导管，有时无导管，一般不含乳汁，稀具乳汁（菠萝球属），质体PⅢ-A型。叶一般生于长枝并很快脱落，互生，单叶，全缘，具羽状脉或脉不明显，叶有时被针刺代替或缺，短枝（刺座）常簇生针刺或毛状物（钩毛），无托叶。花单生，常陷于枝顶，这样看上去像是生于叶腋，稀簇生（木麒麟属）。花两性，常辐射对称，具短或伸长的托杯。花被由萼片逐渐过渡为花瓣，或全为花瓣状，螺旋排列，多数，最内部花被在基部稍合生。雄蕊群具多数雄蕊，离生或在花瓣基部合生，花药2室，纵裂，内向，花粉粒三沟至多沟型或多孔型。雌蕊群由2至多枚心皮合生而成，子房下位，稀半下位（木麒麟属）或甚至上位（木麒麟属一些种），单室，胚珠多数，侧膜胎座，有时被假隔膜分开，或近基底胎座（木麒麟属），柱头2至多数，向外伸展，胚珠弯生，双珠被，厚珠心。浆果，常被有尖刺和/或钩毛；种子多数，埋于果肉之中，种皮常为黑色，通常不含胚乳，胚常弯曲。通过昆虫、鸟类或蝙蝠传粉。果实可借助动物或鸟类传播。

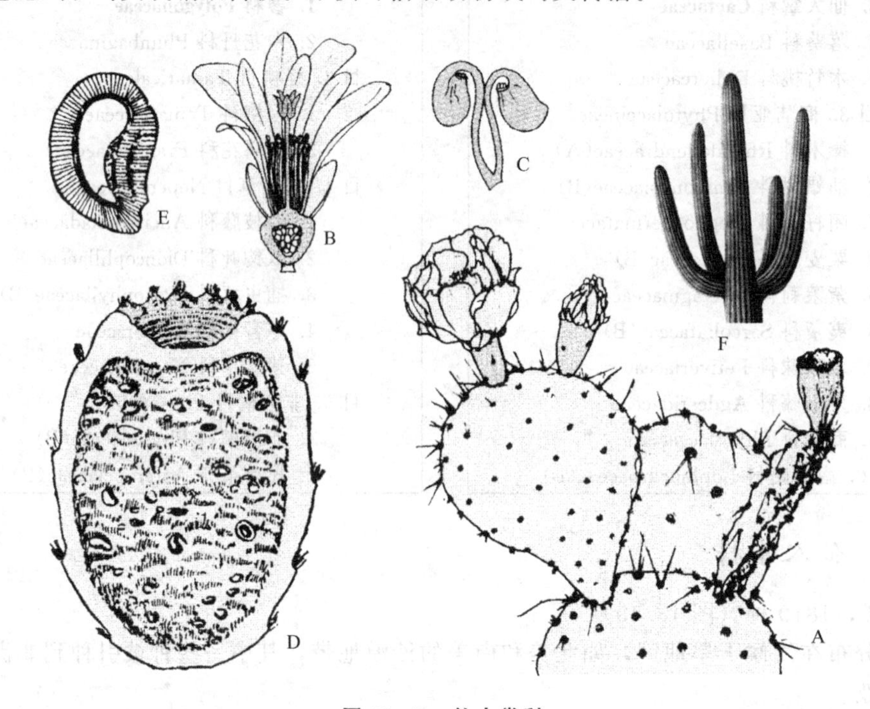

图 13.49 仙人掌科

赖芬仙人掌 A：带花和刺的部分植株；B：花纵剖，示多数雄蕊、下位子房和侧膜胎座；C：胚珠具长珠柄；D：果纵剖；E：种子纵剖；F：巨人柱具独特的分支习性和带棱的茎

(5) 经济价值 本科因提供了大量的观赏植物而闻名，如仙人掌属、乳突球属、天轮柱属、仙人球属，昙花属（令箭荷花）、仙人指属和丝苇属。仙人掌属一些种类的果实既可生吃，也可以制成果酱或糖浆食用。仙人掌类的针刺常被用作留声机的唱盘针。乌羽玉属含有麦斯卡灵生物碱，具有致幻的作用。此外，洋红染料是从一些居住在该科植物上的小昆虫体内提取而来的。

(6) 系统发育 本科非常独特，既具有未特化的花特征，却又有高度发达的营养器官。该科植物一般可划分为3个亚科：木麒麟亚科、仙人掌亚科和柱状仙人掌亚科（Heywood，1978）。Thorne（1999，2003）将木麒麟亚科的两个属分别置于木麒麟亚科（木麒麟属）和拟叶仙人掌亚科(拟叶仙人掌)，由此便形成了4个亚科。木麒麟属保留了一些多型现象，如茎非肉质、叶宿存且高度发育、聚伞花序、子房上位（部分种类）、基底胎座等特点，与本科的其他种类为姐妹关系。其余两个亚科形成一个很好界定的进化支，都具有单花、枝顶部花下陷、子房下位、侧膜胎座等特征。仙人掌亚科基于其存在小巢具钩毛、种子外具贫瘠的假种皮和 cpDNA 特点等共同衍生特征，因此为单系类群。柱状仙人掌亚科同样为单系类群，这是因为它们具有极端退化的叶和叶绿体基因组中 *rpoCl* 内含子缺失（Wallace & Gibson，2002）等特征。仙人掌科与其他科的关系在很大程度上仍然不能确定。目前认为它同马齿苋科、商陆科、落葵科、浜藜叶科、木竹桃科和番杏科的关系密切。仙人掌科内的系统发育关系仍然很不清楚，叶绿体基因和核基因分析有时显示来自不同的进化支。Nyffeler (2002) 最近的一项研究显示，这些亚科的划分得到很低的支持率，并且令人感到苦恼的是对于基部的木麒麟属来说仍没有明确的证据表明其是单源的。独立的松露玉属与其余的仙人掌科植物为姐妹关系。

13.7.2 藜科

96 属，1295 种（图 13.50）

广泛分布于温带和热带气候区，但常见于干燥和半干燥多盐的生活环境。

（1）分类地位

分类系统 分类群	B & H	克朗奎斯特	塔赫他间	Dahlgren	Thorne	APG Ⅱ /(APweb)
门		木兰门	木兰门			
纲	双子叶植物纲	木兰纲	木兰纲	木兰纲	被子植物纲	
亚纲	离瓣花亚纲	石竹亚纲	石竹亚纲	木兰亚纲	石竹亚纲	
系+/超目	弯胚系+		石竹超目	石竹超目	石竹超目	核心真双子叶类①
目	番杏目	石竹目	石竹目	石竹目	石竹目	石竹目

注：APG Ⅱ和 APweb 置于苋科

（2）突出特征　草本或小灌木，常见于盐生环境，通常被有白粉，无托叶，花小，常淡绿色，花被草质，雄蕊与花被片对生，全部可育并且相似，心皮 2，子房上位，果实为坚果或胞果，包于宿存的花被，胚弯曲。

（3）主要属　滨藜属（300 种）、猪毛菜属（120 种）、藜属（105 种）、碱蓬属（100 种）和盐角草属（35 种）。

（4）描述　草本或小灌木，稀小乔木（梭梭属），常生于盐生环境，有时肉质（盐角草属），常被白粉，节部单叶隙，维管束排列为同心圆状，一般具有内含韧皮部，筛管质体 PⅢ－C 型，含有甜菜拉因，不含花色素苷。叶小到大，互生，稀对生（盐角草属、对叶多节草属），有柄至无柄，单叶，全缘或各种分裂，有时肉质或退化为鳞片，无托叶。花序为聚伞、穗状或圆锥花序，有时为柔荑花序。花小，淡绿色，两性，稀单性并且雌雄异株（宽翅滨藜属）或雌雄同株，辐射对称，下位花。花被，（具萼片，无花瓣）具 2～5 枚合生的花被片，稀离生（猪毛菜属），常宿存，并且在果期增大，并具瘤状、刺状或翅状附属物，有时无。雄蕊群具雄蕊 5 枚，稀 3 枚，与花被片对生，花丝分离，花药在花蕾中内折，2 室，纵裂，花粉粒多孔型，有小刺。雌蕊群由 2 枚合生心皮组成，稀可达 5 枚，子房上位，单室，胚珠 1 枚，基底胎座，花柱 2 枚（稀可达 5 枚）。果实为坚果或胞果（当被膜质花被包被时）；种子透镜状，内含弯曲或螺旋形胚，无胚乳而含有外胚乳。

（5）经济价值　本科包括一些经济植物，如甜菜（常作叶用蔬菜—易与菠菜混淆；根菜类型主要用作沙拉以及蔗糖的原料）、菠菜、藜。土荆芥是美洲土荆芥的来源，被用作杀虫剂。秘鲁和安第斯山人食用豚草状藜的种子和叶。

（6）系统发育　本科被认为与苋科有明显的区别，表现在具草质花被，全部可育雄蕊等长，花丝分离等，但是在最近APG分类系统中，藜科被并入苋科内（Judd等，2002；APGⅡ；APweb），因为如果分离将导致并系类群的藜科（Downie等，1997；Rodman，1994；Pratt等，2001）。Cuénoud等（2002）发现藜科可能是单系类群，但在大多数人同意的严格的进化树中进化支就不复存在；取样相当不错，但是只有1个基因—*matK*—被测序和分析。夷藜属是本科中一个长期被人关注的特殊属，如Bentham和Hooker(1880)曾将其作为单属的族。Behnke(1997)提出将其提升为科，因为筛管分子质体类型支持最近叶绿体DNA测序研究，反映出它与商陆科比藜科更加近缘。然而，Cuénoud等（2002）的研究认为它与紫茉莉科为姐妹关系，尽管支持度很低。Thorne(1999，2003)将夷藜科靠近紫茉莉科，一起置于商陆超目，而将藜科和苋科置于藜超目。

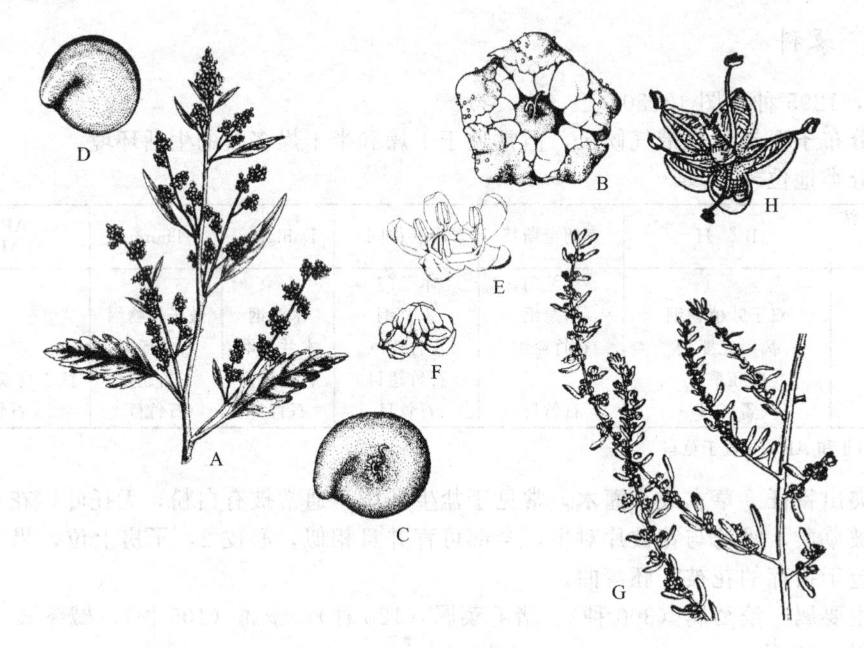

图13.50　藜科

藜　A：花期部分植株；B：花部分开放，雄蕊尚未伸展；C：果俯面观；D：种子。甜菜　E：花；F：果簇。海边碱蓬，G：花期部分植株；H：花

13.7.3　苋科

69属，1000种（图13.51）

世界分布，主要分布于热带地区，以非洲和美洲为分布中心。

(1) 分类地位

分类系统 分类群	B & H	克朗奎斯特	塔赫他间	Dahlgren	Thorne	APGⅡ /(APweb)
门		木兰门	木兰门			
纲	双子叶植物纲	木兰纲	木兰纲	木兰纲	被子植物纲	
亚纲	单被花亚纲	石竹亚纲	石竹亚纲	木兰亚纲	石竹亚纲	
系+/超目	弯胚系+		石竹超目	石竹超目	石竹超目	核心真双子叶类①
目		石竹目	石竹目	石竹目	石竹目	石竹目

(2) 突出特征　草本或小灌木，无托叶，花较小，常为浅绿色，包于膜质或纸质苞片内，花被纸质，雄蕊与花被片对生，在基部稍合生，有退化的雄蕊，心皮2～3，子房上位，果实为蒴果、胞果或小坚果，包于宿存的花被内，胚弯曲。

(3) 主要属　千日红属（120种）、莲子草属（100种）、澳洲苋属（90种）[1]、血苋属（80种）、苋属（60种）、青葙属（55种）。

(4) 描述　草本或小灌木，极少为攀援植物，常有膨大的节，节部单叶隙，维管束排列为同心圆状，一般具有内含韧皮部，筛管质体PⅢ-A型，含有甜菜拉因，不含花色素苷。叶互生或对生，草质，有时在基部聚集（澳洲苋），有柄至无柄，单叶，全缘，无托叶。花序聚伞状、穗状或圆锥状，具明显的宿存苞片和小苞片。花小，浅绿色，两性（稀单性），辐射对称，下位花，轮状排列。花被（具萼片，无花瓣）具3～5枚花被片，离生或合生，常宿存，有时在果期增大（澳洲苋），常干膜质。雄蕊群具雄蕊5枚，稀3枚或甚至6～10枚，与花被片对生，花丝基部稍合生，常贴生于花被片上，花药在花蕾中内折，2室（苋属）或1室（千日红属），纵裂，花粉粒多孔型，有小刺，常具1～3枚退化的雄蕊。雌蕊群常由2～3枚合生心皮组成，子房上位，单室，胚珠常为1枚，基底胎座，稀为多数（青葙属）。花柱1～3枚。果实为周裂蒴果、坚果或胞果（当被膜质花被包裹时）；种子透镜状，内含弯曲或为螺旋形胚，不含胚乳而含有外胚乳。

(5) 经济价值　本科包括一些观赏植物，如青葙属（鸡冠花）、苋属、千日红属以及血苋属。莲子草属和模样苋属的一些种类还可种植作为边缘观赏植物，观赏其叶。苋属一些植物的种子和叶可食用，莲子草的叶也可食用。

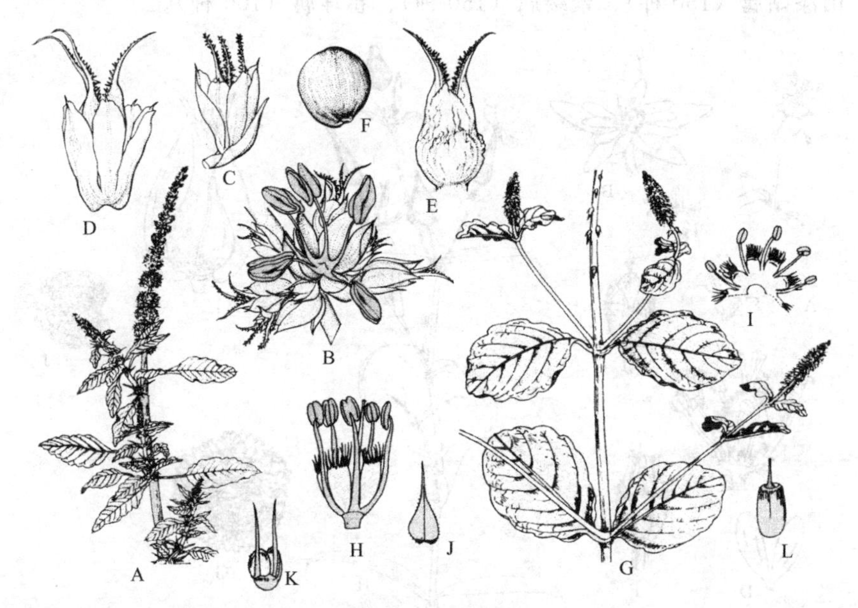

图13.51　苋科

刺苋　A：花期部分植株；B：含1朵雄花和几朵雌花的聚伞花序；C：雌花具3心皮；D：成熟的果实外具有增大宿存的花被；E：由2心皮发育而来的成熟胞果，移去花被；F：种子。

土牛膝　G：花期部分植株；H：去掉苞片和花被的花；I：雄蕊群，示雄蕊和退化雄蕊；J：苞片；K：小苞片；L：具宿存花柱的胞果

(6) 系统发育　本科与藜科关系密切（APG分类系统中，藜科置于苋科内），但是区别在于具膜质苞片和花被，合生的雄蕊以及退化雄蕊。哈钦松（1926，1973）认为该科植物从石竹类祖先进化而来。Cuénoud等（2002）发现狭义的苋科为单系类群，得到很强的支持（97%）。更广义的苋科（包括藜科）也是单系类群，这种观点得到形态

[1] 原文为青葙属（*Celosia*，65），青葙属出现两次，有误。——译者注

学、叶绿体 DNA 的限制位点以及 *rbcL* 序列等研究的支持。藜科和苋科的划分似乎是人为的。其他学者像 Pratt 等（2001）认为苋科是复系类群。

13.7.4 石竹科

96 属，2415 种（图 13.52）

主要分布在所有温带地区。

（1）分类地位

分类系统 / 分类群	B & H	克朗奎斯特	塔赫他间	Dahlgren	Thorne	APG Ⅱ /(APweb)
门		木兰门	木兰门			
纲	双子叶植物纲	木兰纲	木兰纲	木兰纲	被子植物纲	
亚纲	离瓣花亚纲	石竹亚纲	石竹亚纲	木兰亚纲	石竹亚纲	
系＋/超目	离瓣花系＋		石竹超目	石竹超目	石竹超目	核心真双子叶类①
目	石竹目	石竹目	石竹目	白花菜目	石竹目	石竹目

（2）突出特征　草本，节部膨大，叶对生，常为二歧聚伞花序，石竹型花冠，雄蕊 10 枚或更少，外轮对瓣，子房单室，特立中央胎座，上位，蒴果，瓣裂或齿裂。

（3）主要属　蝇子草属（700 种）、石竹属（300 种）、无心菜属（200 种）、石头花属（150 种）、山漆姑属（150 种）、繁缕属（150 种）、卷耳属（100 种）。

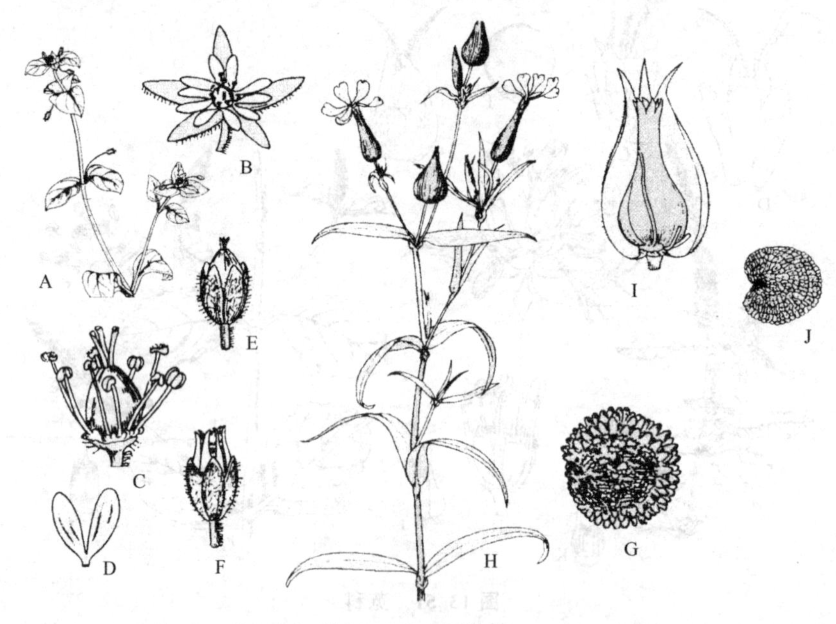

图 13.52　石竹科

繁缕　A：花期植物体的一部分；B：显示多毛萼片以及二深裂花瓣的花；C：花去掉萼片和花瓣显示雄蕊和雌蕊；D：二裂的花瓣；E：成熟的蒴果以及宿存的萼片；F：蒴果瓣裂；G：种子。麦瓶草　H：花期植物的一部分；I：去掉一半萼片的蒴果，显示其齿裂以及雄蕊和花瓣的残余；J：种子

（4）描述　一年生或多年生草本，节部膨大，含花色素苷。叶对生，单叶，对生叶的基部常结合，无托叶或为膜质托叶（指甲草属），次级叶脉常不明显。花序为典型的二歧聚伞花序，稀单花。花两性，稀单性（白剪秋萝），辐射对称，下位花。花萼具 5 枚萼片，离生（繁缕属）或合生（石竹属、蝇子草属）。花瓣 5 枚，常分化成一个明显的爪和檐，二者间具附属物，顶端常具齿或深 2 裂。雄蕊群具雄蕊 10 枚或更少，外轮对瓣，离生，花药 2 室，纵裂，花粉粒为三沟型或多孔型。雌蕊群由 2～

5个心皮合生（石竹属2，蝇子草属3，漆姑草属4，繁缕属3～5），单室，胚珠多数，特立中央胎座，子房上位，花柱2～5。果实，为蒴果，通过齿或裂片背室开裂，少为胞果（指甲草属）。种子多数，表面具纹饰，胚弯曲，无胚乳，常被外胚乳取代。

(5) 经济价值　该科以若干观赏植物为代表，例如康乃馨、各种石竹、美洲石竹（石竹属的不同种）、丝石竹属和麦毒草属。无心菜属、卷耳属、繁缕属的一些种类是令人头疼的杂草。

(6) 系统发育　石竹科植物以及石竹目（恩格勒的中央种子目）的其他成员的分类一直存在着很大的争议，一些学者（Mabry，1963）提议应该将含甜菜拉因的科划分为一个独立的目，不含甜菜拉因的其他各科（但在石竹科和白花丹科含有花青素）划分为另外一个目。筛管质体超微结构的研究表明（Behnke，1975，1977，1983）所有成员（含有或不含甜菜拉因）都具有独特的PⅢ型质体，同时，它们之间的亲缘关系也得到了DNA/RNA杂交实验的支持（Mabry，1975），因此出现了一种观点，认为所有科均包含于同一个目，不同的亚目。塔赫他间一直追随这种观点直到1987年，不过在1997年，这种观点被抛弃。Thorne（1999，2003）在石竹目建立了5个亚目，其中石竹科置于单型亚目石竹亚目之下，中央种子目就是一个经典的例子，它证明这样一点，不能过多依赖于某个单一的性状，最终的结论必须建立在其他各领域的研究结果共同证实的基础上。

无论是形态学还是 *rbcL* 序列的证据，都证明该科形成一个界定清晰的单源进化支，该科植物缺少真正的花瓣，大多数情况是最外围4～5枚雄蕊特化为花瓣。

13.7.5　蓼科

49属，1095种（图13.53）

主要分布于北半球气候所有温和地区，也有少数种分布于热带、北极和南半球。

(1) 分类地位

分类系统 分类群	B & H	克朗奎斯特	塔赫他间	Dahlgren	Thorne	APGⅡ/(APweb)
门		木兰门	木兰门			
纲	双子叶植物纲	木兰纲	木兰纲	木兰纲	被子植物纲	
亚纲	离瓣花亚纲	石竹亚纲	石竹亚纲	木兰亚纲	石竹亚纲	
系+/超目	萼花系+		蓼超目	蓼超目	石竹超目	核心真双子叶类①
目		蓼目	蓼目	蓼目	蓼目	石竹目

(2) 突出特征　大多数草本，具有膨大的节部，托叶在节部形成托叶鞘，花序穗状、头状或圆锥状，花被常花瓣状，雄蕊3～8，心皮3，合生，单胚珠，果实为坚果。

(3) 主要属　绒毛蓼属（250种）、酸模属（200种）、水蓼属（150种）、海葡萄属（120种）、蓼属（60种）、大黄属（50种）和荞麦属（15种）。

(4) 描述　一年生或多年生草本、灌木、小乔木（蓼树属）或具卷须的攀援植物（珊瑚藤属），节部膨大，含有单宁酸，不具乳汁，节部5叶隙或为多叶隙，筛管质体为S型。叶常为互生，稀对生（水蓼属）或轮生（绒毛蓼属），有时退化（海葡萄属），单叶，常为全缘，羽状网脉，托叶在节部形成托叶鞘（绒毛蓼属不具托叶鞘）。花序为聚伞花序、穗状花序、头状花序或圆锥花序。花两性，稀单性（酸模属），辐射对称，下位花，艳丽（珊瑚藤属）或不明显（酸模属）。花被片6枚，排列为2轮，常花瓣状，有时2枚花被片融合最后只剩5枚花被片（蓼属），离生或稍合生，覆瓦状排列，花被片宿存；内轮花被片常在果期扩大，具瘤突（酸模属）或无（山蓼属），花被片常4枚分两轮（山蓼属）。雄蕊群常含6枚雄蕊，荞麦属具有8枚雄蕊，酸模属为9枚。花丝分离或稍合生，花药2室，纵裂，花粉粒三沟型至多孔型。雌蕊群由2～3枚心皮合生构成，子房上位，单室，内有一枚直生胚珠，基底胎座，有时被假隔膜分成两个部分，花柱2～3枚，子房基部被蜜腺围绕或成对的腺体与花丝联合。果实为三棱形或两凸面形坚果，种子内含有直生或弯曲的胚，胚乳丰富，粉状。主要靠蜂类和蝇类传粉，果实随风或水流散布。

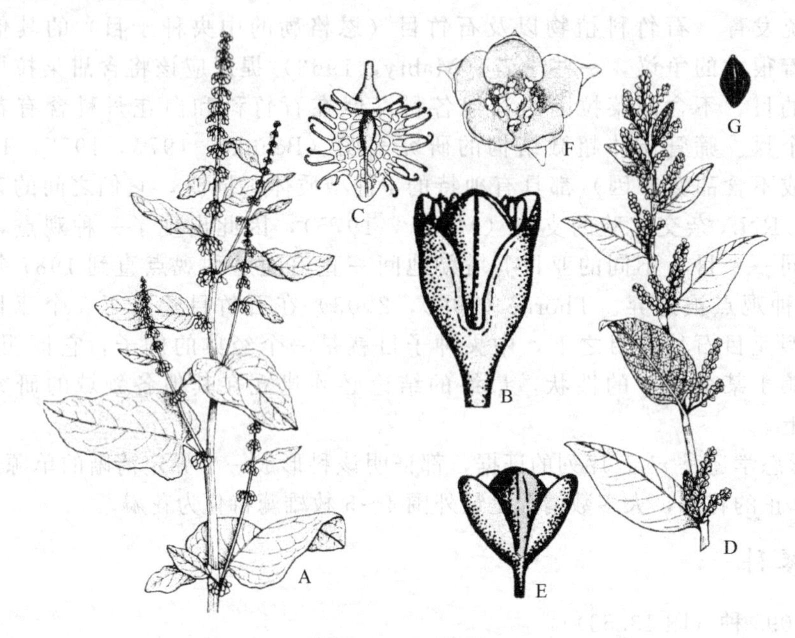

图 13.53 蓼科

尼泊尔酸模 A：部分花枝；B：露出部分花药的花；C：果实具有宽大的翅和钩状的齿。
扭旋蓼 D：部分花枝；E：内藏雄蕊的花；F：花上面观；G：种子

（5）经济价值 该科内只有少数植物具有经济价值，荞麦（荞麦属）在某些地区是一种重要的粮食来源，大黄的叶柄常用来做沙拉。海葡萄属、珊瑚蓼属、竹节蓼属和蓼属中的一些种类常作为观赏植物栽培。海葡萄属的果实常被用来制作凝胶，酸模和皱叶酸模的叶常作为食用蔬菜。

（6）系统发育 根据 Laubengayer(1937) 的观点，该科植物基本的花型为3基数，轮状排列，科内有些植物看上去为螺旋状排列，经过解剖观察实际上为轮状排列。那些含有5枚花被片的，实际上是由一枚外轮的被片和一枚内轮的被片愈合形成的。Laubengayer 认为该科植物与石竹科相关但要进化很多，其明显的基底胎座是由特立中央胎座演化而来的，胚珠柄实为极度缩短的特立中央胎座，Lamb Frye 和 Kron(2003) 研究认为5枚花瓣也是该科的一个基本特征。

该科植物非常容易辨别，而且毫无疑问是单元起源的。该科被认为同白花丹科关系很近，根据 Williams 等（1994）的研究，尽管目前在该科内没有发现石苁蓉萘醌，但是发现了其他一些醌类物质。蓼科植物可以分为两个亚科：蓼亚科通常具有螺旋状排列的叶，具托叶鞘；绒毛蓼亚科具有对生叶并且基本为聚伞状且具总苞的花序。Thorne(1999，2003) 又分出海葡萄亚科，该亚科的特点是具有退化的叶、茎扁平且可进行光合作用。绒毛蓼亚科的成员中普遍具有6枚花被片，可能组成一个基部的并系类群复合体（Cuénoud 等，2002；Lamb Frye 和 Kron，2003），这样就可以并入蓼亚科。

13.8 蔷薇亚纲

亚纲 8. 蔷薇亚纲 Rosidae(B)

超目 1. 檀香超目 Santalanae(B)

目 1. 檀香目 Santalales(B)

1. 铁青树科 Olacaceae
2. 山柚子科 Opiliaceae
3. 毛丝花科 Medusandraceae
4. 檀香科 Santalaceae
5. 羽毛果科 Misodendraceae
6. 桑寄生科 Loranthaceae
7. 房底珠科 Erenmolepidaceae
8. 槲寄生科 Viscaceae

超目 2. 蛇菰超目 Balanophoranae(A)

目 1. 蛇菰目 Balanophorales

1. 蛇菰科 Balanophoraceae
2. 锁阳科 Cynomoriaceae

超目 3. 五桠果超目 Dillenianae

目 1. 五桠果目 Dilleniale

1. 五桠果科 Dilleniaceae

超目 4. 蔷薇超目 Rosanae

目 1. 锦葵目 Malvales

亚目 1. 锦葵亚目 Malvineae

1. **锦葵科 Malvaceae**
2. **扁担杆科 Grewiaceae**
3. 刺果藤属 Byttneriaceae

亚目 2. 红木亚目 Bixineae

1. 红木科 Bixaceae
2. 地果莲木科 Diegodendraceae
3. 弯子木科 Cochlospermaceae

亚目 3. 半日花亚目 Cistineae

1. 脉叶苏科 Neuradaceae(A)
2. 半日花科 Cistaceae
3. 文定果科 Muntingiaceae
4. **龙脑香科 Dipterocarpaceae**
5. 旋花树科 Sarcolaenaceae
6. 圆萼树科 Sphaerosepalaceae(B)

亚目 4. 瑞香亚目 Thymelaeineae

1. 瑞香科 Thymelaeineae

目 2. 蔷薇目 Rosales

1. **蔷薇科 Rosaceae**

目 3. 鼠李目 Rhamnales

1. 鼠李科 Rhamnaceae
2. 胡颓子科 Elaeagnaceae
3. 八瓣果科 Dirachmaceae(B)
4. 钩毛树科 Barbeyaceae(B)

目 4. 榆目 Ulmacale

1. **榆科 Ulmaceae**
2. **桑科 Moraceae**
3. **荨麻科 Urticaceae**
4. 朴树科 Celtidaceae
5. 大麻科 Cannabaceae

超目 5. 卫矛超目 Celastranae

目 1. 卫矛目 Celastrales

1. 卫矛科 Celastraceae
2. 梅花草科 Panassiaceae
3. 洋酢浆草科 Lepidobotryaceae
4. 葱味木科 Huaceae(B)

超目 6. 酢浆草超目 Oxalidanae

目 1. 酢浆草目 Oxalidales

1. **酢浆草科 Oxalidaceae**
2. 牛栓藤科 Connaraceae
3. 四柱木科 Anisophylleaceae
4. 火把树科 Cunoniaceae
5. 瓣裂果科 Brunelliaceae
6. 喜蚊草科 Cephalotaceae
7. 杜英科 Elaeocarpaceae
8. 孔药花科 Tremandraceae

超目 7. 十字花总目 Brassicanae

目 1. 十字花目 Brassixales

1. 木犀草科 Resedaceae
2. 夷白花菜科 Setchellanthaceae
3. 洋山柑科 Forchhammeriaceae
4. **山柑科 Capparaceae**
5. **白花菜科 Cleomaceae**
6. **十字花科 Brassicaceae**
7. 多籽果科 Tovariaceae(B)
8. 瘤药树科 Pentadiplandraceae(B)
9. 刺枝树科 Koeberliniaceae
10. 环蕊科 Gyrostemonaceae
11. 藜木科 Bataceae
12. 刺茉莉科 Salvadoraceae
13. 沼花科 Limnanthaceae
14. 旱金莲科 Tropaeolaceae
15. 叠珠树科 Akaniaceae
16. 伯乐树科 Bretschneideraceae
17. 刺参科 Moringaceae
18. 番木瓜科 Caricaceae

超目 8. 芸香超目 Rutanae

目 1. 芸香目 Rutiales

亚目 1. 芸香亚目 Rutineae

1. **芸香科 Rutaceae**
2. 苦木科 Simaroubaceae
3. 番苦木科 Kirkiaceae
4. 美洲苦木科 Picramniaceae
5. 熏倒牛科 Biebersteiniaceae(B)
6. 骆驼蓬科 Peganaceae(B)
7. 白刺科 Nitrariaceae(B)

8. **楝科 Meliaceae**

亚目 2. 漆树亚目 Anacardiineae

1. 橄榄科 Burseraceae
2. 漆树科 Anacardiaceae

亚目 3. 无患子亚目 Sapindaceae

1. 无患子科 Sapindaceae

目 2. 蝶形花目 Fabales

1. 肥皂树科 Quillajaceae
2. **蝶形花科 Fabaceae**
3. 远志科 Polygalaceae
4. 海人树科 Surianaceae

超目 9. 桃金娘超目 Myrtanae

目 1. 桃金娘目 Myrtales

亚目 1. 野牡丹亚目 Melastomatineae

1. 管萼科 Penaeaceae
2. 方枝树科 Oliniaceae
3. 喙萼花科 Rhynchocalycaceae
4. 双翼果科 Alzateaceae
5. 隐翼科 Crypteroniaceae
6. 野牡丹科 Melastomataceae
7. 谷木科 Memecylaceae

亚目 2. 桃余娘亚目 Myrtineae

1. 异裂果科 Heteropyxidaceae(B)
2. **桃金娘科 Myrtaceae**
3. 蜡烛树科 Vochysiaceae

亚目 3. 千屈菜亚目 Lythrineae(B)

1. 千屈菜科 Lythraceae
2. 柳叶菜科 Onagraceae
3. 使村子科 Combretaceae

目 2. 燧体木目 Crossosomatales(B)

1. 燧体木科 Crossosomataceae(B)
2. 旌节花科 Staphyuraceae
3. 省沽油科 Staphyleaceae
4. 栓皮果科 Strasburgeriaceae(B)
5. 西兰木科 Ixerbaceae(B)
6. 球花柞科 Aphloiaceae(B)

超目 10. 堇菜超目 Violanae

目 1. 堇菜目 Violales

亚目 1. 堇菜亚目 Violaneae

1. **堇菜科 Violaceae**
2. 大风子科 Flacourtiaceae
3. 钟花科 Achariaceae(B)
4. **杨柳科 Salicaceae**
5. 西番莲科 Passifloraceae
6. 有叶花科 Turneraceae
7. 玉冠草科 Malesherbiaceae
8. 五翼果科 Lophopyxidaceae(B)
9. 十齿花科 Dipentodontaceae

亚目 2. 秋海棠亚目 Begoniineae

1. **葫芦科 Cucurbitaceae**
2. 秋海棠科 Begoniaceae
3. 野麻科 Datiscaceae
4. 四数木科 Tetramelaceae

超目 11. 金丝桃超目 Hypericanae(B)

目 1. 金莲木目 Ochnales

1. 金莲木科 Ochnaceae
2. 羽叶树科 Quiinaceae
3. 水母柱科 Medusagynaceae
4. 油桃木科 Caryocaraceae

目 2. 金丝桃目 Hypericales

1. 多子科 Bonnetiaceae
2. 金丝桃科 Hypericaceae
3. 沟繁缕科 Elatinaceae
4. 川苔草科 Podostemaceae(B)

超目 12. 牻牛儿苗超目 Geranianae

目 1. 大戟目 Euphorbiales(B)

1. 香膏科 Humiriaceae
2. 垂籽树科 Ctenolophonaceae
3. 亚麻藤科 Hugoniaceae
4. 包芽树科 Irvingiaceae(B)
5. 粘木科 Ixonanthaceae(B)
6. 棒果木科 Corynocarpaceae(B)
7. 马桑科 Coriariaceae(B)
8. 亚麻科 Linaceae
9. 红树科 Rhizophoraceae
10. 古柯科 Erythroxylaceae
11. **大戟科 Euphorbiaceae**
12. 核果木科 Putranjivaceae
13. 毛药树科 Goupiaceae(B)
14. 金虎尾科 Malpighiaceae
15. 围盘树科 Peridiscaceae(B)
16. 金壳果科 Chrysobalanaceae(A)
17. 橡子木科 Balanopaceae
18. 三角果科 Trigoniaceae
19. 毒鼠子科 Dichapetalaceae(B)
20. 合丝花科 Euphroniaceae(B)

目 2. 蒺藜目 Zygophyllales(B)

1. 蒺藜科 Zygophylaceae
2. 刺球果科 Krameriaceae

目 3. 牻牛儿苗目 Gerniales(B)

1. **牻牛儿苗科 Geraniaceae**
2. 高柱花科 Hypseocharitaceae
3. 杜香果科 Ledocarpaceae(B)
4. 花茎草科 Francoaceae
5. 鞘叶树科 Greyiaceae
6. 蜜花科 Melianthaceae

13.8.1 锦葵科

197 属，2865 种（不包括扁担杆科 Grewiaceae）（图 13.54）

分布于热带和温带气候地区，主要分布在南美洲的热带地区。

(1) 分类地位

分类系统 分类群	B & H	克朗奎斯特	塔赫他间	Dahlgren	Thorne	APGⅡ /(APweb)
门		木兰门	木兰门			
纲	双子叶植物纲	木兰纲	木兰纲	木兰纲	被子植物纲	
亚纲	离瓣花亚纲	无桠果亚纲	无桠果亚纲	木兰亚纲	蔷薇亚纲	
系＋/超目	离瓣花系＋		锦葵超目	锦葵超目	蔷薇超目	真蔷薇类Ⅱ①
目	锦葵目	锦葵目	锦葵目	锦葵目	蔷薇目	锦葵目

注：APGⅡ中，锦葵科包含椴树科、梧桐科和木棉科；Thorne中，置于锦葵亚目；锦葵科包括梧桐科、木棉科和经删减的椴树科（2个属），不包括扁担杆科（之前为椴树科的大多数属）。

(2) 突出特征　草本或灌木，具星状毛，常黏质，叶掌状脉，托叶明显，花常具副萼，雄蕊多数，花丝联合，花药单室，心皮5或更多，子房上位，中轴胎座。

(3) 主要属　木槿属（300种）、苹婆属（300种）、吊芙蓉属（300种）、黄花棯属（200种）、粉葵属（200种）、苘麻属（100种）、椴树属（50种）、猴面包树属（10种）、棉属（20种）、木棉属（8种）。

(4) 描述　草本或灌木，稀为小乔木（肖槿属）或大乔木（椴树属），植株表面常有黏液。叶互生，单叶，有时掌状裂（棉属），掌状脉，具星状毛或盾状鳞片，有叶柄。花序为聚伞花序（粉葵属）或为腋生单花。花具苞片（苘麻属）或无苞片（木槿属），两性，辐射对称，下位花。花萼含5枚萼片，多少合生，常被包括在副萼（总苞）内，副萼3枚（锦葵属），5～8枚（蜀葵属）或缺（黄花棯属）。花冠含5枚花瓣，离生，覆瓦状排列，常在基部同雄蕊管合生。雄蕊群含有雄蕊多数，花丝合生形成管状（单体雄蕊），着生于花冠上，花药单室，横裂，花粉粒很大，外壁具有刺状突起，三孔型或多孔型，苘麻属为三沟型。雌蕊群含2至多数（常为5）合生心皮，多室（与心皮数相同），胚珠多数，中轴胎座，子房上位，花柱在上部分支，柱头与心皮数相同或为其2倍（悬铃花属）。果实为室背开裂的蒴果或分果（锦葵属）、蓇葖果（苹婆属），稀为浆果（悬铃花属），种子1至多数，胚弯曲，无胚乳。昆虫传粉，花蜜常由花萼内表面产生。借助风力、水力和动物传播果实，猴面包属大且不开裂的果可借助大型哺乳动物散布。

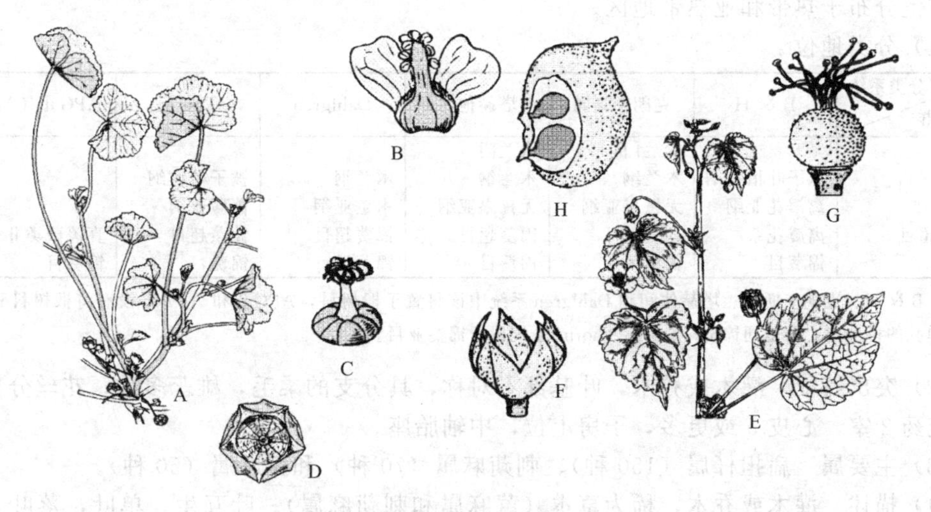

图 13.54　锦葵科

小花锦葵　A：带花植株；B：花部分结构，示两枚花瓣，雄蕊纵切；C：雌蕊群；D：具宿存花萼的果实。磨盘草　E：花果枝，具长花梗；F：花萼；G：含数枚心皮的雌蕊；H：切开心皮示其内的种子

(5) 经济价值　本科含有几种重要的观赏植物如朱槿、蜀葵和木槿等。咖啡黄葵的幼嫩果实可被用作蔬菜食用。棉花可从棉属不同的植物中获得。可可粉（巧克力的原料）是从可可的种子中获得的，可乐（以前都属于梧桐科）可以提取可乐粉。非洲木棉和木棉的种子毛可以用作填充物。椴树属为重要的木材，心叶椴的木材尤其适合制作家具和乐器，也可以作为观赏树种。

(6) 系统发育　单体雄蕊和单室花药使该科相当独特。尽管如此，该科曾经被认为同椴树科、木棉科和梧桐科关系很近，根据克朗奎斯特（1988）和塔赫他间（1997）的观点，这些科都具有星状毛、黏液细胞、中柱鞘束在韧皮部之上，导管的大小和纹饰相似，木质部的分布也相同。根据Judd等（1999，2002）的观点，这些科之间的传统差别是人为的、不稳定的，4个科合并可以构成一个单系类群的锦葵科，不过他们也承认，像扁担杆属、黄麻属、刺蒴麻属等一些属可以组成一个缺失花萼融合的进化支。他还认为扁担杆亚科和刺果藤亚科在锦葵科之内组成独立的进化支，传统的椴树科被定义为具有离生的雄蕊和2室花药。Thorne(1999，2000）将锦葵科和其他两个科合并，但明确保留了椴树科的独立性。最近有关分子生物学上的证据（Alverson等，1998）表明传统的锦葵科的半花药是由具有横向隔膜的2室花药强烈愈合形成的。早先哈钦松（1973）曾经提出过这样的观点，单室花药起源于花丝的分离，cpDNA限制位点分析显示，那些具有室背开裂蒴果及含有多数种子的属（木槿属和棉属）构成了一个基部的并系类群。具有分果、心皮多于5个，每个心皮胚珠数1或2的属被描述为具有共衍征。APweb将广义的锦葵科划分为以下9个亚科：锦葵亚科、木棉亚科、梧桐亚科、椴树亚科、非洲芙蓉亚科、杯萼亚科、山芝麻亚科、扁担杆亚科和刺果藤亚科。Thorne早年将椴树科划分为一个独立的科，但最终（2003）将椴树科下面的椴树属和滇桐属移至锦葵科、椴树亚科之下，保留椴树科内的其他属另置于扁担杆科。他将锦葵科划分为7个亚科，将扁担杆亚科和刺果藤亚科作为独立的科分出，分别为扁担杆科和刺果藤科。

13.8.2　扁担杆科

31属，390种（图13.55）

广泛分布于热带和亚热带地区。

(1) 分类地位

分类系统 分类群	B & H	克朗奎斯特	塔赫他间	Dahlgren	Thorne	APG Ⅱ/(APweb)
门		木兰门	木兰门			
纲	双子叶植物纲	木兰纲	木兰纲	木兰纲	被子植物纲	
亚纲	离瓣花亚纲	无极果亚纲	无极果亚纲	木兰亚纲	蔷薇亚纲	
系+/超目	离瓣花系+		锦葵超目	锦葵超目	蔷薇超目	真蔷薇类Ⅱ①
目	锦葵目	锦葵目	锦葵目	锦葵目	锦葵目	锦葵目

注：B & H、克朗奎斯特、塔赫他间和Dahlgren系统中该科置于椴树科，APG Ⅱ和APweb没有将椴树科和扁担杆科作为单独的科分出，而是同锦葵科合并。Thorne系统置于锦葵亚目。

(2) 突出特征　灌木或乔木，叶基部不对称，具分支的柔毛，雄蕊多数，花丝分离或合生，花药2室，心皮5或更多，子房上位，中轴胎座。

(3) 主要属　扁担杆属（150种）、刺蒴麻属（70种）和黄麻属（50种）。

(4) 描述　灌木或乔木，稀为草本（黄麻属和刺蒴麻属）。叶互生，单叶，落叶，基部不对称，具分支柔毛，具托叶。花序为聚伞花序，常在叶腋处成小簇。花两性，稀单性，辐射对称，下位花。花萼具3～5枚萼片，离生或合生，镊合状排列。花冠具3～5枚花瓣，离生，覆瓦状或镊合状排列，有时基部具有腺毛，少为不存在。雄蕊多数，有时5枚（五蕊刺蒴麻），花丝离生或合生形成5或10组（多体雄蕊），与花瓣基部合生，花药2室，纵裂，或顶孔开裂。雌蕊群具2至多数心皮，多室（室数与心皮数相等），胚珠多数，中轴胎座，子房上位，花柱单一，柱头具裂或为头状。果实，为蒴果或肉质。种子1至多数，胚直生，有胚乳。

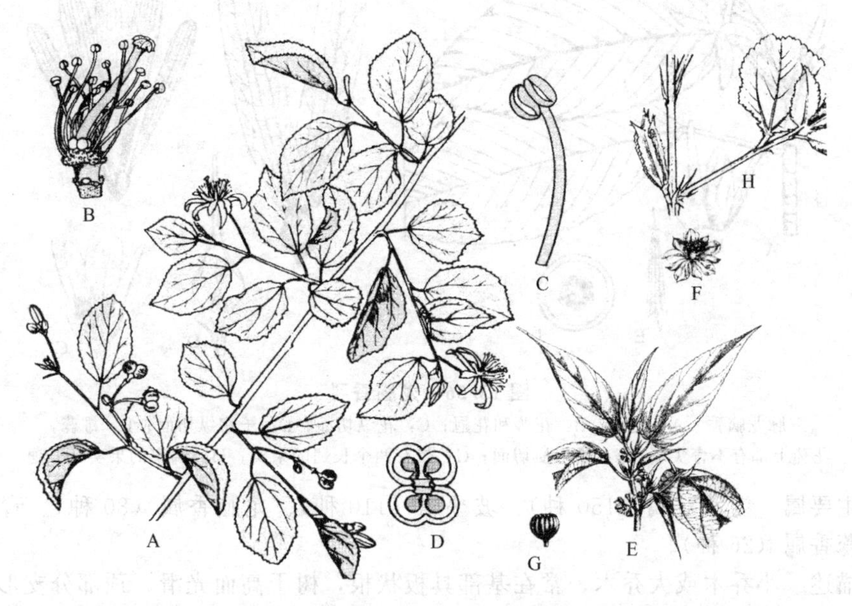

图 13.55　扁担杆科

抓扁担杆　A：花果枝；B：除去萼片和花瓣的花；C：雄蕊；D：子房横切。黄麻，E：花果枝；F：花的上面观；G：果实；H：火焰状黄麻，部分果枝

（5）经济价值　假黄麻和菜园黄麻的茎中可提取黄麻纤维。菜园黄麻的叶在东地中海地区很多国家可用作食物。

（6）系统发育　自从恩格勒和柏兰特（1887~1915）将该科从椴树科中分出并放入大风子科开始，该科就被认为是一独立的科。该科具有离生雄蕊和2室花药，这同扩大了的锦葵科具有明显的区别。APG分类系统（APGⅡ和APweb）将椴树科和锦葵科合并，Thorne（1999）将椴树科作为一个独立的科（包含APweb系统中锦葵科的两个亚科：椴树亚科和扁担杆亚科），后来（2003），他又把椴树亚科（椴树属和滇桐属）同锦葵科合并，将扁担杆亚科作为一个独立的扁担杆科（由于椴树科的模式椴树属被移出，所以不得不提出新名）。

13.8.3　龙脑香科

17属，550种（图13.56）

主要分布于亚洲热带和印度-马来群岛，非洲和南美洲也有分布。

（1）分类地位

分类系统 / 分类群	B & H	克朗奎斯特	塔赫他间	Dahlgren	Thorne	APGⅡ/(APweb)
门		木兰门	木兰门			
纲	双子叶植物纲	木兰纲	木兰纲	木兰纲	被子植物纲	
亚纲	离瓣花亚纲	无桠果亚纲	无桠果亚纲	木兰亚纲	蔷薇亚纲	
系+/超目	离瓣花系+		锦葵超目	锦葵超目	蔷薇超目	真蔷薇类Ⅱ[①]
目	藤黄目	山茶目	锦葵目	锦葵目	锦葵目	锦葵目

注：B & H的龙脑香科采用Dipterocarpeae，Thorne将该科置于半日花亚目。

（2）突出特征　小乔木或大乔木，具板状根，叶常绿，互生，常具巢（domatia），周位花或下位花，总状花序或圆锥花序，果时萼片延伸成翅状，花瓣5，革质，花药具不育顶端，3心皮，果实为具翅坚果。

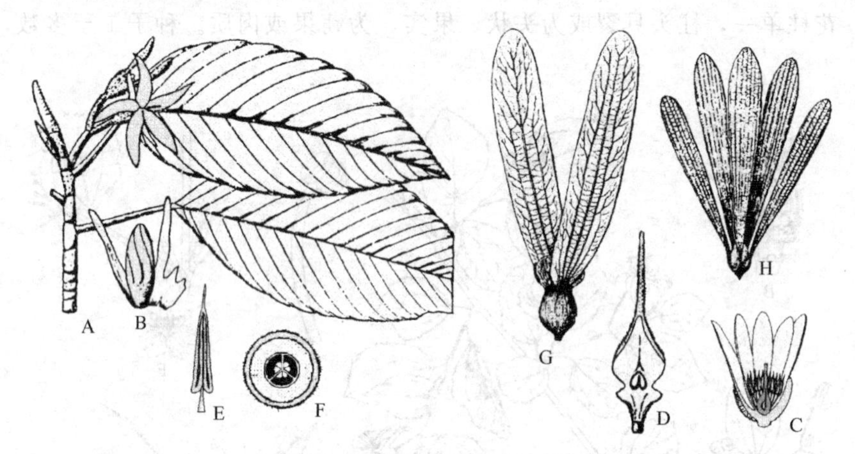

图 13.56　龙脑香科

三脉龙脑香　A：花枝；B：花萼和花冠；C：花纵切面；D：子房纵切面；E：雄蕊，花药上部有不育尖端；F：子房横切面；G：带有两个长翅的果实；H：柳安的果实具5翅

(3) 主要属　娑罗双属（150种）、坡垒属（110种）、龙脑香属（80种）、青梅属（60种）和柄蕊香属（26种）。

(4) 描述　小乔木或大乔木，常在基部具板状根，树干高而光滑，顶部分支形成花椰菜形的树冠，在伤口处常有特殊的树脂道渗出芳香的达玛脂，节部三叶隙或五叶隙，根常具有外菌根。叶互生，排成两列，革质，单叶，常绿，被有簇状或星状毛，具托叶，常含有居住昆虫的小巢，托叶常早落。花序总状，为腋生或顶生总状或圆锥花序。花两性，辐射对称，常鲜艳，气味芳香，下位花。花萼含5枚萼片，离生或稍合生，有时在果时扩展成翅状。花冠具5枚花瓣，离生或基部合生，螺旋状扭曲，常革质。雄蕊群含5至多枚雄蕊，花丝离生或基部合生，花药2室，背着（柄蕊香亚科）或基着（龙脑香亚科），纵裂，花药因药隔延伸形成不育顶端，花粉粒三沟型或三孔型。雌蕊群由3心皮合生而成，子房上位或半下位（异翅香属），3室，每室2胚珠，中轴胎座，胚珠悬垂，倒生，双珠被，具厚珠心，最终只有一枚胚珠发育。果实为单种子的坚果，外有膜质翅状萼片；种子不含胚乳，子叶常扭曲，围绕胚根。

(5) 经济价值　龙脑香属、娑罗双属、坡垒属和青梅属等许多种常共同生长在热带雨林中，是硬木的主要来源。木材色质发白，可满足制作胶合板和方木的需求。从树中提取的达玛树脂可用来制作特殊的清漆。

(6) 系统发育　本科植物同金莲木科、杜英科、扁担杆科以及锦葵目内的其他成员有亲缘关系。克朗奎斯特认为，除金莲木科之外，该科同藤黄科和山茶科的关系更近。该科常被分为三个亚科：柄蕊香亚科，圭亚那龙脑香亚科和龙脑香亚科。Kubitzki 和 Chase（2002）的分子学证据显示旋花树科、半日花科和龙脑香科形成一个很好界定的进化支，这些植株具有分泌道，花萼覆瓦状排列，外侧的两枚不同于其他成员，花丝不具关节，胚珠既有倒生的也有直生的；外珠被在合点区向内弯曲，这个强有力的证据支持将前两科合并为龙脑香科。基于形态和 *rbcL* 序列资料对龙脑香科系统发育研究显示（Dayanandan 等，1999），柄蕊香亚科和圭亚那龙脑香亚科处于分支的基部，是该科最原始的两个成员。

13.8.4　蔷薇科

110属，3100种（图13.57）

广泛分布于世界各地，但在北半球生长最好，主要分布在温带和寒带气候区。

(1) 分类地位

分类系统 分类群	B & H	克朗奎斯特	塔赫他间	Dahlgren	Thorne	APGⅡ/(APweb)
门		木兰门	木兰门			
纲	双子叶植物纲	木兰纲	木兰纲	木兰纲	被子植物纲	
亚纲	离瓣花亚纲	蔷薇亚纲	蔷薇亚纲	蔷薇亚纲	蔷薇亚纲	
系+/超目	萼花系+		锦葵超目	锦葵超目	蔷薇超目	真蔷薇类Ⅰ①
目	蔷薇目	蔷薇目	蔷薇目	蔷薇目	蔷薇目	锦葵目

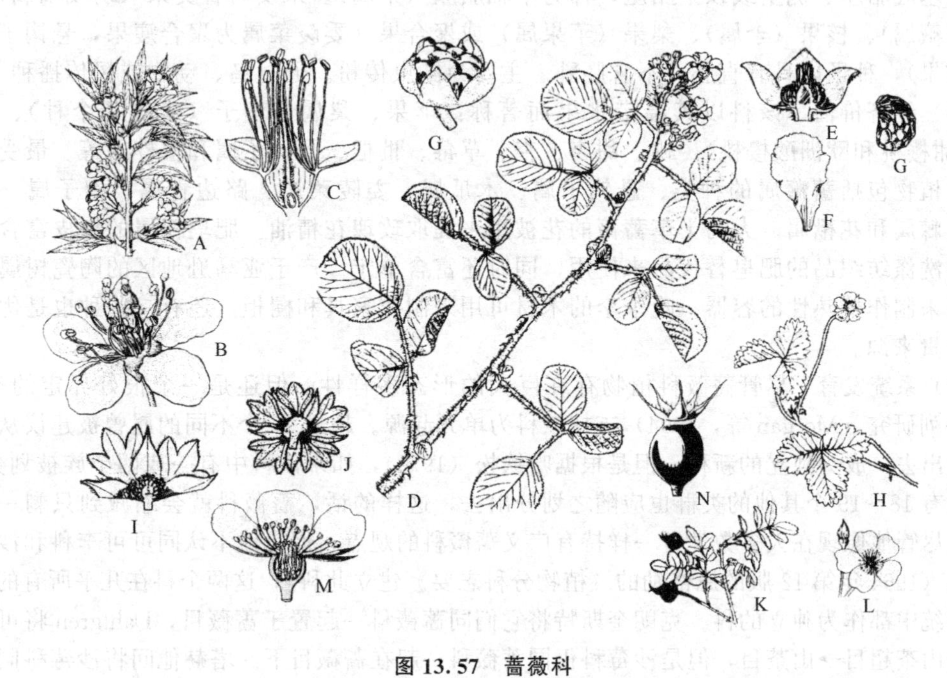

图 13.57 蔷薇科

欧洲李 A：花枝；B：花上面观；C：花纵切面，花瓣被除去。椭圆叶悬钩子 D：末端具有花序的枝条；E：花纵切，花瓣被除去；F：花瓣；G：带有宿存花萼的果实。蛇莓 H：具三出复叶和花的部分支；I：花纵切，除去花瓣，萼片外有三裂的小苞片（副萼）；J：花萼和5个3裂的小苞片（副萼）。茴形叶蔷薇 K：带果实的枝条；L：花及花芽；M：花纵切，示杯状隐头花序和多数离生心皮；N：果实为闭合瘦果，花萼宿存

(2) 突出特征 草本、灌木或乔木，叶缘常具齿，托叶明显，花辐射对称，常为周位花，并且具托杯，萼片、花瓣均5，花瓣常具爪，在托杯上或雄蕊的基部有发育完全的蜜腺，雄蕊多数，心皮单一或多心皮离生，稀合生，果实常肉质。

(3) 主要属 悬钩子属（750种）、委陵菜属（500种）、李属（430种）、山楂属（240种）、栒子属（230种）、花楸属（230种）、蔷薇属（225种）、羽衣草属（220种）、绣线菊属（100种）、梨属（60种）、苹果属（55种）、路边青属（40种）和草莓属（15种）。

(4) 描述 草本（羽衣草属和草莓属），灌木（蔷薇属和悬钩子属），或乔木（李属，苹果属和梨属），稀为攀援植物（蔷薇属的一些种），有时具有匍匐茎（草莓属），常具刺，不含乳汁，节部三叶隙，稀为单叶隙。叶互生，稀对生（鸡麻属），单叶（苹果属和李属），掌状复叶（草莓属）或羽状复叶（珍珠梅属），叶片常具腺齿，通常锯齿状，羽状或掌状网脉，具托叶，常与叶柄合生。花序为单花（蔷薇属中的一些种）、总状花序（稠李属），圆锥或聚伞状伞形花序（绣线菊属），有时为伞房花序（山楂属），稀为柔荑状（小地榆属）。花两性，稀单性（小地榆属；雌雄同株或异株），辐射对称，稀两侧对称（姜饼树属），常为周位花，

具明显的托杯（扁平、杯状或圆柱状），托杯同心皮离生或合生，常在果期变大，其内具蜜腺环，稀为上位花（苹果属）。花萼常为5枚萼片，基部联合，有时外部具有3～5枚副萼（草莓属），常宿存。花冠常由5枚花瓣组成，离生，常具爪，覆瓦状排列。雄蕊群含多数雄蕊，离生或在基部同蜜腺盘一起合生（可可李属），地榆属含4枚雄蕊，尾叶马来蔷薇含2枚雄蕊，花药2室，稀单室（羽衣草属），花药纵裂，花粉粒三孔沟型。雌蕊群含1枚心皮（杏属），2～3枚心皮（山楂属）至多心皮（蔷薇属），常离生，稀合生（山楂属，梨属），有时与托杯结合，子房上位或下位，常为单室，胚珠1、2或更多，单珠被或双珠被，具厚珠心，基底胎座、侧生或顶生胎座，稀为中轴胎座（梨属）。果实为蓇葖果（绣线菊属）、瘦果（蔷薇属）、核果（李属）、梨果（苹果属）或聚合果（委陵菜属为聚合瘦果，悬钩子属为聚合核果），种子内具有直胚，不含胚乳。主要为昆虫传粉。通过鸟、动物或风传播种子。

（5）经济价值　该科以其温带水果而著称：苹果、梨属、李子（李属几个种）、樱桃（欧洲甜樱桃和欧洲酸樱桃）、桃、甜杏、杏、草莓、枇杷、悬钩子属和榅桲属等。最受欢迎的观赏植物包括蔷薇属的种类、悬钩子属、木瓜属、委陵菜属、路边青属、栒子属、山楂属、火棘属和花楸属。大马士革蔷薇的花被用来提取玫瑰花精油。肥皂树属的树皮富含皂苷可作为洗涤纺织品的肥皂替代品来使用，同时还富含单宁。产于亚马逊地区的陶瓷树属的树皮被用来制作抗热性的容器。晚季李的木材可用来制作家具和橱柜。还有一些种也是优质木材的珍贵来源。

（6）系统发育　尽管蔷薇科植物存在巨大的形态多样性，但还是一个很好界定的类群，*rbcL*序列研究（Morgan等，1994）支持该科为单元起源。超过27个不同的属曾被建议从蔷薇科划分出去，成为独立的新科，但是根据哈钦松（1973），如果该科中有一或两个族被划分出，至少应有18～19个其他的类群也应随之划分出去，这样的话，蔷薇科就会缩减到只剩一个蔷薇属。尽管他像现在大多数学者一样持有广义蔷薇科的观点，但是他不认同可可李科和沙莓科的分离（1964年第12版的恩格勒的《植物分科志要》建立此科），这两个科在几乎所有的主要分类系统中都作为独立的科。克朗奎斯特将它们同蔷薇科一起置于蔷薇目，Dahlgren将可可李科置于山茶超目→山茶目，但是沙莓科仍同蔷薇科一起在蔷薇目下。塔赫他间将沙莓科同蔷薇科一起置于蔷薇目，但是可可李科置于独立的可可李目。Thorne（1999）将这两个科从蔷薇亚纲转到五桠果亚纲，其中可可李科置于五桠果超目→五桠果目，沙莓科置于锦葵超目→锦葵目，在最近修订版中（2003），他又废除了五桠果亚纲，将三个科置于蔷薇亚纲，但将蔷薇科置于蔷薇超目→蔷薇目，将沙莓科置于蔷薇超目→锦葵目→半日花亚目，可可李科置于牻牛儿苗超目→大戟目。APGⅡ和APweb将可可李科移到真蔷薇类Ⅰ→蔷薇目。蔷薇科常被认为同虎耳草科和景天科亲缘关系很近，不过*rbcL*研究显示，榆科、朴科、桑科、荨麻科和鼠李科是其姐妹群（Savolainen等，2000a）。蔷薇科一般划分为四个亚科：苹果亚科（果实为梨果）、桃亚科（异名：李亚科；核果，心皮1，叶柄和叶片处有蜜腺）、蔷薇亚科（瘦果或小核果）以及绣线菊亚科（蓇葖果或蒴果），尽管蔷薇亚科和苹果亚科属于合理的进化支，但是还不能阐明该科其余成员之间基本的起源关系（Potter等，2002）。三叶美吐根属同苹果亚科是姐妹关系，美吐根属同整个进化支是姐妹关系（Potter等，2002；Evans等，2002a，b）。仙女木族（包括美洲稠李属、仙女木属、考恩木属和山苦难属）在蔷薇亚科的位置还不能确定，它们都缺乏多胞锈菌；它们的根同固氮的弗兰克氏菌*Frankia*相联系以及它们的果实为瘦果，具有毛状花柱。它们是最基部的类群（Potter等，2002；Evans等，2002）。

13.8.5　榆科

7属，40种（图13.58）

主要分布在温带地区，热带和亚热带也有分布。

(1) 分类地位

分类系统 分类群	B & H	克朗奎斯特	塔赫他间	Dahlgren	Thorne	APG Ⅱ/(APweb)
门		木兰门	木兰门			
纲	双子叶植物纲	木兰纲	木兰纲	木兰纲	被子植物纲	
亚纲	单被花亚纲	金缕梅亚纲	五桠果亚纲	木兰亚纲	蔷薇亚纲	
系+/超目	单性花系+		荨麻超目	锦葵超目	蔷薇超目	真蔷薇类Ⅰ[①]
目		荨麻目	荨麻目	荨麻目	荨麻目	蔷薇目

注：B & H 置于荨麻科。

(2) 突出特征　乔木或灌木，富含汁液，筛管质体P型，单叶，边缘有锯齿或重锯齿，维管束进入锯齿，叶基部偏斜，羽状脉，花常为两性，果实为翅果或核果。

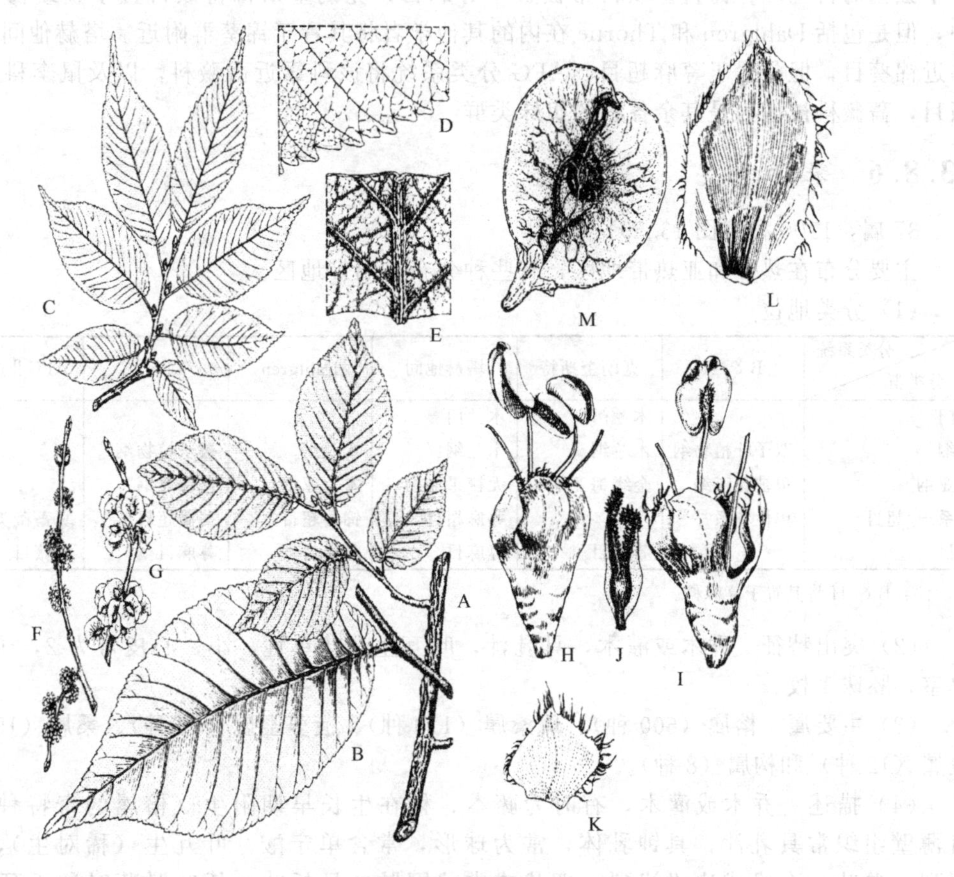

图 13.58　榆科

栓枝榆　A：短幼枝，下表面观和木栓质树皮；B：一段小幼枝上的树叶，上表面观；C：正常成年短枝，上表面观；D：叶边缘；E：中脉部分的毛被，下表面观；F：花枝；G：果枝；H：花；I：开花较久的花；J：雌蕊群；K：苞片；L：芽鳞内表面观；M：成熟翅果（仿 Melville 和 Heybroek，1971）

(3) 主要属　榆属（20种）、榉属（6种）、叶柱榆属（3种）和沼榆属（1种）

(4) 描述　灌木或乔木，不具乳汁管，常含单宁酸，具钟乳体，分支众多且向四周伸展。叶互生，稀对生，单叶，叶缘有锯齿或重锯齿，叶基偏斜，羽状脉，托叶早落。花序，在叶腋形成聚伞花序簇。花小，辐射对称，两性或单性并且同株，下位或周位花。花被片4～9枚，离生或合生，为萼片，无花瓣，覆瓦状排列。雄蕊群由4～9枚雄蕊组成，与花被片同数并且对生，有时与花被片合生，花粉粒4～6孔。雌蕊群具2合生心皮，子房上位，单室，胚珠1，顶生胎座，柱头2，延生在花柱上。果实为坚果或为翅果，种子扁平，胚直生，胚乳形成一个薄层，似不存在。风媒传粉。带翅的果实也可以借风力传播，沼榆属等的坚果状果还可以借助水力传播。

(5) 经济价值　榆属和榉属中的很多种可以用来制作家具、支柱和水下排椿，提供木材来源。美洲榆和其他一些种可作为观赏植物和重要的绿荫树。红榆可分泌黏液的内树皮具有药用价值。

(6) 系统发育　本科早期隶属于荨麻科（Bentham & Hooker），但是由于具有叶脉直达锯齿，花常为两性，果实为翅果或坚果等特点，将该科独立出来。该科早期被划分为两个亚科：朴亚科（核果，掌状3出脉，筛管质体S型；花柱具1个维管束，胚弯生）和榆亚科（翅果，羽状脉，筛管质体P型；花柱具3个维管束，胚直生）。前者目前已经被分出，成为一个独立的科——朴树科。该科常被置于荨麻目，克朗奎斯特将该科置于金缕梅类复合体中，但是包括Dahlgren和Thorne在内的其他学者将其置于锦葵群附近。塔赫他间也将该科靠近锦葵目，但是置于荨麻超目，APG分类系统将该科靠近蔷薇科，以及鼠李科，置于蔷薇目，蔷薇科被认为是其余各科的姐妹类群。

13.8.6　桑科

37属，1100种（图13.59）

主要分布在热带和亚热带地区，有些种分布在温带地区。

(1) 分类地位

分类系统 / 分类群	B & H	克朗奎斯特	塔赫他间	Dahlgren	Thorne	APG Ⅱ/(APweb)
门		木兰门	木兰门			
纲	双子叶植物纲	木兰纲	木兰纲	木兰纲	被子植物纲	
亚纲	单被花亚纲	金缕梅亚纲	无椏果亚纲	木兰亚纲	蔷薇亚纲	
系+/超目	单性花系+		荨麻超目	锦葵超目	蔷薇超目	真蔷薇类Ⅰ①
目		荨麻目	荨麻目	荨麻目	荨麻目	蔷薇目

注：B & H将其置于荨麻科。

(2) 突出特征　乔木或灌木，具乳汁，叶互生，花单性，小，心皮常为2，子房上位，单室，胚珠1枚。

(3) 主要属　榕属（600种）、琉桑属（110种）、菠萝蜜属（50种）、桑属（15种）、柘橙属（12种）和构属（8种）。

(4) 描述　乔木或灌木，有时为藤本，稀在生长早期附生（榕属的奇特种类），所有薄壁组织常具乳汁，具钟乳体，常为球形，常含单宁酸。叶互生（稀对生），常排成两列，单叶，全缘或边缘浅裂，羽状或掌状网脉，具托叶，托叶脱落时留下环形痕迹。花序类型多样，直立或悬垂的柔荑花序、穗状花序（桑属）、隐头花序（榕属）或总状花序。花小，单性（雌雄同株或异株），辐射对称，下位花。花被常由4～6枚花被片组成（只有萼片，无花瓣），离生或合生，常宿存，且在结果时肉质化，有时缺。雄蕊群由4～6枚（与花被片同数）雄蕊组成，同花被片对生，花丝离生，在芽内弯曲或直生，花药单室或2室，纵裂，花粉粒多孔或2～4孔。雌蕊群含2枚心皮，合生，子房上位，单室，胚珠1，倒生或弯生，顶生胎座，花柱常2。果实为各种聚花果，桑葚（桑属）、无花果（榕属）、聚合核果或聚合浆果；种子含弯生或直生胚，胚乳有或不存在。

(5) 经济价值　本科植物的经济价值主要在其果实，例如桑树（桑，黑桑）、无花果和面包果树的果实。菠萝蜜的果实可作为蔬菜食用，而滇波罗蜜的果实可作腌菜。桑属的叶可用来养蚕。榕属内很多种植物，例如印度橡皮树也可以作为观赏植物种植。

(6) 系统位置　本科早期被置于荨麻科（Bentham & Hooker），但是由于该科为木本，具乳汁，2 心皮，1 枚顶生胚珠，弯生胚，现在作为独立的科。克朗奎斯特把荨麻目（包括荨麻科和相关各科）置于金缕梅类复合体，但包括 Dahlgren 和 Thorne 等在内的其他学者把荨麻目与锦葵群置于一起。塔赫他间也把荨麻目置于与锦葵目较近的位置，不过是置于荨麻超目。APG 分类系统把荨麻目置于与蔷薇科较近的位置，并且和鼠李科置于蔷薇目，而蔷薇科被认为是其他各科的姐妹群。蚁栖树属和其相关各属早期被包括在桑科内（哈钦松和早期的学者），不过 APG（1998）将其分离出来置于蚁栖树科，Thorne（1999，2000）和 Judd 等（1999，2002）将其置于桑科和荨麻科之间，但由于其乳汁管局限于树皮，基生胚珠，直生胚，其中一个心皮败育等特点（假单心皮），因此与荨麻科更近缘。因此，APGⅡ（2003）、APweb（2003）和 Thorne（2003）三个分类系统顺理成章地将蚁栖树科与荨麻科合并。根据 *rbcL* 测序的结果（Sytsma 等，1996），这里狭义的桑科是单系类群。心皮数减少 1 通过菠萝蜜属，琉桑属和榕属中稍微不同或明显不同的花柱得以说明。两花柱中的一个完全消失可能发生在蚁栖树科＋荨麻科进化支的共同祖先中。

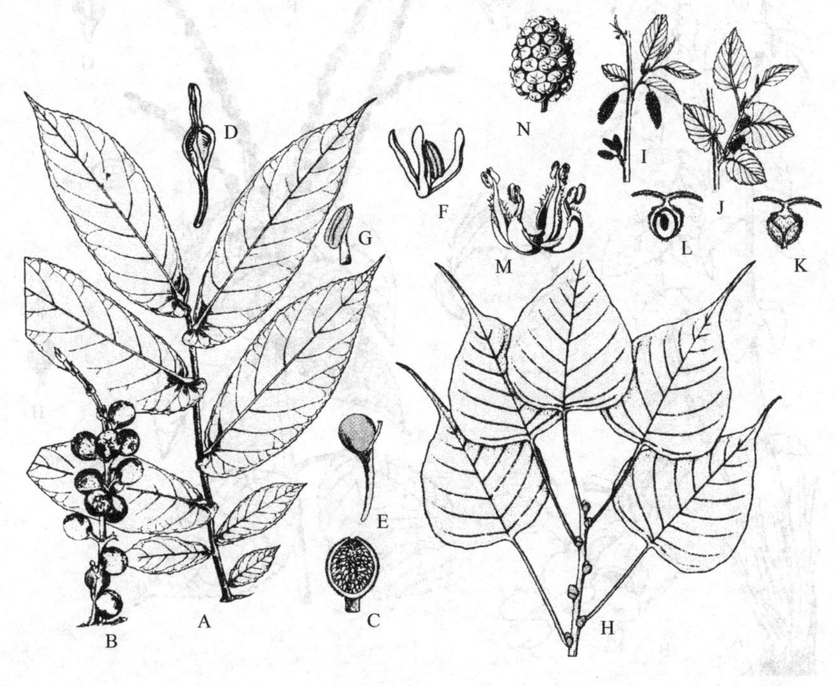

图 13.59　桑科

耳叶榕　A：带叶枝条；B：带无花果的枝条；C：隐头花序纵切（无花果，花托）；D：雌花；E：雌蕊群；F：含单一雄蕊的雄花；G：雄蕊；H：菩提树的枝。桑　I：雄枝；J：雌枝；K：雌蕊紧贴花被的雌花；L：雌花纵切；M：具 4 枚萼片 4 枚雄蕊的雄花；N：果实（肉质聚花果）

13.8.7　荨麻科

44 属，1080 种（图 13.60）

广泛分布于热带和温带地区，澳大利亚罕见分布。

(1) 分类地位

分类系统 分类群	B & H	克朗奎斯特	塔赫他间	Dahlgren	Thorne	APGⅡ/(APweb)
门		木兰门	木兰门			
纲	双子叶植物纲	木兰纲	木兰纲	木兰纲	被子植物纲	
亚纲	单被花亚纲	金缕梅亚纲	无柾果亚纲	木兰亚纲	蔷薇亚纲	
系＋/超目	单性花系＋		荨麻超目	锦葵超目	蔷薇超目	真蔷薇类Ⅰ①
目		荨麻目	荨麻目	荨麻目	荨麻目	蔷薇目

(2) 突出特征　通常为草本，具螯毛，叶具柄，花小，单性，花被片和雄蕊均为 4，心皮 1，花柱 1，果实为瘦果或肉质核果。

(3) 主要属　冷水花属（370 种）、楼梯草属（170 种）、苎麻属（80 种）、荨麻属（50 种）、墙草属（30 种）和艾麻属（20 种）

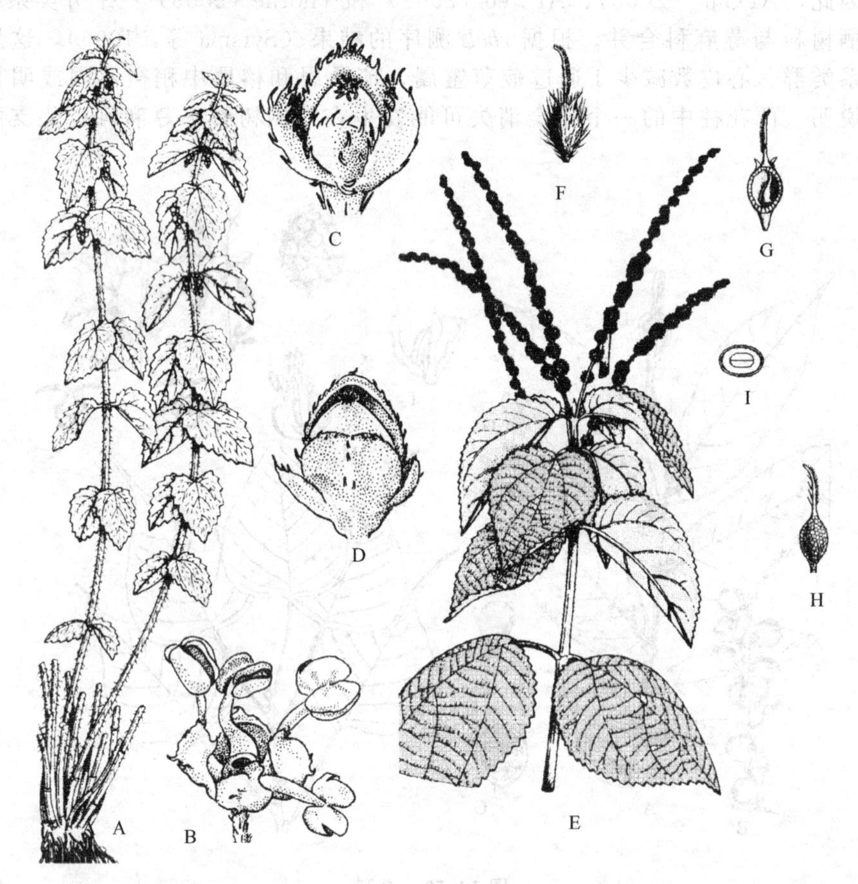

图 13.60　荨麻科

北方荨麻　A：具腋生花簇的植株；B：雄花具 4 枚花被片和 4 枚雄蕊；C：雌花具不等花被片；D：瘦果外被宿存花被片。平叶苎麻　E：具不连续穗状花序的植株；F：雌花的花被具刚毛，花柱具毛；G：雌花纵切；H：雌蕊；I：瘦果横切

(4) 描述　常为草本，稀乔木或灌木，有时为攀援植物，树皮具白色乳汁，或变为清亮的汁液，具钟乳体，常延长，含单宁酸，单毛，常为螯毛。叶互生或对生，常二列状，单叶，全缘或叶缘浅裂，羽状或掌状网脉，具叶柄，叶基心形或不对称。花序为聚伞状或头状，有时为单花。花小，单性（雌雄同株或异株），辐射对称，下位花。花被由 4 枚花被片组成（具萼片，不具花瓣），稀为 3 枚或多达 6 枚，离生或合生，覆瓦状或镊合状排列。雄蕊群由 4～5 枚雄蕊组成（与花被片同数），与花被片对生，花丝离生，在蕾期内弯，开花后

反折，花药2室，纵裂，花粉粒多孔或2～3孔。雌蕊单心皮（实际为2，但有1个退化：假单数，子房上位，单室，胚珠为1，直生，基底胎座，花柱1，柱头1或2，由花柱向外延伸或呈头状。果实常为瘦果，胚直生，有时缺少胚乳。

（5）经济价值　除了作为有害杂草外，异株荨麻（一种常见带蛰毛的荨麻）还产生光滑的韧皮纤维，苎麻（或称中国大麻）的纤维也具有一定的商业价值。冷水花属和婴儿眼泪属（婴儿眼泪）的一些种还是重要的观赏植物。

（6）系统发育　本科早期采用广义的概念（Bentham 和 Hooker）包括现在已经被独立出来的桑科、榆科和朴树科等。但是现在该科则主要包括一些具有伸长的钟乳体，乳汁管局限于树皮部分，且含有清亮汁液、内曲的雄蕊、假单数的雌蕊和基生胚珠的草本物种。Thorne（1999）和 APG 分类系统（APG，1998；Judd 等，1999，2002）中的荨麻科还包括锥头麻属，该属原属于蚁栖树科。克朗奎斯特将荨麻目（包括荨麻科和相关各科）置于金缕梅类复合体，但是包括 Dahlgren 和 Thorne 在内的其他学者将荨麻目同锦葵群放在一起。塔赫他间也将其置于同锦葵目亲缘较近的位置，但是置于荨麻超目。APG 分类系统将其置于靠近蔷薇科的位置，和鼠李科一起置于蔷薇目，蔷薇科被认为是其他科的姐妹群。该科之所以为单心皮，主要是由于其第二个心皮败育所致，这在荨麻属和艾麻属含败育维管束的子房中得到证实。基生胎座近似起源于桑科的顶生胎座，可以从圆柱苎麻中得到启示，其维管束帮助胚珠将心皮壁提升较短的距离然后翻转方向从子房的基部进入胚珠。先前被认为是独立的蚁栖树科（APG，1998；Judd 等，1999，2002；Thorne，1999）最终同荨麻科归并为一科（Judd 等，1999，2002；Thorne，1999；APGⅡ，2003；APweb，2003）。

13.8.8　酢浆草科

6属，700种（图13.61）

主要分布在热带、亚热带地区，有少数种分布在温带地区。

（1）分类地位

分类系统 / 分类群	B & H	克朗奎斯特	塔赫他间	Dahlgren	Thorne	APGⅡ/(APweb)
门		木兰门	木兰门			
纲	双子叶植物纲	木兰纲	木兰纲	木兰纲	被子植物纲	
亚纲	离瓣花亚纲	蔷薇亚纲	蔷薇亚纲	木兰亚纲	蔷薇亚纲	
系+/超目	盘花系+		牻牛儿苗超目	芸香超目	酢浆草超目	真蔷薇类Ⅰ①
目	牻牛儿苗目	牻牛儿苗目	酢浆草目	亚麻目	酢浆草目	酢浆草目

注：B & H 置于牻牛儿苗科。

（2）突出特征　草本或灌木，叶常为复叶，有酸味，小叶基部具叶枕，全缘，常不具托叶，花5数，花柱异长，花瓣具爪，雄蕊合生，外轮雄蕊稍短，花柱5，种子含明显胚乳，具假种皮。

（3）主要属　酢浆草属（600种）、感应草属（70种）和艾希勒木属（2种）。

（4）描述　草本具球状块茎或肉质根状茎，或灌木，稀乔木，常含可溶的草酸盐晶体。叶互生，或全部基生，羽状复叶（感应草属）、掌状复叶或三出复叶（酢浆草属的一些种），稀被叶状柄代替（柴胡叶酢浆草，叶柄形成叶状柄），小叶遇冷或夜间常折叠，全缘，顶端常微凹，羽状或掌状网脉。小叶常具明显叶枕，托叶小或不存在。花序，为聚伞花序，稀单花。花两性，辐射对称，常花柱异长，有时为闭花受精，无花瓣（微酸酢浆草）。花萼含5枚萼片，离生，绿色，宿存。花冠含5枚花瓣，离生或在基部合生，常具爪，常卷曲，在闭花受精的花内无花瓣。雄蕊群含雄蕊10枚，常排成两轮，并在基部合生，外轮花丝常较内轮为短。花药2室，纵裂，花粉粒三沟型或三孔型，蜜腺位于花丝基部，或与花瓣互生。雌蕊群含5枚合生心皮，稀离生（感应草属），子房上位，中轴胎座每室1或多枚胚珠，花柱5，离生，宿存，柱头头状或有短分支。果实为背室开裂的蒴果或为浆果，常具棱角；种子常具假种皮，胚直，胚乳丰富，种皮具弹性，从内向外翻转并弹射出种子。虫媒传粉，花柱异长导致异型杂交。

(5) 经济价值　该科经济价值不大。南美安第斯山脉的居民常食用块茎酢浆草的块茎，秘鲁人常将圆齿酢浆草的块茎煮熟后食用。微酸酢浆草的叶子有时可以用来做色拉。黄花酢浆草的球茎在法国和北美有时可以作为蔬菜食用。杨桃的果实可食用，因此被广泛种植。

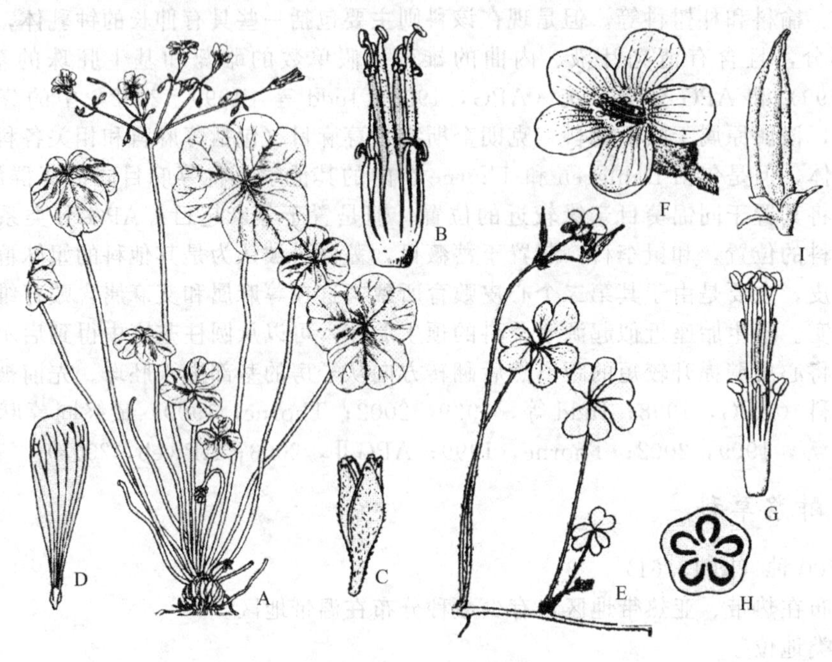

图 13.61　酢浆草科

红花酢浆草　A：具有三出复叶和伞形花序的植株；B：除去花萼和花冠的花；C：花萼；D：花瓣。

酢浆草　E：部分植株，节部生根且具伞形花序；F：花；G：除去花萼和花冠的花；H：子房横切；I：果实具宿存花萼

(6) 系统发育　本科早先包括在牻牛儿苗科（Bentham 和 Hooker），由于具有5个独立的花柱、种子具假种皮和不具托叶等特点，该科现在被划分成一个独立的科。基于 *rbcL* 序列的系统发生学研究（Chase 等，1993）表明，酢浆草科同火把树科和喜蚁草科（以及相关科）的亲缘关系更近，都包括在酢浆草目（Judd 等，APG Ⅱ，APweb），而不是牻牛儿苗目。该科也同亚麻科有一定关系，Dahlgren 将该科置于亚麻目。木本属包括杨桃属有时被作为一个独立的科，但是置于酢浆草科更为合适。高柱花属具有合生花柱，哈钦松和克朗奎斯特将其置于酢浆草科之下，但是也曾被随意置于牻牛儿苗科（APG Ⅱ，APweb），塔赫他间分类系统将其单列为一个科高柱花科。Thorne 早期（1999）将高柱花属置入牻牛儿苗科，并将牻牛儿苗科和酢浆草科置于五桠果亚纲内较近位置：五桠果亚纲→牻牛儿苗超目→牻牛儿苗目，后来（2003）将酢浆草科置于蔷薇亚纲→酢浆草超目→酢浆草目，而高柱花科和牻牛儿苗科置于蔷薇亚纲→牻牛儿苗超目→牻牛儿苗目，同酢浆草科离得很远。

13.8.9　山柑科

13属，450种（图 13.62）

广泛分布在热带和亚热带地区。

(1) 分类地位

分类群＼分类系统	B & H	克朗奎斯特	塔赫他间	Dahlgren	Thorne	APGⅡ/(APweb)
门		木兰门	木兰门			
纲	双子叶植物纲	木兰纲	木兰纲	木兰纲	被子植物纲	
亚纲	离瓣花亚纲	五桠果亚纲	五桠果亚纲	木兰亚纲	蔷薇亚纲	
系＋/超目	离瓣花系＋		堇菜超目	堇菜超目	芸苔超目	真蔷薇类Ⅱ①
目	侧膜胎座目	山柑目	山柑目	山柑目	芸苔目	芸苔目

注：B & H 采用山柑科 Capparidaceae. 克朗奎斯特，Thorne 和塔赫他间采用山柑科 Capparaceae。APGⅡ和 APweb 不认为这个类群是一个独立的科，而与十字花科合并。

(2) 突出特征　灌木或乔木，萼片和花瓣各 4，离生，雄蕊多数，子房单室，侧膜胎座，有时具有雌蕊柄，果实为蒴果或浆果。

(3) 主要属　山柑属（350 种）、合萼山柑属（100 种）、博思亚属（37 种）、檫大巴属（30 种）和鱼木属（20 种）。

(4) 描述　灌木（山柑属），稀乔木（鱼木属）或攀援植物（合萼山柑属）。叶互生，稀对生，单叶，具托叶，有时退化为腺体或刺（山柑属）。花序为典型的总状花序、聚伞花序或伞形花序。花具苞片（苞片常为叶状），辐射对称或两侧对称（山柑属），两性，稀单性或杂性（鱼木属），下位花，花托常延长至雌雄蕊柄。花萼具萼片 4 枚，稀 2～8 枚，离生或合生（合萼山柑属），2 轮，有时 1 轮。花冠具 4 枚花瓣，排成十字形，稀 8 枚或无花瓣（合萼山柑属），具爪。雄蕊群含 4 枚或更多雄蕊，离生，常由雄蕊柄（雌雄蕊柄的下部）生出，纵裂，蜜腺接近于雄蕊的基部。雌蕊群含有 2～12 枚合生心皮，单室，每室胚珠多数，不含胎座框，侧膜胎座，子房上位，常长在雌蕊柄上（雌雄蕊柄的上部），花柱 1，柱头头状或二裂。果实为浆果、蒴果、核果或坚果，常具柄；种子 1 至多数，胚弯曲，常不含胚乳。

(5) 经济价值　本科一些植物具有一定的观赏价值，例如鱼木属和山柑属。落叶山柑的果实可以腌渍，也可以用来治疗心脏病人。刺山柑的花芽干后被称为“capers”，可以用来当调味品。

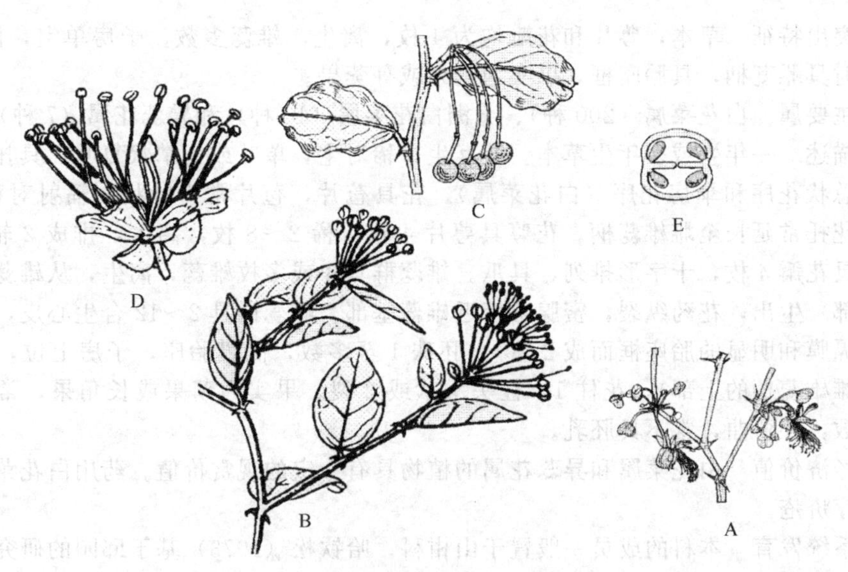

图 13.62　山柑科

A：落叶山柑小枝，具花不具叶。篱笆山柑 B：部分花枝；C：小部分的果枝；

D：花具多数雄蕊；E：子房横切，具内侵的胎座

(6) 系统发育　广义的山柑科的异质性早就得到了认可。哈钦松（1973）基于在邱园的广泛研究得出这样的结论：该科由两个不同的类群组成，但它们在系统发育上并没有关联。他认为真正的山柑类应该是具不开裂果实的木本植物，不具胎座框，并且与大风子科的关系很近，而白花菜属及其相关植物为草本，具有开裂的果实和胎座框，正如十字花科。他的这种论点得到形态学研究（Judd 等，1994）以及 *rbcL* 序列（Rodman 等，1993）的证实，正如在十字花科中所提到的一样，因此导致 APG 分类系统将山柑科同十字花科合并。虽然在 APGⅡ分类系统中，原有的位置仍然保留，但是仍然指出“在将来，恢复山柑科和白花菜科可能是合适的”。这些位置的变化绝大部分是由于 Hall、Sytsma 和 Iltis（2002）的研究结果，这些作者根据对叶绿体 DNA 序列数据的分析，证明三种独立的类型强烈支持山柑科为单系类群，这种观点也得到形态学证据的支持。根据 Puri（1950）的理论，子房 2 心皮、合生、单室且为侧膜胎座的类群起源于 4 心皮中轴胎座的类群。Thorne 早先（1999）认为山柑科（也包括白花菜属和其相近种类）和十字花科为两个独立的科，后来（2003）将白花菜属和其近缘类群置于白花菜科下，与 APGⅡ分类系统一致。

13.8.10　白花菜科

11 属，300 种（图 13.63）

广泛分布在热带、亚热带和暖温带地区。

(1) 分类地位

分类系统 / 分类群	B & H	克朗奎斯特	塔赫他间	Dahlgren	Thorne	APGⅡ /(APweb)
门		木兰门	木兰门			
纲	双子叶植物纲	木兰纲	木兰纲	木兰纲	被子植物纲	
亚纲	离瓣花亚纲	五桠果亚纲	五桠果亚纲	木兰亚纲	蔷薇亚纲	
系+/超目	离瓣花系+		堇菜超目	堇菜超目	芸苔超目	真蔷薇类Ⅱ①
目	侧膜胎座目	山柑目	山柑目	山柑目	芸苔目	芸苔目

注：B & H 置于山柑科 Capparidaceae。克朗奎斯特、Dahlgren 和 Thorne 置于山柑科 capparaceae。APGⅡ和 APweb 置于十字花科。

(2) 突出特征　草本，萼片和花瓣均为 4 枚，离生，雄蕊多数，子房单室，侧膜胎座，上位，有时具雌蕊柄，具胎座框，果实为蒴果或蓇葖果。

(3) 主要属　白花菜属（200 种）、美洲白花菜属（10 种）和异蕊花属（7 种）。

(4) 描述　一年生或多年生草本。叶互生，稀对生，单叶或为掌状复叶，具托叶，花序为典型的总状花序和伞房花序（白花菜属）。花具苞片，苞片常为叶状，辐射对称，两性，下位花，花托常延长至雌雄蕊柄。花萼具萼片 4 枚，稀 2～8 枚，离生，排成 2 轮，有时 1 轮。花冠具花瓣 4 枚，十字形排列，具爪。雄蕊群具 4 或多枚雄蕊，离生，从雄蕊柄（雌雄蕊柄的下部）生出，花药纵裂，蜜腺常接近雄蕊基部。雌蕊群具 2～12 合生心皮，单室（由于具有假隔膜和明显的胎座框而成 2 室），胚珠 1 至多数，侧膜胎座，子房上位，常位于雌蕊柄上（雌雄蕊柄的上部），花柱 1，柱头头状或 2 裂。果实为蒴果或长角果，常具柄；种子 1 至多数，胚弯曲，常不具胚乳。

(5) 经济价值　白花菜属和异蕊花属的植物具有一定的观赏价值。药用白花菜的熬汁可以用来治疗疥疮。

(6) 系统发育　本科的成员一般置于山柑科。哈钦松（1973）基于邱园的研究得出白花菜属及其近缘物种与山柑类不同。APGⅡ分类系统将山柑科 Capparidaceae（包括白花菜科）置于十字花科，但是仍然指出“在将来，恢复山柑科和白花菜科可能是合适的”。这些位置的变化主要是由于 Hall、Sytsma 和 Iltis（2002）的研究结果，这些作者根据对叶绿体 DNA

序列数据的分析，说明三种独立的类型强烈支持白花菜科为单系类群，这种观点也得到形态学证据的支持。Thorne 早先（1999）将本科置于山柑科，后来（2003）将白花菜属和其近缘类群置于白花菜科，与 APGⅡ提出的一致。

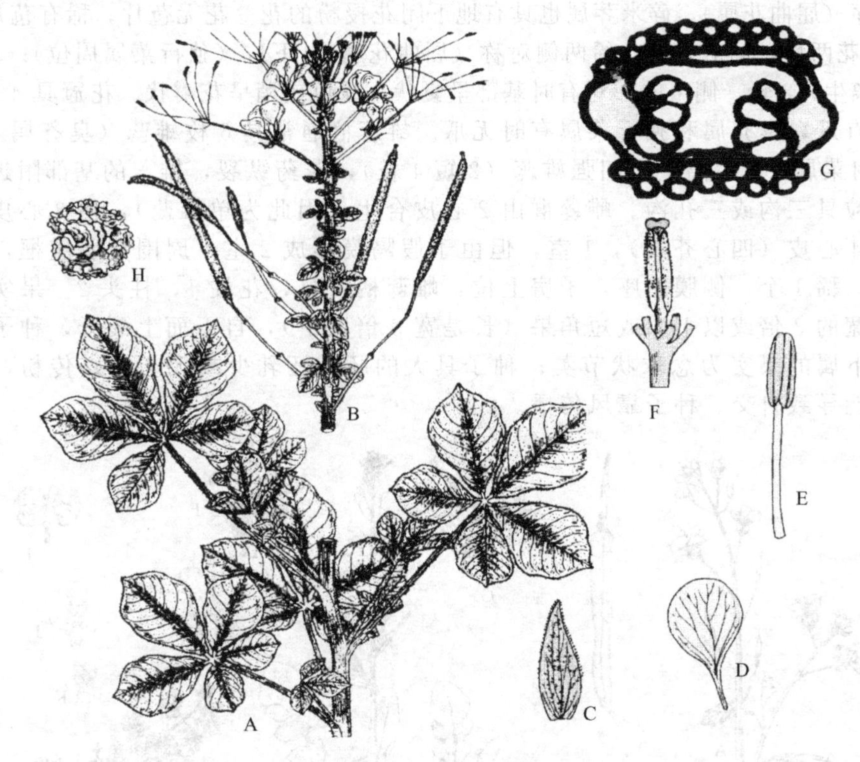

图 13.63 白花菜科

白花菜 A：带有掌状复叶的植株，近地面部分；B：小花含有明显雌雄蕊柄的花序；C：萼片；D：花瓣；E：雄蕊；F：雌蕊具有明显的雌蕊柄；G：子房横切，示侧膜胎座；H：种子

13.8.11 十字花科

340 属，3350 种（图 13.64）

世界分布科，主要分布于北温带，特别是地中海地区。

（1）分类地位

分类系统 / 分类群	B & H	克朗奎斯特	塔赫他间	Dahlgren	Thorne	APGⅡ /(APweb)
门		木兰门	木兰门			
纲	双子叶植物纲	木兰纲	木兰纲	木兰纲	被子植物纲	
亚纲	离瓣花亚纲	五桠果亚纲	五桠果亚纲	木兰亚纲	蔷薇亚纲	
系+/超目	离瓣花系+		堇菜超目	堇菜超目	芸苔超目	真双子叶类Ⅱ①
目	侧膜胎座目	白花菜目	白花菜目	白花菜目	十字花科	十字花科

注：B & H 的十字花科采用 Crucifarae，其余的采用 Brassicaceae。APGⅡ和 APweb 的十字花科包含白花菜科。

（2）突出特征　草本，有水状汁液，萼片和花瓣各 4，分离，四强雄蕊，子房具有假隔膜以及一个加厚的胎座框，子房上位，侧膜胎座，果实为长角果或短角果。

（3）主要属　葶苈属（350 种）、糖芥属（180 种）、独行菜属（170 种）、碎米荠属（160 种）、南芥属（160 种）、庭芥属（150 种）、大蒜芥属（90 种）和芸苔属（50 种）。

（4）描述　一年生、二年生或多年生草本（稀亚灌木：木芥属），有水状汁液，含芥末油和能产生黑芥子硫苷酸的细胞。毛各式，有单毛、分支毛、星状毛或盾状毛。叶互生或基生叶莲座状，单叶，常分裂，稀为羽状复叶（豆瓣菜），有时具球芽，生于叶腋（球根石芥花）或叶表面（草原碎米荠），无托叶。花序为典型的总状花序、伞房状的总状花序或平顶的伞房花序（屈曲花属），碎米荠属也具有地下闭花授粉的花。花无苞片，稀有苞片（山地豆瓣菜），**花**两性，辐射对称或稀两侧对称（屈曲花属），下位（独行菜属周位）。花萼具4枚萼片，离生，2轮，侧生的一对有时基部呈囊状，绿色或稍呈花瓣状。花冠具4枚花瓣，十字形，有爪，臭芥属和独行菜属有时无爪。雄蕊群通常具6枚雄蕊（臭芥属2，碎米荠4，高河菜属16），离生，四强雄蕊（2短4长），花药纵裂，雄蕊的基部附近常具蜜腺，花粉粒具三沟或三孔沟。雌蕊群由2心皮合生（因此为单雌蕊），稀3心皮（独行菜属）或4心皮（四心芥属），1室，但由于假隔膜形成2室，周围具胎座框，每室有胚珠多数，稀1个，侧膜胎座，子房上位，雌蕊柄明显，花柱1，柱头2。果实为长角果（长是宽的3倍或以上）或短角果（长是宽3倍以下），自下而上裂开，种子紧贴假隔膜，萝卜属的果实为念珠状节荚；种子具大的胚，胚乳少或无。虫媒传粉，异株授粉失败可能导致自交。种子靠风传播。

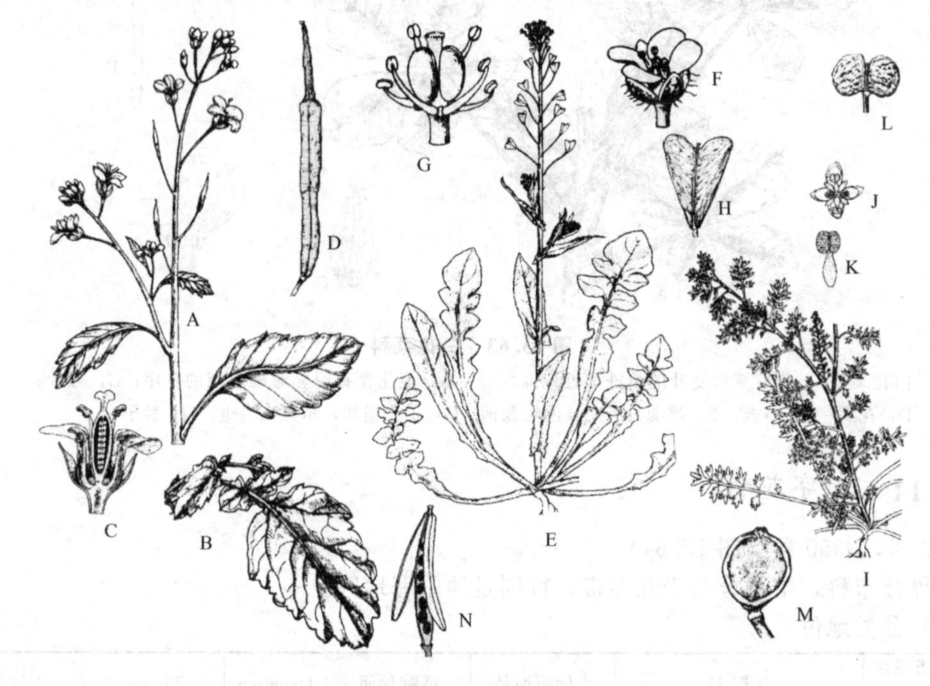

图 13.64 十字花科

芸苔（油菜） A：植物上部的花枝；B：下部叶；C：花纵切；D：荠的长角果顶端具长喙。荠菜，E：具花序的植株；F：花；G：除掉萼片和花瓣的花；H：顶部具缺刻的短角果，扁平的果实与隔膜呈直角，胎座框表现为腹缝。臭芥 I：植株，具羽状裂叶和腋生总状花序；J：花上面观，示小花瓣和2枚雄蕊；K：雄蕊；L：短角果深2裂，具明显的胎座框；M：香雪球的短角果，扁平面与假隔膜平行，果实具环状胎座框；N：黑芥开裂的长角果，示果瓣分开，种子缚于假隔膜

（5）经济价值 本科的很多植物可以食用，例如萝卜、卷心菜、花椰菜、抱子甘蓝、大头菜和芜菁。芸苔的种子可以榨出烹调油，黑芥子油（黑芥）用作调味剂。以前用作蓝色颜料的靛蓝是从欧洲菘蓝中提取的。常见的观赏植物有紫罗兰、屈曲花、庭芥、糖芥和香雪球属。

（6）系统发育 本科被认为是单元发生的，这种观点已经得到形态学（具有雌蕊柄和突出的雄蕊）、β-硫代葡萄糖苷类、内质网膨大储囊以及 *rbcL* 序列证据的支持。芸苔目（其他

人采用山柑目）长期以来被当作一个容易确定的类群，形态学、内质网膨大储囊的证据支持十字花科和山柑科关系相当亲密的观点，但是因山柑科雄蕊数枚，雌蕊柄很长，现在已经作为独立的类群看待。

Judd 等（1994）和 Rodman 等（1993）分别进行了形态学和 *rbcL* 序列的研究，结果支持传统的山柑科之外，山柑亚科和白花菜亚科并未形成一个单系类群，与之前哈钦松（1973）得到的结果相同。根据这些学者的观点，山柑亚科是十字花科的一个基部并系类群。鉴于白花菜亚科和芸苔亚科（传统的十字花科）具有草本植物特征的同源性状，即果实中具有胎座框和 *rbcL* 序列的特征，而被归为一个单系类群。山柑科和十字花科的合并避免形成人为划界的并系类群，这样就形成一个广义的单系类群。APGⅡ和 APweb 的分类系统中已经将二者合并。APweb 将广义的十字花科划分 3 个亚科：山柑亚科、白花菜亚科和芸苔亚科。与此相关，需提到的是 Thorne（1999），他一直关注最新进展并更新其分类系统，并且曾倾向于保留十字花科、山柑科作为独立的科，而在最近的修订中，也将白花菜亚科独立出来，这样 3 个亚科成为 3 个独立的科。根据 Soltis 等（2000）和 Hall 等（2002）最近的研究结果，十字花科（芸苔亚科）和白花菜科（白花菜亚科）在草本特性、*rbcL* 序列以及具有胎座框等同源性状方面更为相近，构成一个单系类群。

有趣的是，尽管哈钦松已经指明了山柑科内的异质性，并且推论白花菜属及其近源类群与十字花科亲缘关系更近，但还是将山柑科和十字花科归为不同的两个目：山柑目（其演化图中用 Capparidales）和芸苔目，甚至进一步将其归入不同的木本支和草本支，这是由于他混淆于木本和草本间习性差异的缘故。

13.8.12 芸香科

162 属，1650 种（图 13.65）

分布于暖温带和热带地区，在澳大利亚和南非物种多样性最为丰富。

（1）分类地位

分类系统 / 分类群	B & H	克朗奎斯特	塔赫他间	Dahlgren	Thorne	APGⅡ/（APweb）
门		木兰门	木兰门			
纲	双子叶植物纲	木兰纲	木兰纲	木兰纲	被子植物纲	
亚纲	离瓣花亚纲	蔷薇亚纲	蔷薇亚纲	木兰亚纲	蔷薇亚纲	
系＋/超目	花盘系＋		芸香超目	芸香超目	芸香超目	真双子叶类Ⅱ①
目	牻牛儿苗目	无患子目	芸香目	芸香目	芸香目	无患子目

（2）突出特征　乔木或灌木，常为复叶，有腺点，雄蕊离生或多体雄蕊，有时具外轮对瓣雄蕊，子房上位，生于蜜腺盘上，果实为浆果。

（3）主要属　花椒属（200 种）、布枯属（180 种）、柑橘属（65 种）、芸香属（60 种）和九里香属（12 种）。

（4）描述　灌木或乔木，有时具棘或刺，稀草本（臭节草属），常有香味，含生物碱和石炭酸化合物。叶互生，稀对生（吴茱萸属），常为羽状复叶，有时由于下部两个小叶的退化成为单叶（柑橘属），少见单叶（吴茱萸属），具腺点，无托叶。花序为聚伞花序或单花（三囊属），稀总状花序（酒饼簕属）。花无苞片，两性或稀单性（花椒属），辐射对称或稀两侧对称（白鲜属），下位花。花萼具 4～5 枚萼片，稀 3（鲁纳斯属），离生或多少合生，有腺点。花冠具 4～5 枚花瓣，稀 3（三囊属），离生，稀合生（澳吊钟属），镊合状或覆瓦状，有时缺花冠。雄蕊群有 8～10 枚雄蕊，稀为 5（茵芋属）或多数（柑橘属），离生（九里香属）或多体雄蕊（柑橘属），稀单体雄蕊（酒饼簕属），有时外轮雄蕊对瓣，花药 2 室，纵裂，花粉粒 3～6 沟。雌蕊群具 2～5 合生心皮，稀单心皮（柚木芸香属），有时子房离生

（花椒属）而花柱合生，多室（室与心皮同数），每室1至多数胚珠，中轴胎座，稀侧膜胎座（象橘属），子房上位，具裂，花柱1，柱头小。果实为浆果（九里香属）、核果（西黄檗属）或柑果（柑橘属）、翅果（榆橘属）、蒴果（芸香属）或蓇葖果（花椒属）；种子1至多数，胚弯曲或直生，胚乳无或有。昆虫传粉，主要是蜂类和蝇类。种子依靠动物扩散，很少靠鸟类或风（榆橘属）。

（5）经济价值　本科的经济价值在于其柑果，如柠檬、来檬、甜橙、柑橘和葡萄柚。木橘、金橘属、香肉果属等作为果树种植。九里香栽培作为观赏植物。麻纹叶栽培用其革质叶。月桂菌芋的叶子燃烧可以净化空气。芸香属、花椒属、香肉果属可入药。臭节草属用作杀虫剂。

（6）系统发育　尽管本科植物的果实类型变化大，但它们均有表现为透亮腺点的油腔，仍是一个很好界定的单系类群，*rbcL* 和 *atpB* 序列的研究支持这一观点。根据心皮数目、愈合程度和果实类型划分亚科。然而 Dahlgren（1999）和塔赫他间（1997）倾向于把无患子目从芸香目中分出来，而其余学者如克朗奎斯特（1988）、Thorne（1999，2003）和 APGⅡ则将二者合并。克朗奎斯特和 APGⅡ采用无患子目 Sapindales 这个名称，而 Thorne 按照优先律采用芸香目 Rutals 这个名称，并且把无患子科和芸香科放在不同的亚目。哈钦松（1973）早期也将两个目分开，并把楝科分离出来置于楝目中，放在两个目之间。人们早就认识到楝科、芸香科和无患子科之间的近缘性。Thorne 把它们看作是三个亚目。

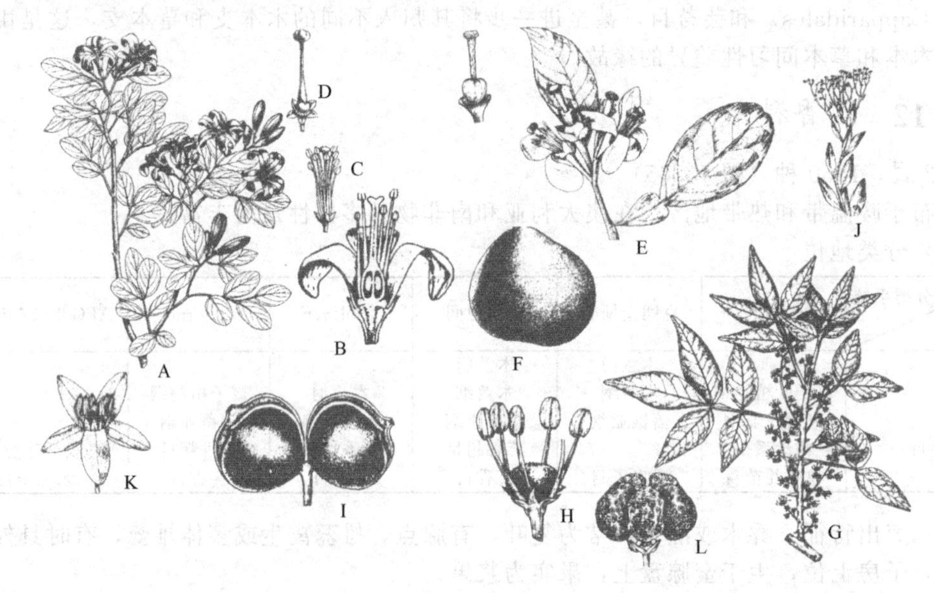

图 13.65　芸香科

九里香　A：具羽状复叶和花的枝；B：花纵切；C：去掉花瓣的花，示10枚雄蕊排列成两轮；D：雌蕊基部具蜜腺。葡萄柚　E：花枝，示具翼状叶柄的单叶和具多体雄蕊的花；F：果实。竹叶花椒　G：具羽状复叶、刺、花序的枝；H：具6枚雄蕊和不育子房的雄花，萼片小，无花瓣；I：每个分果2裂。尖叶芸香草　J：花枝；K：花，示大花瓣，花丝扁平的雄蕊；L：具腺体和5深裂的蒴果

13.8.13　楝科

52属，600种（图13.66）

主要分布在热带和亚热带地区。

（1）分类地位

分类群 \ 分类系统	B & H	克朗奎斯特	塔赫他间	Dahlgren	Thorne	APGⅡ/(APweb)
门		木兰门	木兰门			
纲	双子叶植物纲	木兰纲	木兰纲	木兰纲	被子植物纲	
亚纲	离瓣花亚纲	蔷薇亚纲	蔷薇亚纲	木兰亚纲	蔷薇亚纲	
系+超目	花盘系+		芸香超目	芸香超目	芸香超目	真双子叶类Ⅱ[①]
目	牻牛儿苗目	无患子目	芸香目	芸香目	芸香目	无患子目

(2) 突出特征　乔木或灌木，含苦味的三萜系化合物；叶互生，羽状复叶；花单性，萼片4～5，花瓣4～5，花丝常愈合，中轴胎座，柱头头状，种子干燥且具翅。

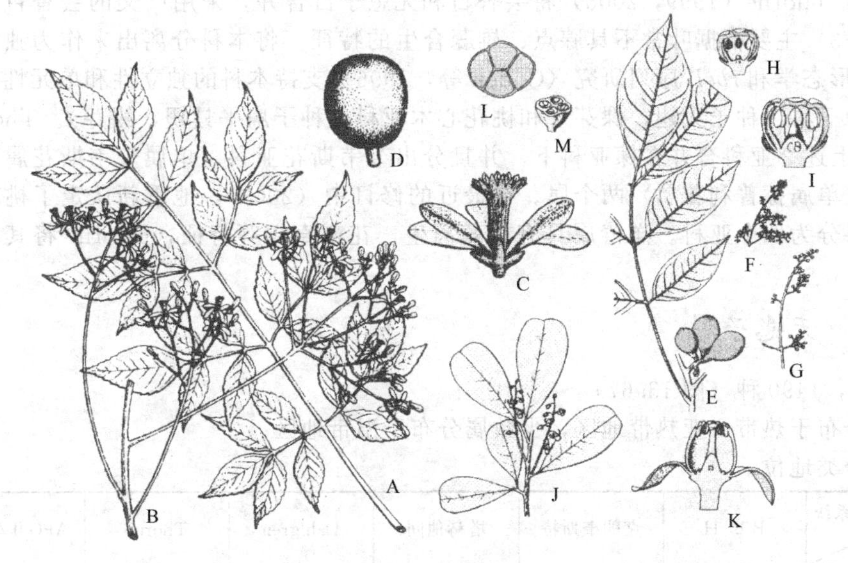

图 13.66　楝科

楝树　A：二回羽状复叶；B：花序；C：花，示长的雄蕊管；D：核果。梨形果米兰　E：具羽状复叶的果枝；F：部分雄花序；G：雌花序；H：雄花纵切；I：雌花纵切。乔治樫木　J：花枝；K：雄花纵切；L：花粉粒四分体；M：子房横切

(3) 主要属　米仔兰属（95种）、鹧鸪花属（60种）、杜楝属（60种）、樫木属（58种）、驼峰楝属（32种）、香椿属（15种）、楝属（15种）、洋椿属（6种）和印度楝树属（2种）。

(4) 描述　灌木或乔木，稀草本（印度吐根属），产生苦味的三萜系化合物，常具散生的分泌细胞，木材有时黄色（缎木属）或红色（洋椿属），节部5腔隙，导管端壁单纹孔。叶互生，一回（蒜楝属）或二回羽状复叶（楝属），有时三出复叶（山道楝属）或单叶（杜楝属），羽状网脉，无托叶。花序为腋生或顶生的圆锥花序，通常聚伞状。花无苞片，两性或稀单性（崖摩属），辐射对称，3基数或5基数，轮生。花萼具3（崖摩属）、4（樫木属）或5（楝属和洋椿属）枚萼片，离生或合生（崖摩属、楝属），镊合状或覆瓦状排列，绿色。花冠，含3～5枚花瓣，通常与萼片同数，离生，稀合生（地黄连属），覆瓦状或镊合状排列。雄蕊群具3（崖摩属的一些种）、4～6（洋椿属）、5（米仔兰属）或达12（楝属）枚雄蕊，离生（割舌树属）或单体雄蕊（楝属），通常着生于具蜜腺的花盘上；花药2室，背着或丁字着药，内向，纵裂；花粉粒具2～5孔沟，有时呈四分体（乔治樫木）。雌蕊群具2～6合生心皮，子房上位，2～5室，每室1～2胚珠（桃花心木属更多），胚珠直生或倒生（樫木属），中轴胎座，花柱1，柱头头状。果实为核果（楝）、浆果（割舌树属）、蒴果（崖摩属）；种子具翅或假种皮（楝亚科），胚珠弯曲或直生，胚乳有或无。

(5) 经济价值　本科中很多植物是高价的真正桃花心木：西印度群岛的桃花心木，非洲的非洲楝属、卡雅楝属和虎斑楝属，澳大利亚的烟洋椿和香椿属。这些木材以其上好的颜色、质地和纹理享有盛誉。在乌干达，鹧鸪花的种子可提取油供制造肥皂。从产于马来半岛的溪桫中提取的油可用来照明。在东方，米仔兰的花用来制花茶。楝属、米仔兰属、溪桫属和杜楝属的种类可种植用作观赏。近些年，印度楝树显示出其重要的价值，被用作生物杀虫剂以及作为多种药物和牙膏的成分。长期以来，该树用作绿荫树，其嫩枝用来刷牙。

(6) 系统发育　本科与芸香科接近，通常归入广义的牻牛儿苗目（Bentham 和 Hooker，Bessey），或无患子目（克朗奎斯特，APG Ⅱ，APweb），或狭义的芸香目（塔赫他间，Dahlgren）。Thorne（1999，2003）将芸香目和无患子目合并，采用广义的芸香目。哈钦松（1926，1973）主要根据叶常不具腺点、雄蕊合生的特征，将本科分离出来作为独立的楝目 Meliales。形态学和 *rbcL* 序列研究（Gadek 等，1996）支持本科的独立性和单元性。本科一般可分为楝亚科（种子无翅，裸芽）和桃花心木亚科（种子扁平具翅，鳞芽）。Thorne 早年（1999）将上述 2 亚科合并在楝亚科下，并且分出奎韦斯花亚科（单属奎韦斯花属）和擦普利花亚科（单属擦普利花属）两个属。在最近的修订中（2003），他重新认定了桃花心木亚科，将本科分为四个亚科。洋椿属具有雄蕊离生、花瓣直立等特征，Thorne 将其放在桃花心木亚科。

13.8.14 无患子科

145 属，1490 种（图 13.67）

主要分布于热带、亚热带地区，少数属分布于温带地区。

(1) 分类地位

分类群＼分类系统	B & H	克朗奎斯特	塔赫他间	Dahlgren	Thorne	APG Ⅱ/(APweb)
门		木兰门	木兰门			
纲	双子叶植物纲	木兰纲	木兰纲	木兰纲	被子植物纲	
亚纲	离瓣花亚纲	蔷薇亚纲	蔷薇亚纲	木兰亚纲	蔷薇亚纲	
系＋/超目	花盘系＋		芸香超目	芸香超目	芸香超目	真双子叶类Ⅱ[①]
目	无患子目	无患子目	无患子目	无患子目	芸香目	无患子目

(2) 突出特征　通常为乔木或灌木，叶互生，羽状或掌状复叶，叶柄基部明显膨大，圆锥花序，花常沿轴聚生，花小，内侧明显被毛，蜜腺盘生于花瓣和雄蕊之间，果实每室有1～2粒种子，常深裂，种子具假种皮。

(3) 主要属　塞战藤属（200 种）、保力藤属（140 种）、槭属（100 种）、异木患属（95 种）、车桑子属（60 种）、无患子属（18 种）、七叶树属（13 种）、倒地铃属（12 种）、栾树属（10 种）和荔枝属（2 种）。

(4) 描述　灌木或乔木，具卷须的草质或木质藤本（塞战藤属），稀草本（倒地铃属），常含单宁酸，分泌细胞中常含三萜类化合物皂角苷。叶互生，稀对生（*Velenzuelia*、槭属），一回或二回羽状复叶、有时掌状复叶（七叶树属）、三出复叶（三叶树属）或单叶（荔枝属），小叶全缘或有锯齿，羽状网脉，叶柄基部明显膨大，无托叶，稀有托叶（*Urvillea*、塞战藤属）。花序常为聚伞花序，聚集成圆锥花序，常沿轴密集。花单性（雌雄同株、异株或杂性），辐射对称或两侧对称（倒地铃属）。花萼常具 4 或 5 枚萼片，分离或结合。**花冠**具 4 或 5 枚花瓣，常与萼片同数，有时缺（车桑子属），离生，常具爪，基部内侧具附属物，覆瓦状。雄蕊群常具 4（*Glenniea*）至 10 枚雄蕊，稀多数（*Deinbollia*），常生于花瓣和雄蕊间的蜜腺盘上；花丝离生，被毛；花药 2 室，纵裂；花粉粒三孔沟，沟常融合。雌蕊群含 2～3 合生心皮，稀达到 6，子房上位，中轴胎座，每室 1～2 胚珠；胚珠直生或倒生，无珠柄，胚珠连接于珠孔塞（由胎盘向外延伸），花柱 1，柱头常具裂。果实为核果、浆果、蒴果（3 翅——*Bridgesia*）、翅果（槭属）或离果；种子常具假种皮，胚弯曲，无胚乳。鸟媒或虫媒传粉，车桑子属和槭属的一些种为风媒传粉。果实依靠假种皮吸引鸟来传播，但是膨大的果和具翅的果一般靠风传播。

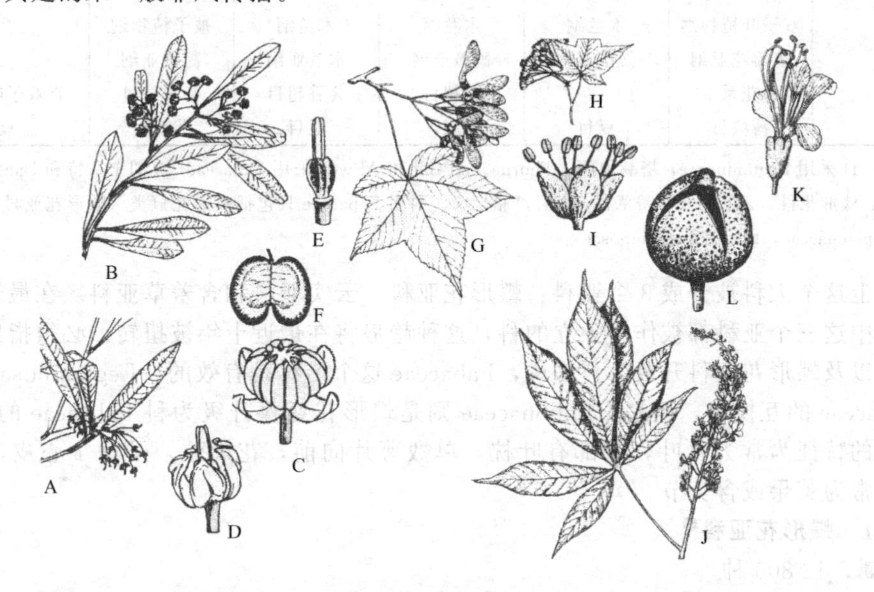

图 13.67　无患子科

车桑子　A：雌株花枝；B：雄株花枝；C：雄花具 5 枚萼片、8 枚雄蕊，无花瓣；D：具萼片和雌蕊的雌花；E：雌蕊；F：果实具 2 翅。深灰槭　G：部分果枝；H：部分花枝；I：花。印度七叶树　J：具掌状复叶的部分花枝；K：花具长爪的花瓣和突出雄蕊；L：蒴果 3 瓣裂

(5) 经济价值　本科的经济价值主要在其果实：荔枝、红毛丹和摇石木属等。原产西非的阿开木果实的假种皮可以炒食，味道像炒鸡蛋，但是未成熟时食用有毒。无患子属不同植物的果实因含有皂角苷常被用作天然的肥皂。瓜拉那是巴西一种非常流行饮料 guarana 的原料。*Schleichera trijuga* 是马卡油的原料，用作油膏，使头发发亮。七叶树属的植物有各种药效，北美印第安人利用提取物麻醉鱼。本科中很多植物可以作为观赏植物如栾树属、倒地铃属、文冠果属、槭属和七叶树属。槭树的观赏价值在于其美丽的叶片和秋天独特的颜色。糖枫和其他一些种都能产生枫糖。

(6) 系统发育　无患子科有时采用狭义概念，不包括七叶树科和槭树科（哈钦松、塔赫他间、克朗奎斯特和 Dahlgren)，但这样的划分造成无患子科为并系类群（Judd 等，1994)。广义的无患子科则包括七叶树科和槭树科（Thorne、Judd 等、APGⅡ和 APweb)。形态学和 *rbcL* 序列的研究支持本科为单系类群。文冠果属的花 5 数，多轴对称，具复杂金色的蜜腺盘，着生 8 枚雄蕊，该属与无患子科的其他属为姐妹关系，属于七叶树科，和槭树科那些属为单系的姐妹类群（Savolainen 等，2000)。在化学成分上，无患子科与豆科相近，两者都为复叶，但是很可能没有直接的关系。Thorne（1999，2003）将无患子科划分为 5 个亚科：车桑子亚科（车桑子属）、栾树亚科、无患子亚科、七叶树亚科（七叶树属、*Billia*）和槭树亚科（槭属、金钱槭属)。

13.8.15　豆科

630 属，18 000 种（为菊科和兰科之后的第三大科）（图 13.68）

世界分布，但主要分布在暖温带地区。

(1) 分类地位

分类系统 / 分类群	B & H	克朗奎斯特	塔赫他间	Dahlgren	Thorne	APG Ⅱ/(APweb)
门		木兰门	木兰门			
纲	双子叶植物纲	木兰纲	木兰纲	木兰纲	被子植物纲	
亚纲	离瓣花亚纲	蔷薇亚纲	蔷薇亚纲	木兰亚纲	蔷薇亚纲	
系+/超目	萼花系+		豆超目	芸香超目	芸香超目	真双子叶类Ⅰ[①]
目	蔷薇目	豆目	豆目	豆目	芸香目	豆目

注：B & H 采用 Leguminosae，塔赫他间、Thorne、APG Ⅱ和 APweb 采用 Fabaceae。克朗奎斯特和 Dahlgren 采用 3 个独立的科：蝶形花科、云实科和含羞草科，并且严格定义了科名 Fabaceae 只包括蝶形花冠类（蝶形花亚科）成员，其互换名为 Papilionaceae，而不是 Leguminosae

传统上这个大科被分成 3 个亚科：蝶形花亚科、云实亚科和含羞草亚科。在最近的几个分类系统中这三个亚科都被作为独立的科，这种趋势将在最近十年被扭转。必须指出，对于广义豆科以及蝶形花亚科升级为科来说，Fabaceae 这个名称是有效的。Leguminosae 是广义豆科 Fabaceae 的互换名，但是 Papilionaceae 则是蝶形花亚科升级为科 Fabaceae 的互换名。本科共同的特征为常为复叶，基部有叶枕，单数萼片向前，花周位，子房 1 心皮，边缘胎座，果通常为荚果或含荚节。

13.8.15.1　蝶形花亚科[❶]

440 属，12 800 种

世界分布，但主要分布于暖温带。

(1) 突出特征　乔木、灌木或草本，叶通常为羽状复叶，基部常具叶枕，花两侧对称，蝶形花冠，萼片合生，单数萼片向前，雄蕊 10，常为二体雄蕊 [1+(9)]，心皮 1，子房上位，荚果。

(2) 主要属　黄耆属（2000 种）、木蓝属（700 种）、野百合属（600 种）、山蚂蝗属（400 种）、灰叶属（400 种）、车轴草属（300 种）、黄檀属（200 种）、香豌豆属（150 种）、百脉根属（100 种）和崖豆藤属（100 种）。

(3) 描述　乔木（黄檀属、刺桐属）、灌木（灰叶属、骆驼刺属、木蓝属）或草本（苜蓿属，草木樨属），有时为木质藤本（紫藤属），通常具根瘤。叶互生，羽状复叶（豌豆属、野豌豆属）或掌状复叶（车轴草属），有时单叶（链荚豆属、骆驼刺属），整叶（叶轴香豌豆）或上部小叶（野豌豆属、豌豆属）有时特化为卷须，叶基部（有时也在小叶基部）有叶枕，有托叶。花序为总状、头状（车轴草属）或穗状（芒柄花属），有时密集成簇（百脉根属、锦鸡儿属）。花具苞片（常早落），两性，两侧对称，周位花。花萼具 5 枚萼片，多少合生，常钟状，单数萼片向前。花冠具 5 枚花瓣，离生，花冠蝶形，包含一个在后面的旗瓣、两个侧面的翼瓣和两个前面的花瓣在边缘愈合形成的龙骨瓣（紧包住雄蕊和雌蕊），并且后面的花瓣在最外面。雄蕊群含雄蕊 10 枚，二体雄蕊（后面的 1 枚花丝分离，其余 9 枚花丝愈合成管状，开口向后），有时为 5+5 如坡油甘属，稀为单体雄蕊（芒柄花属），或离生（槐属，黄华属），花药 2 室，纵裂。雌蕊仅 1 心皮，单室，胚珠多数，边缘胎座，子房上位，花柱 1，弯曲。果实为荚果，稀有荚节（山蚂蝗属），有时不开裂（草木樨属），稀螺旋卷曲（苜蓿属）；种子 1 至多数，种皮坚硬，胚乳少或无，营养储存在子叶中。靠昆虫传粉，主要是蜜蜂。通常靠风传播果实，但常借助动物体表（苜蓿属）或借哺乳动物（酸豆属）

---

❶ B & H 采用 Papilionoideae。塔赫他间、Thorne、APG Ⅱ和 APweb 采用 Faboideae；克朗奎斯特、Dahlgren 采用蝶形花科 Fabaceae (Papilionaceae)。

传播。

（4）经济价值　本亚科有较高的经济价值，仅次于禾本科，包括许多豆类作物如菜豆、绿豆、黑豆、扁豆、鹰嘴豆、豌豆和木豆。大豆和花生产油并且为高蛋白食物。靛蓝染料是从木蓝中提取的。相思子的种子可以作项链和念珠，但是有剧毒，摄入可以致死。可用作饲料的重要植物包括紫苜蓿和车轴草。常见的观赏植物有羽扇豆、香豌豆、紫藤、毒豆、刺桐、洋槐和金雀儿。

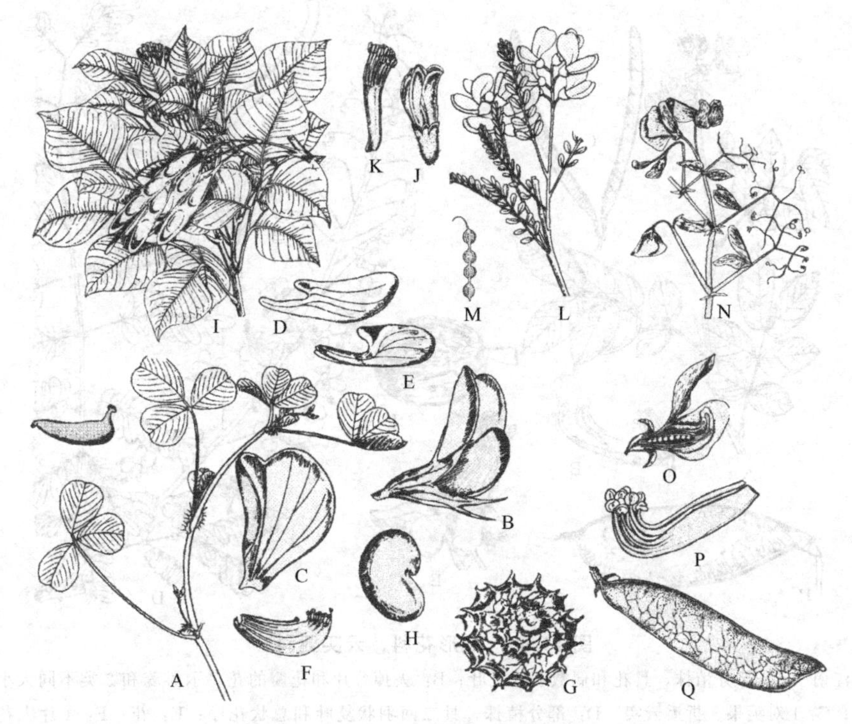

图 13.68　蝶形花科，蝶形花亚科

南苜蓿　A：部分植株，具三出复叶，托叶有锯齿，少数花生于叶腋的长花序梗上；B：花；C：旗瓣；D：翼瓣；E：龙骨瓣；F：二体雄蕊（1 枚分离，9 枚合生）；G：果实表面具突起；H：种子。印度黄檀　I：花枝及果枝；J：花；K：雄蕊群含 9 枚的单体雄蕊。翅果槐　L：花枝；M：念珠状荚果。香豌豆　N：花枝，上部小叶特化为卷须；O：花纵切；P：二体雄蕊；Q：荚果

13.8.15.2　云实亚科❶

150 属，2700 种（图 13.69）

主要分布于热带和亚热带，少数种分布于温带地区。

（1）突出特征　乔木、灌木或草本，叶通常为羽状复叶，基部具叶枕，花两侧对称，非蝶形花冠，后面的花瓣在最内侧，萼片离生，单数萼片向前，雄蕊 10，常离生，两轮，子房上位，1 心皮，荚果。

（2）主要属　假决明属（260 种）、羊蹄甲属（250 种）、山扁豆草属（250 种）、云实属（120 种）和决明属（30 种）。

（3）描述　乔木（凤凰木属）、灌木（望江南）或草本（钝叶决明），稀木质攀援植物（老虎刺属，羊蹄甲属）。叶互生，羽状或掌状复叶，有时单叶（羊蹄甲属），叶基部（有时也在小叶基部）具叶枕，具托叶。花序总状排列，成总状或穗状花序（巴西苏木属）。花具苞片（常早落），两性，两侧对称，周位花。花萼具萼片 5，稀 4（缨珞木属），离生或稀合

❶ B & H、塔赫他间、Thorne、APGⅡ和 APweb 采用云实亚科；克朗奎斯特和 Dahlgren 采用云实科。

生（羊蹄甲属），单数萼片向前。花冠具5枚花瓣，稀3（缨珞木属）、1（缅茄属）或甚至无花瓣（酸豆属），离生，非蝶形花冠，后部的花瓣生于最内侧。**雄蕊群**有雄蕊10枚，有时少（酸豆属3枚），稀多，离生，有时不等大（决明属），花药2室，纵裂或顶孔开裂。雌蕊仅1心皮，单室，胚珠多数，边缘胎座，子房上位，花柱1，弯曲。果实为荚果，稀具荚节；种子1至多数，种皮坚硬，胚乳少或无，营养储于子叶内。

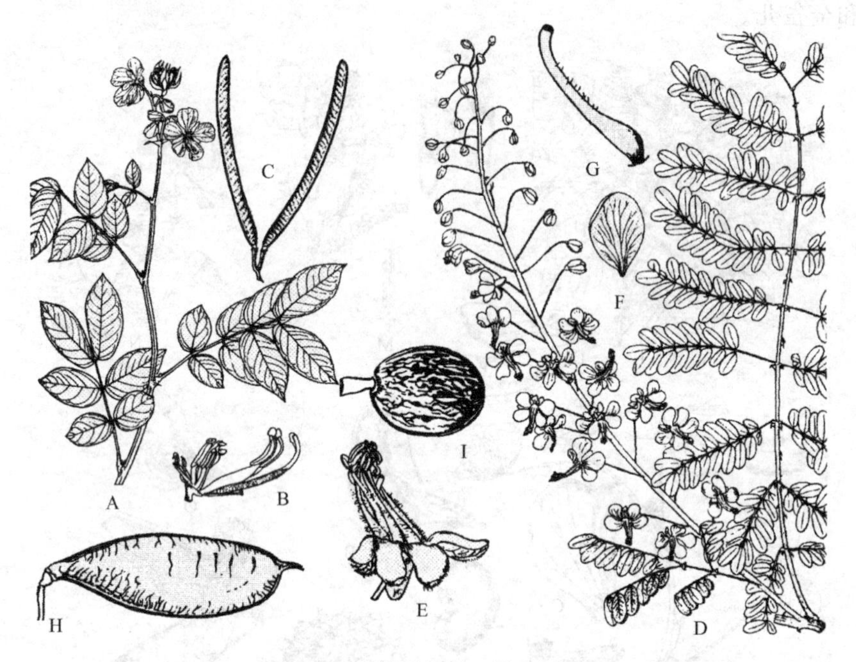

图 13.69　蝶形花科，云实亚科

望江南　A：部分植株，具花和偶数羽状复叶；B：去掉萼片和花瓣的花，示雌蕊和3类不同大小的雄蕊；C：1对荚果。折瓣云实　D：部分植株，具二回羽状复叶和总状花序；E：花；F：4片大花瓣中的1片；G：雌蕊；H：荚果；I：种子

（4）经济价值　本亚科中包括一些观赏植物，如金凤花、扁轴木属、加拿大紫荆、凤凰木，以及决明属和山扁豆草属中的一些种类。山扁豆草属的很多植物可栽培，其叶可制轻泻剂。洋苏木树的心材可以提制苏木精染料。

13.8.15.3　含羞草亚科[1]

40属，2500种（图13.70）

主要分布在热带和亚热带地区。

（1）突出特征　乔木、灌木或草本，叶通常为羽状复叶，基部具叶枕，花辐射对称，不为蝶形花冠，花瓣镊合状，萼片合生，单数萼片向前，雄蕊4至多数，离生或合生，花丝长，鲜艳，常突出于花被外，子房上位，1心皮，荚果或具荚节。

（2）主要属　金合欢属（1000种）、含羞草属（500种）、盾柱木属（250种）、猴耳环属（170种）、朱樱花属（150种）和合欢属（150种）。

（3）描述　乔木（金合欢属、合欢属）、灌木（朱樱花属）或草本（含羞草），稀藤本（榼藤属），或水生植物（假含羞草属）。叶互生，羽状或掌状复叶，有时为单叶，叶基部（有时在小叶基部）具叶枕，叶柄有时特化为叶状柄（大叶相思），有托叶，有时刺状，并且

[1] B & H、塔赫他间、Thorne、APG Ⅱ和APweb采用含羞草亚科 Mimosoideae；克郎奎斯特和Dahlgren采用含羞草科 Mimosaceae。

内部凹陷可以为蚂蚁提供保护（穗球金合欢），含羞草的叶对刺激敏感，触之即闭合下垂。花序总状排列，成总状花序（海江豆属）或穗状花序（牧豆树属），有时成聚伞状头状花序（含羞草属、金合欢属）。花小，具苞片（常早落），无柄或有短花梗，两性，辐射对称，周位花。花萼具萼片5（含羞草属4），合生，单数萼片向前，常镊合状排列，萼齿小。花冠有花瓣5枚（含羞草属4），离生或合生（金合欢属、合欢属），镊合状。雄蕊群具多4至多数雄蕊（含羞草属4，牧豆树属10，合欢属和金合欢属多数），离生（金合欢属、牧豆树属）或花丝合生（合欢属），花药2室，纵裂，花丝长，花药常突出。雌蕊仅1心皮，单室多胚珠，边缘胎座，子房上位，花柱1，弯曲。果实为荚果或具荚节（含羞草属、金合欢属）；种子1至多数，种皮坚硬，胚乳少或无。

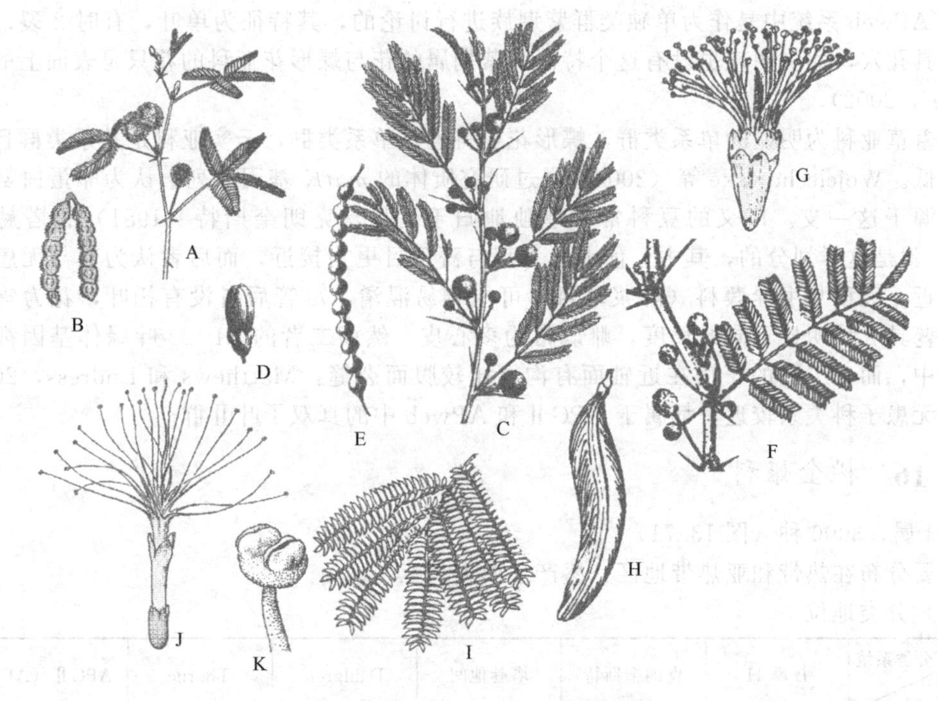

图 13.70　蝶形花科，含羞草亚科

含羞草　A：花枝，具头状花序；B：荚果具荚节，节裂为含1种子的片段。阿拉伯金合欢　C：具长刺和头状花序的枝；D：花芽；E：念珠状荚果。金合欢　F：带刺、叶和头状花序的枝；G：花，示雄蕊多数；H：荚果。合欢　I：部分二回羽状复叶；J：花，示单体雄蕊；K：雄蕊，示花药

(4) 经济价值　该亚科的经济价值不大。敏感植物含羞草由于其奇特性可以栽培用于观赏。金合欢属的很多种（阿拉伯胶树、狭果金合欢）能产生阿拉伯胶。牧豆树的荚果和种子可以作为动物的食物，植物体可以作为薪柴。木荚豆属木材坚硬可用来造船。朱樱花属和代儿茶属的植物可栽培用于观赏，猴耳环属的植物可作绿篱。

(5) 豆科的系统发育　本科通常分为3个亚科。哈钦松早在1926年就指出它们是彼此独立的科蝶形花科、云实科和含羞草科，在1973年最近的一次修订中仍然保留了这种划分方式，把云实科作为最原始的科，含羞草科相对高等，蝶形花科的进化地位最高。这种划分趋势分别在克朗奎斯特（1988）和Dahlgren（1989）最近的分类中被采纳和保留。塔赫他间最初也采用了同样的划分方法，而在他最近的两次修订中（1987，1997）采用了广义的豆科，把这三个科降为亚科。Thorne一直以来都采用将三个亚科置于广义豆科的划分方法，并且得到了APGⅡ的证实。Thorne早些时候（1999）将豆科与其他21个科归入广义的芸香目、豆亚目（包含豆科、海人树科和牛栓藤科）。在最近（2003）的修订中，他将蝶形花

亚科、海人树科、远志科（早期位于五桠果亚纲→牻牛儿苗超目→远志目）和皂皮树科（以前的地位不确定）组成一个独立的豆目，这与APGⅡ和APweb的处理相近。与芸香目之间的亲缘关系已有木质解剖学和胚胎学方面的证据证实（Thorne，1992）。

一般的形态学特征和*rbcL*序列分析的结果（Chappill，1994；Doyle，1994）同样支持广义豆科的单源性。研究同时表明，云实亚科为并系类群，其中与含羞草亚科密切相关的一些属，以及与蝶形花亚科密切相关的另一些属，其亲缘关系较云实亚科内属间关系更近。目前已经证实，铁木豆属和槐属（及其近缘种类）是蝶形花亚科的基部进化支，但是它们的*trnL*内含子上缺乏50kb的倒置，而倒置现象在该亚科的其他类群中已经被发现。Doyle等（2001）和Bruneau等（2001）的研究表明，紫荆属和羊蹄甲属在豆科中的进化地位最低，并且在APweb系统中是作为单独类群紫荆族进行讨论的，其特征为单叶，有时2裂；它们表面不具孔穴，而决明族也没有这个特征。紫荆属的花与蝶形花亚科的花只是表面上的相近（Tucker，2002）。

含羞草亚科为明显的单系类群，蝶形花亚科也是单系类群，云实亚科是并系类群且进化地位最低。Wojciechowske等（2003）通过研究质体的*matK*基因序列，认为非蛋白氨基酸可能起源于这一支。广义的豆科常常单独地归于豆目，克朗奎斯特（1981）和塔赫他间（1997）就是这样划分的，其中，前者认为其与蔷薇目更为接近，而后者认为其与无患子目更为接近。豆科与牛栓藤科（酢浆草目）可能容易混淆，尽管后者没有托叶，花为辐射对称，雄蕊具2种明显不同的长度，雌蕊常为多心皮。然而二者的RP122叶绿体基因都移到细胞核中，而且二者的子房在近轴面有沟（比较腹面裂缝：Matthews和Endress，2002）。豆科与无患子科关系较近，都属于APGⅡ和APweb中的真双子叶Ⅱ群。

13.8.16 桃金娘科

144属，3000种（图13.71）

主要分布在热带和亚热带地区，盛产于澳大利亚。

（1）分类地位

分类系统／分类群	B & H	克朗奎斯特	塔赫他间	Dahlgren	Thorne	APGⅡ/（APweb）
门		木兰门	木兰门			
纲	双子叶植物纲	木兰纲	木兰纲	木兰纲	被子植物纲	
亚纲	离瓣花亚纲	蔷薇亚纲	蔷薇亚纲	木兰亚纲	蔷薇亚纲	
系＋/超目	萼花系＋		桃金娘超目	桃金娘超目	桃金娘超目	蔷薇类①
目	桃金娘目	桃金娘目	桃金娘目	桃金娘目	桃金娘目	桃金娘目

（2）突出特征　灌木或乔木，树皮絮片状，叶具腺点，全缘，叶脉直达叶缘，雄蕊多数，子房下位，常与托杯合生。

（3）主要属　番樱桃属（600种）、桉属（500种）、杨梅属（300种）、蒲桃属（300种）、番石榴属（100种）、白千层属（100种）和红千层属（25种）。

（4）描述　常绿灌木（香桃木属）或高大乔木（桉属），树皮常絮片状，含萜类化合物。叶互生（玉蕊属，红千层属），对生（番樱桃属）或轮生，单叶，全缘，具腺点，常革质，叶脉常直达叶缘，无托叶。花序为聚伞花序（桉属为伞状聚伞花序）或总状花序（玉蕊属），花有时单生（番石榴属），或成穗状花序（红千层属——顶端增生出营养枝，呈现瓶刷状）。花具苞片（番樱桃属）或无苞片（桉属），两性，辐射对称，上位花（有时为周位花）。花萼有4～5个萼片，多少合生成管状，覆瓦状排列，有时合生成一个帽状结构（萼冠或称萼盖），当花开放时脱落。花冠具4（番樱桃属）到5（番石榴属）片花瓣，（稀无花瓣），常早落，花瓣离生，稀与花萼合生形成一个类似萼盖的帽状体（桉属），当花开放时脱落。雄蕊群具多数雄蕊，花丝分离或在基部稍微合生（红千层属），着生于托杯上，花药2室，纵裂或顶孔开裂，花粉粒常具融合的三沟。雌蕊群为2～5心皮合生而成，多室（室数与心皮数相同），具2至多个胚珠，中轴胎座，极少为具内推式胎盘的侧膜胎座（玫瑰木属），子房上位，或者半下位（白千层属），花柱长，柱头呈头状。果实为肉质浆果（番樱桃属）、核果（玉蕊属）或蒴果（桉属），少数情况下为具一粒种子的坚果（*Calycothrix*）；种子1至多数，胚弯生或呈螺旋卷曲，无胚乳。

（5）经济价值　本科是一些重要油类的来源，如可用作调味料和吸习剂的桉油（桉属），用作清洁药剂和治疗牙疼的丁子香油（丁子香），以及香叶多香果油（香叶多香果）。红千层属通常栽培作为观赏植物，因为它具有瓶刷状的花序（由此而得名瓶刷植物）。番石榴是番石榴树的果实，丁子香和众香树包含重要香料。海南蒲桃的果实可食，生长在中国和印度。

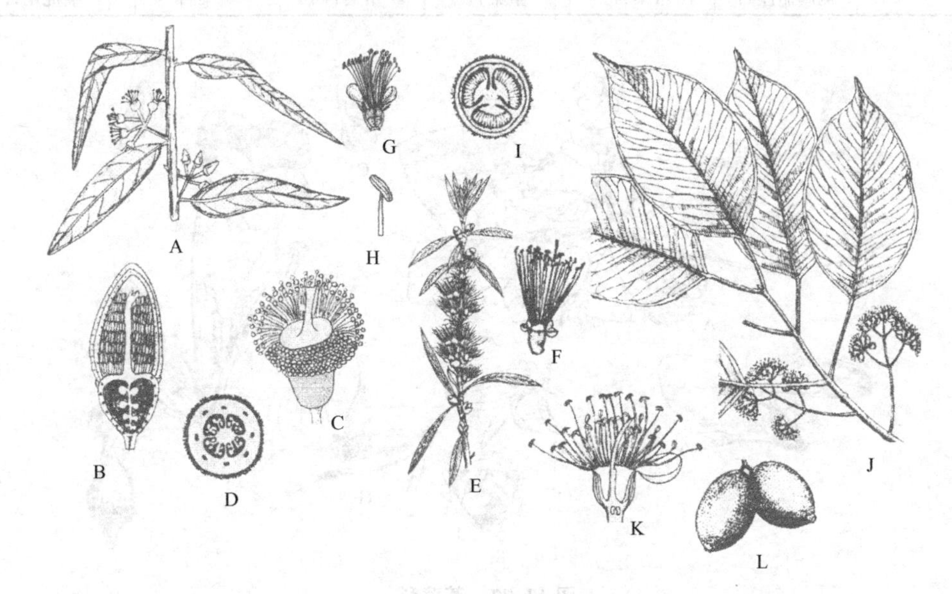

图13.71　桃金娘科

细叶桉　A：具有腋生伞形花序的部分小枝；B：花芽纵切；C：花开放时帽状体（萼盖）脱落；D：子房横切，4室的中轴胎座。披针叶红千层　E：穗状花序具增生的营养枝；F：花具多数长而伸出的雄蕊；G：花的纵切；H：花药背着的雄蕊；I：子房横切，示3室的中轴胎座。海南蒲桃　J：花梗上生有花序的花枝；K：花纵切；L：果实

（6）系统发育　本科在分类学上争议不大，普遍把它置于蔷薇类的桃金娘目（蔷薇类进化支，名称采用rosid、Rasanae或者是Rosidae取决于不同作者）。通过*rbcL*（Conti，1994）、*matK*（Wilson等，1996）和*ndhF*（Sytsma等，1998）序列的分子生物学分析，结合形态学资料，证明该科为单系类群。异裂果属和裸木属具周位花和两轮雄蕊，为基部类群。本科被认为与蔷薇科有密切关系，桃金娘目有可能来源于蔷薇目。传统上把该科分为2个亚科：细籽亚科（叶螺旋状着生至对生；果实干燥，开裂）和桃金娘亚科（多羟基生物碱普遍存在；叶对生，药隔顶端有含萜类化合物的腺体，柱头干燥，果实肉质，不开裂）。后者主要是衍生的。细籽亚科位于基部并且是并系类群（Wilson等，2001；Salywon等，2002），这些都已得到分子生物学和形态学资料的证明，蒲桃属有时被包括在番樱桃属中，代表在番樱桃属以及桃金娘亚科具有肉质果实的一个独立群体。Thorne（2003）将本科和另外2个科置于桃金娘亚目，而将千屈菜科和柳叶菜科置于千屈菜亚目。

13.8.17 堇菜科

23 属，900 种（图 13.72）

广泛分布，主要分布于温带地区。

(1) 分类地位

分类系统 分类群	B & H	克朗奎斯特	塔赫他间	Dahlgren	Thorne	APGⅡ/(APweb)
门		木兰门	木兰门			
纲	双子叶植物纲	木兰纲	木兰纲	木兰纲	被子植物纲	
亚纲	离瓣花亚纲	五桠果亚纲	五桠果亚纲	木兰亚纲	蔷薇亚纲	
系+/超目	离瓣花系+		堇菜超目	堇菜超目	堇菜超目	真蔷薇类Ⅰ①
目	侧膜胎座目	堇菜目	堇菜目	堇菜目	堇菜目	金虎尾目

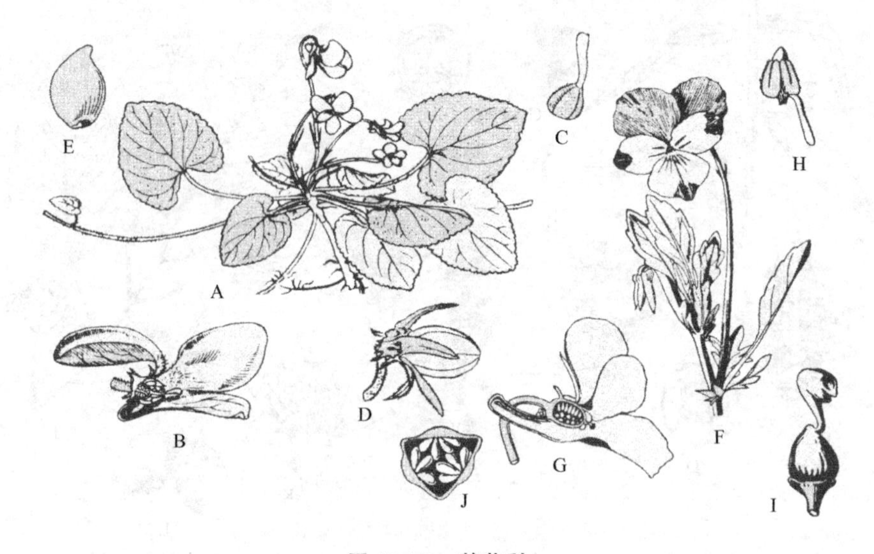

图 13.72 堇菜科

淡灰堇菜 A：具花的植株；B：花纵切；C：雌蕊；D：果实，花萼宿存；E：种子。三色堇，F：具花植株的一部分；G：花纵切，示具距的下花瓣；H：雄蕊，花药具距；I：子房，示花柱和膨大的柱头；J：子房横切，示侧膜胎座

(2) 突出特征 草本，叶缘具锯齿，有托叶，花两侧对称，两性，花瓣 5，前方具距，花药有距状的蜜腺，心皮 3，合生，侧膜胎座，果实为室背开裂的蒴果，当包裹种子的果皮爆炸性裂开时，便把种子挤压出来，并分散开。

(3) 主要属 堇菜属（450 种）、三角车属（280 种）、鼠鞭草属（110 种）、*Anchietia*（8 种）和 *Leonia*（6 种）。

(4) 描述 草本（堇菜属），灌木（三角车属）或者乔木（麦嘎伊三角车），稀为攀援植物（*Anchietia*），通常含有皂苷或者生物碱。叶互生，稀对生（鼠鞭草属），多为基生叶，单叶，有时具裂片，全缘或有锯齿，羽状或掌状脉，叶脉常显著，具托叶，有时呈叶状（堇菜属）。花序常为腋生的单花，有时也为总状或穗状花序。花两性，稀单性，辐射对称（三角车属）或两侧对称（堇菜属），下位花，5 基数，有时闭花受精。花萼具 5 枚萼片，常离生，有时略微合生成一个环围绕子房，覆瓦状排列，宿存。花冠具 5 枚花瓣，离生，覆瓦状或螺旋状排列，花瓣片不等大，下面的一片最大且具距或囊。雄蕊群具 5 枚雄蕊，花丝短，离生或仅在基部略微合生，花药直立，多少靠合，围绕子房成一圈，前面的两枚花药常有距状的蜜腺，药隔常具三角形的附属物，花药纵裂，内向，花粉粒常具三沟。雌蕊群具3枚合生心皮，稀2～5（*Melicystus*），子房上位，1室，侧膜胎座，胚珠多数，倒生，花柱1，柱头常膨大，但花粉接受区小，有时具裂。果实为室背开裂的蒴果；种子具直的胚，有胚乳和假种皮。授粉作用通过距中的花蜜吸引昆虫进行。当包围在外的果皮爆裂开时种子被挤压传播出去，蚂蚁因油质的假种皮吸引也可传播种子。

（5）经济价值　本科主要作为观赏花卉，如三色堇（堇菜属）和绿堇（鼠鞭草属）。香堇菜在法国普遍种植，其花是制造香水、香料和化妆品的香精油来源，同时也作为糖品添加剂。吐根鼠鞭草已被用来替代真正的吐根作为催吐剂。*Anchietia salutaris* 的根可用作一种催吐剂还可治疗喉痛和淋巴结核。*Corynostylis hybanthus* 的根也被用作一种催吐剂。

（6）系统发育　本科的界限清晰，绝大多数分类学者一致将其置于五桠果复合体的堇菜超目。哈钦松把双子叶植物分为木本支和草本支，他尤其选择木本进化支在该属占优势的地位，并且认为该属内草本的习性是由木本的祖先演化而来的。然而，APGⅡ和APweb将本科置于广义的金虎尾目。该科一般划分为2个族：三角车族，花主要为辐射对称；堇菜族，花两侧对称。尽管本科为明显的单系类群，*rbcL* 序列显示2个族都不是单系类群。Chase等，（2002）的研究表明堇菜科与钟花科（以及毛药树科、裂药花科和垂籽树科）有微弱的关联。Thorne早期（1999，2000）将堇菜超目置于五桠果亚纲，现在（2003）将其移到蔷薇亚纲，五桠果亚纲已经被拆散。

13.8.18　杨柳科

2属，485种（图13.73）

广泛分布，主要分布于北温带至北极地区的潮湿开阔地带。

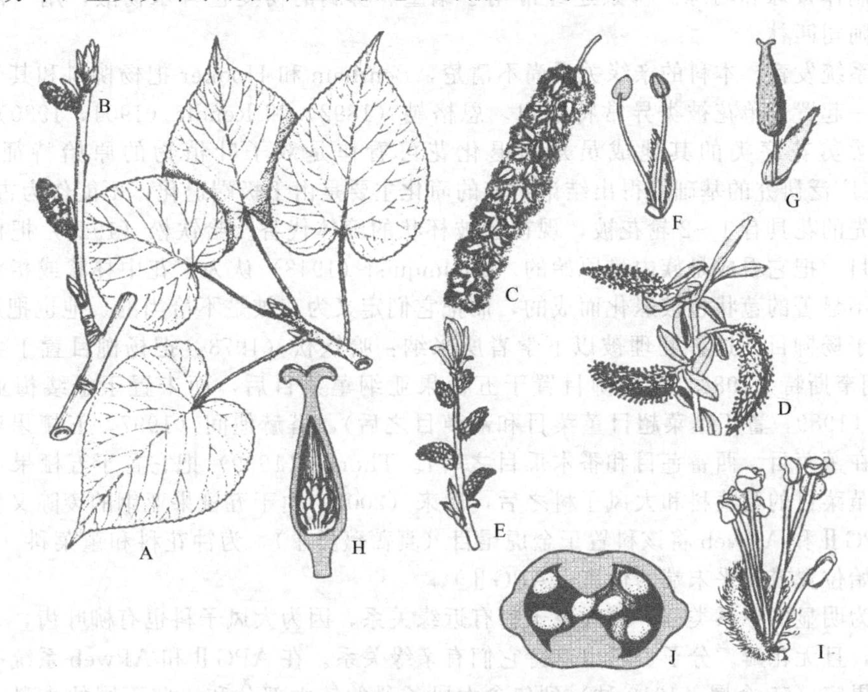

图13.73　杨柳科

缘毛杨　A：部分营养枝；B：具雄柔荑花序的枝；C：果期的柔荑花序。白柳　D：具雌柔荑花序的枝；E：具雄柔荑花序的枝；F：雄花，具毛的苞片和2枚雄蕊；G：带苞片的雌花，子房具子房柄；H：子房纵切，基底胎座。卡罗利那柳　I：具苞片的雄花，有2个蜜腺和多数雄蕊；J：子房横切，侧膜胎座

(1) 分类地位

分类系统 / 分类群	B & H	克朗奎斯特	塔赫他间	Dahlgren	Thorne	APG Ⅱ/(APweb)
门		木兰门	木兰门			
纲	双子叶植物纲	木兰纲	木兰纲	木兰纲	被子植物纲	
亚纲	离瓣花亚纲	五桠果亚纲	五桠果亚纲	木兰亚纲	蔷薇亚纲	
系+/超目	特征奇异系+		堇菜超目	堇菜超目	堇菜超目	真蔷薇类Ⅰ[①]
目	侧膜胎座目	杨柳目	杨柳目	杨柳目	杨柳目	金虎尾目

(2) 突出特征　落叶乔木或灌木，叶具柳树叶状齿，托叶显著，花单性，柔荑花序，花裸露，2心皮，胚珠多数，种子具毛。

(3) 主要属　柳属（445种；包括钻天柳属）和杨属（40种）。

(4) 描述　落叶乔木和灌木，含酚醛葡糖苷类柳醇和杨苷，包括单宁酸。叶互生，单叶，具锯齿，柳叶齿状（叶脉进入齿内，与腺毛相连），羽状或掌状网脉，有托叶，有时叶状并且宿存。**花序**为直立或下垂的柔荑花序，生于短枝上。花单性（雌雄异株），辐射对称，简化，常具被毛的苞片。花萼退化成腺盘（杨属）或1～2个流苏状蜜腺（柳属）。花冠缺。雄蕊群有2至多数雄蕊，花丝分离或仅基部合生，花药2室，纵裂，花粉粒常具3沟或3孔，稀无萌发孔。雌蕊群，具2～4心皮，合生，子房上位，单室，侧膜胎座或2～4个基底胎座，胚珠多数，单珠被，花柱2～4，柱头2～4，头状，常膨大或浅裂。果实为室背开裂的蒴果；种子基部有簇毛，胚乳少或无。风媒传粉，柳属植物因为花具蜜腺而吸引昆虫进行传粉。种子在毛的帮助下通过风力传播。

(5) 经济价值　本科的经济价值在于一些种类可栽培作为观赏植物，常作为行道树。柳木可用于制作板球和马球。柳条还经常用于编筐。柳属的树皮包含水杨酸，用于消肿和退烧，制作阿司匹林。

(6) 系统发育　本科的亲缘关系尚不清楚，Bentham 和 Hooker 把杨柳科和其他一些不确定的科一起置于单花被类异常特征组。恩格勒（1892）和 Rendle（1904，1930）认为杨柳科（和柔荑花序类的其他成员）的退化花可看作是双子叶植物的原始特征。Fisher（1928）在广泛研究的基础上得出结论：花的简化主要是由于极端退化，不能作为古老特征，因为其祖先的花具有1～2轮花被，现在已被杯状的腺体代替。哈钦松（1926）把杨柳科置于金缕梅目，把它看成是族内最原始的。Hjelmquist（1948）认为：花中杯状或指状的腺体是由分化不显著的苞状包被退化而成的，而把它们定义为花被是不恰当的。他也把这个科分离出来至于杨柳目。这种处理被以下学者所采纳：哈钦松（1973，把杨柳目置于金缕梅目后），克朗奎斯特（1988，把杨柳目置于五桠果亚纲堇菜目后，而未置于金缕梅亚纲下），Dahlgren（1989，置于堇菜超目堇菜目和葫芦目之后），塔赫他间（1997，五桠果亚纲——堇菜超目在堇菜目、西番莲目和番木瓜目之后）。Thorne（1999）把它置于五桠果亚纲→堇菜超目→堇菜目的堇菜科和大风子科之后，后来（2003）由于五桠果亚纲的废除又置于蔷薇亚纲。APG Ⅱ和 APweb 将该科置于金虎尾目（真蔷薇类Ⅰ），为钟花科和堇菜科（APweb）之后的起始位置或几乎末端的位置（APG Ⅱ）。

本科为明显的单系类群，同大风子科有近缘关系，因为大风子科也有柳叶齿，一些属里含有柳醇，且无花瓣。分子资料也支持它们有亲缘关系。在 APG Ⅱ和 APweb 系统中，杨柳科被广义界定（55个属，1010种）到包含大风子科的较大部分和一些不同的小科，如盾头木科 Bembiciaceae、天料木科 Homaliaceae、山拐枣科 Poliothyrsidaceae、Prockiaceae、Samydaceae 和杯盖花科 Scyphostegiaceae。广义的杨柳科是根据叶具柳叶齿和辅致癌物，以及如果萼片和花瓣都有则同数的特征来定义的，而萼片与花瓣数目不等的被移至钟花科。脚骨脆属（以前在大风子科里），其叶不具柳叶齿，花无花瓣，在花萼基部近轴侧有花盘，与杨柳科的其余类群有姐妹关系，尽管这种说法并不被 *rbcL*（Chase 等，2002）的结果所支持，但却为基于三个基因的研究资料强烈支持（Soltis 等，2000a）。

13.8.19 葫芦科

118 属，760 种（图 13.74）

主要分布于热带和亚热带，温带地区常见栽培。

（1）分类地位

分类系统 / 分类群	B & H	克朗奎斯特	塔赫他间	Dahlgren	Thorne	APG Ⅱ/(APweb)
门		木兰门	木兰门			
纲	双子叶植物纲	木兰纲	木兰纲	木兰纲	被子植物纲	
亚纲	离瓣花亚纲	五桠果亚纲	五桠果亚纲	木兰亚纲	蔷薇亚纲	
系+/超目	萼花系+		堇菜超目	堇菜超目	堇菜超目	真蔷薇类Ⅰ①
目	西番莲目	堇菜目	葫芦目	葫芦目	堇菜目	葫芦目

（2）突出特征　具卷须的攀援植物，叶具掌状脉，花单性，雄蕊 5，以不同方式合生，心皮常 3，合生，子房下位，果实为浆果或瓠果。

（3）主要属　*Cayaponia*（60 种）、苦瓜属（45 种）、*Gurania*（40 种）、野胡瓜属（40 种）、甜瓜属（30 种）和南瓜属（27 种）。

（4）描述　一年生具卷须的攀援植物，有时呈匍匐状（喷瓜属），稀为喜旱灌木（纳米比亚刺胡瓜）或甚至乔木（树胡瓜属），具双韧维管束，常呈两环。叶互生，单叶，掌状脉，浅裂或复叶，稀缺（纳米比亚刺胡瓜），无托叶。花序为聚伞花序（蔓瓜属）或腋生的单花

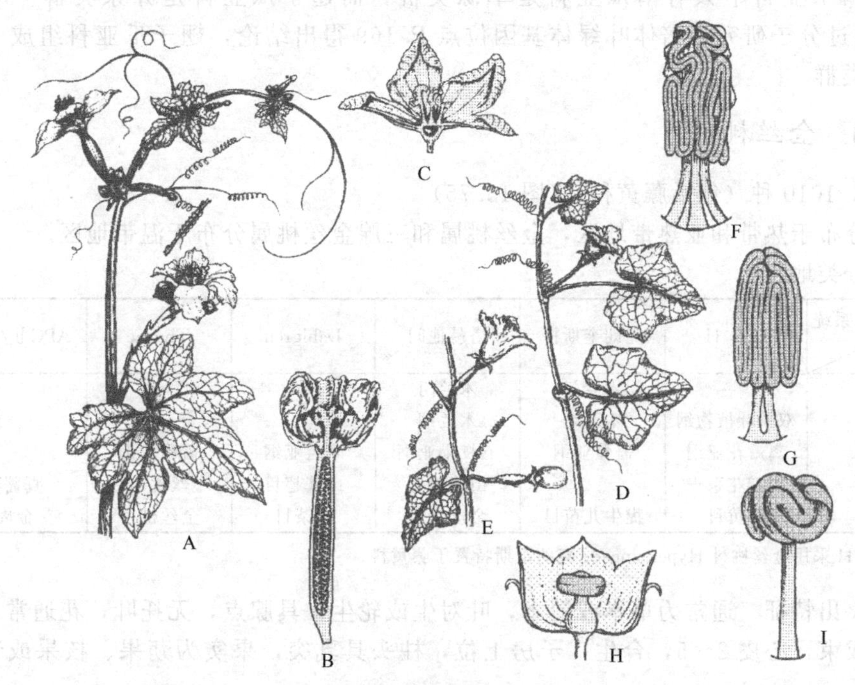

图 13.74　葫芦科

丝瓜　A：花枝，雄花生于靠近基部的花序梗上，雌花单生叶腋，靠近顶部；B：雌花纵切；C：雄花纵切。心叶红瓜　D：雄花枝；E：雌花枝。雄蕊类型　F：葫芦属有 3 枚雄蕊，其中 2 枚具 2 药室，1 枚具 1 药室；G：南瓜属，雄蕊合生成柱状；H：小雀瓜属花药在顶部环绕合生成两个环；I：野胡瓜属花丝和花药均合生在一起

(丝瓜属雌花)，稀为短的总状花序(丝瓜属雄花)，雌雄同株或雌雄异株。花有或无苞片，单性，稀为两性(裂瓜属)，辐射对称，上位花，具长的托杯。花萼具5枚萼片，多少合生，愈合到子房壁上。花冠具5枚花瓣，离生(丝瓜属、葫芦属、冬瓜属)或合生(南瓜属、甜瓜属)，覆瓦状排列，通常为黄色或白色。雄蕊群具5枚雄蕊，花药1室，花丝分离(丝瓜属)或合生，有时其中的4枚合生成两组，这样外观像是3枚雄蕊，其中2枚雄蕊双药室和第3个为单药室(红瓜属)稀5枚均合生(南瓜属)，花粉具3至多沟。雌蕊群为3合生心皮，单室，胚珠多数，侧膜胎座，胎座扩大内侵在中心处相接，形成假中轴胎座，子房下位，花柱1或3裂。**果实**为浆果、瓠果或蒴果；种子多数，胚直生，无胚乳。主要通过昆虫授粉。种子通过动物传播，刺瓜属的蒴果爆炸式裂开。

(5) 经济价值　本科的经济价值是作为食用作物，如黄瓜、甜瓜、棱角丝瓜、丝瓜、葫芦、橘瓜和南瓜。丝瓜的干燥果实还能制成海绵状的丝瓜络供浴室用。蔓瓜属、甜瓜属和苦瓜属等种类有重要的药用价值。

(6) 系统发育　早些时期认为本科与西番莲科的亲缘关系很近，并把它们放在同一个目。哈钦松(1973)把它们置于不同的目，葫芦目由西番莲目通过形成单性花、侧膜胎座、子房下位和雄蕊变形演化而来。塔赫他间，Dahlgren和APG也这样处理。克朗奎斯特和Thorne保留了这两个科并把它们和其他的科一起置于堇菜目下。Thorne(1999)把葫芦科和秋海棠科、野麻科一起置于一个独立的秋海棠亚目。后来(2003)他又增加了四数木科(以前属于野麻科)。有趣的是APGⅡ和APweb的葫芦目包括了同样的四个科。葫芦科和秋海棠科都具有子房下位、强烈内侵的胎座和单性花的特征。血清学研究数据和*rbcL*序列支持葫芦目为单源起源。葫芦科容易识别并且为单源类群，但是在其一般划分的两个亚科中只有南瓜亚科是单源类群，而翅子瓜亚科是并系类群。Renner等(2002)通过分子研究多倍体叶绿体基因位点P.169得出结论，翅子瓜亚科组成一个未确定的基部类群。

13.8.20　金丝桃科

45属，1010种(包括藤黄科)(图13.75)

广泛分布于热带和亚热带地区，金丝桃属和三腺金丝桃属分布于温带地区。

(1) 分类地位

分类系统 / 分类群	B & H	克朗奎斯特	塔赫他间	Dahlgren	Thorne	APGⅡ/(APweb)
门		木兰门	木兰门			
纲	双子叶植物纲	木兰纲	木兰纲			
亚纲	离瓣花亚纲	蔷薇亚纲	五桠果亚纲	木兰亚纲	蔷薇亚纲	
系+/超目	离瓣花系+		山茶超目	山茶超目	金丝桃超目	真蔷薇类①
目	藤黄目	牻牛儿苗目	金丝桃目	山茶目	金丝桃目	金虎尾目

注：B & H采用金丝桃科Hypericineae；克朗奎斯特置于藤黄科。

(2) 突出特征　通常为草本或灌木，叶对生或轮生，具腺点，无托叶，花通常5数，雄蕊多数，成束，心皮2~5，合生，子房上位，柱头具乳突，果实为蒴果、核果或浆果，种子小。

(3) 主要属　金丝桃属(350种)、红厚壳属(200种)、藤黄属(210种)、书带木属(150种)、卡伊亚木属(70种)、黄果木属(65种)、*Vismia*(55种)、*Chrysochlamys*(55种)、*Kielmeyera*(50种)和*Harungana*(50种)。

(4) 描述　常为乔木、灌木，一些主要为草本(金丝桃属)，也有攀援植物和附生植物

(书带木属的一些种)；腔或沟内具无色或有色的树脂或分泌物；具单毛或多细胞毛，有时为星状毛。叶对生或轮生，单叶，全缘，具透明或黑色腺点，羽状网脉，无托叶，但在茎节处常有成对的腺体。花序具单花或为聚伞花序，有时为聚伞状圆锥花序。花两性（金丝桃属）或单性（藤黄属），也有杂性同株或雌雄异株的情况，辐射对称，下位花，5基数。花萼具萼片2～5，离生，覆瓦状排列。花冠具花瓣5枚，稀4，离生覆瓦状或螺旋状排列，无蜜腺或蜜腺与花瓣互生。雄蕊群具多数雄蕊，离生或成束，花药2室，纵裂，花粉粒三孔沟型，在雌花中常有退化雄蕊。雌蕊群具2～5枚心皮，稀为多数，合生，子房上位，中轴胎座或深度内侵的侧膜胎座，每室常2至多数胚珠，花柱常分离，柱头浅裂或呈头状。果实为蒴果、浆果或核果；种子有或无假种皮，胚直生，无胚乳。主要通过蜜蜂和黄蜂传粉。具假种皮的种子常通过鸟类或哺乳类传播。

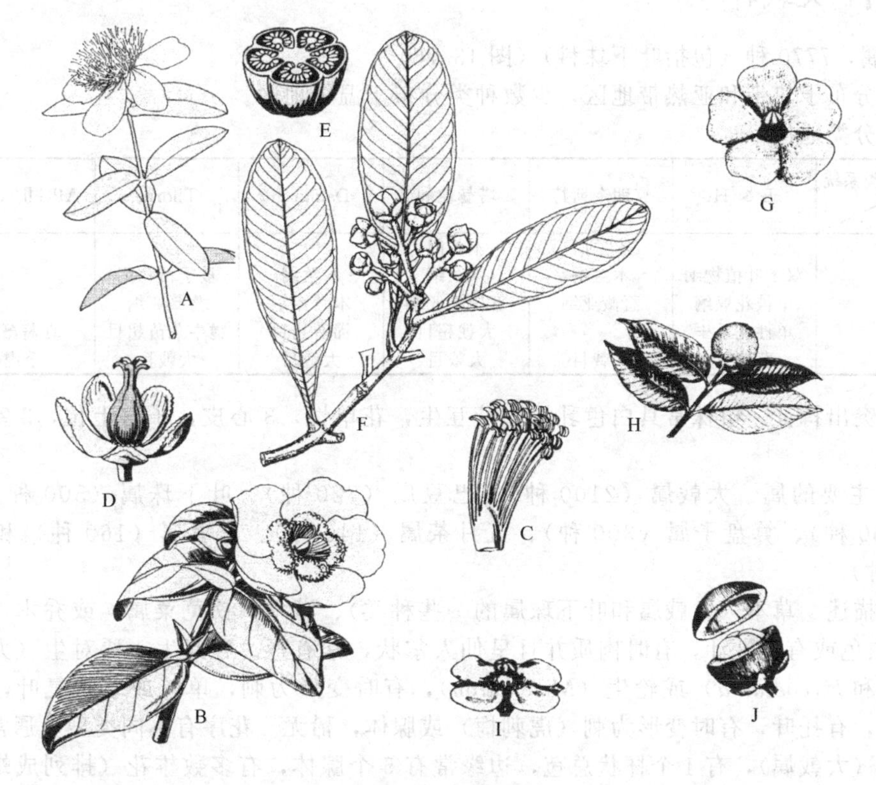

图 13.75　金丝桃科

萼状金丝桃　A：具顶生花的枝。单花金丝桃　B：枝仅具1朵花；C：雄蕊群；D：去除雄蕊和花瓣的花；E：子房横切。紫书带木　F：具花序的枝；G：花。山竹　H：具果实的枝；I：花；J：从顶部去除部分外壳的果实

(5) 经济价值　本科著名的食用果实为山竹和漫密苹果（牛油果）。红厚壳属、*Pentadesma* 等属植物的种子中可提炼油脂。红厚壳属、*Harungana* 的种类能提供坚硬耐磨的木材。金丝桃属一些种类和 *Haeungana madagascariensis* 的叶子以及 *Mesua ferrea* 的花都可以用来生产药品和化妆品。藤黄属（藤黄的来源）和书带木属（药用树胶的来源）的茎干可用于提取树胶和颜料。*Vismia*、*Psorospermum* 和 *Harungana* 属植物的树皮能用于生产药物和颜料。书带木属和金丝桃属的植物因其花色艳丽而常作为观赏植物。

(6) 系统发育　Bentham 和 Hooker (1862) 把本科作为与藤黄科 (Guttiferae/Clusiaceae) 不同的科处理。恩格勒和柏兰特 (1887) 把两个科合并到藤黄科下，Heywood (1977) 和克朗奎斯特 (1988) 也做了同样的处理。哈钦松 (1973) 基于金丝桃科具有稳定

的两性花和有腺点的叶证明它与藤黄科的区别，而这种性状与单性花、闭合叶脉以及分泌道是相对的。他认为："金丝桃科界限相当清楚，在当今小科概念的时代，恩格勒和柏兰特系统和最近的一两个作者把它置于藤黄科，似乎没有任何意义。"最近的分类系统已将两个科合并，如Judd等（2002，置于藤黄科）和Thorne（1999，2000，采用藤黄科Clusiaceae；2003，采用优先的名称金丝桃科Hypericaeae）。基于解剖学和化学的证据，广义的科（名称采用藤黄科或金丝桃科）被认为是单系类群。APG Ⅱ和APweb（暂时）把它们作为不同的科处理。根据Chase等（2002）和Gustafsson等（2002）的研究，认为类群内的亲缘关系还未能清楚地解决。Thorne（2003）把多籽果科、金丝桃科，沟繁缕科和河苔草科置于金丝桃目。但Savolainen等（2000）的研究结果并不支持该进化支为单源起源。

13.8.21 大戟科

321属，7770种（包括叶下珠科）（图13.76）

广泛分布于热带和亚热带地区，少数种类分布于温带地区。

（1）分类地位

分类群 \ 分类系统	B & H	克朗奎斯特	塔赫他间	Dahlgren	Thorne	APG Ⅱ/(APweb)
门		木兰门	木兰门			
纲	双子叶植物纲	木兰纲	木兰纲	木兰纲	被子植物纲	
亚纲	单被花亚纲	蔷薇亚纲	五桠果亚纲	木兰亚纲	蔷薇亚纲	
系+/超目	单性花系+		大戟超目	锦葵超目	牻牛儿苗超目	真蔷薇类Ⅰ[①]
目	藤黄目	大戟目	大戟目	大戟目	大戟目	金虎尾目

（2）突出特征　植株常具白色乳汁，叶互生，花单性，3心皮，子房上位，3室，胚珠具种阜。

（3）主要的属　大戟属（2100种）、巴豆属（720种）、叶下珠属（500种）、铁苋菜属（350种）、算盘子属（300种）、五月茶属（140种）、木薯属（160种）和麻疯树属(140种)。

（4）描述　草本（大戟属和叶下珠属的一些种类）、灌木（铁苋菜属）或乔木（橡胶树属），具白色或有色乳汁，有时肉质并且呈仙人掌状，常有毒。叶互生，稀对生（大戟属的一些种类和*Excoecaria*）或轮生（*Mischodon*），有时变形为刺，单叶或掌状复叶，羽状或掌状网脉，有托叶，有时变形为刺（虎刺梅）或腺体，稀无。花序有不同类型，通常为杯状聚伞花序（大戟属），有1个杯状总苞，边缘常有5个腺体，有多数雄花（排列成蝎尾状聚伞花序，无花被，仅具单一雄蕊）和中心的1朵雌花；有时为总状花序（巴豆属）或圆锥花序（蓖麻属）。花单性（雌雄同株或异株），辐射对称，下位花。花被常5片（为萼片，无花瓣），稀为6而成两轮（叶下珠属）或无（大戟属），花瓣常缺，但在麻风树属和石栗属中存在，离生或合生。雄蕊群具1枚雄蕊（大戟属），或3枚花丝合生（叶下珠属），或5（土蜜树属）甚至多数（滑桃树属），有时为多体雄蕊（或为重复分支的花丝）如在蓖麻属中，花药2室（有时在蓖麻属中由于花丝的分离而为单药室），纵裂。雌蕊群为3个合生心皮，稀为4至多数，子房上位，3室，每室1～2胚珠，中轴胎座，花柱常为3。果实为分果状蒴果，或弹裂蒴果（蓖麻属），稀为浆果或核果（土蜜树属）；种子常具有明显的称为种阜的肉质瘤，胚弯曲或直，胚乳丰富或无。

（5）经济价值　本科包括了许多经济植物。橡胶树是天然橡胶的来源。从木薯胶中也能得到橡胶。木薯的粗根在热带地区是淀粉的重要来源。恰亚树的叶子可做蔬菜。匙茅叶五月茶的果实可食用。石栗和油桐为制造油漆和涂料的油脂来源。类似油桐的油脂还可以从油桐属中得到。从蓖麻中获得的蓖麻油可作为泻药。常见观赏植物包括有一品红、虎刺梅、狗尾

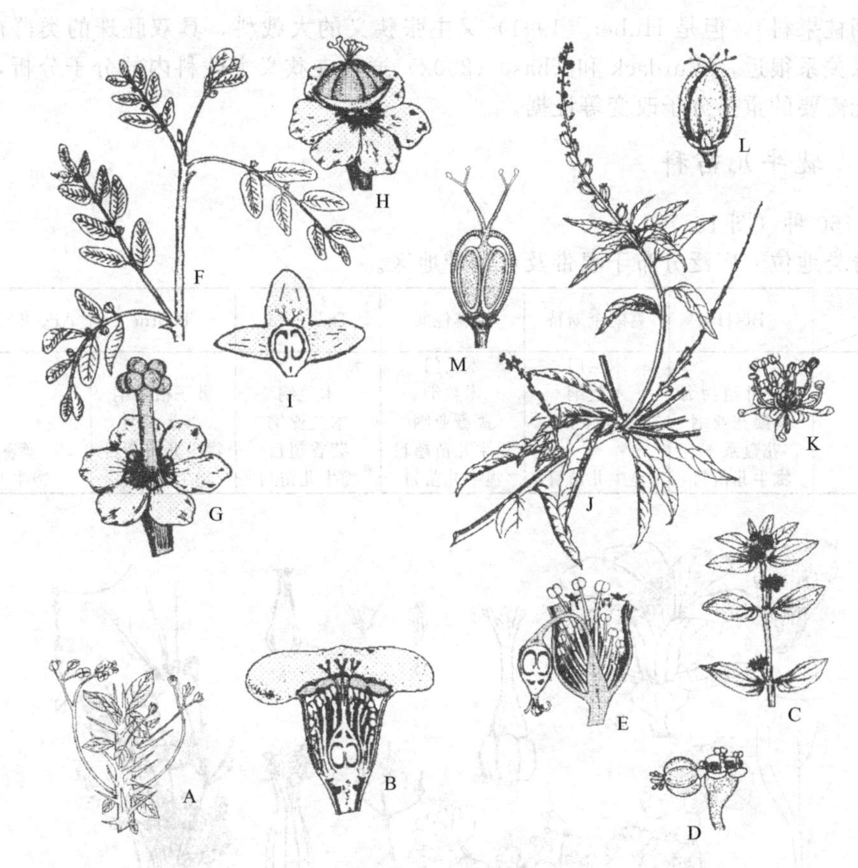

图 13.76　大戟科

虎刺梅　A：生有杯状聚伞花序和刺的枝；B：杯状聚伞花序的纵切，示鲜艳的苞片、单一雌花和多数雄花以及花序边缘的蜜腺。飞扬草　C：部分支，示对生叶和杯状聚伞花序排成头状；D：杯状聚伞花序，雌花伸出，仅有4个蜜腺，无鲜艳的苞片；E：杯状聚伞花序的纵切。亲密叶下珠　F：部分花枝；G：具单体雄蕊的雄花；H：雌花；I：雌花纵切。*Croton bonplandianum*，J：具花和果实的枝；K：雄花，雄蕊多数；L：雌花；M：雌花纵切

红、提琴叶麻疯树和变叶木。余甘子的果实富含维生素C。乌桕种子表面的蜡层被用于制造肥皂和蜡烛。

(6) 系统发育　本科早先是一个广义科（Bentham 和 Hooker），包括了现在被分离到黄杨科的一些属。黄杨科之前被认为与大戟科有密切关系，但已经被划分到无患子目（恩格勒和柏兰特）、金缕梅目（哈钦松）、黄杨目（塔赫他间：置于石竹亚纲➝黄杨超目）或橡子木目（Thorne：置于蔷薇亚纲➝蔷薇超目接近金缕梅目）、山龙眼目（Judd 等：置于核心三沟花粉类）、黄杨目（APweb）或不被放在真双子叶类的起始（APGⅡ）部位。克朗奎斯特是唯一一个近来把黄杨科放在与大戟科紧邻的位置一起置于大戟目（蔷薇亚纲）的学者。蓖麻属有时被包括在一个单独的科（蓖麻科），但把它放在大戟科下更为恰当。Webster（1967，1994）在对大戟科进行深入研究后，认为应把其分为五个亚科：叶下珠亚科、奥德大戟亚科、铁苋菜亚科、巴豆亚科和大戟亚科。这五个亚科也被 Thorne（1999，2003）所承认。在 *rbcL* 序列分析的基础上，APweb 和 APGⅡ已经把前两个亚科分离成为一个单独的叶下珠科，因为它们似乎同大戟科的其他成员形成了不同的进化支。羽柱果属、*Lingelsheimiu* 和核果木属已被挪到羽柱果科中，而异核果木属被挪到红树科中。包括后三个亚科的其余类群以每室1胚珠的特征组成一个容易界定的进化支。Thorne（2003）已经把羽柱果作为一个独立的科（包括核果木属）。Sutter 和 Endress（1995）提倡采用广义的大戟科（包括叶

下珠科和羽柱果科)，但是 Huber (1991) 又主张狭义的大戟科，具双胚珠的类群被认为与亚麻科亲缘关系很近，Wurdack 和 Chase (2002) 通过在狭义大戟科内的分子分析，提出对于分类可能需要的重要分子改变等证据。

13.8.22 牻牛儿苗科

5 属，760 种 (图 13.77)

(1) 分类地位　广泛分布于温带及亚热带地区。

分类群＼分类系统	B&H	克朗奎斯特	塔赫他间	Dahlgren	Thorne	APG Ⅱ/(APweb)
门		木兰门	木兰门			
纲	双子叶植物纲	木兰纲	木兰纲	木兰纲	被子植物纲	
亚纲	离瓣花亚纲	蔷薇亚纲	蔷薇亚纲	木兰亚纲	蔷薇亚纲	
系+/超目	花盘系+		牻牛儿苗超目	芸香超目	牻牛儿苗超目	蔷薇类①
目	牻牛儿苗目	牻牛儿苗目	牻牛儿苗目	牻牛儿苗目	牻牛儿苗目	牻牛儿苗目

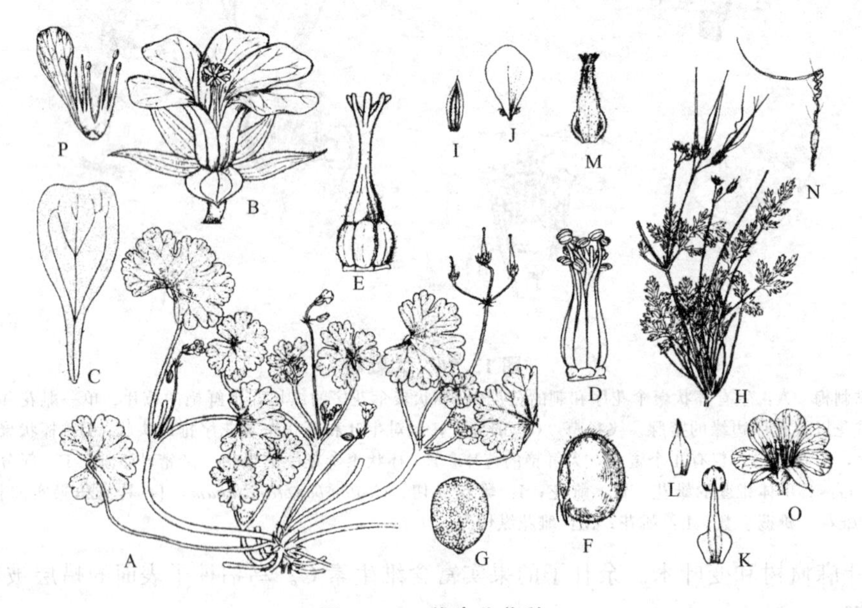

图 13.77　牻牛儿苗科

圆叶老鹳草　A：植株，叶掌状裂，伞形花序；B：花；C：花瓣；D：去除萼片和花瓣的花，示雄蕊群和雌蕊群；E：具 5 心皮的雌蕊；F：蒴果的一部分；G：种子。芹叶牻牛儿苗　H：植株，具羽状复叶和伞形花序；I：萼片；J：花瓣；K 雄蕊；L：退化的雄蕊；M 雌蕊群；N：一个具长卷喙的分果瓣。塞内加尔曼森　O：具有 15 个雄蕊的花；P：花的一部分，示雄蕊和花丝 3 个一组合生，雄蕊群为五体雄蕊

(2) 突出特征　通常为草本，茎在茎节处膨大，叶常深裂，托叶显著，花 5 基数，花瓣具爪，雄蕊合生，花柱 1，果实为顶端具喙的能弹性裂开的分果。

(3) 主要属　老鹳草属 (300 种)、天竺葵属 (250 种)、牻牛儿苗属 (80 种) 和梦森尼亚属 (25 种)。

(4) 描述　常为草本，稀为亚灌木，有时芳香 (天竺葵属)，茎在茎节处膨大，茎上常具腺毛。叶互生或对生，单叶或掌状裂叶，或为复叶，掌状网脉，托叶显著。花序为聚伞状伞形花序，稀单生。花两性，辐射对称，稀为两侧对称 (天竺葵属)，下位花，5 数。花萼具 5 枚萼片，离生，绿色，宿存，有时具距 (天竺葵属)。花冠具 5 枚花瓣，稀 4 或无，离生，常具爪，覆瓦状排列，蜜腺与花瓣互生或无。雄蕊群具雄蕊 10 枚 (老鹳草属) 或 15

（梦森尼亚属），稀为5（另外5个不育——牻牛儿苗属），常在基部合生，有时为五体雄蕊（梦森尼亚属），稀离生，花药2室，纵裂，花粉粒3沟或3孔。雌蕊群具5个合生心皮，子房上位，常具裂，中轴胎座，每室常为2胚珠，倒生或弯生，花柱1，细长喙状。果实，为开裂的蒴果状分果，5个各含1枚种子的分果瓣常从中轴处弹性裂开，同时伴随着种子的释放（老鹳草属），或者为不开裂的分果（熏倒牛属）；种子常无假种皮，悬垂，胚弯曲，胚乳常缺或稀少。通过昆虫授粉。种子传播主要靠分果瓣弹裂开时进行，可被释放到几米远外。

（5）经济价值　本科最知名的在于天竺葵属（常在市场上销售）作为观赏植物供栽培，极香天竺葵的叶和枝用于提取天竺葵油。老鹳草属和牻牛儿苗属的一些种也可作为观赏植物栽培。老鹳草属植物宿存的干燥花柱易吸湿，常被作为空气湿度变化的指示植物。

（6）系统发育　本科一直被认为置于牻牛儿苗目，有时和酢浆草科放在一起。然而，最近的DNA基础研究（Chase等，1993）表明它和燧体木科、省沽油科相关，属于同一个狭义的目。基于*rbcL*序列分析和质体基因*rpl16*内含子缺失等资料（Price和Palmer，1993），说明牻牛儿苗科是一个界限清楚的单系类群。具蒴果、以前置于酢浆草科的高柱花科与本科的其他类群为姐妹关系。塔赫他间把它放在独立的高柱花科下。APGⅡ主观地将高柱花科置于牻牛儿苗科。APweb把高柱花属作为牻牛儿苗科内的一个独立的类群处理。Thorne早些时候（1999）把牻牛儿苗科和酢浆草科及其他相关科置于牻牛儿苗目，后来（2003）把酢浆草科转移到不同的酢浆草超目、酢浆草目。他也把高柱花属移到一个不同的科高柱花科，靠近牻牛儿苗科。

13.9 菊亚纲

亚纲9. 菊亚纲 Asteridae(B)

超目1. 山茱萸超目 Cornanae(B)

目1. 假石楠目 Bruniales(B)

科1. 假石楠科 Bruniaceae

2. 四棱果科 Geissolomataceae

3. 毛盘花科 Grubbiaceae

4. 香灌木科 Myrothamnaceae(B)

5. 水穗草科 Hydrostachyaceae(B)

目2. 绣球目 Hydrangeales

1. 绣球科 Hydrangeaceae

2. 刺莲花科 Loasaceae

3. 鼠刺科 Escalloniaceae

4. 寄奴花科 Eremosynaceae

5. 二歧草科 Vahliaceae

6. 弯药树科 Columelliaceae

7. 离水花科 Desfontainiaceae

目3. 山茱萸目 Cornales

1. 梾木科 Comaceae

2. 南非茱萸科 Curtisiaceae

3. 紫树科 Nyssaceae

4. 八角枫科 Alangiaceae

超目2. 杜鹃花超目 Ericanae(B)

目1. 山茶目 Theales

1. 猕猴桃科 Actinidiaceae

2. 山茶科 Theaceae

3. 厚皮香科 Ternstroemiaceae

4. 毒药树科 Sladeniaceae

5. 凹树木科 Tetrameristaceae

6. 假红树科 Pellicieraceae

7. 蜜囊花科 Marcgraviaceae

8. 凤仙花科 Balsaminaceae

9. 山矾科 Symplocaceae

10. 五蕊茶科 Oncothecaceae(B)

11. 瓶子草科 Sarraceniaceae

12. 捕蝇幌科 Roridulaceae(A)

目2. 杜鹃花目 Ericales

1. 山柳科 Clethraceae

2. 翅萼树科 Cyrillaceae

3. 杜鹃花科 Ericaceae

目3. 玉蕊目 Lecythidales

1. 玉蕊科 Lecythidaceae

目4. 花荵目 Polemoniales

1. 刺树科 Fouquieriaceae

2. 花荵科 Polemoniaceae

目5. 安息香目 Styracales(B)

1. 安息香科 Styracaceae(B)

2. 岩梅科 Diapensiaceae

目6. 山榄目 Sapotales

1. 柿树科 Ebenaceae

2. 尖药科 Lissocarpaceae

3. 山榄科 Sapotaceae

目7. 报春花目 Primulales

1. 杜茎山科 Maesaceae

2. 假轮叶科 Theophrastaceae

3. 铁籽科 Myrsinaceae

4. 报春花科 Primulaceae

超目 3. 五加超目 Aralianae

目 1. 冬青目 Aquifoliales(A)

1. 冬青科 Aquifoliaceae
2. 青荚叶科 Helwingiaceae
3. 叫茶藨科 Phyllonomaceae(B)
4. 心翼果科 Cardiopteridaceae
5. 金檀木科 Stemonuraceae(B)
6. 楔蕊花科 Sphenostemonaceae
7. 八蕊树科 Paracryphiaceae

目 2. 川续断目 Dipsacales

1. 五福花科 Adoxaceae
2. 忍冬科 Caprifoliaceae
3. 黄锦带科 Diervillaceae(B)
4. 北极花科 Linnaeaceae(B)
5. 刺参科 Morinaceae
6. 川续断科 Dipsacaceae
7. 双参科 Triplodtegiaceae(B)
8. 败酱科 Valerianaceae

目 3. 五加目 Araliales

1. 夷茱萸科 Griseliniaceae(B)
2. 澳茱萸科 Pennantiaceae(B)
3. 烂泥树科 Torricelliaceae
4. 假茱萸科 Aralidiaceae
5. 番茱萸科 Melanophyllaceae(B)
6. 海桐花科 Pittosporaceae
7. 裂果红科 Myodocarpaceae(B)
8. 参棕科 Mackintayaceae(B)
9. 五加科 Araliaceae
10. 伞形科 Apiaceae

超目 4. 菊超目 Asteranae

目 1. 桔梗目 Campanulales

1. 五膜草科 Pentaphragmataceae
2. 桔梗科 Campanulaceae
3. 陀螺果科 Donatiaceae
4. 花柱草科 Stylidiaceae

目 2. 菊目 Asterales

1. 腕带花科 Carpodetaceae(B)
2. 卢梭木科 Rousseaceae(B)
3. 假海桐科 Alseuosmiaceae
4. 雪叶科 Argophyllaceae(B)
5. 石冬青科 Phellinaceae(B)
6. 睡菜科 Menyanthaceae
7. 草海桐科 Goodeniaceae
8. 头花草科 Calyceraceae
9. 菊科 Asteraceae

13.9.1 绣球科

17 属，250 种（图 13.78）

主要分布于北半球从喜马拉雅山脉到日本、北美洲及非洲热带地区。

（1）分类地位

分类系统 / 分类群	B & H	克朗奎斯特	塔赫他间	Dahlgren	Thorne	APGⅡ/(APweb)
门		木兰门	木兰门			
纲	双子叶植物纲	木兰纲	木兰纲	木兰纲	被子植物纲	
亚纲	离瓣花亚纲	蔷薇亚纲	山茱萸亚纲	木兰亚纲	菊亚纲	
系+/超目	萼花系+		山茱萸超目	山茱萸超目	山茱萸超目	菊类①
目	蔷薇目	蔷薇目	绣球目	山茱萸目	绣球目	山茱萸目

注：B & H 置于虎耳草科。

（2）突出特征　大多为灌木，单叶，常对生，无托叶，花两性，萼片常扩大成花瓣状，子房下位或半下位，中轴胎座或为深度内侵的侧膜胎座，在子房顶部具蜜腺，蒴果。

（3）主要属　山梅花属（65 种）、溲疏属（40 种）、绣球属（30 种）、常山属（13 种）和芬德勒尔木属（4 种）。

（4）描述　草木（心蕊木属）、软木灌木（绣球属）、稀为小乔木或攀援植物（赤壁木属），常含单宁酸、环烯醚萜化合物及针晶体。叶常对生，稀互生（心蕊木属），单叶，有时具裂，常落叶，稀常绿（冠盖藤属），羽状或掌状网脉，无托叶。花序为顶生的总状花序、聚伞花序或伞房花序，稀单生。花常两性，有时单性（*Broussaisia*，杂性-雌雄异株），外轮花常不育，具有扩大成花瓣状的萼片，辐射对称，周位或上位花。**花萼**具4～5枚萼片，合生，萼筒常与子房合生，外轮不育花的花萼常扩大成花瓣状。**花冠**具4～5枚花瓣，离生，覆瓦状或螺旋状排列，稀镊合状（蛛网萼属），常为白色。雄蕊群具多数雄蕊，有时为8～10（绣球属），离生或在基部稍合生，花药2室，基着药或背着药，花丝常具裂或有齿，药隔顶端有时具附属物（芬德勒尔木属），花粉粒3孔或3沟。雌蕊为2～7合生心皮，子房半下位（常山属、*Broussaisia*），下位（山梅花属、溲疏属和绣球属）或上位（*Jamesia*），1～7室，胚珠多数，中轴胎座或深度内侵的侧膜胎座，花柱分离，稀合生（*Carpenteria*），柱头分离，子房顶端常具蜜腺盘。果实常为室背开裂（绣球属）或室间开裂（山梅花属）的蒴果，稀为浆果（常山属）；种子多数，小，有时具翅，具肉质胚乳和直生胚。在上位花盘的帮助下，由昆虫授粉。小种子靠风传播。

（5）经济价值　本科因花色鲜艳常栽培作为观赏灌木，包括绣球属、赤壁木属、钻地风属、山梅花属和溲疏属。绣球属的一些种类是医用复合物八仙花根碱的原料来源。

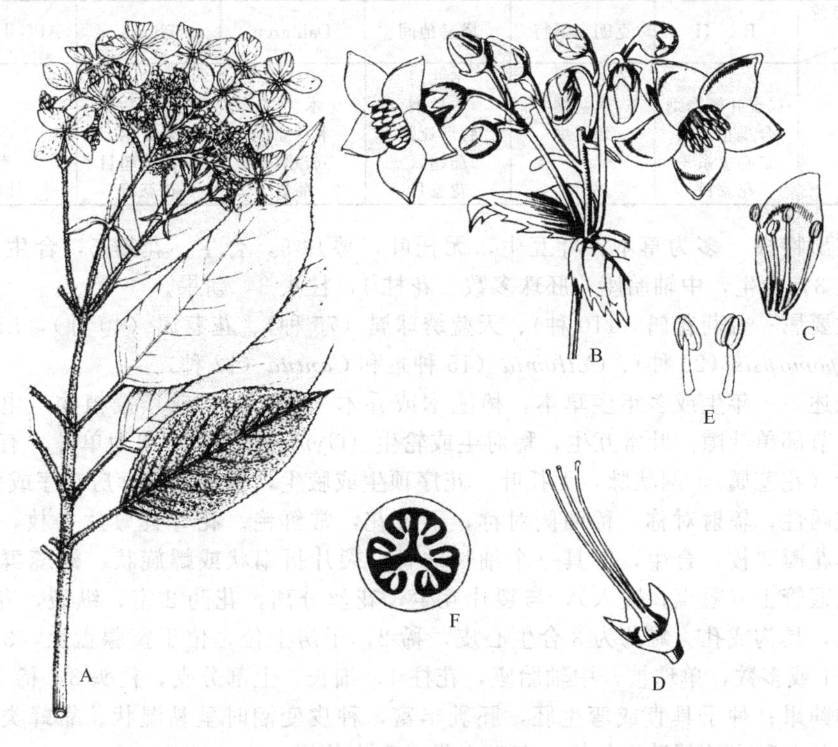

图 13.78　绣球科

密毛绣球　A：具伞房花序的枝，外轮不育花有4个扩大的花瓣状萼片。黄山梅，B：花枝的顶端部分；C：与雄蕊贴生的花瓣；D：去除了雄蕊和花瓣的花；E：背着药的雄蕊；F：子房横切（B～F依哈钦松，1973）

（6）系统发育　本科早先被置于虎耳草科（Hooker 和 Bentham；恩格勒和柏兰特）。哈钦松（1927）把它作为一个独立的科分出来，在其《有花植物属志》中也把山梅花科作为一个独立的科处理，在1973年的最后修订版中也做了相同处理。克朗奎斯特（1988）把山梅花科并入绣球科并与虎耳草科一起放到蔷薇目（置于蔷薇亚纲）。山梅花科与绣球科合并得到形态学和DNA特征的支持（Albach 等，2001；Soltis 等，1995；Hufford，1997），最近的分类系统学都采取这样的处理方式。Dahlgren（1983，1989）把该科从蔷薇超目移到山茱萸超目。塔赫他间（1997）将该科置于另外的亚纲山茱萸亚纲（山茱萸超目，绣球目），而将虎耳草科留在蔷薇亚纲。APGⅡ、APweb 和 Thorne（2003）的最近分类系统学将该科置于菊类复合体（Thorne 置于菊亚纲→山茱萸超目→绣球目；APG 置于菊类→山茱萸目）。

把绣球科从虎耳草科中分离出来得到进化分类分析的支持，表明这两个科亲缘关系较远，而绣球科与山茱萸目亲缘关系较近。

绣球科被分为两个亚科：Jamesioideae（2个属，*Jamesia* 和芬德勒尔木属）和绣球亚科（其余属）。Hufford 等（2001）基于 *mat*K 序列分析，结合 *rbc*L 序列分析和形态学证据表明 Jamesioideae 可能与本科内余下的属为姐妹关系。他们也把绣球亚科分成了两个族：绣球族（边缘不育花显著，花瓣镊合状排列，室背开裂的蒴果）和山梅花族（无不育花，花瓣覆瓦状排列，室间开裂的蒴果）。

13.9.2 花荵科

20属，360种（图13.79）

广泛分布，在温带尤其是北美西部分布更普遍。

（1）分类地位

分类群＼分类系统	B & H	克朗奎斯特	塔赫他间	Dahlgren	Thorne	APG Ⅱ/(APweb)
门		木兰门	木兰门			
纲	双子叶植物纲	木兰纲	木兰纲	木兰纲	被子植物纲	
亚纲	合瓣花亚纲	菊亚纲	唇形亚纲	木兰亚纲	菊亚纲	
系＋/超目	二心皮系＋		茄超目	茄超目	杜鹃花超目	菊类[①]
目	花荵目	茄目	花荵目	茄目	花荵目	杜鹃花目

（2）突出特征　多为草本，叶互生，无托叶，萼片5，合生，花瓣5，合生，雄蕊5，冠生，心皮3，合生，中轴胎座，胚珠多数，花柱1，柱头3，蒴果。

（3）主要属　吉莉花属（110种）、天蓝绣球属（75种）、花荵属（40种），*Limnanthus*（40种）、*Ipomopsis*（25种）、*Collomia*（15种）和 *Cantua*（12种）。

（4）描述　一年生或多年生草本，稀灌木或乔木（*Cantua*）或攀援植物（电灯花属），常具腺毛，节部单叶隙。叶常互生，稀对生或轮生（*Gymnosteris*），常为单叶，有时全裂或为羽状复叶（花荵属），网状脉，无托叶。花序顶生或腋生，常密集成伞房花序或头状花序，稀单生。花两性，辐射对称，稀两侧对称，下位花，常鲜艳。**花萼**具萼片5枚，合生，绿色。**花冠**具花瓣5枚，合生，常具一个细长的管，裂片折扇状或螺旋状。**雄蕊群**具5枚雄蕊，生于花冠管上（冠生；嵌入），与裂片互生，花丝分离，花药2室，纵裂，花粉粒具4至多萌发孔，具沟或孔。雌蕊为3合生心皮，稀2，子房上位，位于蜜腺盘上，3室，稀为2室，胚珠1或多数，单珠被，中轴胎座，花柱1，细长，上部分支，柱头3，稀2。**果实**为室背开裂的蒴果；种子具直或弯生胚，胚乳丰富，种皮变潮时呈黏湿状。靠蜂类和蝇类传粉。种子在黏湿种皮的帮助下传播，有时也靠风和水传播。

（5）经济价值　本科的天蓝绣球属（小天蓝绣球最为常见）、吉莉花属和花荵属花色鲜艳，为著名观赏植物。

（6）系统发育　本科被认为与田基麻科近缘，在包括有茄科、假茄科和旋花科在内的类群中这两个科亲缘关系更近。哈钦松把菟丝子科置于花荵目，认为该科为该目中最进化的类群。Thorne（1999）把花荵科移到五桠果亚纲（五桠果超目），置于单独的花荵目（与DNA序列研究的结果相一致），而将其他科保留于唇形亚纲、茄目。塔赫他间把包括花荵科在内的所有科放在唇形亚纲、茄超目，但属于单独的目。Judd 等（1999）因为花荵科具有辐射对称的花和合生成折扇状的花冠而把它置于茄目。然而，Porter 和 Johnson（1998）基于形态学和DNA序列的研究表明该科属于杜鹃花目。因此，在APG Ⅱ、Judd 等（2002）和APweb系统中花荵科已经被移到杜鹃花目。Thorne（2003）已经做了较大的调整，废除了五桠果亚纲，将其成员分别放在不同的亚纲中，也把花荵科放到了杜鹃花目（杜鹃花超目），放在菊亚纲下。传统上认为花葱科包括两个亚科：电灯花亚科和花葱亚科。刺吉莉属具有两型叶以及短枝已经被置于其自己的亚科（Porter 等，2000）。Thorne 因而承认三个亚科：刺吉莉亚科、电灯花亚科和花葱亚科。然而，基于叶绿体基因 *ndhF* 的研究（Prather 等，2000）表明刺吉莉属可能是电灯花属谱系的基部类群。Porter 和 Johnson（1998）的研究也表明电灯花亚科的木本热带属形成一个并系的基部类群，而花葱亚科的草本属，主要是 *Ipomopsis*、*Linanthus*、花葱属、天蓝绣球属和吉莉花属构成一个单系类群。

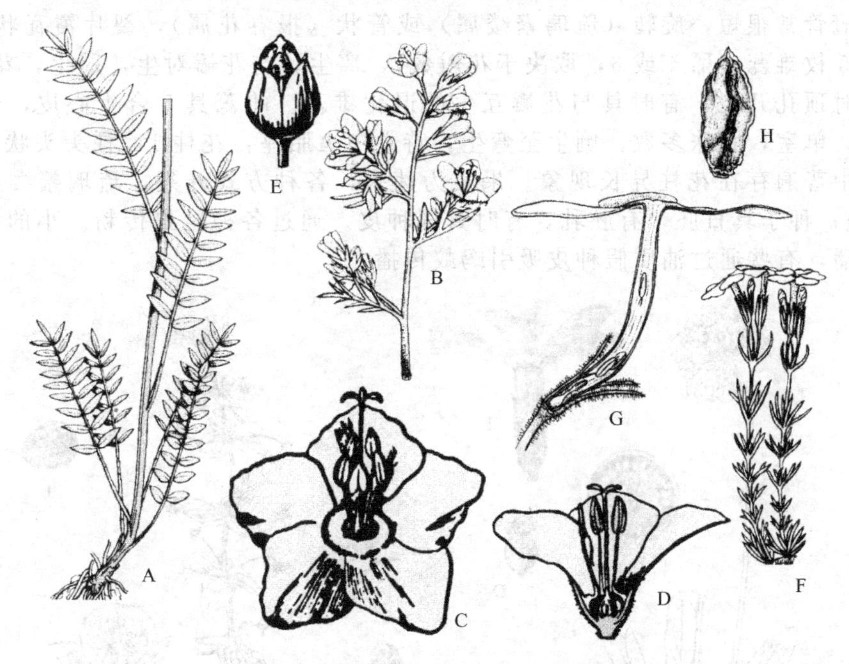

图 13.79　花葱科

花葱　A：植株基部；B：上部的叶和花序；C：花的俯视图；D：花纵切；E：被宿存花萼包裹的果实。
雪天蓝绣球　F：具花植株；G：花纵切；H：种子

13.9.3　报春花科

20 属，1000 种（图 13.80）

大量分布于北温带地区，主要是地中海地区，阿尔卑斯山脉和小亚细亚。

（1）分类地位

分类系统 / 分类群	B & H	克朗奎斯特	塔赫他间	Dahlgren	Thorne	APG Ⅱ/(APweb)
门		木兰门	木兰门			
纲	双子叶植物纲	木兰纲	木兰纲	木兰纲	被子植物纲	
亚纲	合瓣花亚纲	五桠果亚纲	五桠果亚纲	木兰亚纲	菊亚纲	
系＋/超目	异形系＋		报春花超目	报春花超目	杜鹃花超目	菊类[①]
目	报春花目	报春花目	报春花目	报春花目	报春花目	杜鹃花目

（2）突出特征　草本，叶对生、轮生或基生，花瓣合生，子房上位，雄蕊与花瓣对生，心皮多于 2，种子多数。

（3）主要属　报春花属（500 种）、珍珠菜属（200 种）、点地梅属（90 种）、折冠报春属（50 种）、琉璃繁缕属（28 种）和仙客来属（15 种）。

（4）描述　多年生草本，常具合轴的根茎（报春花属）或块茎（仙客来属），稀为一年生（琉璃繁缕属）或亚灌木，有时为水生植物（雪花草属），节部单叶隙，筛管质体呈S型。叶对生、轮生或互生，有时全为基生，单叶，有时全裂（雪花草属），网状脉，无托叶，稀存在（麝香草属）。花序为腋生的单花（琉璃繁缕属）、圆锥花序（珍珠菜属）或伞状花序（报春花属），常具花莛（报春花属）。花两性，辐射对称，稀两侧对称（麝香草属），下位花，稀部分上位（水茴草属），常5基数。花萼具萼片5，稀为6（珍珠菜属）甚至9（七瓣莲属），合生，膨大或呈管状，覆瓦状或扭曲。花冠具花瓣5，稀为4（*Centunculus*）、6（珍珠菜属）或9（七瓣莲属），或无（海乳草属），合生，花冠管常很短，旋转（琉璃繁缕属）或管状（报春花属），裂片覆瓦状或扭曲。雄蕊群具5枚雄蕊（稀4或6，取决于花瓣数），离生，与花瓣对生，冠生，花药2室，纵裂，有时顶孔开裂，有时具与花瓣互生的退化雄蕊。雌蕊具5合生心皮，子房上位或半下位，单室，胚珠多数，倒生至弯生，特立中央胎座，花柱1，柱头头状或小，在报春花属中普遍存在花柱异长现象。果实为蒴果，各种方式开裂，琉璃繁缕属蒴果盖裂（盖果）；种子具直胚，有胚乳，有时具假种皮。通过各种昆虫传粉。小的种子常靠风和水传播，有些通过油质假种皮吸引蚂蚁传播。

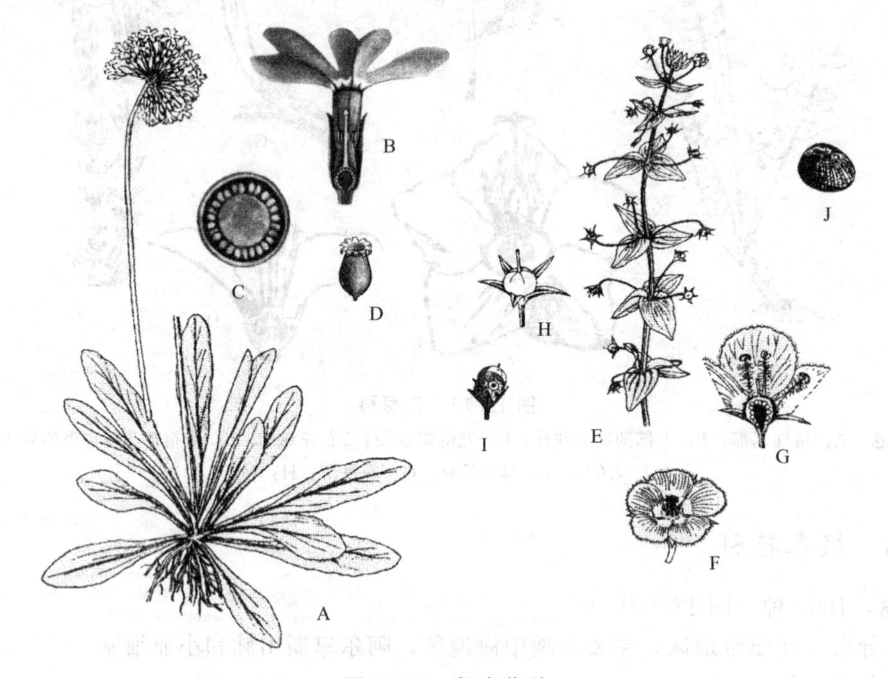

图 13.80 报春花科

长葶报春 A：具莲座状基生叶的植株，具花序和花莛；B：花纵切，示长的花冠管和冠生的雄蕊；C：子房横切，示特立中央胎座；D：果实通过顶端齿的弯曲裂开。琉璃繁缕 E：植株一部分，花腋生，叶对生和轮生；F：花的俯视图；G：花纵切；H：果实，萼片和花柱宿存；I：果实盖裂；J：种子

（5）经济价值　本科的经济价值在于报春花属和仙客来属的一些种类作为观赏植物。琉璃繁缕具有药用价值。

（6）系统发育　本科界限清楚，常常与五桠果超目或五桠果亚纲（两者都被承认）的其他类群一起被放在报春花目。在一些属，例如水繁缕属，有5枚退化雄蕊与花瓣互生，而5枚正常雄蕊与花瓣对生，表明在进化过程中由于外轮雄蕊（在一些属中由退化雄蕊代表）丢失而导致了对瓣的情形。本科被放在了与铁籽科最近的位置。然而，哈钦松主张这两个科并不相关，它们都具特立中央胎座和雄蕊对瓣的特征，是平行进化的结果。他认为报春花科是由石竹科进化而来的，而马齿苋科处于连接处。近年来，人们已经尝试了把琉璃繁缕属、珍珠菜属和其他一些属移到铁籽科，把杜茎山属从铁籽科分离出来作为一个单独的科，把报春花科的水茴草属移到假轮叶科（Anderberg 等，2000，2001）。基于 *rbcL* 和 *ndhF* DNA 序列进行的系统发育分析，Kallesjo 等人（2000）得出结论：珍珠菜族的属（琉璃繁缕属、仙客来属、海乳草属、珍珠菜属和七瓣莲属）和麝香草属及紫金花属应该被放在扩展的铁籽科，而把报春花科限制在具钟形花冠和蒴果的草本成员中，APweb 承袭了这样的处理方式。然而，Judd 等（2002）和 Thorne（2003）采取了广义的报春花科，保留了这些属。最近的研究表明报春花科与置于菊亚纲类的杜鹃花倾向类复合体。Thorne 在他最近的修订版（2003）中把报春花目移到菊亚纲（置于杜鹃花超目），而且 Judd 等（2002）、APG Ⅱ 和 APweb 将该科放在菊亚纲类的杜鹃花目。

13.9.4 伞形科

421 属，3220 种（图 13.81）

主要分布于北温带地区。

（1）分类地位

分类系统 分类群	B&H	克朗奎斯特	塔赫他间	Dahlgren	Thorne	APG Ⅱ /（APweb）
门		木兰门	木兰门			
纲	双子叶植物纲	木兰纲	木兰纲	木兰纲	被子植物纲	
亚纲	离瓣花亚纲	蔷薇亚纲	山茱萸亚纲	木兰亚纲	菊亚纲	
系＋/超目	萼花系＋		五加超目	五加超目	杜鹃花超目	真菊类Ⅱ[①]
目	伞形目	伞形目	五加目	五加目	报春花目	伞形目

注：B&H 采用 Umbelliferae，其他采用 Apiaceae。

（2）突出特征　芳香草本，节间中空，复叶，基部具鞘，伞形花序，花瓣在花蕾时卷曲，黄色或白色，雄蕊 5，花蕾时内弯，子房下位，果实为双悬果，顶端处有花柱基。

（3）主要属　刺芹属（230 种）、阿魏属（150 种）、茴芹属（150 种）、柴胡属（100 种）、独活属（60 种）、变豆菜属（40 种）和细叶芹属（40 种）。

（4）描述　节间中空的草本，通常芳香，稀为灌木（大刺芹），甚至为攀援植物（假葛缕子属），有时形成一个大的垫状物（南美芹属）。茎常管状中空，具有含精油、香豆素、萜类化合物和树脂的分泌导管，植株具特征性伞形花序，储藏物为三糖。叶互生，稀对生（对叶芹属），裂叶或复叶，稀为单叶（柴胡属），叶柄基部具鞘，无托叶。花序，为单或复伞形花序，外面常具由多枚苞片形成的总苞，（总苞——由伞形花序的苞片组成，小总苞——由花的苞片组成；茴香属无），有时像一个头状花序（刺芹属）。花小，有苞片或无（茴香属），常具花梗，稀无柄（刺芹属），两性，稀为单性（地中海刺芹属），辐射对称（稀两侧对称），上位花。**花萼**具萼片 5，与子房合生，5 裂，裂片常很小。**花冠**具花瓣 5，离生，镊合状或稍覆瓦状排列，在花蕾时内曲，顶端缺口。雄蕊群含 5 枚雄蕊，离生，在花蕾期内弯，花开放时伸出，稀隐藏在内，花药 2 室，纵裂，花粉粒具 3 沟。雌蕊为 2 个合生心皮组成，子房下位，2 室，每室具 1 胚珠，中轴胎座，花柱基被 2 裂的蜜腺围绕，且它们在果期作为花柱基宿存。果实，为双悬果，成熟时裂为两个靠一心皮柄连接的分果瓣，分果瓣具油管。种子胚小，胚乳油质。

（5）经济价值　本科是重要粮食作物、香料和调味品来源，胡萝卜和欧防风是重要的根类作物。重要的调味料作物包括茴香、芫荽、葛缕子、莳芹和芹菜。毒芹属、毒参属（hemlock，据说苏格拉底用其自杀）和水芹属等属中包括了一些有毒植物。

（6）系统发育　长期以来，人们都认为伞形科与五加科有近缘关系，因此常将其置于同一个目（Bentham 和 Hooker，恩格勒和柏兰特），近来几乎所有的学者都承袭了这样的处理

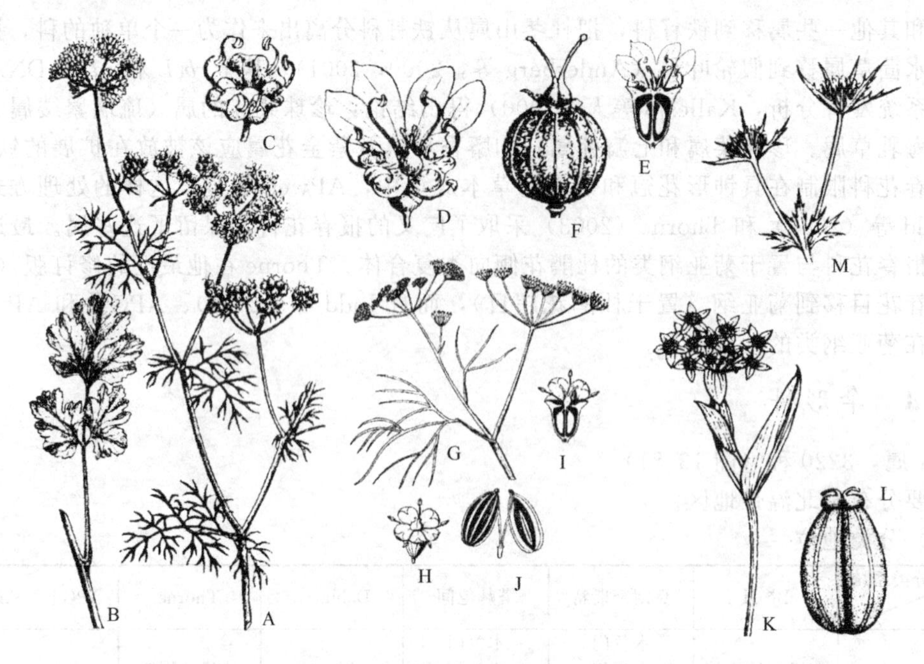

图 13.81　伞形科

芫荽　A：植株上部，具花和果的复伞形花序；B：具有稍宽节部的下部叶；C：内部辐射对称的花；D：外部两侧对称的花；E：花纵切；F：双悬果，顶端花柱基宿存。茴香　G：具复伞形花序的枝，无苞片；H：花；I：花纵切；J：双悬果，两个分果瓣靠叉状心皮柄连接。川滇柴胡　K：植株上部，单叶全缘（本科中少见），伞形花序；L：双悬果；M：欧刺芹植株上部，叶具刺且伞形花序无柄近头状

方式，尽管哈钦松（1926，1973）已经把这两个科分离到不同的目下，甚至在不同的群，木本群和草本群。这种处理是专断的，因此在近来的分类学著作中它们一起被放到了五加目（Dahlgren、塔赫他间和 Thorne）或伞形目（克朗奎斯特、APGⅡ和 APweb），形态学、次级代谢物、*rbc*L 和 *mat*K 序列分析（Judd 等，1994；Plunkett 等，1997）几方面的证据都支持该科为单源起源。早期的研究（Judd 等，1999）已经表明伞形科与海桐花科亲缘关系最近，但最近的资料（APweb；Plunkett，2001）指出海桐花科是整个类群的姐妹类群或海桐花科可能分属于伞形科＋五加科＋其他类群。伞形科常被分为两个亚科：变豆菜亚科（叶常宽大，叶齿具毛或刺，花柱基通过花柱的沟而分离，果实多鳞或多刺，油管常不发达）和芹亚科（复伞形花序，花柱基无沟，心皮柄分离，叉状，分果瓣连接于顶端）。近来分子生物学的研究（Downie 等，2000a，2000b）表明传统的族和属的划分可能需要经历重大调整。以前天胡荽亚科的一些属（包括天胡荽属、积雪草属等）组成一个多系类群而被 Downie 等（2000）和 Chandler 和 Plunkett（2003，2004，在 APweb 中引证）分离到了五加科（天胡荽属）和 Mackinlayaceae（积雪草属、翠珠花属等）。Stevens（APweb，2003）指出要解决亲缘关系尤其是天胡荽属与翠珠花属之间的亲缘关系必须要改进取样方法。Thorne（2003）已经把积雪草属和其他 5 个属移到了参棕科，但是把天胡荽属与翠珠花属放到了五加科，他承认伞形科仅有两个亚科：变豆菜亚科和芹亚科。Judd（1999，2002）等人则坚持如果按传统的界定方法，五加科和伞形科将都被承认，它们在形态学上将缺乏区分特征，并且一些属的科的归属得不到有力支持。因此他们把五加科和参棕科与伞形科归并到一起，划分出 3 个亚科：变豆菜亚科、芹亚科、楤木亚科。Thorne（2003）和 APGⅡ（2003）把这三个亚科都作为独立的科处理。APweb（2003，第 4 版）把五加科作为一个独立的科处理，但把参棕科调整为参棕亚科，承认了额外的南美芹亚科（天胡荽亚科以前的一些成员），因此共承

认了 4 个亚科（其他两亚科为变豆菜亚科和芹亚科）。

13.9.5 菊科

1528 属，23 840 种（有花植物中最大的科）（图 13.82）

全世界广泛分布，主要分布于温带和亚热带区域，尤其是山地，热带地区也普遍分布。

（1）分类地位

分类群＼分类系统	B&H	克朗奎斯特	塔赫他间	Dahlgren	Thorne	APGⅡ/（APweb）
门		木兰门	木兰门			
纲	双子叶植物纲	木兰纲	木兰纲	木兰纲	被子植物纲	
亚纲	合瓣花亚纲	菊亚纲	菊亚纲	木兰亚纲	菊亚纲	
系＋/超目	子房下位系＋		五加超目	五加超目	杜鹃花超目	真菊类Ⅱ[①]
目	菊目	菊目	菊目	菊目	菊目	菊目

注：B&H 采用 Compositae；其他系统采用 Asteraceae。

（2）突出特征　常为草本，不含萜类化合物，叶常互生，无托叶，头状花序具管状花和舌状花（一个头状花序中有一种或同时含有两种类型），花序周围为苞片组成的总苞，花萼被冠毛代替，花药合生，形成一围绕花柱的圆筒，花柱具两个分支，果实为连萼瘦果（通常称为瘦果，尽管典型的瘦果是由单心皮和上位子房形成的），子房下位。

（3）主要属　千里光属（1470 种）、斑鸠菊属（1050 种）、刺头菊属（600 种）、泽兰属（590 种）、矢车菊属（590 种）、山柳菊属（470 种）、腊菊属（460 种）、风毛菊属（300 种）、蓟属（270 种）、紫菀属（240 种）、鬼针草属（210 种）、菊属（200 种）、还阳参属（200 种）、旋覆花属（200 种）、鼠曲草属（140 种）、一枝黄花属（110 种）、向日葵属（100 种）、飞廉属（90 种）、莴苣属（90 种）、蒲公英属（80 种）、婆罗门参属（70 种）、苦苣菜属（50 种）和金盏花属（30 种）。

（4）描述　常为草本或灌木，稀为乔木（树斑鸠菊、白菊木属）或藤蔓植物（藤斑鸠菊），有时具球状茎（大丽花属，菊芋），常储存菊糖，常具乳汁，稀无，常含萜类化合物，多为倍半萜内酯，无环烯醚萜类化物。叶常单叶互生，有时为复叶（大丽花属，蒿属），稀为对生（大丽花属）或轮生，无托叶。花序为头状花序，具宽大的花托，其上为管状小花（管状花头状花序，藿香蓟属，斑鸠菊属）、舌状小花（舌状花头状花序，苦苣菜属，栓果菊属）或两种类型的小花都具有而舌状小花在边缘（放射状头状花序，向日葵属，紫菀属），所有类型的头状花序都有围绕小花的总苞苞片，稀为具单一小花的头状花序（蓝刺头属），小头状花序再排列成球形的头状花序，花两性（通常为舌状花头状花序的管状花和舌状花）或单性（多为舌状花头状花序的舌状花，甚至不育），辐射对称（常为管状花）或两侧对称（常为舌状花），上位花。花萼无或被各式冠毛所代替，如鳞片（向日葵属）、刺毛（鬼针草属）、单毛（苦苣菜属）或羽毛（飞廉属）。花冠由 5 枚花瓣合生，管状并且 5 裂（管状花）或舌状而具 3～5 个齿（舌状花：有时也为二唇型）。雄蕊 5 枚，花丝分离，花药合生为聚药雄蕊，形成围绕花柱的花药筒，冠生雄蕊，花药 2 室，纵裂。雌蕊为两个合生心皮，单室单胚珠，基底胎座，子房下位，花柱具两个分支。果实为连萼瘦果（通称瘦果，尽管典型的瘦果是由单心皮和上位子房形成的），顶部常具冠毛。种子 1，胚直生，常无胚乳。

（5）经济价值　与其所包含的植物种数相比，该科的经济价值略显逊色。通常有价值的观赏植物包括紫菀属、大丽花属、菊属、大丁草属、腊菊属、万寿菊属和百日菊属的一些种。一些蔬菜作物包括莴苣属（莴苣）、菜蓟属（菜蓟）、向日葵属（葵花油）和菊苣属（菊

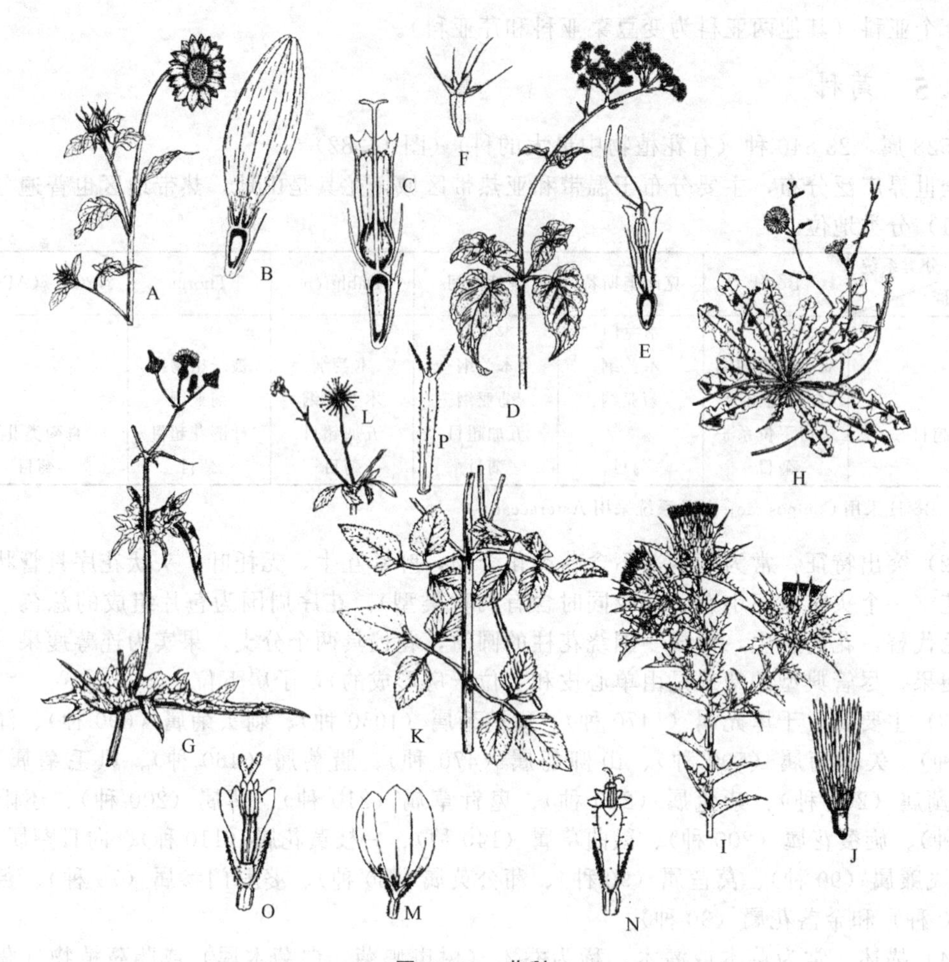

图 13.82　菊科

向日葵　A：具花序的枝，头状花序同时具舌状花和管状花（放射状头状花序）；B：舌状花的纵切，缺雄蕊群；C：管状花的纵切。熊耳草，D：植株一部分，头状花序成簇，每个花序仅具管状花（管状花头状花序）；E：管状花的纵切；F：瘦果，具 5 个鳞片组成的冠毛。G：苦苣菜，植株具耳状叶，头状花序仅有舌状花（舌状花头状花序）；H：裸茎栓果菊植株以及舌状花头状花序。毛红花　I：植株的部分，叶多刺，具盘状头状花序；J：头状花序的总苞具刺。金簪银盘　K：植株的下部，叶羽状；L：具一个头状花序和果序的上部植株；M：舌状花，花冠具 3 个齿；N：管状花；O：去除部分花冠的管状花，示雄蕊群；P：瘦果

苣，咖啡添加物）。从红花中可得到红色染料。除虫菊是天然杀虫剂的来源。

(6) 系统发育　有趣的是尽管菊科很大，但它是很好界定的进化支，容易识别并且明显为单系类群。本科常被认为与茜草科、忍冬科、川续断科、缬草科、桔梗科和一些其他的科有亲缘关系。前四个科基本上有聚伞花序，并且在生化特征上也不同。花柱草科、草海桐科和留粉花科与菊科一样大都具有总状花序并含有菊糖，但在具分类意义的生化特征上不同。近来分子生物学研究（Bremer 等，2002；Lundberg 和 Bremer，2002）表明菊科、头花草科、草海桐科和它们的姐妹群 Menyanthaceae 形成一个单系类群。所有四个科都被 Thorne（1999，2003）放到了菊目。前三个科的关系不是很清楚。*rbcL* 和 *ndhF*（Kårehed 等，1999）和 *ndhF* 数据（Olmstead 等，2000）支持菊科和头花草科是姐妹群，然而，*rbcL* 与 *atpB* 和 18S*r*DNA（Soltis 等，2000）的数据一起支持头花草科和草海桐科是姐妹群。形态学数据，结合 *rbcL*、*ndhF* 和 *atpB* 序列分析一起为菊科和头花草科是姐妹群提供了强有力的支持（Lundberg 和 Bremer，2002）。对 6 个 DNA 区域的分析（Bremer 等，2002）也得

到了相似的结果。

菊科常被分为 3 个亚科：刺菊木亚科（花柱乳突状，柱头浅裂，连萼瘦果具刺，无叶绿体 DNA 倒置，而在其他两个亚科有这样的现象）；菊苣亚科（有乳汁，花柱分支长，具尖而呈柱头状的内表面；具舌状花的那些常被分为独立的亚科舌状花亚科）和菊亚科（无乳汁，同时具舌状花和管状花）。Thorne 认为飞廉亚科应包括菊苣亚科和舌状花亚科。他在菊科中又进一步把这 3 个亚科细分成 19 个族。Heywood 较早期（1978）已经承认了舌状花亚科和菊亚科两个亚科下的 17 个族。APweb（2003）划分了 11 个亚科，包括一个不确定的“亮毛菊群”。

13.10 唇形亚纲

亚纲 10. 唇形亚纲 Lamiidae

超目 1. 茄超目 Solananae

目 1. 绞木目 Garryales(B)

科 1. 绞木科 Garryaceae

2. 杜仲科 Eucommiaceae

3. 桃叶珊瑚科 Aucubaceae

4. 茶茱萸科 Icacinaceae(B)

目 2. 茄目 Solanales

亚目 1. 茄亚目 Solanineae

1. 茄科 Solanaceae

2. 旋花科 Convovulaceae

3. 田基麻科 Hydroleaceae(B)

4. 尖瓣花科 Sphenocleaceae

5. 山醋李科 Montiniaceae(B)

亚目 2. 紫草亚目 Boraginineae

1. 紫草科 Boraginiaceae

2. 水叶科 Hydrophyllaceae

3. 盖裂寄生科 Lennoaceae

4. 单柱花科 Hoplestigmataceae(B)

超目 2. 唇形超目 Lamianae

目 1. 茜草目 Rubiales

1. 龙胆科 Gentianaceae

2. 马钱科 Loganiaceae

3. 钩吻科 Gelsemiaceae

4. 茜草科 Rubiaceae

5. 夹竹桃科 Apocynaceae

目 2. 唇形目 Lamiales

1. 木犀科 Oleaceae

2. 香茜科 Carlemanniaceae(B)

3. 四粉草科 Tetrachondraceae(B)

4. 桧叶草科 Polypremaceae(B)

5. 环生籽科 Plocospermataceae(B)

6. 荷包花科 Calceolariaceae(B)

7. 苦苣苔科 Gesneriaceae

8. 车前科 Plantaginaceae(B)

9. 密穗草科 Stilbaceae

10. 玄参科 Scrophulariaceae

11. 角胡麻科 Martyniaceae

12. 狸藻科 Lentibulariaceae

13. 腺毛草科 Byblidaceae

14. 马鞭草科 Verbenaceae(B)

15. 夷地黄科 Schlegeliaceae(B)

16. 紫葳科 Bignoniaceae

17. 南常山科 Petraeaceae(B)

18. 爵床科 Acanthaceae

19. 海榄雌科 Avicenniaceae

20. 胡麻科 Pedaliaceae

21. 茶菱科 Trapellaceae(B)

22. 列当科 Orobanchaceae(B)

23. 泡桐科 Paulowniaceae(B)

24. 透骨草科 Phrymaceae

25. 岛生材科 Nesogenaceae(B)

26. 唇形科 Lamiaceae(B)

未定位置的类群 Taxalncertae Sedis

澳远志属 *Emblingia* F. Muell. (1)澳大利亚

南线梅属 *Guamatela* J. D. Sm. (1)墨西哥，美国中部

藉花属 *Haptanthus* Goldberg & Nelson(1). 洪都拉斯

Heteranthia Nesse & C. MarC(1)巴西 .

榆果木属 *Pteleocarpa* Oliver(1)W. 马来西亚 .

13.10.1 茄科

83 属，2925 种（图 13.83）

广布世界各地，温带和热带地区都有，集中分布于美洲中部和南部。

(1) 分类地位

分类系统 / 分类群	B&H	克朗奎斯特	塔赫他间	Dahlgren	Thorne	APG Ⅱ/(APweb)
门		木兰门	木兰门			
纲	双子叶植物纲	木兰纲	木兰纲	木兰纲	被子植物纲	
亚纲	合瓣花亚纲	菊亚纲	唇形亚纲	木兰亚纲	唇形亚纲	
系＋/超目	二心皮系＋		茄超目	茄超目	茄超目	真菊类Ⅰ①
目	花荵目	茄目	茄目	茄目	茄目	茄目

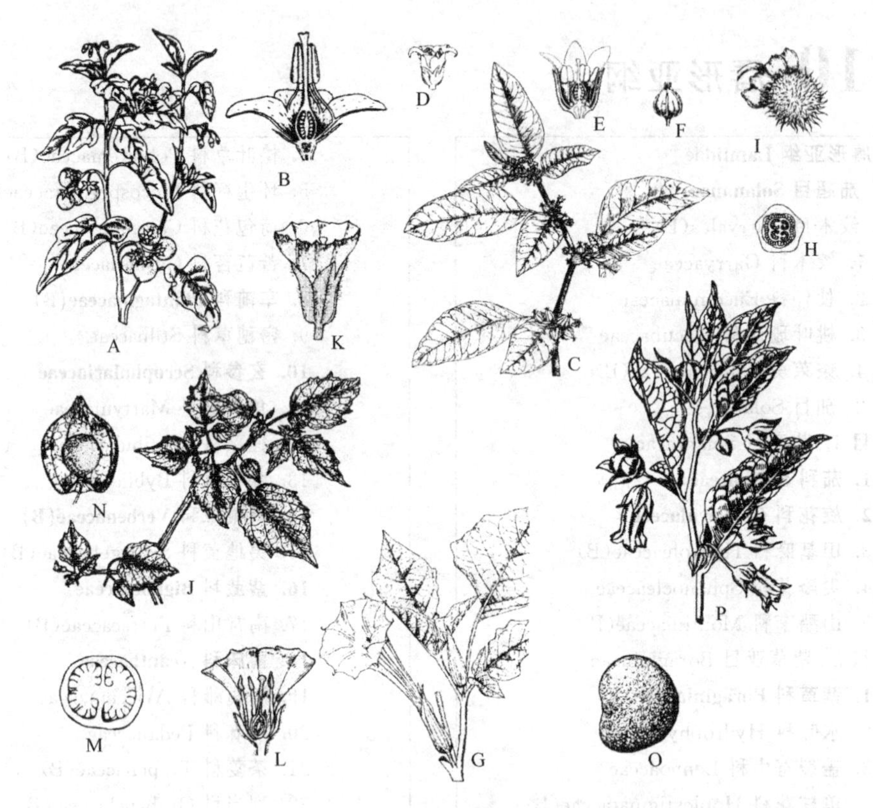

图 13.83 茄科

龙葵 A：花和果枝，扇状聚伞花序腋外生；B：花纵切。催眠睡茄，C：花枝，聚伞花序簇生叶腋；D：花；E：花纵切，具钟形花冠；F：果实包于扩大的坛状花萼。毛曼陀罗 G：花枝，具腋生漏斗状花；H：子房横切，因假隔膜而呈4室；I：具瘤状突起或刺的蒴果，基部宿存部分花萼。小酸浆 J：花枝；K：花；L：花纵切；M：子房横切，胎座膨大；N：果实，一侧去除膨胀的花萼；O：种子；P：颠茄花枝

(2) 突出特征　叶互生，无托叶，花辐射对称，雄蕊5，心皮2，子房上位，2室，胎座膨大，隔膜斜生，胚珠多数，果实为浆果或蒴果。

(3) 主要属　茄属（1350种）、*Lycianthus*（190种）、夜香树属（160种）、烟草属（110种）、酸浆属（95种）、枸杞属（90种）、辣椒属（50种）、天仙子属（25种）和曼陀罗属（10种）。

(4) 描述　草本、灌木（夜香树属、鸳鸯茉莉属）或小乔木（假烟叶树、*Dunalia*），稀为藤蔓植物，常有毒，有时具刺，马铃薯具地下块茎，茎具双韧维管束。叶互生，单叶，稀羽状复叶（马铃薯），无托叶，茎上普遍具有邻近成对的叶。花序为聚伞花序（茄属）或单生花（曼陀罗属）。花两性，辐射对称，下位花。花萼，具萼片5，合生，宿存，有时在果期膨大或扩大（睡茄属，酸浆属）。花冠由5枚花瓣合生，旋转（茄属）或呈管状（夜香

树属），稀为漏斗状（曼陀罗属）或二唇型（蛾蝶花属）。雄蕊群含5枚雄蕊，插入花冠管，花丝分离，花药2室，内向，纵裂或顶孔开裂。雌蕊群含2个心皮，稀为3～5（假酸浆属），合生，子房上位，两室，中轴胎座，胎座膨大，隔膜斜生，子房常进一步被假隔膜分隔，花柱1，稀着生于子房基部（假茄属），柱头二裂，子房位于蜜腺之上。果实为浆果或蒴果（曼陀罗属）；种子多数，胚直，有胚乳。主要通过昆虫传粉，种子靠鸟传播。

（5）经济价值　本科包括了很多粮食作物，如番茄、马铃薯、茄、灯笼果。辣椒既作为蔬菜（幼嫩时），也作为调味品（成熟时）。许多有毒的植物是重要的药用植物，如颠茄、天仙子、曼陀罗和药用茄参。烟草（烟草和黄花烟草）含有毒的生物碱尼古丁，用于咀嚼、抽烟和鼻烟而被栽培。观赏植物包括以下几个属：鸳鸯茉莉属、夜香树属、碧冬茄属、酸浆属和茄属。

（6）系统发育　本科和玄参科有亲缘关系，只是在双韧维管束、辐射对称的花、子房具斜生隔膜上有差别。蛾蝶花属具两侧对称的花，是一个未清晰界定的属。本科也和旋花科、紫草科、苦苣苔科有亲缘关系。假茄科具着生于子房基部的花柱和具裂的子房已经被归并到茄科。本科被认为具有以下的7个亚科（Olmstead等，1999；APweb，2003）：Schwenckioideae（有中柱鞘纤维，雄蕊4，二强雄蕊，或3个退化雄蕊；胚直而短）、蛾蝶花亚科（无中柱鞘纤维，花两侧对称，前面的花瓣合生，形成一个龙骨状突起、雄蕊2，退化雄蕊3，胚弯曲）、印茄树亚科（果实常为核果，胚弯曲：塔赫他间把它作为独立的科印茄树科）、夜香树亚科（有中柱鞘纤维，雄蕊4或5，通常有两个较长）、碧东茄亚科（花两侧对称，胚轻微弯曲）、茄亚科（种子扁平，胚弯曲甚至卷曲）和烟草亚科（软木表面具中柱鞘纤维或无，雄蕊4或5，通常有两个较长，胚直或弯曲）。碧东茄类群［碧东茄亚科（茄亚科＋烟草亚科）］有很好的证据支持，虽然对更基部分支中的关系证据支持不足，但是*Schwenkia*很有可能与本科其余类群是姐妹关系（Olmstead等，1999）。南美茄科有过不同的处理方式：置于茄科（哈钦松、克朗奎斯特、APGⅡ），作为一个独立的科（塔赫他间、Dahlgren），或不被归类（APweb），Thorne（2003）将其作为茄科的一个亚科南美茄亚科，他还将蓝英花亚科、茄亚科、印茄树亚科作为另外的3个亚科。

13.10.2　旋花科

59属，1830种（图13.84）

广泛分布，主要在热带和亚热带地区。

（1）分类地位

分类系统 / 分类群	B&H	克朗奎斯特	塔赫他间	Dahlgren	Thorne	APGⅡ/(APweb)
门		木兰门	木兰门			
纲	双子叶植物纲	木兰纲	木兰纲	木兰纲	被子植物纲	
亚纲	合瓣花亚纲	菊亚纲	唇形亚纲	木兰亚纲	唇形亚纲	
系＋/超目	二心皮系＋		茄超目	茄超目	茄超目	真菊类Ⅰ[①]
目	花葱目	茄目	旋花目	茄目	茄目	茄目

（2）突出特征　常为缠绕或攀援草本，常具乳汁，叶互生，掌状脉，无托叶，花辐射对称，花冠漏斗状，雄蕊5，心皮2，子房上位，两室，胚珠1或2，果实为蒴果。

（3）主要属　番薯属（550种）、旋花属（240种）、菟丝子属（140种）、小牵牛属（110种）、土丁桂属（95种）和打碗花属（25种）。

（4）描述　缠绕或攀援草本，常具根状茎，有乳汁，有时为寄生植物（菟丝子属），稀为乔木（树旋花属），茎具双韧维管束，有时含萜类化合物。叶互生，单叶，稀为裂叶或复叶，有时无（菟丝子属），掌状网脉，无托叶。花序为聚伞花序或单生。花两性，辐射对称，稀为两侧对称（树旋花属），下位花。花萼具萼片5，离生或仅在基部稍合生，宿存。花冠由5枚花瓣合生，漏斗状，常具褶而成折扇状。雄蕊群具5枚雄蕊，着生于花冠管上，常不等，花丝分离，花药2室，内向，纵裂或顶孔开裂，花粉粒具3沟或多孔。雌蕊具2个合生心皮，子房上位，全缘或深2裂，2室，中轴胎座，花柱1，顶生或着生于子房基部，柱头2裂，头状或线形，子房生于蜜腺之上。果实为蒴果；每室1或2粒种子，胚直或弯曲，子叶折叠。通过昆虫进行传粉。

(5) 经济价值　红薯的根可食，是重要的粮食作物。重要的观赏植物包括番薯属、飞蛾藤属和马蹄金属。旋花草和药番薯的根可用于生产泻药类药物。

(6) 系统发育　本科被认为与茄科、紫草科和花荵科亲缘关系较近。菟丝子科和马蹄金科有时被作为不同的科处理，比放在旋花科更好，它们的独立导致旋花科成为并系类群。形态学数据支持它是单元起源。Thorne（1999，2000）划分了4个亚科：树旋花亚科（树旋花，乔木）、马蹄金亚科（2属：马蹄金属、*Falkia*）、旋花亚科、菟丝子亚科（菟丝子属；无叶），后来（2003）把马蹄金亚科和旋花亚科合并。APweb仅承认旋花亚科（包括马蹄金亚科和菟丝子亚科）和树旋花亚科两个亚科。基于叶绿体多基因座DNA序列分析，Stefanovic等（2002）认为飞蛾藤族（包括飞蛾藤属，其本身是多系类群）和丁公藤族在旋花亚科连续地组成基部进化支。基部的飞蛾藤族具有叶状苞片和胞果，而丁公藤属（丁公藤族）柱头无柄。

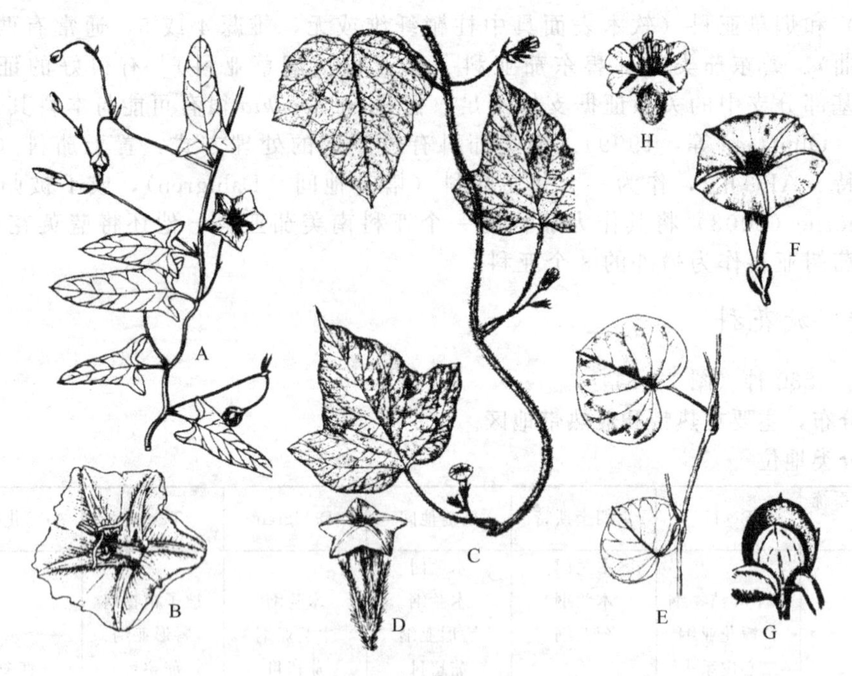

图13.84　旋花科

田旋花　A：花、果枝；B：花俯面观。蛛毛籽番薯，C：花枝；D：花。高碟力夫藤，E：具叶植株的一部分；F：花；G：具宿存花萼的果实；H：*Seddera latifolia* 的花

13.10.3　紫草科

117属，2400种（图13.85）

广布于温带、热带和亚热带地区。

(1) 分类地位

分类系统 / 分类群	B & H	克朗奎斯特	塔赫他间	Dahlgren	Thorne	APG Ⅱ/(APweb)
门		木兰门	木兰门			
纲	双子叶植物纲	木兰纲	木兰纲	木兰纲	被子植物纲	
亚纲	合瓣花亚纲	菊亚纲	唇形亚纲	木兰亚纲	唇形亚纲	
系+/超目	二心皮系+		茄超目	茄超目	茄超目	真菊类Ⅰ①
目	花葱目	唇形目	旋花目	紫草目	紫草目	未确定位置

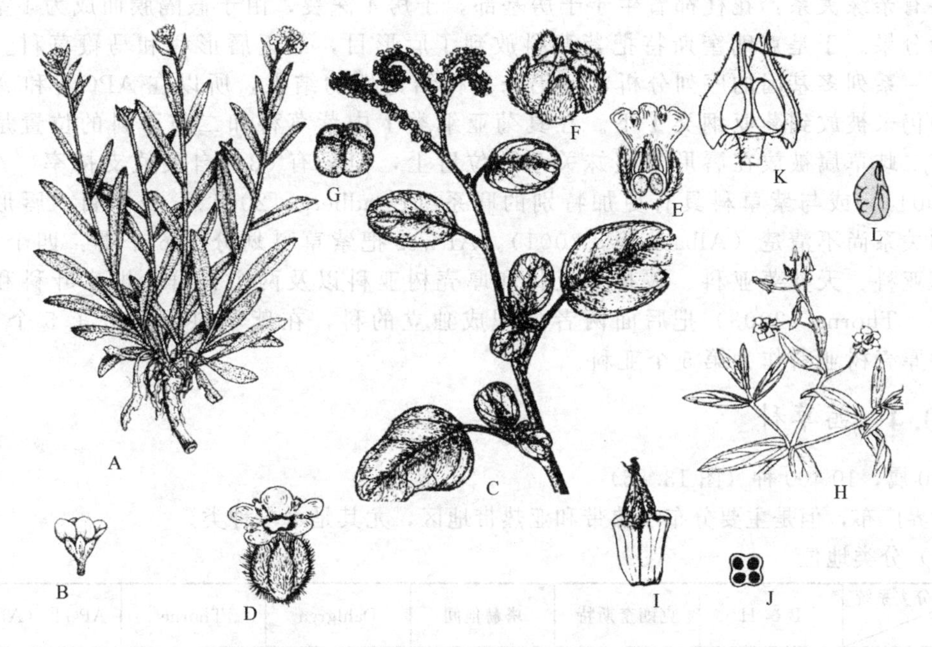

图 13.85 紫草科

倒钩琉璃草 A：植株，顶生花序；B：花。艾氏天芥菜 C：植株的一部分，具顶生的螺状聚伞花序；D：花，花萼密被刚毛；E：花纵切；F：具宿存花萼的果实；G：果实。印度毛束草 H：花枝；I：去除花冠的花，示雄蕊群；J：子房横切，由于假隔膜而呈现4室；K：果实，其中两个花萼已去除；L：种子

(2) 突出特征 具糙毛的草本，茎圆柱状，叶互生，螺状聚伞花序，花5基数，辐射对称，心皮2，子房4深裂，花柱着生于子房基部，果实为4小坚果。

(3) 主要属 破布木属（300种）、天芥菜属（250种）、紫丹属（240种）、滇紫草属（140种）、勿忘草属（90种）、琉璃草属（75种）和厚壳树属（75种）。

(4) 描述 草本、灌木或乔木（破布木属），有时为藤蔓植物，无内韧维管束，植株常密被刚毛，毛基部具钟乳体且常钙化或硅化，触摸颇觉粗糙。叶互生，单叶，全缘，羽状网脉，无托叶。花序常为螺状聚伞花序，稀为蝎尾状。花两性，辐射对称，稀两侧对称（蓝蓟属），下位花，5基数。花萼具萼片5，离生或仅在基部合生，宿存。花冠由5枚花瓣合生，螺旋状排列，管状或漏斗状，常具褶。雄蕊群具5枚雄蕊，着生于花冠管上，花丝分离，花药2室，内向，纵裂，花粉粒具3孔或多孔，花丝基部常具蜜腺盘。雌蕊群为2个合生心皮，子房上位，4深裂，2室，中轴胎座，因假隔膜而成4室，花柱1，顶生或生于子房基部，柱头1或2裂，头状或截形，子房位于蜜腺之上。果实为1室具4粒种子、2室每室2粒种子或4室每室1粒种子的核果或具4个1种子的小坚果；种子具直或弯曲的胚。大多数通过昆虫传粉。核果靠鸟类传播，然而，木栓状的果实（*Argusia*，

破布木属）靠水传播。

（5）经济价值　天芥菜属、滨紫草属、勿忘草属、破布木属、琉璃草属和肺草属的一些种类作为观赏植物栽种。琉璃苣、聚合草和紫草属几种植物被用作草药。染匠朱草为红色木材染料和大理石染料的来源，也用于着色药物、红酒和化妆品。

（6）系统发育　本科被认为与茄科、旋花科和花荵科有近缘关系，它们都具有叶互生、花辐射对称的特征，通常包括在紫草目中，靠近茄目（Dahlgren）或茄目、旋花目以及花荵目（塔赫他间），或直接置于茄目（Thorne）。本科也显示出与唇形科和马鞭草科有亲缘关系：花柱都着生于子房基部，子房4深裂，由于假隔膜而成为4室，果实常为分果。于是克朗奎斯特把紫草科放到了唇形目，靠近唇形科和马鞭草科。尽管进行了一系列多基因的序列分析，但仍未获得结论性的结果，所以在APGⅡ和APweb系统中仍未被放到菊亚纲类Ⅰ下。在真菊亚纲类Ⅰ中紫草科和二歧草科的位置是不确定的，二歧草属被放在唇形目姐妹关系的位置上，但只有63%自展值支持率（Albach等，2001），或与紫草科具有更加特别的联系（Lundberg，2001）。龙胆目、唇形目和茄目的关系尚不清楚（Albach等，2001）。APweb把紫草科划分了6个群：四个亚科，即紫草亚科、天芥菜亚科、破布木亚科和厚壳树亚科以及两个科群，即水叶科和盖裂寄生科。Thorne（2003）把后面两者处理成独立的科，在紫草科下划分了5个亚科，增加番厚壳树亚科作为第5个亚科。

13.10.4　茜草科

630属，10400种（图13.86）

世界广布，但是主要分布于热带和亚热带地区，尤其是木本种类。

（1）分类地位

分类系统 分类群	B & H	克朗奎斯特	塔赫他间	Dahlgren	Thorne	APGⅡ/（APweb）
门		木兰门	木兰门			
纲	双子叶植物纲	木兰纲	木兰纲	木兰纲	被子植物纲	
亚纲	合瓣花亚纲	菊亚纲	唇形亚纲	木兰亚纲	唇形亚纲	
系+/超目	子房下位系+		龙胆超目	刺莲花超目	唇形超目	真菊类Ⅰ[①]
目	茜草目	茜草目	茜草目	龙胆目	茜草目	龙胆目

（2）突出特征　主要为灌木和乔木，叶对生或轮生，干燥后常变黑，具叶柄间托叶，叶轴处具黏液，聚伞花序，花5数，雄蕊5，子房下位。

（3）主要属　九节属（1450种）、拉拉藤属（410种）、龙船花属（370种）、大沙叶属（360种）、耳草属（360种）、乌口树属（350种）、山黄皮属（240种）、栀子属（240种）和玉叶金花属（190种）。

（4）描述　乔木（水团花属，团花属）或灌木（龙船花属，栀子属），稀为草本（猪殃殃属），有时为具钩状毛的攀援植物（茜草属），稀为附生植物（蚁巢玉属），根上具有大的瘤突成为蚂蚁的居所，常含环烯醚萜甙类化合物、针晶体。叶对生，具叶柄间托叶，常扩大成叶大小，因此形成轮生状的叶，单叶，全缘，干燥后变为黑色，叶轴处具黏液貌。花序为聚伞花序，有时呈头状（水团花属）或为单生（栀子属）。花两性，辐射对称，稀为两侧对称（*Posoqueria*），上位，有时花2型（山黄皮属）。花萼具萼片4～5，与子房合生，5裂，裂片常很小，有时其中一个扩大并具鲜艳的颜色（玉叶金花属）。花冠具花瓣4～5，（稀为8～10），合生，管状、回旋状或漏斗状，裂片呈镊合状、覆瓦状或盘旋状排列。雄蕊群具4～5枚雄蕊，离生，着生于花冠筒上，花药2室，内向纵裂，花粉粒常具3孔沟。雌蕊为2

个合生心皮（稀为1至多数），子房下位，稀为上位（*Pugama*）或半下位（*Synaptantha*），2室（稀为1至多室），每室1至多胚珠，中轴胎座（稀为顶生或基生胎座），蜜腺盘常位于子房之上，花柱细长，柱头头状或分支。果实为浆果、蒴果、核果或分果；种子1至多数，胚小，直生或弯曲，胚乳有或无。

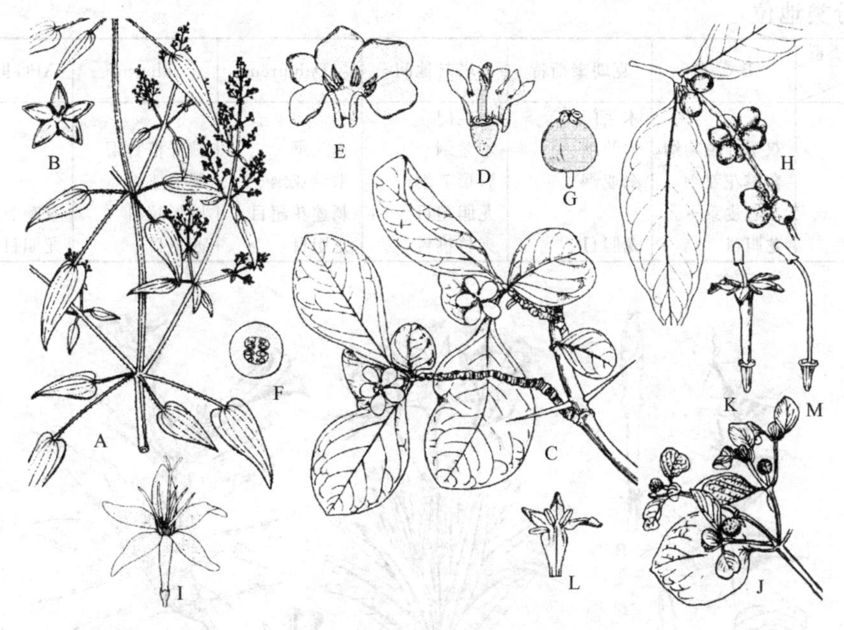

图13.86　茜草科

茜草　A：部分植株，具腋生的花序；B：花。山石榴　C：具刺花枝；D：去除花冠和花萼的花，示雄蕊群；E：花冠打开，示雄蕊冠生；F：子房横切；G：果实。小果咖啡　H：果枝；I：花。小叶帽柱木　J：具球状花序的小枝；K：花具僧帽状柱头；L：打开的花冠，示雄蕊群；M：去除花冠的花，示花柱和柱头

(5) 经济价值　本科经济价值体现在用于制作咖啡、奎宁以及大量作为观赏植物。咖啡是从小果咖啡和中果咖啡的种子烘烤获得的，金鸡纳属的一些种可作为治疗疟疾的药物。以前，洋茜被用于提取红色染料茜素而被广泛栽培。重要的观赏植物包括龙船花属、栀子属、长隔木属、团花属和玉叶金花属。

(6) 系统发育　茜草科是一个界定很好的类群，形态学的资料（Bremer和Struwe，1992）和*rbcL*序列分析的数据（Bremer等，1995）都支持其为明显的单系类群。与本科位置近缘的为龙胆目（Dahlgren、APGⅡ、APweb）Thorne将其置于茜草目，也包含龙胆科及其相关科；塔赫他间将其置于茜草目，靠近龙胆目，属于唇形亚纲→龙胆超目）或川续断目（克朗奎斯特——紧靠川续断目接近菊亚纲的末尾，龙胆目为菊亚纲的起始），两者都具有叶对生和2心皮的特征。严格以子房上位还是下位为基础来分类的方式已经慢慢被废弃了，在一些单子叶植物如葱科、龙舌兰科、石蒜科也采取这样的处理方式。本科常被分为三个亚科（Thorne、APweb）：金鸡纳亚科（主要为木本，不含针晶体，种子具胚乳，无花柱异长现象）、龙船花亚科（木本，无针晶体，如菊科采用活塞机制进行传粉）和茜草亚科（主要为草本，叶含针晶体，种子具胚乳，普遍有花柱异长现象）。分子生物学资料为毛枝树属（以前被放在毛枝树科，Thorne，1999）划入茜草科的龙船花亚科提供了支持（Thorne，2003）。近来基于*trnL*-F和cpDNA资料的分子系统分类学研究（Rova等，2002）以及包括其他几个分类群的广泛而基础的分子生物学资料（Bremer等，1999）提出金鸡纳亚科和龙船花亚科是姐妹类群。

13.10.5 夹竹桃科

480属，4800种（包括萝藦科）（图13.87）

主要分布于热带和亚热带地区，一些种也分布于温带地区。

（1）分类地位

分类群 分类系统	B & H	克朗奎斯特	塔赫他间	Dahlgren	Thorne	APGⅡ/(APweb)
门		木兰门	木兰门			
纲	双子叶植物纲	木兰纲	木兰纲	木兰纲	被子植物纲	
亚纲	合瓣花亚纲	菊亚纲	唇形亚纲	木兰亚纲	唇形亚纲	
系+/超目	二心皮系+		龙胆超目	刺莲花超目	唇形超目	真菊类Ⅰ[①]
目	龙胆目	龙胆目	夹竹桃目	龙胆目	茜草目	龙胆目

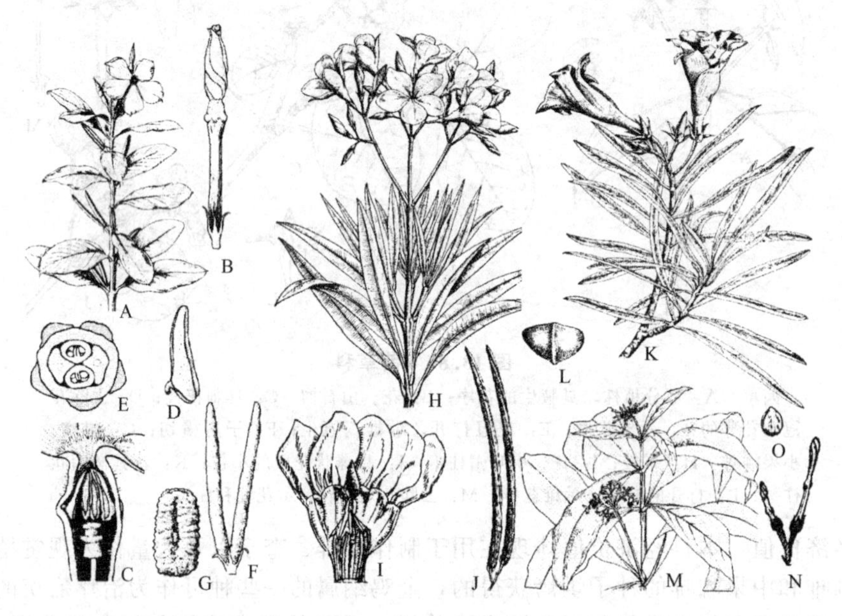

图13.87 夹竹桃科

长春花 A：花果枝；B：具长管的花芽，花冠呈螺旋状扭曲；C：从花冠喉部纵切，示冠生的离生雄蕊和帽状柱头；D：背着的花药；E：通过子房的花横切，示花萼、花冠管2侧生蜜腺和2离生子房；F：成对蓇葖果；G：种子。夹竹桃 H：花枝，叶轮生，花序顶生；I：打开的花冠，示冠状鳞片，花药具尾状附属物并形成一个扭曲的毛状附属物；J：成对蓇葖果。黄花夹竹桃 K：花枝，叶互生和近对生，花大，漏斗状；L：核果。印度萝芙木 M：具花序和果序的枝；N：花芽，花冠螺旋状扭曲；O：种子

（2）突出特征 草本、灌木或攀援植物，具白色乳汁，叶对生或轮生，花冠管喉部具鳞片，无花粉块，子房上位，果实为蓇葖果，种子具簇生的毛（萝藦亚科，该科以前依据具花粉块、雄蕊与柱头盘合生以及柱头合生到合蕊冠上而被分离出来）。

（3）主要属 马利筋属（220种）、狗牙花属（220种）、鹅绒藤属（200种）、吊灯花属（140种）、球兰属（140种）、萝芙木属（105种）、狗牙花属（80种）、黄蝉属（15种）和长春花属（5种）。

（4）描述 多年生草本（长春花属）、藤本（桉叶藤属、*Daemia*）、灌木（牛角瓜属、夹竹桃属），稀为乔木（*Alstonia*），常肉质（球兰属）或类似仙人掌（豹皮花属），常具白色乳汁，含环烯醚萜苷类化合物。叶为单叶，在一些肉质植物中退化或无，对生（长春花属、牛角瓜属）或轮生（夹竹桃属），单叶全缘，羽状网脉，无托叶，叶柄基部常具黏液毛。

花序为二歧聚伞花序、单歧聚伞花序、总状花序或伞形花序（牛角瓜属），有时为单生花（蔓长春花属），或腋生聚伞花序（长春花属）。花两性，辐射对称，下位花，5基数，常具副花冠。花萼具萼片5，离生或在基部合生，覆瓦状或镊合状排列，基部常具黏液毛腺体。花冠由5枚花瓣合生，花冠管常呈短钟形（牛角瓜属），高脚碟形（长春花属）或漏斗状（黄花夹竹桃属），花冠裂片扭曲或镊合状排列。**副花冠**常为5个鳞片或附属物，位于花冠喉部（似花冠的副花冠：夹竹桃属，桉叶藤属）或雄蕊着生处（雄蕊状副花冠：马利筋属，牛角瓜属），副花冠附属物可分泌蜜汁。**雄蕊群**含5枚雄蕊，花丝分离（狭义的夹竹桃科）或合生（除桉叶藤属的萝藦亚科），花药离生具分离的花粉粒（狭义的夹竹桃科）。萝藦亚科中，花药合生到柱头区域而形成一个5角盘状的合蕊柱。花粉粒在花粉囊内黏着而形成蜡质花粉块（着粉腺通过花粉块柄将2相邻花药的花粉块联系在一起形成载粉器，为昆虫传粉的一种适应性状）；花粉粒具3孔沟或2孔或3孔。雌蕊群为2个心皮在顶部合生，单室，边缘胎座，胚珠2或多数，单珠被，花柱2，柱头1，顶端具帽状体（长春花属）、哑铃型（夹竹桃属）或5裂而与花药合生成合蕊柱（牛角瓜属），有时心皮因中轴胎座而合生（黄花夹竹桃属、黄蝉属、*Carissa*）。**果实**为2个蓇葖果的聚心皮果（牛角瓜属，夹竹桃属），有时为核果（黄花夹竹桃属）、蒴果或浆果；种子常多数，扁平且具长丝质毛。萝藦亚科（图13.88）具有特殊的载粉器通过昆虫传粉。种子借助毛靠风传播。

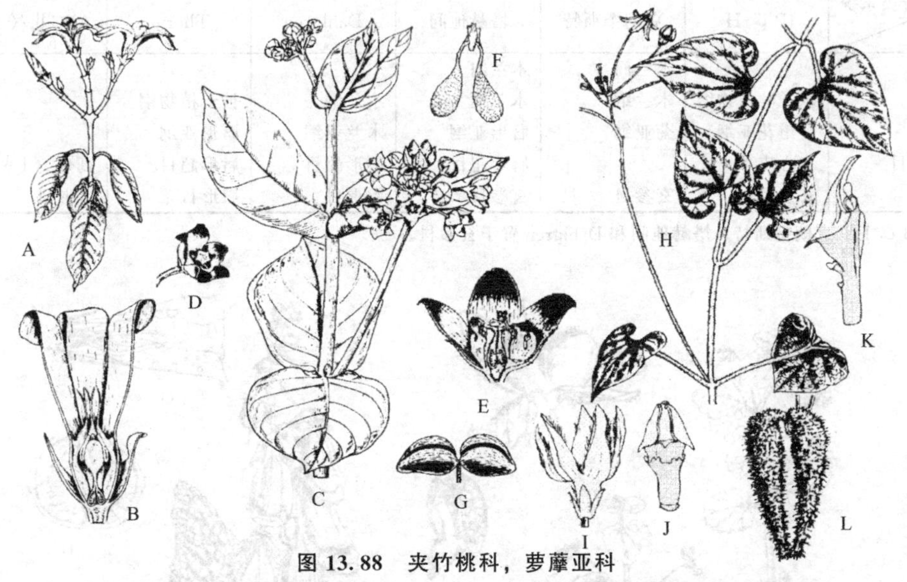

图 13.88　夹竹桃科，萝藦亚科

桉叶藤属　A：具顶生花序的枝；B：花纵切，具似花冠的副花冠和合蕊柱。牛角瓜　C：部分植株，伞形花序腋生；D：花，花冠顶端为紫色；E：花纵切，似雄蕊的副花冠，宽大的合蕊柱和离生的子房；F：2个花粉块通过花粉块柄连接而成的载粉器；G：成对的蓇葖果。地美紫荆藤　H：具花序的植株；I：花；J：去除花萼和花瓣的花，示副花冠和雄蕊管；K：雄蕊和副花冠侧面观；L：被刺毛的成对蓇葖果

（5）经济价值　夹竹桃属、长春花属、马利筋属、球兰属、国章属、鸡蛋花属和狗牙花属作为观赏植物栽培。夹竹桃属和黄花夹竹桃属是有毒植物（可以致命）。印度萝芙木的根生产利血平，用作精神病及精神高度紧张病人的镇静剂。长春花属可提供抗坏血病药品，鸡蛋花属的乳汁可用于治疗牙痛。可从几种植物的种子中获得低品质绒毛。眼树莲属的瓶状叶和根可与篓叶一起用于咀嚼。桉叶藤属也可作为橡胶的来源。吊灯花属的块茎可食。牛角瓜属和 *Leptadaenia* 的茎纤维用于制作索具。马利筋属是家畜的毒药。

（6）系统发育　长期以来，夹竹桃科与萝藦科亲缘关系很近，但又有区别，后者具花粉块、合蕊柱且常具雄蕊状的副花冠（Bentham 和 Hooker、恩格勒和柏兰特、哈钦松、克朗奎斯特、Dahlgren）。Thorne（1983）将萝藦科并入夹竹桃科，塔赫他间（1987，1997）、Judd 等人（2002）、APGⅡ和 APweb 都采纳了这种处理方式。萝藦科作为独立的科会导致夹竹桃科成为并系类群（Judd 等，1994；Endress 等，1996）。夹竹桃科（Thorne，2000）被适当地分为 5 个亚科：萝芙木亚科（鸡蛋花亚科）、夹竹桃亚科、杠柳亚科、鲫鱼藤亚科和马利筋亚科。属的界限尚未清楚地解决。按照 Sennblad 和 Bremer（2002）的观点，萝芙木亚科和夹竹桃亚科可能是并系类群，杠柳亚科作为鲫鱼藤亚科＋马利筋亚科的姐妹类群也是不确定的（Potgeiter 和 Albert，2001；Sennblad 和 Bremer，2002）。

本科常被放到龙胆目中，但是 Thorne 已经把这个目并入广义的茜草目。Dahlgren 和 APGⅡ则采用了广义的龙胆目。

13.10.6　车前科

110 属，2000 种（图 13.89）

广泛分布于温带和热带地区，在温带地区更具多样性。

（1）分类地位

分类系统 / 分类群	B & H	克朗奎斯特	塔赫他间	Dahlgren	Thorne	APGⅡ/(APweb)
门		木兰门	木兰门			
纲	双子叶植物纲	木兰纲	木兰纲	木兰纲	被子植物纲	
亚纲	合瓣花亚纲	菊亚纲	唇形亚纲	木兰亚纲	唇形亚纲	
系＋/超目	二心皮系＋		唇形超目	唇形超目	唇形超目	真菊类Ⅰ[①]
目	玄参目	玄参目	玄参目	唇形目	唇形目	唇形目

注：B & H、克朗奎斯特、塔赫他间和 Dahlgren 置于玄参科。

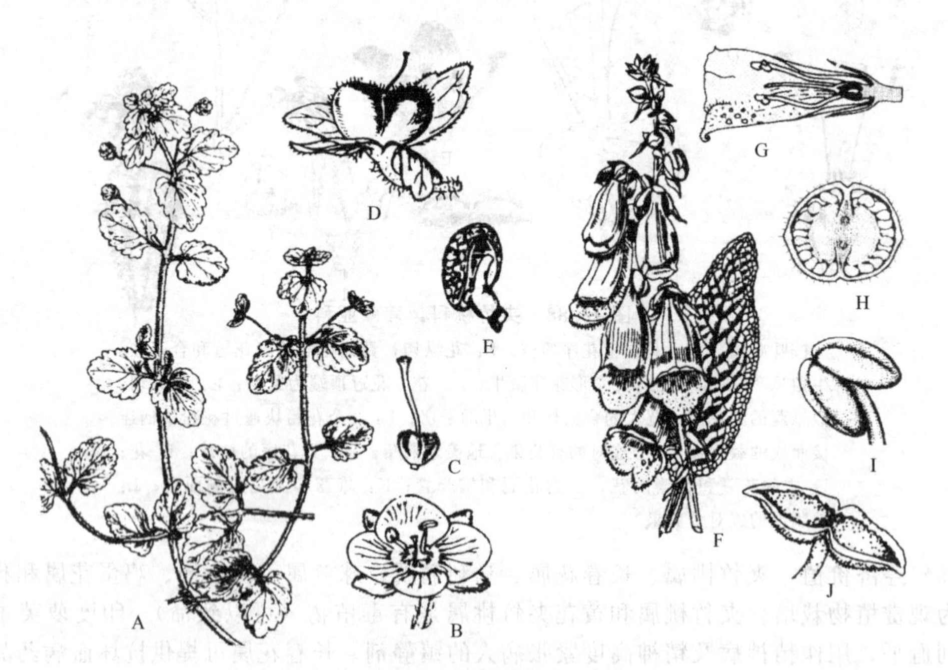

图 13.89　车前科

阿拉伯婆婆纳　A：植株，花腋生；B：花，萼片与花瓣各 4，雄蕊 2；C：雌蕊群；D：果实，花萼和花柱宿存；E：种子。毛地黄　F：花序枝；G：花纵切；H：子房横切，中轴胎座；I：未成熟的花药；J：花药通过 2 个裂缝裂开

(2) 突出特征　叶互生或对生，无托叶，花两侧对称，雄蕊2或4，花药通过2个裂缝开裂，基部多少呈箭形，心皮2，子房上位，2室，胚珠多数，果实为蒴果。

(3) 主要属　荷包花属（340种）、婆婆纳属（350种）、车前属（210种）、钓钟柳属（220种）、沟酸浆属（130种）、柳穿鱼属（110种）、金鱼草属（40种）、石龙尾属（32种）、*Globularia*（25种）、水八角属（20种）、野甘草属（20种）和毛地黄属（20种）。

(4) 描述　草本或小灌木，稀为攀援植物（卷毛金鱼草），常含酚醛糖类和三萜系化合物皂角苷，有时含强心苷，常具单毛，为腺毛时具短的盘状头形，缺乏纵向分割。叶互生或对生，稀轮生（炮仗竹属），单叶，全缘或具齿，羽状网脉，无托叶。花序为总状花序类：总状花序或穗状花序。花两性，两侧对称，下位花。花萼具萼片5，稀为4（婆婆纳属），合生，宿存。花冠，具花瓣5，稀为4（由于两个花瓣融合如婆婆纳属），合生，常为二唇型，有时具蜜腺囊或距，下唇有时在喉部膨大（唇形花冠），裂片覆瓦状或镊合状排列。雄蕊群常具4枚雄蕊，二强雄蕊，有时具退化的第五个雄蕊（钓钟柳属），稀为2（婆婆纳属，荷包花属），雄蕊着生于花冠管上，花丝分离，花药2室，纵向缝裂，花粉囊分叉（花药箭形），花粉粒具3孔沟。雌蕊群为两个合生心皮，稀只有1个心皮发育（球兰属），子房上位，2室，每室有数个胚珠，稀为1或2（球兰属），单珠被，中轴胎座，花柱1，柱头2裂，子房位于蜜腺盘之上。果实，为室间开裂的蒴果；种子具棱或翅，胚直生或弯曲，有胚乳。昆虫传粉。种子或小坚果靠风传播。

(5) 经济价值　本科提供了很多观赏植物，如毛地黄属，沟酸浆属，金鱼草属，钓钟柳属，婆婆纳属以及炮仗竹属。毛地黄属的一些种，主要是毛地黄和狭叶毛地黄，用来提取洋地黄素和地高辛，用作强心剂和补药。有梗石龙尾的汁液用作退烧药、补药和健胃药。婆婆纳属的一些种用来生产治疗溃疡和烧伤的糖苷类药物。

(6) 系统发育　本科和玄参科、爵床科近缘，两科都具有以下特征：花两侧对称，5数花，雄蕊少于5，2心皮上位子房和蒴果。最初置于玄参科的那些属通过独特的2室花药2裂缝裂开、腺毛的头部缺乏纵向的分割等特征区分。Thorne早些时候（1999，2000）把车前属、水马齿属、杉叶藻属3个属分别移到了车前科、水马齿科和杉叶藻科等不同的科中，并且把这个科重新命名为金鱼草科。然而，Judd等（1999，2002）、APGⅡ和APweb已经把这四个科都并入车前科，Thorne后来（2003）也采纳了这种处理方式。CpDNA特征支持该科为单元起源。Olmstead（2001）建议把荷包花属（具高度囊状的花冠）和一些相关的属放到一个单独的科荷包花科，这种改变在APGⅡ、APweb和Thorne（2003）系统中得到采纳。

13.10.7　玄参科

46属，1460种（图13.90）

广泛分布于温带到热带地区，在非洲多样性尤其丰富。

(1) 分类地位

分类系统 / 分类群	B & H	克朗奎斯特	塔赫他间	Dahlgren	Thorne	APGⅡ/(APweb)
门		木兰门	木兰门			
纲	双子叶植物纲	木兰纲	木兰纲	木兰纲	被子植物纲	
亚纲	合瓣花亚纲	菊亚纲	唇形亚纲	木兰亚纲	唇形亚纲	
系+/超目	二心皮系+		唇形超目	唇形超目	唇形超目	真菊类Ⅰ①
目	玄参目	玄参目	玄参目	唇形目	唇形目	唇形目

(2) 突出特征　叶互生或对生，无托叶，花两侧对称，花药常通过1个单缝裂开，心皮

2，子房上位，2室，胚珠多数，蒴果。

(3) 主要属 毛蕊花属（360种）、玄参属（230种）、穗花属（150种）、*Sutera*（140种）、醉鱼草属（100种）、*Manulea*（55种）和*Nuxia*（30种）。

(4) 描述 草本或小灌木（醉鱼草属），常含环烯醚萜苷类化合物，常为单毛，腺毛时具复合的多细胞短盘状头形，具纵向分割。叶互生或对生，稀为轮生，单叶，全缘或具齿，羽状网脉，无托叶。花序为总状花序类：总状花序或穗状花序。花两性，两侧对称或几乎辐射对称，下位花。花萼具萼片3～5，合生，宿存。花冠具花瓣4～5，合生，常2唇形，具狭管向上逐渐变宽，有时具蜜腺囊或距，覆瓦状排列。雄蕊群常具5枚雄蕊，稀为4或2，着生于花冠管上，花丝分离，有时具毛（毛蕊花属），花药2室，花粉囊融合并且通过与花丝成直角的单裂缝裂开，花药基部非箭形，花粉粒具3孔沟。雌蕊具2个合生心皮，子房上位，2室，每室1（*Selago*）到数个胚珠，中轴胎座，花柱1，柱头2裂，子房位于蜜腺之上。果实为室间开裂的蒴果，或具两个小坚果的分果（*Selago*）；种子具弯生或直生的胚，有胚乳。昆虫传粉。种子或小坚果靠风传播。

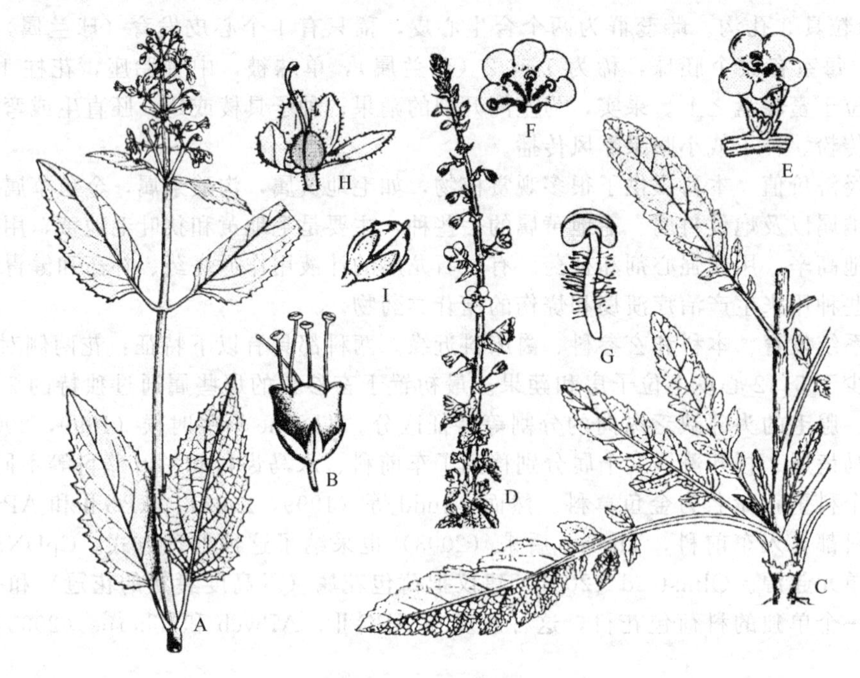

图 13.90 玄参科

高玄参 A：植株，花序顶生；B：花，雄蕊和花柱伸出。中国毛蕊花 C：植株下部，具基生叶和茎下部叶；D：花序的上部；E：花；F：展开的花冠，示生于花冠管上的雄蕊；G：雄蕊，花丝具腺毛；H：去除花冠和1个花萼的花，示雌蕊群；I：蒴果，花萼宿存

(5) 经济价值 本科经济价值不大，毛蕊花属、醉鱼草属以及*Nuxia*有时栽培作为观赏植物。

(6) 系统发育 本科与爵床科近缘，都具有花两侧对称、5数花、雄蕊少于5、2心皮上位子房和蒴果等特征。但玄参科具胚乳，花药通过单裂缝开裂，无花粉块盘。以前被放到玄参科的婆婆纳属、柳穿鱼属、金鱼草属、毛地黄属等属已经被分别置于金鱼草科（Thorne，1999，2000）或车前科（Judd等，2002；APGⅡ和APweb；Thorne，2003）。在这些系统中醉鱼草科和Selaginaceae已经被并入玄参科。形态学、*rbcL*和*ndhF*的资料（Olmstead和Reeves，1995）清楚地表明玄参科是单源的。毛蕊花属和玄参属形成了一个以花丝具毛、胚乳发育和特殊的种子为特征的进化支，与其他的属为姐妹关系。穗花属和相关属（以前的 Selaginaceae）形成了一个以单珠被子房室和类似瘦果的果实为特征的进化支。醉鱼草属是明显的并系类群，但几方面的证据支持把它放在这个科中（Maldonado de Magnano，1986b）；*Teedia* 和 *Oftia* 是醉鱼草属的姐妹群得到了强有力的证据支持（Wallick 等 2001，2002）。

13.10.8 马鞭草科

36 属，1035 种（仅包括马鞭草亚科）（图 13.91）

分布广泛，主要分布于热带地区和温带地区，以新大陆最突出。

（1）分类地位

分类系统 / 分类群	B & H	克朗奎斯特	塔赫他间	Dahlgren	Thorne	APGⅡ/(APweb)
门		木兰门	木兰门			
纲	双子叶植物纲	木兰纲	木兰纲	木兰纲	被子植物纲	
亚纲	合瓣花亚纲	菊亚纲	唇形亚纲	木兰亚纲	唇形亚纲	
系+/超目	二心皮系+		唇形超目	唇形超目	唇形超目	真菊类Ⅰ[①]
目	唇形目	唇形目	唇形目	唇形目	唇形目	唇形目

（2）突出特征　植物体具芳香，叶对生，有锯齿，茎常具棱，无腺毛或如有则为单细胞腺毛，花两侧对称，总状花序、穗状花序或头状花序，花粉外壁在萌发孔附近加厚，花柱单一，柱头 2 裂，柱头显著膨大或具腺体，子房具 4 个胚珠，胚珠着生于假隔膜边缘。

（3）主要属　马鞭草属（200 种）、过江藤属（180 种）、马缨丹属（140 种）、琴木属（65 种）、*Blandularia*（55 种）、假连翘属（28 种）和鸭舌黄属（10 种）。

（4）描述　具芳香的草本（过江藤属），灌木（马樱丹属），有时为乔木，稀为藤蔓植物，有时具刺或棘，茎常 4 棱，常含环烯醚萜苷类和酚醛糖类化合物，常具腺毛、无腺毛或腺毛为单细胞。叶对生，有时为轮生，单叶或有时为裂叶，常具锯齿，全缘或有齿，无托叶。花序为总状花序类：总状、穗状或头状。花，两性，两侧对称，下位花。花萼具萼片 5，合生成管状或钟状，宿存，有时在果期扩大。花冠具花瓣 5，有时由于后面两个花瓣融合看起来像 4 个花瓣，合生，稍二唇形，裂片覆瓦状排列。雄蕊群具 4 枚雄蕊，着生于花冠管上，二强，花丝分离，花药纵裂，花粉粒 3 沟，外壁在萌发孔附近加厚。雌蕊群为 2 个合生心皮，子房上位，2 室，每室 2 胚珠，由于假隔膜的作用最终变为 4 室，每室 1 胚珠，单珠被，中轴胎座，子房不裂或轻微 4 裂，花柱 1，顶生，花柱单一或柱头 2 裂，柱头显著膨大或具腺体，子房位于蜜腺盘之上。果实为具 2 或 4 个纹孔的核果，或裂为 2 或 4 个小坚果的分果；种子具直生的胚，无胚乳。昆虫授粉，种子靠鸟类、风和水传播。

（5）经济价值　本科提供了一些观赏植物，如马鞭草属、马樱丹属，假连翘属和 *Glandularia*。过江藤属和 *Privea* 用作草本茶树或生产香精油。马鞭草用作治疗包括皮肤病在内的草药。

（6）系统发育　本科与唇形科亲缘关系很近。本科的界限做了重大调整，把以前马鞭草科的一些属（接近 2/3），如大青属、紫珠属、牡荆属和柚木属移到了唇形科中（Judd 等，2002；Thorne，2000，2003；APGⅡ，APweb）。现在该科仅包括一个马鞭草亚科。传统上未限制的马鞭草科是并系类群，并且唇形科是多系类群。而狭义的马鞭草科和广义的唇形科都变成了单系类群。本科与唇形科的区别在于：总状花序，胚珠着生于假隔膜边缘，花柱单一或柱头 2 裂，花粉外壁在萌发孔附近加厚，毛为单细胞，花冠轻微二唇形且常具顶生花柱。透骨草属（透骨草科）中有一个心皮败育，并且具一个基生胚珠，可能和马鞭草科有亲缘关系（Chadwell 等，1992）。海榄雌属常放到另一个独立的科中或被包括在广义马鞭草科

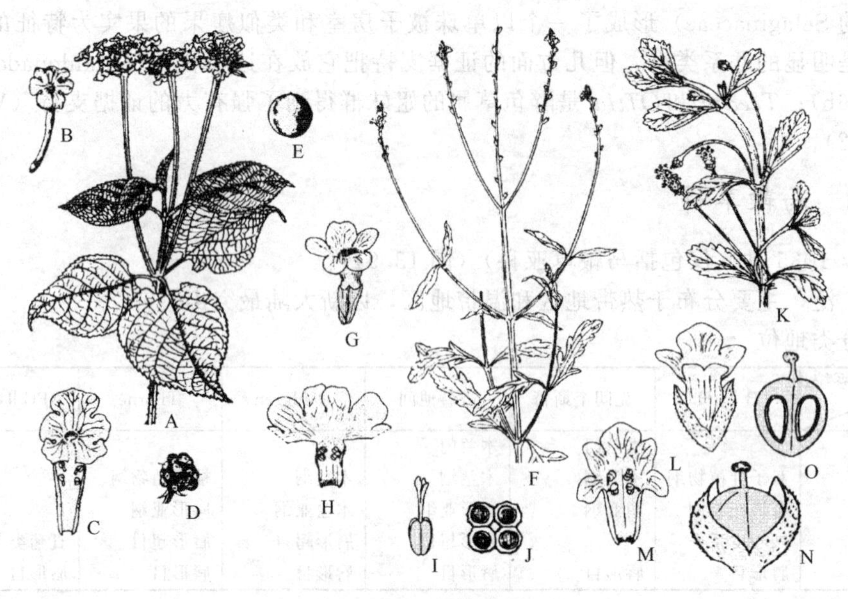

图 13.91 马鞭草科

马樱丹 A：枝，卵形紧凑的花序生于长的花序梗上；B：具长花冠管的花，缘部两侧对称；C：展开的花冠，示生于花冠管上的雄蕊；D：簇生的果实；E：果实。马鞭草，F：植株，具顶生穗状花序；G：花冠具更短更宽的花冠管，缘部两侧对称；H：展开的花冠，示生于花冠管上的雄蕊；I：雌蕊群；J：子房横切，4室，每室1粒种子。鸭舌黄 K：植株的一部分，球形花序生于花序梗上；L：花缘部两侧对称，具短宽的花冠管；M：展开的花冠，示着生于花冠管上的雄蕊；N：果实，具宿存的花萼；O：果实的纵切

下，但把它放在爵床科更为合适（APweb）。Thorne（2003）把透骨草科和海榄雌科作为独立的科处理。

13.10.9 紫葳科

113属，800种（不包括泡桐属）（图13.92）

广泛分布于热带和亚热带地区，少数种类还分布在温带地区，在南美洲北部从温带到热带地区以及非洲最具多样性。

(1) 分类地位

分类系统 分类群	B & H	克朗奎斯特	塔赫他间	Dahlgren	Thorne	APG Ⅱ/(APweb)
门		木兰门	木兰门			
纲	双子叶植物纲	木兰纲	木兰纲	木兰纲	被子植物纲	
亚纲	合瓣花亚纲	菊亚纲	唇形亚纲	木兰亚纲	唇形亚纲	
系+/超目	二心皮系+		唇形超目	唇形超目	唇形超目	真菊类Ⅰ①
目	玄参目	玄参目	玄参目	唇形目	唇形目	唇形目

(2) 突出特征 常为木质藤本或乔木，叶常对生，多为复叶，有时具卷须，无托叶，蜜腺生于叶上，花两侧对称，鲜艳，雄蕊4，心皮2，子房上位，2室，胚珠多数，果实为木质蒴果，种子常具翅。

(3) 主要属 金树属（100种）、二叶藤属（70种）、*Adenocalyma*（45种）、蓝花楹属（40种）、火焰树属（20种）、梓属（11种）、凌霄属（2种）和吊灯树属（1种）。

(4) 描述 灌木，乔木或藤蔓植物（紫葳属，凌霄属），藤蔓植物常具特征性的次级生长，导致木质部柱具裂或沟，常含环烯醚萜苷类和酚醛糖类化合物。叶常对生或

轮生，羽状或掌状复叶，有时为单叶（梓属），羽状或掌状网脉，一些小叶常变形成卷须，无托叶，但在叶柄基部常具腺体。**花序**为聚伞花序、总状花序或圆锥花序，稀为单生花。**花**两性，两侧对称，下位花，常鲜艳。**花萼**具萼片5，合生。**花冠**具花瓣5，合生，鲜艳，常二唇形，有时下唇具囊或距，裂片覆瓦状排列。**雄蕊群**具4枚雄蕊，第5枚常为退化雄蕊，稀5（木蝴蝶属）或2（梓属），着生于花冠管上，花丝分离，花药2室，箭形，纵裂，花粉粒有时处于四分体或多分体时期。**雌蕊群**具2个合生心皮，子房上位，2室，中轴胎座，稀为单室的特立中央胎座，胚珠多数，倒生，花柱短，柱头具不等的裂片。**果实**为木质蒴果，偶尔为浆果或荚果；种子边缘具翅或毛，无胚乳，子叶2深裂。昆虫传粉。种子靠风传播。

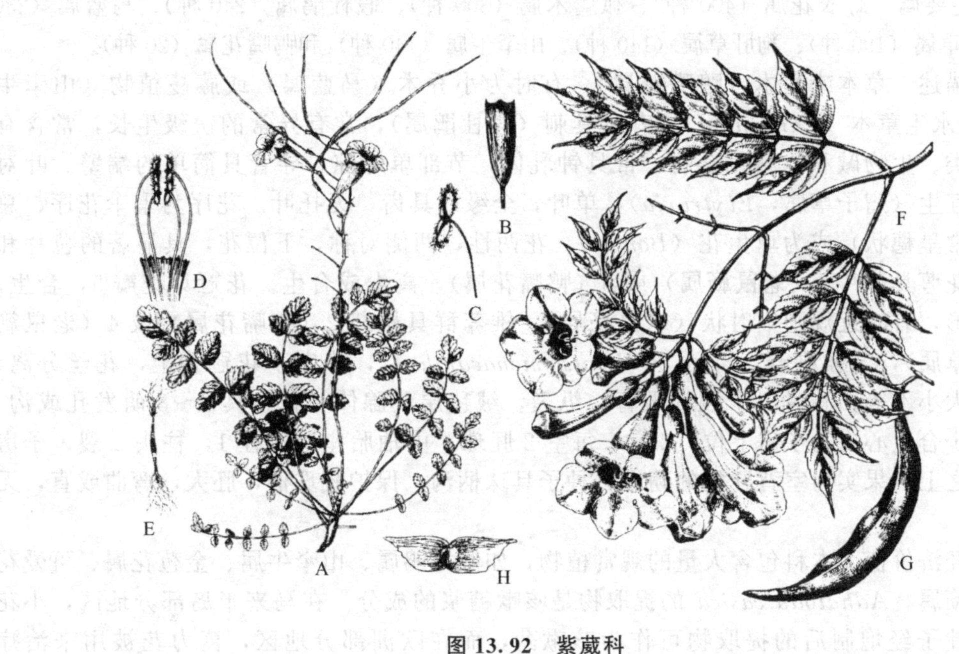

图13.92 紫葳科

角蒿属 A：植株，总状花序顶生，蒴果长线形；B：具细小裂片的花萼；C：雄蕊，花丝拱形弯曲，展开的药室被长茸毛；D：部分花冠展开，示雄蕊；E：种子，两端都具线状和纤维状物。美洲凌霄 F：花枝；G：果实；H：具翅的种子

(5) 经济价值　本科有一些为观赏植物，如非洲郁金香树属、吊灯树属、金树属、葫芦树属和黄钟花属。常见的攀援植物有紫葳属、凌霄属、硬骨凌霄属以及炮仗花属。金树属和梓属作为木材，主要用作篱笆柱。

(6) 系统发育　本科与玄参科近缘，两个科都具有花两侧对称、5数、雄蕊少于5、2心皮上位子房和蒴果等特征。形态学证据表明该科为单系类群。羽状复叶被认为是原始性状。常被放在紫葳科中的泡桐属和夷地黄属是介于紫葳科与玄参科中间的类群，因此这两个属分别被Thorne、APGⅡ和APweb放到不同的科泡桐科和夷地黄科中。泡桐属表面上看起来像梓属，但它具有胚乳，没有紫葳科的子房和种子结构（Armstrong，1985；Manning，2000)。

13.10.10　爵床科

221属，3650种（图13.93）

全世界都有分布，主要分布于热带和暖温带地区。

(1) 分类地位

分类系统 分类群	B & H	克朗奎斯特	塔赫他间	Dahlgren	Thorne	APGⅡ/(APweb)
门		木兰门	木兰门			
纲	双子叶植物纲	木兰纲	木兰纲	木兰纲	被子植物纲	
亚纲	合瓣花亚纲	菊亚纲	唇形亚纲	木兰亚纲	唇形亚纲	
系+/超目	二心皮系+		唇形超目	唇形超目	唇形超目	真菊类Ⅰ[①]
目	玄参目	玄参目	玄参目	唇形目	唇形目	唇形目

(2) 突出特征 叶对生，无托叶，花两侧对称，具显著的苞片和小苞片，雄蕊2～4，花药裂片大小不等，心皮2，子房上位，2室，胚珠4或多数，蒴果，种子具珠柄钩。

(3) 主要属 虾衣花属（400种）、狐属木属（300种）、假杜鹃属（240种）、马蓝属（230种）、芦莉草属（190种）、狗肝草属（140种）、山牵牛属（140种）和鸭嘴花属（20种）。

(4) 描述 草本或灌木（鸭嘴花属），有时为小乔木（马蓝属）或藤蔓植物（山牵牛属），稀为水生草本（*Cardentha*），有时具刺（假杜鹃属），常有异常的次级生长，常含有环烯醚萜类、生物碱和二萜化合物，常具钟乳体，节部单叶隙，导管具简单的端壁。叶对生，稀为互生（瘤子草属，*Elytraria*），单叶，全缘或具齿，无托叶。花序为聚伞花序、总状花序（常呈穗状）或为单生花（*Bontia*）。花两性，两侧对称，下位花，具显著的苞片和小苞片。花萼具萼片4（老鼠簕属）或5（鸭嘴花属），离生或合生。花冠具花瓣5，合生，常为二唇形，有时近规则辐射状（老鼠簕属）。雄蕊群具雄蕊2（鸭嘴花属）或4（老鼠簕属，卢利草属），二强雄蕊，稀为5（*Pentstemonacanthus*），着生于花冠管上，花丝分离，花药裂片大小不等，有时1个裂片败育，纵裂，绒毡层具腺体，花粉具2～8萌发孔或沟。雌蕊为2个合生心皮，子房上位，2室，每室2胚珠，中轴胎座，花柱1，柱头2裂，子房位于蜜腺之上。果实为室背开裂的蒴果；种子具珠柄沟，保护胚珠柄，胚大，弯曲或直，无胚乳。

(5) 经济价值 本科包含大量的观赏植物，如假杜鹃属、山牵牛属、金苞花属、可爱花属和老鼠簕属。*Adhatoda vasica* 的提取物是咳嗽糖浆的成分。在马来半岛部分地区，小花老鼠簕的叶子经炮制后的提取物可作为咳嗽药，而在欧洲部分地区，茛力花被用来治疗腹泻。

(6) 系统发育 本科与玄参科近缘，都具有花两侧对称、5数花、雄蕊少于5、2心皮上位子房和蒴果等特征。但爵床科没有胚乳，花药通过两个裂缝裂开和具有花粉块盘，这些特征区别于玄参科。Thorne（1999，2000）以前划分了5个亚科：瘤子草亚科、山牵牛亚科、Mendoncioideae、老鼠簕亚科和爵床亚科。前2个亚科包括一些异常的属。瘤子草亚科有时具互生的叶，具胚乳和无珠柄沟，可能代表本科内一个并系的基部类群。瘤子草亚科常常被放到广义的玄参科或被认为是玄参科与爵床科的“中间类群”，但Hedren等，（1995）把它们作为广义爵床科其他属的姐妹群。根据Scotland和Vollesen（2000）的观点，缺乏珠柄沟和钟乳体，向下螺状花被卷叠式（即在蕾期近轴面的花瓣和远轴面的花瓣重叠）可能是多型现象。老鼠簕亚科很明显是单系类群（Scotland，1990），以不含钟乳体、茎节不膨大、花粉具沟和单室花药为特征。在Mendoncioideae中，其中一个心皮常败育，果实为核果，花柱叉形分支。Mendoncioideae和爵床亚科后来分别被融合到了山牵牛亚科和老鼠簕亚科中（APweb和Thorne，2003）。APweb把海榄雌亚科作为第4个亚科，强调把海榄雌科并入广义爵床科确实得到较高支持；而与山牵牛亚科作为姐妹群关系则显示支持率很低(Schwarzbach和McDade，2002)。基于分子生物学证据的分类地位也得到形态学特征包括具明显的茎节、花序结构、花具苞片和2个小苞片、胚珠数减少和无胚乳等特征的支持(Judd，2002)。然而，Thorne（2000，2003）把海榄雌科作为一个独立的科处理。

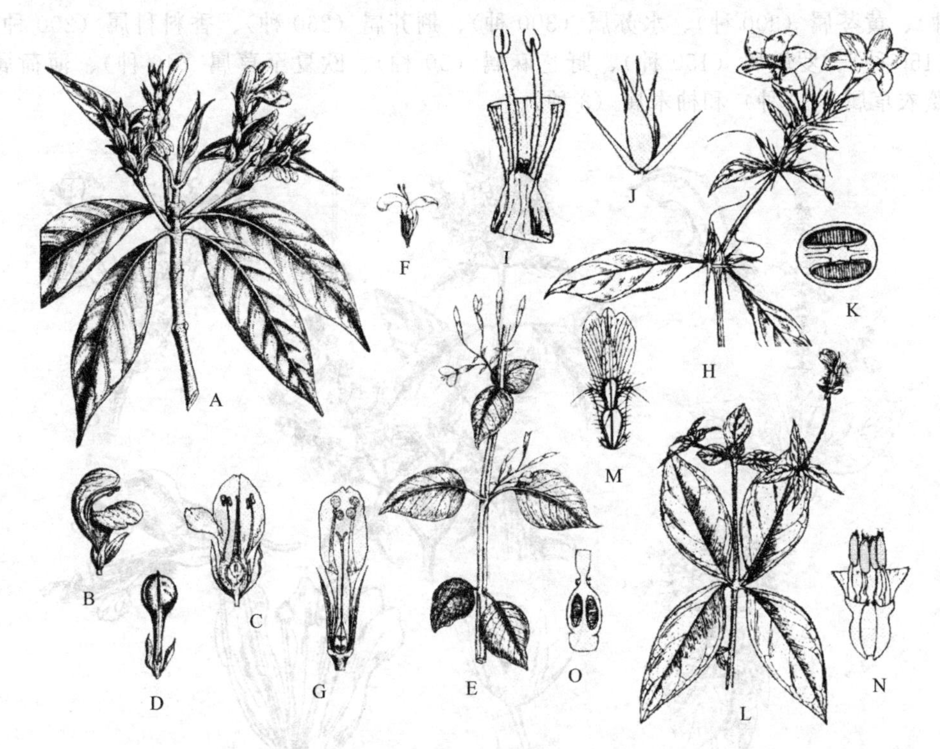

图 13.93　爵床科

鸭嘴花　A：具穗状花序的枝；B：花具二唇形花冠；C：花的纵切面，示两枚冠生的雄蕊；D：具宿存萼片的蒴果。双萼观音草　E：具花的枝条；F：花具二唇形花冠；G：花的横切面。黄花假杜鹃　H：部分枝条，节上具刺，花簇生于叶腋；I：花冠管打开以显示雄蕊，唇瓣被切除；J：带刺的萼片和小苞片；K：子房横切。百簕花　L：部分花枝；M：花；N：花冠管打开以显示冠生的雄蕊，部分唇瓣被切除；O：紫蕊的纵切面

13.10.11 唇形科

264 属，6990 种（图 13.94）

世界性分布，大部分集中于地中海地区。

（1）分类地位

分类系统 分类群	B & H	克朗奎斯特	塔赫他间	Dahlgren	Thorne	APGⅡ/(APweb)
门		木兰门	木兰门			
纲	双子叶植物纲	木兰纲	木兰纲	木兰纲	被子植物纲	
亚纲	合瓣花亚纲	菊亚纲	唇形亚纲	木兰亚纲	唇形亚纲	
系＋/超目	二心皮系＋		唇形超目	唇形超目	唇形超目	真菊类Ⅰ[①]
目	唇形目	唇形目	唇形目	唇形目	唇形目	唇形目

注：B & H 采用 Labiateae，其余学者采用 Lamiaceae。

（2）突出特征　芳香草本，茎 4 棱，多细胞非腺毛，叶对生，无托叶，聚伞花序成簇侧生，常为轮伞花序，花两侧对称，雄蕊 2～4，花粉外壁在萌发孔处不加厚，心皮 2，子房上位，2 室，由于假隔膜的作用而成 4 室，胚珠 4，着生于假隔膜两侧，子房 4 深裂，花柱生于子房基部，顶端分叉，每个分叉的顶端具不明显的柱头区域，果实为裂成 4 个小坚果的分果。

（3）主要属　鼠尾草属（700 种）、大青属（400 种）、百里香属（340 种）、香茶属

(300种)、黄芩属(300种)、水苏属(300种)、荆芥属(260种)、香料科属(200种)、紫珠属(150种)、罗勒属(150种)、野芝麻属(50种)、欧夏至草属(40种)、薄荷属(30种)、薰衣草属(30种)和柚木属(3种)。

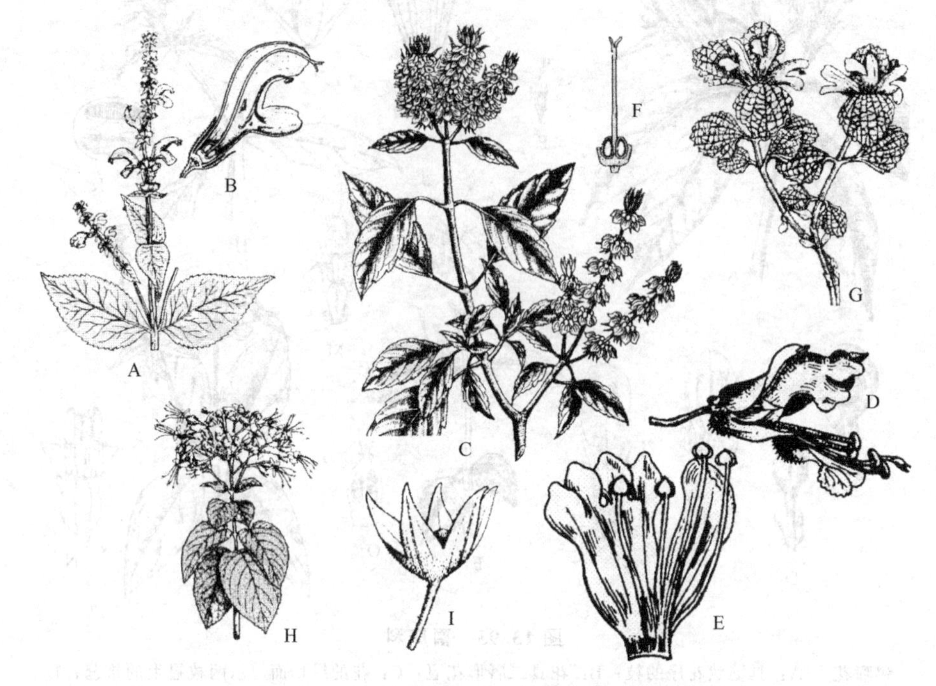

图 13.94 唇形科

一串红 A：花枝，花序腋生和顶生；B：花纵切，示唇形花冠和杠杆机制的雄蕊，花柱生于子房基部，蜜腺位于子房下面。罗勒 C：部分具花序的植株；D：花具唇形花冠和4对二强雄蕊；E：展开的花冠，示2种形状的冠生雄蕊；F：雌蕊，花柱生于子房基部，柱头二裂，蜜腺位于子房下面；G：菱叶野芝麻具花序的植株。龙吐珠 H：花枝，花序顶生；I：具宿存花萼的果实

(4) 描述 芳香的草本或灌木(迷迭香属，香科科属)，有时为小乔木(山香属)或大乔木(柚木属)，稀为攀援植物(黄芩属)，茎4棱，常含环烯醚萜类和酚醛糖类化合物，有时具吸盘(薄荷属)或匍匐茎(筋骨草属)，有时为绿色能进行同化作用(胡薄荷属)，常具腺毛和多细胞非腺毛。叶对生(稀为互生)，单叶或羽状复叶，常芳香，有时退化(胡薄荷属)，无托叶。花序为轮伞花序(两个对生的聚伞花序簇生，起初为二轴，后来为单轴)，排列成总状、穗状或圆锥状。花具苞片(鞘蕊属)或无苞片(鼠尾草属)，两性，两侧对称，下位，常2唇形。花萼具萼片5，合生，常二唇形，1/4(罗勒属)或3/2(鼠尾草属)，宿存。**花冠**具花瓣5，合生，常为二唇形，4/1(罗勒属)或2/3(鼠尾草属)，有时无上唇(筋骨草属)，稀为4裂的花冠(刺蕊草属)。雄蕊群具雄蕊2(鼠尾草属)到4(罗勒属)，生于花冠管上，二强雄蕊，有时为杠杆机制(花药裂片被一个长的药隔分离，像杠杆摆动，一个裂片不育，一个可育)如鼠尾草属，花丝分离，花药纵裂，花粉粒3沟或6沟。雌蕊为2个合生心皮，子房上位，2室，每室2胚珠，由于假隔膜的作用而成4室，每室1胚珠，倒生，中轴胎座，胚珠着生于假隔膜两侧，子房4裂，花柱1，生于子房基部，稀为顶生(筋骨草属)，顶端分叉，每个分叉的顶端具不明显的柱头区域，子房生于蜜腺盘上。果实为分果(小坚果群)裂为4个小坚果，或核果或具4粒种子的不裂荚果；种子具直胚，胚乳小或无。昆虫授粉，下唇为其提供降落的平台。种子靠鸟、风和水传播。

(5) 经济价值 本科包括几种用于烹调和香料的植物，如留兰香、辣薄荷、普通百里香、罗勒、牛至和药鼠尾草。本科也是流行香水薰衣草和迷迭香的原料来源。在印度，圣罗

勒是一种神圣的植物。常见的观赏植物包括鼠尾草属、美国薄荷属、贝壳花属、大青属和鞘蕊属。水苏属一些种类的块茎可食用。柚木的木材坚硬耐用，广泛栽培于印度和缅甸。

（6）系统发育　唇形科被普遍认为是双子叶植物中最进化的科，和马鞭草科关系近缘。本科的界限已经做了重大修订，一些属如大青属、紫珠属、牡荆属和柚木属等（几乎 2/3）从老的马鞭草科移到唇形科（Judd 等，2002；Thorne，2000，2003；APG Ⅱ，APweb）。唇形科与马鞭草科的区别在于它具有侧生轮伞花序，胚珠生于假隔膜两侧，柱头 2 裂成两个小的柱头区域，花粉外壁在萌发孔处不加厚，多细胞毛，明显的二唇形花冠，花柱生于子房基部。根据 Wagstaff 等（1998），可以划分出以下 5 个进化支（亚科）：荆芥亚科（花粉具 3 核，6 沟，花柱生于子房基部，黏子房；无胚乳，胚发育）、野芝麻亚科（种子油中含有十八碳-5,6-二烯酸，胚囊的珠孔部比合点部更长更宽，花柱生于子房基部）、刺蕊草亚科（雄蕊 4，近等长）、黄芩亚科（花柱 2，唇形，唇圆形；种子具瘤状突起）、香科科亚科［（包括筋骨草亚科）花粉外壁具分支或颗粒柱状］。100％的自展值支持率支持这样的划定（Wagstaff 等，1998）；绒苞藤属可能是其余类群的姐妹群，但是一些关系还在不断地变动。Thorne（2000，2003）增加了两个亚科即六苞藤亚科（绒苞藤属、楔翅藤属、六苞藤）和木薄荷亚科（17 属，包括发芽木亚科，柚木属），并建立了筋骨草亚科（取代了香科科亚科），因此共确认了 7 个亚科。

第14章 植物系统分类学的网络资源

近年来，因特网与科学在各方面相互促进发展，人们可以直接进入庞大的全球数据库。人们在努力尝试把普通的植物学文献和特殊的分类学文献整合，并通过互联网便捷地链接到各个电子网站。植物学网络指南（Internet Directory for Botany，IDB）是一个非常有用的网站，可以提供从因特网上获得植物学信息的索引，由 Anthony R. Brach（哈佛大学标本馆/美国圣路易斯密苏里植物园）、Raino Lampinen（芬兰赫尔辛基大学芬兰自然历史博物馆的植物博物馆）、Shunguo Liu（加拿大埃德蒙顿 SHL 系统室）和 Keith McCree（俄勒冈州橡树岭）等人编纂。该目录最初由赫尔辛基大学维护，包含学科种类目录（植物相关网址的收集），但现在已经在植物学网络指南（IDB）上中止。在克罗地亚、法国、德国的柏林和埃森以及美国有其镜像网站。

为了使用互联网资源，Una Smith（http：//www. ibiblio. org/pub/academic/biology/ecology＋evolution/bioguide/bioguide. new）维持着一个有用的指南。这个文件曾是最早最流行的因特网使用向导之一。最后一次更新是在 1999 年，尽管大部分已经无法使用，但这个向导在今天还对读者有一些用途或能引起读者的注意。一些更有用的网络资源介绍如下：

14.1 BABEL 数据库

由 Andrew N. Gagg 维护的一个关于欧洲野生植物俗名的多语言数据库。对于各种语言中的欧洲野生植物的通用名，首次尝试整合那些有趣的专有名词、词典、数据库。BABEL 还含有关于物种新老名称的独立文件，当名称发生变化时，物种的普通英文名仍记录在案。

14.2 分类学鉴定的专家中心

分类学鉴定的专家中心（Expert Centre for Taxonomic Identification，ETI）是一个非盈利性机构，由联合国教科文组织发起，致力于在全球规模上提高分类学信息的数量、质量和获取量。资金由荷兰政府、阿姆斯特丹大学，联合国教科文组织以及各种其他来源提供。通过捕获和传播分类学家知识，ETI 能通过它的特殊计算机软件工具允许任何人去鉴定物种并找到物种相关信息。ETI 具有 2 个重要的数据库：世界分类学家数据库（World Taxonomists Database，WTD）和世界生物多样性数据库（World Biodiversity Database，WBD）。WTD 可以搜索到分类学家的研究所以及专业领域的信息。WBD 是一个不断扩展的分类学数据库及信息系统，目的是整理提供所有大约 170 万现存已知物种的信息，并使这个重要生物学信息在世界范围内可以获得。WBD 目的是要对全球生物多样性资源增进了解并能更负责地应用和管理这些资源。这个数据库包括分类学信息（分类阶元系统）、物种名称、异名、描述、图解和可链接的参考文献。一个直接与CMBI的链接提供关于每个分类单元的蛋白质序列和核酸序列等遗传信息。在未来，WBD将扩展在线鉴定检索表以及一个相互协作的地理信息系统。在荷兰四大标本馆还有具有模式标本的目录数据库和海洋生物的UNESCO-IOC注册名单。该名单基本上只是一个物种名称的列表，但是如作者名称，俗名，有关地理和测量分布以及NODC数字编码等可能的额外的信息已经增加进去了。

14.3 哈佛大学

美国麻省剑桥哈佛大学标本馆，拥有一些可检索数据库（http://www.huh.harvard.edu./databases/index.html）。格里标本馆索引数据库（Gray Herbarium index Database）（原来是格里标本馆卡片索引）目前包括35多万条1886年1月及以后发表的新大陆的分类群名称记录。本数据库包含了每个名称以及很多包含模式信息记录在内的基本文献细节和数据。在20世纪90年代初期数据被转变成电子版，从那时开始把大量时间投入在它们的规范化和核查上。尽管在《格里索引》中大部分名称引证在《邱园索引》也已记录，但还有很多关于新大陆的种下名称记录，这些名称是《格里索引》中特有的。现在可以在网上通过IPNI和生物多样性与生物采集的Gophor查询工具从E-mail数据服务器中进行关键词搜索获取信息。

（1）植物学家索引 （Index to Botanists）是一个可搜索到包括植物的命名人、植物标本的采集者和植物学出版物作者等信息的数据库。这些信息汇编成一个统一的资源，并可以通过键入人名，姓或名均可，或通过标准的简写进行查询。

（2）植物学出版物索引 （Index to botanial publications）是一个可检索的数据库，可通过它确认在标本数据库和《格里索引》中出版物的名称。它的特别之处在于对书和杂志目录的摘要，主要依靠植物文献的标准印刷资源。

（3）植物标本的索引 （Index to botanial specimens）包含将近11.7万条记录，其中大约10万条与维管植物的模式标本相关。搜索可以通过合并科或更高分类群、属、种加词和种下加词而进行。

14.4 GRIN分类学主页

USDA的国家植物种质系统（National Plant Germplasm System，NPGS）中种质资源信息网络的分类学数据库保存了经济植物的记录。本库提供了大约3.7万个分类群，涵盖了1.4万个属的结构和命名信息。数据库可以对种的信息进行简单和复杂的查询。数据库也可以直接搜索世界经济植物、它们的科属名称、种子协会的命名、联邦政府和国家有害杂草以及稀有和濒危植物。人们也可以下载科、属、种的文件。GRIN由美国农业部农业研究服务机构国家种质资源实验室的数据管理单元（Database Management Unit，DBMU）管理。

14.5 国际植物名称检索

国际植物名称检索（International Plant Names Index，IPNI）是一个包含所有种子植物名称和相关的基本参考书目等详细信息的数据库。它是英国皇家植物园邱园，哈佛大学标本馆和澳大利亚国家标本馆合作的产物。库中超过100万条记录来自《邱园索引》，超过35万条记录来自《格里索引》以及超过6.3万条记录来自《澳大利亚植物名称索引》（*Australian Plant Names Index*）。《邱园索引》到1971年后才收录种下名称，而其他两个索引收录它们所在地区的种下名称，这样很多种以下水平的名称在 IPNI 中是缺失的。其目标是为了消除有关植物名称基本文献信息等重要资源的重复参考。数据可以免费获得并逐渐标准化和进行核对。IPNI 在植物学领域所有工作者的直接贡献下，会成为一个动态资源。

14.6 属名索引

属名索引（Index Nominum Genericorum，ING）是一项植物分类学国际协会和史密森学会的合作项目。ING 数据库涵盖了包括真菌在内的发表的有效植物属名。另外，ING 包括文献引证和属名的模式指定及命名地位的信息。大部分基于《属名索引》（Index Nominum Genericorum）（植物的）（Farr 等，1979）和补编（Farr 等，1986），数据库更新到 1990，甚至 1990 年以后。来自于 ING 名录中的属名在出版的《目前使用的现存植物属的名称》（Names in Current Use for Extant Plant Genera）（Greuter et al.，1993）一书中通过属名前加 [C] 来识别。

14.7 植物属以上名称索引

植物属以上名称索引数据库由美国马里兰大学公园学院植物生物系主持。此项目由美国国家农业图书馆、植物分类学国际协会和马里兰大学 Norton-Brown 标本馆共同资助。数据处于初始阶段。数据库将不断地变化，以使到目前为止列出的任何名称为最早有效合法名称。科（除了亚目）和科以上的名称是最新的，但是亚目和科以下的名称还没有完成，仅有 1893 年前定的名称一直延用到现在。数据库的目的是收集现存维管植物所有有效的、合法的属以上名称。数据库是动态的并得到及时更新，以使所列出的名称不仅为最早有效、合法的名称，并且是最新的。

14.8 综合分类学信息系统

综合分类学信息数据库（Integrated Taxonomic Information System，ITIS）提供了水生和陆生植物和动物区系的高质量分类学信息。ITIS 是美国联邦机构同联邦的、国家的分类学者以及提供分类学信息的个人合作的产物。地理范围将首先强调北美分类群。

14.9 命名法规

国际植物分类协会（http：//www. bgbm. fu-berlin. de/iapt/）通过它的 bgbm 服务器主办一个圣路易斯法规最新的完整版本（国际植物命名法规，ICBN-2000）。法规的主页（http：//www. bgbm. org/iapt/nomenclature/code/default. htm）可以链接到法规的所有部分。法规有英文的和斯洛伐克语的。这些链接可以指向法规的特殊条款。主页可以链接到较早的用英语、法语、德语和斯洛伐克语编著的东京法规（已由圣路易斯法规替代）。国际植物分类协会（IAPT）主页主管现在使用名称的在线数据库。

为了对所有的生物都使用一个共同的命名法规，生物法规应运而生。1995 年开始准备第 1 个草案。在经过了反复的修改后，第 4 个草案命名为生物法规草案（1997），由国际生物命名委员会编写，并由 Greuter 等（1998）出版，现在可以从皇家安大略博物馆在线获得（http：//www. rom. on. ca/biodiversity/biocode/biocode97. html）。这一法规希望得到人们的广泛接受，但实际上没有得到多少支持。

系统发育分类学对单源进化支发展的需要导致了系统发育法规的出版。1990年以后的一系列文章和3个专题讨论会导致了系统发育法规的发展。这3个专题讨论会在1995年首次举办，第二次在1996年，第三次是美国的密苏里圣路易斯举办的第16届国际植物大会(1999)，主题为“系统发育命名法的回顾和现实应用”。系统发育法规的最新版本可以于2002年7月后在 http：//www. ohiou. edu/phylocode/上获得。

14.10 邱皇家植物园

邱园已经发布了一个最新的被称为 ePIC 的信息资源检索服务电子植物信息中心。从 ePIC 在 www. kew. org/epic/上的界面，人们现在可以一次性地通过邱园的6个数据库或网站检索植物信息。这个发布包括：①国际植物名称索引；②邱园的分类学文献目录数据；③植物微形态发育的参考文献目录；④有关干旱和半干旱地区经济植物调查的植物经济价值的信息；⑤种子储存特性的信息；⑥大约3万份植物类群的活材料；⑦网站上系统数据的索引。关于这些资源的进一步信息可以在 www. kew. org/epic/datasources. htm. 上找到。

14.11 物种2000项目

物种2000项目由国际生物科学协会主办，科学和技术资料委员会以及国际微生物团体协会协作，于1994年9月建立。后来由 UNEP 生物多样性项目工作组提供1996年至1997年的资助，并与联合国生物多样性会议的资料交换机构联合。物种2000项目以列举地球上所有已知的植物、动物、真菌和微生物等物种作为基本数据，来实现研究全球生物多样性的目标。由 BIOSIS-UK 主办的网站能从动态名录或年度名录中查到某物种，并与物种2000的主页(http：//www. sp2000. org/）链接，数据来源于大量的多方参加的数据库。用户可以通过在线投票在稳定的年度名录和动态的名录中进行选择。本项目的目的在于：①在网上打开一个动态普通访问系统，于大量在线的分类学数据库中通过名称来定位某一个种；②产生稳定的物种索引，物种2000年度名录，可以从网上和光盘中获得，每年更新一次；③鼓励通过寻找资源完成大量的分类学数据库，一方面来完善现存的数据库，另一方面，为了填补鉴定的空白，帮助建立新的数据库。物种2000项目由数据库团体与用户、分类学者和主办机构组成的联盟共同操作。该项目正在为所有的生物类群研制一个检索系统，其最终的目标是：列出地球上所有已知的生物名录。通过这个简单的主页，就可以访问全球主要物种数据库。

目前已经有22个数据库参与到这个项目中。动态名录包括30.4万物种、48.6万异名、21.7万普通名、8.7万参考文献，这些资料贡献自20个数据库。

14.11.1 全球植物名录项目

全球植物目录项目（Globul Plant Checklist Project）是物种2000数据库收集的一个部分，由国际植物信息组织（International Organisation for Plant Information，IOPI）名录委员会组办。它将包含大约30万种维管植物和100多万个名称；这是IOPI的优先项目。该名录包括维管和非维管植物，可以通过可搜索的数据形式来操作，该数据库可通过俄亥俄州大学图书馆的信息门户（http：//infotree. library. ohiou. edu/single-records/1987. html）得到。项目包括文献来源、科、原记述以及地位（名称是否被接受）等信息。

14.11.2 植物物种项目

IOPI 的植物物种项目（Species plantarum project）是一个协作的国际项目，目的在于帮助人类有效地、持续地管理地球的生物多样性。它是一个长期的项目，其目标是以整个世界为标准记录维管植物的基本分类学信息。它被喻为世界植物志。人们期望它能包括发表地点和模式标本等的已接受的名称和异名，从科到种下的所有分类群的简短描述、关键词、分布、参考文献、评论等。它将被连接到全球植物名录上，而全球植物名录是IOPI的首要优先项目。名录将会成为涵盖所有生物的物种2000项目的一部分。IOPI的主要策略是将各成员拥有的数据资源（诸如数据库、植物志以及专题文章的论述等）整合成计算机可以访问的格式。整合的数据由世界范围的网络专家来编辑使其具有一致性。通过对分类学的编辑和其他数据集合并的提炼，名录会变得更加实用。动态数据库并通过定期的拷贝发行方便其被查询。现在该数据库（http：//infotree. library. ohiou. edu/single-records/1986. html）包括26万个物种，42万个异名，以及具有9万条参考文献的18万个普通名。它包括18个有贡献的子数据库。

14.11.3 系统树数据库

系统树数据库（TreeBASE Database）是一个与系统发育信息相关的数据库，由布法罗大学主办，早先是由NSF赞助，美国哈佛大学标本馆主持的试点项目。数据库起先由莱顿大学EEW和戴维斯的加利福尼亚大学主办。系统树数据库是一个可检索的数据库，储存了系统发育树以及来自于发表的研究论文的原始数据。系统树数据库接受所有生物分类单元的系统发育数据的所有模式（如：物种树、种群树、基因树）。系统树网的应用，需要支持窗体和页签的浏览器。

14.12 生物名称的索引

生物名称索引将生物名称的分类方法和索引（Taxonomy Resource and Index to Organism Names，TRITON）的一部分内容通过网络展示给公众。可以通过名称索引查询所有的生物类群以及目前拥有的关于真菌、苔藓及动物的资料，真菌资料由国际真菌研究所提供，苔藓资料由密苏里植物园提供，动物资料来自于动物学记录。正在进行的完善工作包括质量控制、改进查询选项和整合其他生物类群数据和俗名。通过其他数据的超级链接，索引可以查询分类名称，并且可以返回基本命名以及分类阶层资料。

14.13 密苏里植物园

密苏里植物园通过网站（http：/www. mobot. org）管理大量有用的数据库。除了由Peter Steven（在后面有介绍）创建的被子植物系统发育网站外，植物园的研究网页还链接到了TROPICOS、MOST、Image Index和Rare Books。通过新版的TROPICOS（修订本1.5）、W³TROPICOS，可以实时查到超过75万种植物学名的数据资料。密苏里植物园中庞大的命名数据库和相关的权威文献确保了它的更新和改进。可检索数据库提供了名称数据、植物名称和作者、类群和科的位置、发表的地点和日期、模式信息、带有发表地点和日期的基原异名❶、具有发表的地点和日期的次高级分类群❶、这一名称的其他用途❶、这一名称的异名❶以及参考文献的其他用法❶和种的同名❶和种下分类等级名称等信息。可以通过作者、日期、文章的标题、书或杂志的名称、卷册，以及页码和关键词等找到参考文献。最近的一版MOST(MOSsTROPICOS)，W³MOST是苔藓植物数据库，是另一个像TROPICOS

❶ 表示对有关名称或参考文献等附加信息的超链接。

一样的可检索数据库。图片索引数据库可以检索到该网站的图片，是由博物馆研究机构和图书馆服务机构支持建设的，是为了信息保存和数字化所设立的国家领导基金的一部分。通过这一项目，博物馆研究机构和图书馆服务机构为“保护国家重要的图书馆和博物馆的珍稀资源项目”提供支持。图库包括线条图、照片和更有用的模式标本图片。稀有图书可以同样地通过植物园网站的数据库检索到。

14.14 受保护和受威胁的植物

许多普通的自然项目都可以提供与保护相关的信息。“北方森林生物多样性”是赫尔辛基大学、芬兰环境研究所、芬兰森林产业联盟和芬兰森林研究所的合作项目。这一合作项目的主要目的是加强我们对北方森林原产种类的生态学和动力学的了解，因而，将目前缺少的种群生物学和生态学因素引入到景观生态森林计划中。来自于联合国环境计划（瑞士日内瓦）的关于野生动植物区系中的濒危物种的国际贸易公约（The Convention on International Trade in Endangered Species，CITES)，建立了一个世界范围的对濒危动植物国际贸易的控制措施。在这个网站中，用户可以找到在CITES（濒危动植物名录）上某一国家的物种或列在名录上的时间。用户也可以通过查询过去的团体会议和其他文件得到答案。CITES的信息用三种官方语言（英语、法语和西班牙语）给出。国际动植物区系组织（Fauna and Flora International，FFI）的目的是为了保护濒危动植物物种的未来。FFI建于1903年，是世界上建立时间最长的国际组织。世界保护监测中心（The World Conservation Monitoring Centre，WCMC)，英国同样可以通过WCMC ftp. 文件传输获得信息。在这里，用户可以找到印度和越南的生物多样性概况、印度植物的保护状况、植物种类数据库，包括世界范围维管植物的82 500个种、亚种以及变种的命名、分布和保护状况（超过了已描述的高等植物的1/4）。这一基于分类群的信息链接了14.5万个分布记录和1.7万个数据原始记录。WCMC图书馆目录是一个可检索的数据库，多年来该数据库收录了几千个出版物。世界濒危植物由WCMC与物种生存委员会、皇家植物园、爱丁堡和其他主要植物学机构合作编撰，欧洲首次确立了世界濒危植物名录。这些现有的数据仅涉及欧洲。

14.15 经济植物学，人类植物学

这个链接提供有用的植物（食物、药物、纺织材料等）和有害的植物（植物病理学、有毒植物、杂草）的信息，而没有提供很多园艺学方面的链接（很多关于园艺学的内容在一个独立的园艺文件夹中）。仅有一小部分链接是关于林学和农业的（关于这些主题的综合名录，其中有些在“网络搜集、资源向导”下）。一些重要的站点有：美国农业网络信息中心（Agricultural Network Information Centre，AgNIC）主页。AgNIC是一个分布式的网络系统，在网络中通过将资源定位清晰地展现给用户的方式向用户提供与农业相关信息、学科领域专家以及其他资源。农业和自然资源信息系统（Agricultural and Natural Resources Information Systems，AGNIS）主页是由维吉尼亚工学院和美国州立大学共同维护的。饲料信息系统（Forage Information System）提供世界范围与饲料相关信息的链接。而信息的综合是由美国俄勒冈州立大学完成的。美国谷类植物基因（GrainGenes）是一个关于小麦、大麦、燕麦、黑麦和甘蔗等的分子和表现型信息的汇编。荷兰东南亚植物资源（Plant Resources of South-east Asia，PROSEA）是一个国际项目，主要是对东南亚的植物资源的信息进行文献编集，涵盖了农业、林学、园艺学和植物学等领域。主页提供了有用的信息。

14.16 图像

植物的图像资源可以提供重要的信息，其中很多可以下载。美国犹他州普洛沃杨百翰大学农学和园艺学系的农学和园艺学 100（AgHrt 100）植物图像数据库，是一个有大约 150 种重要经济植物的 JPEG 图像库，这个站点欢迎任何人访问和非商业用途下载图像。Andrew N. Gagg 的图片植物志（andrew N. Gagg's photo flora）包括整个欧洲的野生植物图片的科目名录，依照欧洲植物志而建，是一个关于作者、出版者等信息的图片库。Andrew N. Gagg 基于在英国伍斯特的工作，是一个专家收集品，不断在扩充而且涵盖了欧洲的很多地方。植物科学画（Botanical Scientific Illustrations）：电子标本馆站点由维多利亚万斯维护，提供英国的太平洋西岸、哥伦比亚和加拿大等植物志的植物科学画样本。欧洲植物志：是荷兰的照片标本馆。“在线植物志”是一位业余爱好者的照片植物志，1995 年 3 月建成，大约有 350 种花的图片，大部分是欧洲南部的。直到现在它一直是由一个人主持，但是欢迎任何人去上传图片（附带描述）并加入植物志。禾本科图片（Grass Images）（德克萨斯 A&M 大学生物信息工作组）以 TAMU-BWG 图片数据库为代表。这些图片资料大部分来源于 Hunt 研究所的植物学文献以及德克萨斯 A&M 大学出版社。澳大利亚国家植物园图片集（Photographic Collection of the Australian National Botanic Gardens）覆盖了新泽西州南部和中部的外层海岸平原超过 100 万英亩的范围。这个站点收集了 45 种松林带植物的彩色图片。每个图片下是植物的学名和普通名、所属的科、成体的大致高度、对植物及生境的简要描述以及照片拍摄的地点。美国 USDA 的植物照片库（Plants Photo Gallery，USDA，USA）：植物图片的样本被并入北美植物数据库。这些图片包括植物和植物生境的照片、俗名和学名、科名和摄像者及摄像地点等信息。植物学绘图史密森目录（Smithsonian Catalogue of Botanical Illustration）是美国国家自然历史博物馆史密森研究所植物部的一个数据库，具有 3000 多份植物绘图，由该部的科学绘图者 Alice Tangerini 管理。作为长期的在线绘图目录项目的一部分，这些绘图可供他们的职员和其他有需要的人访问，该部门提供了 3 个科的 500 份图像，这 3 个科是：凤梨科、仙人掌科和野牡丹科。

14.17 链接收集，资源向导

重要的链接信息对于在网上搜索信息是非常有用的。植物美国（PlantAmerica）的植物链接（PlantLink）是一个为植物学家服务的搜索引擎。为了找到更好的办法去管理世界范围的网上信息财富，植物美国已经引进了一系列用户化的搜索引擎和称为“网络学习”的过滤器。“网络学习”的主干是“植物美国数据网（PlantAmerica's DateNet）”，一个具有 8.5 万条 USDA 植物目录客户化版本的，正在加入一些工具和教育资源。最近增加的“植物美国的客户搜索（PlantAmerica's CustomSearch）”是在 Eric Marler 博士的指导下开发的，Eric Marler 博士是以前的 IBM 和现在的全球健康网络（Global Health Network）的共同创立者，现在是一个热情的园艺学家和植物学家。该资源是系列组合，包括：①列出了植物的普通名、科名和属名或种名；②对植物芽、树皮、种子、根、繁殖及疾病等的特征进行分类检索的过滤器；③关键词或科学领域按字母顺序的二次检索；④查询被指定了一个独立的密码，这个密码是自动附带在搜索要求上的；⑤搜索引擎可以依次同时使用 10 个最有力的网上搜索工具，去定位和列出特别满足选择标准的链接。用户可以直接在 www.plantamerica.com 上与“植物美国的客户搜索”相链接。不管怎样，由于近来的技术整合，植物美国不久就能提供 URLS 的链接，以便于主办者也可以在其自己的网站上为植物的名称或植物图像“进行标记”。用户只要点击“标记”条目，就可以直接链接到特殊搜索查询上。互联网虚拟图书馆：生物科学（The Worldwide Web Virtual Library：Biosciences）是一个关于网上生物科学资源的大规模索引，由美国哈佛大学生物实验室的 Keith Robison 主持。涉及的科目包括分子生物学、生物技术、遗传学、免疫学、植物生物学和很多其他的科目。通过使用搜索形式可以快速搜索到关于生物科学的链接。网上虚拟图书馆：植物学-植物生物学（美国俄克拉荷马大学）由 Scott Russell 主持。Ag-Links，美国基因局的关于农业的互联网站。生物多样性和生物采集网络服务器植物主页（Biodiversity and Biological Collections Web Server Botany Page），是一个网络服务器，提供系统分类学家以及其他研究生物种类的专家的相关信息。在这些网页中，用户可以找到有关生物采集的标本、分类学权威文献、生物学家的目录、各种规格的报告正文（IOPI、ASC、SA2000 等）、Taxacom 和 MUSE-L listservs 的存档文件、在线杂志链接（包括在线植物志）和关于生物多样性和采集定位项目（MUSE 和 NEODAT）等信息。近来在生物学图像存档文件 BBCWS 的 Gopher 里增加了索引图像。BIOSIS，生物系统和生命科学资源，英国提供了所有生物学家都感兴趣的信息路径，但是重点是分类和命名法领域。用户将会链接得到针对生物学家的主要服务，比如：与生物名称和命名法相关的服务随着动物学资料的汇合而发展。植物科学链接（Plant Science Links）由雷丁大学主管，提供了互联网上一些重要网站的直接链接。

14.18 软件

该网页列出了大量对植物学活动有用的软件。主要的包括 Aditsite（关于环境评估，野生动植物记录和物种鉴定的微软视窗软件）、IOPAK（计算植物生物量的软件）、英国的 BIOSIS-软件概览（BIOSIS-Software Reviews，UK）：该网页中包括了 150 多个生物学软件包链接的概览。每个概览包含以下几方面：软件标题、包括版本和信息，作者的姓名和出版商的名称以及相关信息，使用说明（如果有），发表的年份、运行该软件的说明书摘要。COMPARE，由美国俄勒冈州大学开发，是用于系统发生的比较数据分析的计算机程序。COMPARE 软件由数个程序组成，当考虑系统发育信息时，这些程序可以对相应的或种间的数据进行分析。澳大利亚的分类学描述语言（Descriptive Language for Taxonomy，DELTA），是一个关于 DELTA 程序的格式和组合的互联网服务，由澳大利亚堪培拉 CSIRO 昆虫学部的 Mike Dallwitz 设计。它也提供运行 DELTA 程序的界面（DIANA，DELTA MENU SYSTEM，TAXASOFT）和 INTKEY 数据站。Mauro J. Cavalcanti 建立的“数字分类学（Digital Taxonomy）”网站，试图在互联网上呈现一个大范围的关于生物多样性数据管理的信息资源，并且促进有效地利用计算机来处理生物软件开发项目。数字分类学网提供了一系列关于软件、硬件、方法论、标准、数据资源、以及有关生物多样性数据管理项目的链接，同时强调免费科学软件工具、计算机技术以及与其他信息资源相关的网址的交换。PANDORA 分类学数据库系统，由英国的 Richard J. Pankhurst 创建，是一个生物多样性研究项目的数据库系统，如植物志或专著，并且是爱丁堡的皇家植物园分类学数据站的官方数据库。PANDORA 也可以用来保存采集目录，如标本馆标本，还包括一个标本馆标签的印刷系统。一个完整的 PANDORA 的功能说明版本，可以通过 FTP 或者通过 3 张磁盘上的标准邮件获得。Platypus，是关于分类学家的数据包，是一个微软视窗程序，用于管理分类、地理、生态和书目信息。Platypus 可以通过下载一个演示版本而免费试用。TRANSLAT，植物拉丁翻译程序，是一个免费的程序，由澳大利亚昆士兰标本馆（也可以从美国圣路易斯密苏里植物园的 FTP 服务器上获得）的 Peter Bostock 编写。由 Lanius 软件（标本馆标签制作软件）制作的 WINLABEL 是一个商业性的，关联性的数据库程序，用来保存放置在标本馆中植物的采集记录。它的主要目的是以一种适当的形式，来保存采集的植物标本的详细记录，这种形式允许用户为每个采集的标本制作一个或更多的标本馆标签。WINLABEL 以直观的图示用户界面和快速的数据录入、可打印州、郡、地方等标签为特色。标签的形式，要求以清楚的、一致的、专业的方式显示所有数据；支持北美的任何州、郡或省进入数据库。按照规格制作标题和页脚文本；选择打印图解。XID 专家系统是一个用于鉴定和描述的数据库软件。

14.19 维管植物科

有大量的数据库可以查询科的信息。夏威夷大学的植物系主办了维管植物科的访问网页（http：//www. botany. hawaii. edu/faculty/carr/pfamilies. htm）。这里提供的是根据克朗奎斯特和 Judd 等的系统整理的，有关无花植物和有花植物的信息。用列表和图解（或系统发育图）的形式来展示信息。其他主要的数据库有：

14.19.1 被子植物系统发育网站

被子植物系统发育网站（Angrosperm Phylogeny Website，APweb）由密苏里大学和密苏里植物园的 Peter Stevens（http：//www. mobot. org/MOBOT/research/APweb/）制作，是一个很有用的网站。最新的版本（第 4 版，2003 年 5 月，但是之后定期更新）具有详细的被子植物科的信息，这些科的排列是按照他的 APweb 分类法进行的，而后者大部分基于 APG-Ⅱ分类系统（2003），但是根据分子生物学和其他领域最新的信息做了适当改动。网站可直接链接到各种目（这些目可以把你带到包含所有科的页面）和各种没有固定位置的科。每个目页面包含一棵树，以对系统发育关系的最新解释进行描述。每个科的讨论包括大量的最近的信息、与其他科以及亚科/族之间分类的关系。这里还有关于科、目的异名和大量的参考资料的有用网页。而每个科还可以与有用的图像和相关的参考书链接。

14.19.2 科名索引

科名索引（Concordance of Familynames）数据库由 James L. Reveal 制作，他来自美国马里兰大学植物生物系，应美国农业部的动植物健康检查服务部门的要求，想要开发一个关于科名在克朗奎斯特、Dahlgren 和 Thorne 的系统替换使用的快速检索数据库。一旦制作完成，塔赫他间系统的名称就可以加进去，克朗奎斯特，Dahlgren 和 Thorne 系统中有花植物的系统发育排列的完整注释也可以从这同一来源获得。

14.19.3 有花植物路径

有花植物路径（flowering plant gateway）数据库由德克萨斯州 A&M 大学生物信息组研制，资金来源于德克萨斯高等教育协调董事会，由 Hugh Wilson 维护。该路径提供了各种方法探索和比较有花植物分类的 4 个主要系统：克朗奎斯特、Dahlgren、Thorne 和 APG。提供了纲、亚纲及超目和非正式的组（APG）的链接，以便能链接到各类群的详细资料。科水平的数据包括关于这些科的网上信息链接。然而该路径（2003 年 12 月）执行 Thorne(2000) 和 APG(1998) 的较早版本。

14.19.4 每周一属

每周一属（Genus of the Week）站点由美国波士顿马萨诸塞大学生物系的 Jennifer Forman 维护。该站点的特点是每周介绍一个不同的属，给出关于这些植物、生境、植物名称的词源、有趣的注释等信息以及其他地方的图像和参考文献的选择链接。网站由 Hilary Davis 开发和维护。

14.19.5 现用名称

现用名称（Names in Current Use，NCU）站点可以通过 IAPT 的主页进行访问。NCU-1 列出了维管植物科的命名：现用名称由马里兰大学（http://www.inform.umd.edu/PB10/fam/nuc.htm.）的 James L. Reveal 维护。最新的处理，更新到 2001 年 1 月，增补和更正的名录之前已经发表（Hoogland，R. D. 和 J. L. Reveal.，1993. "Vascular plant family names in Family names in current use for vascular plants，bryophytes，and fungi."，Koeltz Scientific Books，Konigstein，德国）。维管植物科名的名录记述了在系统文献中广义维管植物的所有的现用名。

现存植物属的现用名称的电子版本（NCU-3-e）由 IAPT 主办（http://www.bgbm.org/iapt/ncu/default.htm.）。数据库已经由文字处理软件产生，被作为 NCU-3 的印刷出版物的照相副本而使用，NUC-3 由 W. Greuter、B. Zimmer 和 W. Berendsohn 编辑，由国际协会于 1993 年 Koeltz Scientific Books 中出版。由于已经做了大量的注释和校正，以至于在很大程度上它代表一个最新的印刷版本。用户可以查询关于植物属的数据库，获得发表的引证(地点和日期)、属的模式种，以及维管植物、藻类、菌物和苔藓植物的命名详细资料。

14.19.6 植物科名

植物科名（Plant Family Names）数据库由美国马里兰大学植物生物学系的 James L. Reveal 开发，该数据包括现存维管植物科名、现存维管植物科名的现用名称、现存维管植物目的名称和其超目的名称。这些信息包括了名称、具有作者身份和发表日期的异名。随着更多的门和纲等级信息的获得，这些信息都将添加进去。

参考文献

Abrams, L. (1923-1960). *An Illustrated Flora of the Pacific States*. 4 vols (Vol. 4 by Roxana Ferris). Stanford Univ. Press, Stanford, CA.

Adanson, M. (1763). *Families des plantes*, Paris, 2 vols.

Albach, D. C., P. S. Soltis, D. E. Soltis and R. G. Olmstead. (2001). Phylogenetic analysis of Asterids based on sequences of four genes. *Ann. Missouri Bot. Gard.* 88: 163-212. 2001.

Albert, V. A., A. Backlund, K. Bremer, M. W. Chase, J. R. Manhart, B. D, Mishler and K. C. Nixon. (1994). Functional constraints and rbcL evidence for land plant phylogeny. *Ann. Missouri Bot, Gard.* **81**: 534-567.

Alston, R. E. and B. L. Turner. (1963). Natural hybridization among four species of *Baptisia* (Leguminosae). *Amer. J. Bot*, 50: 159-173.

Alverson, W. S., B. A. Whitlock, R. Nyffeler, and D. A. Baum. (1998). Phylogeny of Core Malvales: Evidence from ndhF sequence data. *Amer. J. Bot.* **86** (6) Suppl.: 112.

Ambrose, B. A., D. R, Lerner, P. Ciceri C. M, Padilla, M. F. Yanofsky and R. J. Schmidt. (2000), Molecular and genetic analyses of the Silkyl gene reveal conservation in floral organ specification between eudicots and monocots. *Molecular Cell* 5: 569-579.

Anderberg, A. A., X. Zhang and M. Källersjö. (2000). Maesaceae. a new primuloid family in the order Ericales s. l. *Taxon* 49: 183-187.

Anderberg, A. A., C. -I. Peng, I. Trift and M. Källersjö. (2001). The *Stimpsonia* problem; evidence from DNA sequences of plastid genes atpB, ndhF and rbcL. *Bot. Jahrb. Syst.* 123: 369-376.

Anderson, E. (1940). The concept of the genus. Ⅱ. A survey of modern opinion. *Bull Torrey Bot. Club* 67: 363-369.

APG [= Angiosperm Phylogeny Group] Ⅱ. 2003. An update of the Angiosperm Phylogeny Group classification for the orders and families of flowering plants: APG Ⅱ. Bot. J. *Linn. Soc.* 141: 399-436.

APG [= Angiosperm Phylogeny Group]. 1998. An ordinal classification for the families of flowering plants. *Ann. Missouri Bot. Gard.* 85: 531-553.

Arber, E. (1934). *The Gramineae: a study of cereal, bamboo, and grass*. Cambridge, England.

Arber, E. (1938). Herbals: Their Origin and Evollution (2nd ed,). Cambridge Univ. Press.

Arber. E. and J. Parkins. (1907). On the Origin of Angiosperms. *Bot J. Linn. Soc.* 38: 29-80.

Armstrong. J. E. (1985). The delimitation of Bignoniaceae and Scrophulariaceae based on floral anatomy, and the placement of problem genera. *Amer. J. Bot.* 72: 755-766.

Ashlock, P. H. (1971). Monophyly and related terms. *Syst. Zool* 20: 63-69.

Ashlock, P. H. (1979). An evolutionary Systematics's view of classification. *Syst. Zool* 28: 441-450.

Asmussen, C. B,, W. J. Baker, and Dransfield. (2000). Phylogeny of the palm family (Arecaceae) based on rpsl6 intron and trnL-trnF plastid DNA sequences. pp. 525-535, in K. L. Wilson and D. A. Morrison (eds.), Monocots: *Systematics* and *Evolution*, CSIRO, Collingwood.

Axelrod, D. I. (1970). Mesozoic paleogeography and early angiosperm history. *Bot. Rev.* 36: 277-319.

Babcock, E, B. (1947), The genus *Crepis* pt. 1, The taxonomy, phylogeny distribution and evolution of *Crepis. Univ. Calif. Publs, Bot.* 21: 1-197.

Bailey, I. W. (1944). The development of vessels in angiosperms and its significance in morphological research.. *Am. J. Bot.* 31: 421-428.

Bailey, L. H. (1949). Manual of Cultivated Plants (rev. Ed.). Macmillan, New York.

Bailey, I. W, and B. G. L, Swamy. (1951). The conduplicate carpel of dicotyledons and its initial trend of specialization, *Amer. J. Bot.* **38**: 373-379.

Barber, H, N. (1970). Hybridization and evolution of plants. *Taxon* **19**: 154-160

Barthlott, W. (1981). Epidermal and seed surface characters of plants: Systematic applicability and some evolutionary Aspects. *Nordic J. Bot.* **1**: 345-355.

Barthlott W. (1984). Microstructural features of seed surfaces. In V. H. Heywood and D. M. Moore (eds.). Current concepts in Plant Taxonomy, Systematic Association special Volume No. 25: 95-105.

Barthlott, W. and D. Froelich. (1983). Mikromorphologie und Orientierungsmuster epicuticularer Wachs-Kristalloide:

Ein neues systematisches Merkmal bei Monocotylen. *Pl, Syst. Evol.* 142: 171-185.
Barthlott. W. and G. Voit. (1979). Mikromorphologie der Samenschalen und Taxonomie der Cactaceae Ein raster-elektronem-microscopischer uberblick, *Plant Syst. Evol* 132: 205-229.
Bate-Smith, E. C. (1958). Plant phenolics as taxonomic guides. *Proc. Linn. Soc. Lond.* 169: 198-211.
Bate- Smith, E. C. (1962). The phenolic constituents of plants and their taxonomic significance. *J. Linn. Soc. Bot.* 58: 95-173.
Bate-Smith. E. C. (1968), The phenolic constituents of plants mad their taxonomic significance. *J. Linn. Soc. Bot.* 60: 325-383.
Bauhin. C. (1596). Phytopinax seu enumeratic plantarum. . . . Basel.
Bauhin, C. (1623). Pinax theatri botanici. Basel.
Baum, B. R. (1977). Oats: Wild and Cultivated. A Monograph of the Genus *Avena* L. (Poaceae). Minister of Supply and Services, Ottawa.
Baum, H. (1949). Der einheitliche Bauplan der Angiospermen gynozeen und die Homologie ihrer fertilen Abschnitte. *Bot. Jahrb. Syst. Pflanzen.* 96: 64-82.
Baum, H. and W. Leinfellner. (1953), Die Peltationsnomeklatur der Karpelle. *Bot. Jahrb. Syst. Pflanzen.* 100: 424-426.
Bayer, C., M. F. Fay, A. Y. De Bruijn, V. Savolainen, C. M. Mortan, K. K. Kubitzki, W. S. Alverson and M. W. Chang. (1999). Support for an expanded family concept of Malvaceae within a recircumscribed order Malvales: a combined analysis of plastid atpB and rbcL DNA sequences. *Bot. J, Linn. Soc.* 129: 267-303.
Behnke, H. D. (1965). Uber das phloem der Dioscoreaceen unter besonderer Berucksichtigung ihrer phloembecken. Ⅱ. Mitteilung: Elektronenoptische unter-suchungen zur feinstruktur des phloembeckens, *Z. Pflanzenphysiol.* **53**: 214-244.
Behnke, H. D. (1976). Ultrastructure of sieve element plastids in Caryophyllales (Centrospermae); evidence for the delimitation and classification of the order. *Plant Syst. Evol.* **126**: 31-54.
Behnke, H. D. (1977), Transmission electron microscopy and systematics of flowering plants. In: K. Kubitzki. Flowering Plants Evolution and Classification of Higher Categories, *Plant Syst. Evol Suppl* **1**, 155-178.
Behnke, H. D. (1997). Sarcobataceae a new family of Caryophyllales. *Taxon* **46**: 495-507.
Behnke, H. D. and W. Barthlott (1983), New Evidence from the ultrastructural and micromorphological fields in Angiosperm classification. *Nordic, J. Bot.* **1**: 341-460.
Belfod, H. S. and W, F. Thomson (1979). Single copy DNA homologies and phylogeny of *Atriplex*. Carnegie Inst. Wash Year Book **78**: 217-223.
Belk, E. (1939). *Studies in the anatomy and morphology of the spikelet and flower of the Gramineae*. Thesis (Ph. D.). Cornell Univ.
Bell, G. A. (1971). Comparative Biochemistry of non-protein amino acids. In: J. B. Harborne, D. Boulter and B. L. Turner (eds.) *Chemotaxonomy of Leguminosae*. Academic Press, London, pp. 179-206.
Bensel, C. R. and B. F. Palser. (1975a). Floral anatomy in the Saxifragaceae sensu lato. Ⅱ. Saxifragoideae and Iteoideae, *Amer. J. Bot.* **62**: 661-675.
Bensel. C. R. and B. F. Palser. (1975b). Floral anatomy in the Saxifragaceae sensu lato. Ⅲ. Kirengeshomoideae, Hydrangeoideae and Escallonioideae. *Amer. J. Bot.* **62**: 676-687.
Benson, L. (1957). *Plant Classification*. Oxford and IBH Co., New Delhi.
Bentham, G. (1858). *Handbook of British Flora* (7th ed., revised by A. B. Rendle in 1930). Ashford. Kent.
Bentham, G. (1863-1878). *Flora Australiensis*, London, 7 volumes.
Bentham, G. and J. D, Hooker (1862-1883). *Genera Plantarum*. London, 3 vols.
Bessey. C. E. (1915). Phylogenetic taxonomy of flowering plants. *Ann, Mo, Bot. Gard*, **2**: 109-164.
Bhandari, M. M. (1978). *Flora of the Indian Desert*. Sc. Publ., Jodhpur.
Bhattacharya, B. and B. M. Johri. 1998. *Flowering Plants*: Taxonomy and Phylogeny. Narosa Publishing House. New Delhi.
Blackith, R. E. and R. A. Reyment. (1971). *Multivariate Morphometrics*. Acad. Press, London.
Blake, S. F. (1961). *Geographical Guide to the Floras of the World*. Part Ⅱ. Misc. Publ. 797, U. S. Dept. Agr.. Washington, D. C.
Blake. S. F. and A. C. Atwood, (1941). *Geographical Guide to the Floras of the World*. Part Ⅰ. Misc. Publ. 401. U. S. Dept. Agr., Washington, D. C.
Blakeslee, A. F., A. G. Avery, S. Satina and J. Rietsama. (1959), *The genus Datura*. Ronald Press, New York.
Bogler, D. J. and B. B. Simpson. (1996). Phylogeny of Agavaceae based on ITS rDNA sequence variation. *Amer. J. Bot.* **83**: 1225-1235.
Bonnett, H. T, and E. H. Newcomb. (1965). Polyribosomes and cisternal accumulations in root cells of radish, *J. Cell Biol* **27**: 423-432.
Bordet, J. (1899). Sur l'agglutination et la dissolution des globules rouges par le serum d'animaux injectes de sang defibriné. *Ann. Inst Pasteur* **13**, 225-250.
Boulter, D. (1974). The use of amino acid sequence data in the classification of higher plants. In: G. Bendz and J. Santesson (eds.). *Chemistry and Botanical Classification. Nobel Symposium*, 25, pp. 211-216. Acad. Press, London/New York.
Bramwell D. (1972). Endemism in the Flora of Canary Islands. In D, H. Valentine (ed.) *Taxonomy, Phytogeography*

and Evolution 141-159. Academic Press, London.

Bremer, B. and L. Struwe, (1992). Phylogeny of the Rubiaceae and Loganiaceae: Congruence or conflict between morphologican and molecular data? *Amer. J. Bot.* **79**: 1171-1184.

Bremer, B. , K. Andreasen and D, Olsson. (1995). Subfamilial and tribal relationships in the Rubiaceae based on rbcL sequence data. *Ann. Missouri Bot. Gard.* **82**: 383-397.

Bremer, B. , R. K. Jansen, B. Oxelman, M. Backlund, H. Lantz, and K. -J Kim. (1999). More characters or more taxa for a robust phylogeny-case study from the coffee family (Rubiaceae). *Syst. Bio.* **48**: 413-435.

Bremer, B. , K. Bremer, N. Heidari, P. Erixon, A. A. Anderberg, R. G. Olmstead, M. Kallersjo, and E, Barkhordarian (2002). Phylogenetics of asterids based on three coding and three non-coding chloroplast DNA markers and the utility of non-coding DNA at higher taxonomic levels, *Molecular Phylogenetics and Evolution* **24**: 274-301.

Bremer, K. (2002). Gondwanan evolution of the grass alliance of families (Poales). *Evolution* **56**: 1374-1387.

Bremer, K. and H. -E. Wanntorp. (1978). Phylogenetic systematics in botany. *Taxon* **27**: 317-329.

Bremer, K. and H. -E. Wanntorp. (1981), The cladistic approach to plant classification. In *Advances in Cladistics*, **1**, V. A. Funk and D. R. Brroks (eds), 87-94, New York Botanical Garden, New York.

Bremer, K. , A, Backlund, B. Sennblad, U. Swenson, K. Andreasen, M. Hjertson, J. Lundberg, M. Backlund, and B. Bremer. (2001). A phylogenetic analysis of 100+ genera and 50+ families of euasterids based on morphological and molecular data with notes on possible higher level morphological synapomorphies, *Plant Syst. Evol* **229**: 137-169.

Brenner, G. H. and I. Bickoff. (1992). Palynology and age of the Lower Cretaceous basal Kurnub Group from the coastal plain to the northern Negev of Israel. *Palynology* **16**: 137-185.

Brenner, G. J. (1963). Spores and Pollen of Potomac Group of Maryland, *Maryland Department of Geology, Mines*, Water Resources Bulletin **27**: 1-215.

Brenner, G. L. (1996). Evidence for the earliest stage of angiosperm pollen evolution. A paleoequatorial section from Israel, In: D. W. Taylor and L. J. Hickey (eds,) *Flowering Plant Origin, Evolution and Phylogeny*. Chapman & Hall Inc. , New York, pp. 91-115.

Brown, R. W. (1956). Palmlike plants from the Delores Formation (Triassic) in southwestern Colorado. *U, S. Geological Survey Professional Paper* **274**: 205-209.

Brunfels, O. (1530). *Herbarium vivae eicones*. Argentorati, 3 tomes.

Bruneau, A. , F. Forest, P. S. Herendeen, B. B. Klitgaard raid G. P. Lewis. (2001). Phylogenetic relationships in the Caesalpinioideae (Leguminosae) as inferred from chloroplast trnL intron sequences. *Syst. Bot.* **26**: 487-514.

Caddick, L. R. C. A. Furness, P. Wilkons and M. W. Chase. (2000). Yams and their allies: Systematics of Dioscoreales. pp. 475-487, in Wilson, K. L. , &Morrison, D. A. (eds), *Monocots: Systematics and Evolution*. CSIRO, Collingwood.

Caddick, L. R. C. A. Furness, P. Wilkons, T. A. J. Hedderson and M. W. Chase (2002a). Phylogenetics of Dioscoreales based on combined analyses of morphological and molecular data. Bot J. Linnean Soc. **138**: 123-144.

Caddick. L. R. , P. Wilkin, P. J. Rudall T. A. J. Hedderson and M. W. Chase. (2002b). Yams reclassified: A recircumscription of Dioscoreaceae and Dioscoreales. *Taxon* **51**: 103-114.

Caesalpino. A. (1583). *De plantis libri*, Florentiae.

Cain, A. J. and G. A. Harrison. (1958). An analysis of the taxonomists' judgement of affinity. *Proc. Zool Soc. Lond.* **131**: 85-98.

Cain, A. J. and G. A. Harrison. (1960). Phyletic weighting. Proc. Zool. Soc. Lond. 135: 1-31.

Cameron. K. M. (2002), Intertribal relationships within Orchidaceae as inferred from analyses of five plastid genes. p. 116. in *Botany* 2002: *Botany in the Curriculum*. Abstracts. [Madison. Wisconsin.].

Cantino, P. D. (2000). Phylogenetic nomenclature: addressing some concerns. *Taxon* **49**: 85-93.

Carlquist, S. (1987). Presence of vessels in Sarcanda (Chloranthaceae); comments on vessel origin in angiosperms. *Amer. J. Bot.* **64**: 1765-1771.

Carlquist S. (1996). Wood anatomy of primitive Angiosperms: New perspective and syntheses. In: D. W. Taylor and L. J. Hickey (eds.) *Flowering Plant Origin, Evolution and Phylogeny*. Chapman & Hall Inc. , New York, pp. 68-90.

Carpenter, J. M. (2003). Crique of pure folly. *Bot. Rev.* 69 (1): 79-92.

Catalan, P, E. A. Kellogg and R. G. Olmstead. (1997). Phylogeny of Poaceae subfamily Pooideae based on chloroplast *ndhF* gene sequences, *Mol Phylog, Evol.* **8**; 150-166.

Chandra, S. and K. R. Surange. (1976). Cuticular studies of the reproductive organs of Glossopteris. Part Ⅰ: Dictyopteridium feismanteli sp. Nov. attached on Glossopteris tenuinervis. *Palaeontographia* **B156**: 87-102.

Chandler, G. T. and G, M. Plunkett. (2003). The phylogenetic placement and evolutionary significance of the polyphyletic subfamily Hydrocotyloideae (Apiaceae). P. 75 in *Botany* 2003: *Aquatic and Wetland Plants: Wet and Wild*. [Mobile. Alabama.]

Chandler, G. T. & G. M. Plunkett. (2004). Evolution in Apiales: Nuclear and chloroplast markers together in (almost) perfect harmony. *Botanical J. Linnean Soc.* (cited in APweb)

Chapman, M. (1936). Carpel anatomy of Berberidaceae. *Amer. . J Bot.* **23**: 340-348.

Chappill , J. A. (1994). Cladistic analysis of Leguminosae. The development of an explicit hypothesis. In M. D. Crisp and J. J. Doyle (eds.) *Advances in legume systematics*, part 7. , 1-9. Royal Botanic Gardens. Kew.

Chase, M. W. , D. E. Soltis, R. G. Olmestead et al. (1993). Phylogenetics of seed plants: an analysis of nucleotide

sequences from the plastid gene *rbc*L. *Ann. Missourie. Bot. Gdn* **80**: 528-580.
Chase, M. W., M. R. Duvall, H. G. Hills, et al. (1995a). Molecular systematics of Lilianae: In M. J. Rudall et al. (eds.) *Monocotyledons: Systematics and Evolution*, 109-137. Royal Botanic Gardens, Kew.
Chase, M. W., D. W. Stevenson, P. Wilkin and P. Rudall. (1995b) Monocot systematics: A combined analysis, In M, J. Rudall et al. (eds.) Monocotyledons: *Systematics and Evolution*, 685-730. Royal Botanic Gardens, Kew.
Chase, M. W., D. E. Soltis, P. G. Rudall, M. F. Fay, W. J. Hahn, S.' Sullivan, J. Joseph, M. Molvray, P. J. Kores, T. J. Givnish, K. J, Sytsma, and J. C. Pires. (2000). Higher level systematics of monocotyledons: An assessment of current knowledge and a new classification. In K. L. Wilson and D. A. Morrison (eds.). *Systematics and evolution of monocots. Proceedings of the 2nd International monocot symposium Melbourne*: CSIRO, 3-16.
Chase, M. W., S. Zmarzty, M. D. Lledo, K. J. Wurdack, S. M. Swensen, and M. F. Fay (2002). When in doubt, put it in Flacourtiaceae: A molecular phylogenetic analysis based on plastid *rbc*L DNA sequences. *Kew Bull* **57**: 141-181.
Cheadle, V. I. (1953), Independent origin of vessels in the monocotyledons and dicotyledons. *Phytomorphology* **3**: 23-44.
Chen, Z. -D., S. R. Manchester, & H. -Y. Sun. (1999). Phylogeny and evolution of Betulaceae as inferred from DNA sequences, morphology, and paleobotany. *Amer J. Rot.* **86**: 1168-1181.
Clark, P. J. (1952). An extension of the coefficient of divergence for use with multiple characters. *Copeia* **2**: 61-64.
Clark. L. G., W. Zhang and J. F. Wendel. (1995), A phylogeny of grass family (Poaceae) based on *ndh*F sequence data. *Syst. Bot.* **20**: 436-460.
Clifford. H. T. (1977). Quantitative studies of inter-relationships amongst the Liliatae. In: K. Kubitzki. *Flowering Plants Evolution and Classification of Higher categories. Pl. Syst. Evol Suppl.* 1. 77-95.
Colless, D. H. (1967). An examination of certain concepts in phenetic taxonomy. *Syst, Zool*, **16**: 6-27.
Collett. H. (1921). *Flora Simlensis*, 2nd ed. Thacker, Spink, Calcutta.
Constance. L. (1964). Systematic Botany-an unending synthesis, *Taxon*, **13**: 257-273.
Coode, M. J. E, (1967). Revision of Genus *Valerianella* in Turkey. *Notes Roy. Bot. Gard. Edinb.* **27**: 219-256.
Core, E, L. (1955). *Plant Taxonomy*. Prentice-Hall, Englewolod Cliffs.
Corner, E. J. H. (1946), Centrifugal Stamens. *Journ Arn. Arbor*, **27**: 423.
Cornet. B, (1986). Reproduclive structures and leaf venation of Late Triassic angiosperm. Sanmiguelia lewisii. *Evol. Theory* **7**: 231-309.
Cornet, B. (1989). Reproductive morphology and biology of Sanmiguelia lewisii and its bearing on angiosperm evolution in Late Triassic. *Evol. Trends Plants* **3**: 25-51.
Cornet, B. (1993). Dicot-like leaf and flowers from the Late Triassic tropical Newark Supergroup rift zone, U. S. A. *Modern Geol.* **19**: 81-99.
Cornet. B. (1996), A New Gnetophyle from the Late Carnian (Late Triassic) of Texas and its bearing on the origin of the angiosperm carpel and stamen. In: D. W. Taylor and L. J. Hickey (eds,) *Flowering Plant Origin. Evolution and Phylogeny.* Chapman & Hall Inc.. New York, pp. 32-67.
Couper. R, A. (1958). British Mesozoic microspores and pollen grains. *Palaeontographica*, Abt. B. **103**: 75-179.
Crane. P. R.. E. M, Friis and K. R. Pedersen (1995). The origin and early diversification of angiosperms. *Nature* **374**: 27-33.
Crawford. D. J, and E. A. Julian. (1976). Seed protein profiles in the narrow-leaved species of Chenopodium of the Western United States: Taxonomic value and comparison with distribution of flavonoid compounds. *Am. J. Bot* **63**: 302-308.
Crepet, W. L. (1974). Investigations of North American Cycadeoides, The Reproductive biology of *Cycadeoidea Palaeontographia* **148**: 144-169.
Cronquist, A. (1968). *Evolution and Classification of Flowering Plants.* Houghton Mifflin, New York.
Cronquist, A. (1977). On the taxonomic significance of secondary metabolites in Angiosperms. *Plant Syst, Evol. Suppl.* **1**: 179-189.
Cronquist, A. (1981). *An Integrated System of Classification of Angiosperms.* Columbia Univ. Press, New York.
Cronquist, A. (1988). *Evolution and Classification of Flowering Plants*, (2nd ed.). New York Botanical Garden, Bronx, New York.
Cronquist, A., A. L. Takhtajan and W. Zimmerman (1966). On the higher taxa of Embryobionta. *Taxon* **15**: 129-134.
Cuenoud, P. (2002). Introduction to expanded Caryophyllales. pp. 1-4, in Kubitzki, K. (ed.), *The Families and Genera of Vascular Plants. IV. Flowering Plants. Dicotyledons. Malvales, Capparales and Non-betalain Caryophyllales.* Springer, Berlin.
Dahlgren, G. (1989). An updated angiosperm classification. *Bot, J. Linn. Soc.* **100**: 197-203.
Dahlgren, G. (1989). The last Dahlgrenogram. System of classification of dicotyledons, pp. 249-260, In: K. Tan [ed,], *The Davis and Hedge Festschrift.* Edinburgh Univ. Press. Edinburgh. pp. 249-260.
Dahlgren, G. (1991). Steps towards a natural system of the dicotyledons: embryological characters. *Aliso* **13** (1): 107-165.
Dahlgren, R. (1975). A system of classfication of angiosperms to be used to demonstrate the distribution of characters. *Bot. Notiser* **128**: 119-147.

Dahlgren, R. (1977). Commentary on a Diagrammatic Presentation of the Angiosperms . in: K. Kubitzki (ed.). *Flowering Plants: Evolution and Classification of Higher Categories.* Plant Systematics and Evolution Suppl. 1. Springer-Verlag Wien/New York, pp. 253-283.

Dahlgren, R. (1980). A revised system of classification of angiosperms. *Bot. J. Linn. Soc.* **80**: 91-124.

Dahlgren, R. (1983). General aspects of angiosperm evolution and macrosystematics, *Nordic. J. Hot*, **3**: 119-149.

Dahlgren. R. and F. N. Rasmussen. (1983). Monocotyledon evolution: characters and phylogenetic estimation. *Evol. Biol.* **16**: 255-395.

Dahlgren, R., H. T. Clifford and P. F. Yeo (1985). *The Families of Monocotyledons*. Springer Verlag, Berlin.

Dahlgren, R., S. Rosendal-Jensen and B. J. Nielsen (1981), A revised classification of the angiosperms with comments on the correlation between chemical and other characters, In: D. A. Young and D. S. Seigler (eds.). *Phytochemistry and Angio-sperm Phylogeny*. Praeger, New York, pp. 149-199.

Dahlgren, R. In cooperation with B. Hansen, K. Jakobsen and K. Larsen. (1974). Angiospermernes taxonomi, 1. (2 and 3 in 1975, 4 in 1976). In Danish. Kobenhsvn: Akademisk Forlag.

Darlington, C. D. and A. P. Wylie (1955), *Chromosome Altas of Flowering Plants.* Allen and Unwin, London.

Darlington, C. D. and E. K. Janaki-Ammal. (1945). *Chromosome Atlas of Cultivated Plants.* Allen and Unwin, London.

Darwin, C. (1859). *The Origin of Species*. London.

Daugherty, L. H. (1941). *The Upper Triassic Flora of Arizona with a Discussion on its Geological Occurrence*. Contributions to Paleontology 526, Carnegie Institution of Washington.

Davis, J. I, and R. Soreng. (1993). Phylogenetic structure in grass family (Poaceae) as inferred from chloroplast DNA restriction site variation. *Am. J. Bot.* **80**: 1444-1454.

Davis, P. H. (1960). Materials for the Flora of Turkey. IV. Ranunculaceae, Ⅱ. *Notes Roy. Bot. Gard. Edinburgh*, **23**: 103-161.

Davis, P. H. and V. H. Heywood. (1963). *Principles of Angiosperm Taxonomy*, Oliver and Boyd, London.

de Candolle, A. P. (1813), Theorie elementaire de la botanique,. Paris.

de Candolle, A. P. (1824-1873), Prodromus systematis naturalis regni vegetabilis. Paris, 17 vols.

de Jussieu, A. L. (1789). Genera Plantarum. Paris.

de Queiroz, K. and J. Gauthier. (1990). Phylogenetic taxonomy. Ann. Rev. Ecol, Syst. 23: 449-480.

de Queiroz, K. and J. Gauthier. (1992). Phylogeny as central principle in taxonomy: Phylogenetic definitions of taxon names. Syst. Zool 39: 307-322.

de Soo, C. R. (1975). A review of new classification system of flowering plants (Angiospermatophyta, Magnoliophytina). Taxon 24 (5/6): 585-592.

Delavoryas. (1971). Biotic provinces and the Jurassic-Cretaceous floral transition. *Proc. N. Aer, Paleontol.* L: 1660-1674.

Dilcher. D. L. (1979). Early angiosperm reproductions: An introductory report. *Rev. Palaeobot. Palynol* **27**: 291-328.

Dilcher. D. L, and P. L. Crane. (1984), An early Angiosperm from the Western Interior of North America. *Ann. Missouri Bot, Gard.* 71: 380-388.

Donoghue, M. J. and J, A, Doyle. (1989). Phylogenetic analysis of angiosperms and the relationships Hamamelidae, In: Pr. R, Crane and S. Blackmore (eds.). *Evolution, Systematics and Fossil History of the Hamamelidae..* Claredon Press. Oxford. pp, 17-45.

Doweld. A. B. (2001), *Tentamen Systematics Plantartum Vascularium (Tracheophytorum)*, Moscow: GEOS.

Downie, S. R., D. S. Katz-Downie, and M. F. Watson, (2000a). A phylogeny of the flowering plant family Apiaceae based on chloroplast rpll6 and rpoCl sequences: Towards a suprageneric classification of subfamily Apioideae. *Amer. J. Bot*, **87**: 273-292.

Downie. S. R., M, F. Watson, K. Spalik and D. S. Katz-Downie. (2000b), Molecular systematics of Old World Apioideae (Apiaceae): Relationships among some members of tribe Peucedaneae sensu lato, the placement of several island-endemic species, and resolution within the apioid superclade, *Conad. J. Bot.* **78**: 506-528.

Doyle. J. A. (1969). Cretaceous angiosperm pollen of Atlantic Coastal Plain and its evolutionary significance. *J. Arnold Arboretum.* **50**: 1-35.

Doyle . J. A. (1978). Origin of angiosperms. *Ann Rev. Ecol. Systematics.* **9**: 365-392.

Doyle, J. A. (2001). Significance of molecular phylogenetic analyses for paleobotanical investigations on the origin of angiosperms, *Palaeobotanist* **50**: 167-188.

Doyle, J. A. and Donoghue. (1987). The origin of angiosperms: a cladistic approach. In: E. M Friis, W. G. Chaloner and P. R. Crane (eds,), *The Origins of Angiosperms and Their Biological Consequences*, Cambridge University Press, U. K, pp. 17-49.

Doyle, J. A. and Donoghue. (1993). *Phylogenies and Angiosperm diversification*, *Paleobiology* **19**: 141-167.

Doyle, J, A., M. Van Campo and B. Lugardon. (1975). Observations on exine structure of Eucommiidites and Lower Cretaceous angiosperm pollen. *Pollen and Spores* **17**: 429-486.

Doyle, J, A. and P. K. Endress (2000). Morphological phylogenetic analysis of basal angiosperms: comparison and combination with molecular data. *International Journal of Plant Sciences.* **161** (6 suppl.): S121-S153.

Doyle . J. J. (1994). Phylogeny of legume family: An approach to understanding the origins of nodulation, *Ann. Rev. Ecol Syst*. **25**: 325-349.

Doyle. J. J. , J. A. Chappill, C. D. Bailey and T. Kajita. (2000). Towards a comprehensive phylogeny of legumes: Evidence from *rbcL* sequences and non molecular data. pp. 1-20. in Herendeen, P. S. , & Bruneau. A. (eds). *Advances in Legume Systematics. Part* 9. Royal Botanic Gardens. Kew.

Downie. S. R. D. S. Katz-Downie and M. F. Watson, (2000). A pbylogeny of the flowering plant family Apiaceae based on chloroplast rpll6 and rpoCl sequences: Towards a suprageneric classification of subfamily Apioideae. *American J. Bot.* **87**: 273-292.

Du Rietz. (1930). Fundamental units of biological taxonomy. Svensk bot. Tidskr. 24: 333-428.

Dykes, W. R. (1913). The Genus Iris.

Eames, A, J, (1961). Morphology of Angiosperms. McGraw-Hill Book Co. . New York.

Ehrendorfer. F. (1968). Geographical and ecological aspects of infraspecific differentiation. In: V. H. Heywood (ed.). *Modern Methods in Plant Taxonomy* Acad. Press, New York. pp. 261-296.

Ehrendorfer, F. (1983). Summary Statement. *Nord. J. Bot.* 3: 151-155.

Eichler. A. W. (1883). *Syllabus der Vorlesungen uber Specielle und Medicinisch-Pharmaceutische Botanik*. Leipzig.

Endress, M. E. , B. Sennblad, S. Nilsson, L. Civeyrel, M. W. Chase, S. Huysmans, E. Grafrom and B. Bremer. (1996). A phylogenetic analysis of of Apocynaceae s. str. And some related taxa in Gentianales: A multidisciplinary approach *Opera Bot, Belg*, **7**: 59-102.

Endress, P. K. (1977). Evolultionary Tends in Hamamelidales-Fagales-Group. In H. Kubitzki, *Flowering Plants: Evolution and classification of higher categories. Plant. Syst. Evol Suppl.* 1. 321-347.

Engler, A. (1892). *Syllabus der Pflanzenfamilien.* Berlin.

Engler. A. (ed.). (1900-1953). *Das Pflanzenreich*. Regni vegetabilis conspectus Im Auftrage der Preus. Akademie der Wissenschaften, Leransgegeben von A. Engler, Berlin. (after Engler's death subsequent volumes. continuing upto 1953 were edited by other authors)

Engler, A. (H. Melchior and E. Werdermann, eds.). (1954). *Syllabus der Pflanzenfamilien*, 12th ed. , vol. 1. Gebruder Borntraeger, Berlin.

Engler, A. (H. Melchior, ed.). (1964). *Syllabus der Pflanzenfamilien.* 12th ed. , vol. 2. Gebruder Borntraeger, Berlin.

Engler, A. and Diels, L, (1936), *Syllabus der Pflanzenfamilien.* 11th ed, Berlin.

Engler, A. and Prantl. K. (1887-1915). *Die Naturlichen Pflanzenfamilien.* Leipzig, 23 vols.

Erbar, C. , S. Kusma and P. Leins. (1999). Development and interpretation of nectary organs in Ranunculaceae. *Flora* **194**: 317-332.

Erdtman, G. (1948). Did dicotyledonous plants exist in Early Jurrassic time? *Geol. Foren. Stockholm Forh*, **70**: 265-271.

Erdtman, G. (1966). *Pollen Morphology and Plant Taxonomy. Angiosperms. (An Introduction to Palynology. I.).* Hafner Publ Co. , London.

Evans, R. C. and T. A. Dickinson. (2002), How do studies of comparative ontogeny and morphology aid in elucidation of relationships within the Rosaceae? p. 108, in *Botany* 2002: *Botany in the Curriculum*, Abstracts. [Madison, Wisconsin.]

Evans, R. C. , C. Campbell, D. Potter, D. Morgan, T. Eriksson L. Alice S-H Oh, E. Bortiri F. Gao, J. Smedmark and M. Arsenault. (2002a). A Rosaceae phylogeny, p. 108, in *Botany* 2002: *Botany in the Curriculum*, Abstracts. [Madison, Wisconsin.]

Evans, R. C. , T, A. Dickinson, T. A. , and C. Campbell (2002b). The origin of the apple subfamily (Maloideae; Rosaceae) is clarified by DNA sequence data from duplicated GBSSI genes. *American J. Bot.* **89**: 1478-1484.

Fairbrothers, D. E. (1983). Evidence from nucleic acid and protein chemistry in particular serology, in angiosperm classification. *Nordic. J. Bot* **3**: 35-41.

Farr, E. R. , J. A. Leussink and F. A. Stafleu (eds.). (1979). *Index Nominum Genericorum (Plantarum), Regnum Veg.* **100-102**: 1-1896.

Farr, E. R. , J. A. Leussink and G. Zijlstra (eds.). (1986). *Index Nominum Genericorum (Plantarum) Supplementum Ⅰ. Regnum Veg.* **113**: 1-126.

Fassett, N. C. (1957). *A Manual of Aquatic Plants*. Univ. Wisconin Press, Madison.

Faust, W. Z. and S, B. Jones. (1973). The systematic value of trichome complements in a North American Group of Vernonia (Compositae). *Rhodora* **75**: 517-528.

Fay, M. F. . P. J, Rudall, S. Sullivan, K. L. Stobart. A. Y. de Bruijn, G. Reeves. M. Qamaruz Zaman, W. -P. Hong, J. Joseph, W. J. Hahn, J. G. Conran, and M. W. Chase. (2000). Phylogenetic studies of Asparagales based on four plastid DNA regions. pp. 360-371, in K. L. Wilson and D. A. Morrison (eds.). *Monocots: Systematics and Evolution*. CSIRO, Collingwood.

Fay, M. F. B. Bremer, G. T. Prance, M. van der Bank, D. Bridson and M. W. Chase. (2000a). Plastid rbcL sequence data show Dialypetalanthus to be member of Rubiaceae. *Kew Bulletin* **55**: 853-864.

Federov. A. A. (ed.). (1969). *Chromosome Numbers of Flowering Plants*. Akad. Nauk SSSR, Leningrad.

Fiori, A. and G. Paoletti (1896). *Flora analitica d'Italia* **1**: 1-256. Padova.

Fishbein, M. , C. Hibsch-Jetter, D. E. Soltis and L. Hufford, (2001). Phylogeny of Saxifragales (Angiosperms, Eudicots): Analysis of a rapid. ancient radiation. *Syst. Biol.* **50**: 817-847.

Fisher, M. J. (1928), Morphology and anatomy of flowers of Salicaceae. I. *Amer. J. Bot.* **15**: 307-326.

Freudenstein J. V. and M. W. Chase. (2001). Analysis of mitochondrial nadlb-c intron sequences in Orchidaceae: Utili-

ty and coding of length change characters. *Syst. Bot.* **26**: 643-657.
Friedrich, H. C. (1956). Studien uber die naturliche verwandtschaft der Plumbaginales und Centrospermae, *Phyton (Austria)* **6**: 220-263.
Frodin. D. G. (1984). *Guide to the Standard Floras of the World*, Cambridge Univ. Press.
Frost. F, H. (1930), Specialization in secondary xylem in dicotyledons, I. Origin of vessels. *Botanical Gazette* **89**: 67-94.
Fuse, S. aad M. N. Tamura. (2000). A phylogenetic analysis of the plastid matK gene with emphasis on Melanthiaceae *sensu lato*, *Plant Biology* **2**: 415-427.
Gagnepain. F, And Boureau. (1947). Nouvelles considerations systematische a propos du Sarcopus abberans Gagnepain. *Bull, Soc. Bot. Fr.* **94**: 182-185.
Garcke, A. (1972). *Illustrierte Flore von Deutschland und Angrenzende Gebiete*, 23rd ed. (revised by K. von Weihe ed.), Parey, Berlin.
Garnock～Jones, P, J. and C, J. Webb. (1996), The requirement to cite authors of plant names in botanical journals. *Taxon*, **45**: 285-286.
Gaussen, H. (1946). *Les Gymnosperms actuelles et fossiles*. Pt. 3. Travaux du Laboratoire Forestier, Toulouse.
Gershenzon. J. and T. J. Mabry. (1983), Secondary metabolites and the higher classification of angiosperms. *Nordic J. Bot.* **3**: 5-34.
Gifford. E. M. and A. S. Foster. (1988). *Morphology and evolution of vascular plants*, 3rd ed. W H, Freeman, New York.
Gleason. H. A. (1963). *The New Britton and Brown Illustrated Flora*. 3 Vols. Hafner, New York.
Gornall R. J. 1989, Anatomical evidence and the taxonomic position of Darmera (Saxifragaceae). *Bot. J. Linnean Soc.* **100**; 173-182.
Gottsberger, G. (1974). Structure and function of primitive angiosperm flower A Discussion *Acta Bot. Neerl.* **23**: 461-471.
Gower. J. C. (1966), Some distance properties of latent root and vector methods used in multivariate analysis. *Biometrika* **53**: 325-338.
Graham. S. W. and R. G. Olmstead. (2000a). Evolutionary significance of an unusual chloroplast DNA inversion found in two basal angiosperm lineages. *Curr Genet*, **37**: 183-188.
Graham. S. W, and R. G, Olmstead. (2000b), Utility of 17 chloroplast genes for inferring the phylogeny of the basal angiosperms, *American. J. Bot.* **87**: 1712-1730.
Grant, V. (1957). The plant species in theory and practice, In: E. Mayr (ed.), *The Species Problem*. *Amer.* Assoc. Adv. Sci. Washington, D. C.. pp. 39-80.
Grant, V. (198 1), *Plant Speciation* (2th ed.). Columbia Univ. Press, New York..
Grayum. M. (1987). A summary of evidence and arguments supporting the removal of Acorus from Araceac. *Taxon* **36**: 723-729.
Gregory. W. C. (1941). Phylogenetic and cytological studies in the Ranunculaceae. *Trans. Am, Phil. Soc.* **3**: 443-520.
Greuter. W., D. L. Hawksworth, J. Mcneill, M. A. Mayo, A. Minelli. P. H, A. Sneath, B. J Tindall, P. Trehane, and P. Tubbs. (1998). Draft BioCode (1997): the prospective international rules for the scientific names of organisms. *Taxon* **47**: 127-150.
Greuter. W.. J. Mcneill, F. R. Barrie, H. M, Burdet, V. Demoulin, T. S, Filgueiras. D. H. Nicolson. P. C. Silva, J. E. Skog. P. Trehane, N. J. Turland and D. L. Hawksworth (editors& compilers). (2000). International code of botanical nomenclature (St Louis Code) adopted by the Sixteenth International Botanical Congress St. Louis, Missouri, July-August 1999. *Regnum Veg. Vol* **138**.
Greuter, W., R. K. Brummitt, E. Farr, N. Kilian. P. M. Kirk and P. C. Silva. (1993). Names in current use for extant plant genera. Koeltz, Konigstein. Germany. xxvii + 1464 pp, *Regnum veg. Vol*. **129**.
Gunderson, A. (1939). Flower buds and phylogeny of dicotyledons. *Bull. Torrey Bot. Club* **66**: 287-295.
Gustafsson. M. H. G. (2002). Phylogeny of Clusiaceae based on rbcL sequences. *Int. J. Plant Sci* **163** (6): 1045-1054.
Haeckel. E. (1887). Echte Graser. Engler and Prantl Die naturlichen Pflanzenfamilien, Ⅱ, 2.
Hahn. W, J. 2002. A molecular phylogenetic study of the Palmae (Arecaceae) based on atpB. rbcL and 18s nrDNA sequences. *Syst. Biol.* **51**: 92-112.
Hall. D. W. (1981). Microwave: a method to control herbarium insects. *Taxon*, **30**: 818-819.
Hanelt. P. and J. Schultze-Motel. (1983). Proposal (715) to conserve *Triticum aestivum L.* (1753) against *Triticum hybernum L.* (1753) (Gramineae). *Taxon* **32**: 492-498.
Hansen. A. (1920). *Die Pflanzendecke der Erde*. Leipzig.
Harborne. J. B. and B. L Turner. (1984). *Plant Chemosystematics*. Acad. Press. London.
Harris. J. G. and M. W. Harris. (1994). Plant identification terminology: *An illustrated glossary*. Spring Lake. Publishing, Spring Lake. UT.
Harris. T. M. (1932). The fossil flora of Scorseby Sound East Greenland. Part 3: Caytoniales and Bennettitales. *Meddelelser om Gronland* **85** (5): 1-133.
Hartl. D. L. and E. W. Jones. (1998). Genetics: Principles and Analysis. 4th ed. Jone and Bartlett Publishers. London.
Haszprunar. G. (1987). Vetigastropoda and systematics of Streptpneuros Gastropoda(Mallusca). *Journal of Zoology* **211**: 747-770.

Hawksworth, D. L. (1995). Steps along the road to a harmonized bionomenclature. *Taxon*. **44**: 447-456.
Hedge, I. C. and J. M. Lamond. (1972). Umbelliferae. Multi-access key to the Turkish genera. In: P. H. Davis (ed.). *Flora of Turkey*. Edinburgh Univ. Press Edinburgh, vol. 4, pp. 171-177.
Hedren, M., M. W. Chase, and R. G. Olmstead. (1995). Relationships in the Acanthaceae and related families as suggested by cladistic analysis of *rbc*L nucleotide sequences. *Plant Syst*. *Evol*. **194**: 93-109.
Hegi, G. (1906-1931). *Illustrierte Flora Von Mitteleuropa*. Ed. I, Munchen.
Henderson, D. M. (1983). *International Directory of Botanical Gardens* Ⅳ. Koeltz, Koenigstein.
Hennig, W. (1950). *Grundzuge einer Theorie der phylogenetischen Systematik*. Deutscher Zentralverlag, Berlin.
Hennig, W. (1957). Systematik und Phylogenese. Ber. *Hundertjahrfeier Deutsch*. *Entomol*. Ges., pp. 50-70.
Hennig, W. (1966). *Phylogenetic Systematics*. Translated by D. D, Davies and R. Zangerl Univ. Illinois Press, Urbana.
Heslop-Harrison, J. (1952). A reconsideration of plant teratology. *Phyton* **4**: 19-34.
Heslop-Harrison, J. (1958). The unisexual flower a reply to criticism. *Phytomorphology* **8**: 177-184.
Heywood, V. H. (ed.). (1978). *Flowering Plants of the World*. Oxford University Press, London.
Hibbett, D. and M. J. Donoghue. (1998). Integrating phylogenetic analysis and classification in fungi, *Mycologia* **90**: 347-356.
Hickey, L. J and D. W. Taylor. (1996). Origin of angiosperm flower. In: D. W. Taylor and L. J. Hickey (eds.) *Flowering Plant Origin, Evolution and Phylogeny*. Chapman& Hall Inc.. New York, pp. 176-231.
Hickey, L. J. and D. W. Taylor. (1992). Paleobiology of early angiosperms: evidence From sedimentological associations in Early Cretaceous Potomac Group of eastern U. S. *A. Paleontological Soc*. *Spec*, *Publ*. **6**: 128.
Hickey, L. J. and J. A. Doyle. (1977). Early Cretaceous fossil evidence for angiosperm evolution. *Bot. Rev*. **43**: 1-104.
Hill. S, R. (1983). Microwave and the herbarium specimens: potential dangers. *Taxon* **32**: 614-615.
Hjelmquist, H. (1948). Studies on the floral morphology and phylogeny of the Amentiferae. *Bot. Notiser*, *Suppl*. **2**: 1-171.
Holmgren, P. K., N. H. Holmgren and L. C. Barnett. (1990). Index herbariorum, part I: The Herbaria of the World (8th ed,). *Regnum Veg*. **120**.
Hooker, J. D. (I870). *Student's Flora of British Isles*. Macmillan and Co., London. (3rd ed. in 1884).
Hooker, J. D. (1872-1897). *Flora of British India*.. L. Reeve and Co., London., 7 vols.
Hoot, S. B. (1995). Phylogeny of Ranunculaceae based on epidermal preliminary atpB, rbcL and 18S nuclear ribosomal DNA sequence data. *Plant Syst Evol*. *Suppl*. **9**: 241-251.
Hoot. S. B., J. W. Kadereit, F. R. Blattner. K. B. Jork. A. E. Schwarzbach and P. R. Crane, (1998). Data congruence and phylogeny of the Papaveraceae s. l. based on four data sets: atpB and rbcL sequences, trnK restriction sites, and morphological characters, *Syst*. *Bot*. **22**: 575-590.
Hsiao, C.. N. J. Chatterton. K, H. Asay and K. B. Jensen, (1994). Molecular phylogeny of Pooideae (Poaceae) based on nuclear rDNA (ITS) sequences. *Theor. Appl. Genet*, **90**: 389-398.
Huber, H. (1991). *Angiospermen Leitfaden durch die Ordnungen und Familien der Bedektsamer*. Gustav Fischer. Stuttgart.
Hughes. N. F. (1961). Further interpretation of Eucommiidites Erdtman,, 1948. *Palaeontology* **4**: 292-299.
Hufford. L. (1997). A phylogenetic analysis of Hydrangeaceae based on morphological data. *Int. J. Plant Sci*. **158**: 652-672.
Hufford, L. (2001). Ontogeny and morphology of the fertile flowers of Hydrangea and allied genera of tribe Hydrangeeae (Hydrangeaceae). *Bot. J*, *Linn. Soc*. **137**: 139-187.
Hutchinson, J and J. M. Dalzeil. (1927-1929). *Flora of West Tropical Africa*. London. 2 vols.
Hutchinson, J. (1946). *A Botanist in South Africa*. London.
Hutchinson, J. (1948). *British Flowering Plants*. London.
Hutchinson. J. (1964-1967). *The Genera of Flowering Plants*. Claredon. Oxford. 2 vols.
Hutchinson. J. (1968). *Key to the Families of Flowering Plants of the World*. Clarendon, Oxford, pp. 117.
Hutchinson, J. (1969). *Evolution and Phylogeny of Flowering Plants*. Acad. Press, London.
Hutchinson, J. (1973). *The Families of Flowering Plants*. (3rd ed.). Oxford Univ. Press. (2nd ed. 1959; Ist ed. 1926, 1934)
Index Kewensis plantarum phanerogamarum (1893-1895). 2 vols, Oxford. 16 supplements up to 1971.
Jaccard. P. (1908). Nouvelles recherches sur la distribution florale. *Bull. Soc. Vaud*, *Sci. Nat*, **44**: 223-270.
Janesen. R. K. and J. D. Palmer. (1987). A chloroplast DNA inversionmarks an ancient evolutionary split in sunflower family (Asteraceae). *Proc. Nat. Acad. Sc*., USA **84**: 5818-5822.
Jardine, N. and R. Sibson. (1971). *Mathematical Taxonomy*. Wiley, London,
Johnson, B. L. (1972). Seed protein profiles and the origin of the hexaploid wheats. *Amer. J. Bot*. **59**: 952-960.
Johnson, L. A. S. and K. L, Wilson. (1993). Casuarinaceae, pp. 237-242, in Kubitzki, K., Rohwer, J. G. and V. Bittrich (eds), *The Families and Genera of Vascular Plants*. Ⅱ. *Flowering Plants*: *Dicotyledons*, *Magnoliid*, *Hamamelid and Caryophyllid Families*. Springer, Berlin.
Jones, S. B. Jr. and A. E. Luchsinger. (1986). *Plant Systematics*, 2nd ed. McGraw-Hill Book Co., New York.
Jordan, A. (1873) Remarques sur le fait de l'existence en societe a l'etat sauvage des especes vegetales affines. *Bull. Ass. Fr Avanc*, *Sci* **2**, session Lyon.
Judd, W. S., C. S. Cambell, E. A. Kellogg, P, F. Stevens and M. J. Donoghue, (2002), *Plant Systematics*: *A Phylogenetic Approach*. 2nd ed. Sinauer Associates, Inc,, USA (Ist ed., 1999).

Judd, W. S., R. W. Sanders, and M. J. Donoghue. (1994), Angiosperm family pairs: Preliminary cladistic analyses. *Harvard Pap. Bot, No.* **5**: 1-51.

Kallersjo, M., G. Bergqvist & A. A. Anderberg (2000). Generic realignment in primuloid families of the Ericales s. l. (Angiosperms): A phylogenetic analysis based on DNA sequences of rbcL and ndhF. *American J. Bot.* **87**: 1325-1341.

Karehed, J., J. Lundberg, B. Bremer and K. Bremer. (1999). Evolution of the Australian Australasian families Alseuosmiaceae, Argophyllaceae and Phellinaceae. *Systematic Botany* **24**: 660-682.

Karp, G. (2002). *Cell and Molecular Biology: concepts and experiments*. 3rd ed. John Wiley and Sons. New York.

Keating, R. C. (2003a). *Anatomy of the Monocotyledons. IX, Acoraceae and Araceae* (ed. Gregory. M.. & Cutler, D. F.). Oxford University Press. Oxford.

Keating. R. C. (2003b). Vegetative anatomical data and its relationship to a revised classification of the genera of Araceae. *Missouri Bot. Gard. Monogr Syst. Bot.* [in press; cited in APweb].

Keller. R. (1996). *Identification of tropical woody plants in the absence of flowers and fruits: A field guide*. Birkauser. Basel.

Keller. R, A., R. N. Boyd & Q. D. Wheeler. (2003). Illogical basis of Phylogenetic nomenclature. *Bot. Rev.* **69 (1)**: 93-110.

Kellogg. E. A. 2000. The grasses: A case study in macroevolution, *Ann. Rev. Ecol. Syst.* **31**: 217-38.

Kerguelen, M. (1980). Proposal (68) on article 57.2 to correct the Triticum example. *Taxon* **29**: 516-517.

Kluge, A. G. and J. S. Farris. (1969). Quantitative phyletics and the evolution of anurans. *Syst, Zool.* **18**: 1-32.

Komarov, V. L. And B. K. Shishkin. (1934-1964). *Flora SSSR*. AN SSSR Press, Moscow/ Leningrad, 30 vols.

Kosakai. H., M. F. Moseley and V. I. Cheadle. (1970). Morphological studies in the Nymphaeaceae. V. Does Nelumbo have vessels?. *Amer. J. Bot.* **57**: 487-494.

Krassilov, V. A. (1977). Contributions to the knowledge of the Caytoniales. *Rev. Paleobot, Palynology* **24**: 155-178.

Kraus, R. (1897). Uber Specifishe Reactionin in Keimfreien Filtraten aus Cholera, Typhus und Pestbouillon Culturen erzeugt durch homologes Serum.. *Weiner Klin. Wechenschr.* **10**: 136-138.

Kubitzki, K. (ed.) (1993), *The Families and Genera of Vascular Plants, Vol.* Ⅱ. *Flowering Plants, Dicotyledons: Magnoliid, Hamamelid and Caryophyllid Families*. Springe-Verlag, New York.

Kubitzki, K. and M. W. Chase. (2002). Introduction to Malvales. pp. 12-16, in Kubitzki. K. (ed.), *The Families and Genera of Vascular Plants. IV. Flowering Plants. Dicotyledons. Malvales, Capparales and Non-betalain Caryophallales*. Springer, Berlin.

Lam, H. J. (1961). Reflections on angiosperm phylogeny. I and Ⅱ. Facts and theories. *Koninklijke Akademie van Wetenschappen te Amsterdam, Afdruunken Natuurkunde, Procesverbaa*l **64**: 251-276.

Lamarck, J. B. P. (1778). *Flore Francaise*. imprimerie Royale, Paris, 3 vols.

Lamarck, J. B. P. (1809). *Philosophic Zoologique*. Paris.

Lamb Frye, A, S. and K. A. Kron, (2003). RbcL phylogeny and character evolution in Polygonaceae. *Syst. Bot.* **28**: 326-332.

Lance, G. N. and W. T. Williams. (1967). A general theory of classificatory sorting strategies. 1. Hierarchical systems. *Computer J.* **9**: 373-380.

Lapage, S. P., P. H. A, Sneath, E, F. Lessel, V. B. D. Skerman, H. P. R. Seeliger. and W. A. Clark (eds,). (1992). *International Code of Nomenclature. of Bacteria* (Bacteriological Code 1990 Revision). Amer. Soc. Microbiol., Washington, D. C. xlii + pp. 189.

Laubengayer, R. A. (1937). Studies in the anatomy and morphology of the polygonaceous flower. *Amer, J. Bot*, **24**: 329-343.

Lawrence, G. H. M. (1951). *Taxonomy of Vascular Plants*. Macmillan, New York.

Lee, T. B. (1979). *Illustrated Flora of Korea*. Hyangmunsa, Seoul.

Lee, Y. S. (1981). Serological investigations in Ambrosia (Compositae: Ambrosieae) and relatives. *Syst. Bot.* **6**: 113-125.

Lemesle, R. (1946). Les divers types de fibres a ponctuations areolees chez les dicotyledones apocarpiques les plus archaiques et leur role dans la phylogenie. *Ann. Sci. Nat. Bot. et Biol. Vegetal* **7**: 19-40.

Les, D. H., D. K. Garvin and C. F. Wimpee. (1991). Molecular evolutionary history of ancient aquatic angiosperms. *Proc. Nat. Acad. Sc, USA* **88**: 10119-10123.

Les, D, H. and R. R. Haynes. (1995). Systematics of subclass Alismatidae: A synthesis of approaches. pp. 353-377, in Rudall, P. J., Cribb, P. J., Cutler, D, F., & Humphries, C. J. (eds.), *Monocotyledons: Systematics and Evolution*, vol. 2. Royal Botanic Gardens, Kew.

Les, D, H., M. A. Cleland, and M, Waycott, (1997). Phylogenetic studies in Alismatidae, Ⅱ: Evolution of marine angiosperms (seagrasses) and hydrophily. *Syst. Bot*, **22**: 443-463.

Linnaeus, C. (1730). *Hortus uplandicus*. Stockholm.

Linnaeus, C. (1735). *Systema naturae*. (2nd ed.). Lugduni Batavorum, Stockholm.

Linnaeus, C. (1737). *Critica botanica*. Leyden.

Linnaeus, C. (1737). *Flora Lapponica*. Amsterdam.

Linnaeus, C. (1737). *Genera plantarum*. Lugduni Batavorum.

Linnaeus, C. (1737). *Hortus Cliffortianus*. Amsterdam.

Linnaeus, C. (1751). *Philosophica botanica*. Stockholm, 362 pp.

Linnaeus, C. (1753). *Species plantarum*. Stockholm, 2 vols.
Linnaeus, C. (1762). *Fundamenta fructificationis*. Stockholm.
Loconte, H. (1993). Berberidaceae. In K. Kubitzki, J, G. Rohwer and V. Bittrich (eds.) *The families and Genera of vascular plants, vol 2. Magnoliid, hamamelid and caryophyllid families*. 147-152. Springer-Verlag, Berlin.
Loconte, H, (1996). Comparison of Alternative Hypotheses for the Origin of Angiosperms. In D. W. Taylor and L. J. Hickey (eds.) *Flowering Plant Origin, Evolution and Phylogeny*. 267-285. Chapman and Hall. Inc. New York.
Loconte. H. and D. W. Stevenson. (1991). Cladistics of Magnoliidae. *Cladistics* **7**: 267-296.
Love. A., D. Love and R. E. G. Pichi-Sermolli. (1977). *Cytotaxonomic Atlas of Pteridophytes*. Cramer, Koenigstein.
Lundberg, J. (2001), A well resolved and supported phylogeny of Euasterids Ⅱ based on a Bayesian inference, with special emphasis on Escalloniaceae and other incertae sedis. Chapter V. in Lundberg. J. *Phylogenetic studies in the Euasterids Ⅱ with particular reference to Asterales and Escalloniaceae*. Acta Universitatis Upsaliensis. Uppsala.
Lundberg. J. and K. Bremer. (2002). A phylogenetic study of the order Asterales using one large morphological and three molecular data sets, *International Journal of Plant Sciences*.
Mabberley, D. J. (1997). *The. Plant Book*. Ed. 2, Cambridge University Press, Cambridge.
Mabry, T. J. (1976). Pigment dichotomy and DNA-RNA hybridization data for Centrospermous families. *Pl. Syst. Evol.* **126**: 79-94.
Maheshwari. J. K, (1963). *Flora of Delhi*. CSIR, New Delhi.
Maheshwari, P. (1964). Embryology in relation to taxonomy. In: W. B. Turril (ed.). *Vistas in Botany*. Pergamon Press, London. vol. 4. pp. 55-97.
Maldonado de Magnano, S. (1986). Estudios embriologicos en *Buddleja* (Buddlejaceae) I: Endosperma y episperma. *Darwiniana* **27**: 225-236.
Manning, S. D. (2000). The genera of Bignoniaceae in the Southeastern United States. *Harvard Papers Bot.* **5**: 1-77.
Manos. P, S.. K. C. Nixon and J. J, Doyle. (1993). Cladistic analysis of restriction site variation within the chloroplast DNA inverted repeat region of selected Hamamelididae. *Syst. Bot.* **18**: 551-562.
Manos, P, S. and K. P. Steele. (1997). Phylogenetic analysis of "higher" hamamelididae based on plastid sequence data. *Syst. Bot.* **84**: 1407-1419.
Manos, P, S., Z. K. Zhou, and C. H. Cannon (2001). Systematics of Fagaceae: Phylogenetic tests of reproductive trait evolution, *Int. J. Plant Sci* **162**: 1361-1379.
Marchant, C. J. (1968). Evolution in *Spartina* (Gramineae) Ⅲ, Species chromosome numbers and their taxonomic significance *Bot. J. Linn, Soc. (London)* **60**: 411-417.
Markham, K. R., L. J. Porter, E. O. Cambell, J. Chopin and M. L. Bouillant. (1976). Phytochemical support for the existence of two species in the genus *Hymenophyton. Phytochemistry* **15**: 1517-1521.
Martin, W., D. Lydiate, H. Brinkmann, G. Forkmann, H. Saedler and R. Cerff. (1993), Molecular phylogenies in angiosperm evolution. *Mol. Biol. Evol.* **10**: 140-162.
Mason, H. L. (1936). The principles of geographic distribution as applied to floral analysis, *Madrono* **12**: 161-169.
Mason-Gamer, R. J., and E. A. Kellogg. (1996), Chloroplast DNA analysis of the monogenomic Triticeae: Phylogenetic implications and genome-specific markers. In P. Jauhaur (ed.) *Methods of genome analysis in plants: Their merits and pitfalls*. 301-325. CRC Press, Boca Raton. FL.
Mason-Gamer, R. J., C. F. Weil and E. A. Kellogg. (1998), Granule bound starch synthase: Structure, function and phylogenetic utility. *Mol, Biol, Evol* **15**: 1658-1673.
Mathew, K. M. (1983). *The Flora of the Tamil Nadu Carnatic*. The Rapinat Herbarium, St, Joseph's College, Tiruchcrapalli, India, 3 vols.
Mathews, S. and R. A. Sharrock. (1996), The phytochrome gene family in grasses (Poaceae): A phylogeny and evidence that grasses have a subset of loci found in dicot angiosperms. *Mol. Biol. Evol.* **13**: 1141-1150.
Matthews, M, L, and P. K. Endress. (2002), Comparative floral morphology and systematics in Oxalidales (Oxalidaceae, Connaraceae, Brunelliaceae, Cephalotaceae, Cunoniaceae, Elaeocarpaceae, Tremandraceae). *Bot. J. Linn. Soc.* **140**: 321-381.
Mauseth, J. D. (1998), *Botany: An Introduction to Plant Biology*. 2/e multimedia enhanced edition. Jones and Bartlett Publishers. Massachusetts.
Mayo, S. J., L. Cabrera, G. Salazar and M. Chase (2003). Aroids and their watery beginnings Ms. (cited in APweb)
Mayr, E. (1957). *The Species Problem*, Amer. Assoc. Adv. Sci. Pub, No, 50.
Mayr. E. (1969). *Principles of Systematic. Zoology*. McGraw-Hill. New York.
Mayr. E. (1942). *Systematics and the Origin of Species*. Columbia Univ, Press. New York.
Mayr. E. (1963). *Animal Species and Evolution*. Belknap Press. Harvard Univ. Press. Cambridge.
Mayr, E. (1966). The proper spelling of taxonomy. *Systematic Zool.* **15**: 88.
Mayr, E. and P. D. Ashlock (1991). *Principles of Systematic Zoology*, 2nd. ed. McGraw-Hill. New York.
McMillan, C., T. J. Mabry and P. I. Chavez, (1976). Experimental hybridization of *Xanthium strumarium* (Compositae) from Asia and America. Ⅱ, Sesquiterpene lactones of Fl hybrids. *Amer. J. Bot.* **63**: 317-323.
McMinn. H. E. and E. Maino. (1946). Illustrated Manual of Pacific Coast Trees. 2nd. ed. Univ. of Calif. Press, Berkeley, CA.
Meeuse. A. J. D. (1963). The multiple origins of the angiosperms. *Advancing Frontiers of Plant Sciences*, **1**: 105-127.
Meeuse, A. J. D. (1972). Facts and fiction in floral morphology with special reference to the Polycarpicae. *Acta Bot. Neerl.* **21**: 113-127, 235-252, 351-365.

Meeuse. A. J. D. (1990). *All about Angiosperms*. *Eburon*, Delft.
Meglitsch. P. A. (1954). On the nature of species. *Zyst. Zool* **3**: 49-65.
Melville, R. (1962) A new theory of the angiosperm flower, I. The gynoecium. *Kew Bull*. **16**: 1-50.
Melville, R. (1963) A new theory of the angiosperm flower. Ⅱ. *Kew Bull*, **17**: 1-63.
Melville. R. (1983). Glossopteridae. Angiospermidae and the evidence of angiosperm origin. *Bot, J. Linn. Soc*, **86**: 279-323.
Melville, R. and H. M. Heybroek. (1971). The Elms of the Himalayas. *Kew Bull*. **26** **(1)**: 5-28.
Merat. F. V. (1821). *Nouvelle flore des environs de Paris* ed. 2, 2 Paris, pp. 107.
Metcalfe. C. R. and L. Chalk. (eds.) (1983), *Anatomy of Dicotyledons*. (2nd ed.). Claredon Press, Oxford. (Takhtajan's classification, vol.. 2 pp. 258-300)
Michener, C. D. and R. R. Sokal. (1957). A quantitative approach to a problem in classification. *Evolution* **11**: 130-162.
Miki. S. (1937). The origin of *Najas* and *Potamogeton*. *Bot. Mag*, *Takyo* **51**: 290-480.
Mirov. N. T. (1961). *Composition of Gum Terpentines of Pines*. U. S, Dept. Agric. Tech. Bull. 1239.
Mirov. N. T. (1967). *The Genus Pinus*. Ronald Press. New York.
Moore. G.. K. M. Devos, Z. Wang and M. D. Gale. (1995). *Current Opinion Genet*. Devel **5**: 737.
Muasya. A. M. , D. A. Simpson. M, W. Chase. and A. Culham. (1998), An assessment of suprageneric phylogeny in Cyperaceae using rbcL DNA sequences. *Plant Syst*. *Evol*. **211**: 257-271.
Muhammad, A. F. md R. Sattler. (1982). Vessel structure of Gnetum and the origin of angiosperms. *Amer. J. Bot*. **69**: 1004-1021.
Naik. V. N. (1984). *Taxonomy of Angiosperms*, Tata McGraw Hill, New Delhi.
Neumayer, H. (1924). Die Geschichte der Blute, *Abhandlung Zoologischen Botanische Gesellschaft* **14**: 1-110.
Nickrent, D, L. (2002). Origenes filogeneticos de las plantas parasitas. pp. 29-56 in Lopez-Saez. J. A. , Catalan & Saez, L. (eds), *Plantas Parasitas de la Peninsula Iberica e Islas Baleares*. Mundi-Prensa. Madrid.
Nicolson. D. H. (1974). Paratautonym, a comment on proposal 146. *Taxon* **24**: 389-390.
Nixon. K. C. and J. M. Carpenter. (2000). On the other Phylogenetic Systematics. *Cladistics* 16: 298-318.
Nixon. K. C.. J. M. Carpenter and D. W. Stevenson. (2003). The PhyloCode is fatally flawed, and the "Linnaean" System can be easily fixed. *Bot. Rev*, **69** **(1)**: 111-120.
Nyffeler. R, 2002, Phylogenetic relationships in the cactus family (Cactaceae) based on evidence from trnK/matK and trnL-trnF sequences. *American J*. *Bot*. **89**: 312-326.
Olmstead, R, G. and P. A. Reeves. (1995). Evidence for polyphyly of Scrophulariaceae based on chloroplast rbcL and ndhF sequences. *Ann. Missouri Bot*. *Gard*, **82**: 176-193.
Olmstead. R. G.. J. A. Sweere, R, E. Spangler, L. Bohs. and J. D. Palmer. (1999). Phylogeny and provisional classification of the Solanaceae based on chloroplast DNA. pp. 111-137, in Nee. M.. Symon. D.. Lester. R. N. , & Jessop, J. P. (eds), *Solanaceae* Ⅳ: *Advances in Biology and Utilization*, Royal Botanic Gardens. Kew.
Olmstead, R, G. , K. -J Kim, R. K. Jansen and S J. Wagstaff. (2000), The phylogeny of the. Asteridae sensu lato based on chloroplast ndhF gene sequences. *Molecular Phylog*. *Evol* **16**: 96-112.
Olmstead. R. G. , C. W. dePamaphilis. A, D. Wolfe, N. D. Young. W. J. Elisens and P. A. Reeves, (2001). Disintegration of the Scrophulariaceae. *American J*. *Bot*. **88**: 348-361.
Owen, R. (1848). Report on the archetype and homologies of vertebrate skeleton. *Rep*. 16*th Meeting Brit*. *Assoc*. *Adv*. *Sci*. 169-340.
Owenby, M. (1950). Natural hybridisation and amphiploidy in the genus *Tragopogon Amer*. *J*. *Bot*, **37** (10): 487-499.
Page, C. N. (1979). The herbarium preservation of Conifer specimens. *Taxon* **28**: 375-379.
Pant, D. D. and P. F. Kidwai. (1964). On the diversity in the development and organisation of stomata in *Phyla nodiflora* Michx. *Curr. Sci* **33**: 653-654.
Petersen, G. and O. Seberg. (1997). Phylogenetic analysis of Triticeae (Poaceae) based on rpoA sequence data. *Mol. Phylog*, *Evol*. **7**: 217-230.
Pichon, H. (1946). Sur les Alismatacees et les Butomacees [includes Albidella, gen. nov. , key to genera of redefined Alismaceae]. *Not. Syst*. [Paris] **12**: 170-183.
Plunkett, G. M. , D. E. Soltis, and P. S. Soltis. (1995), Phylogenetic relationships between Juncaceae and Cyperaceae: Insights from rbcL sequence data. *American J*, *Bot*. **82**: 520-525.
Plunkett, G. M,, D. E. Soltis, and P. S. Soltis. (1997). Clarification of the relationship between Apiaceae and Araliaceae based on *mat*K and *rbc*L sequence data. Amer. J. Bot. **84**: 567-580.
Plunkett, G, M. (2001), Relationship of the order Apiales to subclass Asteridae; A reevaluation of morphological characters based on insights from molecular data. *Edinburgh J*. *Bot*. **8**: 183-200.
Porter, C. L. (1959), *Taxononomy of Flowering Plants*. W. H. Freeman, San Francisco.
Porter, E. A. and L. A. Johnson. (1998). Phylogenetic relationships of Polemoniaceae: Inferences from mitochondrial nadl b intron sequences. *Aliso* **17**: 157-188.
Porter, E. A,. E. Nic Lughadha and M. S. J. Simmonds. (2000), Taxonomic significance of polyhydroxyalkaloids in the Myrtaceae. *Kew Bull*, **55**: 615-632.
Potgeiter, J. and V. A. Albert (2001). Phylogenetic relationships within Apocynaceae s. l. based on trnL intron and trnL-F spacer sequences and propagule characters. *Ann. Missouri Bot*. *Gard*. **88**: 523-549.
Potter. D. , F, Gao, P. E. Bortiri, S. -H Oh and S. Baggett. (2002), Phylogenetic relationships in Rosaceae inferred from chloroplast matK and trnL-trnF nucleotide sequence data. *Plant Syst*. *evol*. **231**: 77-89.

Prat, W. (1960). Vers une classification naturelles des Graminees. *Bull. Soc, Bot. Fr.* **107**: 32-79.

Prather, C. A. , C. J. Ferguson and R. K. Jansen. (2000). Polemoniaceae phylogeny and classification: Implications of sequence data from the chloroplast gene *ndhF*, *Amer, J, Bot* **87**: 1300-1308.

Pratt, D, B. , L. G. Clark and R. S. Wallace. (2001). A tale of two families: Phylogeny of the Chenopodiaceae-Amaranthaceae. P. 135, in *Botany* 2001: *Plants and People*, Abstracts. [Albuquerque.]

Qui, Y-L, M. W. Chase, D. H. Les and C. R. Parks. (1993). Molecular phylogenetics of the Magnoliidae: Cladistic analyses of nucleotide sequences of plastid gene *rbcL*. *Ann. Missouri Bot. Gard.* **80**: 587-606.

Qiu, Y. -L. , M. W. Chase, S. B, Hoot, E. Conti, P. R. Crane, K. J. Sytsma and C. R. Parks, (1998). Phylogenetics of the Hamamelidae and their allies: Parsimony analyses of nucleotide sequences of the plastid gene *rbcL*. *Int. J. Plant Sci.* **159**: 891-905.

Qui, Y-L, J. Lee, F. Bernasconi-Quadroni, D. E. Soltis, P. S. Soltis, M. Zanis, E. A. Zimmer, Z. Chen, V. Savolainen and M. W. Chase. (1999). The earliest angiosperms: evidence from mitochondrial, plastid and nuclear genomes. *Nature* **402**: 404-407.

Qui, Y-L, J. Lee, F. Bernasconi-Quadroni, D. E. Soltis, P. B. Soltis, M. Zanis, E. A. Zimmer, Z. Chen, V. Savolainen and M. W. Chase. (2000). Phylogeny of basal angiosperms: Analyses of five genes from three genomes. *Int. J. Plant Sci.* **161** (6: suppl.): S3-S27.

Radford, A. E. (1986). *Fundamentals of Plant Systematics*, Harper and Row, New York.

Radford, A. E. , W. C. Dickison. , J. R. Massey and C, R. Bell. (1974). *Vascular Plant Systematics*, Harper and Row, New York.

Ram, Manasi. (1959). Morphological and embryological studies in the family Santalaceae Ⅱ, Exocarpus, with a discussion on its systematic position, *Phytomorphology* **8**: 4-19.

Raven, P. H. (1975). The bases of angiosperm phylogeny: cytology. *Ann. Miss. Bot. Gard*, **62**: 725-764.

Ray, J. (1682). *Methodus plantarum nova*. . London, 3 vols.

Ray, J, (1686-1704). *Historia plantarum*. London, 3 vols.

Rechinger, K. H. (1963). *Flora Iranica*.

Reeves, R. G. (1972). *Flora of Central Texas*. Prestige Press. Ft. Worth, TX, pp. 320.

Rehder. A. (1940). *Manual of Cultivated Trees and Shrubs Hardy in North America*, (2nd ed). Macmillan. New York.

Rendle, A. B. (1904). *Classification of flowering plants*. Cambridge, England. Vol. 2 1925; 2nd ed. Vol. 1-1930.

Renner, S. S. . A. Weerasooriya and M. E. Olson. (2002). Phylogeny of Cucurbitaceae inferred from multiple chloroplast loci. P. 169, in *Botany* 2002: *Botany in the Curriculum*, Abstracts. [Madison. Wisconsin.]

Retallack, G, and D. L. Dilcher. (1981). A coastal hypothesis for the dispersal and rise of dominance of flowering plants. In: K. J. Niklas (ed.). *Paleobotany, Paleoecology and Evolution*. Praeger. New York, Vol 2. pp. 27-77.

Riesberg, L, H. . B. Sinervo. C, R, Linder, M. Ungerer and D. M, Arias. (1996). Role of gene interactionsin hybrid speciation: Evidence from ancient and experimental hybrids. , *Science* **272**: 741-745.

Rise. K. A. , M. J. Donoghue and R. G. Olmstead. (1997). Analyzing large data sets: rbcL 500 revisited. *Syst. Biol*, **46**: 554-563.

Rodman, J. E. , R. A. Price, K. Karol, E. Conti, K. J. Sytsma and J. D. Palmer. (1993). Nucleotide sequences of rbcL gene indicate monophyly of mustard oil plants. *Ann. Missouri Bot, Gard.* **80**: 686-699.

Rogers. D. J. (1963). Taximetrics. new name, old concept. *Brittonia* **15**: 285-290.

Rollins. R. C. (1953), Cytogenetical approaches to the study of genera. *Chronica Botanica* **14 (3)**: 133-139.

Rousi. A. (1973). Studies on the cytotaxonomy and mode of reproduction of *Leontodon* (Compositae). *Ann. Bot. Fenn.* **10**: 201-215.

Rova, J. H. E. , P. G. Delprete, L. Andersson, and V, A. Albert. (2002). A trnL-F cpDNA sequence study of the Condamineeae Rondeletieae-Sipaneeae complex with implications on the phylogeny of the Rubiaceae. *Amer. J. Bot.* **89**: 145-159.

Rudall. P. . C. A. Furness, M. W. Chase and M. F. Fay, (1997). Microsporogenesis and pollen sulcus type in Asparagales (Lilianae), *Canad J. Bot.* **75**: 408-430.

Rudall, P. (2001). Floral morphology of Asparagales: unique structures and iterative evolutionary themes. P. 16. in *Botany* 2001: *Plants and People*. Abstracts. [Albuquerque.]

Sahasrabudhe, S. and C. A. Stace. (1974), Developmental and structural variation in the trichomes and stomata of some Gesneriaceae, *New Botanist* **1**: 46-62.

Sahni, B. (1925). Ontogeny of vascular plants and theory of recapitulation. *J. Indian Bot. Soc*, **4**: 202-216.

Sahni, B. (1948), Pentoxyleae: A new group of Jurassic gyymosperms from the Rajmahal Hills of India, *Bot. Gaz.* **110**: 47-80.

Savolainen, V. , M. W. Chase, S. B. Hoot. C. M. Morton, D. E. Soltis, C, Bayer, M. F. Fay, A. Y. de Bruijn, S. Sulllivan, and Y. -L. Qiu, (2000). Phylogenetics of flowering plants based on combined analysis of plastid atpB and rbcL sequences. *Syst. Biol*, **49**; 306-362.

Salywon, A, , N, Snow & L. R, Landrum. (2002), Phylogenetic relationships in the berry-fruited Myrtaceae as inferred from ITS sequences. P, 149, in *Botany* 2002. *Botany in the Curriculum*, Abstracts. Madison, Wisconsin.

Schneider, H. A. W, and W, Liedgens. (1981). An evolutionary tree based on monoclonal antibody-recognised surface features of plastid enzume (5-aminolevulinate dehydratase). Z. Naturforsch. **36** (c): 44-50.

Schubert, I. , H. Ohle and P. Hanelt. (1983). Phylogenetic conclusions from Geisma banding and NOR staining in Top Onions (Liliaceae). *Pl, Syst. Evol* **143**: 245-256.

Schulz, O, E, (1936). *Cruciferae.* In: E. Engler, Die Naturlichen Pflanzenfamilien, ed. 2, **17**B: 227-658.
Schwarzbach, A. E. and L. A. McDade. (2002), Phylogenetic relationships of the mangrove family Avicenniaceae based on chloroplast and nuclear ribosomal DNA sequences. *Syst, Bot.* **27**: 84-98.
Scotland, R. W. (1990). *Palynology and systematics of Acanthaceae*. Ph. D. Thesis, University of Reading, England.
Scotland, R, W. and K. Volleson. (2000), Classification of Acanthaceae. *Kew Bull*. **55**: 513-589.
Sennblad, B and B. Bremer, (2002). Classification of Apocynaceae s. 1. according to a new approach combining Linnaean and phylogenetic taxonomy. *Syst. Biol.* **51**: 389-409.
Seward, A. C. (1925). Arctic vegetation past and present. *J, Hort. Soc.* **50**, i.
Shukla, P. and S. P. Misra, (1979). *An introduction to Taxonomy of Angiosperms*. Vikas Publishing House, New Delhi.
Simpson, G. G. (1961). *Principles of Animal Taxonomy*. New York/London.
Simpson, D. A. , Furness, C. A. , Hodkinson, T. R. , Muasya, A. M. and M. W. Chase. (2003). Phylogenetic relationships in Cyperaceae subfamily Mapanioideae inferred from pollen and plastid DNA sequence data. *American J. Bot*, **90**: 1071-1086.
Singh, G. (1999). *Plant Systematics*. Science Publishers, New York.
Singh, G. (1999). *Plant Systematics-Theory and practice*. Oxford & IBH Publishing Co. Pvt. Ltd. , New Delhi.
Singh, G. Bimal Misri and P. Kachroo. (1972). Achene morphology: An aid to the taxonomy of Indian Plants, 1. Compositae, Liguliflorae. *J. Indian Bot. Soc.* **51** (3-4): 235-242.
Sinnot, E. W. and I. W. Bailey. (1914). Investigations on the phylogeny of angiosperms. Part 3. *Amer. J. Bot.* **1**: 441-453.
Sinnott, Q. P. (1983), A Solar Thermoconvective plant drier. *Taxon* **32**: 611-613.
Sivarajan, V. V. (1984). *Introduction to Principles of Plant Taxnomy*. Oxford & IBH, New Delhi.
Smith, A. C. (1970). *The Pacific as a key to flowering plant history*. Harold L, Lyon Arboretum Lecture Number 1.
Smith, P. M. (1972). Serology and species relationship in annual bromes (Bromus L sect. Bromus). *Ann. Bot.* **36**: 1-30.
Smith, P. M, (1983). Protein, mimicry and microevolution in grasses. In: U, Jensen and D. E. Fairbrothers (eds.). *Proteins and Nucleic Acids in Plant Systematics*. Springer-Verlag, Berlin, pp. 311-323.
Sneath, P. H, A. (1957). The application of computers to taxonomy. *J. Gen. Microbiol.* **17**: 201-226.
Sneath, P. H. A. and R. R. Sokal. (1973), *Numerical Taxonomy*. W. H, Freeman and Company, San Francisco.
Snustad, D. P. and M. J. Simmons, (2000). *Principles of Genetics*. 2nd ed. John Wiley and Sons, New York.
Sokal, R. R. (1961). Distance as a measure of taxonomic similarity, *Systematic Zool*, **10**: 70-79.
Sokal, R. R. and C. D. Michener. (1958), A statistical method for evaluating systematic relationships. *Univ. Kansas Sci. Bull.* **44**: 467-507.
Sokal, R. R, and P. H. A. Sneath. (1963). *Principles of Numerical Taxonomy*. W, H. Freeman mid Company. San Francisco.
Solsbrig, O. T. (1970). *Principles and Methods of Plant Biosystematics*. Macmillan, London.
Soltis, D. E. , D. R. Morgan, A. Grable, P, S. Soltis and R. Kuzoff. (1993). Molecular systematics of Saxifragaceae sensu stricto. *Amer. J. Bot.* **80**: 1056-1081.
Soltis, D. E. , P. S. Soltis, D. L. Nickrent, L. A, Johnson, W. J, Hahn, S, B. Hoot, J. A. Sweere, R. K, Kuzoff, K. A. Kron, M. W. Chase, S. M. Swensen, E. A. Zimmer, S. -M, Chaw, L. J, Gillespie, W. J. Kresss and K. J, Sytsma. (1997). Angiosperm phylogeny inferred from 18S ribosomal DNA sequences. *Ann, Missouri Bot Gardon* **84**: 1-49.
Soltis, D. E. , P. S. Soltis, M. W. Chase, M E. Mort, D. C. Albach, M. Zanis. V. Savolainen, W. H. Hahn, S. B. Hoot, M. F. Fay, M, Axtell, S. M. Swensen, L, M. Prince, W, J. Kress, K. C. Nixon and J, A. Farris. (2000). Angiosperm phylogeny inferred from 18S rDNA, rbcL, and atpB sequences. *Bot. Journ. Linn, Soc.* **133**: 381-461.
Soltis, D. E. , R. K. Kuzoff, M. E. Mort, M. Zanis, M. Fishbein, L. Hufford, J. Koontz and M, Arroyo. (2001). Elucidating deep-level phylogenetic relationships in Saxifragaceae using sequences for six chloroplastic and nuclear DNA regions. *Ann, Missouri Bot. Gard.* **88**: 669-693.
Soltis, P. S. , D. E. Soltis and M. W. Chase, (1999). Angiosperm phylogeny inferred from multiple genes as a tool for comparative biology. *Nature* **90**: 461-470.
Soltis, P. S. , D. E. Soltis, M. J. Zanis and S Kim. (2000). Basal lineages of angiosperms: Relationships and implications for floral evolution. *International Journal of Plant Sciences* **161** (6, suppl): S97-S107.
Soltis, P. S. , D. E. Soltis, M. W. Chase, M. E. Mort, D. C. Albach, M. Zanis, V Savolainen, W. H, Hahn, W. H. Hoot, M. F, Fay, M. Axtell, S. M. Swensen, L. M. Prince, W. J, Cress, K. C. Nixon and J. A. Farris. (2000a), Angiosperm phylogeny inferred from 18S rDNA, *rbc*L, and *atp*B sequences. *Bot. J. Linn, Soc.* **133**: 381-461.
Soreng, R. J. and J. I. Davis. (1998). Phylogenetics and character evolution in the grass family (Poaceae): Simultaneous analysis of morphological and chloroplast DNA restriction site character sets. *Bot. Rev.* **64**: 1-85.
Soros, C. L. , and D. H. Les. (2002). Phylogenetic relationships in the Alismataceae. P, 152, in *Botany* 2002: *Botany in the Curriculum*, Abstracts. [Madison. Wisconsin.]
Sosef, M. S. M. (1997). Hierarchical models, reticulate evolution and the inevitability of paraphyletic supraspecific taxa. *Taxon* **46**: 75-85.
Speta, F. (1979). Weitere untersuchungen uber proteinkorper in Zellkernen und ichre taxonomische Bedentung. *Plant Syst. Evol***132**: 1-126.
Sporne, K. R. (1971). *The mysterious origin of flowering plants*. Oxford Biology Readers 3, F. F. Head and O. E. Lowenstein (eds.). Oxford Univ. Press. Oxford.

Sporne, K. R. (1974). *Morphology of Angiosperms*. Hutchinson Univ. Library. London.
Sporne. K. R. (1976). Character correlation among angiosperms and the importance of fossil evidence in assessing their significance. In: C. B. Beck (ed.). *Origin and Early Evolution of Angiosperms*. Columbia Univ. Press. New York.
Stace, C. A. (1973). Chromosome numbers in British Species of *Calystegia* and *Convolvulus Watsonia* **9**: 363-367.
Stace, C. A. (1980). *Plant Taxonomy and Biosystsmatics*. Edward Arnold, London.
Stace, C. A. (1989). *Plant Taxonomy and Biosystematics*. (2nd ed.) Edward Arnold. London.
Stafleu. F. A. and E. A. Mennega. (1997). Taxonomic literature. 2nd ed., suppl. 4 (Ce-Cz). *Regnum Veg*. 134. (suppl. 3 (Br Ca) *Regnum Veg*. 132 publ. 1995; suppl, 1 (Aa-Ba) *Regnum Veg*. 125 publ. 1992).
Stebbins. G. L. (1950). *Vaiation and Evolution in Plants*. Columbia Univ. Press. NY.
Stebbins. G. L. (1974). *Flowering Plants; Evolution above the Species Level*. The Belknap Press, Harvard Univ. Press, Cambridge.
Steenis, C. G. G. J. van (ed.). (1948). *Flora Malesiana*. Series I: Spermatophyta. Groninger, Jakarta.
Stefanovic, S.. L. Krueger and R. G. Olmstead. (2002). Monophyly of the Convolvulaceae and circumscription of their major lineages based on DNA sequences of multiple chloroplast loci. *American J. Botany* **89**: 1510-1522.
Stevens, P. F. (1994). *The development of biological systematics*. Columbia University Press, New York.
Stevens, P. F. (1998). What kind of classification should the practicing taxonomist use to be saved? in *Plant diversity in Malesia III*, J. Dransfield, M. J. E. Coode and D. A. Simpson (eds.), 295-319. Royal Botanical Gardens, Kew.
Stevens, P. F. (2003). Angiosperm Phylogeny Website. Version 4, May 2003 [and more or less continuously updated since]. http: // www. mobot. org/MOBOT/research. Website developed and maintained by Hilary Davis (last updation incorcorated 23/10/2003).
Stevenson, D. W. and H. Loconte. (1995). Cladistic analysis on monocot families, In M, J. Rudall et al. (eds.) *Monocotyledons: Systematics and Evolution*, 543-578. Royal Botanic Gardens, Kew.
Stewart. W. N. and G. W. Rothwell. (1993). *Paleobotany and the evolution of plants*. 2nd ed. Cambridge University Press. Cambridge.
Steyermark, J. A. (1963). *Flora of Missouri*. Iowa State Univ. Press. Ames, IA, 1725 pp.
Strahler, A. N. and A, H. Strahler. (1977). *Geography and Man's Environment*. John Wiley and Sons. New York.
Stuessy, T. F. (1990). *Plant Taxonomy*. Columbia Univ. Press, New York.
Sun G.. G. L. Dilcher, S. Zheng and Z Zhou. (1998) In search of the first flower: A jurassic angiosperm. archaefructus. from northeast china *Science*. **282**: 1692-1695.
Sun. G.. Q. Ji, D. L. Dilcher. S. Zheng. K. C. Nixon. and X. Wang, (2002). Archaefructaceae, a new basal angiosperm family, *Science* **296**: 899-904.
Surange. K. R. and S. Chandra. (1975). Morphology of gymnospermous fructifications of the Glossopteris flora and their relationships. *Palaeontographia* **149**: 153-180.
Sutter. D. and P. K. Endress. (1995). Aspects of gynoecial structure and macrosystematics in Euphorbiaceae. *Bot. Jahrb. Syst*, **116**: 517-536.
Swain, T. (1977), Secondary compounds as protective agents. *Ann. Rev. Pl. Physiol*. **28**: 479-501.
Sytsma, K. J. and D. A. Baum. (1996). Molecular phylogenies and the diversification of the angiosperms. In: D. W. Taylor and L. J Hickey (eds.) *Flowering Plant Origin, Evolution and Phylogeny*. Chapman & Hall Inc.. New York, pp. 314-340.
Takahashi, A. (1988). Morphology and ontogeny of stem xylem elements in Sarcandra glabra (Thunb.) Nakai (Chloranthaceae): additional evidence for the occurrence of vessels. *Bot Mag*. (*Tokyo*) **101**: 387-395.
Takhtajan, A. L. (1958), *Origin of Angiospermous Plants*. Amer. Inst. Biol. Sci. (Translation Russian edition of 1954).
Takhtajan, A. L. (1959). *Die Evolution Der Angiospermen*. Gustav Fischer Verlag, Jena.
Takhtajan, A. L. (1966). *Systema et Phylogenia Magnoliophytorum*. Soviet Publishing Institution, Nauka.
Takhtajan, A. L. (1969). *Flowering Plants Origin and Dispersal* (English translation by C. Jeffrey). Smithsonian Institution Press, Washington.
Takhtajan, A. L. (1980). Outline of classification of flowering plants (Magnoliophyta). *Bot. Rev*. **46**: 255-369.
Takhtajan, A. L, (1986). *Floristic Regions of the World*. Berkeley.
Takhtajan, A, L. (1987). *Systema Magnoliophytorum* Nauka, Leningrad.
Takhtajan, A. L. (1991). *Evolutionary Trends in Flowering Plants*, Columbia Univ. Press, New York.
Takhtajan, A. L. (1997). *Diversity and Classification of Flowering Plants*. Columbia Univ. Press, New York, pp. 642.
Tanaka, N [orio]. H. Setoguchi and J. Murata, (1997). Phylogeny of the family Hydrocharitaceae inferred from *rbc*L and *mat*K gene sequence data. *J. Plant Res*. **110**: 329-337.
Taylor, D, W, (1981). *Paleobotany: An Introduction to Fossil Plant Biology*, McGraw Hill, New York.
Taylor, D. W. and G. Kirchner (1996). Origin and evolution of angiosperm carpel. In: D. W. Taylor and L. J. Hickey (eds.). *Flowering Plant Origin, Evolution and Phylogeny*, Chapman & Hall Inc., NewYork, pp. 116-140.
Taylor, D. W. and L. J. Hickey, (1992). Phylogenetic evidence for herbaceous origin of angiosperms. *Plant Systematics and Evolution* **180**: 137-156.
Taylor, D. W. and L J. Hickey. (1996). Evidence for and implications of an Herbaceous Origin of Angiosperms. In: D. W. Taylor and L. J. Hickey (eds,). *Flowering Plant Origin Evolution and Phylogeny*. Chapman & Hall Inc., New York, pp. 232-266.
Terrell, E. (1983). Proposal (695) to conserve the name of the tomato as *Lycopersicon esculentum* P. Miller and reject the

combination *Lycopersicon lycopersicum* (L.) Karsten (Solanaceae). *Taxon* **32**: 310-313.
Theophrastus. *De causis plantarum* Translated by R, E. Dengler. Philadelphia (1927).
Theophrastus. *Enquiry into plants*. Translated by A. Hort. W. Heinemann, London (1916), 2 vols.
Thorne, R. F. (1968). Synopsis of a putative phylogenetic classification of flowering plants. *Aliso* **6** (4): 57-66.
Thorne, R. F. (1974). A phylogenetic classification of Annoniflorae. *Aliso* **8**: 147-209.
Thorne, R. F. (1976). A phylogenetic classification of angiosperms. *Evol. Biol.* **9**: 35-106.
Thorne, R. F. (1981), Phytochemistry and angiosperm phylogeny: A summary statement, In D. A. Young and D. S. Seigler (eds,). *Phytochemistry and Angiosperm Phylogeny*. *Praeger*, New York, pp. 233-295.
Thorne, R. F. (1983). Proposed new realignments in angiosperms, *Nordic J. Bot.* **3**: 85-117.
Thorne, R. F. (1992). An updated classfication of the flowering plants. *Aliso* **13**: 365-389.
Thorne, R. F. (1992b). Classification and geography of the flowering plants. *Bot. Rev.* **58**: 225-348.
Thorne, R. F, (1996). The least specialized angiosperms. In: D. W. Taylor and L, J. Hickey (eds.). *Flowering Plant Origin, Evolution and Phylogeny*. Chapman & Hall Inc., New York, pp. 286-313.
Thorne, R. F. (1999). *An Updated Classification of the Class Angiospermae*. http: // www. inform, umd. edu/PBIO/fam/thorneangiosp99. html. Website maintained (with nomenclatural additions) by Dr. J. L. Reveal of University of Maryland.
Thorne, R. F. (2000). The classification and geography of the monocotyledon subclasses Alismatidae, Liliidae, and Comelinidae. Pp, 75-124, in Nordenstam, B,, El Ghazaly, G,, & Kassas, M. (eds), *Plant Systematics for the 21st Century*. Portland, Oregon.
Thorne. R. F. (2000) [2001]. The classification and geography of flowering plants: Dicotyledons of the class Angiospermae (subclasses Magnoliidae, Ranunculidae, Caryophyllidae, Dilleniidae, Rosidae, Asteridae, and Lamiidae). *Bot. Rev.* **66**: 441-647.
Thorne, R. F. (2003). An Updated Classification of the Class Angiospermae. www. rsabg. org/ publications/angiosp. htm.
Tournefort, J. P. de. (1696). Elements de botanique. Paris, 3 vols.
Tournefort, J. P. de. (1700). Institutiones rei herbariae, Imprimerie Royale, Paris, 3 vols.
Trehane, P.. et al. (1995). International code of nomenclature for cultivated plants. *Regnum Veg*. **133**.
Treutlein. J., G. F. Smith, B, -E. van Wyk, and M. Wink (2003). Phylogenetic relationships in Asphodelaceae (subfamily Alooideae) inferred from chloroplast DNA sequences (rbcL, matK) and from genomic finger-printing (ISSR). *Taxon* **52**: 193-207.
Troitsky. A. V., Y. F, Melekhovets, G. M. Rakhimova, V, K. Bobrova, K, M. Valiegoro man and A. S. Antonov. (1991), Angiosperm origin and early stages of seed plant evolution deduced froml rRNA sequence comparison, *J. Molecular Evolution* **32**: 253-261.
Tucker, S. C. and W. Douglas. (1996). Floral structure, Development and Relationships of Paleoherbs: Saruma, Cabomba, Lactoris, and selected Piperales. In D. W. Taylor and L, J. Hickey (eds.) *Flowering Plant Origin, Evolution and Phylogeny* 141-175. Chapman and Hall, Inc., New York.
Tucker, S, C. (2002). Floral ontogeny of *Cercis*. (Leguminosae: Caesalpinioideae: Cercideae): Does it show convergence with Papilionoids? *Int. J. Plant Sci*. **163**: 75-87.
Tutin, T. G. et al. (ed.) (1964-1980). *Flora Europaea.*. Cambridge University Press, Cambridge, 5 vols.
Uhl. N. W. (1947) Studies in the floral morphology and anatomy of certain members of Helobiae. Ph. D. Thesis (Cited by Lawrence, 1951).
Uhl. N. W., J. Dransfield, J. I. Davis, M. A. Luckow, K, H. Nansen and J. J. Doyle. (1995). Phylogenetic relationships among palms: Cladistic analysis of morphological and chloroplast DNA restriction site variation. In P. J. Rudall, P. J. Cribb., D. F. Cutter and C. J. Humphries (eds.). Monocotyledons: *Systematics and Evolution*. 623-661.
Upchurch, G. R. Jr, and J. A. Wolfe. (1987). Mid Cretaceous to Early Tertiary vegetation and climate: evidence from fossil leaves and woods. In: E. M. Friis, W. G. Chaloner. and P. R. Crane (eds.). *The Origin of Angiosperms and their Biological Consequences*. Cambridge Univ. Press, Cambridge, pp. 75-105.
Valentine, D. H. and A. Love. (1958). Taxonomic and biosystematic categories. *Brittonia* **10**: 153-166.
Vegter. I. H. (1988), Index herbariorum: a guide to the location and contents of the world's public herbaria. Part 2 (7). Collectors T-Z, *Regnum Veg*. **117**. (Part 2) (6). Collectors S *Regnum Veg* **114** publ. 1986.
Wallace, R. S, andA. C. Gibson, (2002). Evolution and systematics. pp, 1-21 in Nobel, P. S. (ed.), Cacti: *Biology and Uses*. University of California Press, Berkeley.
Wallick, K., W. Elisens, P. Kores and M. Molvray. (2001). Phylogenetic analysis of *trn*L-F sequence variation indicates a monophyletic Buddlejaceae and a paraphyletic *Buddleia*. pp. 148-149, in *Botany* 2001: *Plants and People*, Abstracts. [Albuquerque.]
Wallick. K., W. Elisens, P. Kores and M. Molvray, (2002). Phylogenetic analysis of *trn*L-F sequence variation indicates a monophyletic Buddlejaceae and a paraphyletic *Buddleia*. Pp. 156-157 in *Botany* 2002: *Botany in the Curriculum*. Abstracts. [Madison. Wisconsin.]
Walters, D. R. and D. J. Keil. (1995). *Vascular Plant Taxonomy*, 4th ed. Kendall? Hunt. Dubuque, IA.
Watson. L. and M. J, Dallwitz. (2000). *The families of flowering plants: Descriptions and illustrations*. Website: http://biodiversity. uno. edu/delta/.
Webster. G. L. (1967). The genera of Euphorbiaceae in the southeastern United States. *J. Arnold Arbor*, **48**: 303-430.
Webster, G. L. (1994). Classification of the Euphorbiaceae. *Ann. Missouri Bot. Gard.* **81**: 3-32. 1994.

Wendel, J. F.. A. Schnabel and T. Seelanan (1995). An unusual ribosomal DNA sequence from Gossypium gossypioides reveals ancient, cryptic, intergenomic, introgression. *Mol. Phylog. Evol.* **4**: 298-313.

Wettstein. R. R. von. (1907). *Handbuch der systematischen Botanik* (2nd ed.) Franz Deuticke, Leipzig.

Williams. S. E. V. A. Albert and M. W. Chase. (1994). Relationships of Droseraceae: A cladistic analysis of *rbc*L sequence and morphological data. *American J. Bot* **81**: 1027-1037.

Whitlock, B. A., J. Lee, O. Dombrovska and Y. L. Qiu. (**2002**). Effects of rate heterogeneity on estimates of the age of angiosperms. p. 158, in *Botany* 2002: *Botany in the Curriculum*. Abstracts. [Madison. Wisconsin.]

Wieland. G. R. (1906). American fossil cycads. Carnegie Institute. Washington. D. C.

Wieland, G. R (1916). American fossil cycads vol. Ⅱ Carnegie Institute. Washington. D. C.

Wiley, E. O. (1978). The evolutionary species concept reconsidered. Syst. Zool. **27**: 17-26.

Wiley, E. O: (1981). *Phylogenetics-The Theory and Practice of Phylogenetic Systematics*. John Wiley and Sons. New York.

William. W. T., J. M, Lambert and G, N. Lance. (1966). Multivariate methods in plant ecology. V Similarity analyses and information-analysis. J. Ecol. 54: 427-445.

Willis, J. C. (1922), *Age and Area*, Cambridge.

Willis, J, C. (1973). *A. Dictionary of Flowering Plants and Ferns*, 8th ed. (revised by H. K. Airy-Shaw). Cambridge Univ. Press, Cambridge. 1245 pp.

Wilson. P. G.. M. M. O'Brien. P. A. Gadek and C. J. Quinn (2001). Myrtaceae revisited: A reassessment of infrafamilial groups. *American J. Bot*, **88**: 2013-2025.

Wojciechowski, M. F., M. Lavin. and M. J. Sanderson (2003). A phylogeny of legumes based on sequences of the plastid *mat*K gene, p. 99 in *Botany* 2003: *Aquatic and Wetland Plants*: *Wet and Wild*. Abstracts. [Mobile, Alabama]

Wolfe. K. H., M. Gouy. Y. -W, yang. P. M. Sharp and W. -H. Li. (1989). Date of monocot-dicot divergence estimated from Choloroplast DNA sequence data. *Proc. Nat. Acad. Sci. USA* **86**: 6201-6205.

Woodland. D. W. (1991). *Contemporary Plant Systematics*. Prentice Hall, New Jersey.

Worsdell, W. C. (1908). The affinities of *Paeonia. J, Bot. (London)* **46**: 114.

Wu, C-Y. Y-C Tang, Z-D Chen and D-Z Li. (2002). Synopsis of a new polyphyletic polychronic-polytopic' system of the angiosperms. *Acta Phytotax.. Sinica* **40**: 289-322.

Wurdack, K. J. and M. W. Chase. (2002). Phylogenetics of Euphorbiaceae s. str. using plastid (*rbc*L and *trn*L-F) sequences. P. 160, in *Botany* (2002): *Botany in the Curriculum*, Abstracts. [Madison, Wisconsin]

Yoo, K. -O. and J. Wen. (2002). Phylogeny and biogeography of *Carpinus* and subfamily Coryloideae (Betulaceae). *Int. J. Plant Sci* **163**: 641-650.

Young, D. A. (1981). Are the angiosperms primitively vesselless? *Syst. Bot.* **6**: 313-330.

Young, D. J. and L. Watson. (1970). The classification of the dicotyledons: A study of the upper levels of hierarchy. *Aust, J. Bot* **8**: 387-433.

Zanis, M. J., D. E. Soltis, P. S. Soltis, Y-L Qiu and E. A. Zimmer, (2003). Phylogenetic analyses and perianth evolution in basal angiosperms. *Ann. Missouri Bot, Gard.*

Zanis, M. J,, D. E. Soltis, P. S. Soltis, Y-L Qiu, S. Mathews, and M J. Donoghue. (2002). The root of the angiosperms revisited. *Proc, Nat. Acad. Sci* **99**: 6848-6853.

Zomlefer. W. B. (1994). *Guide toflowering plant families*. University of Carolina Press, Chapel Hill.

植物名称索引

C

D

E

F

G

H

I

J

K

L

M

P

Q

R

S

T

U

V

W

X

Y

植物名词术语索引

T

W

X

Y

Z